인간과 성 II

Human Sexuality II

이광호, 이동호, 최지혜 공저

월드사이언스
WORLD SCIENCE
worldscience.co.kr

인간과 성 II

인 쇄 | 2019년 1월 15일
발 행 | 2019년 1월 20일

공 저 자 | 이광호, 이동호, 최지혜
발 행 인 | 박선진
발 행 처 | (주)도서출판 월드사이언스

주 소 | 서울특별시 서초구 도구로 115(월드빌딩 1층)
등록일자 | 1988년 2월 12일
등록번호 | 제 16-1601호
대표전화 | (02) 581-5811~3
팩 스 | (02) 521-6418

E-mail | worldscience@hanmail.net
U R L | http://www.worldscience.co.kr

정 가 | 28,000원
I S B N | 978-89-5881-281-4

이 도서의 국립중앙도서관 출판시도서목록(CIP)은 서지정보유통지원시스템 홈페이지(http://seoji.nl.go.kr)와 국가자료공동목록시스템(http://www.nl.go.kr/kolisnet)에서 이용하실 수 있습니다. (CIP제어번호: CIP2019001753)

머리말

"인간과 성"이라는 제목의 저서는 2000년 초판이 출판된 후 현재까지 약 20여 년간 일반인들에게는 성교육 지침서이자 대학생들에게는 성관련 교양 교과목의 교과서로서 활용되어 왔다. 1990년대 중반에 많은 대학에서 성관련 교과목의 개설 붐이 일었고, 이에 따라 수십여 종의 성관련 번역서나 저서들이 교과서용으로 출판된 바 있다. 그러나 몇 년 지나지 않아 대부분의 서적들은 이런 저런 이유로 절판되었고, 극히 소수의 서적만이 현재까지 대학의 교양 교과서로서 그 명맥을 유지하고 있는 실정이다. 그 중 '인간과 성'은 출판 역사가 가장 오래된 번역본이 아닌 저서로서 현재도 대학의 교양 교과서로서의 위치를 확고하게 지키고 있다.

'인간과 성'은 초판 발행 이후 약 10년 동안의 성관련 환경의 생물–의학적, 사회–심리적 변화와 발전을 반영하기 위하여 내용이 수정, 보완된 2판으로 출판된 바 있으나, 그 후 또 다시 10여년이 지난 현재 다시 한 번 전체 내용의 개정작업이 필요하게 되었다. 따라서 본 저자는 지난 2년여에 걸쳐 거의 신판을 제작하는 정도로 내용의 대폭적인 수정 및 보완 작업을 시도하였고, 그 결과 2019년 1월에 드디어 '인간과 성 II'라는 제목으로 '인간과 성'의 명맥을 잇는 후속 판을 출판하게 되었다.

본 저자는 장래의 성관련 인식은 인간의 자연스러운 성적 욕구 자체를 부정하거나 사회적 성적 환경의 변화를 무시하고 과거의 전통적 윤리의식만을 강요하는 방식이 아니라 사회적, 시대적 변화를 수용하는 보다 현실적인 방향으로의 변화가 필요하다고 판단하고 있다. 따라서 '인간과 성 II'는 과거의 지나치게 윤리적이고 도덕적이며 금지 위주인 성교육이 아니라 성의 전반에 관한 최신의 정보를 지나친 여과과정 없이 가능한 정확히 제공함으로써 독자들 스스로 성을 과학적으로 이해하고 성을 주체적으로 조절할 수 있는 능력을 함양할 수 있도록 유도하기 위한 목적으로 제작되었다.

'인간과 성 II'는 "인간과 성"과 동일하게 '진화–역사학적 성', '생물–의학적 성', '심리–사회학적 성'의 세 파트의 내용을 모두 포함하여 구성되었지만, 총 14장이었던 '인간과 성'의 10장인 '성과 나이', 12장인 '순결과 매춘' 부분은 내용 상 현재의 성관련 환경에 부합되지 않는 경우가 많아 전체 내용이 삭제됨으로써 결국 총 12장으로 재구성되었다. 또한, '인간과 성 II'에서는 초판 및 2판의 과거 내용들이 최신의 자료로 대폭 대체, 수정되었으며, 삽입된 그림들 역시 상당 수 추가, 보완, 수정되었다. 특히 '인간과 성 II'는 최근 수년 동안 중앙대학교에서 '성의과학' 교과목을 수강했던 남녀 대학생들을 대상으로 실시했던 약 100항목의 설문결과 자료를 제시함으로써, 독자들 스스로 자신들의 성적 인식, 태도 및 경험 등을 동시대 대학생들의 경우와 비교할 수 있도록 조치하였으며, 이를 통해 현시대에 걸맞은 올바른 성관련 인식의 모델을 정립할 수 있는 기회를 제공하였다.

본 저자는 "인간과 성 II"를 현존하는 국내 성관련 교과서 중에서 최고 수준의 저서로 제작하기 위해 자료 수집부터 집필 과정까지 최선을 다해 노력하였지만, 아직도 내용 상 보완해야 할 부분이 많다는 것을 자인한다. 하지만 본 저자를 포함한 세 명의 저자들은 추후 '인간과 성 II'의 개정판을 출판할 경우에는 거의 완벽에 가까운 성관련 저서를 제작하기 위해 가능한 모든 노력을 경주할 것을 일반 독자들은 물론 "성의과학' 교과목을 수강할 제자들에게 약속한다.

본인은 '인간과 성 II'의 책임저자로서 우선 이 저서의 제작을 함께 한 이동호, 최지혜 박사에게 심심한 감사를 표하며, 이 서적을 제작하는 동안 본인을 포함한 저자들에게 큰 힘이 되어 준 각자의 가족들에게도 감사의 마음을 전하고 싶다. 또한 설문에 솔직하게 응해 준 수많은 중앙대학교 제자들에게도 진심으로 감사의 마음을 전하며, 이 책이 출판되도록 힘써준 월드사이언스 박선진 사장님과 임후택 이사님께도 깊이 감사드린다.

저자 소개

약력

중앙대학교 생명과학과 교수
중앙대학교 자연과학대학 학장
중앙대학교 공동기기센터 센터장
중앙대학교 기초과학연구소 소장
중앙대학교 자연과학대학 학부장
중앙대학교 자연과학대학 교학부장
중앙대학교 생명과학과 학과장
중국 중국과학원 교환교수
한국동물학회 이사
한국분자-세포생물학회 정회원
미국 미생물학회 회원
미국 뉴욕주립대학 (State University of New York at Buffalo) 박사후 연구원
일본 북해도대학 (Hokkaido University) 염색체연구센타 연구원

e-mail: leemanse@cau.ac.kr

책임저자 이광호

약력

중앙대학교 생명과학과 조교수
중앙대학교 교양학부대학 강의전담교수
중앙대학교 교양학부대학 강사
동남보건대학 안경과학과 전임강사
중앙대학교 생명과학과 이학박사

e-mail: drvibrio@cau.ac.kr

공동저자 이동호

약력

중앙대학교 교양학부대학 강사
서울과학기술대학교 기초교육학부 강사
중앙대학교병원 임상의학연구실 연구원
중앙대학교 생명과학과 이학박사

e-mail: choijh97@cau.ac.kr

공동저자 최지혜

공통 주소

서울특별시 동작구 흑석로 84 중앙대학교 자연과학대학 생명과학과
(우편번호: 06974)

차례

머리말 ········· iii
저자 소개 ········· v

01 성의 진화

1. 성적 신호기관의 진화 ········· 3

1) 성적 신호기관의 진화 가설 / 3
2) 얼굴 / 4
3) 유방 / 6
4) 남성 생식기관 / 7
5) 여성 생식기관과 성행위 양태 / 9
6) 의사성기관 / 9

2. 성적 행태의 진화 ········· 10

1) 배우자 선택의 권리 / 11
2) 배우자 선택의 기준 / 11
3) 생식 목적 이외의 성의 이용 / 13
4) 일부일처제 / 14
5) 언어의 발달 / 16
6) 여성의 유아적 행동 / 16
7) 자위행위와 오르가즘 / 17
8) 동성애 / 19
9) 성전환 / 19

02 성의 역사

1. 지역에 따른 성의 역사 ········· 22

1) 유럽 / 22
2) 아프리카 / 27
3) 아시아 / 31

2. 시대에 따른 성의 역사 ········· 49

1) 기독교의 탄생과 중세시대 / 49
2) 종교개혁과 빅토리안 시대 / 50
3) 근세와 현세시대 / 51

3. 성에 관한 연구의 역사 52
1) 프로이드 / 53
2) 엘리스 / 55
3) 킨제이 / 55
4) 매스터스와 존슨 / 56
5) 팩 반 앤델 / 57
6) 최근의 연구들 / 58

03 생식기관

1. 남성 생식기 62
1) 남성 생식기 구조 / 63
2) 남성 생식기 질환 및 암 / 68
2. 여성 생식기 75
1) 여성 생식기 구조 / 75
2) 여성 생식기 질환 및 암 / 86

04 호르몬과 성

1. 내분비계 구조와 기능 100
1) 뇌하수체 / 100
2) 고환 / 101
3) 난소 / 103
4) 부신 / 105
2. 호르몬 105
1) 호르몬 종류 / 105
3. 호르몬과 성결정 106
1) 내외부 생식기관의 분화 / 106
2) 성분화 이상 / 107
4. 월경주기 112
1) 호르몬 조절 / 112
2) 월경주기의 다양성 / 117
3) 월경주기와 성욕 / 118
4) 월경주기와 성관계 / 119
5. 월경이상 120
1) 무월경 / 120
2) 월경전증후군 / 120
3) 월경곤란증 / 123
4) 독성쇼크증후군 / 124
6. 호르몬과 성욕 125

05 성반응과 행태

1. 성반응 128

1) 성반응 모델 / 128
2) 성반응 주기 / 128
3) 오르가즘의 각종 특징 / 137
4) 심신장애와 성 / 144

2. 성적 행태 147

1) 정상적인 성적행위의 기준 / 147
2) 자위행위 / 147
3) 몽정 / 153
4) 성적환상 / 155
5) 페팅과 넥킹 / 159
6) 성관계 및 성교체위 / 160
6) 구강성교 / 164
7) 항문성교 / 166
8) 성적행위의 선호도 / 167
9) 건강한 성적행위의 조건 / 168

06 성병

1. 성병의 종류 172

2. 세균에 의한 감염 173

1) 임균성 요도염 / 173
2) 비임균성 요도염 / 175
3) 매독 / 176
4) 연성하감 / 178
5) 서혜육아종 / 179
6) 성병성 림프육아종 / 179

3. 바이러스에 의한 감염 180

1) 단순포진 바이러스 / 180
2) 간염 바이러스 / 183
3) 인유두종 바이러스 / 184
4) 인간면역결핍 바이러스 / 186

4. 곤충 및 기생충에 의한 감염 191

5. 질염 192

1) 트리코모나스증 / 193
2) 칸디다증 / 194
3) 세균성 질염 / 195
4) 질염의 예방 / 195

6. 방광염 및 전립선염 196

7. 안전한 성 196

07 피임

1. 청소년 피임의 필요성 ········ 202

2. 피임에 대한 일반 지식 ········ 203

3. 자연피임법 ········ 206

1) 질외사정법 / 206
2) 수유 / 206
3) 리듬조절법 / 207
4) 기초체온법 / 208
5) 경부점액법 / 209
6) 질세척법 / 210

4. 기구를 이용한 피임법 ········ 211

1) 살정자제 / 211
2) 남성용 콘돔 / 211
3) 여성용 콘돔 / 213
4) 피임용 격막 / 214
5) 페사리 / 214
6) 피임용 스펀지 / 215
7) 자궁내장치 / 216

5. 호르몬을 이용한 피임법 ········ 217

1) 경구피임약 / 217
2) 데포-프로베라 / 219
3) 노르플랜트와 임플라논 / 220
4) 피임용 패치와 링 / 221

6. 수술을 통한 피임법 ········ 222

1) 정관절제술 / 222
2) 나팔관결찰술 / 222
3) 영구불임시술 후 복원 / 224

7. 인공유산(낙태) ········ 224

1) 응급피임법 / 226
2) RU486 / 227
3) 자궁경관개대 및 소파술 / 227
4) 자궁경관개대 및 제거술 / 228
5) 유도출산 / 228

8. 미래 피임법 ········ 231

08 임신과 출산

1. 임신 과정 ········ 234

1) 배란과 사정 / 234
2) 수정과 착상 / 235
3) 임신 중 변화 / 237

2. 임신 중 성관계 240

3. 임신 중 질병 241

1) 백신 및 바이러스 감염 / 241
2) 성병 / 241
3) 임신중독증 / 242
4) 기형아 / 243
5) 질병 유발 요인 / 244

4. 임신 중 특수 검사 250

1) 양수천자 / 250
2) 융모막검사 / 251
3) 검사 기구 / 251
4) 태아 수술 / 251

5. 출산 252

1) 진성진통과 가진통 / 252
2) 출산 단계 / 253
3) 회음절개 / 255
4) 제왕절개 / 255
5) 라마즈 법 / 257
6) 르봐이예 법 / 258
7) 가정출산 / 258
8) 수중출산 / 259
9) 출산시의 문제 / 261

6. 출산 후 산모의 변화 263

1) 수유 / 263
2) 산후통 / 264
3) 오로 / 265
4) 체중감소 / 265
5) 일시적 우울감 / 265
6) 출산 후 성생활 / 266

7. 불임 266

1) 남성불임 / 267
2) 여성불임 / 269
3) 불임치료 / 270

09 성의 다양성

1. 성정체성, 성적역할 및 성적지향 280

1) 정의 / 280
2) 차이점 / 282

2. 성정체성 284

1) 성정체성의 결정 / 284
2) 성정체성의 발달 / 286
3) 성전환증 / 288

3. 성적역할 292

1) 성적역할의 결정 / 292
2) 성적역할의 발달 / 293
3) 성적역할과 성 / 297
4) 성적역할과 사회의 인식 / 299

4. 성적지향 300

1) 성적지향의 결정 / 300
2) 동성애 / 303

10 성범죄

1. 성폭력 318

1) 강간 / 318
2) 성희롱 / 348
3) 어린이 성추행 / 354
4) 근친상간 / 359

2. 성욕도착 364

1) 판단 기준 / 364
2) 정의 / 365
3) 종류 / 365
4) 원인 / 379
5) 치료 / 380

11 성치료

1. 남녀의 성적 차이 384

1) 인식의 차이 / 384
2) 성반응의 차이 / 386
3) 선호하는 자극의 차이 / 388
4) 성적욕망의 차이 / 389
5) 성행위 방법의 차이 / 391
6) 성문제의 해결 / 392

2. 성치료 393

1) 성치료사 / 393
2) 방법 / 395

3. 남녀의 성문제 398

1) 성욕감소 / 398
2) 성욕항진증 / 399
3) 성교불쾌증 / 400

4. 남성의 성문제 401

1) 음경 발기 / 401
2) 발기부전 / 402
3) 조루 / 409
4) 지루 / 411
5) 성교두통 / 411
6) 지속발기증 / 412

5. 여성의 성문제 414

1) 질경 / 414
2) 오르가즘 장애 / 415

6. 성문제 예방 421

12 성적 대화

1. 성에 관한 대화 424

1) 대화의 어려움 / 424
2) 대화의 방해 요인 / 425

2. 자녀와의 대화 427

1) 대화의 필요성 / 428
2) 대화의 빈도 / 429
3) 단어 선택 / 429
4) 대화의 시기 / 430
5) 대화의 수준 / 432
6) 대화의 방법 / 433
7) 대화의 성패 / 434
8) 부모의 영향 / 434
9) 성에 대한 가치 기준 / 435
10) 성교육과 성적문란 / 436
11) 성교육의 효과 / 437

3. 커플 간의 대화 437

1) 대화의 시작 / 437
2) 단어 선택 / 438
3) 대화의 장소와 시기 / 439
4) 대화의 방법 / 439
5) 대화 유도 / 441
6) 경청 방법 / 442
7) 상호 간의 이해 / 443

찾아보기 445

01 성의 진화

1. 성적 신호기관의 진화

1) 성적 신호기관의 진화 가설 / 3
2) 얼굴 / 4
3) 유방 / 6
4) 남성 생식기관 / 7
5) 여성 생식기관과 성행위 양태 / 9
6) 의사성기관 / 9

2. 성적 행태의 진화

1) 배우자 선택의 권리 / 11
2) 배우자 선택의 기준 / 11
3) 생식 목적 이외의 성의 이용 / 13
4) 일부일처제 / 14
5) 언어의 발달 / 16
6) 여성의 유아적 행동 / 16
7) 자위행위와 오르가즘 / 17
8) 동성애 / 19
9) 성전환 / 19

생물들은 어떠한 과정을 거쳐 종 특이적인 성적 신호기관을 발달시켜 왔으며, 성적행태는 왜 종에 따라 서로 상이한가? 다양한 분야의 학자들이 오랜 시간에 걸쳐 많은 노력을 해 왔음에도 불구하고, 이러한 의문에 대한 해답은 아직까지 풀리지 않는 수수께끼로 남아 있다. 생명의 기원과 다양성이 창조에 의한 것인지 또는 진화에 의한 것인지에 대해서는 이 책에서 논외로 하겠지만, 만약 진화에 의한 것이 사실이라면 인간은 단세포 생물로부터 시작하여 영장류를 경유하여 진화했을 것이라고 생각할 수 있다(그림 1.1). 인간은 이러한 긴 시간 동안의 진화과정을 거쳐 다른 종들과 상이한 나름대로의 성적 신호기관과 성적행태를 발달시켜 왔으며, 또 진화시켜 나갈 것이다. 이 장에서는 인간의 성적행태, 성적역할, 성적 기관의 발달 등을 진화론적 입장에서 살펴보고자 한다.

그림 1.1 **인류의 진화**

인류는 어느 순간 갑자기 등장한 것이 아니라 오랜 시간 한 종에서 다양한 종으로 갈라지는 거대한 진화의 흐름을 따라 등장하게 되었다.

1 성적 신호기관의 진화

1) 성적 신호기관의 진화 가설

모든 생물은 종에 따라 각기 특이한 형태와 생활 습성을 갖고 있다. 특히 그들은 효율적인 생식과 종족 보존을 위하여 이성을 유인하는 신체구조가 발달하게 되었으며, 오랜 진화의 과정동안 시행착오를 거듭하면서 자신들에게 가장 적당한 유인 방법을 개발시켜 왔다. 즉, 새들은 노래, 개구리는 울음소리, 돌고래는 휘파람소리, 코끼리는 초저주파 신호 등을 이용하여 이성을 유인하며, 척추동물들은 물론 초파리, 반딧불과 같은 곤충들에서 식물에 이르기까지 생물이라면 모두 종 특이적 방법을 이용하여 구애행동을 하게 되었다(그림 1.2).

그림 1.2 수컷 개구리의 구애
수컷 개구리는 짝짓기 시기가 오면 목 밑의 울음주머니를 부풀렸다 오므렸다 하면서 소리를 내어 구애행위를 하고, 암컷은 울음소리가 큰 수컷을 선택하여 짝짓기를 한다.

성적 신호기관의 진화에 대한 가설에는 학자들 간에 많은 이견이 있으나, 이들의 의견을 종합하여 보면 폭주적 진화(run away evolution), 장애이론(handicap), 진실광고이론(truth-in-advertising) 등으로 대별된다. 폭주적 진화는 영국의 피셔가 주장한 학설로서 수컷 공작의 장식용 꼬리는 길수록 암컷을 유인하기가 용이하므로 길이가 길어지는 쪽으로의 진화가 이루어졌다는 것이며, 장애이론은 이스라엘의 자하비가 주장한 것으로서 거대하고 화려한 수공작의 꼬리는 포식자의 눈에 띄기 쉽기 때문에 좋은 형질이라기 보다는 장애로서 작용하지만 아직도 생존해 있다는 사실은 우수한 유전자를 갖고 있다는 반증이 될 수도 있다는 학설이다(그림 1.3). 또한 미국의 브라운이 주장한 진실광고이론은 사슴의 뿔은 매년 새로 만들어지며, 이러한 큰 뿔을 갖기 위해서는 칼슘을 비롯한 많은 영양분을 섭취해야 하는데, 그럼에도 불구하고 큰 뿔을 지니고 있다는 사실은 영양상태가 매우 좋고 다른 수사슴이나 포식자와의 싸움에서도 유리하게 작용

그림 1.3 수컷 공작의 성적신호 기관
수컷 공작은 짝짓기 시기가 되면 자신의 꼬리 깃털을 펼쳐서 암컷을 유혹한다.

할 수 있다는 증거가 되기 때문에 수사슴의 뿔은 장애가 아니라 도리어 유리하게 작용한다는 학설이다.

이와 같은 학설들 중 어느 것이 성적신호 기관의 진화를 정확하게 설명하고 있는 것인지 판단하기는 어렵지만 현존하는 모든 종의 동물들은 자신의 신체 기관을 이성을 유도하는 데 가장 효과적인 방향으로 진화시켜 왔다는 것은 확실하다.

2) 얼굴

그림 1.4 인간의 성적신호기관인 얼굴
눈, 코, 입, 귀를 비롯한 다양한 얼굴 표정은 대면형 성관계를 하는 인간에게 매우 중요한 성적 신호기관이다.

인간처럼 서로 얼굴을 마주보는 대면형(對面形) 성관계를 하는 경우에는 다른 동물과는 달리 얼굴 표정이 매우 중요한 성적 의사 전달기관으로 자리 잡게 되었다. 얼굴에 위치하는 입술, 귀, 코, 눈 등과 이들의 조화는 대면형 성관계를 하는 인간에게는 가장 눈에 띄기 쉬운 신체 기관이며 성관계 시에는 매우 선정적으로 보이기도 한다(그림 1.4). 눈은 성적으로 흥분이 고조되면 충혈되거나 촉촉히 물기가 어리는 등 다른 어떤 부분보다도 감정을 솔직히 표현하는 성적 신호기관이며, 점막이 바깥으로 말려 있는 입술은 색깔이 붉고 윤곽이 뚜렷하며 성적으로 흥분하게 되면 더욱 붉어짐으로써 성관계에 대한 준비가 되었다는 신체적 변화를 암시하기도 한다(그림 1.5). 귀도 성적으로 흥분하면 붉어지고 성적 접촉에 매우 민감하게 반응하며, 다른 동물들과는 달리 얼굴 표면으로부터 돌출되어 있는 코 역시 성적 흥분시 콧구멍이 부풀어 전체적으로 커지게 된다. 또한, 대뇌에 의한 표정근육의 종합적인 조절과 얼굴에 위치하는 여러 기관들의 조화에 의한 다양한 얼굴 표정의 변화는 인간만이 가능한 성적 신호전달의 수단이라고 할 수 있다.

그림 1.5 성적신호기관으로서의 눈과 입술
눈과 입술은 얼굴에서 가장 매력적인 성적 신호기관으로 작용한다.

Q 1-1

가장 관심 있는 이성의 신체부위는 어디인가?

남학생 323명과 여학생 245명을 대상으로 '가장 관심 있는 이성의 신체 부위'에 대한 설문을 실시한 결과 남학생과 여학생들 모두 얼굴(68%)을 가장 많이 선택하였으며, 남학생의 경우는 가슴(12%)과 다리(9%), 여학생의 경우는 키(12%)와 어깨(7%) 순으로 선호도가 높게 조사되어 남녀 모두에서 얼굴이 가장 중요한 성적 신호기관 임을 알 수 있었다.

〈이성에 의해 선호되는 신체 부위〉

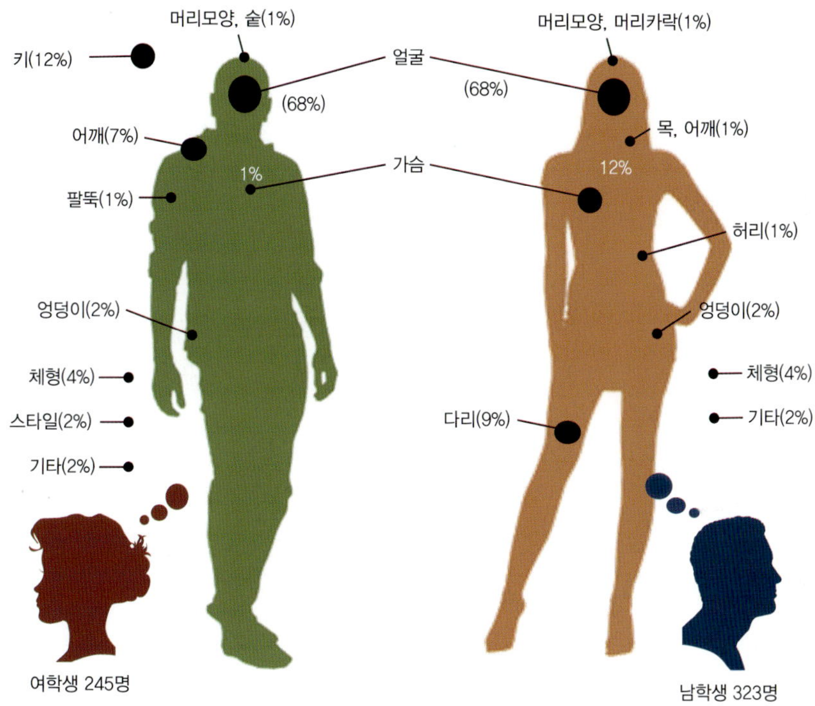

중년 여성의 주름살이나 남성의 대머리는 이미 출산한 자손들의 생존률을 향상시키기 위한 방편으로서 작용하기도 한다. 주름살이나 대머리는 성적 신호기관이 밀집되어 있는 얼굴에 형성됨으로써 이성에게 더 이상의 성관계를 원치 않는다는 무언의 의사표시로서 작용할 수 있다. 즉, 항상 발정이 가능한 인간은 중년기가 되면 이미 양육 가능한 자녀들을 모두 생산하였을 것이고, 더 이상의 생식은 이미 태어난 자녀들에게 위협이 될 수도 있었을 것이다. 이러한 경우에 대머리나 주름살은 성적 신호기관이 밀집되어 있는 얼굴의 매력

을 감소시키는 역할을 수행함으로써 효과적인 종족 보존의 방법으로서 진화된 것이라고 할 수 있다.

3) 유방

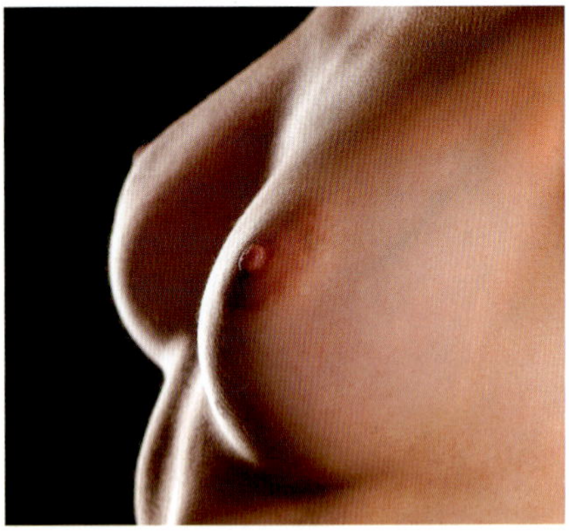

그림 1.6 **여성의 유방**
인간의 유방 확대는 수유 목적이 아닌 성적 신호기관으로서 진화된 것이다.

사람의 엉덩이 크기는 몸 전체에 비해 원숭이보다 훨씬 작으며, 발정기(estrous cycle)에 붉어지는 원숭이의 엉덩이와는 달리 성적흥분 시에도 뚜렷한 색깔의 변화가 없다. 발정기에 도달한 암컷 원숭이 엉덩이가 크기가 증대되고 붉어지는 이유는 눈에 잘 띄어 자신이 발정기에 있다는 사실을 수컷에게 가장 잘 표현할 수 있기 때문이다. 이에 반해 직립보행을 하는 인간의 경우는 엉덩이가 더 이상 수컷의 시선을 자극하기 어려운 부위에 위치하게 됨으로써 성적 신호기관으로서의 역할이 매우 약화되었고, 그 대신 앞가슴 부위의 발달된 지방조직이 원숭이의 엉덩이가 하던 성적 신호기관으로서의 역할을 수행하게 되었다. 그 결과 인간은 태어난 직후에는 알몸이었다가 성장해 가면서 온몸에 털이 나는 원숭이들과 달리 태어날 때는 물론 성장 후에도 머리, 겨드랑이, 생식기 부위를 제외하고는 몸 전체에 털이 나지 않는다. 직립보행을 하는 인간의 유방이 만약 긴 체모로 덮여 있다면 아무리 매력적인 유방을 지니고 있더라도 성적신호기관으로서의 기능은 거의 기대하기 어려울 것이다. 이와 같은 이유로 여성의 전신은 비교적 전신에 털이 많은 남성에 비해 거의 털이 없는 미끈미끈한 피부로 변화해서 유방을 강조함으로써 남성을 유인할 수 있게 된 것이다(그림 1.6).

인간을 제외한 모든 영장류나 포유류의 유방은 새끼를 낳은 직후에도 털에 쌓여 잘 보이지도 않을 정도로 매우 작으며, 종에 따라서는 젖꼭지만 발달된 경우도 있다. 해부학적으로 보면 유방은 기저부에 위치하는 약간의 근육과 유선을 제외하고는 거의 대부분이 지방으로 구성되어 있기 때문에 유방의 크기는 지방 조직의 과소에 따라 결정된다(그림 3.32). 즉, 모든 동물에서 수유 능력과 무관한 것으로 알려진 유방의 크기가 유독 인간에서만 커진 이유는 유방이 성적 신호기관으로서 진화되었다는 사실을 강하게 암시하고 있다고 할 수 있을 것이다.

이와 같이 인간의 경우에서 유방은 원숭이의 엉덩이를 대체하는 성적기관으로서 진화되긴 하였으나 엉덩이 역시 유방과 더불어 여전히 성적신호를 위한 기관으로서 작용하고 있다. 즉, 발달된 유방과 크고 넓은 엉덩이는 양호한 영양 상태와 임신 및 출산의 용이함을 암시함으로써 대부분의 남성들에게 선호되어 왔다. 따라서 불룩한 유방과 넓적한 엉덩이, 가느다란 허리를 갖는 여성은 많은 남성들에게 선호의 대상이 되었다.

과거에 비해 신체 노출이 심해진 최근에는 여성의 유방이 점차 확대되고 있는 추세이며, 이러한 유방 크기의 변화는 가슴 노출에 의한 정신적인 쾌감이나 흥분에 의해 유방의 지방대사를 조절하는 호르몬의 밸런스가 변화함으로써 유발된 것이라는 연구결과가 있다. 이 결과는 원숭이와 같이 작은 가슴을 갖고 있던 과거의 인간으로부터 현재와 같이 잘 발달된 유방을 지니게 된 인간으로의 진화 과정을 설명해 주는 좋은 예라고 할 수 있을 것이다.

4) 남성 생식기관

평균 체중이 200 kg에 달하는 다 자란 고릴라나 인간과 거의 비슷한 신체 크기의 오랑우탄의 음경(penis)은 발기 시에도 크기가 3–4 cm이며, 사람보다 작은 침팬지의 음경은 8–16 cm 정도로 큰 편이긴 하지만 둘레가 1.5 cm, 직경이 0.5 cm 정도로서 길이가 10–20 cm에 둘레가 10 cm에 달하는 인간의 음경과는 비교가 되지 않을 정도로 작다(그림 1.7). 더욱이 인간 음경의 말단은 음경의 평균 둘레보다 더욱 두껍게 팽대된 귀두라는 부분이 있어 마카구 속에 속하는 일부 원숭이를 제외한 다른 포유류는 물론 어떤 영장류와도 다른 독특한 형태를 하고 있다(그림 3.2).

그림 1.7 작은 음경의 오랑우탄
인간과 비슷한 신체 크기를 갖는 오랑우탄의 음경은 발기 시에도 크기가 겨우 3–4 cm이다.

귀두가 있는 일부 원숭이는 복수의 암컷과 복수의 수컷이 큰 무리를 이루면서 난교형 교미를 하는 데 반해 고릴라나 오랑우탄과 같은 작고 귀두가 없는 음경을 갖고 있는 영장류는 일부다처형이며 발정기를 제외하고는 독립생활을 하거나 집단의 우두머리가 아니면 교미할 수가 없다. 난교형 교미를 하는 영장류와 그 외 영장류의 또 다른 차이점은 난교형의 경우 수컷과 암컷의 체격이 유사하나 그 외의 경우에는 수컷의 크기가 암컷의 두 배에 달한다. 이러한 사실은 암컷과 수컷의 신체 크기가 유사한 난교형 원숭이와 유사하게 인간 역시 언제라도 발정하여 난교를 거듭함으로써 음경이 거대화되고 귀두가 확대되는 방향으로 진화된 영장류라고 할 수 있을 것이다. 또한 인간은 다른 영장류들과는 달리 음경 내의 뼈가 퇴화되어 없어졌는데, 그 이유는 직립 후 확대된 음경 내의 잘 발달된 해면조직이 음경의 뼈를 대체하였기 때문이다.

비교적 큰 음경을 갖고 있는 영장류에서 암컷은 배란기에 소음순이 붉고 크게 팽창되기 때문에 수컷의 음경도 확대되는 방향으로 진화되었으며, 이러한 결과는 인간의 경우에도 적용될 수 있을 것이다. 즉, 대면형 성관계의 경우는 서로 밀착되는 부분이 넓고 음핵의 자극이 용이하기 때문에 매우 강렬한 쾌감을 느낄 수 있으며, 강한 쾌감을 얻고자 하는 욕구가 음경의 크기를 확대시키고 탄력성 있는 귀두를 갖게끔 진화되어 이성의 성감을 높일 수 있게 되었다고 추측된다.

특별한 발정기가 없는 인간은 발정기에만 고환(또는 정소)이 복강으로부터 체외로 노출되는 원숭이나 침팬지와는 달리 항상 체외에 노출되어 있다. 어느 때이건 성관계가 가능한 인간은 항상 정자를 생산하여야 하나 정자 생산은 체온보다 2–3 ℃ 정도 낮은 온도에서만 가능하기 때문에 태내에서의 발생 과정을 통해 복부에 위치하던 고환이 서혜부를 거쳐 체외로 하강함으로써 음낭(scrotum)을 형성하게 된다(3장 참조). 이러한 고환의 하강은 항상 성관계가 가능하도록 진화된 성적 행태에 따라 신체의 구조도 함께 진화되어 온 결과라고 할 수 있을 것이다.

고환의 크기나 한 번 사정에 의해 배출되는 정자의 수는 종 특이적인 성적 양태에 따라 달라질 수 있다. 수컷들은 자신들의 유전자를 자손에게 물려주기 위하여 암컷들을 다른 수컷들로부터 아예 격리시키거나 교미 기간을 늘려 자신의 정자와 암컷의 난자가 수정할 수 있는 충분한 시간을 확보함으로써 암컷이 다른 수컷과 교미하더라도 수정할 수 없도록 하기도 하며, 교미 시에 이미 암컷의 질 속에 들어 있는 다른 수컷의 정자를 체외로 퍼낼 수 있도록 진화된 경우도 있다. 더욱이 난교형 교미를 하는 동물들은 사출되는 정자의 수를 늘림으로써 수정시킬 확률을 높이기도 한다. 그 예로서 다른 수컷과의 생식 경쟁이 거의 없는 고릴라나 오랑우탄의 경우에는 한 번 사정에 의해 배출되는 정자 수가 1억 개 이하지만, 난교형 교미를 하는 원숭이들은 10억 개 이상의 정자를 사출하기도 한다. 이러한 사실은 암컷 질 속에서의 정자 경쟁이 정자 수를 늘리는 방향으로 진화를 유도했다는 좋은 증거가 될 수 있을 것이다. 또한 난교형 교미를 하는 동물은 수컷끼리의 경쟁이 거의 없는 일부다처나 일부일처제의 동물들보다 월등히 큰 고환을 갖고 있다. 영장류들에서 체중에 대한 고환의 비율을 보면, 고릴라는 0.017%, 오랑우탄은 0.048%, 침팬지는 0.269%이며 인간은 0.079% 정도라고 알려져 있다. 이 결과는 일부다처제인 고릴라나 오랑우탄보다 난교형인 침팬지가 체구에 비해 월등히 큰 고환을 갖고 있으며, 인간도 난교형 원숭이들과 같이 대단히 확대된 고환을 소유하고 있다는 사실을 나타내고 있다. 즉, 인간을 포함하여 난교형 교미를 하는 동물들은 수컷끼리의 정자 경쟁에서 승리하여 자신의 자손을 남기기 위해서 되도록 많은 수의 정자를 생산하게 되었고, 이를 위해서 고환의 크기를 확대시키는 방향으로 진화할 수 밖에 없었을 것이다.

5) 여성 생식기관과 성행위 양태

여성 외부 생식기관 역시 진화의 결과로써 현재의 구조를 갖추게 되었다. 대부분의 영장류 암컷은 태어날 당시에는 소음순과 대음순이 모두 있으나 사춘기를 지나면서 대음순은 사라지고 소음순만이 발달한다. 그러나 피그미 침팬지는 사춘기를 지나도 대음순이 사라지지 않고, 배란기가 아닐 때에도 엉덩이가 부풀고 서로 성기를 문지르며 대면형의 성교를 한다는 사실이 밝혀졌다. 피그미 침팬지가 이러한 성적 행태를 보이는 이유는 음핵이 소음순의 전방에 위치하여 소음순이 부풀게 되면 다리 앞쪽으로 음핵이 돌출되기 때문에 앞으로부터의 성관계가 음핵의 자극에 효과적일 수 있기 때문이라고 알려졌다. 성적 쾌감을 원하는 암컷이 대면형 성관계를 요구하기 때문에 비록 질구가 후방에 위치하여 성관계가 어려울지라도 수컷은 암컷의 요구에 응할 수밖에 없었을 것이며, 이러한 이유로 피그미 침팬지는 결국 대면형 성관계를 하게 되었을 것이다. 또한 피그미 침팬지는 인간과 같이 쾌락을 위한 성교를 시도하는 동물이다. 피그미 침팬지의 경우 성기에 의해 느끼는 쾌감이 성행위 양상을 변화시켰을 가능성이 있으며, 인간의 여성 생식기의 구조 및 성행위 향상 역시 성적인 쾌감을 극대화하는 방향으로 진화해 왔을 것이다.

6) 의사성기관

인간은 의복을 입게 되면서부터 구애단계에서는 성기 노출이 불가능해졌기 때문에 신체의 성적신호기관을 통해서는 직접적으로 성적신호를 보낼 수 없게 되었다. 따라서 인간은 신체의 진정한 성적신호기관 대신에 이와 유사한 의사성기관을 이용하여 이성에게 성적신호를 보내는 방법을 개발하게 되었다.

15–16세기 유럽의 남성들은 코드피스(codpiece)라는 불룩한 음낭 주머니를 꽉 조이는 바지 가랑이에 달고 다니면서 음경이 발기한 듯한 인상을 주기도 하였고, 뉴기니의 나체족은

그림 1.8 의사성기관
뉴기니 니체족의 팰로카프

음경을 씌우는 길이 60 cm, 지름 10 cm에 달하는 팰로카프(phallocarp)를 착용하기도 하며, 최근의 많은 젊은이들은 꽉 끼는 바지를 착용함으로써 간접적으로 자신의 음경을 과시하기도 한다(그림 1.8).

여성의 경우는 남성보다 성기를 간접적으로 노출하는 방법으로 다양한 패션을 이용하기도 하며, 신체의 다른 부분을 의사성기관으로써 활용하는 경우도 있다. 즉, 질 대신 배꼽과 입을 사용하며, 발달된 유방으로 엉덩이를 대신하기도 한다. 여성들은 화장을 통하여 눈과 입술을 강조하기도 하는데, 특히 립스틱을 이용한 입술의 강조는 의사성기관으로서의 효과를 높이기 위한 것이라고 설명하는 학자들도 있다. 입술은 점막이 바깥으로 말려 있는 구조로 색깔이 붉고 윤곽이 뚜렷하며 성적으로 흥분하게 되면 더욱 붉어짐으로써 성관계에 대한 준비가 되었다는 신체적 변화를 암시하기도 하는 의사성기관이다(그림 1.9). 무용수가 배꼽을 움직여 성적 흥분을 유발하거나 키스 시에 음경을 연상시키는 남성의 혀가 음순을 모방하여 진화한 입술에 삽입되는 경우가 의사성기관의 좋은 예라고 할 수 있다.

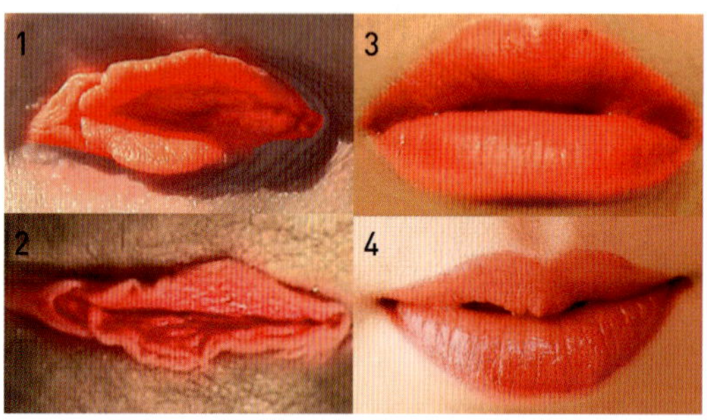

그림 1.9 인간의 의사성기관
소음순(1, 2)과 소음순에 대한 의사성기관인 입술(3, 4)형태의 유사성

2 성적 행태의 진화

동물의 수컷들은 발정기가 되면 종에 따라 암컷을 차지하기 위한 다양한 방식의 경쟁을 통해 적극적으로 암컷을 차지하거나, 또는 암컷의 주의를 끄는 행동을 하면서 암컷에 의해 선택되는 것을 수동적으로 기다리는 경우도 있다. 전자의 경우는 암컷이 수컷을 선택할 수 없으며, 후자는 암컷이 적극적으로 수컷을 선택할 수 있는 경우이다. 이 장에서는 동물들의 배우자 선택의 기준은 무엇이며, 암수 중 어느 쪽이 선택권을 갖게 되고, 그 이유는 무엇인지를 알아봄으로써 인간의 성적 행태의 기원을 이해하고자 한다.

1) 배우자 선택의 권리

일부 동물들은 새끼들의 양육을 암컷과 수컷이 함께 책임지기도 하지만, 암컷은 임신해서부터 새끼를 출산하고 새끼가 완전히 성숙하여 독립생활이 가능할 때까지 모든 책임을 지는 데 반해 수컷은 정자를 제공한 것으로 자기의 임무를 마치는 것이 대부분이다. 인간의 경우도 여성은 9개월 이상의 임신기간 동안 여러 가지 신체적, 정신적 변화는 물론 출산의 고통과 자녀 양육을 위해 수년을 소비하여야 하지만, 남성은 자녀 출산이나 자녀 양육 때문에 받아야 하는 직접적인 고통은 거의 없다고 해도 과언이 아니다. 특히 과거 수렵생활을 하던 시대에 여성의 임신 기간 중에 남성이 하는 일은 임신에 의해 노동력이 떨어진 여성에게 음식을 제공하고, 외부의 위험으로부터 여성을 보호하는 것이었을 것이다. 이와 같이 임신과 출산 그리고 자녀 양육에는 여성이 남성보다 월등히 많은 부담을 갖게 되며, 이러한 자녀 양육에의 부담이 남녀의 성적행태에도 영향을 주었을 가능성이 높다.

이와 같이 여성의 경우 한 번의 잘못된 임신으로 인한 부담이 매우 큰 반면에 남성은 임신이 잘못된 경우 또 다른 암컷을 통하여 얼마든지 자신의 자손을 생산할 수 있는 기회가 있기 때문에 임신에 대한 부담이 여성에 비하여 크지 않다. 이러한 남녀의 생물학적인 차이에 의해 여성은 이성을 선택하는 데 매우 신중하게 되었고, 결국 이성을 선택하는 권리와 책임이 여성에게 주어지게 된 것이다.

자녀 생산에 대한 부담의 경중이 배우자 선택의 기득권과 관련이 있다는 증거가 있다. 먹이가 모자라는 열악한 환경 하에서 구애할 경우에 수컷이 암컷에게 자신의 신체 일부를 제공하는 몰몬귀뚜라미와 알에서 올챙이가 될 때까지 새끼 양육에 대한 모든 책임을 수컷이 떠맡는 파나마 독화살 개구리를 비롯하여 많은 종의 조류들과 같이 종족 보존을 위하여 수컷의 희생이 암컷보다 월등히 많을 때에는 도리어 암컷이 수컷에게 구애를 하고, 그 중 가장 마음에 드는 짝을 선택하는 권리는 수컷이 갖게 된다. 이들에서는 수컷끼리의 경쟁이 아니라 암컷 사이에서 수컷을 소유하고자 하는 경쟁이 벌어지게 된다.

2) 배우자 선택의 기준

인간의 경우 남성과 여성이 배우자를 선택하는 기준이 다르다. 남성의 경우는 여성의 생식 능력을 고려하여 되도록 많은 자녀를 낳을 수 있는 젊은 여성을 선호하는 데 반해, 여성은 자신과 자녀들의 의식주를 해결할 수 있는 경제력이나 권력을 지니고 있는 남성을 선호하는 경향이 있다.

Q 1-2

구애하기를 원하는가? 구애받기를 원하는가?

남학생 320명과 여학생 246명을 대상으로 상대에게 자신이 구애하기를 원하는지 아니면 구애받기를 원하는지에 대하여 조사한 결과 여학생의 대다수인 89%가 구애받기를 원한다고 응답한 반면 남학생들은 51%가 구애하기를 원하며, 42%는 구애받기를 원한다고 응답하였다. 비교적 고르게 응답한 남학생들에 비하여 여학생들에게선 구애하기보다는 구애받고자 하는 의견이 압도적으로 많이 관찰되었는데, 이러한 결과에는 현대 사회에서 변화된 남녀의 성적 역할에도 불구하고 여전히 남아 있는 남녀의 성적역할에 대한 선입견과 자녀양육의 부담이 큰 여성이 구애하는 남성을 대상으로 선택권을 행사해 왔던 진화론적 성적행태가 반영된 것이라고도 볼 수 있을 것이다.

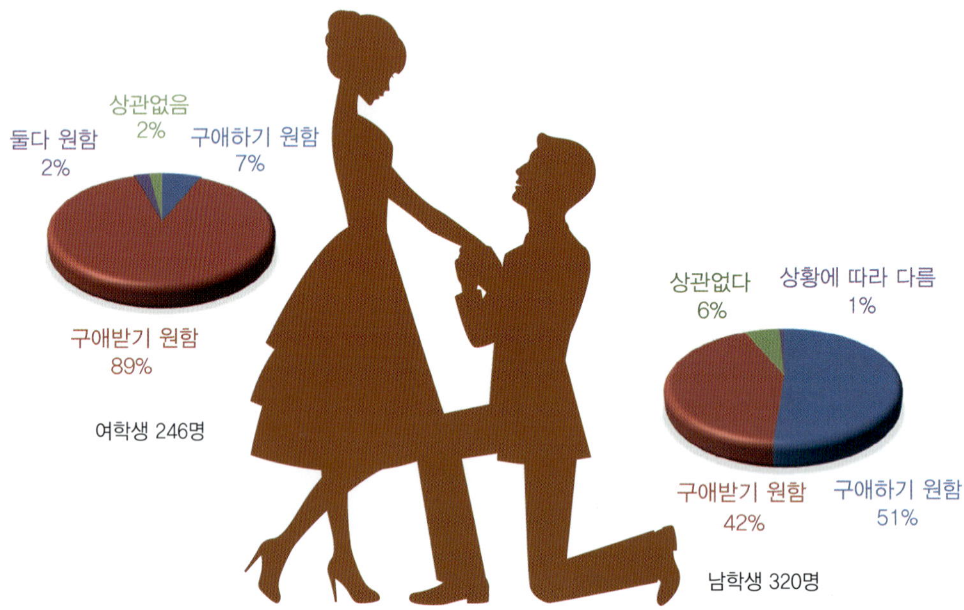

폐경기가 없는 유인원의 경우에는 새끼를 낳은 경험이 많은 성숙한 암컷이 임신 가능성이 검증되지 않은 젊은 암컷보다 선호되는 경우도 있으며, 인간도 아프리카의 몇몇 부족들과 같이 혹시 불임일지도 모르는 젊은 처녀들보다는 자녀출산 경험이 있는 여성들을 선호하기도 한다. 그러나 40대 후반에서 50대 초반에 폐경을 맞게 되는 인간의 경우에는 되도록 젊은 여성을 선택해야만 많은 자녀를 생산할 기회도 커질 것이다. 즉, 여성 생식 가치의 중요성이 남성들로 하여금 젊은 여성을 선호하게끔 유도하였다고 할 수 있을 것이다.

Q 1-3

배우자 선택에서 가장 중요한 것은?

배우자 선택의 기준에 대한 설문 결과, 남녀 학생들 모두 33%와 31%로 성격이 가장 중요하다고 응답하였으며, 남학생들의 경우에는 외모가 31%로 2순위, 여학생들의 경우에는 능력이 29%로 2순위를 차지하였다. 이러한 결과는 남성의 경우 여성의 능력보다는 외모를 중시하는 반면 여성들은 남성의 외모보다는 능력과 같은 자신과 자녀의 부양능력을 중시함을 잘 보여준다.

〈배우자 선택의 기준〉

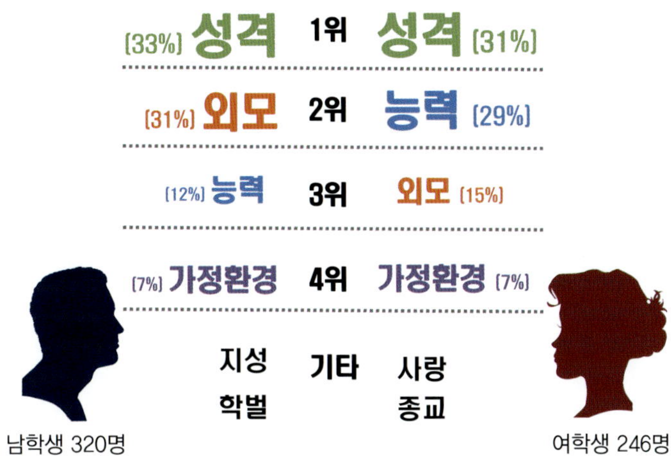

많은 동물들의 암컷은 자기들끼리의 경쟁을 통해 승리한 수컷만을 자신의 짝으로 받아들이거나, 폭주적 진화설이나 장애설 등에서 설명하듯이 좋은 유전자를 소유하고 있는 수컷만을 선택함으로써 자신은 물론 새끼들에게 풍부한 먹이를 제공하고 포식자들로부터 보호 받을 수 있는 기회를 높이고자 한다. 인간의 경우도 선사시대에는 풍부한 먹이와 안전한 생활을 보장할 수 있는 조건의 남성을 선호했듯이, 최근에는 돈과 권력이 있는 상류층 남성들을 선택하여 자신과 자녀들의 장래를 보장 받고 싶어 할 수도 있을 것이다.

3) 생식 목적 이외의 성의 이용

인간은 생식이 아닌 또 다른 목적으로 성을 이용하기도 한다. 학자들은 인간이 성을 생식이 아닌 또 다른 목적으로 이용하는 이유로 다음 세 가지를 들고 있다. 첫째, 원시 수렵시대부터 현재까지 남성들은 사냥을 위해 또는 직장에 출근하기 위해 여성과 떨어져 있게 된다. 이러한 경우에 여성들은 남성들이 되도록 빨리 자신에게 돌아오도록 유도할 방법이 필요하게 되었고, 이를 목적으로 선택된 것이 성이다. 둘째, 여성들은 남편이 아닌 다른 남성으로부터 자녀를 지키기 위한 목적으로 성을 사용한다. 사자와 같은 동물의 수컷들은 자신의 자손을 번식시키기 위해 다른 수컷의 새끼를 죽임으로써 암컷의 발정을 유도한다. 새끼를 양육하고 있는 암컷은 발정하지 않기 때문에 새끼를 죽이는 것만이 자신의 새끼를 생산할 수 있는 유일한 방법인 것이다. 그러나 피그미 침팬지들에게서는 다른 수컷의 새끼를 죽이는 현상을 찾아 볼 수 없다. 피그미 침팬지의 암컷은 배란하지는 않지만 임신 중에도 주기적인 발정을 하기 때문에 수컷으로서는 굳이 다른 수컷의 새끼를 죽일 필요가 없기 때문이다. 이와 마찬가지로 항상 발정하는 인간도 자신의 자녀를 보호하기 위해 성을 이용하고 있는 것이다. 셋째, 여성들은 남성으로부터 음식을 제공받기 위한 목적으로 성을 이용하기도 한다. 원시 수렵시대에는 수컷에 비해 사냥 기술이 떨어지는 암컷들이 충분한 먹이를 획득하기 위하여, 또는 각종 위협으로부터 자신과 자손을 보호하기 위하여 수컷에게 성을 제공하는 대가로서 음식과 보호를 제공받았을 것이다.

4) 일부일처제

대부분의 동물들은 일부다처제이며, 일부일처제나 일처다부제의 형태를 유지하는 동물들은 매우 드물다. 그러나 생리적으로나 진화학적으로 되도록 많은 여성들로부터 자신의 자손을 얻고자 하는 성향을 갖고 있는 남성들이 자신들이 주도하는 사회에서 일부일처제를 결혼의 형태로 선택한 이유는 무엇일까?

동물들이 일부일처제를 선택하는 데에는 세 가지 이유가 있다. 첫 번째는 일정 지역에 암컷의 수가 너무 적어서 여러 암컷을 찾아다니는 것보다 하나의 암컷과 계속적인 관계를 유지하는 것이 자녀를 생산할 확률이 높은 경우이다. 두 번째는 새끼를 아무리 많이 생산하더라도 만약 성숙하기 전에 모두 죽게 된다면 자신의 유전자를 자손에게 물려 줄 수가 없기 때문에 한 암컷과 함께 새끼를 양육하는 것이 여러 암컷으로부터 많은 새끼를 낳는 것보다 유리한 경우이다. 세 번째는 암컷의 강요에 의해 할 수 없이 일부일처제를 선택한 경우이다. 만약 짝이 있는 수컷을 모든 암컷이 거부한다면 수컷들은 자신의 짝과의 생활에 만족할 수밖에 없을 것이다.

인간들의 경우는 아마 위의 세 가지 요인이 복합적으로 작용한 것일 수도 있다. 인간은

Q 1-4

선호하는 결혼제도는 무엇인가?

남녀 학생들을 대상으로 자신이 선호하는 결혼제도에 대하여 조사한 결과, 남녀 학생들 대부분이 일부일처제(남학생 83%, 여학생 84%)라고 응답하였다. 그 외 여학생들의 소수 의견으로는 일부다처제(4%)와 일처다부제(5%), 다처다부제(2%) 등이 비교적 고르게 나타났으며, 남학생들의 소수 의견으로는 일부다처제(10%), 일처다부제(2%), 다처다부제(3%) 등으로 나타나 남학생들의 경우 일처다부제나 다처다부제에 비하여 일부다처제에 대한 선호도가 상대적으로 높게 나타났다.

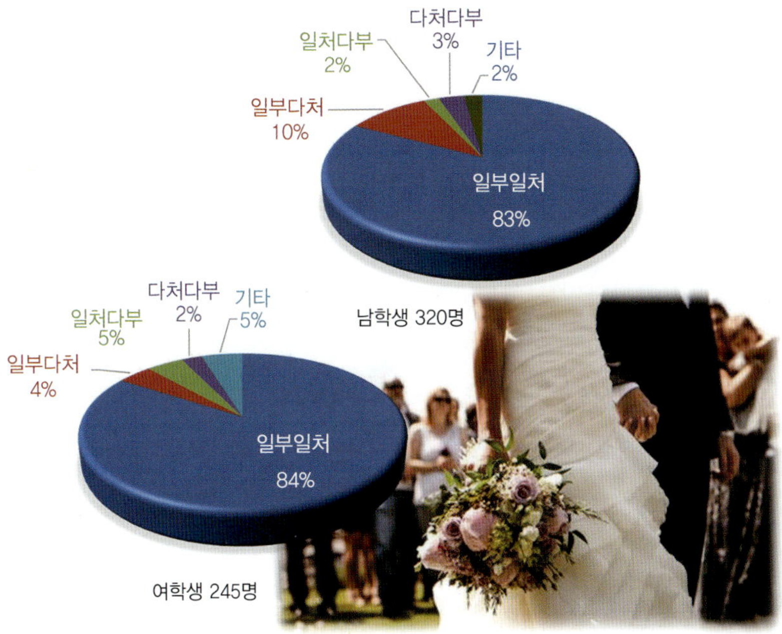

태어나자 마자 곧바로 걷고 뛸 수 있는 초식동물과는 달리 몇 년 동안 계속적으로 부모의 도움을 받아야만 생존이 가능하다. 이러한 시기에 만약 남성이 자신의 자녀를 돌보지 않는다면 자녀 양육과 경제적인 문제를 여성 혼자 해결하기는 어려울 것이며, 설혹 어렵게 해결한다 하더라도 부모에 의해 양육된 경우보다는 영양결핍, 정신적인 문제, 교육문제 등에 의해 사회에서 도태될 확률이 높아지게 될 것이다.

인간의 개체수는 자연도태에 의해 조절되는 다른 동물들과는 달리 사회적인 환경이나 규범 및 법을 통하여 조절되고 있다. 지구라는 한정된 공간에 수십억이나 되는 인간이 서로 공존하기 위해서는 생식경쟁을 최소화하기 위한 방법이 필요하게 되었고, 일부일처제는 이러한 요구에 가장 적합한 결혼제도일 것이다. 즉, 인간에서의 일부일처제는 동물들과 같이 동종간의 먹이 경쟁, 생식 경쟁 등에 의한 종의 도태를 방지하기 위하여 인간 스스로 선택한 가장 합리적인 생식방법의 형태라고 할 수 있을 것이다.

5) 언어의 발달

여성들은 대체로 말 잘하는 남성들을 선호하는 경향이 있다. 인간의 직립보행은 목 부분에서의 소리의 공명을 원활하게 함으로써 다양한 소리를 내는 것을 가능하게 하였다. 특히 원시 수렵시대의 인간들은 큰 동물들을 합동으로 사냥하기 위해서 서로 간의 의사 전달 수단이 필요하게 되었고, 이러한 필요가 언어의 발달을 유도하였다. 그러나 수렵만을 위한 언어는 그다지 복잡할 필요도 없이 매우 간단한 의사 표시로서 충분하였을 것이다. 일부 학자들은 인간의 언어는 가능한 한 많은 암컷을 유혹하여 자신의 자손을 생산하고자 하는 남성들의 노력에 의해 발달되어 왔으며, 이러한 언어능력 관련 유전자가 자손들을 통해 지금까지 이어져 온 것이라고 주장하기도 한다. 현대의 남성들도 여러 여성과의 관계를 유지하기 위해서는 상당히 체계적이면서도 합리적인 언어 구사 능력이 필요할 것이며, 여성을 유혹하기 위한 언어 구사 능력은 종합적인 지적 능력의 소유자만이 가능할 것이다. 즉, 말 잘하는 남성들은 좋은 유전자를 갖고 있다고 할 수 있으며, 이러한 이유로 말 잘하는 남성이 여성에게 선호된다고도 할 수 있을 것이다.

6) 여성의 유아적 행동

그림 1.10 여성의 유아적 행동
여성의 유아적 행동은 많은 남성들에게 성적인 매력으로 작용한다.

많은 여성은 자신들이 좋아하는 남성 앞에서 잘 울고, 애교를 부리며, 어린 아이와 같은 행동을 취하기도 한다(그림 1.10). 이러한 경향은 남성들이 젊은 여성 또는 젊어 보이는 여성을 선호하기 때문에 유도된 여성의 성적행태 진화의 결과라고 할 수 있다. 즉, 과거의 인간들은 실제 나이를 알기가 어려웠고, 그저 외모나 행동으로 나이를 짐작할 뿐이었을 것이다. 그 당시 남성들은 되도록 많은 자손을 생산하기 위해서 젊은 여성이나 젊어 보이는 여성을 선호하였고, 이에 따라 여성들도 자신이 젊다는 사실을 강조할 필요가 있었을 것이다. 즉, 여성들은 실제 나이보다 어리게 행동하여 남성의 착각을 유도함으로써 자신의 성적 활동기를 연장하고자 하였고, 이러한 젊어 보이는 형질이 유전 및 진화를 통해 여성의 유아적인 성적 행태가 형성되었다고 할 수 있다.

7) 자위행위와 오르가즘

자위행위(masturbation)란 이성 또는 동성 사이의 성적 결합이나 유사성행위가 아닌 손이나 기타 여러 가지 도구를 이용하여 자신의 신체를 자극함으로써 성적 만족을 추구하는 행위를 말한다(그림 5.9). 최근의 연구들은 사춘기 청소년을 포함하여 성행위 상대자를 만날 기회가 없는 사람들은 물론 배우자가 있는 사람들도 정기적으로 자위행위를 시도한다고 보고하고 있다. 이와 같이 수많은 사람들이 생식과는 아무런 관계가 없는 자위행위를 시도하는 이유는 무엇일까?

자위행위를 자주하게 되면 한 번 사정에 의해 사출되는 정자의 수가 줄어들어 임신의 기회가 줄어들 것이라고 생각할 수도 있을 것이다. 그러나 어떤 연구에서는 자위행위를 한 후 성교를 하게 되면 한 번 사정에 의해 사출되는 정자의 수는 줄어들지만 실질적인 임신 성공률에서는 자위행위를 하지 않는 경우와 거의 차이가 없다는 사실이 관찰되었다. 일반적으로 사정된 정액의 약 1/3 가량은 여성의 질로부터 다시 체외로 배출되며, 배출되지 않고 질 속에 남아 있는 정자들도 난자와 만나기 전에 거의 대부분 사멸되는데, 자위행위 후에 성교를 시도하면 사출되는 정자 수는 적지만 질 속에서 생존하는 정자의 수는 자위행위를 하지 않았을 때와 거의 동일한 것으로 알려졌다. 또한 자위행위란 노쇠한 정자를 제거하고 정액에 포함되어 있는 전체 정자들 중에서 수정에 유리한 젊은 정자의 비율을 높이기 위한 방법이라고 주장한 연구결과도 있다.

성교시 여성의 오르가즘 유무가 질에 존재하는 정자 수를 조절한다는 연구보고도 있다. 이 보고에서는 사정 직후에 여성이 오르가즘에 도달하게 되면 정액이 여성의 체외로 배출되지 않는 반면에 오르가즘에 도달하지 못하거나 사정 훨씬 전이나 후에 오르가즘에 도달하게 되면 비교적 많은 양의 정액이 체외로 배출되는데, 그 이유는 여성이 오르가즘에 도달하면 자궁이 수축되어 정액을 흡입함으로써 정액이 체외로 배출되는 것을 방지하기 때문이라고 설명하고 있다. 이 가설에 대한 증거로서 암말은 자궁 수축을 통하여 약 15–16 mL의 용액을 빨아들일 수 있다는 연구 결과가 있다. 즉, 남성이 수정률을 높이기 위하여 정자 수를 늘리는 방향으로 진화하였듯이, 여성은 오르가즘을 이용하여 되도록 많은 정자를 자궁 속으로

Q 1-5

유아 같은 여성과 어머니 같은 여성 중 어떠한 여성을 선호하는가?

279명의 남학생들을 대상으로 유아적 행동을 하는 여성과 누나, 어머니 같은 여성에 대한 선호도를 조사한 결과 유아형 여성(45%)보다는 어머니형 여성(55%)을 선호하는 것으로 나타났다. 이러한 결과는 남성들이 어린 여성을 선호할 것이다라는 기존의 이론을 뒤엎는 결과로서 아마도 응답자의 대부분이 연상녀에 대한 선호도가 높은 20대 초반인 남학생들이라는 점과 (실제로 많은 설문 결과에서 남성들은 군복무 전후(20대 중반 이후) 연상녀에 대한 선호가 연하녀에 대한 선호로 바뀐다는 결과들을 찾아볼 수 있다.) 현대사회의 취업난과 같은 과도한 생존경쟁에 지친 남성들이 오히려 배우자에게 의지하거나 보호 받고 싶어 하는 모습, 또는 최소한 경제적 부담을 나누고자 하는 심리가 반영되었을 가능성을 배제할 수 없을 것이다.

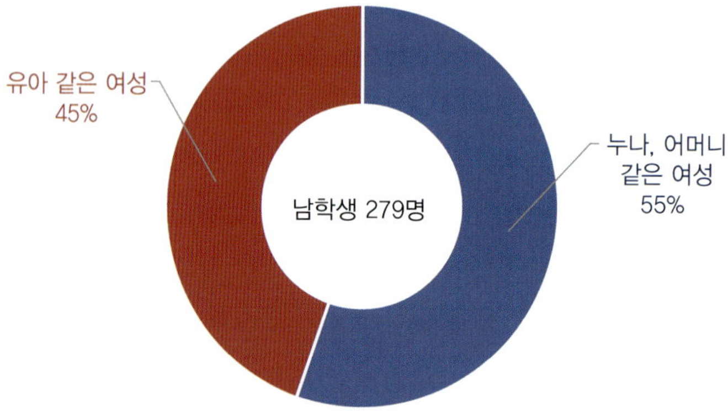

받아들임으로써 수정률을 높이는 쪽으로 진화되었다고 할 수 있을 것이다.

더욱이 성교 직후 여성이 서서 움직이게 되면 대부분의 정액이 질 밖으로 흘러나오게 되는데, 여성이 격렬한 오르가즘에 도달하게 되면 피로하고 졸음이 와서 계속 누워있게 됨에 따라서 정액이 질 밖으로 흘러나오지 않게 된다. 이와 같이 오르가즘은 성교 후 여성이 계속 누워 있게 함으로써 정액이 체외로 배출되는 것을 방지하고, 이를 통하여 임신 가능성을 높힐 수 있을 것이다.

어떤 학자는 오르가즘은 생식보다는 성교 자체를 즐기기 위하여 진화된 것이라고 주장하였다. 즉, 생식할 시기가 아니더라도 성교에 탐닉하도록 유도하기 위해서는 성교를 통해 무엇인가 보상을 받아야 하는데, 그 보상이 바로 오르가즘이며 오르가즘을 얻기 위한 욕구가 성교에 대한 동기를 부여한다는 것이다.

오르가즘의 기원에 대한 이론은 지금까지 설명한 것들 외에 여러 가지가 있지만, 모든 이론들의 공통점은 오르가즘은 생식과 직접적인 관련은 없을지라도 임신 가능성을 높이기 위한 중요한 수단으로서 진화된 결과라는 것이다.

8) 동성애

그림 1.11 남성동성애

동성애의 원인은 학자들에 따라 매우 달리 해석되고 있다. 많은 생물학자나 의학자들은 유전자의 영향과 뇌의 해부학적 구조 및 호르몬이 동성애의 원인일 것이라고 주장하는 반면에, 행동학자, 심리학자 및 사회학자들은 사회-환경적인 요인이 동성애를 유발하는 주요 원인이라고 설명하고 있다(그림 1.11). 동성애의 원인에 관한 고찰은 9장에서 자세히 다룰 것이기 때문에 이 장에서는 단지 동성애의 진화에 관해서만 살펴보고자 한다.

잿빛 기러기들은 발정기마다 항상 동일한 짝과 교미를 할 정도로 부부애가 강한 동물로 알려져 있다. 그러나 동물학자들은 부부라고 생각했던 많은 쌍들이 사실은 수컷끼리의 쌍이었다는 사실을 밝혀냈다. 이러한 잿빛 기러기의 동성애는 사회적 서열과 깊은 관련이 있을 것이라는 연구결과가 있다. 즉, 학자들은 이들 사회에서는 수컷의 서열이 암컷보다 높으며, 수컷 한 마리보다 두 마리가 짝을 이룰 경우에는 사회적 서열이 더욱 높아진다는 사실을 알게 되었다. 또한 학자들은 이들이 동성애 관계를 계속 유지하면서도 다른 암컷과 교미를 통하여 새끼를 출산하기도 하며, 이 경우에는 수컷 두 마리와 암컷 한 마리가 짝을 이루게 되어 더욱 서열이 높아진다는 사실도 알게 되었다. 즉, 서열이 높은 쌍은 먹이 경쟁이나 새끼 양육에서 낮은 서열보다 모든 면에서 유리하기 때문에 수컷끼리의 동성애 관계가 형성된 것이라고 할 수 있을 것이다.

인간의 경우 동성애는 매우 여러 가지 원인에 의해 유발된다고 알려져 있으나, 아직까지 모든 학자들에게 인정받는 진화로 인한 동성애 발생에 관한 정설은 없다.

9) 성전환

홍해산 꽃도미는 태어날 당시에는 암컷이었다가 환경에 따라 수컷으로 변화하는 특이한

그림 1.12 **성전환**

2003년 유럽챔피언십 여성 장대높이뛰기 동메달리스트인 독일 여성의 성전환 전(1)과 성전환 후(2)의 모습. 이 여성은 성전환 수술 후 패션잡지 남성모델로 활동하고 있다.

어류이다. 이들을 한 수조에서 키우면, 이들 중 가장 덩치가 크고 힘이 센 암컷 한 마리만이 정자를 생산하는 실질적인 수컷으로 변화하며, 이 수컷을 제거하면 남은 그룹 중에서 가장 힘이 센 암컷이 수컷으로 변화하여 생식하게 된다. 수조에서가 아니라 실제 바닷 속에서는 미성숙한 암컷은 수컷의 보호를 받으면서 살다가 순위가 높은 수컷이 사라지고 자신의 순위가 무리 중 가장 높아지게 되면 자신이 수컷으로 변화하여 암컷들과 실질적인 생식을 하게 된다.

인간의 경우를 꽃도미와 직접 비교할 수도 없고, 아직까지 과학적으로 인간의 성전환에 관한 원인도 정확히 밝혀진 바 없으나 수렵 생활을 하던 선사시대에 미성숙된 소년이나 힘이 약한 남성들이 생존을 위하여 힘이 센 남성에게 여성으로서 행동했을 가능성도 배제하지 못할 것이며, 이러한 성향이 성전환증의 원인이 되었을 가능성도 완전히 배제할 수 없을 것이다(그림 1.12).

이 장에서는 인간의 성적 신호기관과 성적행태의 진화에 대해서 알아보았다. 언급된 내용들은 여러 분야의 학자들이 주장한 내용들 중에서 과학적인 증거가 있다고 생각되는 것들만을 발췌한 것들이다. 그러나 진화학이나 인간 행동학 등은 아직까지 과학적인 증거가 상당히 부족한 분야로서 인간의 성적 진화에 대한 관련 학자들의 주장이 진실인지 아닌지 판단하기는 어렵지만, 그들의 주장을 반박할 만한 확실한 증거도 없는 현재로서는 그들의 주장을 부정하기 어려운 것도 사실이다. 이 장에서 소개한 성의 진화 관련 내용들을 어떻게 받아들이는가는 당연히 독자들의 몫이다. 그러나 수많은 연구결과들은 동물의 종족보존 본능은 물론 인간의 성적 행동도 후천적인 교육에 의해서 뿐만 아니라 조상으로부터 물려 받은 수많은 유전자들에 의해 결정적인 영향을 받고 있으며, 그러한 유전자의 작용은 수십, 수백만 년에 걸쳐 진행되어 온 진화의 결과라는 사실을 강하게 시사하고 있다.

02 성의 역사

1. 지역에 따른 성의 역사
   1) 유럽 / 22
   2) 아프리카 / 27
   3) 아시아 / 31
2. 시대에 따른 성의 역사
   1) 기독교의 탄생과 중세시대 / 49
   2) 종교개혁과 빅토리안 시대 / 50
   3) 근세와 현세시대 / 51
3. 성에 관한 연구의 역사
   1) 프로이드 / 53
   2) 엘리스 / 55
   3) 킨제이 / 55
   4) 매스터스와 존슨 / 56
   5) 팩 반 앤델 / 57
   6) 최근의 연구들 / 58

인간의 성에 대한 인식은 시대, 문화 및 지역에 따라 다양한 양상으로 나타난다. 같은 민족도 시대에 따라 성에 대한 인식에 많은 차이가 나며, 같은 시대라도 지역에 따라 서로 상이한 성문화를 갖고 있다. 이 장에서는 세계 여러 민족의 역사적, 문화적 성문화 양상을 고찰함으로써 현재 우리 사회의 성문화가 형성된 기원을 이해하고 우리 시대에 알맞은 건강한 성문화를 확립할 수 있는 지혜를 얻고자 한다.

1 지역에 따른 성의 역사

1) 유럽

(1) 그리스(고대 그리스 중심)

① 성에 관한 인식

그리스인들은 인간의 행복 가운데 가장 중요한 것이 육체적 쾌락이라고 생각하였으며, 그들의 문화는 즐거운 삶의 향유와 사랑의 기쁨에 대한 예찬으로 이루어졌다. 그러나 육체적 사랑이 지나치면 육체와 정신의 건강한 균형이 교란됨으로써 정신이 육체에 대한 통제력을 상실할 수 있기 때문에 정신이 배제된 육체적인 사랑은 정상적인 사랑의 행위가 아니라고도 생각하였다.

그림 2.1 **헤르마프로디토스**
루브르박물관의 헤르마프로디토스 조각으로 유방과 음경을 모두 가지고 있는 양성구유적 인간을 상징한다.

그리스인들은 암수 한 몸인 자웅동체가 가장 이상적인 인간형이라고 생각하였으며, 그러한 인식은 그들의 문화 곳곳에서 찾아볼 수 있다. 사이프러스 섬의 아마투스에서는 자웅동체의 신이 숭배되었고, 아프로디테(Aphrodite)도 양성적 신으로서 체형 및 옷차림은 여성이며 생식기관은 남성으로 표현되기도 하였다. 오비드의 이야기에는 샘물의 요정 살마키스가 헤르마프로디토스(Hermaphroditus)라는 15세 소년의 아름다움에 반해 강제로 관계를 맺었고, 다시는 분리되지 않도록 자신과 연인을 합쳐 두 개의 성을 하나의 성으로 만들어 버렸다고 기술되어 있다(그림 2.1).

이와 같이 그리스인들은 양성의 특징을 한 몸에 갖는 양성구유적인 인간을 이상적인 인간상으로 인식하였으며, 이를 통해 신과 가까워 질 수 있다고 생각하였다.

② 사원매춘

그리스에는 사원매춘이라는 특이한 제도가 있었는데, 모든 여성들은 일생에 한 번 아프로디테 신전의 경내로 들어가 낯선 사람과 관계를 맺어야 하며, 그 대가로 받은 돈을 사원에 바치는 사회적 제도이다. 이러한 제도를 통해 벌어들인 돈은 사원을 위해 이용되었으므로 사원매춘은 신성한 것으로 간주되었다.

그림 2.2 레스보스섬의 사포상
그리스 레스보스섬에 세워져 있는 사포 조각상. 그리스인들은 사포를 시의 여신이라 칭송하였다.

③ 동성애

그리스에서는 남녀의 동성애가 유행하였는데, 특히 여성의 동성애는 레스보스(lesbos) 섬에 거주하던 사포(Sappo)가 뮤즈의 신전에서 다른 여성들과 시와 음률을 즐기는 동호인 모임을 갖게 되면서 시작되었고 전해진다(그림 2.2). 여성들은 이 모임을 통해 여성에게 요구되던 남성에 대한 순종과 가정생활의 속박으로부터 해방을 추구하게 되었는데, 이러한 레스포스섬 여성들간의 사교모임이 동성애적 활동으로 비추어지면서 레스보스섬의 이름으로부터 레즈비언(lesbian)이나 레즈비어니즘(lesbianism) 또는 사포의 이름으로부터 사피즘(sapphism)이라는 말이 여성동성애를 지칭하게 되었다. 일부 연구에서는 기원전 7세기 여류시인으로 활약했던 사포가 당시 남성우월주의에 의해 레즈비언으로 둔갑되었다고 설명하기도 한다.

그림 2.3 파이데라스티아
파이데라스티아는 성인 남성과 어린 소년 사이의 육체적 성관계를 넘어서 훈육적 관계를 포함하는 사회제도로서, 성인 남성을 에라스테스(사랑하는 사람; Erastes), 소년을 에로메노스(사랑받는 사람; Eromenos)라고 불렀다.

그리스의 남성 동성애는 파이데라스티아(소년애; paiderastia, pederasty)라는 사회제도로서 합법화되어 있었다(그림 2.3). 이 제도는 중년의 남성과 소년이 한 쌍이 되어 정신적, 육체적으로 서로를 탐닉하는 것으로서 각종 경험이 풍부한 중년 남성에 의한 일반적인 교육과 육체적 사랑을 통해 소년들의 지적 수준과 남성이 지녀야 할 덕성을 균형 있게 발달시키고자 하는 것이 목적이었다.

④ 기타 성에 관한 풍속

그리스인들은 신체기관은 부끄러운 것이 아니라 생명을 창조하는 신성한 것이며, 종교적 숭배의 대상이라는 인식을 갖고 있어 나체를 선호하였다. 이러한 이유로 그리스에서 나체 예술이 발달하였으며, 특히 남성의 미를 선호하여 공공경기장에서 여성들의 출입을 금한 채로 극도의 남성미를 즐기기도 하였다.

그리스 초기의 공중 목욕탕에서는 남녀의 구분이 있었고 벌거벗은 사람이 없었으나, 후기로 갈수록 남녀가 함께 목욕하기도 하였다. 각종 연회나 파티에서는 코르닥스라는 매우 에로틱한 춤을 추었으며, 술 마실 때는 유희로서 발가벗고 춤을 추기도 하였다. 여성 무희들은 성적 기능을 수행하기도 하였으며, 사고 팔리는 경우도 있었다. 이탈리아 남부의 루카니아 법률에는 해가 저문 후에 방문한 이방인은 반드시 재워 주게 되어 있으며, 이를 어기면 가혹한 처벌을 받아야 했다. 이러한 관습은 시간이 흐르면서 판도케이온이라는 매춘 여인숙을 탄생시켰으며, 여주인들의 매춘도 빈번했던 것으로 알려져 있다.

그리스의 매춘은 부정적인 인식 없이 받아들여졌으며, 현재의 창녀를 뜻하는 헤타이라이라는 말은 그 당시에는 인생의 파트너나 친구 등으로 해석이 가능할 정도이다. 창녀에도 여러 가지 계급이 있어서 매음굴에서 숙식하는 창녀는 가장 비천한 계급으로서 하룻밤 화대가 현재의 1달러 50센트 정도인 1오볼이었으며, 고급 매춘부는 사회적으로 상당한 지위를 누리기도 하였다.

그리스에서는 자위행위 자체를 부정적으로 보기보다는 도리어 광범위한 의미의 성적 행태로 간주하였으며, 적당한 자위행위는 성병, 범죄, 사생아, 미혼모, 자살 예방 등에 매우 효과적이라고 생각하였다. 또한 바우본이나 올리스보스라는 이름의 자위기구를 남녀 모두 사용했던 것으로 알려져 있다.

(2) 이탈리아(고대 로마 중심)

① 성에 관한 인식과 사회제도

로마에서는 새로운 생명을 창조하는 생식력을 숭배하였으며, 이에 따라 로마의 대다수 신들은 성생활과 깊은 관련을 맺고 있다. 비너스는 농업과 관련된 원시적 신들 중 하나인데, 그리스의 아프로디테와 융합되어 후에 사랑과 미의 여신이 되었으며, 결혼의 수호자인 동시에 매춘부의 여신인 메레트리케스이기도 하다(그림 2.4).

초기 공화정 시기에는 일부일처제였으며, 자녀들은 어머니에게 귀속되는 모계제도였으나 로마의 여성들은 정치적 권리가 없었고 시민회의에 참석할 수도 없었다. 로마 여성들은 그리스 여성보다는 많은 개인적인 자유를 누릴 수 있었는데, 로물루스의 법은 신성한 신탁에 의해 맺어진 아내는 모든 재산과 제례의식을 남편과 함께 소유하도록 규정되어 있었으며, 주부들은 남편과 동일한 식탁에서 식사가 가능하고 남편을 포함한 구성원들은 주부들을 마님이라는 뜻의 도미나(domina)로 부르기도 하였다. 그러나 아내가 남편을 떠나는 것은 금지된 반면에, 남편은 아내의 간통이나 자녀의 양육 문제를 이유로 아내와 헤어지는 것이 허용되었다. 여성이 불임일 경우에도 이혼사유가 되었으며, 결혼한 여자가 간통을 한 경우에는 여자는 물론 간통한 남자에게도 혹독한 처벌이 가해졌다.

그림 2.4 밀로의 비너스
밀로스 섬에서 발견된 사랑과 미의 여신인 비너스 조각. 그리스에서는 미의 여신 아프로디테라고 불렸다.

② 성과 예술

로마 사람들은 나체에 대한 예술적 이해가 깊었는데, 테르마이 박물관의 오비디우스 조각상과 카푸아의 프쉬케 조각은 조금은 투박하지만 영혼의 호소력을 지닌 여인상으로서 진실되고 순수하며 예술성이 살아 있는 작품으로 평가받고 있다. 나체를 외설적이라는 말과 동의어로 간주했던 로마인들이 누드 조각상을 열정적으로 수집하고 인간 신체의 극한의 아름다움을 표현할 수 있었던 것은 로마인들의 잠재의식 속에 진실되고 고귀한 인간애가 내재해 있었기 때문일 것이다(그림 2.5). 로마 사람들은 여성 신체의 아름다운 부분을 숨기지 않고 드러내기도 하였으나, 완전한 나체보다는 부분적으로 숨겨지거나 가리워진 경우가 보다 자극적이라는 사실도 알고 있었기 때문에 칼리피고스의 여성 조각상은 엉덩이만 살짝 드러내고 있어 나체 조각보다 훨씬 자극적인 아름다움을 나타내고 있다.

그림 2.5 폼페이 벽화 속 나체 예술
대영박물관에 소장된 서기 1세기경에 제작된 폼페이의 벽화로 나체인 남녀가 서로 사랑을 나누는 모습이 그려져 있다.

③ 기타 성에 관한 풍속

그림 2.6 **로마 여성들의 적극적인 성**

대영박물관에 소장되어 있는 헤라클레스가 젊은 여성과 성행위를 하는 장면의 조각으로 성행위 시 로마 여성들의 적극성을 엿볼 수 있다.

초기 로마 시대를 지나면서 로마 사회는 자작농에서 벗어나고, 제2차 포에니 전쟁 후 도덕적이나 사회적으로 많은 변화를 겪게 되었다. 즉, 로마가 많은 전쟁에서 승리하면서 노예의 수가 증가하였고, 부도 확대됨에 따라 여성의 사회적 지위도 따라서 상승하게 되었다. 로마 여성들은 한편으로는 춤, 음악, 시 등에서 재능을 발휘할 수 있게 되었지만, 그 반면에 부도덕과 사치, 방탕에 물들기도 하였다(그림 2.6). 기원전 2세기 경에는 여성들의 순결 의식이 희박해졌으며, 남편의 지배를 받던 여성들이 경제적으로 독립함으로써 점차 자유로운 결혼생활을 영유할 수 있게 되었다.

초기 로마는 결혼이외의 다양한 성관계가 존재하였는데, 젊은 남성과 창녀와의 성관계에 대해 상당히 관대하였으며, 매춘은 공공연한 풍습으로 인식되었다. 또한 결혼의 순결과 처녀성의 보호는 분리하여 생각하였고, 젊은 남성에게 결혼 전에 금욕을 강요하는 것은 부자연스러운 일로서 간주하였다. 더욱이 혼외관계를 금지하는 규정이 없었음은 물론 매춘이나 성적인 행위는 지극히 당연한 것이어서 양심의 가책을 받을 필요가 없었고, 창녀도 비하되지 않았다. 매음굴이 언제 생겼는지는 정확히 알 수 없으나, 초기 로마 시대에는 남자 인구가 여자보다 훨씬 많았기 때문에 매춘 사업이 번창할 수밖에 없었으며, 실제로 폼페이에는 많은 매음굴이 존재하였다. 그러나 자유민인 남자는 포주나 해방된 노예와 결혼할 수 없었고, 매춘부는 일반 여인과는 다르게 남자들의 옷인 토가를 입어야 했다.

그림 2.7 **로마시대의 목욕탕**

로마시대에는 목욕 문화가 발달하여 도시에 수많은 목욕탕이 존재하였으며, 남녀 혼탕인 경우가 많았다.

로마시대에는 목욕 문화가 발달하여 대단히 화려한 목욕탕이 많았으며, 플리니우스 시대에는 남자는 거의 나체로, 여자는 짧은 앞치마 같은 목욕의상을 입고 남녀가 혼욕하는 경우도 있었다(그림 2.7). 또한 사랑하는 연인들끼리 목욕탕에서 만나기도 하였는데, 바이아이라는 로마의 유명한 목욕 유원지에서는 들어올 때와 나갈 때의 연인이 바뀌는 경우도 있었다고 알려져 있다.

(3) 이스라엘 주변 지역(유태인 중심)

자연 조건이 열악한 중동 사막에서 생활하는 유태인들은 생존을 위해서 많은 노동력이 필요했으며, 이에 따라 가능하면 많은 자손을 낳으려고 노력하게 되었다. 그러므로 유태인들에게는 성의 일차적인 목적이 생식일 수 밖에 없었으며, 이러한 이유로 기본적으로는 성에 대해서 부정적이긴 하였지만 부부 간의 생식을 위한 성에는 긍정적이었다. 이 지역 사람들의 성에 대한 인식은 과거의 유태인뿐만 아니라 추후 기독교를 통해 전 세계 사람들의 성적인 인식에 큰 영향을 미치게 되었으며, 현재까지도 그 영향은 지속되고 있다.

남아들은 노동력과 위험으로부터 가족을 보호하는 역할을 하기 때문에 여아보다 선호되었으며, 여성들은 아버지나 남편의 재산으로 간주될 정도로 지위가 매우 낮았다. 유태인 사회에서의 혼외정사는 가혹한 벌을 받게 되는데, 여성과 남성 간에는 이중적인 기준이 적용되었다. 예를 들어 여성이 불륜을 저지르면 돌에 맞아 죽게 되며, 남성이 불륜을 저지르면 그저 다른 사람의 재산권을 침해한 것으로서 간주되어 이에 대한 벌만 받으면 그만이었다. 또한 남성에 의한 여성 강간도 역시 타인의 재산권을 침해한 것으로 간주되었다.

동성애나 수간을 시도한 당사자들은 죽임을 당하며, 금욕이나 독신으로 사는 것도 생식의 의무를 다하지 못했다는 이유로 벌을 받았다. 그러나 성기에 대해서는 긍정적인 인식을 갖고 있었으며, 남편과 아내의 성관계는 신으로부터의 축복이라고 생각하였다. 또한 씨의 낭비를 방지하기 위하여 성교시에는 반드시 여성의 질 내에 사정해야 한다는 것을 제외하고는 어떠한 성적 행위도 용납될 정도로 사회적으로 인정된 부부 간의 성에는 긍정적이었다.

2) 아프리카

약 6억 명의 인구가 밀집해 있는 아프리카에는 다양한 언어, 문화 및 풍습을 갖고 있는 수많은 부족이 살고 있다. 이들은 언어, 건축양식, 음식, 의복, 신앙 등에서 서로 다르며, 성에 대한 인식이나 성적 행위에 대한 가치 기준 역시 매우 다양하다. 수천, 수만 년의 아프리카 역사를 통해 그들은 나름대로의 생활방식을 구축해서 계승하여 왔으며, 성문화 역시 생활 환경에 가장 적합하도록 변화되어 왔다.

(1) 할례 풍속

남성 할례(circumcision)는 음경의 귀두 부분을 둘러싸는 포피를 제거하는 것을 뜻하며, 여성 할례는 음핵이나 대음순 및 소음순 일부나 전체를 절제하는 행위를 말한다. 할례의식은 지구상의 여러 지역이나 민족에 널리 퍼져 있는 의식이기는 하나 그 기원이나 이유는 확실히 알려져 있지 않다. 역사적으로는 기원전 4000년경 고대 이집트 어린이들에게 할례의식을 거행했다는 증거가 있으며, 지역적으로는 주로 아프리카, 서남아시아, 동남아시아, 호주, 남아메리카 등에서 시행되었다고 알려져 있다. 종교적으로는 유태교, 이슬람교 및 일부 그리스도교에서 할례의식이 존재했던 것으로 알려져 있다. 할례의 시기는 생후 일주일 전후에서부터 사춘기나 결혼직전 등으로 매우 다양하며, 종교, 부족의 결속, 인내력 증가, 성인식, 결혼의 준비, 희생, 위생, 성감대 둔화(여성의 경우) 등의 목적으로 시행되었다.

여성의 할례에는 음핵만을 절제하는 순나(sunna)형과 음핵과 음순을 절제하고 질구마저 봉합해버리는 파라오(pharonic)형이 있다(그림 2.8). 순나형은 여성의 성기능을 약화시키고, 크기는 작지만 남성의 성기와 유사한 음핵을 제거함으로써 남녀 간의 완전한 성적 차이를 나타내고자 하는 목적으로 시행되었고, 파라오형은 여성에 비해 성적으로 열위에 있는 남성들이 성적인 우위를 차지하기 위해서나 결혼 초야에 남편에게 처녀성을 입증하기 위한 수단으로 시행되었다고 알려져 있다.

여성에 대한 할례는 백해무익하고, 음부의 감염이나 손상은 물론 정신적인 피해와 성기능 마비와 같은 위험성도 내포되어 있으며, 남성들에 의한 여성지배를 목적으로 시행되고 있기 때문에 많은 여성 운동가들은 이의 금지를 위해 전 세계적으로 활발한 운동을 전개하고 있다. 그럼에도 불구하고 아직도 세계 곳곳에서 강제로 자행되는 할례에 대한 보고가 끊이지 않고 있는 실정이다.

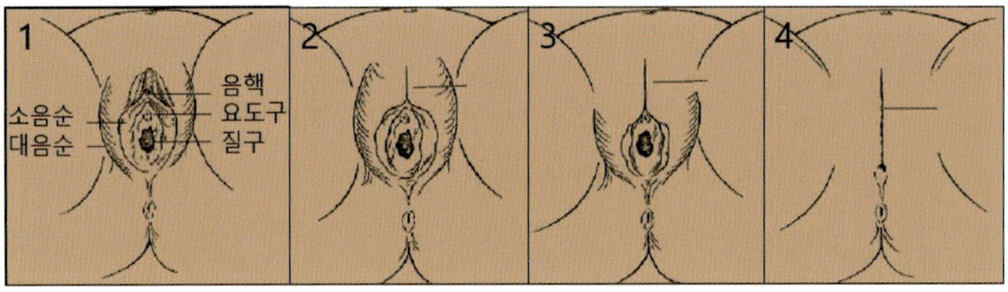

그림 2.8 여성할례의 종류

1; 여성 생식기 구조, 2; 음핵만을 제거하는 할례, 3; 음핵과 대음순의 일부를 제거하는 할례,
4; 음핵, 대음순, 소음순은 물론 질 전체를 봉합하는 할례

(2) 결혼과 성생활에 관한 풍속

케냐와 탄자니아의 국경에 살고 있는 마사이족은 소와 마을을 지키기 위한 인력을 확보하기 위하여 많은 자손을 선호하며, 이에 따라 자연히 일부다처제가 정착되게 되었다. 그러나 마사이족의 일부다처제는 조금 특이하여 부인을 다른 남자와 공유할 수도 있는 부계 중심의 복혼 제도이다. 이들에게 성관계는 퇴폐스러운 것이 아니라 자손을 늘리는 생산활동으로 간주되며, 생물학적인 아버지와 사회적인 아버지는 다를 수도 있다. 예를 들어, 사냥을 나간 남편이 저녁에 아내가 있는 집으로 돌아왔을 때 만약 집 앞에 창이 꽂혀 있으면 다른 남자가 들어와 있다는 것으로 알고 다른 부인의 집으로 향한다. 결혼한 여자가 다른 남자와 접촉하여 아기를 낳게 되더라도 생물학적 아버지를 밝힐 필요가 없으며 자연스럽게 여자의 남편이 사회학적 아버지가 된다. 즉, 정자 제공자가 반드시 아버지일 필요는 없으며, 아기를 낳은 어머니의 남편이 아버지로서 인정받는다. 이는 마사이 사회가 얼마나 생식활동을 중요시하는지를 보여주는 일례라고 할수 있다.

적도선 상에 위치하는 가봉이라는 나라에서는 처녀와 결혼하려면 많은 돈을 지불해야 하기 때문에 총각과 아기를 낳은 경험이 있는 여성이 결혼하는 경우가 흔하다. 부유한 사람들은 여러 명의 아내를 둘 수 있으며, 12세 전후에 처녀와 결혼하여 10년간 연년생으로 약 10명 정도의 자녀를 낳기도 한다. 그 후 남편은 다시 새로운 처녀와 결혼하게 되며, 이때 전처는 남편과 함께 살던가 또는 돈 없는 총각들과 결혼하기도 한다.

자이르의 바쿳족 기혼 여성들은 무릎에서부터 발꿈치까지 감싸는 두 개의 쇠붙이를 착용하는데, 총 20킬로그램에 달하는 쇠붙이를 차고 다니는 동안 허리와 엉덩이의 근육이 비정상적으로 발달하여 특별한 성관계가 가능하다고 한다. 바쿳족 소녀들은 결혼 전에 많은 남성과 성관계를 갖게 되며, 남성들은 숫처녀보다 성경험이 많은 여성을 더욱 선호한다. 특히 출산 경험이 있는 여성을 최고로 간주하며, 결혼 후에도 다른 남성과 성관계가 가능하고, 구애의 신호로서 여성들은 자신의 엉덩이를 남성 앞에 내밀기도 한다.

이상의 예에서 알 수 있듯이, 아프리카의 많은 부족들은 되도록 많은 자녀를 생산하기 위한 자기들만의 방식을 발전시켜 왔으며, 생식을 위한 성을 긍정적인 것으로 간주함으로써 자유로운 성을 즐기게 되었다. 그러나 아프리카의 부족들 중에는 여성의 순결을 강조하여 혼외정사나 혼전 성관계를 엄격히 금지하는 부족들도 많다.

케냐 남서부에 거주하는 구시이족의 경우에는 남의 아내와 간통하다 들키면 남성은 현장에서 남편에게 맞아 죽거나 황소 한 마리를 바쳐야 하며, 간통한 아내의 부부도 마을 사람들에게 황소를 바쳐야 하는데, 만약 바치지 않으면 아내는 죽게 된다고 믿고 있다. 케냐의 난디족은 할례 이전 소녀들의 성접촉은 자유롭게 허용되지만 할례 후부터 결혼까지는 모든 성행위가 엄격히 금지되며, 만약 유부녀가 간통할 경우에는 남녀 모두 죽여버린다. 동부의 누가라족은 어린 소녀의 음부를 요도구만 남기고 봉합해 두었다가 결혼초야에 개봉함으로써 남편에게 여성의 처녀성을 증명시키기도 하며, 출산 후 수유기간에는 다시 봉합하는 관습이 있다. 우쿤드족은 남녀가 간통하면 여자의 음부를 유독성 나뭇잎으로 씻어 부어오르게 한 후 흰개미에게 물어뜯기게 하며, 서부 가나의 아샨티족은 간통한 남자의 고환을 거세하는 처벌을 행하기도 한다. 동부 아프리카 우간다의 간다족은 일부다체제이기는 하나 풍기가 문란한 남자는 처형시키는 등 성의 방종은 엄격히 규제되며 여성들의 정절도 강조되고 있다. 에티오피아의 가라족은 젊은 남녀 간의 자유연애는 엄격히 금지되어 있으며, 결혼식 이전에는 신랑 신부의 만남도 금지되어 있다. 이집트와 수단 국경지대에 사는 카라부샤족은 이슬람교의 축제일인 바이람 대축제 기간에 결혼을 하는 풍습이 있는데, 신혼 첫날 밤에 신랑은 신부의 처녀성을 증명하기 위하여 흰 천에 묻은 피를 대중 앞에 공개하기도 한다. 이때 신부의 처녀성이 입증되지 않으면 신부는 친정으로 쫓겨나고 파혼이 성립된다. 대부분의 아랍권 부족들은 여자의 순결을 매우 중요시 하며, 신부의 처녀성이 입증되지 않으면 결혼은 무효가 된다. 사하라 사막의 워오다베족은 화장한 신랑을 신부가 고르며, 신혼 첫날 밤에 신부의 처녀성을 증명하기 위하여 신랑의 삼촌이 목제로 만든 남성 성기로 신부의 처녀막을 파열시켜 혈흔을 확인하는 풍습이 있다.

아프리카에는 일부일처는 물론 일부다처와 부계사회가 주를 이루고 있으나 일처다부나 모계사회의 전통을 잇고 있는 부족들도 있다. 나이지리아 북부의 하우사족은 일처이부 사회로서, 결혼한 여성이 첫 남편과 이혼하지 않고도 다른 남자와 결혼할 수 있다. 이때의 결혼은 부정한 결합이 아니라 첫 결혼과 동등하게 간주되어 성대한 혼인식을 치른다. 두 번째 결혼한 남편과 일정 기간 생활한 후에는 첫남편에게 일시적으로 돌아갈 수 있으며, 결국은 실질적으로 두 남자의 아내가 된다. 하우사족 외에 주변에 거주하는 카로고족도 3–6세의 여아는 부모에 의해 한 남자와 정혼을 하고 세 자녀를 낳은 후에는 자신이 선택한 남자와 결혼할 수 있다. 일정 기간이 흐른 후 새 남편의 동의를 얻어 첫 남편과도 만날 수 있으며, 자녀는 두 남자쪽에서 나눠 갖게 된다

3) 아시아

(1) 인도 및 주변국

① 성에 관한 인식

인도 및 그 주변 국가들의 성에 관한 인식은 같은 동양권이지만 우리와는 이해하기 어려울 정도로 다른 부분이 많다. 이 지역은 오래 전부터 동서양의 여러 나라들과 사회문화적으로 직간접적인 영향을 주고 받아 왔기 때문에 독특한 성문화가 형성되게 되었다(그림 2.9).

그림 2.9 인도 사원의 성행위 조각
인도 락슈마나 사원의 미투나(남녀의 성행위; mithuna) 조각. 인도인들은 성을 신에게 접근하는 수단으로 인식하였기 때문에 많은 신전에 성을 묘사하는 그림이나 조각이 부조되어 있다.

카스트라는 확고한 계급제도의 영향을 받는 인도인들은 정법(正法; dharma), 실리(實利; artha), 성애(性愛; kama)를 인생의 덕목으로 생각하였으며, 생전에 이 세 가지 덕목을 지킴으로써 후세에 좋은 계급으로 태어날 수 있다고 믿었다. 이 중 성애인 카마는 키스나 포옹과 더불어 행해지는 정교에서의 쾌락을 뜻하기 때문에 인도인들은 성을 터부시하기보다는 오히려 성애의 본질을 이해하고 성애를 성취하는 방법을 터득함으로써 내세의 평안을 기원하고자 하였으며, 동물과는 달리 인간의 성교는 오직 지적인 행동에 의해서만 성취될 수 있으므로 성애에 관한 학문이 반드시 필요하다고 생각하였다.

그림 2.10 카마수트라
세계 4대 성전의 하나인 인도의 카마수트라

고대 인도인들은 성이란 새로운 것을 창조하는 힘이며, 신에 접근하는 수단이라고 생각하였고, 인도 역사상 가장 풍요로웠던 4-5세기의 굽타조에서는 성교합에 관련된 교육은 반드시 필요하다고 생각하게 되었다. 이러한 성에 대한 인식의 영향으로 신전은 성적인 조각으로 가득차게 되었으며, 세계 4대 성전의 하나인 카마수트라가 제작될 수 있었다(그림 2.10).

② 카마수트라

카마수트라에서는 인간의 수명을 100년으로 가정하여 소년기, 청년기, 노년기의 3기로 나누었다. 이 책은 소년기에는 지식과 재보를 위하여 노력하는 시기로서 지식을 얻어 익힐 때까지는 성애에 마음을 쏟아서는 안되고, 청년기에는 성애에 전념할 시기이며, 노년기에는 정법과 해탈에 전심해야 한다고 설명하고 있다. 또한 나이에 관계없이 성애에만 몰두하면 쾌락에 빠져 정법과 실리를 등한시함으로써 중요한 인간의 도를 완전히 깨달을 수가 없기 때문에 정법과 실리를 방편으로 이용하여 성애를 완성시켜야만 인생의 쾌락과 내세의 행복을 기대할 수 있다고 밝히고 있다. 즉, 성애의 나쁜 영향력과 그 피해를 막는 방법과 치료법을 숙지하여 정법, 실리, 성애의 세 가지 힘을 완전히 터득하고자 하는 목적으로 제작된 것이 바로 카마수트라이다.

카마수트라의 내용 중 성관계의 방법을 기술한 정교편에서는 남녀의 성기 크기에 따라 남자를 큰 것부터 아슈바(수말), 부리샤(황소), 샤샤(수토끼)로, 여자를 하스티니(암코끼리), 바다바(암말), 므리기(암사슴)로 구분하였으며, 이들 간의 성교의 장단점을 자세히 설명하고 있다. 또한 정열의 정도나 교접시간에 따라서도 남녀를 강, 중, 약이나 시그라후(빠른 것), 맞쟈(보통), 치라(느린것)의 세 등급으로 구분하였다. 또한 남녀의 쾌감을 숙련에 의해 유발되는 쾌감인 아브히야나, 상상으로부터 얻을 수 있는 아브히마나, 회상을 통한 삼프라트야나, 감각으로부터 느끼게 되는 비사야 등이 있다고 설명하고 있다. 성애의 기술은 포옹, 입맞춤, 손톱으로 할퀴기, 물기, 함께 눕기, 신음하기, 여자가 남자의 역할 하기, 구강성교의 8가지가 있으며, 이들 각각에 대하여 다시 8가지의 변화가 있어 총 64가지가 있다고 설명하고 있다. 남녀의 연애편에서는 아내의 선택기준, 아내에게 신뢰 받는 방법, 처녀의 환심을 사는 방법, 중매자 없이 남녀가 접근하는 방법 및 여러 가지 결혼과 연애의 유형을 다루고 있다. 부도(婦道)편에서는 아내의 의무와 금지사항, 나이 많은 본처나 연소한 소실 및 재혼녀의 의무에 관하여 설명하고 있으며, 타처(他妻)편에서는 남의 부인과의 교제, 여자의 마음에 드는 방법, 여자의 마음을 떠보는 방법, 중매자가 해야 할 일, 고상한 자의 연애 방법들을 다루고 있다. 창녀편에는 창녀가 바라는 남성, 정부를 즐겁게 하는 방법, 정부로부터 돈을 얻는 방법, 헤어진 정부와의 재결합, 여러 가지 다른 이익을 얻는 방법 및 정부의 선택 방법 등을 다루고 있다. 비결편에서는 정력, 미모 등을 유지하는 방법을 설명하고 있다.

③ 주변국의 성풍속

인도 주변의 여러 나라들은 매우 특이한 성풍속을 갖고 있다. 히말라야 티베트족은 일처다부제이며 아내가 여러 명의 남편 중 밤의 상대자를 결정한다. 또한 3형제일 경우에는 맏이와 막내가 한 여성의 남편이 되며, 둘째는 견습승으로 입산하고, 5형제일 경우에는 셋째가 견습승, 7형제일 경우에는 다섯째가 견습승이 된다. 두 형제가 두 자매와 결혼하는 경우도 있다.

히말라야 동부의 세르파족은 온 가족이 자는 방에서 미혼의 딸이 정사를 하여도 부모는 모른 척 할 정도로 혼전 프리섹스가 일반화되어 있으며, 세르파 댄스는 모든 성감대의 접촉을 허용함으로써 성도발을 위한 전희와 유사하다. 프리섹스에 의해 태어난 자식을 템바라 하는데 사생아라고 하는 나쁜 의미는 없고, 아기의 아버지가 약혼 신청을 하면 아이는 템바가 되지 않고 아기 어머니가 싫으면 템바만 데려다 키울 수도 있다. 또한 아이도 싫으면 팁실이라는 색대를 주면 된다. 이때 자녀는 어머니가 키우게 되며, 팁실은 아이를 배고 낳는 동안의 노동이 불가능한 대가로 지불하는 것이다. 이들은 새 남편이 본 남편에게 포르잘이라는 돈을 지불하면 정식으로 이혼이 가능하고, 죽은 남편의 관 속에 비랑 열매 두 개를 넣으면 과부 아닌 처녀로 인정해 주며, 상중인 과부가 간단한 안칸판칸 의식을 치루면 과부에서 해방될 수도 있다.

네팔의 카트만두에서는 한 남편과 결혼할 아내의 자매를 솔티(solti)라고 하며, 한 명의 아내와 결혼할 남편의 형제를 솔타(solta)라고 한다. 이러한 관계에서 알 수 있듯이, 카트만두는 자매가 한 남편과 살거나 형제가 한 아내와 사는 일부다처제나 일처다부제가 혼합되어 있는 결혼풍습을 지니고 있다. 이들은 혈연 간의 결속을 다지고, 형제가 가난한 살림을 공유함으로써 경제적인 문제를 해결하며, 여성의 수명이 남성보다 길다는 사실을 고려하여 한 여성이 결혼 초에는 형과 부부 생활을 하고, 말년엔 아우와 부부가 되는 결혼 풍습이 가장 이상적이라고 인식하고 있다.

(2) 중국

① 고대 중국

고대 중국에서는 성을 중요한 문화 현상으로 인식하였으며, 현대인들 보다 오히려 성에 대해 적극적인 자유를 누렸다. 성을 생리현상이나 욕망일 뿐만 아니라 일종의 문화현상이라고 생각하였으므로 중국 고대의 성은 중시되었지 결코 비하되거나 신비화되지 않았다. 그러나 시대적, 사회적 환경의 변화에 따라 일부일처제가 확립되고 성도덕의 문란을 억제하기 위한 방편으로 전통적인 충효와 예절이 강조됨으로써 자유로웠던 성은 상당히 억제되게 되었고, 그러한 변화는 현재까지도 영향을 미치고 있다.

원시 시대의 중국은 생식 숭배가 보편적이었으며, 그 증거로서 1979년 요령 서부에 위치하는 동산취와 우하량 지구의 홍산문화 유적지에서 모계사회의 특징이라고 할 수 있는 배가 나오고 엉덩이가 비대하며 음부에는 삼각형 기호가 있는 여인 나체상이 출토되었다. 그 후 청해 유만의 신석기 시대 유물에서는 표면에 유방이 돌출하고 양성생식기를 갖고 있는 한 사람의 나체상이 출토되었으며, 유강이나 금란사의 신석기 시대 유적지에서는 도기로 만든 남근이 발굴되어, 이 시기가 모계사회에서 부계사회로 옮아가는 있는 과도기라는 사실을 암시하고 있다.

요순시대에는 생식 숭배의 풍습이 있었으며, 많은 자식을 낳는 것을 선호했다. 이 당시에는 대를 이을 자식을 낳지 못하는 것을 가장 큰 불효로 생각하였고, 자녀를 낳기 위한 생식 숭배는 조상숭배와 동일시되었다. 여씨춘추에 은나라에서는 여러 사람이 함께 생활함으로써 친척과 형제, 부부와 남녀, 어른과 아이의 구별이 없었으며 어미는 알지만 아비는 몰랐다고 기록되어 있다.

춘추전국 시대에는 확실한 정조관념이 확립되지 않아 중추절에 남녀가 함께 성을 즐기는 등 혼전 성관계가 자유로웠으나 맏자식이 다른 성씨의 사생아일 경우에는 죽여버림으로써 부계 혈통을 지키고자 하였다. 이 당시의 결혼풍습은 동일 씨족 내에서 결혼하는 군혼제에서 타집단 간에 결혼하는 대우혼제로 변화하였고, 그 후 일부일처제가 일반화되었다. 또한, 약탈혼이 성행하기도 하였으며 형수와 결혼하는 풍습도 있었다. 이때 동생이 형수와 결혼을 원치 않으면 형수의 재가가 허락되었다.

기원전 1500년 전부터 기원전 771년까지의 선사시대와 서주시대에는 여성적인 요인이 남성적인 요인보다 우위에 있다고 생각하였다는 증거가 많다. 姓이란 한자어는 女(여자)와 生(태어나다)이 합쳐져 만들어진 것으로 자식이 모친의 이름을 따르는 고대 중국의 모계제 흔적을 보여주고 있다. 모계사회의 흔적은 고대 전설을 통해서도 찾아볼 수 있는데, 이 전설에서는 인간은 여와라는 여신이 만들었고 혼인제도도 이 신이 만들었으며 그 후에서야 나라가 생기게 되었다고 설명하고 있다. 또한, 붉은색은 창조력, 성적 능력, 생명, 빛, 행복의 상징으로서 홍사(紅事)라는 혼례의식에는 붉은색을 많이 사용하며, 흰색은 소극적인 힘, 성적 무기력, 죽음, 애도 등을 상징하며 백사(白事)라고 하여 장례식에 많이 이용되는데, 남성은 흰색, 여성은 붉은색으로 상징되므로 이것은 여성이 남성보다 우월하다는 사실에 대한 또 다른 예가 될 수 있을 것이다(그림 2.11). 더욱이 중국 고서에서는 여성은 성의 신비를 지키는 수호자인 동시에 완벽한 성지식을 지닌 존재이며, 여성은 성적인 문제에 대한 위대한 스승으

그림 2.11 중국의 전통혼례
붉은색은 중국인에게 행운과 부를 상징하는 귀한 색으로 여겨져 혼례에 많이 사용된다.

로, 남성은 무지한 제자로서 표현되고 있다.

② 주왕조와 동주시대

주나라 이후부터 엄격한 부계제도가 정착되면서 남녀의 입장이 뒤바뀌게 되었다. 주나라 초기에는 처녀성이 첫째 부인이 되는 필수조건이었으며, 생리 중인 여성은 가족제례에 참석하는 것이 금지되었고, 이마에 붉은 점을 찍어 불결한 몸이라는 것을 표시하도록 하였다. 이 당시에는 여성의 위치가 남성보다 낮아지긴 하였으나 남녀 간의 결합은 하늘의 정자인 비와 대지의 난자와의 결합과 같이 음과 양의 균형이 매우 중요하므로 부부의 결합은 제례와 잔치 등을 통하여 조심스럽게 조절해야 한다는 생각이 지배적이었다. 또한 왕이나 지배계급들은 많은 첩을 둘 수 있었으나 족외혼은 엄격히 금지되었고, 지배계급의 경우 정실부인은 일생 한 명뿐이었다. 이에 반해 일반인들은 노골적인 성적 표현이나 자유로운 성생활이 가능하였다.

기원전 770년부터 기원전 222년까지의 동주시대에는 왕실의 중앙권력이 약화되고 봉건제후들의 입지가 강화되었으며, 귀족과 민중들 사이에 관인계급이 등장하게 되었다. 또한 교역 및 화폐제도가 발달함에 따라 상인계급도 출현하게 되었고, 정치적 불안정으로 인하여 도덕성이 결여되고 성도덕도 문란해지게 되었다. 왕후장상은 연회시 가무를 하는 여악을 두어 주인, 가신, 빈객과 통정도 하였으며, 여악을 매매하기도 하고 선물하기도 하였다. 이러한 여악은 관기의 효시라고 할 수 있다. 군주들은 미동을 곁에 두고 동성연애를 즐기기도 하였으며, 정치, 군사적인 목적으로 하는 정략혼이 성행하기도 하였다.

이 시기에 성행한 도교는 여성이 남성보다 자연의 근원적인 힘에 더욱 가까이 접근되어 있으며, 자연과의 완전한 조화를 통해 장수와 행복을 누릴 수 있다고 주장하였다. 이 시기의 유교는 도교가 비세속적이며 모계적인 경향이 있는 데 반해 공자의 논어에서 보듯이 '여자나 신분이 낮은 사람들은 다루기가 어렵다. 너무 친밀하게 대하면 그들은 방자하게 되고 거리를 두게 되면 적의를 품는다'라고 하여 가부장제에 적합한 실용적인 철학을 기본으로 하고 있다. 공자는 여성의 의무를 남편과 시부모를 잘 받들고 가정을 돌보며 건강한 사내아이를 낳는 것이라고 하여 여성의 정절과 생물학적 기능만을 강조하였고 바깥일이나 공적인 일에 여성이 참여하는 것을 금지하였다.

이 당시의 중국인들은 남녀의 생식기관과 신체적 기능에 대한 명확한 개념이 없었으며, 성교의 의미를 집안의 대를 이을 아들을 얻는 것과 남성들은 여성의 음기를 흡수하여 생명력을 강화시키고 여성들도 신체적인 이익을 얻도록 하는 데에 두었다. 또한 대를 이을 자녀를 낳기 위한 성행위는 자연의 질서이며 남녀의 신성한 의무이므로 성행위에 대한 종교적, 도덕적 죄책감을 느낄 필요가 없었다. 이러한 인식에도 불구하고 성행위를 은밀히 행했던 이유는 성행위 자체를 부정적으로 생각한 것이 아니라 조상에게 드리는 제사의식과 같이 입에 올리거나 남들 앞에서 발설해서는 안되는 신성한 의식이라고 생각했기 때문이었다.

③ 진, 전한과 후한 왕조

기원전 241년부터 기원후 24년까지의 진과 전한시대에는 육욕이나 성행위를 죄악시하지 않았으며, 여자를 낮추어 보는 것은 하늘보다 땅을 낮추어 보는 것과 같이 자연스러운 것이라고 생각했다. 이 당시는 성이 매우 자유로워 근친상간, 유부녀 간통, 동성애 등이 흔했다. 중산층이나 농민가족이 붕괴되어 많은 여자들이 직업을 필요로 하게 되었고, 자신 소유의 여자를 거느릴 힘이 모자라는 상인계층을 대상으로 공식적인 창가(娼家)가 생기기 시작하였으며, 성교본도 유통되기 시작하였다.

25년부터 220년까지의 후한 왕조에는 전한시대와 같이 삽화가 있는 성교본이 유통되었으며, 도교의 성적 수행과 관련된 종교 운동인 황건적의 난이 발생함으로써 왕조는 몰락하고 삼국시대가 시작되었다.

④ 삼국과 육조시대

221년부터 590년까지의 삼국시대, 북쪽의 척발씨가 세운 위왕조 및 남쪽의 한인에 의해 세워진 육조시대는 부인들이 남자 하인과 사통하면 남녀 모두를 즉시 처형하였을 정도로 혼외정사를 부정시하였다. 그러나 이혼은 가능하였으며 과부 재가도 허용되었다. 이 당시에는 포박자라는 가명을 쓰는 갈홍이란 도교 철학자에 의해 용성경, 현녀경, 소녀경, 팽조경 등의 방중술서가 일반인들에게 알려지게 되었다. 문학작품을 통해 분석하여 보면 일부다처제였던 이 당시의 여성들은 일부일처제의 서양 여성보다 행복했거나 최소한 불행하지는 않았다. 처첩들은 법과 관습에 따라 일정한 신분과 권리를 부여받았으며, 남성은 여성의 권리를 존중하고 성적 만족, 경제적 부양, 여성들 간의 관계를 배려함으로써 가정을 조화롭게 이끌어 갔다. 더욱이 육조시대에는 불교가 융성하여 남성과 여성의 동등한 권리가 강조되기도 하였다.

⑤ 수와 당왕조

590년부터 618년까지의 수왕조는 문제와 양제의 2대로 멸망하게 되며, 수양제는 호색과 사치에 빠져 한 사람만 누울 수 있는 마차를 만들어 처녀를 능욕하였고, 성관계시 동경이 둘러 쳐진 침대를 사용하였으며, 침실에는 나체화를 걸어두곤 하였다.

618년에서 907년까지의 당왕조에서는 황제를 비롯한 상류층에서는 수많은 후궁이나 첩을 두었다. 과거시험의 낙방생들이 모이는 황궁 남동쪽의 평강리(또는 북리)에서는 문맹인 매춘부부터 고급 기생들이 등급에 따라 주거지역을 결정하여 매춘 행위를 하기도 하였다. 이때의 기생이나 창부의 목표는 유명하거나 돈 많은 손님에게 팔려 그들의 처나 첩이 되는 것이었으며, 매춘이 직업으로 인정되어 고급 창기들은 정부에 세금을 내기도 하였다. 여성들은 목과 가슴의 대부분을 노출하였으며, 무희들은 가슴을 드러낸 채로 춤을 추었다. 당왕조에서는 토실토실한 얼굴에 발달된 가슴, 호리호리한 허리, 커다란 엉덩이의 여성이 선호되었으며, 방중술이 의학의 한 분야로서 인정받았고, 성교본인 대락부가 유통되기도 하였다(그림 2.12).

그림 2.12 방중술
당왕조의 방중술은 방중보익(房中補益; 이상적인 성생활은 보약이나 마찬가지이다)의 방법으로서 의학의 한 분야로 인정받았다.

⑥ 오대와 송왕조

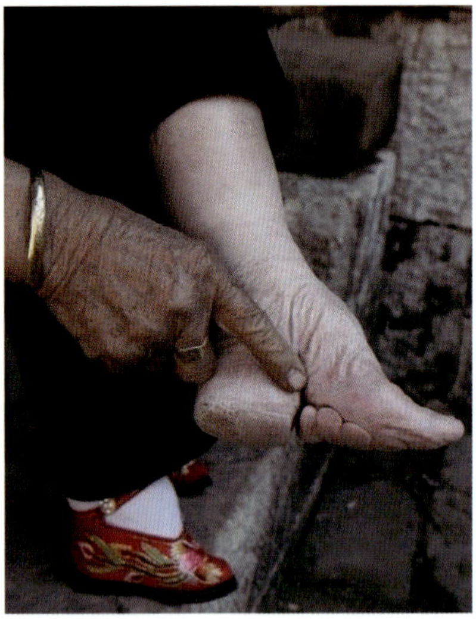

그림 2.13 전족
전족에 의해 변형된 여성의 발

황소의 난에 의해 결국 당왕조는 멸망하고, 908년에서 1279년까지에 걸쳐 오대와 송왕조 시대가 시작되는데, 남당 왕조의 2대 통치자이며 유명한 연애시인인 이욱은 여자들의 발을 묶는 전족 풍습을 유행시켰으며, 이러한 풍습은 송과 원나라를 거치면서 확고부동한 관습으로 확립되었다(그림 2.13). 여성의 전족은 그 여자의 가장 은밀한 부분으로서 여성 성의 상징이며 성적 매력의 가장 강력한 핵심으로 간주되었다. 송왕조 이후의 성애화에는 여성이 완전히 발가벗고 음부까지 드러내고 있긴 하지만 전족을 완전히 보여주는 경우는 없을 정도로 여자의 육체 중 가장 금기시하는 부위가 바로 전족한 발이었다. 따라서 남성이 여성의 발을 만지는 것은 성관계의 예비행위이고, 전족은 치구와 질 반사작용을 발전시킴으로써 성적 만족도를 높혀준다고 알려져 있다. 전족한 발을 선호하는 것은 발이나 신발에 대한 일종의 페티시즘(또는 배물애; fetishism)으로도 생각할 수 있을 것이다. 송왕조에서는 유교가 부흥하면서 남녀의 자유교제가 엄격히 규제되었으며, 특히 여성의 성적 자유는 강력히 억제되기 시작했다.

⑦ 원, 명, 청왕조

초대황제인 쿠빌라이칸을 시작으로 13세기 중반부터 14세기 중반에 걸친 원왕조 시대에는 환희불을 만들어 황태자에게 성교육을 실시한 것으로 알려져 있으며, 한족들은 점령자인 몽고족으로부터 한족 여성들을 지키기 위하여 유교의 덕목을 중시하였다.

1368년부터 1644년까지의 명왕조는 과거제도를 통해 유교를 신봉하는 선비 출신을 관료로 등용하여 중앙집권식 행정조직을 확립하였다. 유교의 영향에 의해 여성의 정절을 중요시하였고, 재혼을 금지하였으며, 칠거지악 등의 생활규범을 통해 여성을 억압하였다. 그러나 명나라 후반기에는 남녀의 성을 주제로 다룬 금병매와 그것의 속편인 격염화영(隔簾花影: 휘장뒤의 여자 그림자) 등의 소설이 제작되었다. 특히 금병매에는 후정화(後庭花: 뒷뜰의 꽃)라고 하는 항문성교에 관한 내용이 기술되어 있다(그림 2.14). 명 초기에는 튼튼하며 둥글고 통통한 얼굴에 성숙한 몸매의 풍만한 여성을 선호하였으나, 후기에는 날씬한 여성이 이상적인 여성상으로 인식되었다. 또한 당이나 송왕조에는 수염을 기른 중년 남자가 선호되었던 반면에 명왕조에는 수염이 없고 키가 크며 넓은 어깨의 남자가 이상적인 남성상으로 간주되었다.

청왕조에서는 4-5가지의 색채로 인쇄된 성애화집이 유행하였는데, 남성 간의 동성애나 새디즘(또는 가학증; sadism) 및 매조키즘(또는 피학애증; masochism)에 관한 내용은 없었으며, 나체는 특별한 과장 없이 정상적인 비율로 그려졌고, 오르가즘을 느끼는 얼굴의 감정 묘사가 뛰어났었던 것으로 알려져 있다.

그림 2.14 **남성동성애 회화**
남성 동성애 모습을 지켜보는 여성을 그린 회화

(3) 일본

① 열도의 탄생과 성에 관한 인식

우리나라와 더불어 중국의 영향을 가장 많이 받은 나라인 일본은 우리나라와 지리적으로나 문화적으로 상당히 유사한 환경을 갖고 있음에도 불구하고 상당히 다른 성문화를 유지하고 있다.

일본인의 성에 관한 인식은 8세기 초에 발간된 일본 최고의 문헌인 고사기의 국토생성 신화에서 상징적으로 나타나 있다. 이자나기인 남신과 이자나미인 여신이 바닷물을 휘저어 하나의 섬을 만들고, 지상으로 내려와 서로의 신체 중 남고 모자라는 부분을 합하여 일본 열도를 만들었다고 알려져 있다. 이자나기와 이자나미는 남매 관계이므로 일본의 생성은 근친혼에 의한 것이라고 생각할 수 있다.

이와 같이 국토의 탄생에서부터 성과 밀접히 연관되어 있는 일본은 성행위를 부정적으로 보는 것이 아니라 새로운 생명을 잉태하기 위한 생산적 행위로 간주하였다. 과거 일본인들은 신 앞에서 성적 결합을 하면 신의 기분이 좋아져 오곡이 풍성하고 일가의 번영을 누릴 수가 있다고 생각하였다. 일본인은 각 지방마다 고유의 마쓰리(祭: 축제나 제식행위)를 거행하는데, 일본 고어에서 마쓰리가 성행위 자체를 비유하듯이 마쓰리 때에는 성행위의 의태적 동작으로서 가마를 메고 흔드는 동작을 계속한다(그림 2.15). 아스카 지방에서는 음력 정월 열하룻날 온다마쓰리 시기에 가면을 쓴 남녀가 관중이 보는 앞에서 섹스 행위를 리얼하게 연기하며 풍년을 기원하기도 하였다. 에도 시대에는 신사나 절 앞에 홍등가가 있어서 신사를 참

그림 2.15 **마쓰리 모습**

일본에는 각 지방마다 고유의 신을 모시는 신사가 있으며 특별한 날에는 마을의 모든 사람들이 모여 마쓰리를 거행하는데, 이때 가마를 흔드는 것과 같은 성행위의 의태적 표현들을 종종 볼 수 있다.

배하는 남성들이 창녀들과 하룻밤을 보내고 나서 그 이튿날 신에게 기원하는 등 신과 성을 동일시하는 풍습이 있었다.

8세기의 고사기와 일본서기를 보면 여자의 성기를 호토라고 하는데, 호는 불이나 태양과 같이 숭배의 대상으로서 신성한 것을 나타내며, 토는 장소를 나타내므로 호토는 신성한 곳으로서 신성한 영령이 나타나는 통로를 상징한다고 할 수 있다. 또한 도쿄를 중심으로 관동 및 중부지방에는 남자 성기의 모양을 한 돌기둥을 큰 고목 뿌리의 구멍 앞에 놓아두는 풍습이 있는 등 성기 숭배의 흔적이 일본 곳곳에 남아 있다. 군마현에서는 풍년을 기원하기 위하여 남녀가 생식기를 내보이며, 성기의 상징이자 마을의 수호신으로서 악귀로부터 마을을 지키는 도소진(道祖神)에게 제사를 올리기도 하였다.

일본 고대 문학서인 고사기와 일본서기에는 자연을 노래한 내용은 거의 없는 반면에 남녀 관계에 관한 내용이 주를 이루며, 7–8세기에 제작된 만엽집에는 여류 가인들에 의해 쓰여진 매우 직설적인 사랑노래가 수록되어 있다. 11세기에 완성된 겐지 모노가타리에는 주인공인 히카루 겐지가 10여 명의 여인과 사랑을 나누는 등 고대 일본 서적에 나타나는 일본인의 성에 대한 태도는 매우 관대하였으며 긍정적이었다.

일본에는 성을 금기시하는 종교는 없고, 도리어 성에 관대하며 성을 통해 신에게 접근할 수 있다고 생각하였다. 일본에는 매춘부의 이름이 400가지가 넘고, 비구니와의 성관계 후 돈을 지불하는 행위조차도 참배한 것과 동일하다고 생각하는 등 여성의 매춘을 그다지 부정적으로 인식하지 않았다. 일본에서 정조에 관한 인식이 확립된 것은 16세기 들어 유교의 영향을 강하게 받기 시작하면서부터이며, 그 전에는 정조라는 개념조차 존재치 않았던 것으로 알려져 있다. 1700년대 중엽 주자학자 가이바라 에키겐이 여대학이라는 여성훈육 지침서를 출간한 이래 일본 여성들에게 순결에 대한 강박 관념이 생기기 시작했으며, 스기타 겐파쿠라는 한의사가 네덜란드어로 쓰여진 인체해부도를 번역한 해체신서를 출간한 후부터 처녀, 처녀막, 처녀성이라는 용어가 생겨나게 되었다. 그 후 1945년 2차 세계대전 당시 전쟁 중인 군인들의 사기가 저하되는 것을 방지할 목적으로 사망한 전사자 부인들의 재혼을 억제하여 여성들의 정조가 강조되기 시작했다. 이와 같이 여성의 정조가 강조되기 이전의 일본에서는 성관계 경험이 없는 미혼의 성인 여자를 비웃는 의미가 내포되어 있는 오토메(乙女)라고 부르는 등 처녀성을 대단하게 생각하지 않았으며, 결혼 전보다 후의 행실을 중요시하였고 처음으로 순정을 바친 남자에게 연연해하지 않았다.

② 매춘

일본에서의 매춘은 임진왜란 발발 3년 전인 1589년 도요토미 히데요시가 교토의 야나기조에 윤락가를 만든 것을 시작으로, 그 후 버드나무가 많았던 시마바라 또는 에도의 요시와라와 같은 유곽들이 속속 생겨나게 되었다. 화류계(花柳界)라고 하는 말은 바로 버드나무와 꽃의 거리 시마바라에 유녀가 거주함으로써 생긴 것이며, 요시와라의 유곽들은 1657년 지금의 아사쿠사로 이전하여 그 명맥을 잇게 되었다. 요시와라에는 다유(太夫), 고시(格子), 텐신(天神)과 같이 유녀들의 계급이 존재하였는데, 이들은 미모, 가무와 재기를 겸비하였으며 방사가 출중하였다. 이들의 하룻밤 화대는 현재 돈으로 환산하였을 때 400만원을 넘었으며, 신사의 일을 관장하였으므로 유녀의 화대는 신에게 봉납된 예물로 간주하였다. 도쿄 중심의 관동지방에서는 게이샤, 오사카나 교토 등에서는 게이코라고 부르는 유곽의 기녀들은 1750년 전후에 전문적인 훈련을 받고 연회나 유곽의 술자리에 참석하였다(그림 2.16). 게이샤는 12세기말 시라뵤시라는 무용수가 잔치집에서 춤을 추고 흥을 돋구고 몸도 팔기도 한 데에서 유래되었으며, 개인 게이샤는 공공연히 매춘을 하였으나 요시와라의 게이샤는 매춘이 금지되어 있었다.

그림 2.16 게이샤
게이샤는 요정이나 연회석에서 술을 따르고 전통적인 춤이나 노래로 흥을 돋우는 직업여성을 말한다.

본격적인 일본 공창은 17세기부터 시작되었으며, 남성에 비해 여성의 숫자가 모자라 공창 외에 사창도 생기기 시작했다. 이 당시는 많은 손님을

그림 2.17 **남녀 혼욕 문화**

최근에는 거의 사라지고 없지만 과거에는 남녀 혼욕문화가 성행한 바 있으며, 목욕탕은 정보교류의 장이면서 또한 매춘의 장소이기도 했다.

접대하기 위하여 향 한 개비가 탈 시간 만큼만 성관계를 허용하기도 하였으며, 1945년 패전 이후 긴자의 유라쿠조(有樂町)에서는 성냥 한 개비 탈 동안 여성의 치마 속을 구경시키고 돈을 받기도 하였다.

성의 사랑방격인 목욕탕은 일본 성문화를 대표하는 곳이라고 해도 과언이 아닌데, 정보교환과 매춘소의 역할을 하기도 했으며, 에도 시대에는 남녀 혼탕이 일반화되어 있었고, 현재도 일부 지역에는 남녀혼탕이 남아 있다(그림 2.17). 목욕탕에 근무하는 여자를 유나(湯女)라고 불렀으며, 목욕이 끝난 남자들에게 차와 술을 대접하며 몸을 팔기도 했다. 센토(錢湯)라는 공중목욕탕에는 남녀 탈의실을 내려다 볼 수 있는 곳에 주인집 식구가 앉아 있기도 하며, 현재도 일본 곳곳에 그러한 목욕탕이 남아 있다. 일본인들의 이러한 목욕문화는 일본의 성 개방과도 무관하지는 않을 것이다.

③ 동성애

일본의 남색(남성 동성애)에 관한 기록은 8세기 중엽에 출판된 만엽집에서 찾아볼 수 있으며, 그 후로도 계속되어 1420년경 세종의 신하였던 강희맹이 무로마치 제 4대 쇼군인 아시카가 요시모치를 방문한 후 지은 노송당 일본행록에는 일본 조야의 남색 풍습이 언급되어 있고, 1719년 조선통신사 신유한의 해유록에도 일본 남색에 대한 기록이 남아 있다. 남색을 의미하는 일본말은 여러 가지가 있는데, 와카슈(若衆), 도비코(飛子), 가게마(陰間), 게이캉(鷄姦), 부타이코(無台子) 등이 그것이다. 이러한 일본의 남색은 절에서부터 시작되었다는 설이 유력하며, 치고(稚兒)라는 남색의 상대가 되는 소년들은 신사나 절에서 잔심부름을 하고 축제 시에는 분위기를 돋구는 역할을 하기도 하였다. 이러한 역사 때문인지는 모르지만 일본에서는 현재까지도 동성애자에 대하여 비교적 관대한 편이기도 하다.

④ 기타 성에 관한 풍속

일본에는 여성의 노동력과 생산력을 향상시키려는 목적으로 부부가 따로 살면서 밤에만 남편이 아내의 처소를 출입하는 '쓰마도이'라는 고대 혼인제도가 있었으며, 구혼이나 혼인을

그림 2.18 마쿠라에

마쿠라에는 정교한 성행위 묘사로 유명하며, 특히 남성과 여성의 성기와 음모에 대한 묘사가 상당히 사실적이다.

의미하는 고어인 '요바이'라는 풍속도 있었는데, 이는 남성이 여성의 침소에 몰래 들어가 정을 통하던 행위로서 결혼과는 별개의 성관계를 의미하였다. 요바이의 대상으로는 처녀, 과부, 소박맞은 여인들이었으며, 사회적으로도 용인되었다.

일본에는 우키요에(浮世繪)라는 성에 관한 풍속화가 대단히 유행했던 시기가 있었는데, 이 그림에는 유곽인 요시와라의 풍경을 비롯하여 유녀들의 자태나 초상화들이 그려져 있으며, 그 중 베겟머리에서 부부가 함께 보는 그림이라는 뜻의 춘화인 마쿠라에(枕繪)에는 성교 장면이나 남녀의 성기는 물론 여성의 음모 등도 상당히 자세히 묘사되어 있다(그림 2.18). 어머니가 시집가는 딸에게 마쿠라에를 혼수감으로 전달해 주었으며, 이러한 풍습은 성교육이 목적이라기 보다는 성을 신성시하고 성의 주술력을 믿는 일본의 전래사상에서 연유한다고 할 수 있다.

자기가 세상에서 가장 사랑할 자신이 있는 경우에는 책, 꽃, 여자를 훔쳐도 좋다는 통념이 존재하는 일본에서는 우리에게도 잘 알려져 있는 동시대 인물들인 오다 노부나가, 도요토미 히데요시, 도쿠가와 이에야스 모두 색을 무척 밝혔던 것으로 알려져 있다. 이들은 자기 부하들의 처도 탐하였으며, 본처 1명, 애첩 16명, 측실 300명을 두었던 도요토미는 특히 유부녀를 선호했기 때문에 부하들이 자신의 아내를 뺏앗기는 것이 두려워 자기 처의 얼굴에 고의로 화상을 입히기도 하였다. 1880년대 외무장관이었던 이노우에 가오루는 처자가 있는 몸으로 선배인 나카이 히로시의 부인을 탐하였으며, 이를 안 나카이는 자신의 처를 포기한 채 "내 처를 잘 부탁한다" 라는 말을 남기고 방랑의 길을 떠난 일화가 알려져 있다.

나라의 탄생에서부터 성과 관련되어 있는 일본은 성을 부정하지 않았고, 도리어 성을 이용한 나라 중 하나이다. 현재 일본의 윤락산업, 즉 풍속산업은 그 규모나 다양성에서 거의 세계 제일이라고 해도 과언이 아닐 정도이며, 최근 일본문화 개방에 따라 이러한 일본의 개방된 성에 대한 인식과 풍속산업이 우리나라의 성문화에도 많은 영향을 끼치게 되었다.

(4) 한국

① 성에 관한 인식

우리나라에서는 조선시대 들어 유교가 국교로 정해지면서부터 여성이 연애하면 화냥질이고 남성이 사랑을 나누면 풍류라고 하는 등 성에 관한 인식에 있어서 남녀 간에 서로 다른 가치 기준이 적용되기 시작하였다. 특히 조선시대 왕이나 반가의 남성들은 여러 명의 첩을 둘 수 있었으며, 기녀나 종들과 성관계를 하여도 부인들은 이에 반대할 수가 없었다. 만약 부인이 화를 내거나 질투하게 되면 도리어 칠거지악 등을 이유로 소박맞는 경우도 많았던 것으로 알려져 있다. 또한 조선시대 여성들은 솔직하게 자신의 성적인 감정을 표현할 수 없었으며, 심지어 부부 간의 잠자리에서도 항상 체신을 지키도록 강요받았다. 조선시대 여성들은 성생활뿐만 아니라 일반 생활에서도 자유롭지 못했던 것으로 알려져 있다. 즉, 삼종지도(三從之道)와 일부종사(一夫從事)라는 말과 같이 어릴 시절에는 아버지를, 시집가서는 남편을, 남편이 죽은 후에는 아들을 따라야 하며, 죽을 때까지 한 남편만을 섬기도록 강요받았다. 남편이 죽은 여성을 미망인(未亡人)이라고 부르는데, 이는 남편과 함께 죽지 못하고 살아남은 죄인이라는 뜻이며, 결혼하기 전의 여염집 여성을 뜻하는 규수(閨秀)의 閨는 門과 土土가 합해진 것으로서 규수란 두 개의 담장으로 둘러싸인 깊은 곳에 사는 처녀를 뜻한다. 이와 같이 반가의 여성들은 외출이 자유롭지 못했으며, 간혹 외출할 때는 얼굴이 보이지 않도록 옷 위에 장옷을 둘러쓰고 다녔다.

삼국시대에 유교가 중국으로부터 전해지면서 우리나라의 가치관이나 생활양식은 물론 법적인 부분에서도 유교사상이 상당한 영향력을 갖게 되었으나 조선시대 초기까지는 이러한 유교사상의 영향이 사회 전반에 까지는 미치지 않았으며, 조선시대 후기에서조차 양반사회에는 깊은 영향을 주었지만 기층사회에까지는 뿌리 내리지 못하였다. 즉, 양반사회에서는 혈통 중시와 남아선호 사상에 의해 여성의 성은 억압되었고, 남성의 성은 매우 관대하게 허용되었으나 기층사회는 양반사회에 비해 남녀 모두 성에 대해 비교적 개방적이었던 것으로 알려졌다.

Q 2-1

한국인은 성에 대하여 어떠한 인식을 가지고 있는가?

한국인은 성에 대하여 어떠한 인식을 가지고 있을까? 남학생 320명과 여학생 219명의 응답결과를 살펴보면, 남녀 모두 성을 보수적이며 폐쇄적으로 인식하는 시각(남 45%, 여 25%)과 부끄럽고 은밀하게 여긴다는 의견(남 25%, 여 43%)이 가장 많았다. 그리고 남녀 불평등에 대한 문제(남 16%, 여 19%)가 세 번째(남 16%, 여 19%)를 차지하고 있었다. 한국인의 성에 대한 인식을 형성하는 데 영향을 준 종교로는 남녀 모두 유교(남 83%, 여 87%)를 꼽았으며, 그 결과 남성중심의 성과 순결을 강조하는 인식, 성을 감추려하는 사회 분위기 및 남녀의 성에 대한 이분법적 사고를 갖게 되었다고 응답하였다.

Q 한국인의 성에 대한 인식은?

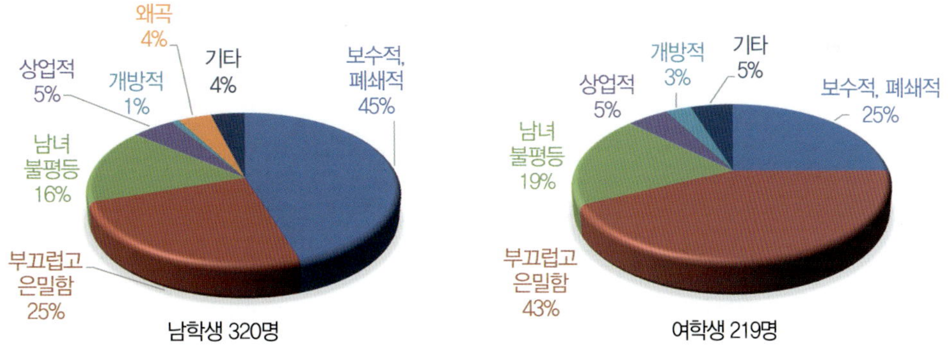

Q 한국인의 성에 대한 인식 형성에 가장 영향을 준 종교는?

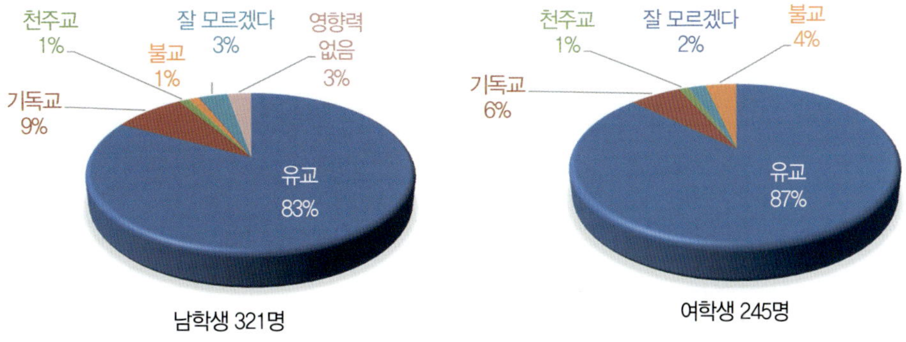

② 시대에 따른 성적 인식의 변화

낙랑시대에서는 귀인이 지나가면 아내와 동침을 시키는 경우도 있었으며, 신라 21대 비처왕의 비빈은 중과 간통을 하기도 하였다. 신라 25대 사륜왕은 사냥 중에 만난 유부녀 도화랑에 반하여 죽은 후에도 도화랑에게 다시 나타나 정을 통하고 비형랑을 나았다는 이야기가 전해져 내려오고 있으며, 51대 진성여왕은 대신인 위홍과 통정하거나 미모의 소년들과 음행을 저지르기도 하였다. 신라 진흥왕 37년인 서기 576년 봄에는 원화제도가 생겨 아름다운 두 명의 처녀인 남모와 준정으로 하여금 젊은 총각들의 사람됨을 평가하게 하였는데, 이들은 서로 질투하여 준정이 남모를 살해함으로써 준정도 죽임을 당하게 되었고, 결국 우리나라 최초의 공창제도라고 하는 원화제도는 끝이 나게 되었다. 고구려의 시조 고주몽의 어머니인 유화부인은 부모 허락도 없이 해모수와 통정하였고, 임신한 상태로 북부여의 왕인 금와의 왕비가 되어 주몽을 낳았다. 이와 같이 고대의 우리나라 여성들은 현재의 우리들보다도 더욱 자유로운 성을 누렸던 것으로 알려져 있다.

고려시대에도 성개방 풍조가 만연하였는데, 남녀가 한 냇물에서 목욕을 예사로 하였고, 이혼이나 결혼도 매우 쉬웠던 것으로 알려져 있다. 고려도경에는 성종왕비 유씨가 왕족에게 시집갔다가 재가한 여인이며, 인종은 이모와 결혼하였고, 충선왕비 허씨는 7남매를 둔 과부였으며, 경종비는 왕이 죽은 후 숙부와 통정하여 아이를 낳았다고 기록되어 있다. 또한, 고려의 충혜왕은 부왕인 충숙왕의 후궁들(즉, 서모와 외숙모 등)을 겁간하기도 하였고, 31대 공민왕은 자제위들과 남색을 즐기다가 그들 손에 비명횡사하였으며, 가장 총애한 홍륜이란 소년은 공민왕의 익비를 범하기도 하였다.

이러한 성개방 풍조는 조선시대까지 계속되었는데, 세종 9년 감동음풍 사건과 성종 시절의 어우동 음풍사건은 그 대표적인 예이다. 검한성 유구수의 딸이며 평택현감 최충기의 처인 감동이 병치료차 친정에 와서는 영의정의 첩이 되고 38명의 사대부와 간통을 한 사건이 감동음풍 사건이며, 승문원 지사 박윤창의 딸인 어우동이 종실인 태산군과 결혼했음에도 미소년과 간통을 하고 종실인 서산군과 오종년 및 전의원 생도들과도 관계를 맺었던 사건이 어우동 음풍사건의 내막이다. 이와 같이 성적 문란이 극에 달하자 성종은 '재가녀 자손 금동법'을 재정하여 재가한 여인의 자식이 과거를 보는 것을 금지하였다. 이 법이 재정된 이후 음행을 저지른 여인을 뜻하는 자녀(恣女)의 탄생은 가문의 흥망이나 영욕과 직결되게 되어 여성에 대한 성적 탄압의 명분으로 이용되기도 하였다.

③ 기타 성에 관한 풍속

가문의 영화와 자손에 대한 욕심이 남달랐던 우리나라는 가문의 대를 잇기 위하여 씨받이나 씨내리라는 방법을 이용하기도 하였다. 씨받이 제도는 아내가 문제가 있어 자식을 낳지 못할 경우에 다른 여인의 배를 빌려 자녀를 생산하는 경우를 말하며, 씨받이 여인이 낳은 아이는 씨받이를 들인 집안의 자손이 되고, 그 여인은 아이에 대한 어미로서의 권한이 전혀 없었다.

우리나라에는 자녀의 생산을 위해 거석신앙이 이용되었다는 많은 증거들이 있다. 특히 남근숭배 사상은 불교와 함께 전래된 것으로서 인도 대자재천신과 동일한 시바신의 린검 숭배 사상에서 유래하였으며, 일제시대까지 서울 동소문 밖 산사에는 시바신전의 간다라 조각과 유사한 음불나체상이 있었고, 해주의 교외에 있는 고려시대에 창건된 절에는 힌두 문화권에서 볼 수 있는 3척 높이의 성기가 있는 음신상이 존재하였다. 우리나라 곳곳에는 남성 성기 모양의 양석과 여성 성기 모양의 바위 등이 있어 아이 없는 부녀자들이 자기의 성기를 접촉하는 풍습이 있었다(그림 2.19).

남성의 성기 모양을 본 뜬 물건은 사회적으로 또는 성적으로 억압 받던 여성들의 욕구 표출의 대상이었으며, 경주 안압지에서 어른 남자 크기의 목경이 출토되었다는 사실은 그러한 기구의 사용 역사가 상당히 길다는 사실을 암시하고 있다. 우리가 흔히 이용하고 있는 물건들에도 성적인 요소를 많이 발견할 수 있는데, 비녀의 모양도 남성의 성기를 연상시키며, 맷돌은 남녀의 성기와 같아 수맷돌은 동쪽, 암맷돌은 서쪽으로 두고 맷돌질은 성행위를 표현하고 있다.

우리나라에서는 음양풍수설이 일반화되어 집터나 묘터를 정할 때나 이사나 결혼의 길일을 선택하는 경우와 같이 생활 곳곳에서 그 영향을 받고 있다. 산에도 암수가 있어 원주 치악산은 숫산인 반면에 강릉 오대산은 여산이며, 안동의 뒷산인 속칭 음핵(또는 공알)산은 샘물에 냄새가 나기 때문에 마주보는 곳에 양석(또는 좆돌)을 세워서 냄새를 제거하기도 하였다고 한다. 영산 줄다리기는 마을을 동편과 서편으로 나누어 동편은 숫줄을, 서편은 암줄을 꼬아 숫줄의 목줄을 암줄의 목줄에 끼워 넣고 숫줄의 목줄에 고딩이라는 나무 빗장을 꽂아 두

그림 2.19 우리나라 거석신앙

1; 여성의 생식기를 닮은 여근석, 2; 남성의 생식기를 닮은 남근석

줄을 잇는다. 이는 암수의 교합을 상징하며 암줄이 이겨야 마을에 풍년이 든다 하여 일부러 져주는 것이 관례였다.

그 외 우리나라의 여러 가지 성에 관한 풍습을 살펴보면 성은 매우 다양한 부분에서 우리의 생활과 밀접한 관련을 맺고 있다는 사실을 알 수 있다. 조선시대 후기인 영, 정조 시대에는 춘화가 유행하였는데, 기생방을 중심으로 한량들 사이에 은밀히 유통되기도 하였다(그림 2.20).

동성애에 관한 기록도 있는데, 사내끼리의 성교를 비역질이라 하고, 여자끼리의 성교는 밴대질이라 하였다. 흥부전에서는 놀부를 '약한 노인 엎드리게 하고 마른 항문 생짜로 하기의 명수'라고 기술하고 있으며, 왕실에서도 왕은 물론 궁녀들 간의 동성애에 관한 기록이나 도구가 발견되기도 하였다.

소박맞은 여인은 나비라는 이연장을 받았는데, 남편이 자신의 저고리 옷섶을 세모꼴로 찢어 이연의 물증으로 삼거나 소박맞은 여인의 저고리 옷섶을 세모꼴로 찢어주기도 하였다. 이러한 찢긴 세모꼴의 옷섶을 나비, 접포, 별포라고 속칭하였으며, 나비를 갖고 있는 여인은 개가가 묵인되었고, 나비부인은 성황당에서 최초로 만난 사내와 살도록 하였다. 나비를 내보이면 사내는 나비부인의 등에 진 이불보에 여인을 싸서 걸러 메고 자신의 집으로 가서 살게 되었다. 일제시대 기방에서 저고리 앞섶에 노란 나비 수를 놓은 기생은 현재 기둥서방이 없는 나비부인이었고, 보통 꽃값의 곱절을 내야 동침할 수 있었다. 조선 후기에는 약탈혼도 유행하였는데, 보부상들이 과부들을 보쌈하기 시작하면서 과부들은 약탈을 방지하기 위하여 서둘러 개가하기도 하였다. 이러한 나비부인이나 보쌈 등의 풍습은 정상적인 재혼의 길이 막혀 있던 그 당시에는 과부들이 개가할 수 있는 유일한 방법이었다.

그림 2.20 조선시대 성풍속화
조선시대 대표적인 작가인 혜원 신윤복(1, 2)과 단원 김홍도(3, 4)의 성풍속화. 1; '이부탐춘', 인적이 드문 구석진 후원에서 한 쌍의 개와 참새의 교합 장면을 주시하고 있는 여인들의 모습. 2; '청금상련', 탕건을 벗어 던지고 여인을 무릎 위에 앉힌 채 희롱하는 남정네와 함께 풍류를 즐기는 남성들의 모습. 3; 절에 온 여인네와 노승의 성희를 엳보는 동자승의 모습. 4; 보름달이 비치는 버드나무 아래에서 벌어지는 남녀의 성희

우리나라에는 어린 소녀와 동침을 하는 풍습도 있었는데, 14세 이전의 소녀가 가장 선호되었으며, 특히 종의 딸은 나이가 차면 상전의 방에 들어가 젊음의 묘약을 바치는 것이 종의 의리요 불문율이기도 하였다.

고구려 유리왕, 태무신왕, 중천왕 및 견훤의 아비는 두 명의 처를 두었는데, 이는 첩과는 달리 두 명의 정실부인을 두는 제도이다. 고려 대부경 박유가 이처제도의 합법화를 주장한 적이 있으며, 결국 고려말 우왕 2년에는 문무 고급 공무원에 한해 이처제도가 공인되기도 하였다. 조선시대에도 매우 희귀한 경우이긴 하지만 우부인, 좌부인이라 하여 이처제도의 흔적을 엿볼 수 있다.

2 시대에 따른 성의 역사

1) 기독교의 탄생과 중세시대

서양에서는 로마제국이 성적쾌락과 방탕으로 인하여 쇠락의 길을 걷게 되는 것과 거의 동시에 기독교 문화가 싹트기 시작했다. 서기 67년까지 생존했던 성 파울은 육체를 악마, 여성을 요부라고 생각했다. 그는 예수의 재림이 자신의 생존 중에 일어날 것이라고 믿고 있었으며, 금욕생활만이 천국으로 갈 수 있는 방법이라고 생각했다. 또한 결혼은 육체적 욕구를 해결하기 위해 의지가 약한 사람들이 선택하는 타협이라고 설명하였다. 그의 추종자들은 여성이 남성보다 열등하기 때문에 성교시 여성은 반드시 남성의 아래에 위치하여야 한다고 주장하였다. 이러한 이유로 남성상위를 정상위 또는 종교적 체위(missionary position) 등으로 표현하기도 한다. 서기 340년에서 420년까지 생존했던 성 제롬은 여성들의 유혹이나 환상을 마음으로부터 털어내기 위하여 사막에서 몇 년간을 수행하였다. 그는 부인을 너무 사랑하는 것도 죄라고 말할 정도로 성을 부정적으로 생각했다. 또한 서기 354년에서 430년까지 생존했었던 성 오거스틴은 이교도인 아버지와 기독교인 어머니 사이에서 많은 갈등을 느끼며 젊은 시절을 보내게 되었다. 그는 젊은 나이에 처자를 두었지만 남성 친구들과도 많은 관계를 맺곤 했다. 그 후 성 파울의 영향을 받아 기독교 신자가 된 그는 죽을 때까지 철저한 금욕생활을 하였다. 그는 모든 성교는 죄이기 때문에 모든 자식들은 부모의 죄를 통해 탄생한다고 생각했다. 또한 그는 성은 부끄러운 것이며, 죄를 짓는 것이기 때문에 부부 사이라도 쾌락을 목적으로 하거나 임신 중이나 폐경 후의 성관계는 금해야 한다고 주장하였다. 이러한 성 오거스틴의 믿음은 오랜 세월이 흐른 후인 13세기 성 토마스 아퀴나스에 의해 체계화되었다. 그는 쾌락을 위해 행해진 성행위는 자연에 대한 죄이며, 정상위를 제외한 모든 체위와 자위행위 등은 모두 억제되어야 한다고 주장하였다. 르네상스 시대와 종교개혁을 거쳐 수백 년이 지난 현재까지도 이러한 기독교의 가르침은 현대 사람들의 성에 관한 인식에 많은 영향을 주고 있다.

2) 종교개혁과 빅토리안 시대

16세기 들어 마르틴 루터와 존 캘빈 등이 기존의 카톨릭 교회에 반기를 들었다. 이들에 의해 시작된 종교개혁은 기존의 교회가 강조하는 금욕에 대해 반대하는 입장이었다. 마르틴 루터는 목사들도 결혼 가능하며, 결혼 후의 성은 긍정적으로 생각하여야 한다고 주장했다. 이들의 추종자들은 부부 간의 성관계에 긍정적이었으며, 이들은 후에 청교도가 되어 미국으로 건너오게 됨으로써 미국의 성에 관한 인식에 영향을 끼치게 되었다. 이들은 천국에 가는 것은 부부 간의 쾌락적인 성관계를 부정함으로써가 아니라 검약하고 근면한 생활을 통해서라고 생각하였다.

19세기는 영국을 거의 한 세기 동안 통치했던 빅토리아 여왕의 영향이 지대했던 관계로 빅토리안 시대라고도 한다(그림 2.21). 이 시대에는 성적인 쾌락이 부정되었고, 남성만이 성욕을 갖고 있을 뿐 여성에게는 아예 성욕 자체가 존재하지 않는다고 생각했다. 여성의 생활은 가정에 한정되어 있었으며, 부인으로서의 의무를 위한 성행위만이 인정되었다. 이 시대 여성의 의복은 목, 등, 무릎을 감싸야 하며, 심지어는 피아노 다리마저도 음란하다고 하여 천으로 감쌀 정도로 성에 대한 인식은 매우 부정적이었다.

그림 2.21 빅토리아 여왕의 초상

이 시기의 성에 대한 인식은 동시대의 의학적 견해와도 일치하였다. 1758년 티솟이라는 스위스 의사는 자위행위는 눈을 멀게 하거나 폐병 또는 미치게 하는 등의 건강상 매우 나쁜 영향을 끼친다고 주장하였으며, 이러한 주장은 많은 의사들에 의해 전폭적인 지지를 받았다. 미국 정신의학의 아버지로 불리는 벤자민

루시마저도 이러한 인식에 동의를 표했을 정도였으며, 영국의 의사들도 정자의 감소는 출혈과 같이 남성의 건강에 치명적이라고 주장하였다. 이러한 의사들의 주장을 믿을 수밖에 없던 일반 부모들은 자녀의 자위행위나 몽정을 방지하기 위한 방법들을 고안하였다. 즉, 남아들을 거세하거나 할례를 시행하였고, 밤에 자위행위나 몽정을 방지하기 위하여 남성용 정조대를 착용시키기도 하였다(그림 2.22). 이렇게 성에 대해 대단히 부정적이었던 빅토리안 시대에도, 지하에서는 많은 성적인 행위나 산업이 발달하였다. 도리어 성이 억압된 사회 분위기 때문에 불법적으로, 비사회적으로 시도되던 성은 더욱 자극적이고, 비정상적인 방향으로 왜곡될 수밖에 없게 되었다.

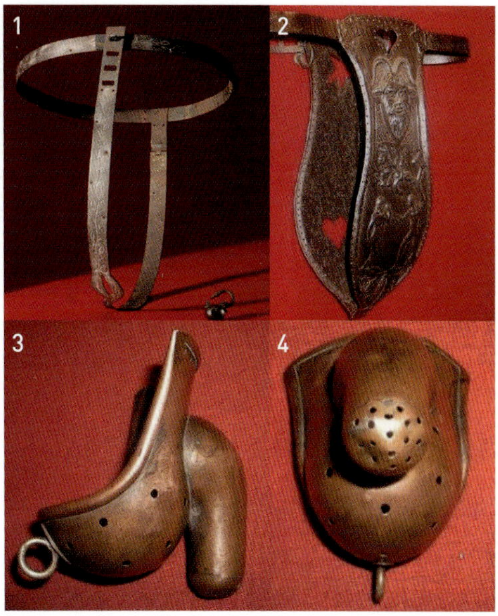

그림 2.22 **정조대**

1, 2; 여성용 정조대, 3, 4; 자위행위를 막기 위해 사용된 남성용 정조대

3) 근세와 현세시대

20세기 들어 서구에서 일어난 산업혁명은 사람들의 생활양식을 크게 변화시키게 되었다. 이전까지 모든 것을 수작업으로 자급자족해 왔던 사람들은 산업이 기계화, 자동화되면서 생활의 여유를 찾게 되었다. 하루의 거의 모든 시간을 노동에 투자했던 과거와는 달리 레저를 즐길 수 있게 된 사람들은 필연적으로 성에 대한 기회도 많아지게 되었다. 또한 두 차례의 세계대전을 거치면서 여성의 노동 기회가 많아지고, 경제력도 향상되면서 여성의 권리가 급속히 향상되었다. 더욱이 여성들은 경제, 사회적인 권리만이 아니라 점차적으로 정치적인 권리를 행사할 수 있게 되었으며, 성생활에서도 남녀평등을 이루게 되었다. 이와 더불어 1940년 페니실린이 발명되어 임질과 매독(syphilis)과 같은 성병에 대한 치료가 가능해졌으며, 1960년대에는 피임법까지 개발되면서 성관계가 생식의 목적이 아니라 쾌락을 위해서도 시도될 수 있는 환경이 조성되었다.

이러한 여러 가지 환경 변화에 의해 성혁명의 시대가 열리게 되었고, 현대인들은 과거보다 질적이나 양적으로 많은 성행위를 하게 되었다. 이러한 성혁명은 20세기 들어서 발달한 영화, TV, 라디오, 잡지 등을 포함하는 각종 대중매체의 영향으로 더욱 가속화되어 지구촌의 모든 사람들이 성에 대한 인식의 변화를 경험하게 되었다. 최근의 젊은이들은 성을 억제하기 위하여 고민하는 것이 아니라 도리어 어떻게 성을 추구해야 하는가에 대한 압력을 견디기 어려워 할 정도가 되었다.

이렇게 성에 대한 정보가 풍부해지고, 성에 대한 개방 풍조가 이미 모든 사람의 성에 대한 인식을 바꾸어 놓았음에도 불구하고 많은 사람들은 혼전 성관계, 구강성교 및 다양한 체위에 대해서 과거의 인식을 떨쳐 버리지 못하고 있다. 그 이유로는 아직까지도 사람들의 성에 대한 인식에 영향을 미치고 있는 빅토리안 시대의 믿음과 교회의 가르침 및 억제지향적인 성교육을 들 수 있을 것이다. 현대인들은 최근의 성개방 풍조와 사람들의 인식 깊은 곳에 자리 잡고 있는 성에 대한 부정적인 견해에 의해 내면의 갈등을 느끼고 있으며, 어떠한 성적 태도를 취해야할 지에 대해서 많은 고민을 하고 있다.

3 성에 관한 연구의 역사

지난 수세기 동안 성에 대한 과학적 발전은 다른 분야에 비해 매우 저조하였다. 지구가 태양 주위를 돈다는 코페르니쿠스의 주장을 지지하던 갈릴레오가 종교 지도자들에 의해 탄압을 받았을 정도로 종교의 힘이 막강했던 시대에서 성에 관한 적극적이고 사실적인 연구가 불가능했다는 것은 도리어 당연한 결과라고 할 것이다. 그러나 19세기 말에서 20세기 초에 걸쳐 프로이드, 엘리스, 킨제이 등에 의해 성에 관한 과학적인 연구가 시작되면서 성을 과학적인 관점에서 분석해 보려는 노력이 가속화되었다(그림 2.23). 이러한 성연구자들의 과학적 연구에 대한 사회적인 저항도 만만치 않아 그들의 연구는 여러 가지 제한을 받을 수밖에 없었으며, 킨제이는 사회의 압력에 의해 결국 비참하게 죽고 말았다. 그러나 이들의 철학적인, 정신의학적인, 통계학적인 연구결과는 직접적인 생리학적 실험 등을 통하여 성을 연구한 매스터스와 존슨의 결과에 많은 영향을 주었으며, 특히 그들의 연구결과는 현재까지도 성치료를 위한 가장 효과적인 방법으로 이용되는 등 그 가치를 인정받고 있다.

가장 오래된 성에 관한 연구의 역사는 기원전 4세기경 유명한 철학자인 아리스토텔레스에 대한 기록에서 시작되었다. 아리스토텔레스의 기록은 주로 생명 탄생에 대한 궁금증을 해결하기 위한 임신과 출산 과정에 대한 설명으로 이루어져 있다고 알려져 있으며, 이후 몇

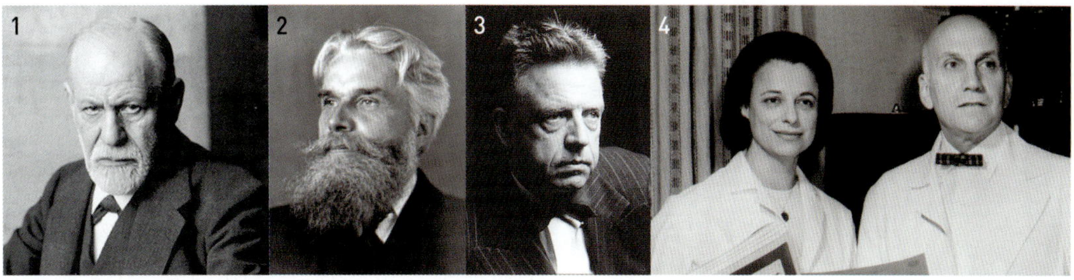

그림 2.23 **대표적인 성연구가들**
1; 지그문트 프로이드(Sigmund Freud 1856–1939), 2; 하벨록 엘리스(Havelock Ellis 1859–1939), 3; 알프레드 킨제이(Alfred Kinsey 1894–1956), 4; 윌리엄 매스터스와 버지니아 존슨(Willians Masters/Virginia Johnson 1915–2001/1925–2013)

몇 성연구자들에 의해 지속적인 연구가 진행되어 근대에 이르러 성병의 원인과 치료, 성반응과 오르가즘에 대한 연구들로 발전하였다(표 2.1).

1) 프로이드

프로이드(Sigmund Freud; 1856–1939)는 인간 생활에서의 성의 중요성을 강조하였으며, 이러한 프로이드의 학설은 성을 극도로 부정시했던 빅토리안 시대에 발표되었기에 그 의미가 더욱 크다고 할 수 있다. 프로이드는 인간의 성격을 출산 시부터 인간의 마음속에 존재하는 원초아(id), 사회적 용인을 받을 수 있도록 변형된 원초아의 형태인 자아(ego), 부모나 사회로부터 배운 인간의 내부를 표현하는 초자아(superego)의 세 가지로 구분하였으며, 인간의 마음속에는 이들 세 가지가 항상 갈등하고 있다고 설명하고 있다. 또한 그는 인간의 발달 단계와 이러한 갈등은 밀접히 관련되어 있다고도 주장하였다. 그는 성적 에너지인 리비도(libido)는 특정 연령에 신체의 특정 부위에 집중되게 되며, 집중되는 신체 부위에 따라 입 주변에 집중되는 구강기(oral stage), 항문에 집중되는 항문기(anal stage), 음경에 집중되는 음경기(phallic stage), 잠복기(latent stage), 생식기(genital stage) 등의 5가지 시기로 구분하였다. 프로이드는 만약 각 시기에 따른 갈등이 제대로 해결되지 않는다면 성인이 되어서도 정신적 문제가 발생할 수 있다고 주장하였으며, 이러한 인식을 기본으로 인간의 불명확한 갈등을 분석하고 치료하는 심리분석학을 발달시켰다.

프로이드의 연구결과는 그가 빅토리안 시대의 과학자였던 만큼 정액의 손실이 출혈과 같이 남성들의 건강에 해가 된다고 생각하는 등의 그 당시의 견해를 상당 부분 반영하고 있다. 이와 같은 이유로 그의 학설은 현재의 많은 학자들에 의해 비판받고 있지만 성적인 행위에

표 2.1 성연구가들과 주요 연구 내용

연구자	시기	주요 연구 내용
아리스토텔레스 (Aristotle)	BC384~BC322	• 성적인 반응, 번식, 피임, 유산, 성행위에 대한 법령 제정, 성윤리 등과 관련된 성적인 이론 제공
이반 블로흐 (Iwan Bloch)	1872~1922	• 최초로 성과학(Sexology)이라는 용어 사용 • 성에 대한 이론적이고 과학적인 연구
칼 하인리히 울리츠 (Karl Heinrich Ulrichs)	1825~1875	• 제3의 성을 갖는 남성에 대한 이론을 출판 • 성소수자(동성애자 및 성별 불확실자 등)에 관한 연구
리하르트 폰 크래프트-에빙 (Richard von Kraft-Ebing)	1840~1902	• 성의 부정적 측면에 대한 연구 • 300건 이상의 사례연구를 통해 번식 이외의 성적 목적은 타락한 행위라고 주장 • 후기에는 자신의 생각을 수정하여 동성애를 하나의 성애 방식으로 인정
클레이아 듀엘 모쉬어 (Clelia Dual Mosher)	1863~1940	• 여성의 월경 및 성욕에 대한 연구
알버트 몰 (Albert Moll)	1862~1939	• 성적 특성은 생식기 충동과 성적 유혹이라는 완전히 구분되는 두 영역으로 구성된다고 주장 • 성의 감성적 측면뿐만 아니라 생물학적, 육체적 측면 강조
매그너스 허쉬펠드 (Magnus Hirschfeld)	1868~1935	• 세계 최초 남성 동성애자 권리 보호기구인 과학적 박애주의 위원회(Scientific Humanitarian Committee) 설립 • 성적 취향, 성적 차이들에 대한 이론을 발전시킴
지그문트 프로이드 (Sigmund Freud)	1856~1939	• 인간의 성격형성 및 정신적 문제를 성적 충동, 성적 에너지를 상징하는 리비도로 설명
하벨록 엘리스 (Havelock Ellis)	1859~1939	• 자위행위와 몽정을 체계적으로 연구 • 여성 동성애에 대한 연구
알프레드 킨제이 (Alfred Kinsey)	1894~1956	• 대규모로 진행된 면담을 통하여 남녀의 성적 행동에 대한 특성을 발표 • 성적 취향의 척도를 개발하고 성적 취향의 연속성 제시 • 성적 특성을 연구하기 위한 킨제이 연구소 설립
매스터스와 존슨 (Willians Masters, Virginia Johnson)	1915~2001 1925~2013	• 의료장비를 동원하여 성교시 내부생식기의 변화를 직접 관찰 • 인간의 성적 반응에 대한 해부생리학적 연구
팬 반 앤델 (Pek Van Andel)	1944~	• MRI를 이용한 남녀 성교시 내부생식기 구조를 촬영

는 동기가 중요하며, 유아나 어린이들에게도 성이 중요하다고 주장한 그의 연구결과로 인해서, 아직도 그의 연구는 가치를 인정받고 있다.

2) 엘리스

엘리스(Havelock Ellis; 1859–1939)는 젊은 시절 자주 몽정을 했는데, 빅토리안 시대의 영향으로 그는 자신이 눈과 귀가 멀고 미치거나 죽을지도 모른다고 생각하게 되었다. 그는 자살을 하려고도 하였으나 두려워 실행에 옮기지는 못하고 대신 죽음에 이르는 순간까지 일기를 쓰기로 결심하였다. 그러나 몇 달이 지나도 아무런 일도 일어나지 않자 그는 정액의 손실과 죽음과는 무관하다는 생각을 하게 되었고, 그 동안 받은 마음의 상처를 치료하기 위해 자신의 인생을 성에 관한 연구에 바치기로 결심하게 되었다.

엘리스의 성에 대한 인식은 빅토리안 시대의 일반적인 믿음과는 매우 상이했는데, 그는 자신의 연구를 통해 여성도 성욕이 있으며, 자위행위나 동성애와 같은 성행위도 정상으로 간주되어야 한다고 주장하였다. 그는 자신의 연구결과들을 19세기 말에서 20세기 초에 걸쳐 출판하였으며, 그의 연구결과와 성에 관한 인식은 오랫동안 많은 연구자들에게 깊은 영향을 주었다.

3) 킨제이

킨제이(Alfred C. Kinsey; 1894–1956)가 성에 관한 연구를 시작하게 된 것은 1938년 인디아나 대학에서 결혼에 관한 강의를 맡으면서부터였다. 그는 강의를 하는 동안 성행위에 대한 객관적인 자료가 너무 없음에 놀랐고, 결국 학생들을 대상으로 자신이 직접 자료를 모으기 시작했다. 그러나 개인적인 상담이 학생들을 대상으로 하는 설문보다 훨씬 정확하고 자세한 자료를 얻을 수 있다는 사실을 깨닫고, 포메로이, 마틴 등과 공동으로 12,000여 명의 남녀를 대상으로 성에 대한 과학적 연구를 시도하였다.

킨제이 박사는 1947년 록펠서 재단의 후원을 받아 인디아나 대학에 성연구소를 설립하였으며 1948년 '남성의 성적 행동', 1953년 '여성의 성적 행동'을 각각 출간하였다. 킨제이 그룹은 15년간 무려 18,000명을 각각 한 시간 동안 직접 설문조사하여 통계연구를 하고 결론을 도출해냈다. 이렇게 발표된 보고서에는 남성의 92%, 여성의 62%가 자위행위를 즐기고 있으며, 동성애를 한 번 이상 경험한 남성이 37%, 여성이 19%에 이르고 있다고 밝히고 있으며, 여성의 50%가 혼전관계를 가졌고, 26% 혼외정사를 경험했다고 보고하였다.

그림 2.24 킨제이와 킨제이연구소 연구진
1953년 9월 킨제이 박사와 그 연구진

킨제이의 연구결과는 성에 관한 연구에 새로운 장을 열었다고도 할 수 있다. 그러나 그 당시의 사회 상황은 많은 사람들이 자위행위, 구강성교, 동성애 경험이 있다는 그의 연구결과를 받아들일 만큼 성에 대한 과학적 지식이나 새로운 성에 대한 인식이 부족하였다. 그의 연구는 많은 사람들에게 충격을 주었고, 비도덕적이고 반사회적이라고 심한 비난을 받게 되었다. 많은 연구자들 조차 그의 성에 대한 연구를 금지시켜야 한다고 주장하였고, 결국 킨제이의 연구는 많은 제한을 당하게 되었다. 그러나 킨제이는 생전의 사회적인 비난에도 불구하고 현재는 세계의 모든 사람들이 그의 이름을 알만큼 유명한 연구자로 인식되고 있으며, 1956년 그가 사망한 후에도 인디아나 대학의 성연구소는 킨제이 연구소(The Kinsey Institute for Sex Research)라는 이름으로 오늘날까지 성에 관한 연구를 지속적으로 수행하고 있다(그림 2.24).

4) 매스터스와 존슨

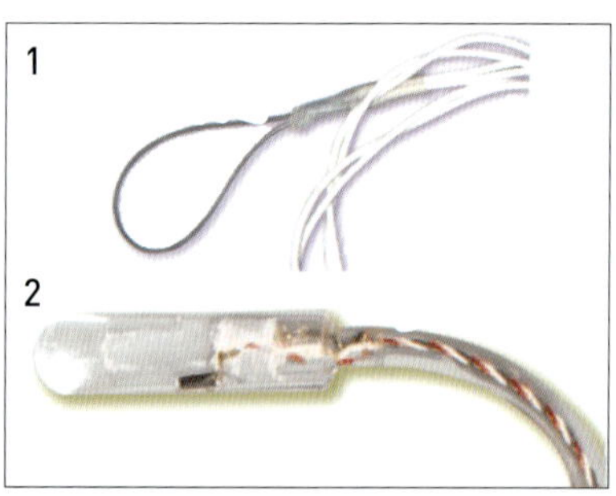

그림 2.25 생리학적 성반응관찰 도구
1; 음경 혈량측정기, 2; 질용 광학맥파계

킨제이에 의해 설문 형식의 과학적인 성적행동 연구의 길이 열리게 되었지만 성적 행위의 동기나 행태를 분석하기 위한 해부학적, 생리학적 연구는 인간이 아닌 실험동물을 이용한 연구에만 한정되어 있었을 뿐이었다. 그러나 의사였던 매스터스(Williams Masters)와 행동학자인 존슨(Virginia Johnson)은 실험용 쥐를 이용한 성적 연구의 결과를 부정하였다. 1954년 그들은 직접 인간을 대상으로 실험실 조건하에서 성행위시 음경과 질의 생리적 변화를 광학맥파계와 음경혈량 측정기 등을 이용하여 직접 관찰하고 기록하였다(그림 2.25). 그들은 남성 312명, 여성 382명을 대상으로 하였으며, 대상자의 각종 성적 행위에 대한 10,000건 이상의 조사결과를 종합하여 1966년 세상에 발표하였다. 매스터스와 존슨의 발표는 그들이 사용한 관찰 방법 때문에 일부 사람에게는 충격을 주기도 하였으나 많은 사람들이 그들 연구의 중요성을 높이 평가하였다. 그 당시는 물론 현재까지도 이들이 개발한 행동학적 치료 방법은 성적인 문제로 고통 받는 수천, 수만 명의 사람들에게 인생의 만족과 건강하고 풍요로운 성을 영유할 수 있는 기회를 제공하고 있다.

5) 팩 반 앤델

이탈리아가 낳은 세계적인 천재 레오나르도 다빈치(1452-1519)는 그의 해부학적 지식을 동원하여 1493년 남녀가 성행위를 하고 있을 때 남자의 성기가 여성의 질속에 삽입된 모습을 정밀하게 데생한 '성교(copulation)'라는 해부도를 그린 바 있다. 최근에는 네덜란드 그로닝겐 대학병원의 생리학자 펙 반 앤델이 MRI 기계를 활용하여 실제 성교시 남녀 생식기의 해부학적 구조를 관찰하였다. 팩 반 앤델과 그 동료들은 7년 동안 실험에 참여해 줄 부부 8쌍을 모아 MRI 촬영기를 이용하여 발기된 남자의 성기가 여성의 질 속에 삽입된 모습을 단층 촬영했다(그림 2.26). 그 결과 레오나르도 다빈치의 그림은 질 내에서 남자의 성기를 일직선 모양으로 그린 반면, MRI 사진으로 확인한 음경은 질 내에서 부메랑 모양으로 휘어 있었으며, 삽입되지 않은 음경의 뿌리 부분와 120° 각도를 이루고 있음을 확인하였다. 그리고 평소 피부 속에 감춰져 있던 음경의 뿌리가 성기 전체 길이의 3분의 1이나 차지하고 있다는 사

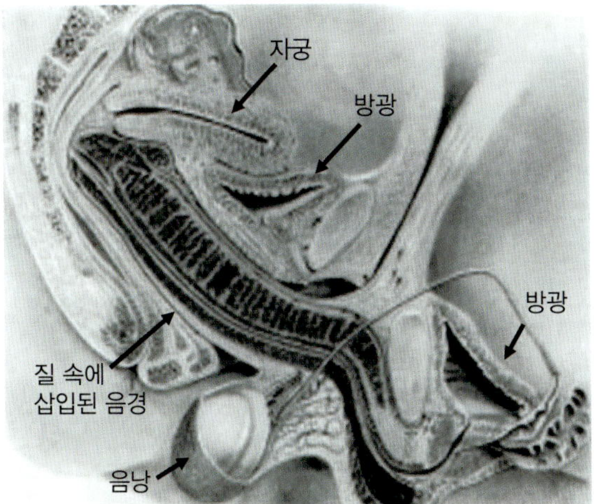

그림 2.26 성교 중인 남녀의 MRI 사진

실도 새롭게 알게 됐다. 이러한 결과는 1999년 12월 8일자 영국의학저널(British Medical Journal)에 게재되었으며 매스터스와 존슨의 해부학적 연구들과 함께 성의 해부학적 지식을 돕는 데 중요한 자료를 제공되었다. 이 연구는 이후, 재현할 수 없는 실험, 혹은 재현해선 안 되는 실험'이라는 꼬리표와 함께 2000년도 '엽기노벨상'(IgNobel prize, '무시할 만한, 불명예스러운'이라는 의미의 ignoble을 음차해 만든 상)의 최우수 의학상으로 선정되기도 하였다.

6) 최근의 연구들

프로이드에서 펙 반 앤델까지 성연구자들의 연구 방법은 초기 몇몇 사례중심 조사연구로부터 대규모 기입식 설문조사, 도구를 이용하여 지원자들의 성행위와 성반응을 직접 관찰하고 기록하는 해부생리학적 연구방법들로 변화해 왔다. 그러나 현재까지 성연구에 있어 가장 많이 사용되는 연구방법은 여전히 설문조사이다. 과거에 주로 이용되었던 기입식 설문의 경우 특정 사회가 요구하는 정형화된 답안이 제시될 확률이 높으며, 설문대상자의 지적 능력에 따른 응답편차가 크다는 단점을 가지고 있다. 최근에는 인터넷 기술의 비약적 발전과 인터넷망의 빠른 확산으로 컴퓨터와 인터넷을 이용한 자가 인터뷰 방법의 설문조사가 이용되고 있다. 인터넷을 이용하면 기능적으로는 기존 설문방법과 유사할 수도 있지만 자료수집에 필요한 인력 및 비용, 소요시간 등을 상대적으로 줄일 수 있으며, 기입식 설문 방법의 단점인 특정 사회가 요구하는 개인에 대한 압력을 어느 정도 배제할 수 있다는 장점이 있다. 그러나 이러한 방법 역시 설문대상 집단이 인터넷 이용률이 상대적으로 높은 젊은 연령대 혹은 특정 집단 등으로 제한될 수 있는 단점을 안고 있어 연구결과 분석에 주의해야 할 것이다.

성에 대한 풍습이나 인식은 역사적, 문화적, 지리적 차이에 의해 매우 다양한 양상을 나타낸다(그림 2.27). 현재 우리들이 비정상이라고 생각하는 성적 행태가 과거에는 정상으로 인식되었거나, 또는 우리들이 정상으로 생각하는 것들이 다른 나라에서는 도리어 비정상으로 인식되기도 한다는 사실은 성에 관한 정상, 비정상의 판단이 얼마나 주관적인 판단에 의해 좌우되는가를 극명하게 보여주는 좋은 예라고 할 수 있을 것이다. 우리들은 이 장을 통해 이러한 예들을 많이 보았다. 성에 대한 인식은 진리와 같이 한 가지로 고착되어 있는 것이 아니라, 시대에 따라 지역에 따라 항상 변화하여 왔으며, 또 변화할 것이다. 따라서 21세기의 성의 범람과 급속한 성개방에 의해 성인식의 혼돈을 경험하고 있는 우리 사회의 문제를 해결하기 위해서는 시대에 맞고 변화에 능동적으로 대처할 수 있는 건강한 성적 인식의 확립을 위한 과학적 연구 및 이를 통한 성적 인식에 대한 사회적 컨센서스의 도출이 필수적인 과제라고 할 수 있을 것이다.

그림 2.27 성과 관련한 인식의 차이

1; 축제에 참여 중인 반라의 군중들, 2; 이슬람 종교행사에 참석 중인 남성과 여성들. 남녀의 자리가 구분되어 있으며 여성들은 머리와 얼굴을 모두 가리고 있다.

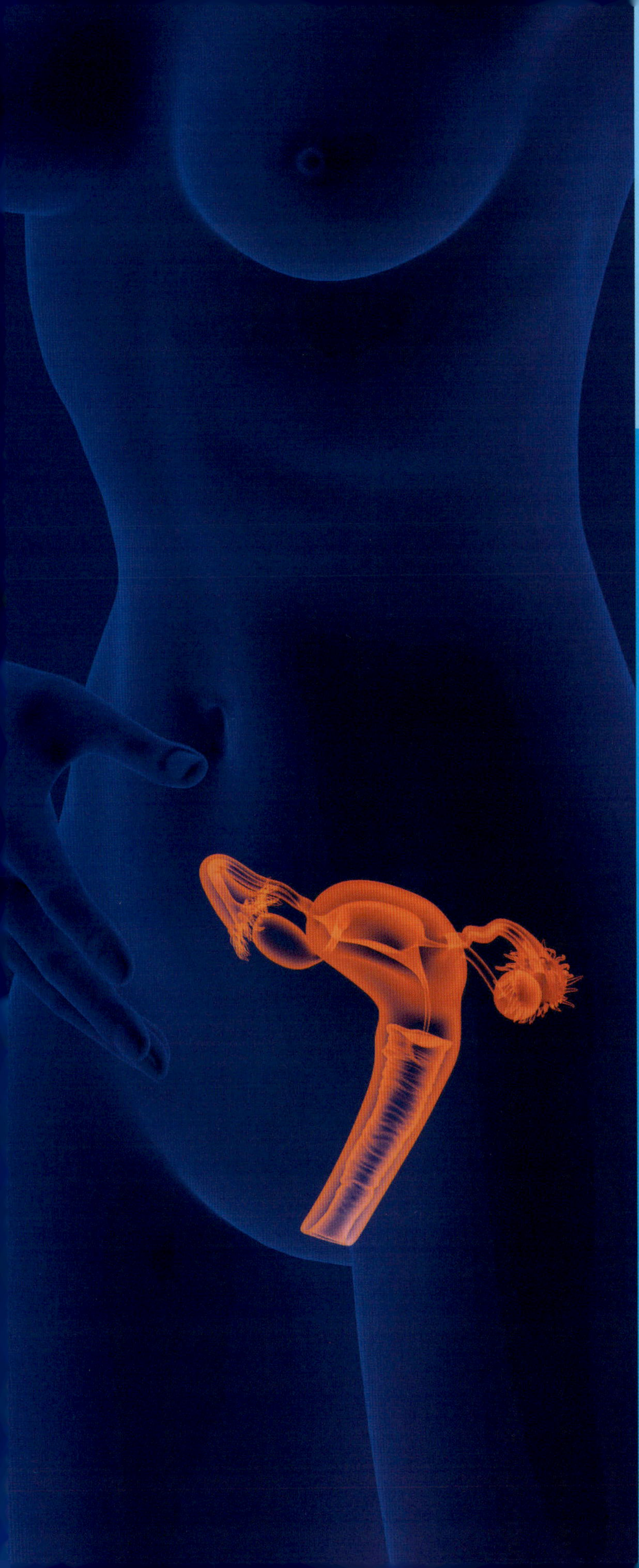

03 생식기관

1. 남성 생식기

1) 남성 생식기 구조 / 63
2) 남성 생식기 질환 및 암 / 68

2. 여성 생식기

1) 여성 생식기 구조 / 75
2) 여성 생식기 질환 및 암 / 86

생식기관은 생식을 위한 체내 · 외 장치를 일컫는 용어로서, 남성과 여성은 서로 상이한 구조를 갖고 있으며 성을 구별하는 가장 확실한 기준이 된다. 그러나 일반적으로 우리들은 생식기에 관한 정확한 용어를 사용하지 못하고 '고추'나 '거기' 등으로 적당히 얼버무리는 것이 보통이며, 생식기관에 대한 정확한 기능조차 모르는 경우가 대부분이다. 또한, 성관계를 설명하는 경우에는 여러 가지 은어나 속어를 사용하는 것이 보통인데, 그러한 용어는 대단히 부정적인 의미를 내포하고 있기 때문에 듣는 사람들이 신체부위나 성적 행위를 부정적이고 옳지 못한 행동으로 인식하게 한다. 생식기관에 대한 정확한 용어의 사용이 유아나 청소년들에게 성에 대한 올바른 인식이나 가치관 정립에 어떠한 영향을 주며, 생식기관의 구조나 기능의 이해는 성을 올바르게 인식하게 하며 성에 대한 무지로 인해 야기될 수 있는 문제들을 사전에 예방할 수 있는 힘을 키우게 할 것은 분명하다.

1 남성 생식기

남성의 생식기는 외부에서 관찰할 수 있는 부분과 체내에 위치하는 부분으로 나눌 수 있다. 외부에서 관찰 가능한 기관으로서는 치구(mons veneris)와 음경 및 음낭이 있으며, 내부 생식기관은 고환(또는 정소; testis), 부고환(또는 부정소; epididymis), 정관(또는 수정관; vas deferens), 정낭(또는 저정낭; seminal vesicle), 사정관(ejaculatory duct), 전립선(prostate gland), 쿠퍼선(또는 요도구선; cowper's gland 또는 bulbourethral gland), 요도(urethra) 등이 있다(그림 3.1).

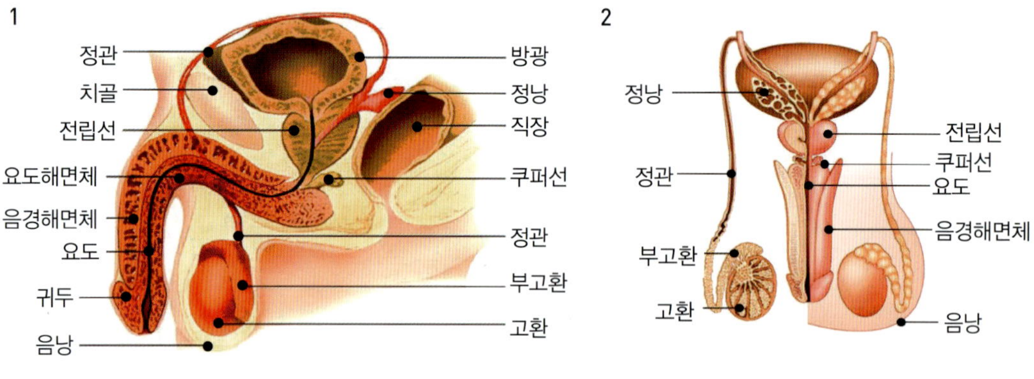

그림 3.1 남성 내외부 생식기관 구조
측면(1)과 정면(2)에서 본 구조와 명칭

1) 남성 생식기 구조

(1) 음경

음경은 영어로는 라틴어의 꼬리(tail)를 뜻하는 penis이며, 여성의 질(vagina)에 정자(sperm)를 방출하고 방광(urinary bladder)으로부터 소변을 배출하는 생식과 배뇨를 위한 기관이다(그림 3.2). 발기 전의 음경은 부드럽고 비교적 크기가 작은 반면에 성적 자극을 받으면 크기가 증가하고 딱딱하게 발기되어 여성의 질에 삽입하기 용이하게 된다(그림 3.3). 음경의 평균 길이는 조사 기관에 따라 약간의 차이는 있지만, 한국인의 경우 19세에서 83세까지의 성인 남성 300명을 대상으로 한 실험에서 평상시의 길이는 7.93±1.35 cm, 신장 시에는 12.32±1.50 cm, 발기 시에는 11.86±1.36 cm인 것으로 조사되었다. 또한 음경의 평균 둘레는 평상시 9.33±1.35 cm, 발기 시에는 12.07±1.12 cm인 것으로 밝혀졌다. 음경 팽창의 백분율을 비교하면 작은 음경이 큰 음경에 비해 발기 시 더 큰 비율로 팽창하는 것으로 조사되었으며, 희귀하게는 성기가 왜소하여 치골에서 음경 귀두까지의 길이가 5 cm 이하이고 둘레가 6 cm 남짓인 경우도 있다.

음경을 싸고 있는 음경포피(foreskin)는 출생 시에는 귀두를 둘러싸고 있으며, 신장력이 좋아 발기 시에도 귀두를 싸게 된다. 포피의 하부에는 치구(또는 구지; smegma)라는 죽은 세포와 기름진 분비물로 구성된 치즈와 같은 물질이 축적되어 감염 위험이 높고 불쾌한 냄새가 나기도 한다(그림 3.4). 출생 후 수개월 간, 희귀하게는 3년 정도까지 포피가 음경에 부분적으

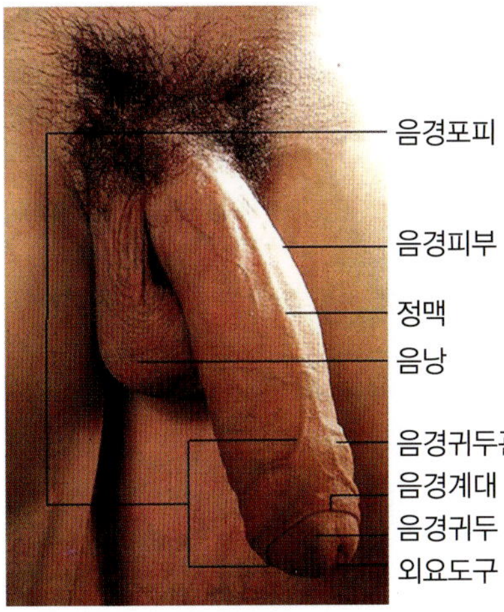

그림 3.2 음경과 음낭의 외부 구조

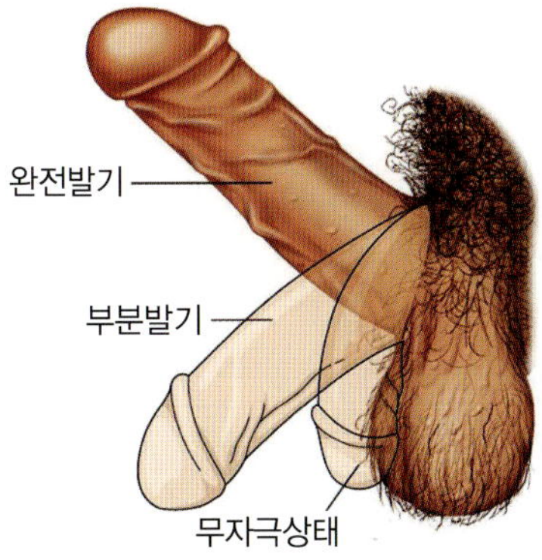

그림 3.3 음경의 발기

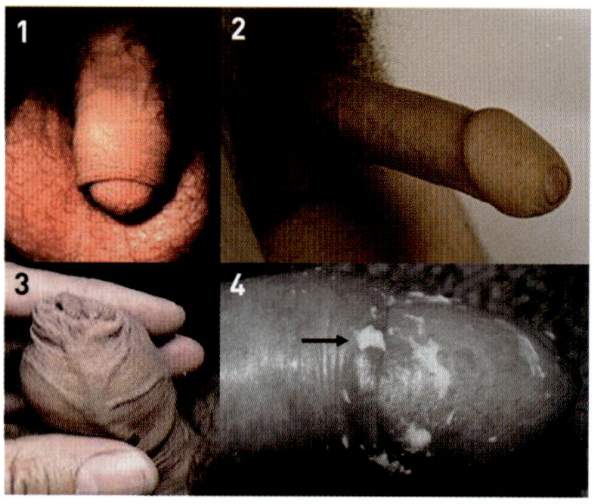

그림 3.4 포경인 음경과 구지

1; 포경음경, 포피로 싸여 있는 음경귀두, 2; 발기시의 포경음경, 발기 후에도 귀두는 여전히 포피에 싸여 있다. 3; 포경음경의 정맥들, 귀두를 싸고 있는 포피에 까지 위치하고 있다. 4; 음경귀두 부분의 구지(화살표)

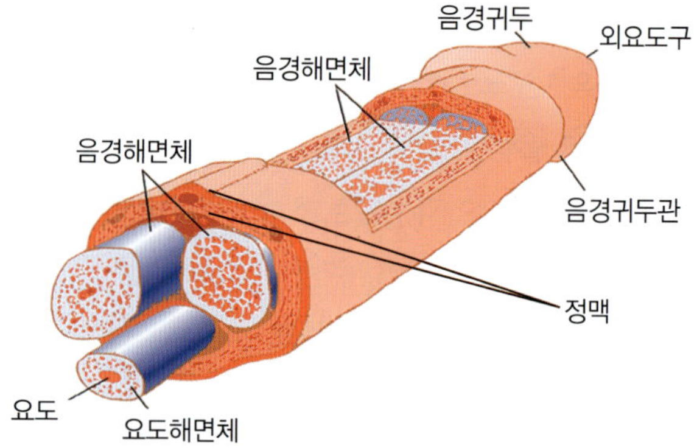

그림 3.5 음경의 내부 구조

음경에는 두 개의 음경해면체와 귀두 부분까지 뻗어 있는 한 개의 요도해면체가 있다. 요도해면체 중앙에는 요도가 위치하며, 음경의 중앙부에는 굵은 정맥이 분포하고 있다.

로 부착되어 있기도 하며, 이를 강제로 벗기거나 하면 음경이나 포피가 손상될 수도 있다.

음경은 음경귀두(penal glans), 음경간(penal shaft), 음경근(penal root)의 세 부분으로 나누어진다. 음경근은 음경 기저부에 위치하는 치골(pubic bone)에 부착되어 있으며, 소변이나 사정에 관여하는 근육으로 싸여 있다. 음경간은 세 개의 스펀지와 같은 해면체 구조로 구성되어 있는데, 윗부분에는 음경귀두까지는 미치지 못하는 두 개의 음경해면체(corpora cavernosa)와 아래 부분에 음경 전체에 길게 위치하며, 음경귀두에서는 크게 확장된 한 개의 요도해면체(corpus spongiosum)가 있다(그림 3.5). 음경간과 귀두의 경계에 위치하는 불룩한 부분은 음경귀두관(corona)이라고 하며, 음경 중에서도 접촉에 가장 민감한 부분이다. 요도해면체 중앙에 위치하는 요도는 소변과 정자의 통로이며 말단은 귀두에 위치한다.

(2) 음낭

음낭은 음경 밑에 위치하는 주름 잡히고 성긴 털로 덮여 있는 주머니로서 정자를 생산하는 고환을 포함하고 있다(그림 3.2). 정자는 정상 체온보다 2–3 ℃ 낮은 온도(약 34–35 ℃)에서만 생산될 수 있기 때문에 음낭의 표면에는 체온을 낮추기 위하여 많은 땀샘이 분포하고 있으며, 날씨의 변화에 따라 근섬유의 수축과 이완을 통하여 고환의 위치가 변화될 수 있다. 추울 때는 근육이 수축되어 고환을 복강 쪽으로 당기고, 주변 온도가 높을 때에는 근육이 이완되어 고환과 복강이 멀리 떨어지게 됨으로써 정자 생산이 가능하게 된다. 몸통으로부터 음낭으로

Q 3-1

음경의 평균 길이는 얼마나 될까?

음경 길이에 대한 설문 결과 남학생들의 경우 31%가 8–10 cm, 26%는 10–12 cm로 응답한 반면, 여학생들의 경우 52%가 13.15 cm, 35%는 10–12cm라고 응답하여 남학생들에 비하여 여학생들이 생각하는 음경의 길이가 더 긴 것으로 나타났다. 한국인의 평균 음경 길이가 평상시 7.93±1.35 cm이고 발기시 11.86±1.36 cm임을 고려하면 여학생들이 느끼는 음경의 길이는 실제 평상시 음경의 크기보다는 발기시 음경의 크기에 가까우며 발기시 평균 음경의 길이보다도 좀 더 크게 느끼는 경향을 알 수 있다. 또한 남학생 321명을 대상으로 자신의 음경 크기에 대한 생각을 조사한 결과 대부분의 학생들(80%)이 '보통이다'라고 응답하였고 '작다'라고 응답한 학생들은 12%로 '크다'라고 응답한 8%에 비하여 많은 것으로 조사되었다.

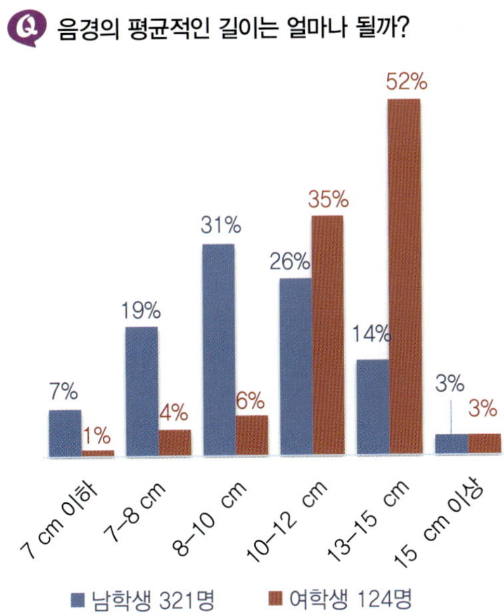

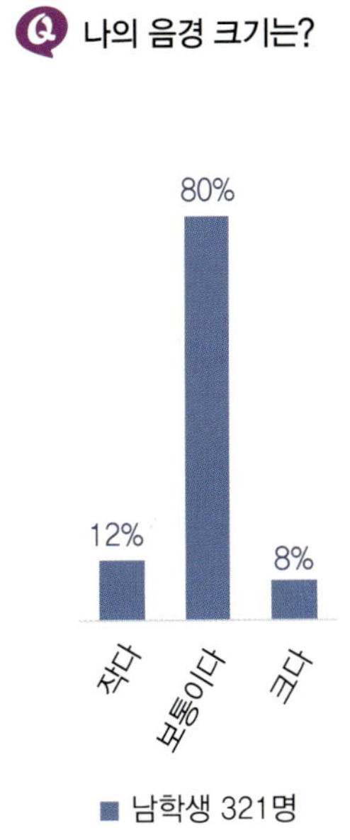

유입되는 혈액은 37 °C에서 34–35 °C 정도로까지 하강하였다가 음낭에서 고환으로 되돌아갈 때에는 다시 37 °C까지 상승되게 되는데, 체내로부터 음낭으로 유입되는 혈액이 잃어버린 열은 음낭에서 체내로 유출되는 혈액에 흡수됨으로써 열손실을 최소화하게 된다. 양쪽 고환은 크기는 동일하지만 오른손잡이인 경우는 왼쪽 고환이 오른쪽보다 낮게 달려 있으며, 양쪽 모두 압력에 매우 민감하다.

음낭의 내부에 위치하는 고환은 난소와 동일한 조직에서 유래하며, 정자 생산과 남성 호

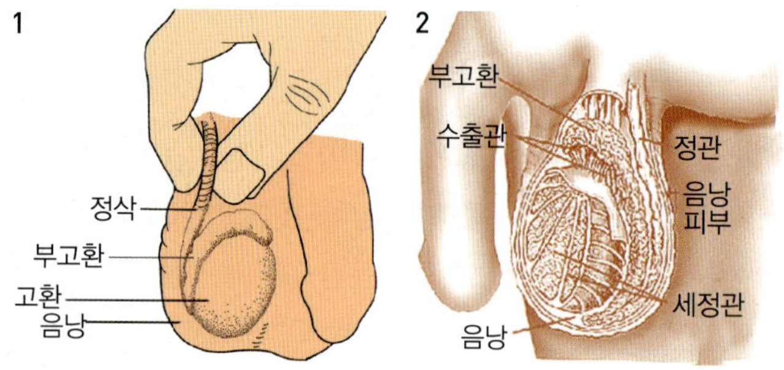

그림 3.6 **음낭과 고환의 세부 구조**

1; 음낭의 구조, 음낭 내부에는 고환과 부고환이 위치한다. 2; 고환의 세부 구조, 고환 내부에는 정자를 생산하는 세정관이 있으며, 생산된 정자는 수출관, 부고환을 거쳐 정관으로 이동한다.

르몬을 분비하는 두 가지 기능을 한다. 고환의 내부는 250여 개에 달하는 결합조직성 방으로 나누어져 있으며, 그 방들에는 길이가 1.6 km에 달하며 매우 길고 꼬여 있는 세정관(또는 정세관; seminiferous tubule)이 존재한다(그림 3.6). 세정관 내부에는 매일 수천만 개의 정자가 생산되며, 이 관들 내부에 위치하는 간질세포(라이디히 세포; leydig cell)는 테스토스테론과 같은 남성호르몬(androgens)을 생산하는 곳이다. 고환은 발생 초기에는 복강에 존재하다가 태어나기 2달 전쯤에 음낭으로 내려오게 된다.

(3) 관계

세정관에서 생산된 정자가 사출되기 위해서는 4개의 관으로 구성된 관계(duct system)를 통과하여야 한다(그림 3.1). 첫 번째 관은 부고환으로서 총 길이가 약 6 m 정도이며, 고환의 위쪽 뒤에 위치하며 정자의 생리적 성숙에 관여한다. 두 번째로는 정관인데, 길이는 약 40 cm 정도이고 음낭 밖에 위치하는 전립선 부위까지 정자를 전달하는 관이다. 정관수술(vasectomy) 시에 자르는 부분이 바로 이 정관으로서 정자의 사출을 영구히 억제할 수 있다. 많은 정자들은 정관의 연장된 말단 부위에 저장되었다가 오르가즘 동안의 리드미컬한 근육 수축에 의해 세 번째 관인 2–3 cm 정도의 사정관으로 이동한다. 정자는 사정관을 통과할 때 전립선이나 정낭에서 분비되는 액과 혼합되어 정액(semen)을 형성하고, 사정 시에는 혼합된 정액이 네 번째 관인 요도를 통해 남성의 체외로 방출된다.

방광으로부터 분지된 요도는 괄약근(sphincter muscle)에 의해 싸여 있으며, 이 근육은 성적 흥분시 불수의적으로 수축되어 소변이 요도구로 배출되는 것을 억제함으로써 소변과 정액이 섞이지 않게 하는 역할을 한다.

Q 3-2

우리나라의 포경 수술 빈도는?

남학생들을 대상으로 포경수술 여부에 대한 설문결과, 772명 중 84%의 남학생이 시술한 것으로 조사되었으며, 이는 WHO에서 2007년에 발표한 우리나라의 포경수술 빈도결과와도 거의 일치한다. WHO는 아시아에서 유일하게 우리나라가 높은 빈도로 포경수술을 시행하고 있다고 보고하였다. 또한 설문에 응한 587명의 남학생들 중 반 이상의 학생이 초등학교(43%)나 중학교(29%) 시절에 포경수술을 받았으며, 남학생 511명 중에서 '부모님이 권해서(42%)', '사회적 인식(19%)', '성적인 이유(조루 방지 등의)(16%)' 등이 시술의 주요 이유인 것으로 조사되었다.

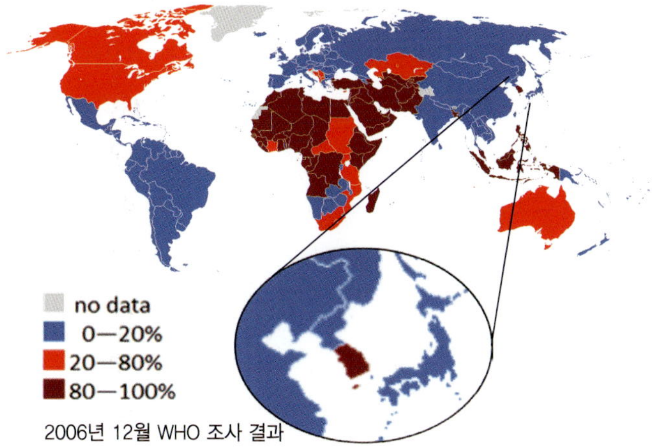

2006년 12월 WHO 조사 결과

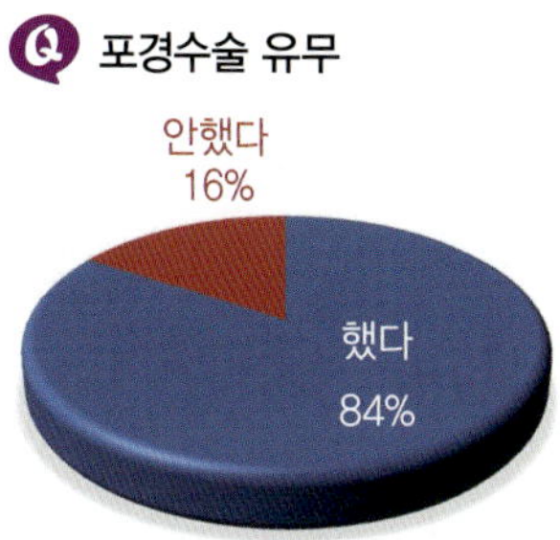

남학생 772명

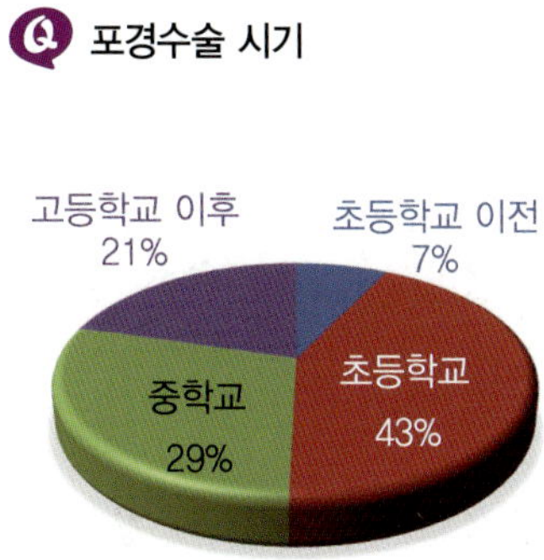

남학생 587명

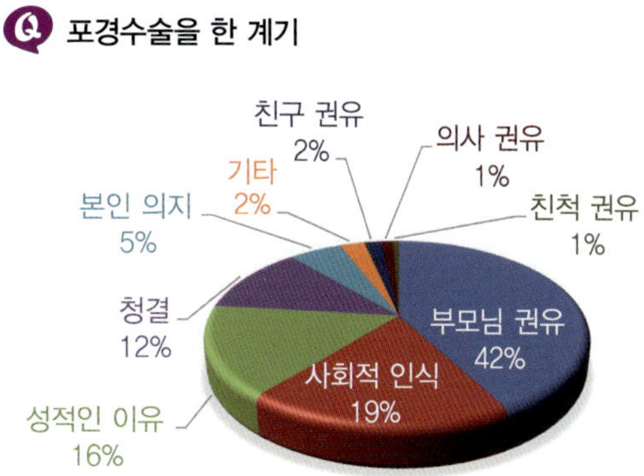

남학생 511명

(4) 전립선과 정낭

인간은 1회 사정 시 보통 2-3억 개의 정자를 포함하는 정액을 배출하는데, 정액은 정자 외에 저정낭(seminal vesicle)과 전립선으로부터 배출되는 알칼리성 물질들을 포함하고 있다. 정낭은 정액의 70%에 달하는 액을 분비하며, 이 액에는 과당(fructose), 프로스타글란딘(prostaglandins), 염기(bases) 등이 포함되어 있다. 또한 정액의 30%를 분비하는 전립선은 사정 후 일시적으로 정액을 응고시킴으로써 질로부터 정액이 흘러내리는 것을 방지하는 피브리노게나제(fibrinogenase)와 남녀 생식기의 감염을 방지하는 강한 항생물질을 분비한다.

(5) 쿠퍼선

쿠퍼선은 요도구선이라고도 하며, 콩알만한 서양배 모양의 두 개의 분비선으로서 음경해면체의 뒤쪽, 전립선의 아래에 위치한다(그림 3.1). 성적 흥분이 고조되면 사정하기 전에 이 분비선으로부터 알칼리성의 용액이 분비되며, 이 용액은 원래 산성인 요도의 산도를 중화시킴으로써 사정시 산에 약한 정자를 보호하는 역할을 한다. 또한 이 액에는 많은 정자가 포함되어 있어 성교시 실질적인 사정이 일어나지 않아도 여성은 임신되기도 한다.

2) 남성 생식기 질환 및 암

(1) 전립선 비대증

60세 이상의 노인층에서는 전립선 조직이 과성장하여 전립선이 증대되는 전립선비대증(prostatomegaly)이 관찰되는데, 과성장한 조직이 요도를 눌러 소변은 자주 마렵지만 소변보기는 매우 어려운 증상이 나타난다(그림 3.7). 몇 년에 걸쳐 차츰 좁아진 요도를 통해 무리하게 소변을 보게 되면 혈뇨가 보이기도 하고, 방광 벽의 근육이 점차 비대해져서 방광 내의 소변량이 줄어들기도 한다.

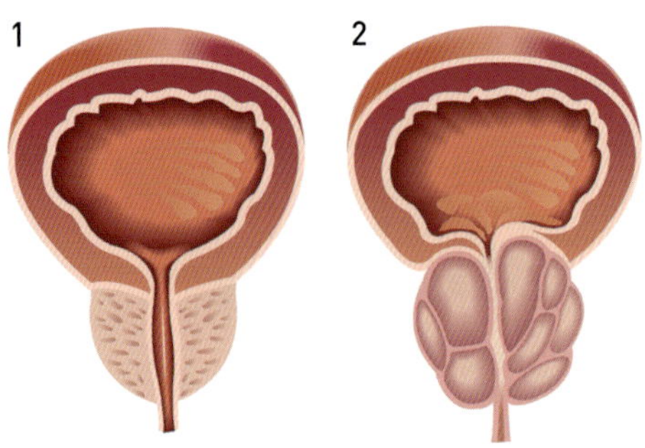

그림 3.7 전립선 비대증
1; 정상적인 전립선, 2; 비대된 전립선 조직에 의해 압박된 요도

초기에는 약물 치료보다 전립선 마사지가 효과적일 수도 있으나, 만성적인 비대증에는 요도

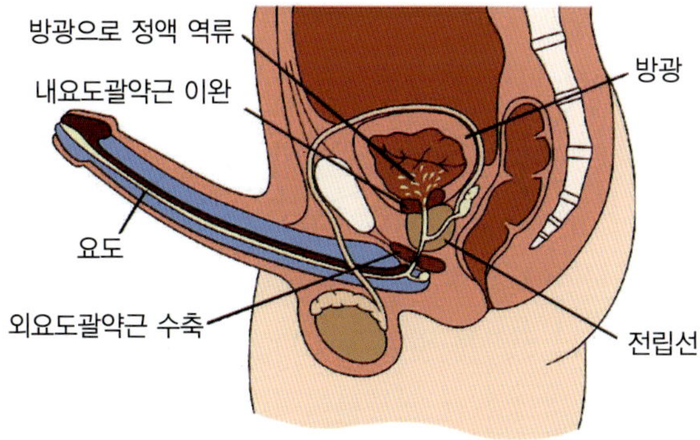

그림 3.8 **역행성사정**

정액이 정상적으로 체외로 방출되기 위해서는 내요도괄약근은 수축되고 외요도괄약근이 이완되어야 하나 도리어 내요도괄약근은 이완되고 외요도괄약근이 수축되면 체외로 배출되어야 할 정액이 방광으로 역류하게 된다. 이러한 정액의 역류현상을 역행성사정이라 한다.

구를 통해 기구를 삽입해서 비후된 전립선 조직을 제거할 수도 있다. 그러나 조직 제거수술을 받은 환자의 10–15%가 수술 후유증보다는 심리적인 요인에 의하여 발기불능을 호소하기 때문에, 최근에는 요도구가 완전히 폐쇄된 경우가 아니라면 수술하지 않고 기다리거나 전립선 비대를 유발하는 호르몬의 작용을 억제하는 프로스카(proscar)를 투여하기도 한다. 이 수술 후 불임이 되는 경우도 간혹 있는데, 그 이유는 정액이 음경으로 사출되지 않고 도리어 방광 내로 분출되는 역행성사정(retrograde ejaculation) 때문이라고 알려져 있다(그림 3.8).

(2) 정류고환

고환이 음낭으로 완전히 하강하지 못하고 도중에 머무는 것을 정류고환(또는 잠복고환; cryptorchism)이라고 하는데, 출생 시에는 약 3.4%의 빈도로 발견되며, 미숙아나 저체중아의 경우에는 그 빈도가 더 높은 것으로 알려져 있다(그림 3.9). 생후 약 3개월경에 테스토스테론

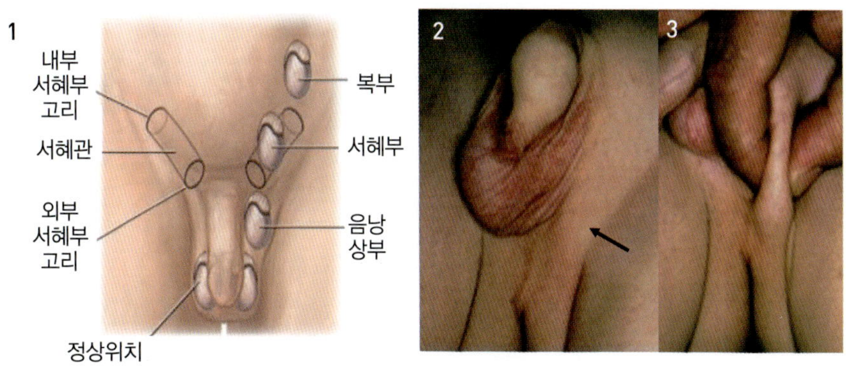

그림 3.9 **정류고환**

1; 출생 전 복부에 위치하던 고환은 서혜부를 거쳐 음낭으로 하강하며 자리를 잡게 된다. 2; 정류고환 모습, 고환이 서혜부(화살표)에 위치, 3; 서혜부의 고환을 촉진하는 모습

의 혈중농도가 급격히 상승하게 되면 미하강된 정소가 다시 하강하여 자연 치유되기도 한다. 태어날 때는 정류고환이 있었으나 1살이 되면 자연 하강하는 경우가 많아 그 빈도는 0.8%까지 떨어지게 되지만, 그 후로부터는 자연 하강하는 경우가 거의 없다. 양쪽의 고환에서 정류가 발생하는 빈도는 약 10%이며, 간혹 가계력을 나타내는 경우도 있지만 유전성 여부는 확실히 알려져 있지 않다. 정류고환의 원인은 여러 가지로 추측되고 있지만, 그 중 성선자극호르몬이나 남성호르몬 이상이 중요한 원인인 것으로 알려져 있다.

정류되는 고환의 위치는 복강인 경우와 서혜관인 경우가 대부분이며, 고환이 복강 깊이 존재할수록, 정류되는 기간이 길수록 고환 조직의 손상이 심해진다. 따라서 1세 전후에 치료를 시작하여야 하며, 적절한 치료를 하지 않으면 심리적인 손상이나 불임, 또는 고환암(또는 정소암)이 생기기도 한다. 치료를 위해서는 호르몬 요법이나 외과적 수술 방법이 이용되지만 성공률은 매우 다양하다. 합병증으로 서혜부 탈장이나 불임 및 고환암이 생기기도 하는데, 특히 고환암의 발생 빈도는 정상에 비해 35-48배 정도로 매우 높아진다.

(3) 페이로니병

남성의 음경은 요도나 해면체의 물리적인 상처나 발생 과정 중 요도의 기형, 또는 페이로니병(Peyronie's disease) 등에 의해 구부러지는 경우도 있다(그림 3.10). 페이로니병은 음경에 뜨끔거리는 섬유성 결절이 생기며, 심한 경우는 발기시 통증을 수반하여 결절이 있는 쪽으로 만곡됨으로써 질 내에 삽입하기가 어려워지고 성교가 불가능한 증상이 수반되기도 한다. 주로 40세 이상에서 많이 발생하는데, 그 중 반 정도는 발병 후 평균 4년 이내에 자연 치유

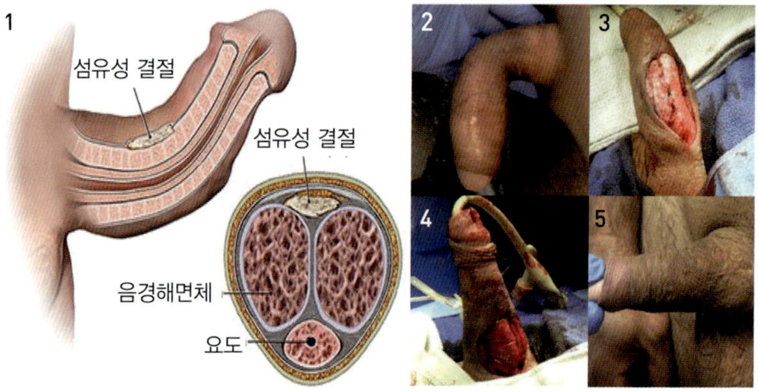

그림 3.10 **페이로니병**

1; 섬유성 결절에 의한 음경 만곡, 2-5; 페이로니병의 수술장면

되고, 나머지는 상흔이 커지고 석회화함으로써 음경이 거의 90도 정도 만곡되기도 한다. 만곡의 방향은 보통 상향 또는 횡향이지만 하향일 경우도 있으며, 시간이 지남에 따라 통증도 줄어들고 부드러워짐으로써 질 내 삽입이 가능해지기도 한다. 이 병은 초기에 스테로이드 치료를 함으로써 약 75% 정도 치유될 수 있으며, 섬유화가 음경 내부에까지 퍼져 수술 후 발기력을 약화시킬 우려가 있는 경우를 제외하고는 수술을 통해 결절을 제거할 수도 있다. 스테로이드 이외의 약물을 이용하여 치료하기도 하지만 발기부전 등이 수반될 경우에는 음경보형물 삽입술을 시행하기도 한다.

(4) 요도하열

요도하열(hypospadias)은 요도의 불완전한 발육에 의해 발생하는 선천성 기형으로서, 외요도구가 음경귀두의 끝이 아니라 회음부에서부터 음경귀두의 말단에 걸쳐 음경의 복측에 비정상적으로 형성되는 질환이다(그림 3.11). 이 질환은 요도 및 요도해면체 결손을 초래하며, 음경이 만곡되는 경우도 있다. 남아 300명 중 한 명꼴로 발생하며, 최근에는 임신 중 약물 남용에 의해 그 빈도가 날로 증가하고 있다. 요도 형성은 임신 8주에 시작하여 15주에 완성되는데, 이 시기의 요생식주름(urogenital fold) 융합의 실패에 의해 요도하열이 발생한다. 유전적 요인과 남성호르몬 분비 이상이 발생 원인인 것으로 알려져 있으며, 산모 연령이 높거나 임신 중 에스트로젠과 황체형성호르몬(luteinizing hormone; LH)을 복용하면 발생 빈도가 더욱 높아진다.

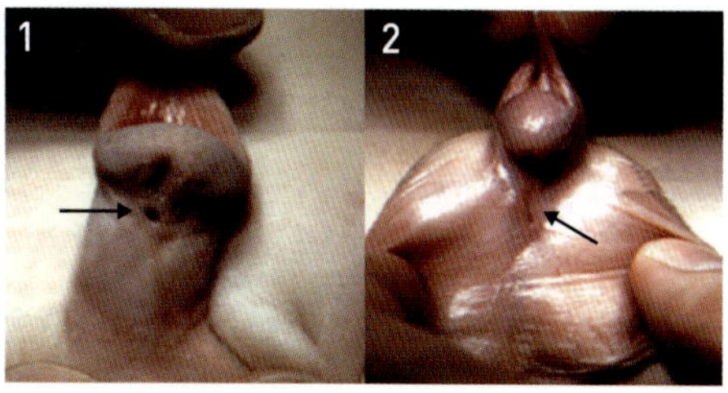

그림 3.11 요도하열

귀두하부(1)와 음경하부(2)에 형성된 외요도구(화살표)

많은 요도하열 환자는 서서 배뇨할 수 없기 때문에 여성들처럼 앉아서 배뇨한다. 음경이 만곡되어 성관계가 불가능한 경우도 있으며, 만곡이 심하지 않아 성관계를 할 수 있다고 하더라도 질 내에서 사정할 수 없기 때문에 불임의 원인이 되기도 한다. 이 환자들은 정류고환의 빈도도 높으며, 고환 유무가 확실치 않은 경우에는 염색체 검사 등을 통하여 성별을 판별하여야 한다. 요도하열의 치료 시기는 2세부터 취학 전이 좋으며, 외요도구를 음경귀두의 말단에 위치시키고 음경을 곧게 만들어 주는 수술을 시행하게 된다.

(5) 왜소음경

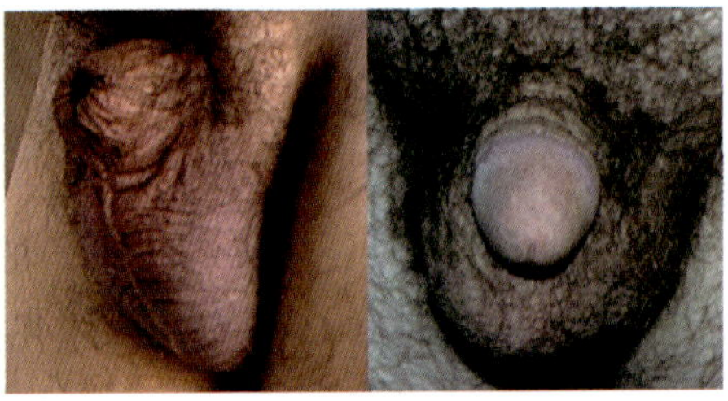

그림 3.12 **왜소음경 모습**

왜소음경(micropenis)이란 형태학적으로는 이상이 없지만 음경을 최대로 신장시킨 후 치골상부에서 귀두 말단까지 길이를 재었을 때 동일 연령의 음경 길이에 비해 현저히 짧은 경우를 말하며, 발육기의 테스토스테론 생산 억제나 활성 저하에 의해 발생한다(그림 3.12). 간혹 해면체조직이 감소되었거나 아예 없는 경우도 있으므로 음경 둘레가 정상에 비해 매우 가늘다.

왜소음경은 다양한 요인에 의해 실제 성장 장애가 있는 진성 왜소음경과 크기는 정상이지만 복벽에 묻혀 작아 보이는 함몰 음경 두 가지 경우로 구분할 수 있다. 진성 왜소음경의 경우 어린 나이에는 호르몬 요법 등의 치료가 가능하며 성인이라면 음경 확대 시술 등으로 치료할 수 있다. 함몰 음경은 음경이 작게 보이거나 완전히 숨어 있는 듯한 상태의 성기를 말하는데, 대개는 음경이 아랫배의 과도한 지방 더미에 묻혀 작게 보이는 경우이다. 최근 식생활과 생활 패턴 변화로 복부 비만이 증가하면서 어린 아이들에게서 크게 늘어나는 추세이다.

(6) 기타 음경 이상

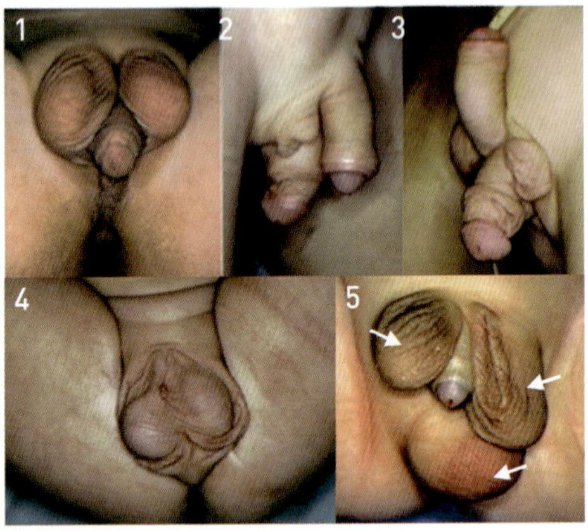

그림 3.13 **기타 음경 이상**
1; 음경전위, 2, 3; 중복음경, 4; 음경무발육, 5; 과잉고환(화살표)

기타 선천적인 음경의 구조적 이상으로는 음경이 고환의 하부에 위치하는 음경전위와 두 개의 음경을 갖는 중복음경, 선천적인 음경결손으로 요도구가 항문에 가까운 회음부에 위치하는 음경무발육 등이 있으며 그 외 정상보다 많은 갯수의 고환을 갖는 과잉고환도 있다(그림 3.13).

(7) 음경암

음경암(penile cancer)의 98%는 편평세포암으로서 음경귀두나 포피 등에서 많이 발생한다(그림 3.14). 음경암은 미국 남성의 경우 모든 암의 1% 미만이며, 연간 10만 명당 1–2명의 빈도로 발생한다. 음경암의 원인은 불결한 위생

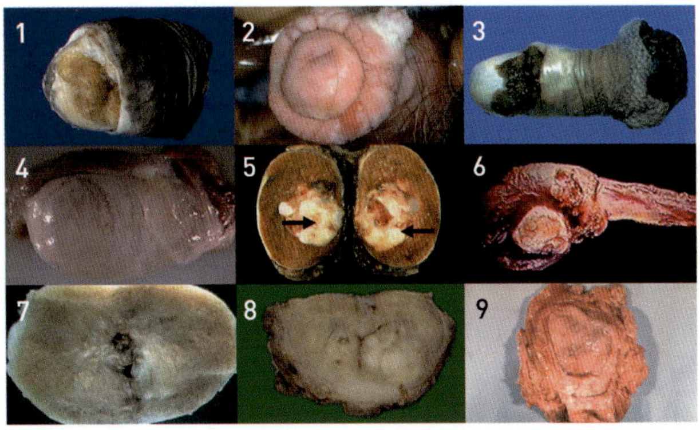

그림 3.14 **남성 생식기암들**
1–3; 음경암 환자의 절제된 음경, 4; 정상 고환, 5, 6; 고환암 조직(화살표), 7; 정상 전립선, 8, 9; 절제된 전립선암 조직

상태와 포경이 원인인 경우가 많은 것으로 알려져 있으며, 실제로 음경암 환자의 69%가 포경인 것으로 조사되었다. 자궁경부암과 유사하게 음경암도 바이러스가 근본적인 원인 중 하나인 것으로 알려져 있다.

초기 증상으로는 포피내 소양감(가려움증), 작열감, 궤양, 홍반, 작은 결절 등이 있으며, 그 외 통증, 심한 악취성 분비물, 배뇨자극 증상, 출혈 등도 관찰된다. 포피에 병소가 있을 때는 단순 포피환상절제술을 시행하며, 경우에 따라서는 부분 음경절제술이나 전음경적출술을 시도할 수도 있다(그림 3.14). 암이 많이 진행된 경우에는 림프절 절제술을 시행하거나 전신적 항암요법을 시도할 수도 있다. 전이가 없을 경우에는 5년 생존율이 65–90%에 달하기도 하지만 전이가 있는 경우에는 생존율이 최대 50%에서 20% 미만까지 감소한다.

(8) 고환암

고환암(testicular cancer)은 남성암의 약 1% 정도로서 꽤 희귀한 편이긴 하나 20–35세 정도의 젊은 남성에서는 가장 흔한 암 중 하나이다(그림 3.14). 6세까지 고환이 음낭으로 하강치 않는 경우나 산모가 임신 중 골반 X선 검사를 받거나 다이에틸스틸베스트롤(diethylstilbestrol: DES)을 복용한 경우 등에서 이 암이 많이 발생하지만 자위행위나 과도한 성교, 일반적인 성병에 의해서는 발생치 않는 것으로 알려져 있다. 고환암에 걸린 환자는 고환 내에 작은 덩어리가 생기고, 고환 자체의 크기가 약간 증대되는 등의 증상이 있는데, 일반적으로 초기에는 고통이 거의 없어서 조기진단이 어렵다.

모든 암이 그렇듯이 고환암의 치료 효과를 높이기 위해서는 조기진단이 가장 중요하며, 이를 위해서는 전문의의 진단을 받는 것이 가장 옳은 방법이며, 정기적인 자가진단도 대단히 중요하다. 자가진단의 방법은 우선 따뜻한 물로 목욕을 하면 음낭의 피부가 이완되고 고

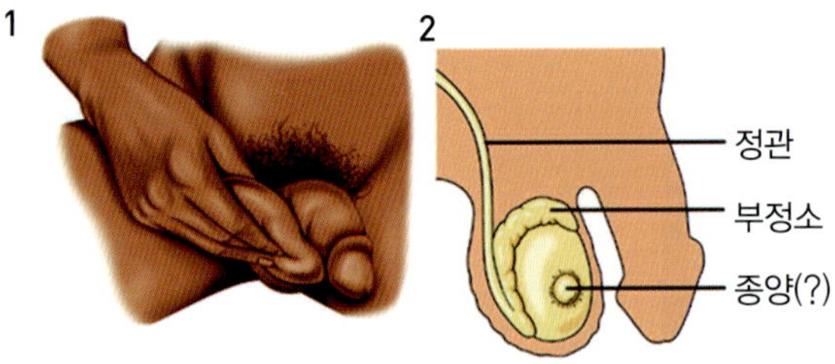

그림 3.15 **고환암의 자가진단법**

1; 고환 자가진단 모습, 2; 자가진단시 고환 내부에 덩어리가 감지되면 전문의의 진단을 받아야 한다.

환이 아래로 내려오게 되는데, 이때 엄지손가락이 위로 가고 중지와 검지가 음낭의 아래로 가게 하여 부드럽게 고환을 굴려 봄으로써 고환에 생성된 덩어리의 유무를 판단할 수 있다. 이 과정을 통해 양쪽 고환 위에 위치하는 스펀지 줄 비슷한 자신의 부고환을 감지할 수 있으며, 이 과정을 여러 번 반복함으로써 정상적인 조직과 이상 조직의 차이를 감지할 수 있게 된다(그림 3.15). 이러한 자가진단은 최소 한 달에 한 번 이상 실시하는 것이 좋다. 이때 감지된 비정상적인 덩어리는 모두 암이 아니며, 만약 암이라면 한 쪽에서 다른 한 쪽으로 진행되어 갈 수도 있다. 암 덩어리는 수술을 통해 제거할 수 있으며, 수술 후 정상적인 고환의 모양을 만들어 주기 위하여 합성물질을 삽입하기도 한다. 고환암은 초기에 발견하여 적절한 치료를 받게 되면 가장 잘 치유되는 암 중 하나이므로 조기진단의 중요성은 더욱 높다고 할 수 있다.

(9) 전립선암

선진국에서 가장 호발하는 암 중 하나인 전립선암(prostate cancer)은 85세 이상의 미국 남성 8명 중 1명 꼴로 발생할 정도로 그 빈도가 높고, 높은 테스토스테론의 농도나 과도한 지방의 섭취 등이 그 원인인 것으로 알려져 있다. 초기에는 무증상이었던 것이 차츰 소변이 어려워지고 빈뇨가 생기며 아래 등이나 골반 부위에 통증을 느끼게 되지만, 암의 진행은 매우 느려 5년 생존율이 78%에 달한다.

진단을 위해서는 우선 항문을 통한 전립선의 변화를 검사하게 되는데, 이러한 검사를 통해 암이 발견된 경우에는 70% 이상에서 이미 암이 상당히 진전된 상태이기 때문에 치료의 예후가 좋지 않다. 1994년 미국의 FDA에서는 혈액 내의 PSA(prostate-specific antigen) 수치를 측정함으로써 전립선암을 진단하는 방법을 승인하였다. PSA란 전립선 세포에서 분비되는 물질로서 전립선암 환자에서는 정상인보다 월등히 높은 PSA 수치가 관찰되기 때문에 환자 혈액 내의 PSA 수치를 검사함으로써 전립선암의 조기진단이 가능하다. 50세 이상의 남성은 연간 한 번 정도는 이 검사를 할 필요가 있으며, 최근에는 직장을 통한 초음파 검사와 조직생검을 실시하여 암의 유무를 조사하기도 한다. 전립선암에 걸렸던 병력이 있는 조부모나 부모를 둔 자손들은 전립선암에 걸릴 확률이 높으며, 암으로 진단된 경우에는 전립선과 저정낭 및 주변 조직들을 모두 제거하는 근치전립선절제술(radical prostatectomy)을 시행할 수 있으나, 이 수술은 음경 발기를 조절하는 신경이 절단되거나 손상되어 발기불능이나 소변 조절불능 등의 심각한 후유증을 유발할 수 있으므로 수술하지 않는 것보다 도리어 못한 경우도 있다. 국부적인 전립선암은 진행이 느리고 수술의 효과도 그리 높지 않은 반면에 후유증은 심각하므로 주변 조직으로 암의 전이(metastasis)가 없다면 전문의와의 상담을 통해 수술 시기를 연기하는 것도 좋은 방법이 될 수 있을 것이다.

2 여성 생식기

1) 여성 생식기 구조

(1) 음부

여성의 외부 생식기 부위를 음부(vulva)라고 하는데, 치구, 음핵(clitoris), 음핵포피(clitoral hood), 소음순(labia minor), 대음순(labia major), 요도구(urethral opening), 질구(vaginal opening), 질전정(vestibule), 바르톨린선(bartholin's gland), 회음부(perineum) 등으로 이루어져 있으며, 내부 생식기는 질, 자궁(uterus), 나팔관(또는 난관; fallopian tube 또는 oviducts), 난소(ovary), 치골(pubic bone) 및 G점(Grafenberg spot; G spot) 등으로 구성되어 있다(그림 3.16).

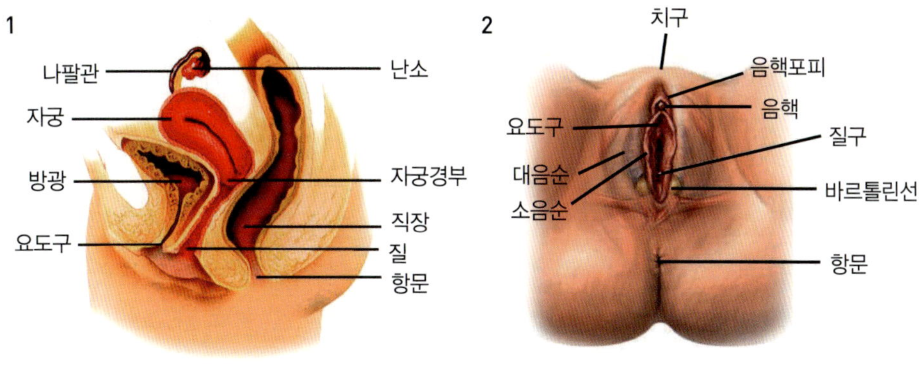

그림 3.16 **여성 내외부 생식기관 구조**
내부 생식기관(1) 및 외부 생식기관(2)의 구조와 명칭

(2) 치구

치구란 치골이 합쳐진 부위를 덮는 지방 조직으로 이루어진 부드러운 부분으로서, 매우 다양한 색깔이나 양의 음모로 덮여 있다. 치구에는 많은 신경 말단이 분포하고 있어 접촉에 매우 민감하며, 시각적으로 매우 아름다워 강한 성적 매력을 나타낸다. 또한 지방 조직이 많이 분포하기 때문에 성교시에 부드러운 쿠션과 같이 작용함은 물론 성적 흥분 시에 음모의 기저부에서 분비되는 분비물이 흘러내리는 것을 방지하는 역할을 수행하기도 한다.

(3) 음순

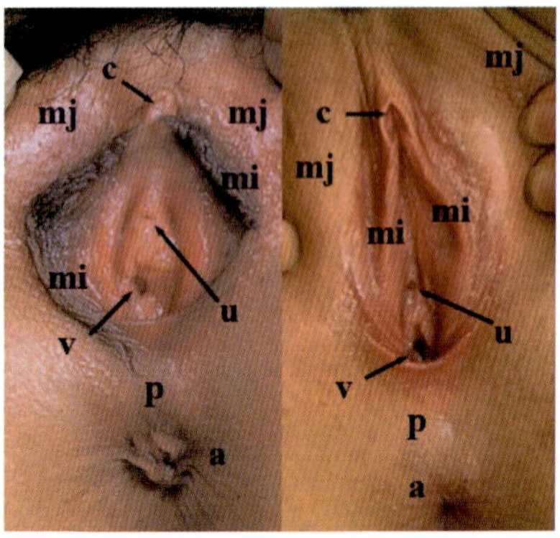

그림 3.17 **여성 외부 생식기 실제 구조**
a; 항문, c; 음핵, mi; 소음순, mj, 대음순, p, 회음부, u; 요도구, v; 질구

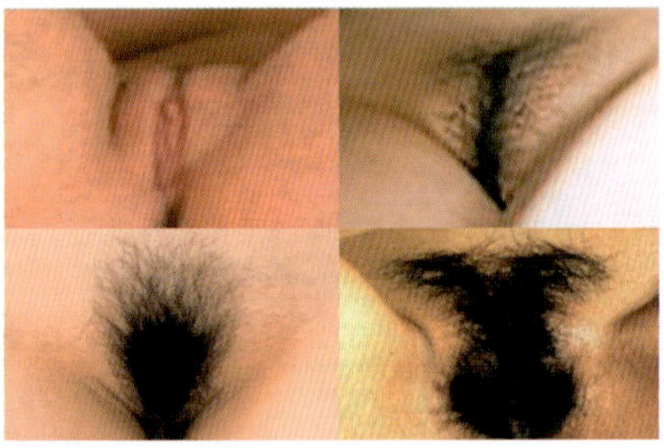

그림 3.18 **다양한 음모의 형태**

음순(labia)은 두 층으로 구성되어 있는데, 좌우 두 개의 바깥쪽 음순은 대음순(labia majora)이라 하며, 안쪽 두 개의 음순은 소음순(labia minora)이라고 한다(그림 3.17). 음순은 성적 자극이 없을 때에는 질구나 요도구를 덮고 있으며, 대음순의 외부 표면은 사춘기가 되면서 음모로 싸이게 된다. 여성의 음모는 사람에 따라 매우 다양하여 음모의 모양에 따라 일자형, 역삼각형, 마름모형 등이 있으며, 음모의 양은 무모인 경우에서부터 너무 빽빽하여 음순이 보이지 않을 정도인 경우도 있고, 분포하는 부위도 치구에서 음핵이나 음순의 중간까지인 경우부터 거의 배꼽 주위에서 회음부까지 달하는 경우도 있다(그림 3.18). 무모인 경우나 너무 짙은 경우라도 만약 자신이나 배우자가 문제라고 생각하지만 않는다면 생식이나 성관계에 아무런 영향이 없다.

대음순은 치구에서 회음부까지에 걸쳐 있으며, 피지선, 아포크린선, 수액선 등이 분포하고 있다. 대음순이 끝나는 부위인 회음은 출산 시 큰 열상을 방지하기 위하여 의사에 의해 절개(회음절개술; episiotomy)되기도 하고, 출산 후 다시 꿰맬 때는 질구를 좁히기 위한 시술을 시도하는 부위이기도 하다. 소음순은 분홍빛을 띠고 음모가 없으며 대음순 사이에 위치하거나 대음순 밖으로 삐져 나와 있는 경우도 있다. 소음순 또한 좌우 대칭성, 길이, 색깔, 크기에서 개개인 마다 매우 다양한 형태를 나타낸다(그림 3.19). 소음순은 위쪽 말단은 음핵포피, 아래쪽은 바르톨린선에까지 위치하고 있다. 바르톨린선은 성적인 자극이 지속되면 몇 방울의 알칼리성 용액을 분비하는데, 이 용액은 성교 시의 윤활작용과 직접적으로는 관계없으나 외부 질의 산성도를 중화시키는 역할을 한다. 바르톨린선에 감염이 되면 국부적인 충혈이나 가려움증을 수반하는 경우가 있는데, 이런 경우에는 반드시 전문가의 진찰을 받아 감염원을 제거하는 치료를 받아야 한다(그림 3.20).

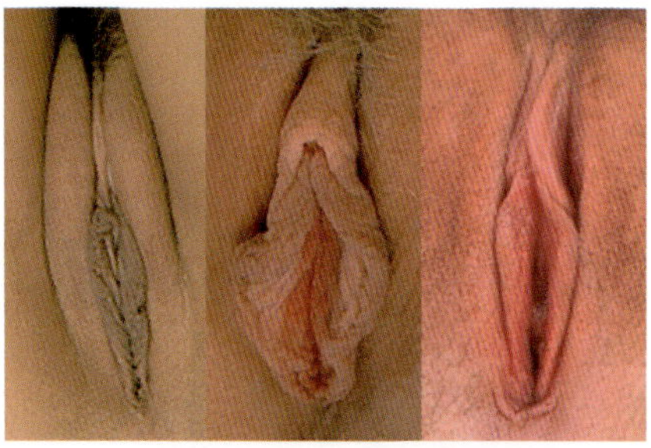

그림 3.19 소음순 및 대음순의 다양한 형태

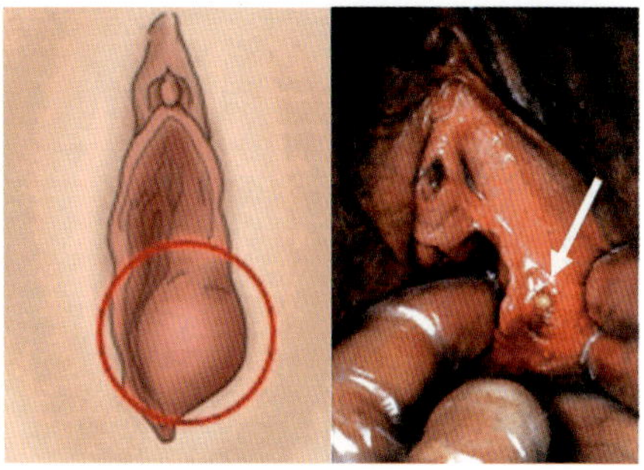

그림 3.20 바르톨린선의 염증

염증으로 부풀어 오른 바르톨린선의 모습(원)과 노란 고름이 분비되는 바르톨린선(화살표).

(4) 음핵

음핵(clitoris)은 음경과 동일한 조직으로부터 발생하며, 크기가 훨씬 큰 음경과 동일한 정도의 신경말단이 분포하기 때문에 접촉에 매우 민감하다. 음핵은 성적 자극에 민감하다는 사실 이외에 실질적인 생리 기능은 알려져 있지 않다. 음핵은 외부에서 관찰 가능한 음핵귀두(clitoral glans)와 음핵포피로 싸여 있는 음핵체부(corpora cavernosa) 및 음핵각(crura)으로 구성되어 있다(그림 3.21, 3.22). 음핵귀두는 두 개의 소음순이

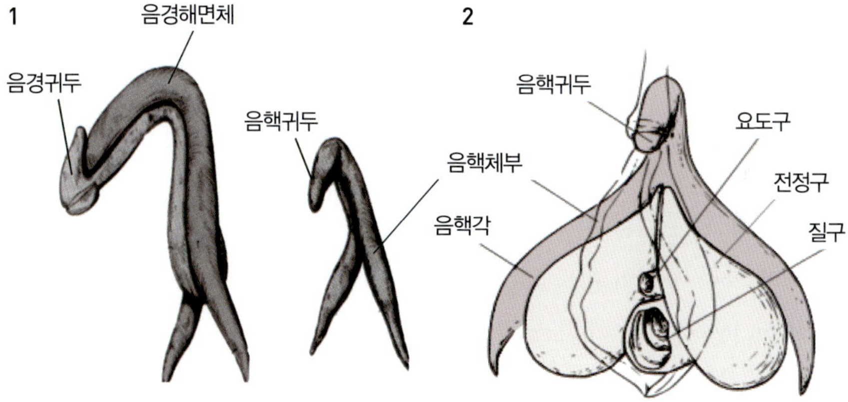

그림 3.21 음경과 음핵의 비교

1; 음경과 음핵의 구조, 2; 여성 생식기내 음핵의 위치

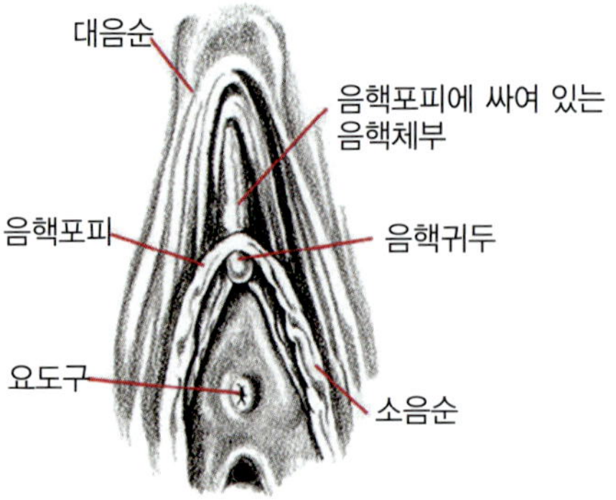

그림 3.22 음핵의 세부 구조

만나는 곳에 위치하며, 작은 단추와 같은 형태를 하고 있다. 외부에 노출되는 부분은 0.6 cm에서 2.5 cm 정도의 크기이며, 음핵의 크기와 성적 쾌락의 강도는 무관하다. 음핵, 즉 클리토리스는 그리스어로 숨어 있다는 뜻인데, 성교시에 흥분이 고조되면 음핵이 음핵포피 속으로 숨어버리기 때문에 붙여진 이름이다. 음핵체부는 치골에 부착되어 있어 음경과 같이 발기하지는 못하나 성적으로 흥분하게 되면 전체적인 크기가 증가한다.

(5) 질구와 질

질구(vaginal opening)는 항상 열려 있는 것이 아니라 평상시에는 항문괄약근과 유사한 질괄약근인 구해면체근(bulbocavernosus muscle)에 의해 닫혀 있다가 성적 자극에 의해 근육이 이완되고 소음순이 열려야만 외부에 노출되는 라틴어로 현관이라는 뜻을 지닌 통로이다. 두 개의 소음순 사이의 지역은 질전정(vestibular area)이라고 하며, 이 부분의 부드러운 자극만으로도 충분히 만족하는 여성도 있을 정도로 자극에 대단히 민감한 부위이다. 구해면체근은 신축성이 좋아 성교 경험이 많은 여성은 성교 도중 자발적으로 조이고 풀 수 있으며, 출산시에는 아기의 머리가 빠져 나올 수 있을 정도로 신장되기도 한다. 또한 성경험이 없는 여성이 극도로 흥분하면 간혹 이 근육이 불수의적으로 수축하여 삽입이 어려운 경우도 있다. 질구 양쪽의 질괄약근 아래에 위치하는 전정구근(vestibular bulbs)은 성적 흥분 시 질이 혈액으로 가득차게 되면 조직이 팽창하여 질구를 좁혀줌으로써 음경을 꽉 잡아주는 역할을 한다. 희귀하기는 하나 4,000명이나 5,000명의 여성 중 1명꼴로 질구가 없이 태어나는 경우도 있으며, 이 경우는 비교적 간단한 수술로 질구를 만들어 줄 수 있다. 질구를 포함하는 음부의 형태는 성경험 유무나 출산경험 유무에 따라 다소 달라지는데, 특히 성경험이 없는 여성들은 처녀막(hymen)이라고 하는 얇은 막이 질구를 막고 있다(그림 3.23).

처녀막은 형태에 따라 구멍이 하나만 있는 윤상형(annular hymen), 여러 개의 구획으로 나뉜 사상형(cribriform hymen), 두 개의 구멍으로 나누어진 중격형(septate hymen)과 아주 희귀하게는 구멍이 없는 무공형(imperforate hymen)이 있다. 과거엔 처녀막의 유무가 처녀성의 징표로서 인정되기도 하였으나, 최근 들어 성에 관한 지식이 일반화되면서 그러한 인식은 거의 사라지게 되었다. 실제로 모든 여성이 처녀막을 지닌 채 태어나는 것도 아니며, 성관계

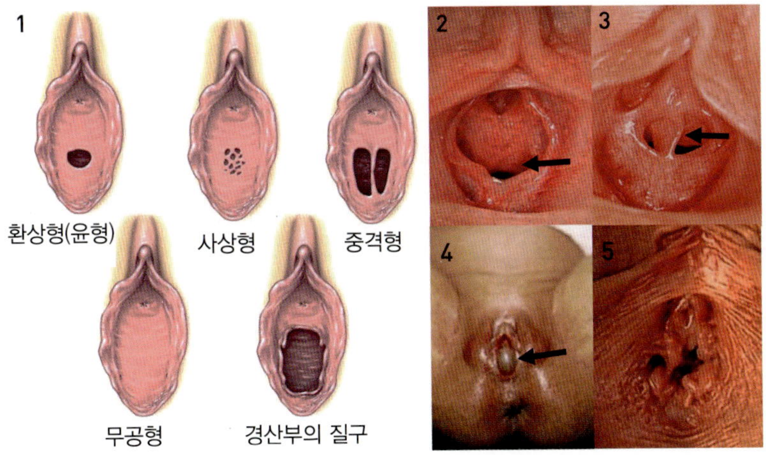

그림 3.23 처녀막의 종류 및 실제모습

1; 다양한 처녀막의 종류, 환상형, 사상형, 중격형, 무공형, 경산부의 질구, 2; 초승달 모양의 처녀막, 3; 중격형 처녀막, 4; 무공형 처녀막, 5; 경산부의 질구

없이도 탐폰을 삽입하거나 심한 운동이나 사고에 의해서 처녀막이 파열되기도 하고, 불완전한 처녀막을 갖고 태어나는 여성도 많다. 또한 어떤 여성들은 처녀막의 탄력이 좋아 성교시 출혈이 일어나지 않고 결혼 후 상당 기간 동안에도 파열되지 않는 경우도 있다.

질이란 음부에서 자궁경부(cervix)까지의 통로를 지칭하며, 방광 아래, 직장의 앞에 위치하는 성교시 음경이 삽입되는 곳이다. 질은 성교시에는 정자를 일시 저장하기도 하지만 출산 시에는 직경이 약 10 cm까지 확장되어 태아의 산도가 되기도 한다. 질벽은 평상시 찌부러져 있으며 길이는 약 6−12 cm 정도이나 성적 자극을 받게 되면 질의 2/3가 확장되어 음경을 받아들일 수 있게끔 넓어지게 된다. 질벽의 내층은 입 안과 같이 부드러운 점막층으로 형성되어 있으며, 사춘기 전에는 얇고 비탄력적이던 것이 사춘기가 되어 여성 호르몬이 증가되면 두꺼워지고 탄력적이 된다. 성교시에는 질벽이 충혈되어 일명 애액이라는 과여과된 혈장성분(super-filtered blood plasma)이 분비되어 윤활작용을 하기도 한다. 폐경기(menopause)에 난소가 위축되어 호르몬이 감소하게 되면 다시 질벽이 얇아지고 비탄력적이 되며, 결국 혈액 공급이 줄어들어 윤활작용도 감소하게 된다.

질 전체 중에서 질구와 가까운 쪽의 1/3은 접촉에 매우 민감하나, 내부 2/3는 적은 수의 신경말단만이 분포하기 때문에 접촉에 매우 둔감하다. 이러한 이유로 성교시 질 깊숙한 곳의 자극은 직접적인 성적 쾌감을 유발하기 어렵지만, 많은 신경말단이 존재하며 질 주변을 둘러싸고 있는 치골미골근(pubococcygeus muscle)이 성교시 음경의 운동에 의해 자극받게 되면 간접적인 성적 쾌감이 유발된다(그림 3.24). 치골미골근이 약한 여성은 성교시 질로 느끼는 쾌감이 매우 약하며, 더욱이 선천적으로나 출산에 의해 이 근육이 약해진 여성들은 배뇨 조절이 어려운 요실금(urinary incontinence)으로 고생하기도 한다. 요실금이 심한 경우에는 작은

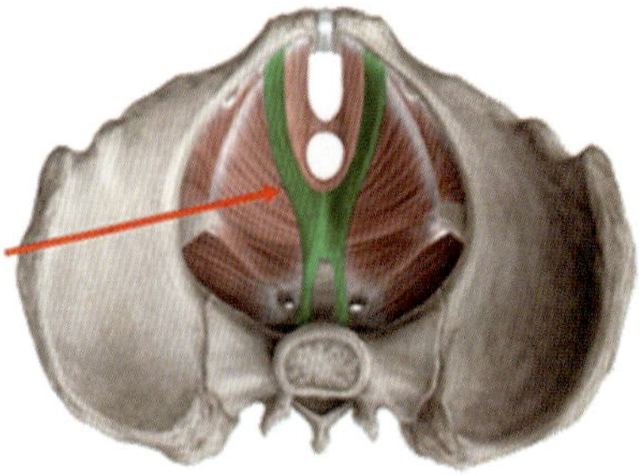

그림 3.24 여성 골반 부위의 치골미골근

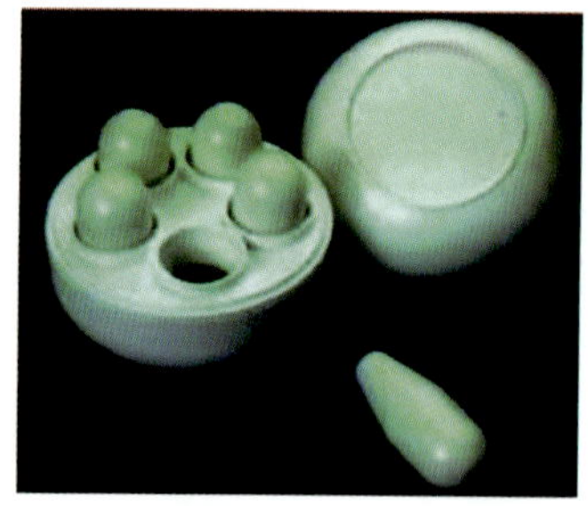

그림 3.25 케겔 운동 기구

질내 삽입기구나 전기 충격, 약물, 또는 수술을 시도하여 치료할 수도 있지만, 경미한 경우에는 단순히 케겔 운동(Kegel exercise)법을 이용하여 증상을 약화시킬 수도 있다(그림 3.25). 또한 케겔 운동은 배변 조절 외에 성관계 시 질 쾌감을 강화시킬 수 있다는 이점도 있다.

케겔 운동을 간단히 소개하면 다음과 같다. 우선 다리를 벌린 채 소변을 도중에 멈추는 동작을 취함으로써 치골미골근을 수축하는 방법을 터득한 후, 질 속에 손가락을 넣고 이 근육이 손가락을 조일 때까지 힘을 준다. 이러한 방법에 익숙해지면 손가락을 넣지 않고 매일 최소 3번씩 한 번에 3초간 10번 수축을 시도한다. 이 운동은 최소 몇 달 이상 시도해야 효과를 볼 수 있으므로 꾸준한 노력만이 최선의 방법이다.

어떤 여성은 치골의 상부, 질의 앞쪽 벽에 매우 민감한 G점이라는 부분이 있는데, 이 부분의 자극만으로 음핵 자극에 의한 오르가즘과는 상이한 느낌의 오르가즘에 도달하기도 한다(그림 3.26). 1950년 독일 의사에 의해 G점의 존재가 처음으로 보고되었던 당시에는 모든 여성에게 G점이 있다고 알려졌으나, 최근에 G점은 모든 여성에게 존재하는게 아니라 약 10% 정도의 여성에게서만 관찰된다고 알려져 있다.

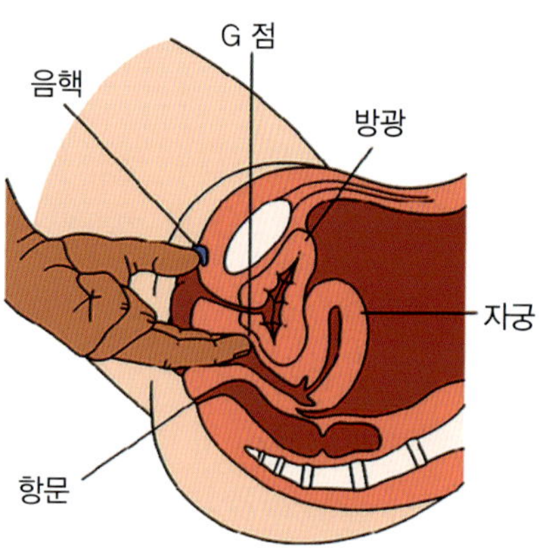

그림 3.26 G점의 위치

(6) 요도구

요도구는 방광으로부터 소변이 외부로 배출되는 통로로서 음핵의 아래, 질구의 위에 위치하고 있다(그림 3.16). 남성에서는 소변과 정자의 통로인 반면에 여성에서는 생식과는 무관하며 단지 소변의 통로로서의 역할만을 한다. 이 부분에 대장균이 감염되면 방광에 염증이 생겨 소변이 자주 마려워지며 통증을 느끼게 된다. 이러한 방광염(cystitis)은 해부학적으로 항문에서부터 요도구까지의 거리가 남성들보다 가까이 위치하는 여성들에서 많이 나타난다.

(7) 자궁

자궁은 수정란이 착상(implantation)되어 출산할 때까지 배아(또는 배, 배자; embryo)나 태아(fetus)가 자라는 작은 서양배 모양의 기관으로서 좌우는 난소까지 뻗어 있는 나팔관이 있으며, 말단의 자궁경부(cervix)는 질과 연결되어 있다(그림 3.27). 수태치 않은 자궁의 크기는 길이가 약 10 cm, 너비는 가장 넓은 부위가 10 cm 정도이며, 경부에는 보통 성냥알 지름 정도의 작은 구멍인 자궁구가 있어 질과 직접 연결되며, 경부는 질구에 손가락을 넣어 만질 수도 있다. 자궁은 질과 90° 각도로 인대를 통해 골반강(pelvic cavity)에 위치하며, 일부 여성의 경우에는 앞이나 뒤로 기울어져 있기도 한다. 자궁은 가장 안쪽에 자궁내막(endometrium), 중간은 자궁근층(myometrium), 외측은 자궁외막(perimetrium)의 세 층으로 구성되어 있다(그림 3.27). 자궁내막은 배란 시까지 비후되어 혈관이 많아졌다가 수정되지 않으면 월경시 탈락되어 떨어져 나오게 된다.

발생 과정의 이상에 의해 여러 가지 기형적인 자궁이 형성되는 경우도 있다(그림 3.28). 기형의 종류나 정도에 따라서 임신 가능 여부가 결정되며, 습관적 유산의 경험이 있는 여성의

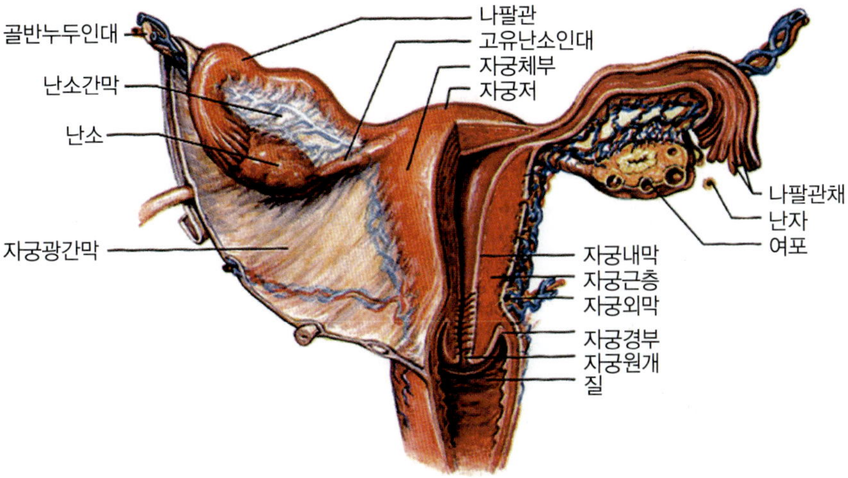

그림 3.27 여성 내부 생식기 전체 구조
자궁의 하부는 자궁경부를 통해 질과 연결되어 있으며, 상부인 자궁체부의 양쪽은 나팔관과 연결되어 있다. 또한 자궁, 나팔관, 난소는 인대와 팽대된 막을 통해 복강에 고정되어 있으며, 나팔관과 난소는 직접 연결되어 있지 않다. 자궁은 내부로부터 자궁내막, 자궁근층, 자궁외막의 세 층으로 구성되어 있다.

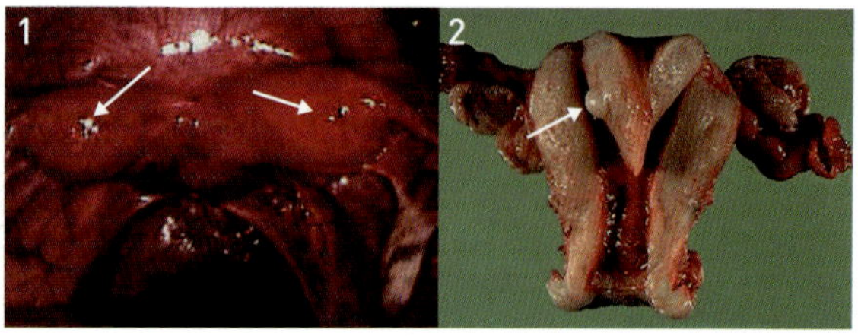

그림 3.28 자궁기형
1; 쌍각자궁(화살표는 두 개의 자궁을 가리킴),
2; 중격자궁(화살표는 격막상에 발생한 평활근종)

경우에는 반드시 전문의의 진단을 받아 자궁기형 여부를 조사하여야 한다.

(8) 나팔관

나팔관은 자궁의 양쪽 말단으로부터 10 cm 정도 신장되어 있으며, 난소와는 직접적으로 연결되어 있지 않고, 나팔관 말단에 위치하는 손가락 같은 형태의 나팔관채(fimbria)가 난소에 매우 가깝게 위치하고 있다(그림 3.27). 난소에서 복강으로 배란(ovulation)된 난자는 나팔관채에 의해 나팔관 내로 들어가게 되며, 그곳에서 질을 통해 들어온 정자와 수정(fertilization)된다. 수정란은 나팔관을 따라 약 3–5일 동안 자궁을 향한 긴 여행을 하게 되며, 결국 자궁 내벽에 착상하게 된다. 나팔관의 비정상적인 구조나 감염은 관의 내부를 폐쇄시켜 불임이나 자궁외임신을 야기시키기도 하는데, 자궁과 같이 신장될 수 없는 나팔관은 배아의 크기가 증가하면 파열됨으로써 모체가 위험에 처하기도 한다. 영구피임법인 나팔관결찰술(tubal ligation)에 의해 절제되는 부위가 이 나팔관이며, 이 시술 후에는 정자와 난자가 수정할 수 없게 된다.

(9) 난소(ovary)

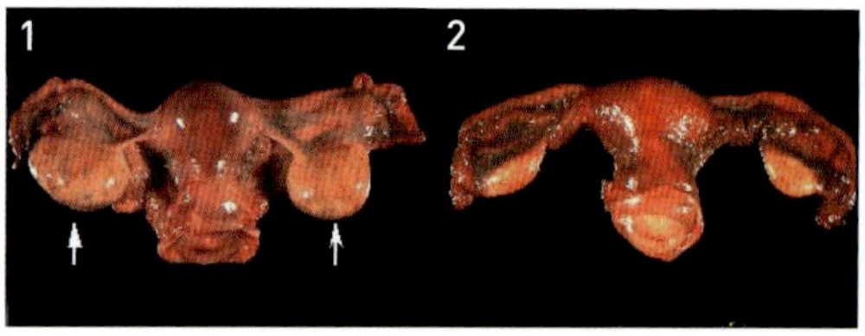

그림 3.29 연령에 따른 난소 크기의 변화
1; 젊은 여성의 자궁과 난소(화살표), 2; 폐경 후 여성의 자궁과 난소. 연령에 따라 난소가 점차 축소되는 것을 볼 수 있다.

여성의 생식소인 난소는 남성의 정소와 동일한 조직으로부터 발생하며, 인대에 의해 자궁의 양쪽에 매달려 있다. 정상 난소의 크기는 보통 5×3×3 cm 정도지만, 호르몬 수준, 연령, 월경주기 등에 따라 다양한 차이를 나타낸다(그림 3.29). 또한 경구피임약, 성선자극호르몬 약제, 배란유도약물 등도 난소의 크기에 영향을 준다. 난소는 난자를 생산하고 에스트로젠(estrogen)이나 프로제스테론(progesterone)과 같은 여성 호르몬을 분비하는 기능을 한다. 여성들은 태어날 당시에 3십만-4십만 개의 미성숙 난자를 지니고 태어나며, 사춘기가 되어 월경주기가 시작되면 한 달에 하나 이상의 성숙된 여포(follicle)로부터 난자가 배란된다. 이러한 난자의 성숙과 배란은 폐경기까지 계속된다.

(10) 유방

유방(breasts)은 해부학적으로는 생식기관이 아니지만, 출산 후 모유를 분비하거나 인간의 성적 행위에 대단히 중요한 신체 부위이기 때문에 기능상 생식기관에 포함하기도 한다. 문화에 따라 약간의 차이는 있지만 유방은 남성에게 있어 여성의 신체 중 가장 에로틱한 부위로서 인식된다. 유방은 사춘기가 되면서 난소에서 분비되는 여성 호르몬인 에스트로젠의 증가에 의해 발달하기 시작하며, 일반적으로 한 쪽 유방이 다른 쪽보다 약간 크다. 남성도 사춘기 후 에스트로젠 수준이 약간 증가되면서 가슴이 커지기도 하는데, 이러한 증상을 여성유방증(gynecomastia)이라고 하며, 부모나 사춘기 소년들은 매우 당황하게 되지만 대개 몇 년 후에는 저절로 그 증상이 사라지게 된다.

성인 여성의 유방에는 15-20개의 유선(mammary glands)이 분포하고 있으며, 유두(nipples)에는 평활근과 많은 신경말단이 분포하고 있다(그림 3.30). 성적으로 흥분하면 평활근이 수축되어 유두가 발기하게 되며, 유두 주변의 검은 부위인 유두륜(areola)도 따라서 커지게 된다. 유두륜은 임신 중에 색깔이 더욱 검어지기도 하고, 유두륜 위의 돌기는 수유 중 유두 부분의 윤활작용을 담당하는 용액의 분비선이며, 임신 말기의 호르몬 변화에 의해 유선에서는 유즙을 분비하게 된다. 임신이나 수유시가 아니더라도 일부 약물이나 피임약 및 스트레스 등에 의해서 유즙이 분비되는 유즙분비과다증(galactorrhea)이 야기되기도 하며, 여성은 물론 남성의 경우도 함몰유두나 과잉유두(extra nipples)를 갖고 태어나는 경우도 있는데, 함몰유두는 여성의 경우 수유가 어렵다는 것을 제외하고는 특별한 건강상의 문제는 없다(그림 3.31).

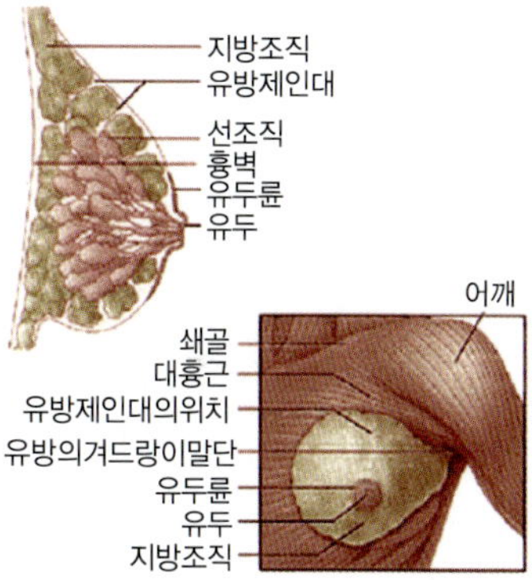

그림 3.30 유방의 내외부 구조

유방은 유방제인대에 의해 가슴 앞에 매달려 있으며, 출산 후 선조직 등에서 분비되는 유즙은 유두를 통해 배출된다.

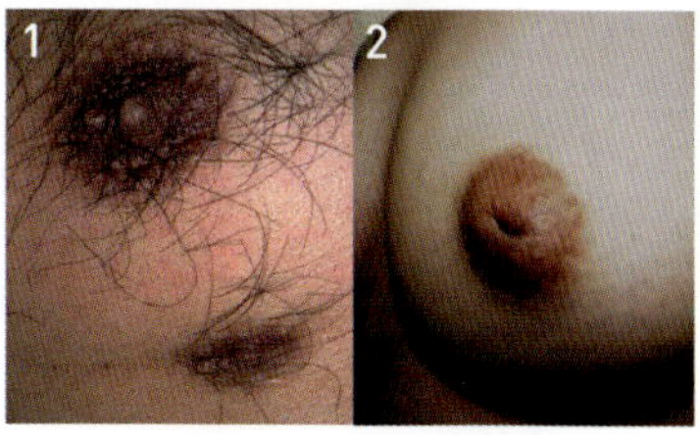

그림 3.31 유방이상

1; 남성의 과잉유두, 2; 여성의 함몰유두

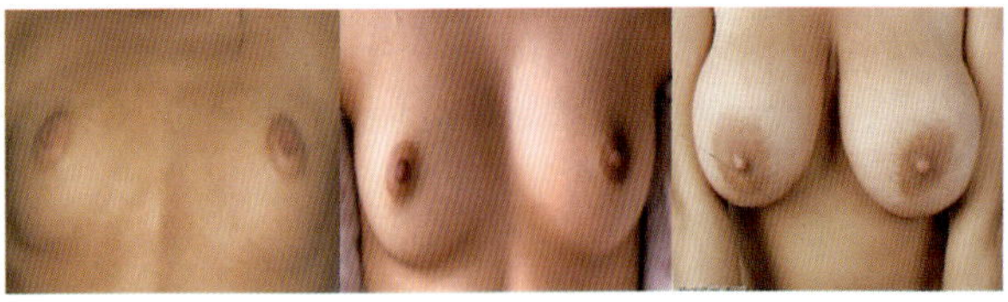

그림 3.32 유방의 다양한 크기와 형태
유방의 크기 및 형태는 개개인 다양하지만 유방내 신경말단의 수 및 유선의 수는 거의 동일하므로 유방의 크기와 성적 민감도 및 수유 능력은 크게 관련되어 있지 않다.

유방의 크기는 사람에 따라 다양하며, 유선의 수가 아니라 유선 사이의 지방의 양에 의해 좌우된다(그림 3.32). 또한 유방에 분포하는 신경말단의 수는 모든 여성에서 거의 동일하므로 유방의 크기와 성적 민감도는 아무런 관계가 없다. 그러나 많은 남성들이 큰 유방을 선호하기 때문에 일부 여성들은 인위적으로 유방의 크기를 확대시키고자 하는 경우도 있다. 유방의 크기는 지방의 양에 의해 결정되기 때문에 유방확대를 위해 일반적으로 사용되는 운동과 로션 및 기계장치 등은 사실상 거의 효과가 없으며, 성형외과에서 시술하는 유방확대술조차 여러 가지 후유증이 있어 현재로서는 완벽한 유방확대법은 없다고 할 수 있다. 과거에는 유방확대 방법으로 유방 내부에 액체 실리콘을 주입하거나 실리콘이 가득 찬 부드러운 주머니를 이식하기도 하였으며, 유방을 확대하는 방법으로는 유방의 하부, 유두륜 주위 및 겨드랑이 밑을 절개하는 방법 등이 이용되어 왔다(그림 3.33). 그러나 액체 실리콘을 주입하는 경우의 약 60%에서는 각종 감염이나 유방 모양의 변형 및 주변 조직의 경화와 같은 부작용이 생기며, 약 20%에서는 실리콘 주머니를 이식한 주변 조직이 섬유질로 가득 차게 되어 경화됨으로써 유방 전체 모양이 변화하게 된다. 또한 약 14%에서는 주머니가 터져 새어 나온 실리콘이 자가면역증(autoimmune disease)을 유발하기도 한다. 더 나아가 실리콘이 동물에서 암을 유발할 수 있다는 증거가 있어 1992년 미국의 FDA는 유방절제술(mastectomy)을 받은 사람을 제외하

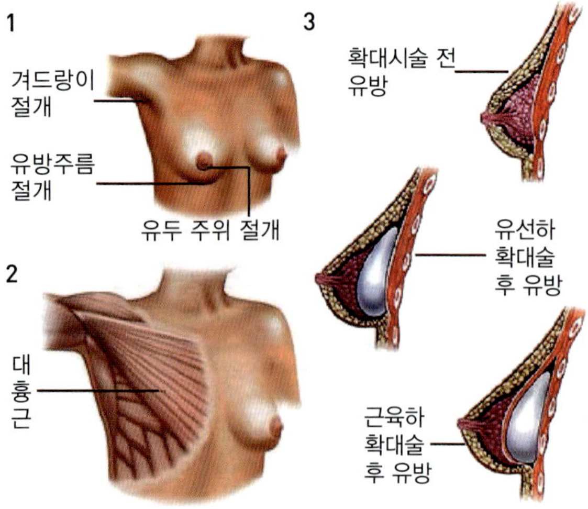

그림 3.33 유방확대술의 방법
1; 유방확대술을 위한 절개 부위, 2; 대흉근, 3; 시술전후 보형물의 삽입형태

고는 실리콘의 이식을 금지하였다. 최근에는 이러한 위험을 방지하기 위하여 실리콘 대신 기름이나 식염수를 채운 주머니를 삽입하기도 하는데, 여전히 이식한 부위가 경화되는 부작용은 피할 수가 없다. 반대로 유방이 큰 여자는 뛰거나 운동하기도 어렵고 맞는 옷을 찾기도 어렵기 때문에 도리어 유방의 축소에 관심을 갖게 되는데, 유방 축소 역시 지방조직을 제거하게 되므로 수술 후 상처가 남을 수도 있다(그림 3.34).

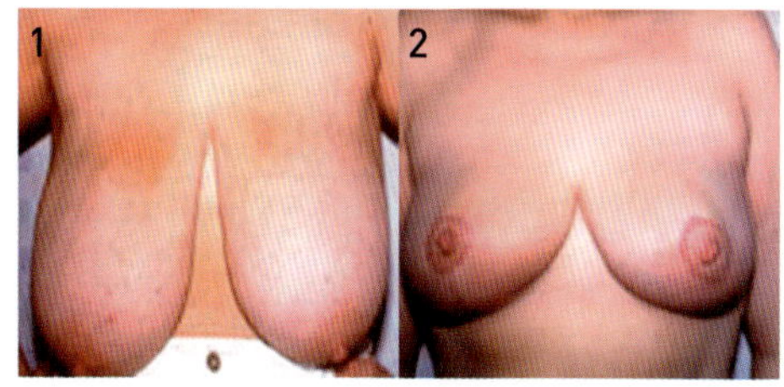

그림 3.34 유방 축소술
유방 축소술 시행 전(1)과 후(2)의 모습

Q 3-3

선호하는 유방의 크기는?

한국을 비롯한 아시아 여성들의 평균 유방 크기는 A컵으로 알려져 있다. 실제로 236명의 여대생을 대상으로 자신의 유방 크기를 조사한 결과 66%가 A컵이라고 답변하였으며 그 다음으로는 B컵이 29%를 차지하였다. 반면 남녀학생들을 상대로 자신이 생각하는 적당한 유방의 크기를 조사한 결과, 남녀 모두 B컵(남 68%, 여, 61%)이라고 응답하여 실제 유방 크기와 자신이 원하는 유방의 크기는 차이가 있는 것으로 나타났다. 특히 C컵 이상이라고 응답한 여성은 5% 수준인 것에 반해 남학생들의 17%가 C컵 이상이라고 응답하였다. 이러한 실제 유방의 크기와 선호하는 유방의 크기에 대한 차이가 유방확대술의 수요증가와 밀접한 관계가 있을 것으로 추정된다.

나의 유방 크기는?

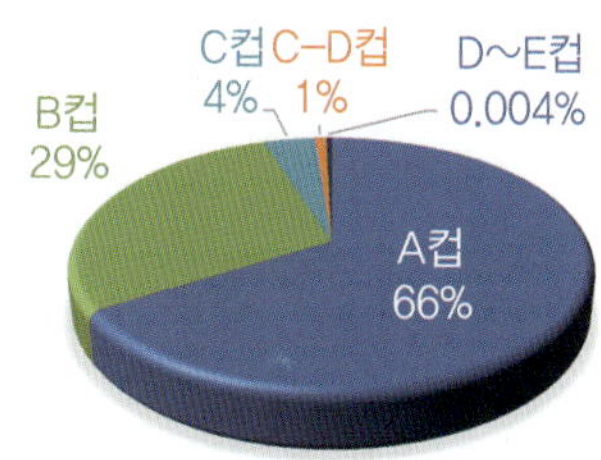

여학생 236명

남학생들이 생각하는 적당한 유방 사이즈

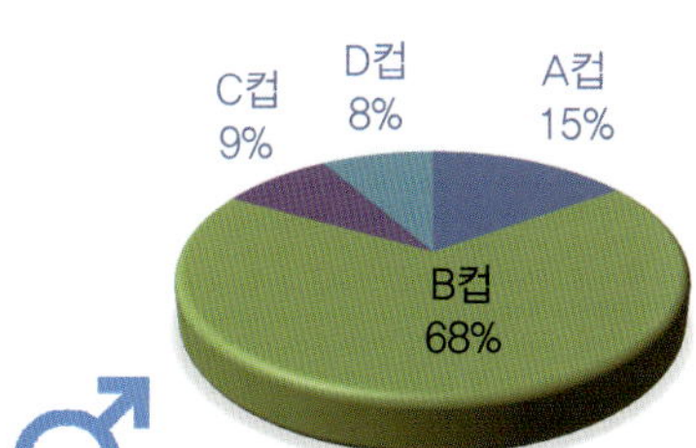

남학생 59명

여학생들이 생각하는 적당한 유방 사이즈

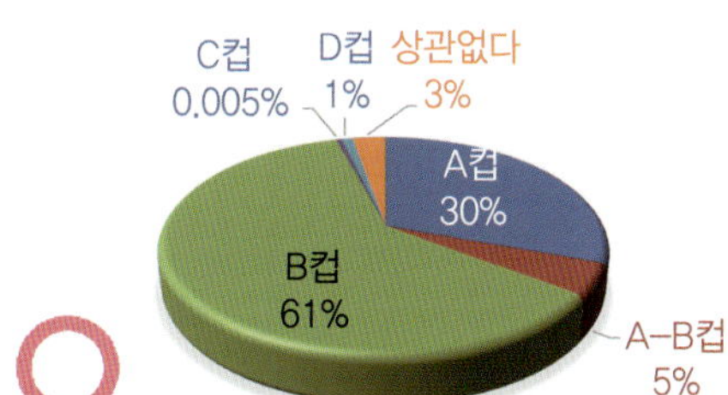

여학생 208명

2) 여성 생식기 질환 및 암

(1) 비정상 출혈

많은 여성들은 월경시 과다한 출혈이나 정상적인 월경 기간 외에도 생식기로부터의 불규칙적인 출혈을 경험한다. 비정상 출혈은 전체 산부인과 환자의 약 10-15%에서 관찰되며, 대하증(leukorrhea), 골반통(pelvic pain)과 더불어 부인과 영역의 3대 증상에 속한다. 전체 비정상 출혈의 25%는 생식기의 기질적 병변, 75%는 신경-내분비계의 기능장애 등에 의한 기능성 자궁출혈(dysfunctional uterine bleeding)이 원인인 것으로 알려져 있다. 예를 들어 무배란인 경우, 황체가 형성되지 않아 자궁내막이 에스트로젠의 증식성 자극에 의해 비후화되게 되는데, 지속적인 증식으로 결국 탄력이 약한 자궁내막의 일부가 탈락되어 자궁출혈이 생기게 된다. 임신 중 출혈은 자연유산, 절박유산, 자궁외임신에 의한 경우가 많고, 소파술을 요하는 경우도 많다. 경구피임약을 복용하는 여성의 약 30-40%에서 처음 1-3개월 동안 출혈을 보이는 경우도 있으나, 시간이 지날수록 출혈이 감소된다. 갑상선 기능항진증과 기능저하증도 비정상 출혈을 일으킬 수 있는데, 기능항진증은 희발월경이나 무월경을 야기하는 반면에 기능저하증은 월경과다를 일으킨다. 또한 당뇨병도 무배란의 원인이 되기도 한다.

자궁근종(hysteromyoma)도 월경과다를 유발할 수 있으며, 자궁내막의 폴립은 월경과다나 불규칙 빈발월경을 초래하고, 자궁경부의 폴립은 월경간 출혈 또는 성교 후 출혈을 유발한다. 자궁경부의 감염성 병변도 출혈의 원인이 되는 경우가 있으며, 혈액학적 원인에 의해서도 출혈이 일어나기도 한다. 또한 클라미디아에 의한 자궁경부염, 자궁내막염, 나팔관염, 난소염, 골반감염증, 자궁경부나 자궁내막의 악성종양, 자궁내막증식증(endometrial hyperplasia) 등도 출혈의 원인이 되기도 한다. 악성종양과 같은 특별한 경우를 제외하고는 대개 비스테로이드성 소염제에 의해 치료가 가능하며, 에스트로젠과 프로제스테론을 함유하는 경구피임약이나 배란유도제를 이용할 수도 있다. 이러한 내과적 치료에 실패한 경우에는 외과적인 치료를 시도할 수도 있다.

(2) 자궁내막증식증

자궁내막증식증(endometrial hyperplasia)은 프로제스테론이 형성되지 않고 에스트로젠이 자궁내막을 계속적으로 증식시키는 무배란과 관련이 있으며, 가임여성은 물론 폐경 후 여성에게서도 발생한다. 자궁내막증식증은 월경과다, 불규칙빈발월경, 연장월경 등이나 폐경 후 여성의 질출혈 등이 주된 증상으로서, 당뇨병, 고혈압, 간질환, 난소종양, 부신피질 증식증, 다낭성 난소질환 등이 원인으로 알려져 있다. 또한 양쪽 난소를 절제한 경우나 난소발육부전, 또는 호르몬 치료를 하는 갱년기 여성의 경우에도 자궁내막이 증식될 수 있다. 자궁내막증식증은 암과 공존하는 경우가 많으며, 자궁경부 세포진 검사에서 비정형적인 자궁내막세포를 발견하였을 경우에는 암의 유무를 확인하기 위하여 철저한 검사가 필요하다.

자궁내막증식증의 치료는 환자의 나이에 따라 달라지는데, 10대 소녀나 가임여성은 에스트로젠-프로제스틴 치료를 최소 3개월에서 6개월 이상을 받은 후 조직생검을 통해 자궁내막의 정상화를 확인받아야 한다. 그 후 임신을 원할 경우에는 인위적인 배란유도를 시도하고, 원하지 않을 경우에는 계속적으로 에스트로젠-프로제스틴 치료를 받게 된다. 폐경기 전후의 여성은 황체형성호르몬 단독요법이나 자궁적출술(hysterectomy)을 실시할 수도 있다.

(3) 자궁내막폴립

자궁내막폴립(endometrial polyp)은 40−49세에 가장 많이 발생하며, 부정기적 자궁출혈 환자의 57.6%, 폐경 후 질출혈을 하는 여성의 25%에서 관찰된다(그림 3.35). 대개는 무증상이지만 출혈이나 하복부 둔통이 있는 경우도 있으며, 악성으로의 변화는 매우 낮은 것으로 알려져 있다. 원인은 아직 확실히 밝혀져 있지 않으나 상피로 구성된 자궁내막조직이 과성장하여 발생한다. 폴립의 수는 일반적으로 하나뿐이지만 약 20%에서는 여러 개 존재하는 경우도 있으며, 자궁체부에서 주로 발생한다. 자궁내막생검, 경질초음파, 자궁경부촬영술, 자궁경검사를 통해 진단하며, 자궁내막소파술을 이용하여 치료하기도 하지만, 경우에 따라서는 자궁적출술을 시행하기도 한다.

(4) 자궁근종

자궁근종(hysteromyoma)은 자궁에서 발생하는 양성종양 중 가장 흔한 것으로서, 모든 연령의 여성에게서 발견되지만 주로 30−45세 여성에게서 호발한다. 가임여성의 최소한 20% 정도에서 자궁근종이 있는 것으로 알려져 있으며, 40세 이상 여성의 40−50%에서는 무증상의 평활근종(또는 섬유종; fibroid)이 관찰된다(그림 3.36). 폐경기 이후에는 크기가 줄어드는 것이 일반적

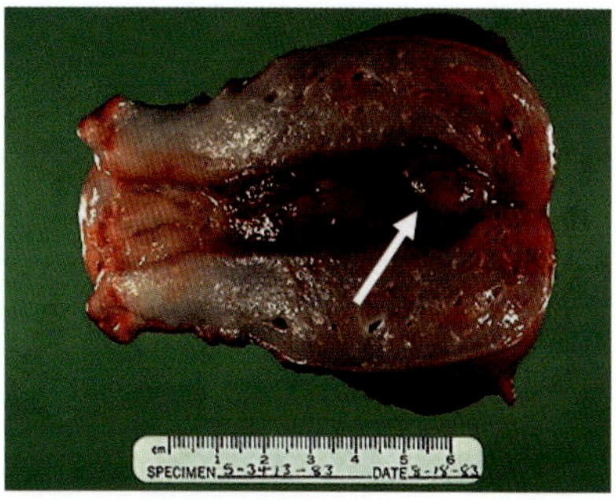

그림 3.35 자궁내막 폴립
자궁체부에 형성된 폴립(화살표).

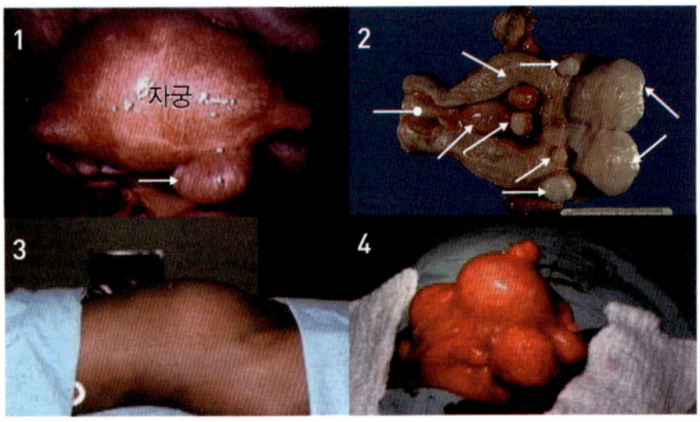

그림 3.36 **자궁근종**

1; 자궁의 외부에 형성된 근종(화살표). 2; 자궁의 내외부에 형성된 여러 개의 근종들(화살표), 둥근 화살표는 자궁경부를 나타낸다. 3; 자궁근종에 의해 팽대된 복부, 4; 3번 여성의 자궁으로부터 노출된 거대한 근종

이지만, 임신 중에는 도리어 크기가 증가한다. 자궁근종은 호르몬의 영향을 받고, 가족성 발생도 있는 것으로 알려져 있으며, 난소의 기능이 활발한 경우에 발생할 확률이 높다. 자궁근종은 아주 작은 것에서 수십 kg에 달하는 것들도 있으며, 석회화되어 딱딱한 경우도 있지만 말랑한 경우도 있다.

자궁근종은 일반적으로 무증상이지만, 약 25%에서는 비정상자궁출혈, 골반통증, 성교통증, 요관의 압박으로 인한 배뇨조절 곤란, 불임이나 임신합병증 등을 동반할 수도 있다. 초음파검사, X선 검사, CT 및 MRI 등을 이용하여 검사하며, 정기적 진단을 통해 근종의 발육정도를 조사하고 환자의 나이, 임신을 원하는가의 여부 등에 따라 호르몬제를 투여하거나 근종절제술(myomectomy) 또는 자궁절제술을 시도할 수도 있다.

(5) 자궁내막증

자궁내막증(endometriosis)은 자궁내막 조직이 자궁 내부가 아닌 자궁을 지지하는 인대나 질과 항문 사이, 자궁 외부, 골반강 등에 위치하는 경우를 말하며, 희귀하기는 하지만 복부가 아닌 폐, 팔, 넓적다리 등에서 발견되기도 한다(그림 3.37). 자궁내막증은 최근에 악성으로의 변화가 보고되고 있긴 하지만 일반적으로 악성이 아니며, 조직의 성장 부위가 자궁내막이 아니라는 것을 제외하고는 체내의 기타 부위에서 정상적으로 성장한다. 자궁 외에서 성

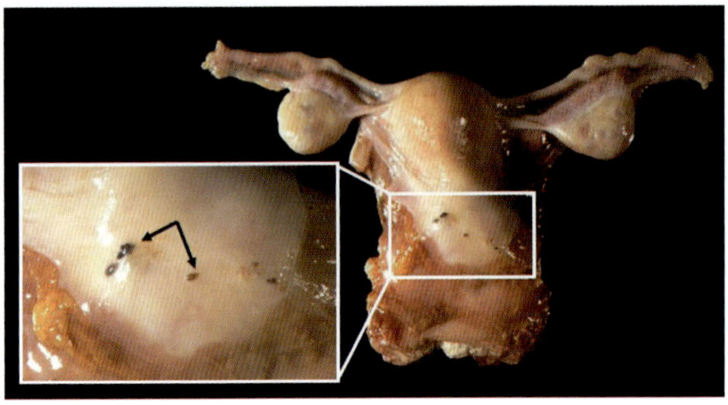

그림 3.37 **자궁내막증**

자궁 외부의 자궁내막증(확대된 상자 내의 화살표).

장하는 자궁내막 조직은 자궁 내에서와 같이 월경주기를 조절하는 호르몬의 영향을 받게 되며, 주기적으로 비후되기도 하고, 월경과 같이 출혈을 일으키기도 한다. 이와 같이 체내의 특정 부위에서 출혈이 일어나면 월경과 같이 체외로 배출될 수가 없기 때문에 주변 조직의 감염, 조직의 손상, 유착(adhesion), 폐색, 방광기능 억제 등을 일으키게 되며, 시간이 감에 따라 점차 증상이 악화되기도 한다. 아주 작은 자궁내막증 조직도 심각한 고통을 유발할 수 있으며, 큰 조직인 경우에는 호르몬 자극에 반응하여 출혈하며 주변 조직을 괴사시킨다. 이러한 손상된 조직을 회복시키기 위한 과정 중에 때로는 여러 조직 간의 유착이 일어나기도 한다.

자궁내막증의 일반적인 증상은 월경 전이나 도중의 고통, 성교 동안이나 후의 고통, 불임, 부정기 또는 과도한 월경, 피곤, 복부 통증, 설사, 변비 등이며, 간혹 무증상인 경우도 있다. 고통의 크기와 자궁내막 조직의 성장 정도와는 큰 관련이 없으며, 자궁내막증 여성의 30−40%는 불임이 되기도 한다.

자궁내막증의 원인에 대해서는 많은 설이 있지만, 그 어느 것도 확실한 원인이라고 할 수 없다. 그 중 가장 오래되고 널리 알려진 샘슨의 가설(Sampson's theory)은 월경시 자궁내막 조직과 혈액이 질을 통해 체외로 배출되지 않고 나팔관으로 역류하여 골반에 위치하게 되며, 혈관이나 림프계를 통해 체내의 여러 부분으로 이동한다는 설이다. 자궁내막증의 유전적 요인과 관련해서는 2010년 영국 옥스퍼드대학의 존더반 박사에 의해서 자궁내막증을 유발하는 유전자 2종이 발견되어 보고되었으며, 우리나라에서도 자궁내막증과 관련한 다양한 유전자다형성이 보고되고 있다.

자궁내막증에 대한 확실한 치료법은 아직까지 확립되어 있지 않다. 일반적으로는 자궁을 절제하거나 난소를 제거하는 경우도 있으며, 고통을 경감시키기 위해 진통제를 처방하기도 하고, 배란을 억제시키기 위해 호르몬요법을 시도하기도 한다. 호르몬요법을 위해서는 에스트로젠−프로제스테론 복합제, 프로제스테론, 테스토스테론 유도체인 다나졸(danazol) 및 성선자극 호르몬 유리 호르몬을 투여하기도 하지만, 일부 여성들에서는 부작용을 나타내는 경우도 있다. 때로는 임신이 치료 방법이 되기도 하지만, 사회적, 경제적 문제가 걸림돌이 될 수 있으며, 심한 자궁내막증에 의해 이미 불임인 여성에게는 아무런 도움이 되지 않는 경우도 있다.

(6) 자궁경부암

자궁경부암(cervical cancer)은 우리나라 여성암 중 가장 호발하는 암이며, 어린 나이에 성관계를 시작한 여성, 본인이나 배우자의 성적 파트너가 여러 명인 여성, 흡연하는 여성 등에

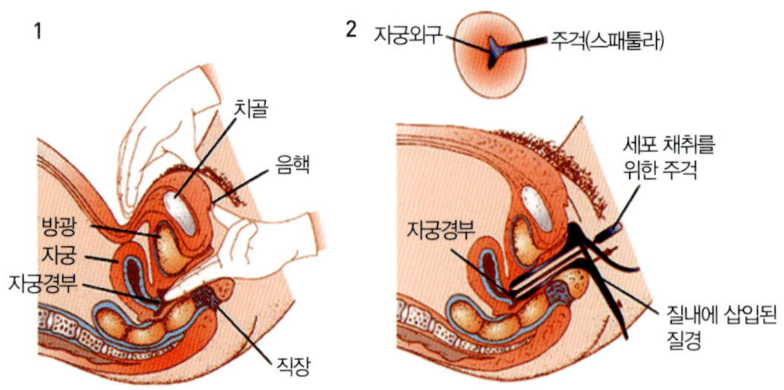

그림 3.38 양손과 질경을 이용한 골반내진 방법
골반내진은 우선 외음부와 질입구를 시진 및 촉진을 통하여 검사하고, 양손을 이용하여 골반 내부의 자궁 및 부속기의 상태를 조사한다(1). 그 후 자궁경부가 노출되도록 질경을 삽입한 후 질 내의 출혈 여부, 분비물 상태, 점막의 특징, 구조적 이상 및 병변 유무를 검사하고, 자궁경부로부터 스패튤라와 면봉 등을 이용하여 경부의 세포를 수집함으로써 세포의 이상 유무를 자세히 조사한다(2).

서 많이 발생한다. 2017년 국민건강보험공단 보고서에 따르면 등록된 자궁경부암이 47,038명의 전체 여성암 중 약 4%로 여성에게 발생하는 암 중 7위를 차지하는 것으로 보고되었다. 성관계, 흡연, 경구피임약이 자궁경부암의 발생과 관련이 있다고 알려져 있으나, 대부분의 학자들이 확실하게 인정하고 있는 것으로는 성관계에 의한 발생이다. 성관계에 의한 자궁경부암의 발생은 인유두종 바이러스(human papilloma virus; HPV)나 단순포진 바이러스(herpes simplex virus; HSV)의 감염이 주요 원인인 것으로 알려져 있다.

자궁경부암의 가장 흔한 증상은 성교 후 출혈, 불규칙한 출혈, 폐경 후 출혈 등이다. 병변이 진행된 경우에는 악취성 질분비물, 체중감소 등도 수반된다. 자궁경부암을 진단하는 가장 기초적인 방법으로는 골반검사나 세포진검사 등이 있는데, 이 검사를 정기적으로 하는 사람들은 검사하지 않는 사람보다 암으로 고통 받을 확률이 1/4로 줄어든다. 의사는 우선 환자의 외음부 감염이나 조직의 이상 유무를 시진 또는 촉진하고, 오리주둥이와 같은 질경(speculum)이라는 기구를 이용하여 질구를 벌린 후 질벽과 경부의 조직을 면봉으로 가볍게 긁어 세포를 수집한다(그림 3.38). 수집된 세포들을 현미경 하에서 관찰하여 환자의 자궁경부에 암세포가 존재하는가를 조사하며, 세포진 검사상 초기 침윤암 등이 의심되나 시진상으로는 자궁경부가 정상으로 보일 경우에 질확대경검사가 필수적이다(그림 3.39). 이를 통해 비정상혈관, 불규칙한 윤곽 및 표면상피의 소실, 색상의 변화 등을 조사할 수 있다. 최근에는 발달된

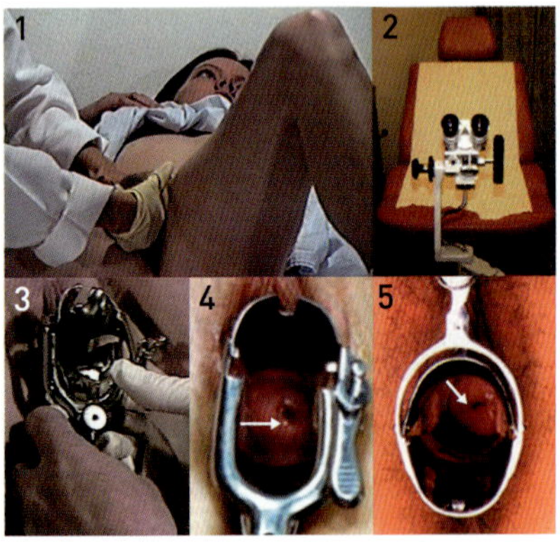

그림 3.39 골반내진과 질확대경검사
1; 골반내진 장면, 2; 질확대경, 이 기구는 확대가 가능하여 육안으로 확인 불가능한 경부의 이상을 검사하는 데 사용된다. 3–5; 질경을 통해 본 자궁경부(화살표)

분자생물학적 방법을 이용하여 자궁경부암의 원인 바이러스로 알려진 HPV나 HSV의 감염 여부를 조사하기도 한다. 자궁경부암의 병기 결정을 위해서는 방사선검사, 조직검사 및 내시경검사를 비롯하여 림프관조형술, 초음파 촬영, CT, MRI 등을 시도할 수도 있다.

많은 여성에게서 경미한 염증이나 바이러스에 의한 세포의 병변 및 암으로 진행되기 전단계인 전암병변이 관찰되며, 필요한 경우에는 병변 부위를 저온, 고주파 및 레이저 등을 이용하여 제거함으로써 암으로의 진행을 방지할 수 있다(그림 3.40). 자궁경부의 전암병변은 암으로 진행될 가능성이 매우 낮고 암으로의 변화에 상당히 긴 시간이 요구되는 것이 보통이지만 생리가 아닌 시기에 출혈이 있다거나 생리시 과다 출혈이 있는 경우 및 폐경 후 출혈이 있을 시에는 암의 위험성이 높다고 할 수 있다. 암으로 진단된 경우에는 자궁경부암근치술, 방사선치료, 항암화학요법 및 광범위 자궁적출술을 실시할 수 있다. 적출 후 6–8주 후부터 성관계가 가능하지만 짧아진 질을 늘리기 위하여 자주 성교를 하거나 기구를 이용할 수도 있으며, 때로는 인공조질술(artificial vaginal construction)을 실시하여 인위적으로 질을 만들어 줄 수도 있다. 암이 많이 진행되었을 경우에는 자궁뿐만 아니라 직장이나 방광을 제거하는 경우도 있는데, 이러한 경우에는 환자의 심리적 충격이 크며, 부부관계에도 심각한 문제가

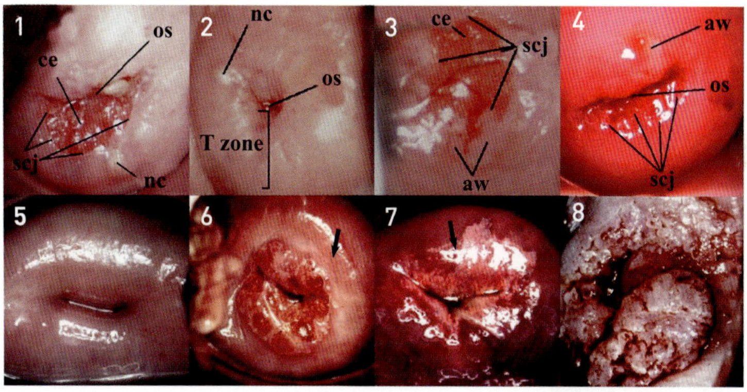

그림 3.40 자궁경부의 세부구조 및 자궁경부암 진단을 위한 질확대경 검사 결과

1; 자궁경부의 세부구조, 2; 자궁경부의 변형대, 3, 4; 자궁경부의 백색상피, 5; 정상적인 자궁경부, 6; 자궁경부의 변형대(화살표), 내부의 원주상피와 원주상피를 둘러싼 편평상피가 확연히 구분된다. 7; 백색상피(화살표 부위)의 전형적인 모습, 초산용액 도포 후 하얗게 변한 비정형 이형세포가 보인다. 8; 자궁경부암, ce(columnar epithelium; 원주상피), os(자궁 외구), scj(squamocolumnar junction; 편평원주접합부; 편평상피와 원주상피가 만나는 부위), nc(nabothian cyst; 나보트낭포), T zone(transformation zone; 변형대), 변형대란 최초의 scj와 생리적으로 활발한 scj 사이를 지칭한다. 대부분의 세포 병변은 변형대 내에서 발생한다. aw(aceto white; 백색상피), 3.5% 정도의 초산용액을 경부에 도포하면 병변이 있는 세포는 하얗게 변화하며, 이러한 세포를 백색상피라고 한다.

표 3.1 현재 상용 중인 자궁경부암 백신

	상품명	HPV 타입
2가 백신	서바릭스	16, 18
4가 백신	가다실4	6, 11, 16, 18
9가 백신	가다실9	6, 11, 16, 18, 31, 33, 45, 52, 58

야기될 수 있다.

2007년 자궁경부암 백신이 국내에 출시되면서 현재 접종되고 있는 자궁경부암 백신은 자궁경부암 발생의 70% 차지하는 HPV 6, 11, 16, 18형의 4가지 인유두종 바이러스를 표적으로 하는 4가 백신 '가다실(Gadasil)' 4와 HPV 16형과 18형만을 타겟으로 하는 2가 백신 '서바릭스(Cervarix)'가 대표적이다(표 3.1). 최근에는 HPV 31형, 33형, 45형, 52형, 58형을 추가한 HPV 9가 백신인 '가다실 9'이 개발되어 2014년 12월 FDA에서 9–26세 여성과 9–15세 남성에 대한 사용이 승인되었다. 자궁경부암을 유발하는 HPV 바이러스는 성관계를 통해 감염되기 때문에 첫 성관계가 발생하기 전에 HPV 백신을 접종하는 것이 좋으며, 미국 질병관리 본부(Centers for Disease Control and Prevention, CDC)는 15세 미만 어린이는 2번의 접종, 15세 이상은 3번 접종을 권고하고 있다.

(7) 자궁내막암

자궁내막암(endometrial cancer)은 비교적 호발하는 여성 생식기암으로, 미국 여성의 2–3%가 이 암에 걸린다고 알려져 있다(그림 3.41). 자궁내막암의 평균 발생 연령은 60세이며, 드물게는 40세 이전이나 70세 이후에도 발생한다. 자궁내막암은 발생빈도가 점점 증가하고 있는데, 고령화로 인하여 자궁내막암이 호발하는 폐경기 후의 연령층이 증가하였고, 폐경 후 호르몬보충요법 활용 빈도가 높아졌으며, 자궁내막암 진단 방법이 발전하게 된 것이 그 원인인 것으로 추측된다. 비만, 만성 무배란성 월경, 무배란과 관련된 미산부, 지연된 폐경, 유방암 치료제인 타목시펜(tamoxifen) 등도 자궁내막암의 원인이 되며, 유전성인 경우도 있는 것으로 알려져 있다.

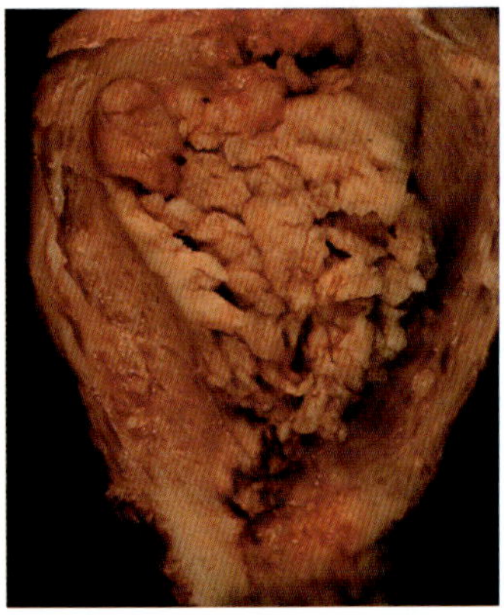

그림 3.41 자궁내막암
자궁 내부가 암조직으로 가득차 있다.

자궁내막암은 환자의 90%에서 부정 질출혈과 대하를 보인다. 폐경 전 과다월경, 부정 질출혈, 희발월경, 지연된 폐경의 주기적 질출혈의 경우에는 특히 자궁내막암의 위험이 높다. 자궁내막암의 치료는 자궁적출술 및 양측 부속기절제술을 시행하며, 방사선 치료도 병행할 수도 있다. 그 외 호르몬 투여나 항암제를 이용한 화학요법을 실시하기도 한다.

(8) 난소암

난소에는 일반적인 질환들 외에 양성 및 악성 종양이 발생하며, 난소암(ovarian cancer)은 상피성인 경우와 비상피성인 경우로 나누어진다(그림 3.42).

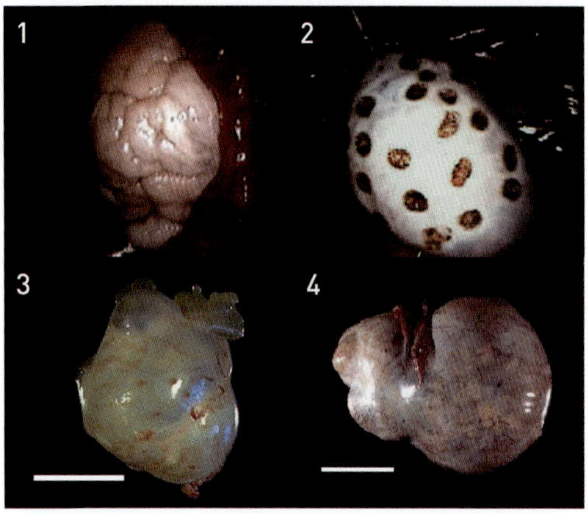

그림 3.42 각종 난소 질환

1; 정상 난소, 호두 크기의 하얀 난소와 그 오른쪽에 갈색의 나팔관이 보인다. 2; 다낭성 난소(polycystic ovary), 3; 장액성 낭선종(serous cystadenoma), 4; 유두상 낭선암(papillary cystadeno carcinoma), 하얀 막대는 5cm

난소암중 가장 흔한 상피성 난소암은 전이가 일어나기 전에는 무증상인 경우가 대부분이어서 5년 이상 생존률이 약 25% 정도일 정도로 치사율은 매우 높다. 대부분이 40–70세에 발생하며, 특히 폐경 전후의 여성에게서 호발하는 것으로 알려져 있다. 임신 경험이 없는 수녀 등에서 많이 발생하며, 경구피임약을 많이 사용했던 여성에서는 도리어 발생 빈도가 낮다.

난소암의 원인으로는 유전성인 경우 외에 석면이나 활석과 같은 물질, 고지방 식사, 커피 및 유행성 이하선염(mump), 홍역(measle), 풍진(rubella)과 같은 바이러스 감염, 여성호르몬제, 골반 방사선 등이 있다. 난소암의 주증상으로서 동통, 복부팽창, 질출혈 등이나 위장장애, 월경과다 등의 내분비장애도 관찰된다. 정기적 골반진찰, 복강경검사, 초음파검사, 림프관조형술 등을 이용하여 진단할 수 있으며, 최근에는 난소암 세포에서 특이적으로 생산되는 CA-125 단백질을 조사함으로써 일부 난소암의 조기진단이 용이해졌다. 난소암의 치료를 위해서는 종양을 비롯하여 전이가 일어난 부위를 절제하는 종양감축술(cytoreductive surgery), 항암화학요법(chemotherapy), 방사선요법(radiation therapy), 면역요법(immunotherapy), 호르몬요법(hormonal therapy) 등을 이용할 수 있다.

(9) 외음부암

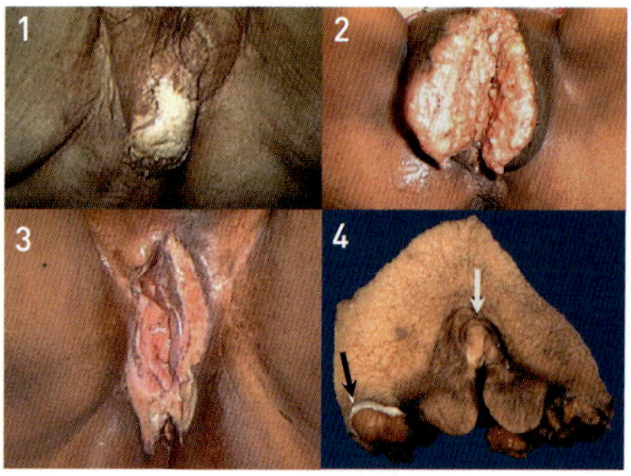

그림 3.43 외음부암의 여러 형태

1; 상피내암(carcinoma in situ), 2, 3; 편평세포암(squamous cell carcinoma), 4; 편평세포암의 외음부를 전질적출술을 이용하여 적출한 모습, 음핵(검은색 화살표)과 종양의 경계부위(흰색 화살표)를 볼 수 있다.

외음부암(vulva cancer)은 매우 드문 질환으로서 여성 생식기암의 약 4%를 차지한다(그림 3.43). 65세에서 76세에 발생하는 확률이 가장 높으며, 정확한 발생원인은 아직까지 알려져 있지 않다. 외음부암 환자의 20-60%에서 HPV가 발견되었고, 간혹 매독은 물론 성병성 림프육아종이나 서혜육아종과 같은 성병과 관련이 있는 것으로 알려져 있다. 외음부암은 질, 요도, 항문 등으로 전파되기도 하며, 림프절이나 폐, 간 등으로 전이되기도 한다. 외음부암은 방사선치료, 외음부절제술, 서혜부 및 골반림프절절제술 등을 이용하여 치료할 수도 있다.

(10) 질암

질암(vaginal cancer)은 질, 특히 질의 상부에 발생하는 원발성 암을 말하며, 자궁경부에서 질로 침윤되거나 전이된 경우에는 자궁경부암으로 분류하고, 외음부와 질에서 동시에 발생하는 경우에는 외음부암으로 분류한다(그림 3.44). 질암은 발생 빈도가 낮아 여성 악성 종양의 약 2-3%를 차지한다. 질의 악성종양은 70-80세에 가장 많이 발생하며 환자의 30%가 과거 5년 이내에 자궁경부암으로 진단받은 적이 있는 경우가 많다.

질암은 성교, 페사리, 탐폰을 사용할 때 생기는 상처, HPV 감염, 자궁경부암 등의 치료를 위해 사용한 방사선 치료의 부작용이 원인이 될 수도 있다고 알려져 있다. 질암 환자는 폐경 후나 성교 후에 통증이 없는 질출혈을 보이거나 질로부터의 과도한 분비물을 보이는 것이 특징적인 증상이며, 방광통이나 빈뇨가 나타나기도 한다. 질암의 치료법은 아직까지 확실히 정립되지 않은 상태지만, 암의 진행 정도에 따라 레이저 치료, 질절제술, 방사선 치료 등을 사용할 수 있다.

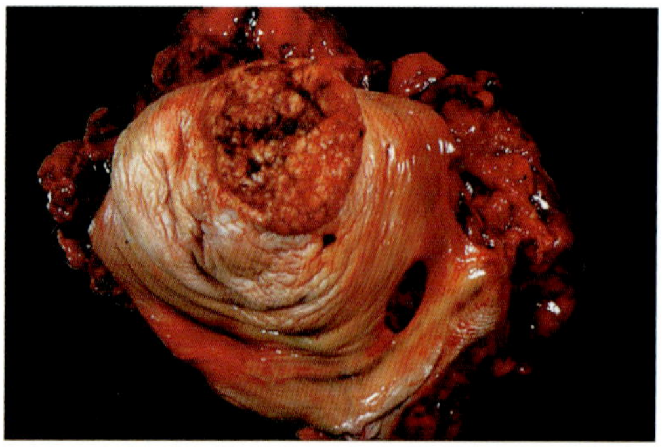

그림 3.44 질암

(11) 유방암

유방암(breast cancer)은 미국 여성의 1/8이 자신의 생애에 한 번은 걸릴 정도로 여성암 중 가장 호발하는 암 중 하나이다. 모든 암이 그렇듯이 유방암의 원인은 아직 확실히 알려져 있지 않으나 환경은 물론 유전도 관련이 있는 것으로 알려져 있다(그림 3.45). 일반적으로 유방암은 가족력이 있는 여성, 50세 이상인 여성, 출산 경험이 없거나 30세 후에 첫 출산한 여성, 12살 이전에 월경을 시작한 여성, 비만이나 지방이 많은 음식을 상식하는 여성, 운동결여, 음주, 흡연을 하는 여성 등이 걸릴 확률이 높으며, DDT나 난소에서 분비되는 에스트로젠도 원인이 될 수 있다고 알려져 있다. 에스트로젠을 포함하는 피임약의 복용이나 폐경 후 에스트로젠의 투여와 발암과의 관계는 확실히 입증된 바가 없으나, 최근의 연구는 장기간 피임약이나 에스트로젠을 복용하거나 투여하면 빈도는 매우 낮을지라도 암을 유발시킬 가능성이 있다고 보고하고 있다.

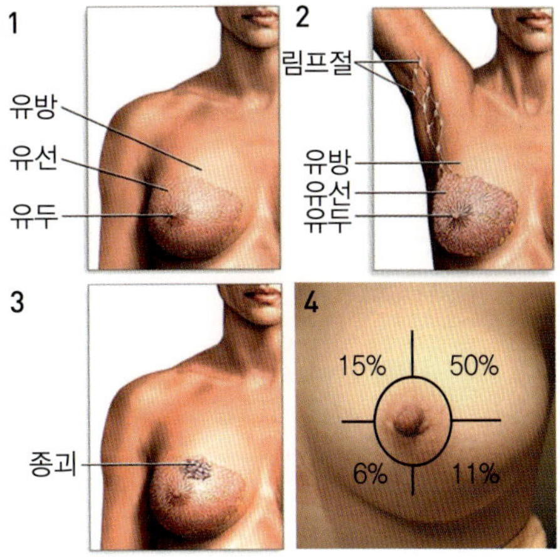

그림 3.45 유방암 발생 부위

1; 유방의 구조, 2; 림프절의 위치, 3; 종괴의 모습, 4; 부위별 유방암 발생 빈도

유방암은 조기 발견하면 90% 이상 생존할 수 있을 정도로 치료가 잘 되는 암이지만, 자각 증상이 있는 경우에는 암이 이미 가슴 전체에 퍼진 후가 대부분이기 때문에 조기 진단의 필요성이 높다. 특히 종양의 크기와 생존율은 반비례하기 때문에 병원에서 정기적으로 검사받는 것이 가장 정확하고 안전하지만, 자가진단을 통해서도 암 조직이 확대되기 전에 발견할 수 있다. 유방암의 자가진단은 체내 에스트로젠 농도가 최저이며 유방이 부풀지 않은 월경 후 4–5일 정도에 시행하는 것이 가장 좋고, 최저 한 달에 한 번은 시행하여야 한다. 특히 임신 중이나 폐경 후 또는 월경이 불규칙한 경우에는 한 달에 한 번 이상 검사할 필요가 있다.

유방암 자가진단 방법은 그림 3.46과 같이 우선 거울 앞에 서서 유방에 비정상적으로 부풀어 오르거나 납작한 부위가 있는지, 움푹 들어간 부분이 있는지, 빨개진 부분이 있는지, 또는 양쪽 유방이 대칭인지 자세히 관찰한다. 그리곤 손을

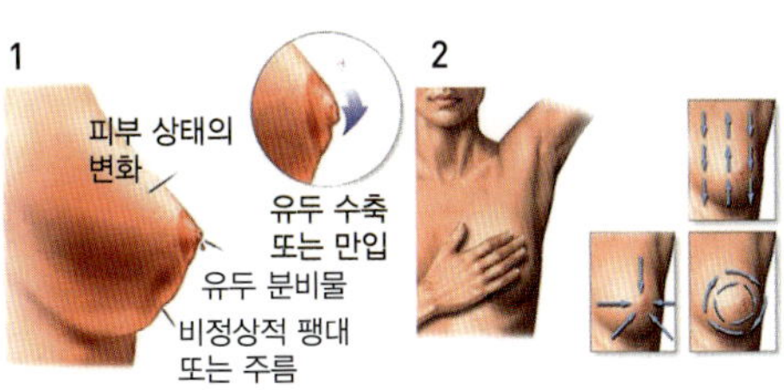

그림 3.46 유방암 자가진단법

1; 외부 형태나 피부 관찰, 2; 선 자세에서의 촉진

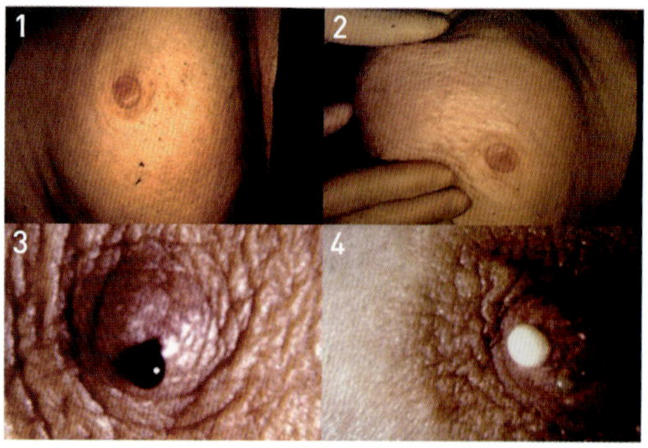

그림 3.47 유방암

1, 2; 유방암 환자의 유방은 피부가 두꺼워져 귤껍질과 같이 보인다. 3; 유두 분비물에서 피가 섞여 나오는 경우에는 전문의의 진단을 받을 필요가 있다. 4; 피가 섞인 분비물이 모두 암에 의한 것은 아니며, 특히 투명하거나 또는 하얗거나 초록빛을 띄는 경우에는 양성일 가능성이 높다.

옆구리, 엉덩이, 머리 위로 올린 채 위와 동일한 방법으로 유방을 관찰한다. 유방의 촉진은 중간 세 손가락의 손바닥 부분을 사용하여 실시하며, 유두를 중심으로 원을 그리듯이 유방 전체를 자세히 촉진한다. 이때 유방을 강하고, 약하게 눌러가면서 유방 내부에 딱딱한 종괴가 있는지를 관찰한다. 또한 유두를 눌러 분비물이 나오는지 살피고, 그 색깔도 자세히 관찰한다. 유방 부위를 조사한 후에는 유방만이 아니라 겨드랑이 아래 부분까지 촉진하며, 이번에는 누운 채 검사하고자 하는 쪽 등 밑에 수건 등을 깔고 반대쪽 손으로 지금까지 설명한 촉진 방법과 동일한 방법으로 유방 전체를 촉진한다. 유방 부위에 따라 암이 발생하는 비율은 다를지라도 유방의 모든 부위에서 암이 발생할 수 있으므로 유방은 물론 겨드랑이 부분까지 모두 검사하여야 한다. 처음으로 자가진단을 실시하는 경우에는 유방 기저부에 있는 정상적인 딱딱한 조직을 암조직으로 착각하는 경우도 있다. 그러나 정기적으로 자가진단을 함에 따라 차츰 정상조직과 비정상조직을 구별할 수 있게 되며, 특히 양쪽 유방을 동시에 만져보아 양쪽 유방에 동일한 조직이 촉진되면 대개는 정상조직이며, 한쪽 유방에만 존재하는 경우에는 비정상조직일 가능성이 높다(그림 3.47).

아무리 자가진단을 정확히 한다고 해도 자가진단만으로는 작은 병변을 진단하기가 쉽지 않기 때문에 30세가 넘으면 최소한 1–2년에 한 번 정도는 유방 뢴트겐조영법(mammogram) 등을 이용하여 자세한 검사를 하여야 한다(그림 3.48).

우리나라 여성의 경우에는 30세가 넘으면서 검사를 시작하여 40대는 2년에 한 번, 50대

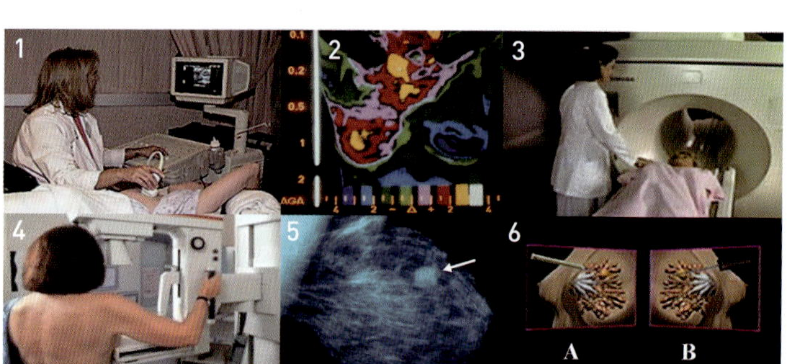

그림 3.48 유방암 검사

1; 유방초음파, 2; 유방열검사, 3; 컴퓨터단층촬영(CT) 또는 MRI, 4; 뢴트겐 조영법(유방 X선 촬영법; mammogram), 5; 뢴트겐 조영법 결과, 종괴(화살표)가 보임, 6; 유방암 조직생검 방법, A; 세침천자 흡인세포검사, B; 심선침 조직검사

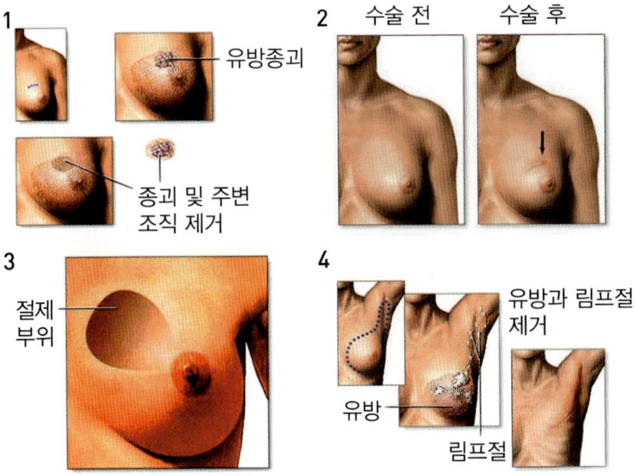

그림 3.49 유방암 수술

1; 종괴 형태와 제거, 2; 종괴 제거 후의 상처, 3; 구역유방절제술, 종양과 주변 정상조직 절제, 4; 변형근치유방절제술, 흉근은 보존

는 매년 검사할 필요가 있다. 유방에서 관찰되는 종괴의 약 80%는 악성이 아니며, 섬유낭종성 변화(fibrocyctic change)나 섬유선종(fibroadenoma) 등으로서 간단한 처치로 제거할 수 있지만, 간혹 폐경기 전에 유방암으로 발전하는 경우도 있다. 일단 덩어리가 촉진되면 주사기 등으로 조직생검을 실시함으로써 악성 여부를 검사할 수 있으며, 만약 악성으로 진단되면 유방절제술을 시도할 수도 있다(그림 3.49). 유방절제술도 암의 진행 정도에 따라 여러 가지로 나눠는데, 근치유방절제술(radical mastectomy)과 같이 전체 유방과 기저부의 근육 및 림프절 모두를 제거하는 경우와, 변형근치유방절제술(modified radical mastectomy)과 같이 근육은 제외하고 전체 유방과 림프절을 제거하는 경우 및 단순유방절제술(simple mastectomy)과 같이 유방만 제거하는 경우도 있다. 초기인 경우는 단지 문제의 덩어리인 종괴와 주변 조직만을 제거하고 방사선 치료를 병행하면 치료가 가능하기도 하지만, 림프절에까지 암이 퍼진 경우에는 항암제와 타목시펜과 같은 항에스트로젠제를 투여하여 치료한다.

유방을 제거한 여성에 대해서는 배우자의 반응이 대단히 중요한데, 전과 동일하게 사랑 받을 수 있다는 확신을 심어 줄 필요가 있으며, 그것으로도 심리적인 안정을 얻지 못할 때에는 인공 유방을 만들어 주는 성형 수술을 시도할 수도 있다(그림 3.50).

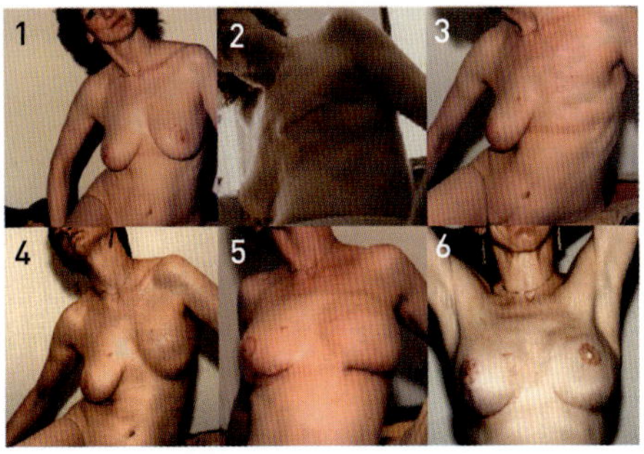

그림 3.50 유방절제술 후 복원

1; 유방제거 전, 2, 3; 유방이 제거된 모습, 4, 5; 복원과정의 유방, 6; 유두까지 완전히 복원된 유방

이 장에서는 남녀 생식기관의 구조와 기능은 물론 암을 비롯한 각종 질환의 증상과 치료방법 등에 관하여 알아보았다. 이 장에서 설명한 내용들이 비록 모든 내외부 생식기관이나 질환에 관한 정보를 포함하고 있지는 않을지라도 전문가가 아닌 독자들의 생식기관의 명칭, 기능 및 각종 생식기 질환에 대한 이해를 위해서는 충분한 정도라고 판단되며, 제공된 내용들은 건강한 성적 활동이나 자녀들의 체계적인 성교육 등을 위한 과학적인 정보로서 활용될 수 있을 것이다.

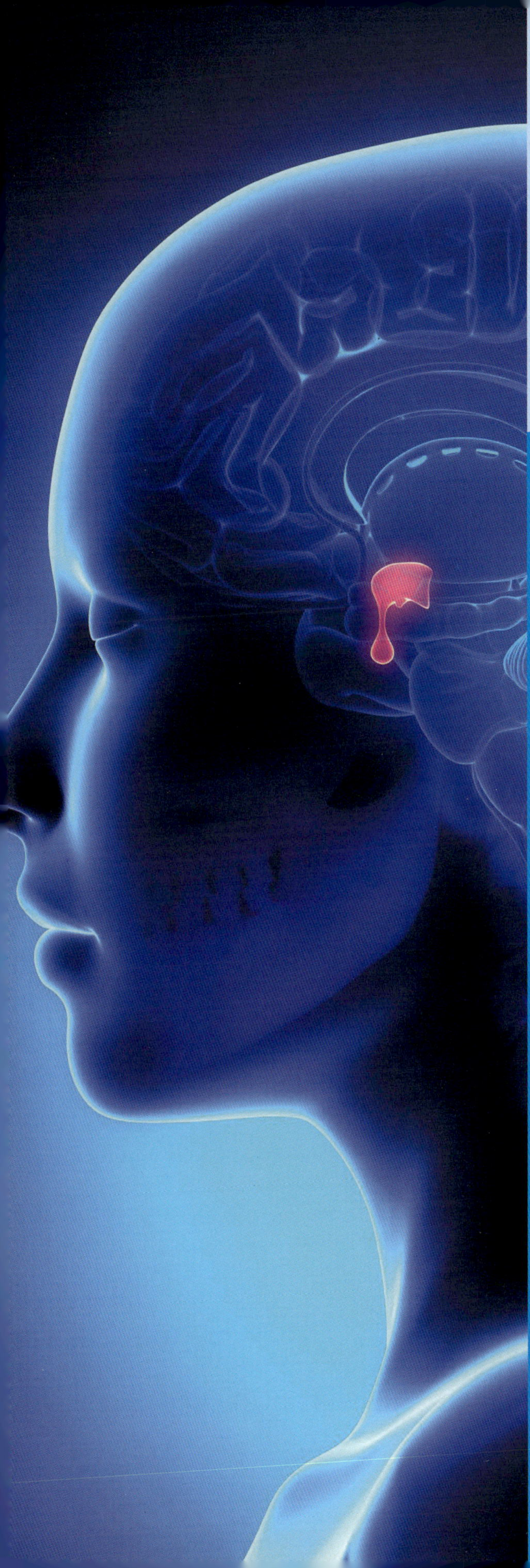

04

호르몬과 성

1. 내분비계 구조와 기능

1) 뇌하수체 / 100
2) 고환 / 101
3) 난소 / 103
4) 부신 / 105

2. 호르몬

1) 호르몬 종류 / 105

3. 호르몬과 성결정

1) 내외부 생식기관의 분화 / 106
2) 성분화 이상 / 107

4. 월경주기

1) 호르몬 조절 / 112
2) 월경주기의 다양성 / 117
3) 월경주기와 성욕 / 118
4) 월경주기와 성관계 / 119

5. 월경 이상

1) 무월경 / 120
2) 월경전증후군 / 120
3) 월경곤란증 / 123
4) 독성쇼크증후군 / 124

6. 호르몬과 성욕

내분비계(endocrine system)란 단백질(peptide hormones) 및 스테로이드(steroid hormone)로 구성된 크게 두 가지 종류의 호르몬을 분비하는 체내의 모든 내분비기관이나 조직을 뜻한다. 호르몬(hormone)은 내분비계로부터 혈액에 방출된 화학물질로서 남녀 신체의 각 부위에서 매우 중요한 역할을 하는데, 일반적인 체내 항상성 유지나 조절 작용 외에 성분화 및 이차성징과 관련된 역할도 담당하고 있다. 이 장에서는 내분비계의 종류와 호르몬의 여러 가지 역할들 중 특히 성결정, 월경주기 조절 및 성욕 조절 기전 등에 관하여 알아보고자 한다.

1 내분비계 구조와 기능

1) 뇌하수체

뇌의 기저부에 위치한 뇌하수체(pituitary gland)는 전엽(anterior lobe)과 후엽(posterior lobe)으로 나뉘어지고, 여러가지 호르몬을 분비하며, 분비된 호르몬의 일부는 고환이나 난소와 같은 다른 내분비기관의 활성을 조절한다(그림 4.1).

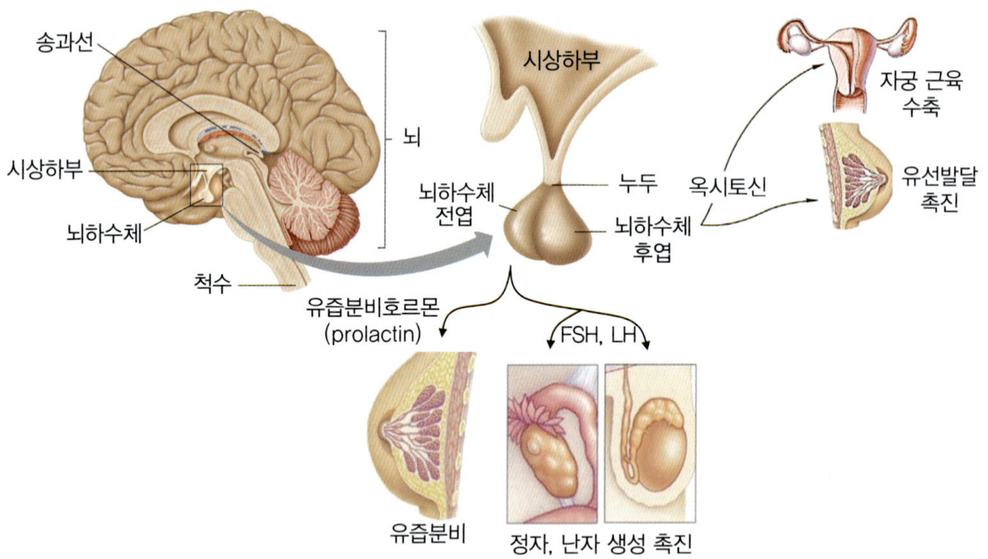

그림 4.1 **뇌하수체 위치 및 뇌하수체 호르몬의 기능**

뇌하수체는 뇌의 시상하부 아래에 위치하며, 전엽과 후엽에서 다양한 호르몬을 분비하는 내분비기관이다.

(1) 전엽 호르몬

뇌하수체 전엽에서는 여포(난포)자극호르몬(follicle stimulating hormone; FSH), 황체형성호르몬(luteinizing hormone; LH), 유즙분비호르몬(prolactin), 갑상선자극호르몬(thyroid stimulating hormone; TSH), 성장호르몬(growth hormone; GH) 및 부신피질자극호르몬(adrenocorticotropic hormone; ACTH)이 분비된다(그림 4.1).

성선자극호르몬(gonadotrophin)인 FSH와 LH는 남녀 모두에서 분비되어 특정 기능을 수행하는데, FSH는 여성의 난소에서는 미성숙난의 성숙을 촉진하고 남성의 고환에서는 정자 생산을 촉진하는 반면에, LH는 여성에서는 배란을 촉진시키고 남성에서는 고환에서 간질세포를 자극하여 남성호르몬의 생산을 촉진한다. 유즙분비호르몬은 유방에서 유즙을 분비하는 것이 주기능이다. TSH는 갑상선(thyroid gland)으로부터 트리요오드타이로닌(triiodothyronine; T3)과 티록신(thyroxine; T4) 분비를 촉진함은 물론 유즙분비호르몬의 분비도 촉진시킨다. GH는 뇌하수체 전엽 호르몬 중에서 최대량으로 생산되는데, 시상하부의 성장호르몬 유리호르몬(growth hormone releasing hormone; GH–RH)에 의해 분비가 조절되며, 갑상선 호르몬과 부신피질 호르몬에 의해서도 조절된다. ACTH는 이른 아침에는 최고치, 늦은 저녁에는 최저치를 나타내며, 코티솔의 음성피드백 기전에 의해 조절된다.

(2) 후엽 호르몬

뇌하수체 후엽은 시상하부와 연결된 신경조직만으로 이루어진 기관이며, 옥시토신(oxytocin)과 항이뇨호르몬(antidiuretic hormone; ADH)을 분비한다. 옥시토신은 9개의 아미노산으로 구성된 단백질 호르몬이며, 자궁근육의 수축이나 수유 중 유즙분비 반사시 일어나는 유관벽 평활근의 수축을 조절한다. 이 호르몬은 후각, 청각 및 시각 자극에 의해서도 분비될 수 있다. ADH는 순환혈액량, 혈압 및 삼투압 조절이 중요한 기능이다. 혈압이나 혈액량 감소에 의해 분비되는 ADH는 즉시 동맥의 수축과 신장에서의 수분 농축을 유발함으로써 혈압이나 수분의 양을 정상화시킨다.

2) 고환

생식에 가장 중요한 기관인 고환은 우리나라 정상 남성의 경우 3.8×2.7×2.1 cm 정도의 작은 계란 모양이며, 무게는 10 g, 부피는 20 mL 정도이다(그림 3.6; 4.2).

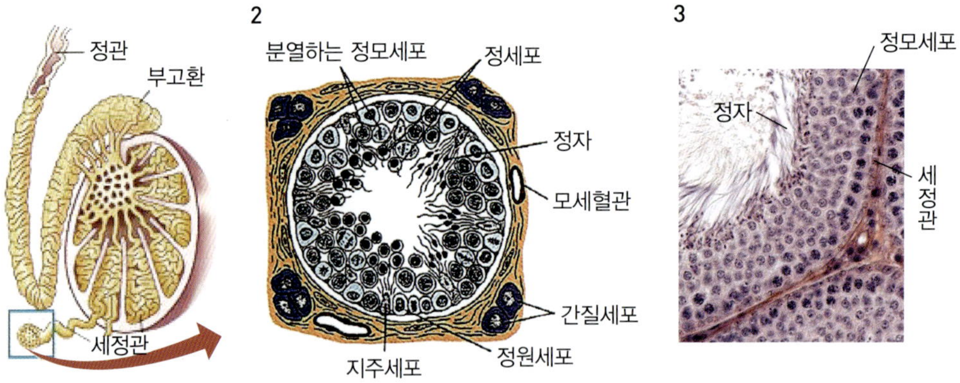

그림 4.2 **고환 및 세정관 구조 및 내부 세포들**

1; 고환 내부의 구조, 2; 세정관 내부 구조, 생식세포는 세정관의 기저막으로부터 안쪽을 향하여 정원세포, 일차 정모세포, 이차 정모세포, 정세포 및 정자의 순으로 분포하고 있다. 3; 면역조직화학염색법(IHC, Immunohistochemistry)으로 처리된 실제 세정관 단면 모습

주기능은 남성호르몬 분비와 정자를 생산하는 것이며, 인체 조직 중에서 단위 무게당 뇌와 더불어 대사작용을 위해 가장 많은 산소와 영양을 필요로 하는 기관이다. 고환의 85%는 생식세포가 만들어지는 세정관으로 채워져 있으며, 고환의 크기와 경도가 생식능력을 평가하는 척도가 된다(그림 4.2). 고환 내의 생식세포는 세정관의 기저막으로부터 가장 안쪽을 향하여 정원세포(또는 정조세포; spermatogonia), 일차 정모세포(primary spermatocyte), 이차 정모세포(secondary spermatocyte), 정세포(spermatid) 및 정자(sperm)의 순으로 분포하고 있다(그림 4.2; 4.3).

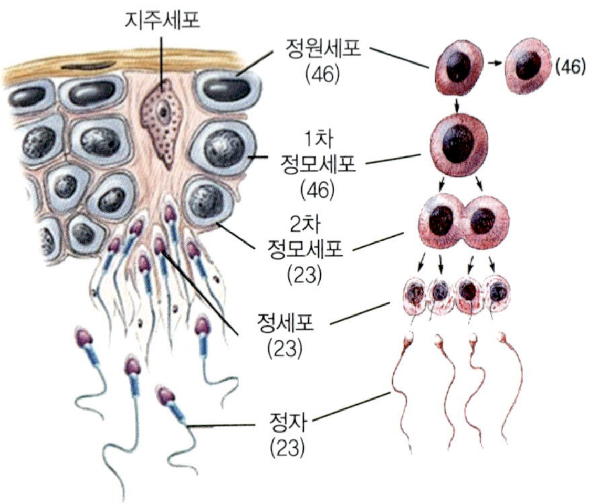

그림 4.3 **세정관내 세포들의 위치 및 정자형성과정**

정원세포는 유사분열 과정을 통해 숫자를 늘리며, 그 중 일부만이 감수분열을 통해 정자를 형성한다. 이 과정을 통해 하나의 정원세포로부터 네 개의 정자가 형성된다. 괄호안은 염색체 수

고환의 세정관 내부에서 일어나는 정자형성과정(spermatogenesis)은 정원세포로부터 시작된다(그림 4.3). 정원세포는 유사분열을 통하여 숫자를 불리기도 하지만, 그 중 일부는 일차 정모세포로 변화하여 일차 감수분열을 거치게 된다. 일차 감수분열을 통해 염색체 수가 일차 정모세포의 반으로 줄어든 이차 정모세포는 염색체 수의 변화 없이 이차 감수분열을 함으로써 정

그림 4.4 테스토스테론의 디하이드로테스토스테론으로의 변화

세포가 되며, 정세포는 일련의 과정을 통해 정자로 변화하게 된다. 즉, 정자형성과정은 하나의 생식세포로부터 시작하여 반수체(염색체 수가 성체의 반)인 4개의 정자를 만드는 과정이라고 할 수 있다.

세정관의 기저막에 존재하는 지주세포(sertoli cell)는 세포분열이 활발한 세정관을 보호하고, 정자형성에 필요한 물질의 공급을 최대한으로 보장하며, 정자형성과정에 필요한 FSH 및 남성호르몬을 저장하거나 약간의 여성호르몬을 생산한다. 또한 간질세포는 세정관과 간질구역 내에 위치하며, 뇌하수체 전엽에서 분비하는 LH에 의해 자극되어 테스토스테론을 분비한다. 테스토스테론은 표적세포에서 5−α reductase(5AR)에 의해 환원되어 강력한 활성형인 디하이드로테스토스테론(dihydrotestosterone; DHT)으로 변환되며, DHT는 세포내 수용체와 결합한 채 핵으로 들어가 단백질 활성을 유도한다(그림 4.4). 이 호르몬은 시상하부와 뇌하수체 및 고환의 기능 조절, 정자형성, 태아의 내외성기 분화와 발달, 사춘기의 성적 성숙과 촉진 등의 기능과 관련이 있는 것으로 알려져 있다.

남성호르몬인 테스토스테론의 양은 여성의 경우와 같이 급격히 감소하는 것이 아니라 노화과정의 진행에 따라 점차적으로 감소하게 된다. 예를 들면, 70세에도 청소년기 테스토스테론 양의 약 60−70% 수준으로 감소하는 정도이다. 그러나 이러한 감소는 발기지속 시간, 발기의 강도, 사정력의 감소, 정소의 위축 및 장시간의 불응기와 같은 신체적인 변화를 유발한다. 또한 근육의 양이나 강도 및 뼈 속 칼슘의 양도 감소하고 수염이 성글게 되며 목소리도 약간 고음으로 바뀌게 된다.

3) 난소

난소는 여성 골반의 골반벽과 자궁 사이에 위치하는 인대에 의해 신체의 양쪽에 하나씩 매달려 있으며, 크기는 보통 5×3×3 cm 정도지만, 3장에서 설명하였듯이 호르몬, 연령, 월경주기 등에 따라 그 크기가 매우 다양하다(그림 3.29). 난소는 피질과 수질로 구성되어 있

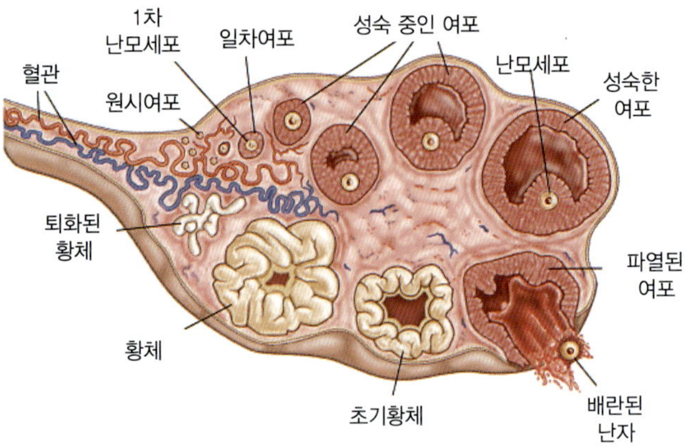

그림 4.5 난소의 내부 구조

난소에서는 매달 하나의 여포가 FSH의 영향으로 성숙하게 되며, LH의 급격한 분비 증가에 의해 배란이 일어난다. 배란되고 남은 여포는 황체가 되며, 시간이 지나면 퇴화된다.

으며, 피질에는 다양한 크기의 여포가 위치하고, 수질은 섬유근육조직과 혈관으로 구성되어 있다(그림 4.5).

여성들은 모체 내에서는 약 600-700만 개의 미성숙 난자를 갖고 있지만, 그 중 많은 수가 퇴화되고 태어날 당시에는 약 200만 개의 난자만이 남게 된다. 난자의 퇴화는 사춘기까지 계속되어 실제로 임신이 가능한 시기가 되었을 때는 약 20-30만 개만이 남게 된다. 그러나 여성들은 사춘기에서 폐경기까지의 가임기간 동안 단지 약 400개의 난자만을 배란시키며, 이 중에서 겨우 수 개의 난자만이 정자와 수정된다.

태아기에서 난원세포로부터 변화한 일차 난모세포는 일차 감수분열 전기의 복사기(diplotene stage)에서 십여 년간을 머문 채 사춘기에 도달하게 된다. 사춘기가 되어 월경주기가 시작되면 난자 성숙 억제가 해제되고, LH가 폭발적으로 분비(LH surge)되면서 배란이 된다. 이때 오랫동안 성숙이 억제되어 있던 일차 난모세포는 다시 분열을 재개하여 이차 난모세포가 되며, 정자와 수정되면 감수분열을 마치고 수정란으로서 분열과 분화과정을 거치게 된다. 이러한 난자형성과정(oogenesis)은 하나의 난원세포에서 두 번의 분열과정을 통하여 반수체인 하나의 난자와 결국은 퇴화되는 역시 반수체인 세 개의 극체(polar body)를 형성하는 과정이다(그림 4.6). 극체는 모두 퇴화하고 나머지 하나의 난자만이 수정되어 태아로서 발생할 수 있으며, 수정되지 않은 난자는 감수분열을 완전히 완료하지 못한 채 역시 퇴화되고 만다.

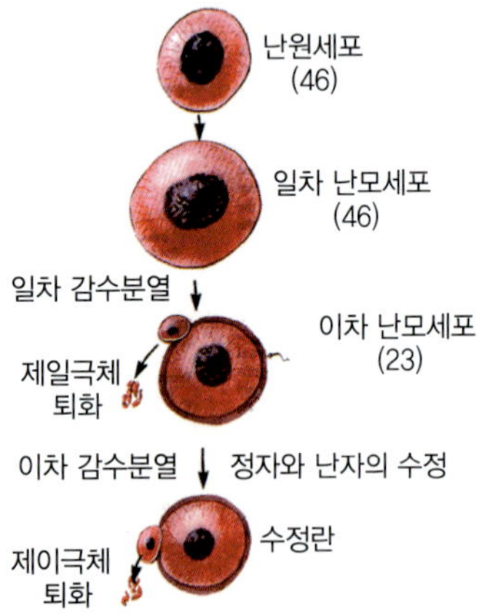

그림 4.6 난자형성과정

난원세포에서 일·이차 감수분열을 통해 반수체인 하나의 난자가 형성되며, 감수분열이 완료되기 위해서는 정자와 수정되어야 한다.

4) 부신

부신(adrenal gland)은 신장의 윗부분에 위치하는 무게 7.5 g, 크기 5–7 mm의 작은 기관으로, 부신피질(adrenal cortex)과 부신수질(adrenal medulla)의 두 부분으로 구성되어 있다(그림 4.7).

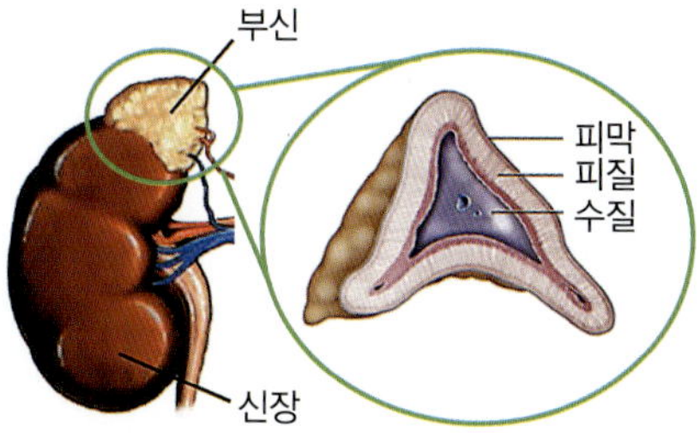

그림 4.7 부신의 위치와 구조

부신은 내부에 콜레스테롤과 여러 가지 지방산이 존재하기 때문에 노란색 빛을 띠게 된다. 부신의 내부에 위치하는 피질은 20여 종류의 부신피질 호르몬을 분비하며, 만약 부신이 제거되어 이러한 호르몬들의 분비가 억제되면 사망에 이를 정도로 부신피질 호르몬은 체내에서 중요한 기능을 한다. 부신피질은 뇌하수체로부터 분비되는 ACTH의 자극에 의해 포도당(glucose) 대사에 관여하는 당류코르티코이드(glucocorticoid; GC) 호르몬을 분비하며, 알도스테론(aldosterone)을 분비함으로써 소변의 이온 농도를 조절한다. 그 외 코티솔, 에스트로젠 및 안드로젠도 분비한다.

부신수질은 교감신경 자극 하에 에피네프린(epinephrine)과 노르에피네프린(norepinephrine)을 분비하여 심장의 운동과 혈압을 조절하며, 글리코겐의 분해에도 관여한다. 남녀 모두에서 테스토스테론 및 프로제스테론을 분비한다.

2 호르몬

1) 호르몬 종류

(1) 단백질 호르몬

단백질 호르몬은 여러 개의 아미노산이 결합된 구조로 존재하며, ADH나 옥시토신 등과 같이 9개 정도의 짧은 아미노산 사슬로 구성된 것이 있는 반면에 GH나 유즙분비호르몬과 같이 191개나 198개의 아미노산이 결합된 큰 폴리펩타이드 사슬로 형성된 것들도 있다. 더욱이 TSH와 같이 수천 개의 아미노산으로 이루어진 호르몬들도 있으며, 시상하부, 뇌하수체, 심장, 신장, 흉선, 소화관, 췌장 등에서 분비되는 대부분의 호르몬들이 단백질 호르몬에 속한다. 단백질 호르몬은 세포 내의 조면소포체(rough endoplasmic reticulum)에 위치하는 리보좀(ribosome)에서 호르몬 전구체(prehormone)로서 합성되고, 소포체를 거치면서 프로호르몬(prohormone)으로 변환되며, 다시 골지체(golgi complex)를 지나면서 기능을 갖는 단백질 호르몬으로 완성된다.

(2) 스테로이드 호르몬

스테로이드 호르몬은 콜레스테롤(cholesterol)로부터 합성된 물질이기 때문에 구조적으로 콜레스테롤과 매우 유사하다. 고환과 난소로부터 분비되는 테스토스테론이나 에스트로젠과 같은 성호르몬들과 부신으로부터 분비되는 코티솔과 알도스테론 등이 이에 속한다.

3 호르몬과 성결정

1) 내외부 생식기관의 분화

태아는 한 달까지는 남녀의 구별이 없으나, Y 염색체 단완(short arm) 상에 위치하는 SRY(sex–determining region Y) 유전자가 발현되어 만들어진 TDF(testis determining factor)에 의해 생식선(gonads)이 고환으로 분화하게 된다. 일단 고환이 생성되면 고환 내의 간질세포에서 테스토스테론, DHT, 뮐러관억제인자(mullerian inhibiting factor) 등의 남성호르몬이 분비되며, 테스토스테론과 DHT는 남성 내부 생식기관인 정관, 부고환 등과 외부 생식기관인 음경과 음낭 등의 분화를 유발하게 된다. 또한 뮐러관억제인자는 여성에서 나팔관으로 분화되는 뮐러관의 발생을 억제하고, 정관의 발생을 촉진한다. 이러한 호르몬 작용에 의해 분화된 고환은 태어나기 두 달 전부터 복강으로부터 하강하기 시작하여 태어날 때에는 외부로 나와 음낭 속에 위치하게 된다.

임신 초기의 태아에서는 남녀 외부생식기 형태의 차이가 거의 없으며, 약 12주가 되어야만이 남녀 간의 구별이 명확해진다. 즉, 태아는 태생기 5주가 되면 배설강(cloaca) 양쪽에 주름이 생겨 생식결절(genital tubercle)이 형성되며, 태생 6주가 되면 생식기결절(genital tubercle), 요생식주름, 음순음낭주름(labioscrotal swelling)이 형성된다(그림 4.8). 8주에는 생식결절이 커지기 시작하며, 12주가 되면 남녀 외부생식기의 형태가 확연히 구분되고, 16주에 남녀 외부생식기의 형태가 완성된다. 배설강은 회음으로 분화되며, 생식기결절은 남아에서는 음경, 여아에서는 음핵으로 분화된다. 요생식주름은 여아의 경우 소음순으로 분화되는 반면에

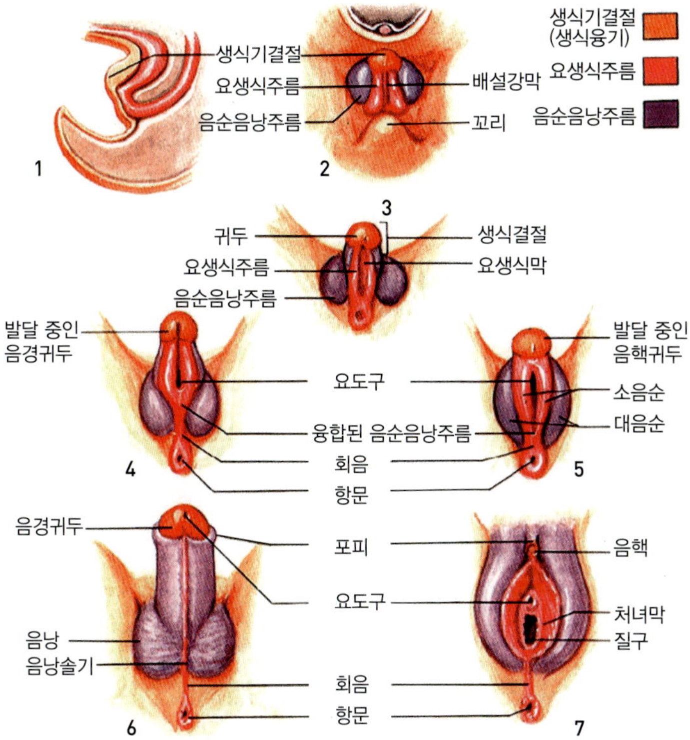

그림 4.8 태아기의 외부생식기 분화 과정

1, 2: 6주, 3: 8주, 4: 12주 남아, 5: 12주 여아, 6: 16주 남아, 7: 16주 여아

남아에서는 음경요도로 분화하게 된다. 또한 음순음낭주름은 남성호르몬이 분비되는 남아에서는 음낭으로, 여아에는 융합되지 않고 대음순으로 분화한다.

2) 성분화 이상

인간의 성은 내외부 생식기의 형태와 구조, 호르몬의 상태, 성염색체 조성 등과 같은 생물학적 특징 및 성정체성(gender identity)과 성적역할(gender role)을 포함하는 심리적인 요소를 고려하여 결정된다. 이러한 많은 요소들 중에서 일반적으로는 외부생식기의 형태가 성별을 판단하는 중요한 기준으로 적용되어 왔다.

그러나 많은 사람들에서 생물학적 성과 심리학적 성이 일치하지 않는 경우가 있는데, 그 원인은 유전적 이상이나 태생기 호르몬 조절의 실패와 같은 생물학적 요인과 학습이나 사회적 환경에 의한 심리학적 요인의 크게 두 가지로 생각할 수 있다. 즉, 성염색체상의 성과 외형적 성이 상이하여 생물학적 성과 반대의 성으로 양육되거나 생물학적 성과 외형적 성은 동일하지만 심리적으로 자신을 생물학적 성과 반대되는 성으로 인식함으로써 결국 성의 불일치가 발생하게 된다.

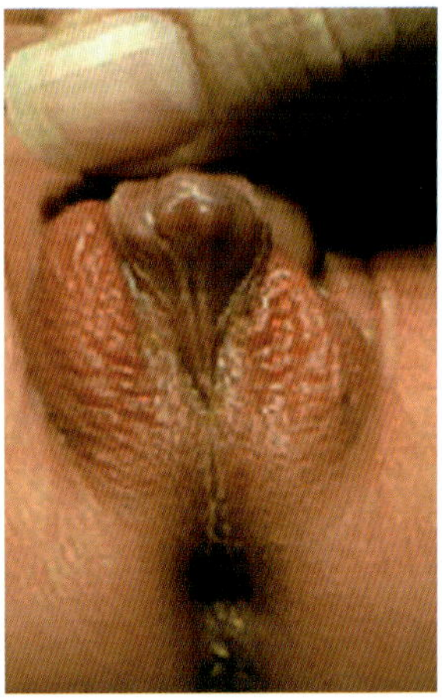

그림 4.9 CAH 환자의 외부생식기 음핵 및 음낭과 유사한 구조가 보인다.

심리학적 문제로 자신의 생물학적 성과 반대되는 성으로 생활하는 사람들은 자신의 성정체성을 제외하고는 신체적으로 아무런 문제가 없는 경우가 대부분이지만, 내외부 생식기의 구조나 형태 및 호르몬 분비 조절 등이 비정상이어서 성결정 자체가 모호한 사람들도 있다. 성을 결정하는 여러 기준에서 남녀 구분이 모호하여 정확한 성별을 판단하기가 어려운 경우를 반음양(hermaphrodite)이라고 하는데, 고환을 갖고 있는 경우는 남성 가성반음양(male pseudohermaphrodite), 난소를 갖고 있는 경우는 여성 가성반음양(female pseudohermaphrodite), 고환과 난소를 모두 갖고 있는 경우를 진반음양(true hermaphrodite)이라고 한다(그림 4.9; 4.10). 이러한 반음양은 대개 태아기 모체 자궁 내에서 남성 호르몬이 비정상적으로 작용할 때 발생한다. 즉, 여아가 될 태아에게 과도한 남성 호르몬이 작용한다거나, 남아가 될 태아에게 남성 호르몬 분비가 억제되거나 남성 호르몬에 대한 표적세포의 수용체에 이상이 있을 경우에는 애매한 형태의 내외부 생식기가 형성된다.

(1) 여성 가성반음양

이 유형의 사람들은 염색체 조성이 46, XX로서 난소가 있으며, 뮐러관억제물질이 생산되지 않고 태아기에 남성 호르몬에 대한 과도한 노출 경험이 있는 경우가 많다. 성염색체가 XX이고, 난소는 물론 자궁, 나팔관, 질이 존재하기 때문에 여성으로서 판단되는 경우가 대부분이며, 증상이 경미한 경우에는 약간의 음핵비대만을 나타낼 뿐 다른 이상은 없는 정상적인 여성의 형태를 보이기도 하지만 심한 경우에는 음핵이 비대해지거나 음순의 두 쪽이 융합되기도 하고, 음낭이나 음경요도가 형성되는 경우도 있다.

여성 가성반음양에는 선천성 남성화부신증식증(congenital adrenal hyperplasia; CAH)이라는 질환이 있는데, 콜레스테롤로부터 코티솔을 생산하는 호르몬이 결여됨으로써 태아 부신피질에서 코티솔 전구물질의 하나인 안드로스테네디온(androstenedione)의 합성이 증가되고, 증가된 안드로스테네디온이 부신 이외의 태아 조직에서 남성호르몬으로 전환됨으로써 야기되는 경우도 있다(그림 4.9).

여성 가성반음양의 또 다른 원인으로서는 모체의 난소로부터 과도한 남성호르몬이 분비되거나 종양에 의해 과도한 남성 호르몬이 생산되는 등 태중에서 남성호르몬이 과도하게 분비되는 경우이다. 또한 그 기전은 확실히 알려져 있지 않지만 임산부에게 투여된 LH와 같은 약물에 의해 여자 태아의 남성화가 유발되기도 한다. 이러한 여성 가성반음양 태아 중 일부는 적절한 시기에 효과적인 치료를 통하여 정상 가임여성이 될 수도 있다.

(2) 남성 가성반음양

이 유형의 반음양은 핵형이 46, XY이며, 고환이 존재하거나 또는 고환이나 난소가 모두 없는 경우도 있다. 뮐러관억제물질이 분비되지만 태아 고환에서 테스토스테론이 비정상적으로 생산되거나 테스토스테론에 대한 반응이 매우 약하기 때문에 불완전한 남성으로의 분화가 일어난다. 고환에서 분비되는 뮐러관억제물질에 의해 자궁, 나팔관, 질 등은 형성되지 않는다.

테스토스테론 합성과정에 관여하는 효소들의 결함은 테스토스테론 생산 결핍을 유발하게 된다. 여러 효소들 중 어느 효소가 결핍되어도 외부생식기의 불완전한 남성화가 유발되지만, 결핍되는 효소의 종류에 따라 외부생식기의 형태도 다양하게 변화된다. 또한 LH에 대한 수용체 이상이나 고환 내에 존재하는 간질세포 수가 적어도 테스토스테론 결핍이 유발될 수 있으며, 고환이 태생기 동안 퇴행성 변화를 일으켜도 고환에서의 테스토스테론 생산이 소실되게 된다. 테스토스테론의 분비가 끝나는 시기에 따라 여러 가지 형태의 남성화 이상이 나타나게 된다.

테스토스테론에 대한 표적 세포에서 호르몬에 대한 수용체 단백질을 만드는 유전자상의 돌연변이가 일어나면 남성호르몬이 분비되어도 그 호르몬의 효과는 기대할 수 없을 것이다. 이 유형의 예로서 고환여성화증후군(testicular feminization syndrome)을 들 수 있는데, 이 경우는 남성호르몬에 대한 반응이 전혀 없어 외형은 완전한 여성이지만 서혜부나 복부에 정류된 고환이 남아 있으며, 질은 짧게 막혀 있고, 자궁이나 나팔관은

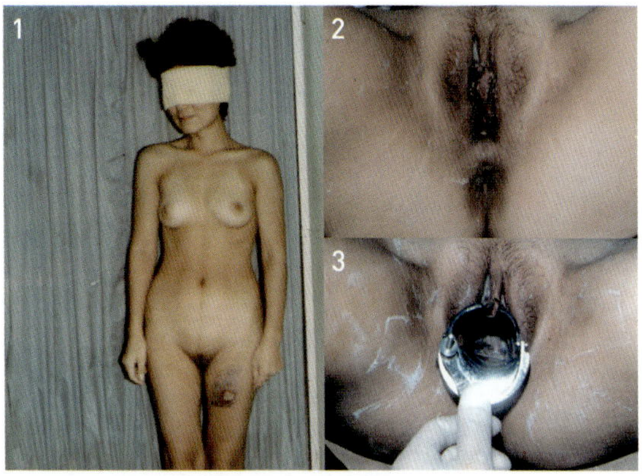

그림 4.10 고환여성화증후군의 외형 및 생식기 형태
이 사진은 무월경인 여성의 신체발육 상태와 외음부 및 질을 나타내는 것으로서, 신체적인 특징(1)이나 외부생식기의 형태(2, 3)는 여성이었으나, 질경을 통한 내진 결과 자궁경부가 존재치 않았다. 또한 이 여성은 자궁을 비롯한 여성 내부 생식기관이 없으며, 도리어 XY 성염색체와 복부에 남성의 고환을 갖고 있는 전형적인 고환여성화증후군 환자이다.

소실되기도 한다(그림 4.10). 또한 사춘기가 되면 남성호르몬은 정상 남성과 유사한 정도로 분비되지만 남성화는 일어나지 않고, 치모나 액와모(겨드랑이 털)도 형성되지 않는 경우가 많다. 더욱이 남성호르몬에 대해서는 반응하지 않고 도리어 여성호르몬 분비가 증가되어 유방이 발달하는 등의 여성화가 진행된다. 이러한 고환여성화증후군은 Y 염색체의 이상이 아니라 DHT에 대한 수용체를 만드는 X 염색체상의 유전자 이상에 의해 유발되는 것으로 알려져 있다. 즉, 고환에서 생산된 남성호르몬이 표적세포의 세포질에 존재하는 수용체와 결합하여야만 호르몬–수용체 복합체가 핵 내부로 들어가 정상적인 유전자 발현과 분화를 유도할 수 있는데, 호르몬 수용체에서의 이상에 의해 표적세포의 분화가 억제되고, 이에 따라 남성으로의 분화가 억제됨으로써 정상적인 남성으로는 물론 여성의 내부 생식기도 갖추지 못한 채 외모만 여성형을 나타내는 결과가 야기된 것이다.

(3) 진반음양

이 유형은 한 사람이 난소와 고환을 공유하는 경우를 말하는데, 좌우 성선 중 어느 한쪽이 고환, 다른 한쪽이 난소인 경우, 양쪽 또는 한쪽이 난정소(ovotestis)인 경우 등이 있다. 대부분 뮐러관이 잘 발달되어 있어 여성의 이차 성징이나 월경이 있는 경우도 있다. 그러나 외부 생식기 형태는 모호하며, 이 경우의 약 절반 가량이 46, XX 염색체 조성을 나타낸다. 그 외에 여러 가지 핵형이 섞여 있는 모자이크형이나 한 사람 내에 46, XY와 46, XX 핵형이 동시에 나타나는 키메라(chimera)인 경우도 종종 관찰된다. 이 유형의 사람들은 외형상 여성인 경우가 많기 때문에 여성형의 외부 생식기 형태를 인위적으로 만들어 주거나 내부의 고환 및 기타 조직들을 제거해 줌으로써 여성으로서 생활하도록 유도할 수도 있다.

(4) 성염색체 이상

성분화 이상은 성염색체의 숫적 이상에 의해서 유발될 수 있다. 정상인의 핵형인 46, XX(여성)나 46, XY(남성)와는 달리 X나 Y 염색체의 일부나 전체가 정상보다 많게 되면 여러 가지 성적 이상을 나타내게 된다. 45, X 핵형을 나타내는 터너증후군(Turner syndrome)은 외모나 내외부생식기관이 여성형이긴 하지만 난소가 미성숙되어 있거나 아예 없는 경우도 있다. 따라서 터너증후군은 불임이며, 이차 성징이 뚜렷하지 않고, 정상적인 월경이 없다. X가 정상 여성보다 하나 더 많은 47, XXX(X 삼염색체 증후군) 핵형의 여성은 대개 임신 가능하며, 일부는 약간의 정신지체를 나타내기도 한다. 그러나 부가적인 X 염색체의 수가 둘(48,

XXXX)이나 셋(49, XXXXX)으로 늘어나면 비정상적인 증상의 정도도 따라서 심해진다. 47, XXY인 클라인펠터증후군(Klinefelter syndrome)은 남성의 내외부생식기관을 갖고 있으나 고환이 매우 작고, 정자 생산을 할 수 없다. 또한 음모나 체모가 적고, 발달된 유방, 낮은 성욕, 큰 키와 정신지체 등도 나타낸다. 47, XYY(XYY 증후군)는 키가 크고, 충동적이며, 공격적인 성향을 나타내기도 한다. 대부분 정자 생산을 하지만 간혹 불임인 경우도 있다. 클라인펠터증후군에 비해 X가 추가된 48, XXXY와 49, XXXXY는 클라인펠터증후군과 증상 자체는 유사하지만 정신지체의 정도나 그 외 증상의 정도가 훨씬 심각하다.

(5) 성결정 기작

성결정은 일차적으로 Y 염색체 상에 존재하는 TDF 또는 SRY 유전자의 유무에 의해 결정된다고 할 수 있다. 즉, SRY 유전자가 발현되면 미분화 상태의 생식선이 고환으로 분화되며, 분화된 고환은 세정관 내부의 간질세포나 지주세포들을 통하여 테스토스테론, DHT, 뮐러관억제인자 등을 생산함으로써 남성의 내외부생식기관을 형성하게 된다. 그러나 TDF나 SRY 유전자가 발현되지 않는 경우에는 생식선은 난소로 분화되며, 뮐러관은 자궁이나 나팔관으로 분화한다(그림 4.11).

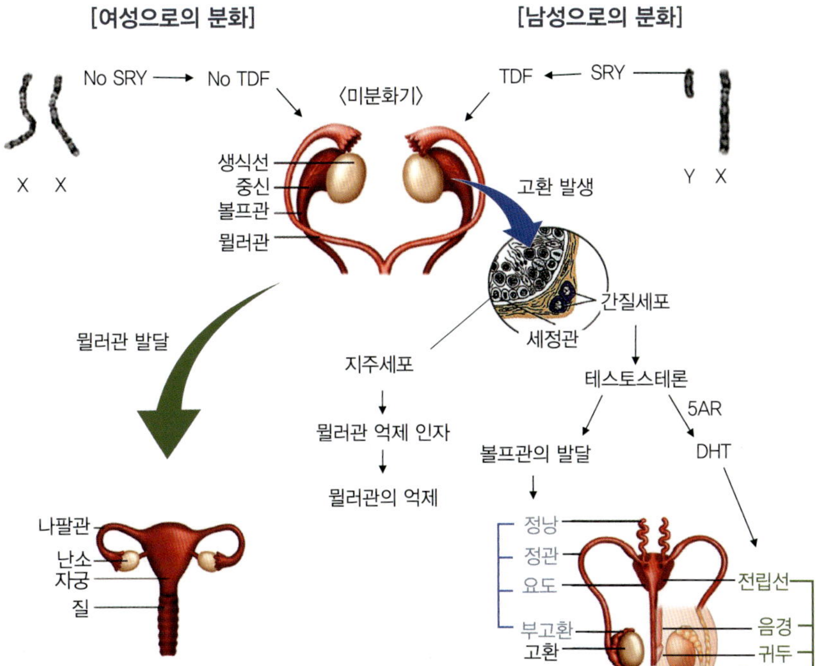

그림 4.11 성결정 기작
태아기에 SRY 유전자가 발현되지 않으면, 미분화된 생식선은 난소로 분화하게 되며, 뮐러관은 자궁과 나팔관으로 분화하게 된다. 그러나 Y 염색체에 존재하는 SRY 유전자가 발현하여 TDF가 생성되면 생식선은 고환으로 분화하게 되고, 분화된 고환은 세정관 내의 간질세포와 지주세포들을 통하여 테스토스테론과 뮐러관억제인자를 분비하게 된다. 분비된 테스토스테론은 부고환, 정관, 정낭 등의 형성에 관여하며, 5AR에 의해 테스토스테론으로부터 변화된 DHT는 전립선과 외부생식기관인 음낭, 음경 등의 분화에 중요한 역할을 담당하게 된다.

만약 태내에서의 성분화 시기에 여러 가지 요인에 의해 성결정에 관여된 호르몬이 과다, 또는 과소하게 분비되면 내외부 생식기관의 정상적인 분화는 이루어지지 않게 되어 유전학적 성과 형태학적 성의 불일치가 유발되게 된다. 이러한 비정상적인 성분화는 외부로부터의 모체에의 과도한 호르몬 투여, 호르몬을 합성하는 효소의 이상, 호르몬 수용체의 이상, 또는 X나 Y 염색체와 같은 성염색체 수의 이상에 의한 유전적 균형의 파괴 등이 그 요인이 될 수 있을 것이다.

4 월경주기

1) 호르몬 조절

여성과 남성에서 분비되는 호르몬의 종류는 거의 유사하나 여성에서는 호르몬의 분비가 주기적인 데 반해 남성에서는 안정적으로 분비된다는 차이가 있다. 이러한 남녀 간의 호르몬 분비 양상의 차이는 성호르몬을 분비하는 뇌하수체가 아니라 뇌하수체 호르몬 분비를 조절하는 시상하부의 구조적 차이에 의해 유발된다고 알려져 있다. 일부 학자들은 그 증거로서 여성에게 이식된 남성 뇌하수체는 여성과 동일하게 FSH나 LH와 같은 성호르몬을 주기적으로 분비하게끔 변화된다는 사실을 들고 있다.

여성은 태어날 당시 난소 내에 이미 20만~30만 개의 미성숙 난자를 소유하고 있으며, 사춘기가 되어 성호르몬이 분비되면 이들 중 하나 또는 둘 이상이 성숙되고 자궁의 내막은 비후되어 많은 혈관이 형성되게 된다. 그러나 배란된 난자가 수정되지 않으면 내막의 조직과 점액질 및 약간의 혈액이 질을 통해 외부로 배출되는 월경이 시작되고, 난소에서는 호르몬의 작용에 의해 다시 새로운 난자가 성숙을 시작한다(그림 4.12). 이러한 일련의 과정을 월경주기(menstrual cycle)라고 하며, 이 주기는 폐경기(menopause)가 되면 정지된다.

초경은 사춘기가 시작되었다는 신호이며, 음모가 나타나는 시기와 거의 동일한 시기에 질과 자궁도 성숙되기 시작한다. 초경 후 1-2년 동안은 월경주기가 불규칙한 경우가 많으며, 에스트로젠 양의 증가에 따라 질벽이 두껍고 탄력적이 되며, 성적흥분 동안에는 질의 윤활작용도 일어나게 된다.

일반적으로 여성들은 월경이 시작되는 사춘기부터 폐경기까지 약 400번의 월경주기를 경험하며, 한 번의 월경주기는 4개의 시기로서 평균 28일로 구성된다. 월경이 시작되는 날을

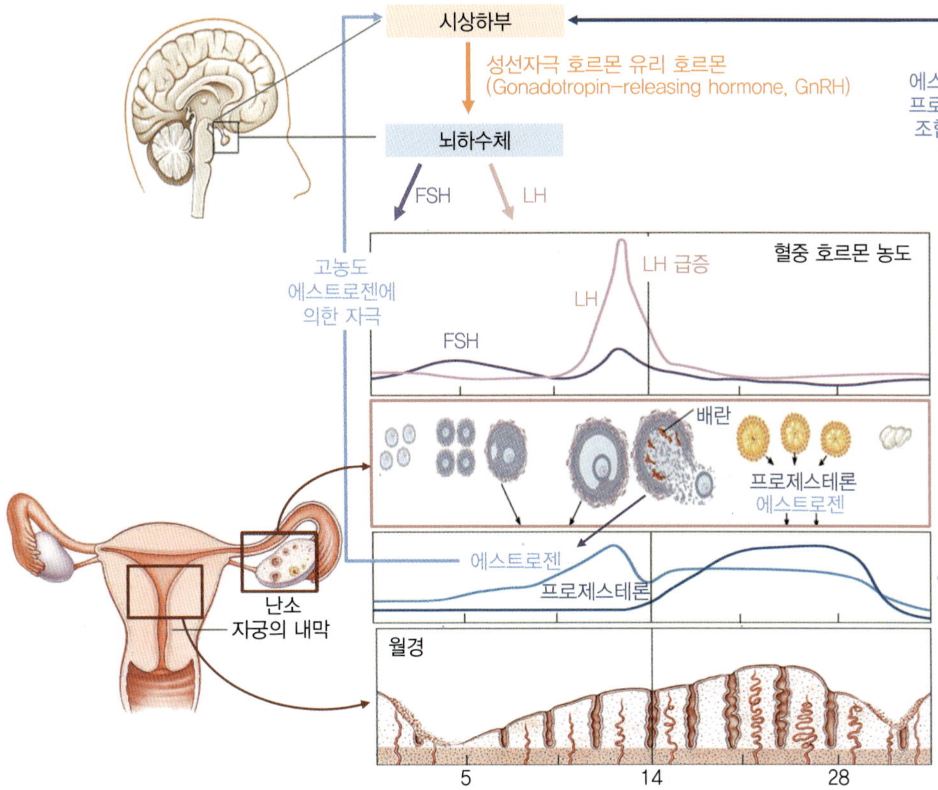

그림 4.12 월경주기 동안의 호르몬 조절과 난소 및 자궁의 변화
난자의 성숙이나 자궁내막의 탈락현상을 주기적으로 반복하는 월경주기는 시상하부와 뇌하수체, 난소에서 분비되는 호르몬의 상호작용을 통해 조절된다.

1일째로 계산하여 배란전시기(preovulatory phase)는 5일째부터 13일째까지이며, 이 시기에는 뇌하수체에서 높은 수준의 FSH를 분비하여 난소 내에 존재하는 여포의 성숙을 자극하게 된다(그림 4.12). 성장하는 여포는 일시적인 내분비계로 작용하여 에스트로젠을 분비하게 되며, 분비된 에스트로젠은 혈류를 따라 시상하부 및 뇌하수체에 영향을 주어 FSH의 분비는 억제하고 대신 LH 분비를 촉진시킴으로서 자궁내막의 성장을 촉진시키게 된다. 이 시기의 끝에는 에스트로젠 농도가 최고에 달하게 되어 많은 양의 LH가 분비된다. LH가 분비된지 12–24시간 내에 배란이 유도되는데, 이 시기가 14일째에 해당하는 배란기(ovulation phase)로서 성숙한 여포는 파괴되고 난자는 복강으로 배출된다. 배출된 난자는 나팔관의 말단에 위치하는 나팔관채에 의해 나팔관 내부로 들어가게 되며, 난자를 제외한 여포의 나머지 부분은 난소에 남아 황체를 형성하게 된다(그림 4.12). 배란기에서의 호르몬의 변화는 하얗고 끈적끈적하던 자궁경부의 점액을 투명하고 미끈미끈하게 변화시킴으로써 정자에 대해 더욱 좋

Q 4-1

초경을 경험한 시기는?

1980년대 또는 1990년대에 태어난 여학생 233명을 대상으로 초경을 경험한 시기를 조사한 결과 11세–12세(만 나이)가 전체의 63%를 차지하고 있었으며 빠르면 9세(1%), 늦으면 17세(0.4%)로 다양하게 나타났다. 연령대별 초경 시기와 관련된 연구보고서에 따르면 1963년대 생의 경우 평균 14.1세였던 초경 연령이 1990년대 생은 평균 12세로 나타나 초경시기가 점점 빨라지고 있음을 알 수 있다. 초경이 점점 빨라진 요인으로는 플라스틱이나 각종 화학제품에서 나오는 환경호르몬, 인터넷, TV, 스마트폰 등을 통한 시청각적 성적 자극, 스트레스, 영양불균형에 의한 비만과 높은 체지방률 등이 거론되고 있다.

특히 여아의 경우 초경이 8세 미만에, 남아의 경우 고환의 발달과 같은 2차 성징이 9세 미만에 나타나는 것을 성조숙증이라 말하는데, 건강보험심사평가원에 따르면 2015년 성조숙증으로 진료를 받은 아이가 7만5천 명 정도로 2006년 6천4백 명에서 9년 사이에 12배나 증가했으며, 이 가운데 7만 명 정도가 여아인 것으로 보고되었다.

초경을 경험한 시기는?

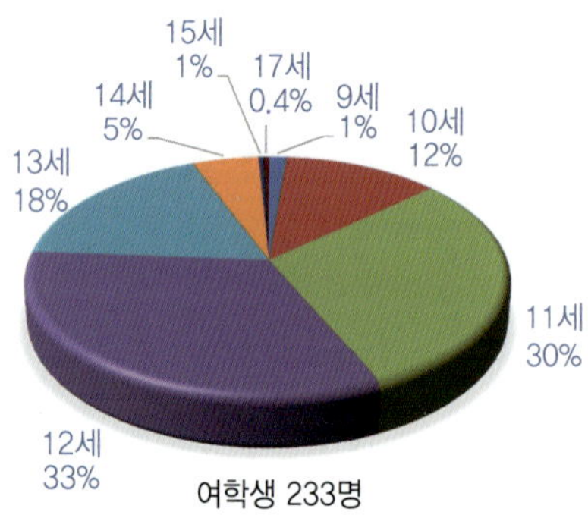

출생년도별 초경 시기

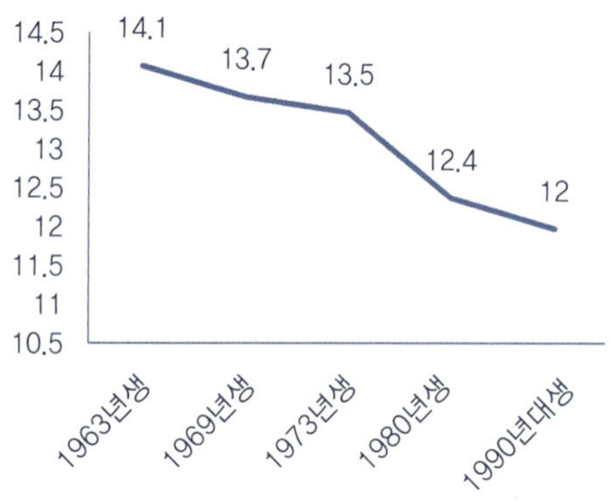

은 환경을 제공하게 된다. 어떤 여성은 배란일에 하복부 통증을 호소하는 경우도 있는데, 일반적으로 젊은 여성에게서 많이 관찰된다. 배란후시기(postovulatory phase)는 15–28일째에 해당되며, 이미 에스트로젠을 분비하고 있는 황체의 세포들은 배란 후 높은 수준의 프로제스테론을 분비하기 시작한다. 프로제스테론은 뇌하수체로부터 LH의 분비를 억제하며 자궁내막의 비후를 촉진한다. 난자와 정자가 만나 수정이 되면 수정란은 나팔관을 따라 긴 여행을 한 후 자궁내막에 착상하게 된다. 발생하는 태반(placenta)은 인간 융모성 성선 자극호르

몬(human chorionic gonadotropin) hCG를 분비하여 황체가 에스트로젠과 프로제스테론의 분비를 계속할 수 있도록 도와준다. 1일째와 4일째까지에 해당되는 월경(menstruation) 시에는 에스트로젠과 프로제스테론의 양이 감소되며, 내막의 조직과 경부의 점액 및 혈액이 배출된다. 결국 에스트로젠이 감소되어 뇌하수체에서 다시 FSH가 분비되며, 다시 새로운 월경주기가 시작된다.

여성들은 나이가 들면 난소가 위축됨으로써 FSH나 LH와 같은 호르몬에 정상적으로 반응하지 못하게 되어 월경이 불규칙하게 되고, 폐경이 되면 난소의 기능이 완전히 멈추게 된다. 폐경은 보통 40대 후반에서 50대 여성에게서 관찰되며, 이 시기가 되면 월경이 멈추고 더 이상의 임신은 불가능해진다. 폐경 전후의 신체적, 정신적 변화가 오는 시기를 갱년기(climacterics)라고 하며, 이러한 변화에 대한 여성 자신이나 배우자의 반응과 태도는 폐경 후 여성의 삶의 질을 좌우할 만큼 매우 중요하다. 폐경에 대한 긍정적인 사고와 올바른 대처를 위해서는 여성은 물론 배우자도 갱년기 변화를 제대로 이해하여야 할 것이다.

갱년기에는 난소가 위축되어 난소로부터 분비되던 프로제스테론이나 에스트로젠과 같은 성호르몬의 양이 감소하게 되며, 이에 따라 여성들은 여러 가지 증상을 호소하게 된다. 에스트로젠과 프로제스테론은 FSH와 LH의 분비를 억제하는데, 폐경기에는 이 호르몬들의 결핍

Q 4-2

배란기를 인지할 수 있는가?

설문조사 결과 224명의 여대생들 중 34%의 여학생들만이 배란기를 인지한다고 응답하였으며, 배란기에 나타나는 변화로는 질 분비물의 변화가 58%로 가장 많았고, 그 다음으로 가슴 또는 복통 24%, 체온상승 7% 순으로 나타났다.

Q 배란기를 인지할 수 인식하는가?

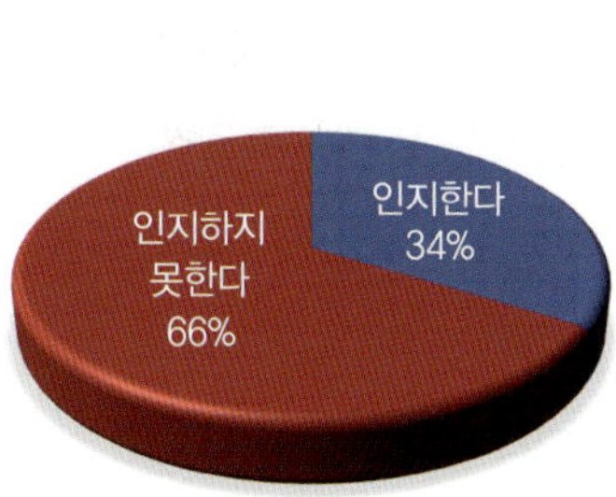

여학생 224명

Q 배란기에 어떠한 변화를 인지하는가?

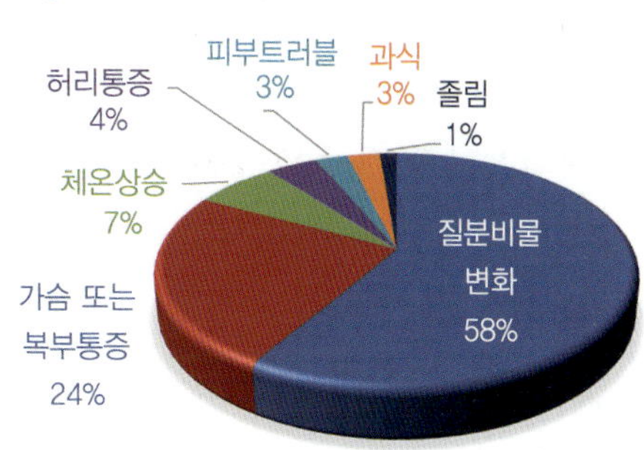

여학생 85명

에 의해 FSH와 LH의 분비가 증가된다. 갱년기 여성들은 이러한 호르몬 증가에 의해 혈관이 팽창되어 홍조를 띄며 갑자기 더워지고 얼굴이나 머리에 열이 오르기도 하고, 때때로 땀도 나고 갑자기 추워지기도 하며 머리나 가슴에 압박감을 느끼기도 한다. 홍조가 지속되는 동안에는 어지럽고 숨이 차기도 하는데, 이러한 증상은 15분 이상 지속되는 경우도 있다. 보통 밤에 자주 발생하고, 잠자기가 불편할 정도로 증상이 심한 경우도 있다. 보통 이러한 증상은 수년 이내에 사라지는데, 사람에 따라서는 5년 정도 지속되는 경우도 있다. 미국이나 유럽 여성들은 대부분 이러한 증상을 경험하지만, 동양 여성들에서는 그 빈도가 비교적 낮은 편이라고 알려져 있다.

또한 에스트로젠의 감소에 의해 폐경기 여성은 질이 얇아지고 비탄력적이 되며, 윤활작용 역시 급격한 감소를 보이게 된다. 이에 따라 폐경기 이후의 성관계는 때때로 고통을 수반할 수도 있으며, 이는 폐경기 후의 여성이 성관계를 기피하는 원인이 되기도 한다. 그러나 폐경기 후라도 성욕 자체는 감소되지 않기 때문에 성관계를 원할 시에는 에스트로젠이 포함된 크림이나 수성 윤활제를 이용할 수도 있다.

폐경 관련 증상인 골다공증, 홍조, 질건조, 음핵의 민감도 감소, 빈번한 요도구 감염 등의 증상은 에스트로젠을 투여하면 완화되기도 한다. 에스트로젠 치료로서 약이나 크림 및 피부에 붙이는 방법 등도 이용될 수 있긴 하지만, 유방암이나 자궁내막암을 유발할 위험성이 있다는 보고도 있으므로 사용에 주의를 요한다. 에스트로젠의 장기 투여와 유방암 유발과의 관계는 연구 결과에 따라 매우 다양한데, 그 중 미국의 질병예방센터는 5년 동안 에스트로젠을 투여하여도 유방암 발생빈도는 증가하지 않았으며, 15년 이상 사용할 경우에 한하여 약간의 증가를 나타내었다고 보고하였다. 더욱이 최근의 연구에서는 에스트로젠과 함께 프로제스틴을 투여하면 자궁내막의 문제가 도리어 감소된다는 결과가 보고되었으며, 에스트로젠을 투여하면 심혈관 질환률도 감소된다는 결과가 발표되기도 하였다. 이와 같이 폐경기 증상 완화를 위한 에스트로젠 투여에 관해서는 학자에 따라 상반되는 의견을 제시하고 있지만 만일 짧은 기간 동안 적절하게 처방된다면 위험보다는 득이 많을 것으로 판단된다. 그러나 갱년기 증상을 의학적 치료를 통하여 인위적으로 조절하는 것이 반드시 좋다고만 할 수 없으며, 일부 여권신장론자들은 폐경이란 여성으로서 당연한 것이므로 자연스럽게 진행되도록 하여야 한다고 주장하기도 한다.

2) 월경주기의 다양성

여성의 월경주기는 일반적으로 평균 28일로 계산하지만, 개인에 따라 그 차이는 매우 다양하다. 미국 여성 2,000명을 대상으로 조사한 결과 87%의 여성이 달에 따라 최소 7일 정도의 변이를 나타내며, 평균 주기도 20일 전후에서 40일까지 사람에 따라 매우 다양한 것으로 나타났다. 이와 같이 월경주기가 28일이 아니라고 해서 비정상적인 것은 아니며, 보통 21일에서 40일까지를 정상범위로 간주한다. 이러한 전체 주기의 변이는 배란전시기의 길이가 다양하기 때문에 유발되며, 스트레스, 영양, 병, 약이나 다른 여성과의 접촉 등이 월경주기의 길이를 변화시키는 요인이 될 수도 있다고 알려져 있다.

간혹 동거하는 여성들은 비슷한 월경주기를 나타내기도 한다. 즉, 월경주기가 평균 8.5일 떨어져 있던 여성들이 1년 이상 같은 방에서 생활한 결과 월경주기의 평균 차이가 4.9일로

Q 4-3

평균 월경주기는 며칠인가?

설문에 응답한 486명의 여학생들을 대상으로 평균 월경주기를 조사한 결과 28–30일이 63%로 가장 많았으며, 31–35일 18%, 25–27일이 9%로 개인에 따라 월경주기는 매우 다양하다는 것을 알 수 있었다. 이런 월경주기의 개인차는 배란전시기가 다양하기 때문에 유발되며, 스트레스, 영양상태 등에 따라 개인 내에서도 월경주기의 변화가 나타나기도 한다. 718명의 여학생들을 대상으로 월경주기의 규칙성 여부에 대한 설문을 시도한 결과 66%는 규칙적인 월경주기를 나타내는 반면에 34%의 여학생은 매우 불규칙한 것으로 조사되었다.

Q 평균 월경주기는 며칠인가?

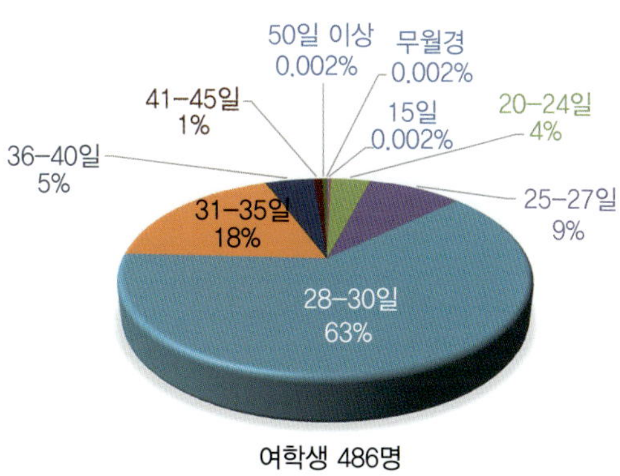

Q 월경주기는 규칙적인가?

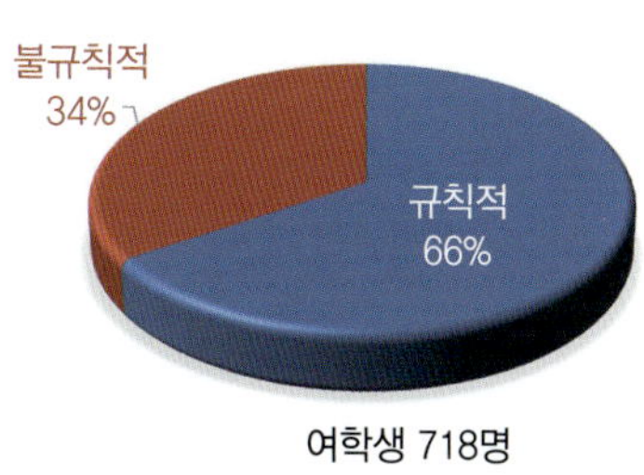

좁혀졌다는 보고가 있다. 또한 같은 집에서 생활하는 모녀의 월경주기가 동일화되는 경향도 있는데, 이러한 결과들은 다른 동물들과 유사하게 인간에서도 월경주기를 조절하는 체내 시스템이 있다는 사실을 암시하고 있다. 월경주기의 동일화 현상에 대한 원인은 아직 밝혀지지 않았지만 아마 자연적인 몸냄새가 그 원인일 가능성이 있다는 실험결과가 있다. 예를 들어, 두 여성이 서로의 겨드랑이 냄새를 정규적으로 맡으면 두 여성의 월경주기가 동일해지는 경우도 있으며, 남성의 겨드랑이 분비물 냄새를 정규적으로 맡는 여성은 비정상적인 월경주기가 정상으로 돌아오기도 한다고 보고하였다.

3) 월경주기와 성욕

사람과 소수의 유인원은 월경주기가 있지만 개나 고양이와 같은 다른 동물들은 월경주기

Q 4-4

월경주기에 따라 성욕이 변하는가?

여학생들을 대상으로 월경주기에 따른 성욕변화 유무를 조사한 결과 '변하지 않는다' 60%, '변한다' 21%, '잘 모르겠다' 19%의 순으로 나타나 월경주기가 성욕에 일정수준 영향을 주는 것으로 나타났다. 월경주기에 따라 성욕이 변한다고 응답한 21%의 여학생들을 대상으로 성욕이 가장 강한 시기를 조사한 결과 배란후가 44%로 가장 높았으며 배란기 22%, 배란전 18%, 월경시 16%의 순으로 나타났다. 배란기보다 배란후시기가 좀 더 성욕을 강하게 느끼는 것은 인간의 성욕이 단순히 번식을 위한 욕구에서 비롯되기 보다는 오히려 임신의 공포로부터 해소되었을 때 증가할 수 있음을 보여주기도 한다. 또한 월경시가 16%로 가장 낮은 데에는 월경에 대한 부정적인 사회적, 문화적 영향이 작용했을 것으로 생각된다.

Q 월경주기에 따라 성욕이 변하는가?

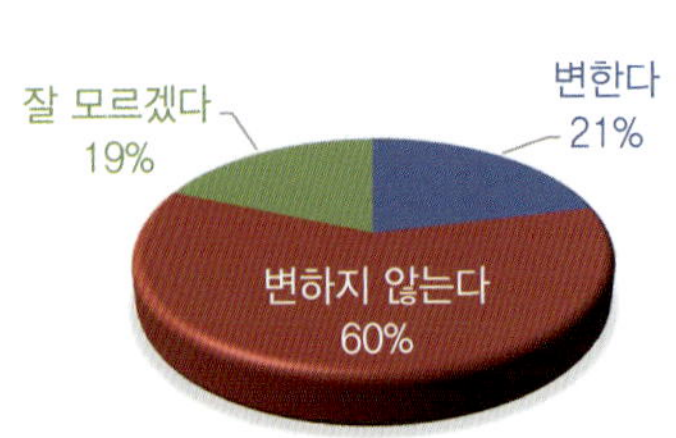

여학생 244명

Q 월경주기 중 성욕이 가장 강한 시기는?

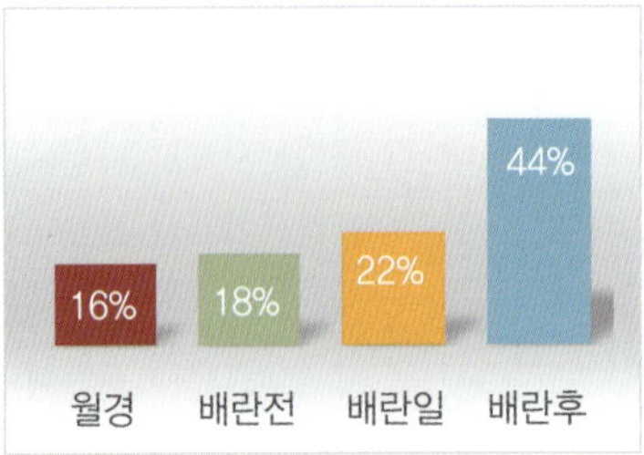

여학생 50명

대신에 배란이 되어 교미를 하는 발정기가 있다. 발정기가 된 동물들의 암컷은 인간의 월경시와 유사하게 배란하는 시기에 약간의 출혈이 일어나기도 하는데, 이와 같은 이유로 인간도 월경 중의 성교에 의해 임신할 수 있다는 잘못된 인식이 사실인 양 오해되던 시대도 있었다. 또한 대다수 동물들은 발정기에만 성욕이 유달리 강하고 종족 보존을 위한 교미를 하기 때문에 인간에서도 월경과 성욕과는 밀접한 관련이 있을 것이라고 추측되어 왔다.

그러나 아직까지 동물들에서조차 발정기와 성욕과의 관계에 대한 결정적인 증거가 제시된 바 없으며, 특히 사람은 동물들과는 다르게 월경주기와 무관하게 성욕을 느끼는 것으로 조사되었다. 더욱이 월경기간 중의 성욕의 감소는 호르몬과 같은 생물학적 요인이 주원인이 아니라 월경에 대해 부정적인 사회적, 문화적 영향 때문인 것으로 알려졌다. 또한 사람이나 소수의 유인원만이 발정기가 아닌 월경주기를 갖는 이유는 성교에 의해 전달된 세균이나 비정상적인 배아(embryo)의 제거를 위해 진화된 결과라는 보고도 있으나 이를 입증할만한 충분한 증거는 없다.

4) 월경주기와 성관계

일반적으로 월경에 대한 인식은 매우 부정적인데, 과거 유태인들은 월경 중인 여성은 불결하고 불순하여 성교 중 더러움을 남성에게 전달할 수 있기 때문에 월경 중인 여성과의 성관계를 엄격히 금지하였다. 로마시대에는 월경에 대해 더욱 부정적인 견해를 갖고 있었는데, 월경 중인 여성이 건드리면 와인이 시어지며, 곡식이 열매를 맺지 못하고, 식물의 종자가 말라버리며, 나무의 열매가 떨어지고, 쇠가 무뎌지며, 꿀벌들이 죽고, 동과 철이 녹슬며, 더러운 냄새가 공기에 가득차고, 개가 미친다고 생각하였다.

현재에도 대부분의 사람들이 월경에 대해 부정적인 인식을 갖고 있는 것은 사실이지만 최근에 들어 월경 중 성관계에 관한 인식이 점차 변화하고 있다. 특별한 경우를 제외하고는 월경 중에는 콘돔 등을 이용한 피임이 불필요하고, 임신에 대한 불안감이 해소됨으로써 부담없는 성관계를 즐길 수 있기 때문에 오히려 월경 중의 성관계를 선호하는 사람들도 있다. 즉, 월경 중 예민해진 질벽에 상처가 날만한 과도한 성행위나 성관계 후 샤워나 목욕 등을 통한 위생적인 문제만 해결된다면 월경시의 정상적인 성관계가 반드시 금지되어야 할 이유는 없을 것이다. 또한 월경주기 중 출혈을 하는 기간이 긴 여성의 경우 한 달에 마음 놓고 성관계를 즐길 기간이 상대적으로 짧아 성생활에 불만을 느낄 수도 있지만, 월경 중 성관계에 대한 부정적인 인식만 바뀐다면 긴 기간 동안 임신에 대한 공포 없이 성관계가 가능할 수도 있을 것이다.

5 월경이상

1) 무월경

무월경(amenorrhea)은 원발성 무월경(primary amenorrhea)과 속발성 무월경(secondary amenorrhea)으로 대별할 수 있다. 원발성 무월경이란 이차 성징의 발현 없이 아예 초경이 없는 경우와 이차 성징은 발현되었으나 16세 이상까지 초경이 없는 경우를 말한다. 속발성 무월경은 과거 월경 경험이 있었던 여성이 6개월 이상 월경이 없거나 자신의 평균 월경주기의 3배 이상의 기간 동안 월경이 없는 경우를 말한다.

원발성 무월경은 내분비계의 이상, 유전이상이나 효소결핍에 의한 생식선의 이상 등에 의해 유발되며, 속발성 무월경의 경우는 생식기 이상으로 인한 월경 통로의 폐쇄, 내분비계 이상, 신경성 식욕부진, 과도한 운동과 스트레스, 비만 등이 원인인 경우가 많다. 가임기간 중에 약 3%의 여성이 무월경으로 경험하고 있으며, 특히 심한 운동을 하는 운동선수나 식욕부진에 의해 과도하게 체중이 감소된 여성에게서 비교적 많이 관찰된다. 또한 우리나라 소녀들의 평균 초경연령은 12세인데 초경을 경험한 후 수년간 무월경인 경우도 있으며, 임신한 여성이나 수유 중인 여성을 비롯하여 피임약 사용을 중단한 여성에게서 처음 몇 달 동안에는 매우 빈번하게 무월경을 경험하기도 한다. 초경의 시작은 체내 지방 수치와 밀접한 관련이 있어 체내 지방이 많은 소녀들은 비교적 어린 시기에 초경을 경험하는 것으로 알려져 있다.

원발성 무월경의 치료는 증상에 따라 다양하지만, 이차 성징의 발달 및 유지를 위해 주기적인 에스트로젠과 황체호르몬 제제를 사용하거나, 경우에 따라서는 성선절제술을 시도하기도 한다. 속발성 무월경의 경우도 치료 방법은 다양하며, 처녀막이 폐쇄되어 있는 경우(무공형 처녀막; 그림 3.23)와 같이 해부학적 이상이 있는 경우에는 십자형 절개술과 같은 수술을 시행하기도 하며, 난소 기능부전을 치료하기 위하여 호르몬 보충요법을 시도할 수도 있고, 뇌하수체 등의 종양이 의심되는 경우에는 절제와 방사선 치료도 시행한다.

2) 월경전증후군

월경전증후군(premenstrual syndrome; PMS)은 많은 여성들이 월경을 시작하기 3–14일 전에 경험하는 신체적이나 정신적인 변화를 말하는데, 개인차가 심하여 진단하기가 그리 쉽지는 않다. 일반적인 증상으로는 신체적으로는 복부가 팽창하며, 손과 발이 붓기도 하고, 체중

Q 4-5

월경주기의 3배 이상 또는 6개월 이상 무월경을 경험한 적 있는가?

'월경주기의 3배 이상 또는 6개월 이상 무월경을 경험한 적이 있는가?'라는 질문에 241명의 여학생 중 19%가 '경험한 적이 있다'라고 응답하였다. 무월경을 경험한 시기는 초경 이후 1년 이내 24%, 중고등학교 시절 22% 순이었으며, 기타 의견으로는 과도한 다이어트 동안 또는 그 후(2%)와 여드름약 복용 동안 또는 그 후(2%) 등으로 나타났다. 대개 월경주기는 초경 이후 서서히 규칙적으로 변하게 되는데, 성인이 되어서도 평소 월경주기의 3배 이상 또는 6개월 이상 무월경이 나타날 경우 정확한 원인을 규명하여 그에 따른 적절한 치료가 이루어져야 할 것이다.

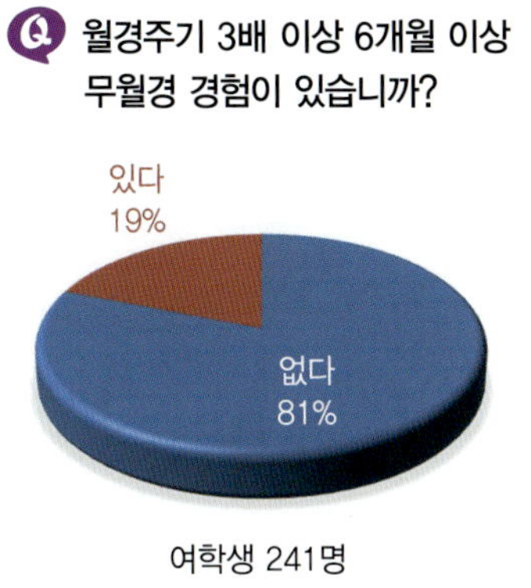

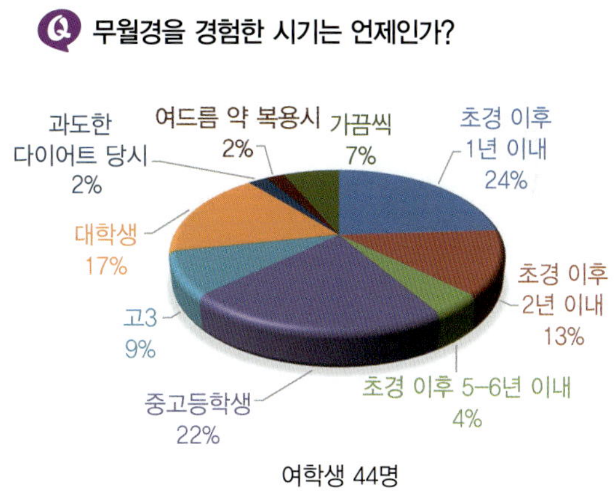

이 증가하거나 변비나 두통을 경험하기도 하며, 정신적으로는 우울, 불안, 긴장, 신경과민, 집중력 감소 등이 있다.

또한 PMS 환자는 이유 없이 아이를 갖게 된 것을 후회하고, 이혼을 원하기도 하며, 어디론가 도망가고 싶다고 느끼고, 자신의 일 외에는 아무것도 생각하지 못하기도 하며, 도둑질이나 자살을 기도하기도 한다. 그러나 PMS를 나타내는 여성 모두가 위의 증상을 모두 나타내는 것은 아니고 사람에 따라 매우 다양한 증상을 나타낸다. 이러한 증상들 중 한 두 가지를 경험한다고 해서 병이라고 진단하지는 않지만, 월경 전에 심한 고통이나 괴로움을 당하게 되면 월경이 두려워지고, 이에 따라 차츰 월경에 대한 정신적, 육체적 스트레스가 가중되면 그 증상은 점점 악화되어 결국 적극적인 치료가 필요하게 될 수도 있다.

PMS와 증상이 유사한 다른 질병을 구별하는 기준은 그 증상이 규칙적으로 재발하며 월경시작과 함께 사라지는가의 여부에 달려 있다. 미국의 심리학회는 PMS를 정신질환(즉,

Q 4-6

월경전증후군(PMS)을 경험한 적 있는가?

설문에 응답한 여대생들 중 62%가 PMS를 경험하였으며, 증상으로는 허리나 복부의 통증이 54%로 가장 많았고, 소화장애, 피부트러블이 각 4%로 월경전증후군을 경험한 학생들의 62%가 신체적인 문제가 있다고 응답하였다. 심리, 정신적인 문제로서는 무기력감과 피곤, 짜증이 각 17%로 총 34%의 비율을 차지하였으며, 그 외 식욕증진과 같은 증상도 나타나는 것으로 조사되었다. 또한 월경전증후군을 경험한 학생의 11%만이 치료를 시도한 적 있다고 응답하였다.

PMS를 경험한 적 있는가?

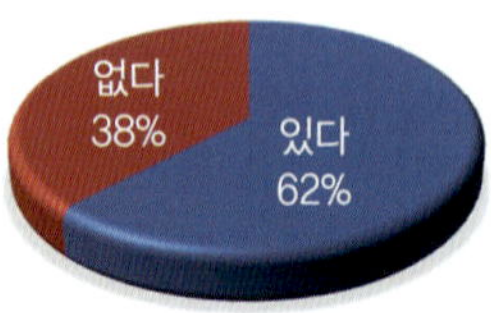

여학생 242명

PMS 증상은?

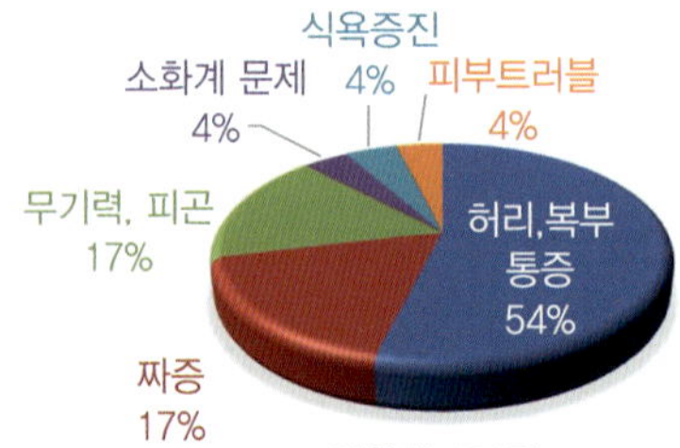

여학생 151명

PMS 치료 경험이 있는가?

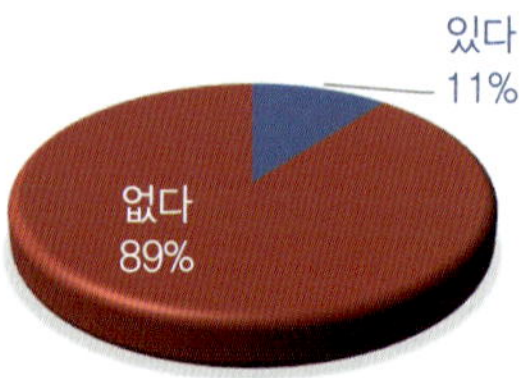

여학생 151명

premenstrual dysphoric disorder: PMDD)으로 분류하고 있으며, PMS에 의한 범죄는 정상을 참작하여 매우 경미한 처벌을 내리거나 아예 무죄로 처리하기도 한다.

PMS의 원인은 아직까지 명확히 규명되지는 않았지만, 호르몬의 과다나 결여에 의한 것이 아니고, 에스트로젠과 프로제스테론의 비율의 불균형에 의해서 유발될 수도 있다고 알려져 있다. 그러나 PMS 환자에게 프로제스테론을 처방해도 증상이 호전되지 않으며, 인공적으로 월경을 유도하여도 PMS 증상은 없어지지 않기 때문에 내분비계와 PMS는 직접적으로 관련되어 있지 않다는 보고들도 있다. 또 다른 연구결과들은 PMS의 원인이 호르몬과 세로토닌(serotonin)과 같은 신경흥분전달물질(neurotransmitters)과의 조절작용에서의 부조화라고 보고하였다.

PMS의 일부 증상은 약이나 음식을 조절함으로써 치료가 가능한데, 예를 들어 체내 수분조절의 이상에 의해 손발이 붓는 경우에는 이뇨제를 처리할 수 있으며, 커피, 차, 음료, 초콜릿과 같은 카페인을 함유하는 음료들을 자제하거나, 뇌로부터의 세로토닌 분비를 억제하는 항우울증제제(anti-depressant drug)를 처리함으로써 PMS 증상을 완화시킬 수도 있다. PMS의 유발은 신체적인 문제뿐만 아니라 심리적인 스트레스와 사회적, 문화적 요인도 매우 중요한 원인으로 작용하기 때문에 가족이나 남편은 물론 사회적인 관심과 이해가 PMS 환자의 증상완화에 큰 도움이 될 수 있을 것이다.

3) 월경곤란증

많은 여성들이 월경 중에 복통이나 등이 아프고 두통과 메스꺼움을 느끼는 등의 증상을 호소하는데, 이러한 월경곤란증(dysmenorrhea) 또는 월경통에는 골반이상과 관계가 없는 원발성 월경곤란증(primary dysmenorrhea)과 골반이상과 밀접히 관련된 속발성 월경곤란증(secondary dysmenorrhea)의 두 가지 경우가 있다.

원발성 월경곤란증은 심리학적인 문제가 아니라 자궁수축을 유발하는 프로스타글란딘의 과다생산에 의해 유발되며, 프로스타글란딘은 자궁내막 증식기 보다는 분비기에 증가된다. 이 증상을 나타내는 여성들은 자궁의 긴장도가 높고, 강한 자궁수축이 나타나 결과적으로 자궁의 혈류량이 감소하기 때문에 통증을 느끼게 된다. 일반적으로 월경시작 수 시간 전이

Q 4-7

월경곤란증을 경험한 적 있는가?

설문에 응답한 여대생들 227명 중 35%(80명)가 월경곤란증을 경험하였으며, 증상으로는 허리나 복부의 통증 72%로 가장 많았다. 월경곤란증을 경험한 여성들 중 69%는 치료를 위하여 진통제를 복용한다고 응답하였으며, 나머지 31%는 그냥 참는 것으로 나타났다. 여성건강간호학회지 조사에 따르면 월경곤란증의 경우 월경 첫날이 가장 심하고 증상의 경중이나 지속기간 등은 연령 및 개인에 차이가 있는 것으로 알려져 있다.

Q 월경곤란증을 경험한 적 있는가?

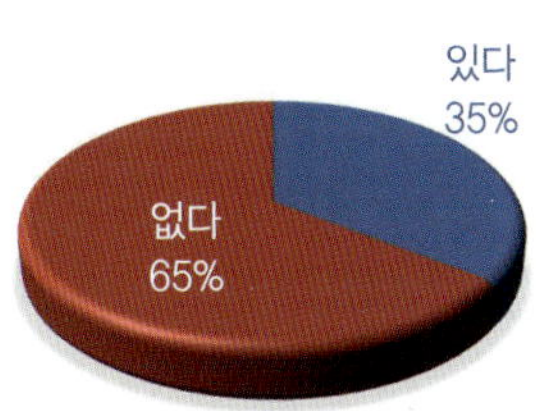

여학생 227명

Q 그 증상은?

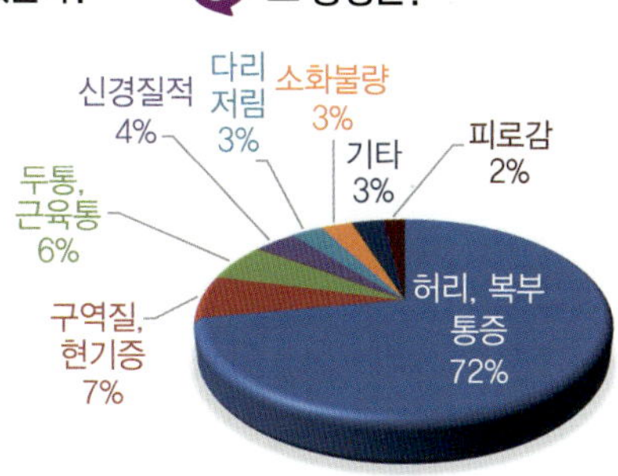

여학생 80명

Q 치료 경험이 있는가?

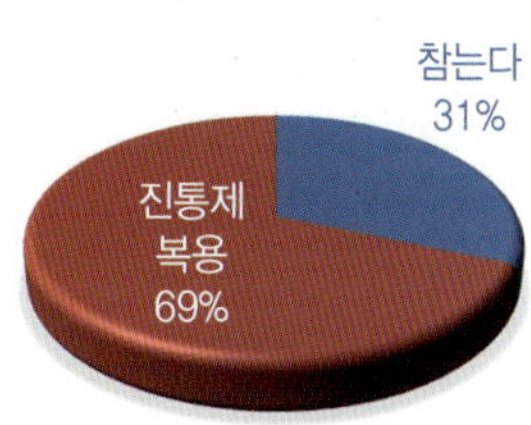

여학생 50명

나 시작 직후에 증상이 나타나기 시작하여 이틀에서 사흘 정도 지속되며, 출산시와 유사한 치골부위의 경련성 통증과 요통, 구토, 설사 등을 경험하게 되고, 심한 경우에는 실신하는 경우까지도 있다. 원발성 월경곤란증의 80% 이상에서 프로스타글란딘 생산 억제제가 효과적인 것으로 알려져 있다. 프로스타글란딘 억제제는 통증이 시작되기 직전이나 통증 시작과 동시에 복용해야 하며, 6–8시간 간격으로 수일간 지속적으로 사용하여야 한다. 또한 피임약이나 성적인 오르가즘을 통하여 일시적으로 증상을 완화시킬 수도 있다.

속발성 월경곤란증은 초경 후 수년 후부터 시작되어 주기적으로 발생하게 되는데, 과도한 프로스타글란딘의 분비, 자궁경관 폐쇄, 자궁내막증, 골반감염, 난소낭종, 자궁내 이물질 등에 의해 유발되는 과도한 긴장성 자궁수축과 자궁내 피임장치 등이 원인인 것으로 알려져 있다. 원발성과는 달리 속발성 월경곤란증에는 소염진통제나 경구용 피임약 등은 효과적이지 않다. 증상은 월경시작 1–2주 전에 시작하여 월경이 끝난 후 수일 이상 지속된다. 특히 매달 월경을 하는 5일 동안은 복통과 메스꺼움 또는 거의 죽을 것 같은 극심한 고통때문에 정상적인 생활이 거의 불가능한 경우도 있다. 가장 확실한 치료법은 자궁적출술이지만 진통제, 피임약, 프로제스틴을 이용하여 월경을 억제하는 방법을 시도할 수도 있다.

4) 독성쇼크증후군

독성쇼크증후군(toxic shock syndrome)은 포도상구균(Staphylococcus aureus)이 생산하는 독소에 의해 유발되며, 돌발적인 고열, 구토, 설사, 졸도, 현기증, 저혈압 및 발진 등의 증상을 나타내기도 하고, 심한 경우에는 환자가 사망하기도 한다. 남성이나 어린이도 걸리기도 하지만 전체의 85%는 질 내부에 삽입하는 생리용품인 탐폰을 사용하는 월경 중의 여성에게서 발생한다(그림 4.13). 특히 대부분의 경우는 과도한 흡수력이 있는 특정 종류의 탐폰을 사용하는 여성에서 관찰되며, 이 탐폰의 사용을 금지한 후에는 환자의 수가 현저히 감소하였다. 탐폰을 사용할 경우에는 매일 3–4번 교체해야 하며, 밤에는 되도록 생리대로 교환하는 것이 좋다. 그럼에도 불구하고 만약 임상적인 증상이 나타나면 즉시 의사의 진단과 치료를 받아야만 한다.

그림 4.13 **탐폰의 형태 및 크기**

6 호르몬과 성욕

성욕과 호르몬은 직접적인 관련이 있는 것일까? 있다면 어느 호르몬이 성욕을 조절하는 것일까? 이러한 의문을 풀고자 하는 연구는 두 가지 방향에서 시도되었다. 그 중 한 가지는 호르몬 투여에 따른 성욕 증가 효과에 대한 연구이며, 다른 한 가지는 난소나 고환을 제거한 후 호르몬 감소가 성욕에 미치는 효과를 조사하는 것이다.

폐경기 여성은 에스트로젠이나 프로제스테론이 감소됨에도 불구하고 성욕은 그대로 유지되며, 도리어 임신에 대한 걱정이 사라짐으로써 성욕이 증가하는 경우도 있다. 또한 성욕 감소를 나타내는 폐경기 이후의 여성에게 에스트로젠을 처리해도 성욕 증가에는 아무런 효과가 없다는 보고도 있다. 이러한 결과들은 여성호르몬은 성욕과 무관하다는 사실을 강하게 시사하고 있다. 이에 반해 정상적인 젊은 남성에서 높은 수준으로 생산되는 테스토스테론은 나이가 들수록 줄어들며, 성적으로 강한 남성은 높은 테스토스테론 수치를 나타내고 춘화 등을 보는 남성들은 짧은 기간일지라도 테스토스테론의 농도가 증가된다(그림 4.14). 또한 테스토스테론 농도가 낮은 남성들은 발기력이나 성욕이 소실되기도 하며, 테스토스테론의 문제로 성욕을 소실한 사람에게 테스토스테론을 처리하면 성욕이 다시 되돌아오기도 한다. 더욱이 여성의 경우도 테스토스테론이 결핍되면 성욕이 감소되며, 폐경 후의 여성에게 테스토스테론을 투여하면 성욕이 증가하기도 한다. 이러한 여러 가지 결과들은 테스토스테론이 남성과 여성 모두의 성욕에 관여하고 있다는 좋은 증거라고 할 수 있을 것이다.

성경험이 없는 어린 시기에 거세(castration; orchiectomy) 당한 소년의 경우는 성인이 되어도 성욕을 느끼지 않는 반면에, 성관계 경험이 있는 남성이 거세 당한 경우에는 거세 당한 후에도 수년, 또는 수십 년간 정상적인 성생활을 유지하기도 한다. 유럽이나 미국에서는 남성 성범죄자에게 항남성호르몬제(antiandrogen)를 이용하여 화학적 거세를 시행하기도 하는

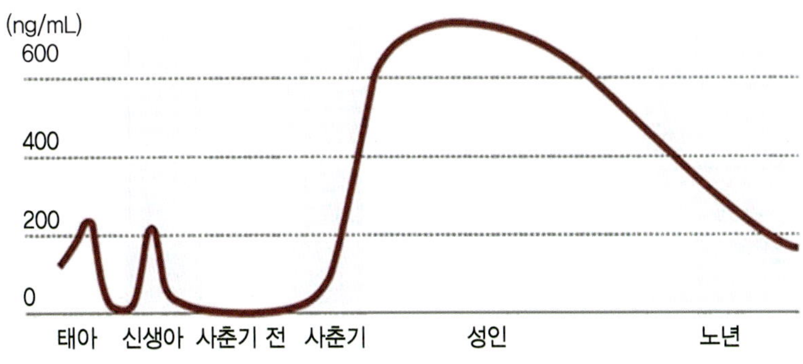

그림 4.14 연령에 따른 테스토스테론 변화
테스토스테론의 분비는 20세를 전후하여 최고치를 나타내며, 이 시기를 지나면 서서히 감소한다.

데, 이 약을 투여하면 테스토스테론이 억제되어 결국 성욕도 감소되기 때문에 새로운 성범죄를 예방하기 위한 목적으로 이용되고 있다. 그러나 어떤 연구자는 이러한 화학적거세는 심리적 치료와 함께 병행할 때만 만족스러운 효과를 나타내며, 거세만으로는 성욕을 완전히 억제하지 못한다고 보고하였다. 이상의 결과들은 사람의 성욕은 호르몬 조절 하에서만 유발되는 것이 아니고, 신경생물학적인 요인인 뇌의 작용에 의한 심리학적 요인이 복합적으로 작용하여 성욕을 조절할 수 있을 것이라는 사실을 암시하고 있다.

이 장에서는 성호르몬 분비와 관련된 내분비기관, 호르몬과 성결정 기작, 호르몬에 의한 월경주기 및 성욕의 조절 등에 관하여 살펴보았다. 내용상 일반인들이 이해하기에 어려운 부분도 있을 것이라고 생각되지만, 이 장을 통해 남녀의 성결정 기전, 월경의 원인, 월경과 관련된 각종 질환 및 성욕유발 기전 등을 이해할 수 있을 것이므로 시간을 들여 공부해 볼만한 가치는 충분하다고 생각한다. 이 장에서 설명된 내용들이 우리 사회의 성에 대한 올바른 인식의 확립을 위한 생물학적 정보 전달에 조금이라도 도움이 될 수 있기를 기대한다.

05 성반응과 행태

1. 성반응

1) 성반응 모델 / 128
2) 성반응 주기 / 128
3) 오르가즘의 각종 특징 / 137
4) 심신장애와 성 / 144

2. 성적 행태

1) 정상적인 성적행위의 기준 / 147
2) 자위행위 / 147
3) 몽정 / 153
4) 성적환상 / 155
5) 페팅과 넥킹 / 159
6) 성관계 및 성교체위 / 160
6) 구강성교 / 164
7) 항문성교 / 166
8) 성적행위의 선호도 / 167
9) 건강한 성적행위 / 168

20세기 중반에, 킨제이나 매스터스와 존슨 등은 성을 과학적으로 분석하고 이해할 수 있는 길을 열기 시작했으며, 그 후 성에 대한 연구결과나 성을 연구하는 학자들의 수가 늘어남으로써 남녀의 성에 대한 연구가 과학의 한 분야로서 인정받기 시작하였다. 최근 많은 학자들은 남녀의 성적 반응에서의 차이, 성적 행태를 조절하는 유전적인 요인, 성적 행태에 영향을 끼치는 뇌나 호르몬의 해부학적, 생리학적 구조 및 기능 등을 조사함으로써 성을 과학적으로 분석하고자 시도하고 있다. 이 장에서는 최근까지의 성관련 연구 결과들을 참조하여 성적 흥분시 나타나는 체내의 생리학적, 심리학적 반응과 성적 행태의 유형 및 변화를 유발하는 요인들에 대하여 살펴보고자 한다.

1 성반응

1) 성반응 모델

매스터스와 존슨은 인간의 성반응(sexual response)을 흥분기(excitement phase), 고원기(plateau phase), 성감극기(orgasm), 해소기(resolution phase)의 4단계로 구분하여 설명하였다. 그러나 성반응에 대한 학자들의 견해는 매우 다양한데, 일부 학자들은 성욕이 결핍되어 있거나 성혐오증 등의 이유로 성적으로 전혀 흥분되지 않는 사람들도 있기 때문에 매스터스와 존슨의 네 단계 외에 욕망기(desire phase)를 성반응의 첫 번째 시기로 추가하여야 한다고 주장하기도 하였으며, 유명한 성전문가인 카플란은 성반응을 각 단계별로 명확히 구별하기 어렵기 때문에 성반응을 4단계나 또는 5단계로 나누지 않고 욕망기, 흥분기, 성감극기의 3단계로 구분하기도 하였다. 이와 같이 성반응이라는 동일한 현상에 대해 학자들마다 서로 상이한 모델을 제시하였지만, 이 장에서는 매스터스와 존슨의 4단계에 욕망기를 첨가한 5단계로 성반응을 설명하고자 한다.

2) 성반응 주기

(1) 욕망기

성반응 주기(sexual response cycle)의 첫 번째 단계는 욕망기로서 성적인 욕망, 즉, 성욕은 성에 흥미를 느끼거나 성에 심리적으로 노출된 경우 또는 성기가 직접적으로 자극받을 경우에 특정 신경계의 생리적인 활성에 의해 유발될 수 있다. 이러한 성적 욕망의 유발은 생리적인 자극보다 주관적인 정신적 자극이 더욱 중요하게 작용한다. 즉, 인간의 성적 욕망은 직접적인 신체 자극 없이도 유발되는 데 반해, 강한 신체적인 자극이 있어도 정신적인 자극이 수반되지 않으면 생리적인 흥분 현상이 관찰되지 않는 경우도 있다.

그러나 일단 성적 욕망이 유발되어 흥분기에 접어들게 되면 신체적이든 또는 정신적이든 어떤 종류의 자극에 의해서도 성적 흥분은 증가될 수 있으며, 증가되는 정도에 있어서도 커다란 차이를 나타내지 않는다. 예를 들어, 일단 성적 욕망이 유발된 상태에서는 성적 자극이 촉각, 시각, 청각, 미각, 후각 중 어느 것이든, 또는 같은 성에 의해서든 이성에 의해서든 또는 자기자신에 의한 자극이든지에 관계없이 그 자극에 대한 반응의 정도는 거의 동일하다는 것이다. 욕망기에는 체내의 특정 부위에 혈액이 가득차게 되는 울혈(vasocongestion)과 신경흥분과 에너지 증대에 의해 근육이 불수의적으로 수축하는 근육긴장(myotonia) 등의 특징적인 생리학적 변화가 나타난다(그림 5.1).

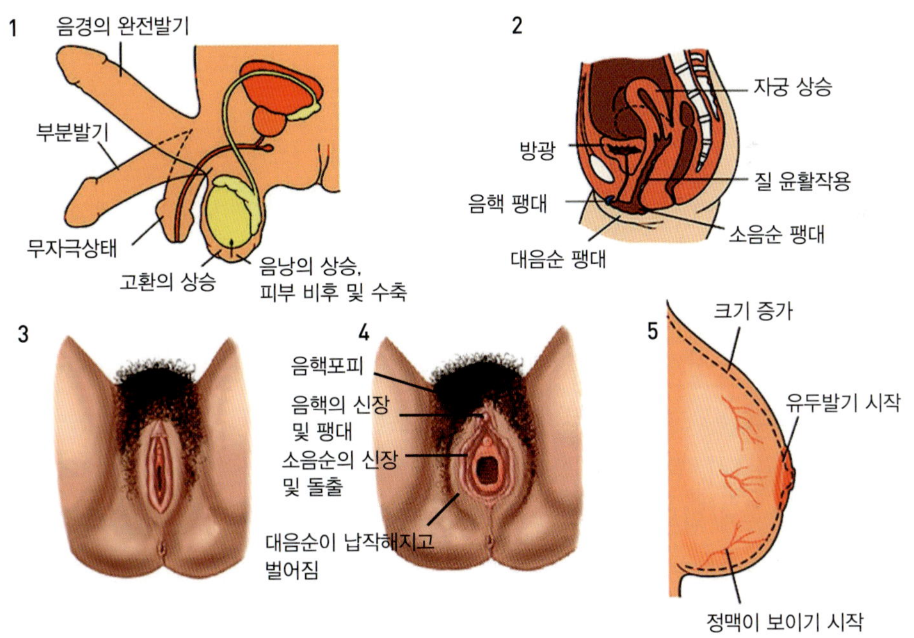

그림 5.1 욕망-흥분기 남녀의 성반응

1; 남성 생식기관의 변화, 2; 여성 내외부 생식기관의 변화, 3; 무자극 상태의 음부, 4; 음부의 변화, 5; 여성 유방의 변화. 욕망기에는 남녀 모두 신체적인 변화가 뚜렷하지 않기 때문에 이 그림에서는 욕망기와 흥분기를 구분하지 않고 표시하였다.

Q 5-1

신체적 자극과 심리적 자극 중 더 강하게 느껴지는 성적 자극은?

남녀 대학생들을 대상으로 신체적, 심리적 자극에 의한 성적 반응의 영향을 조사한 결과 남학생은 심리적 자극(36%)보다 신체적 자극(64%)을 더 강한 자극으로 느끼고 있었으며, 반대로 여학생은 신체적 자극(43%)보다 심리적 자극(57%)을 좀 더 강한 성적 자극으로 느끼고 있었다. 이러한 남녀의 차이는 남성의 경우 신체적 자극을 중심으로 충동적이고 즉각적인 성적흥분을 느끼는 경우가 많은 반면에 여성의 경우는 상황이나 분위기에 따른 심리적 자극을 중심으로 충동적이기보다는 다소 느리지만 지속적인 성적흥분에 민감한 경우가 많음을 시사하고 있다.

Q 심리적 또는 신체적인 성적 자극 중 더 강하게 느껴지는 자극은?

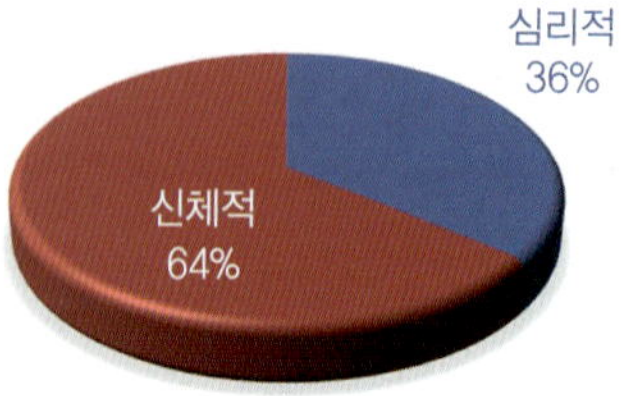

남학생 306명

여학생 225명

(2) 흥분기

남성의 경우에는 성욕이 증가하여 흥분이 고조되면 음경 속에 위치하는 음경해면체와 요도해면체에 울혈 현상이 일어남으로써 음경이 발기하기 시작하는데, 흥분기에는 완전한 발기가 이루어지지 않는다(그림 5.1). 음경의 울혈 현상은 음경으로 혈액을 수송하는 동맥의 팽창을 조절하는 신경에의 신호전달에 의해 시작되며, 발기의 조절은 척수에 있는 두 곳의 발기중추가 수행한다(그림 5.2). 이 중 중요한 것은 척수의 아래 부분에 위치하는 천수발기중추(sacral erection center)로서, 음경의 직접적인 자극에 의해 유발된 신경 충격이 천수발기중추로 전달되면 반사작용에 의해 음경 동맥에 위치한 신경으로 자극이 되돌아가게 되어 결국 동맥은 팽창하게 된다. 반사작용이란 외부의 자극에 의해 발생한 신경 흥분이 뇌에 전달되지 않고 척수에서 직접 근육과 같은 효과기에 전달되는 과정을 말하며, 반사작용이 음경발기를 조절하기 때문에 천수발기중추의 상부가 잘려진 전신 또는 반신불수인 남성의 경우에도 음경에의 자극은 감지할 수 없어도 발기는 가능하게 된다. 정상인의 경우에는 신체적인 자극에 의한 발기 외에 공상이나 청각 및 시각적인 자극에 의해 유발된 신경 충격이 뇌로 전

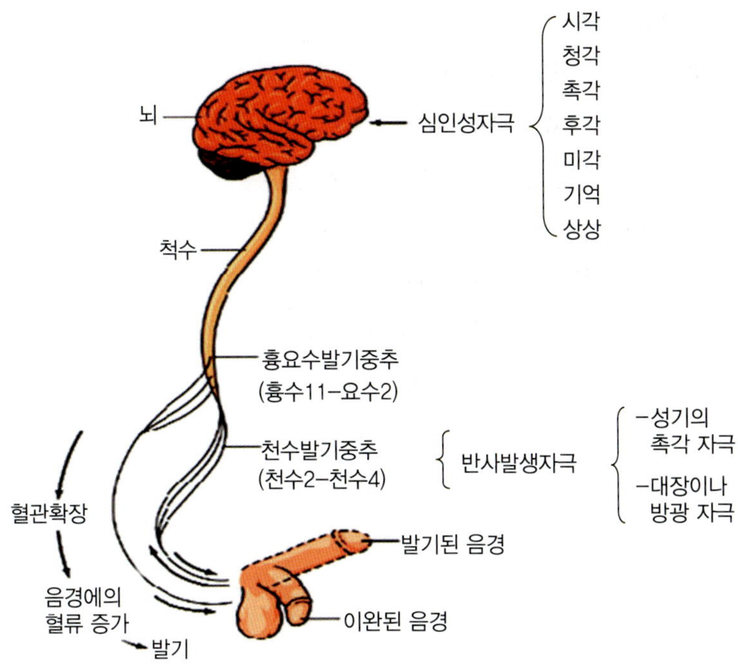

그림 5.2 **발기조절 중추**

달되며, 이 자극이 척수의 위쪽에 위치하는 흉요수발기중추(thoracolumbar erection center)를 자극함으로써 음경의 발기를 유도할 수도 있다. 이러한 심리적으로 유발되는 발기 과정은 신체적이나 정신적인 스트레스 및 누적된 피로에 의해 방해를 받기도 한다.

흥분기에는 음경의 발기 외에 근육긴장에 의해 음낭에 위치하는 근육이 수축되어 정삭(spermatic cord)이 짧아짐으로써 음낭이 두꺼워지고 정소가 몸쪽으로 달려 올라오게 된다. 흥분기의 후반기가 되면 정소에 혈액이 가득차게 되어 크기가 커지며 유두가 발기하기도 한다.

여성이 성적으로 자극을 받으면 몇 초 내에 질벽이 혈액으로 가득차는 울혈 현상이 일어나며, 울혈이 된 질벽으로부터 발한현상(sweating phenomenon)이 발생하게 되어 일반적으로 '애액'이라고 하는 여과된 혈장(superfiltered blood plasma)이 분비된다(그림 5.1). 남성의 경우에는 본인 스스로 울혈에 의한 발기 과정을 느낄 수 있으나 여성의 경우에는 질 내부에 애액이 분비된다는 사실을 스스로 인식하지 못하며, 특히 성경험이 적은 젊은 여성의 경우에는 질 내부 분비가 성적 자극에 의한 것이라는 사실조차도 모르는 경우가 많다.

많은 남성들은 여성의 질 내부에서 애액이 분비되기 시작하면 성교에 대한 준비가 완료되었다고 생각하기도 한다. 질 내부 윤활작용은 삽입을 용이하게 하고, 성관계 동안 성기와 성기의 과도한 마찰에 의한 질의 자극을 억제하는 역할을 하는 것은 사실이지만, 윤활작용은 성반응의 첫 번째 생리적 작용일 뿐이며 감정적, 신체적으로 완전히 성교가 가능하다는 사실을 의미하지는 않는다. 또한 애액의 양과 자극의 정도는 아무런 관계가 없다. 예를 들어, 애액의 양은 욕망기보다 성적으로 더욱 흥분된 상태인 흥분기에 도리어 줄어드는 등 흥분의 증가와 애액 분비량의 증가는 반드시 일치하지 않는다.

흥분기에는 질구를 막고 있던 소음순이 납작해지고 벌어지기 시작하며, 질벽도 부풀고 자궁이 일어서기 시작한다. 이러한 변화는 음경을 받아들일 수 있다는 생리적 증거라고 할 수 있다. 남성의 음경과 같이 두 개의 음경해면체로 구성된 음핵은 혈액으로 가득차게 되어 음경체부의 지름과 길이가 증가한다. 음핵귀두는 지름이 증가하며, 성반응의 모든 시기 중에서 흥분기 동안 외부에서 가장 잘 관찰된다. 또한 유방의 근육이 수축됨으로써 유두가 발기하게 되며, 유방조직의 울혈에 의해 흥분기 후기에 유방의 크기가 약간 증가하게 된다.

(3) 고원기

고원기는 성적 자극이 가장 강한 시기이며, 사람에 따라 그 길이가 매우 짧기도 하고 오르가즘과 같은 정도의 만족감으로 매우 길게 지속되는 경우도 있다. 남성에서는 음경의 지름이 더욱 증가하게 되어 음경체부가 거의 음경귀두관 만큼 커지며, 고환이 혈액으로 가득차게 됨으로써 음낭은 그 크기가 50−100% 이상 증가한다(그림 5.3). 또한 음낭의 뒤 표면은 회음부에 닿을 정도로 계속해서 상승하게 된다. 이러한 현상은 오르가즘이 임박했다는 것을

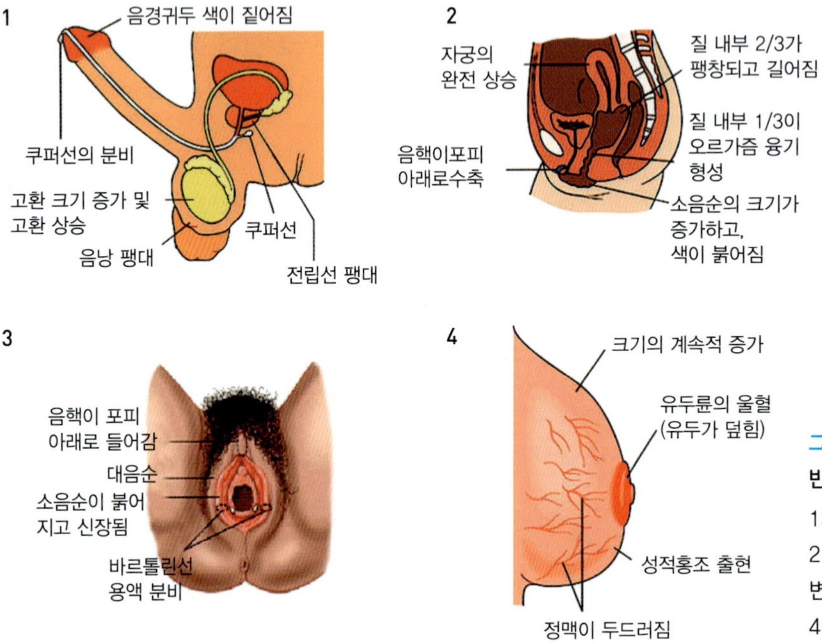

그림 5.3 고원기 남녀의 성 반응

1; 남성 생식기관의 변화, 2; 여성 내외부 생식기관의 변화, 3; 여성 음부의 변화, 4; 여성 유방의 변화

암시한다. 고원기가 계속되면 쿠퍼선에서 몇 방울의 알칼리성 액체가 분비되며, 남성의 25%에서는 피부 곳곳에 성적 홍조가 나타나기도 한다.

여성에서는 질 내부의 2/3가 풍선처럼 부풀어 오르며, 자궁은 위로 올라가게 된다. 질의 일부 조직은 혈액으로 가득 차고 부풀어 올라 오르가즘 융기(orgasmic platform)를 형성하며, 질구가 30−50%까지 좁아져 질의 외부 조직이 음경을 감싸게 된다. 고원기에는 50−70%의 여성에게서 홍역과 같은 붉은 반점이 유방, 상복부, 엉덩이 등의 피부에 나타나게 된다. 이 시기에 여성의 내부에서는 성적 반응이 더욱 강해지고 있는 데도 불구하고 상대방은 도리어 반응이 감소되고 있다고 착각하는 경우가 있다. 예를 들어, 울혈에 의해 음핵이 치골쪽으로 당겨 올라감으로써 음핵 발기는 그대로 유지되지만 음핵이 음핵포피 아래로 사라지게 되어 외부에서 보이지 않게 되고, 유두의 크기는 감소되지 않지만 유두륜이 혈액으로 가득차고 유방 전체의 크기가 20−25% 정도 커지기 때문에 도리어 작아 보이게 되며, 질벽으로부터 분비되는 애액의 양도 줄어든다. 이 시기에는 바르톨린선에서 몇 방울의 액이 분비되는데, 이는 윤활작용을 위한 것이 아니라 정자에 손상을 줄 수 있는 질의 산성도를 중화시키는 역할을 한다. 또한 이 시기의 소음순은 혈액으로 가득 차서 두께가 2−3배 증가하며, 분홍색에서 빨간색이나 와인색으로 변화하게 된다. 매스터스와 존슨의 주장에 의하면 소음순 색깔의 변화는 오르가즘에 가까워졌다는 사실을 의미하며, 두께가 증가되면 더욱 벌어지게 되어 결국 질구가 완전히 노출되게 된다. 고원기가 단순히 흥분기의 연속인 남성에 비해 여성의 경우에는 흥분기와 고원기의 구별이 확실하다.

(4) 성감극기(오르가즘기)

매스터스와 존슨은 오르가즘을 '축적된 성적 긴장이 한 순간에 해소되는 시기'라고 정의하였고, 웹스터 사전은 '성적 행동의 정점'이라고 정의하고 있다. 매스터스와 존슨은 오르가즘이란 생리학적으로 0.8초마다 리드미컬한 수축이 수초 동안 지속되는 강한 신체적 흥분상태라고도 설명하였다. 그러나 오르가즘이 시작되기도 전에 근육수축이 유발되고 오르가즘이 끝나기도 전에 이완되는 경우도 있으며, 근육수축의 정도와 쾌감의 정도가 항상 비례하지 않는 경우도 있기 때문에 근육수축이 오르가즘과 밀접히 관련되어 있다고 말할 수 없다고 주장하는 연구자들도 많다.

성적 자극, 특히 음핵에의 자극이 계속되면 대부분의 여성들은 오르가즘에 도달하게 되는데, 이러한 극치감은 일차적으로 음핵에서 느끼게 되며, 그 후 점차 전신적인 느낌으로 다가

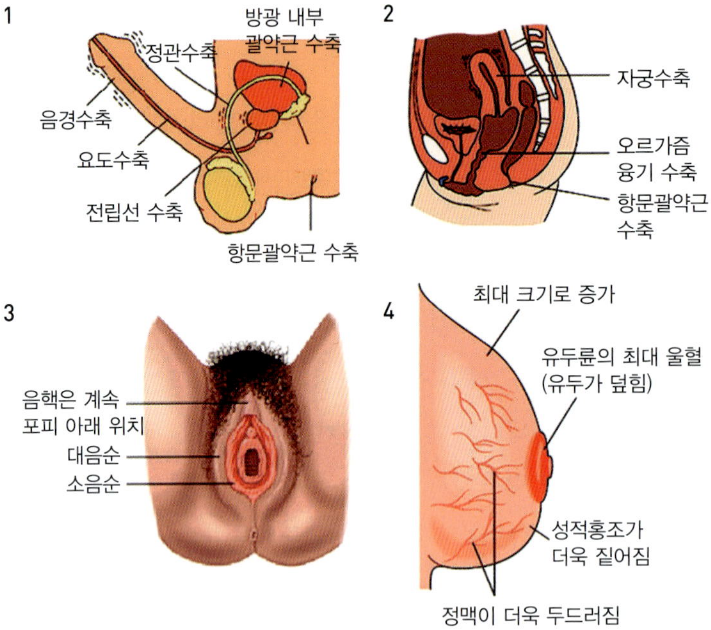

그림 5.4 성감극기 남녀의 성반응

1; 남성 생식기관의 변화, 2; 여성 내외부 생식기관의 변화, 3; 여성 음부의 변화, 4; 여성 유방의 변화

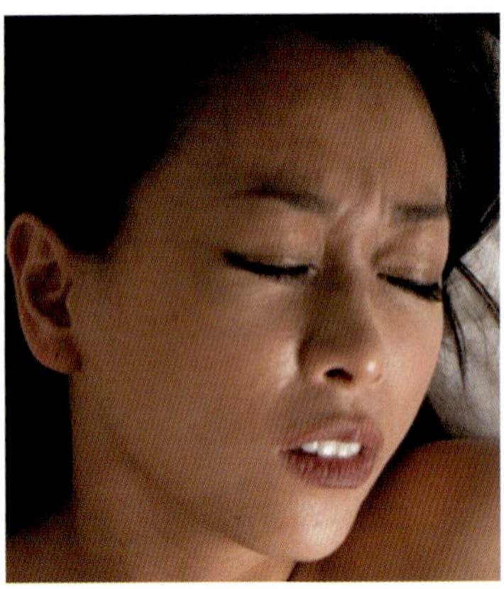

그림 5.5 오르가즘 동안의 얼굴 변화

오게 된다. 여성들의 경우는 오르가즘 동안 질의 1/3이 약 0.8초 간격으로 3–10회 정도 강하게 수축하게 되며, 이 과정을 통하여 성적 자극에 의해 유발된 울혈과 근육 강직을 불수의적으로 해소하게 된다(그림 5.4). 그 후 자궁 경부가 약간 열리고 요도도 약간 이완되기도 하는데, 이로 인하여 일부 여성은 배뇨현상을 나타내기도 하며, 극치감에 얼굴을 찌푸리는 등의 표정 변화도 극심하게 나타난다(그림 5.5).

남성의 오르가즘은 심리학적으로는 여성과 유사하지만 생리학적으로는 두 과정으로 나누어 진행되는데, 하나는 정루(emission)이고 다른 하나는 사정(ejaculation 또는 expulsion)이다. 정루는 부고환의 말단, 정관, 정낭, 전립선 등에서의 리드미컬한 근육수축을 통해 성숙된 정자를 전립선이나 정낭의 분비액과 함께 사정관을 통해 전립선요도 내로 방출하는 과정이며, 이때 요도괄약근이 수축되어 역핵성사정을 방지하면서 사정감을 느끼게 된다. 사정은 요도와 음경기저부 근육의 수축을 통하여 정액을 음경으로부터 사출시키는 과정이다. 정루와 사정 시에는 요도괄약근이 수축됨으로써 소변과 정액이 섞이지 않게 하는데, 역행성사정과 같이 괄약근이 열려야

Q 5-2

오르가즘은 어떤 느낌인가?

성경험이 있는 남학생 251명과 여학생 55명 중에서 남학생 50%, 여학생 47%가 오르가즘에 대한 느낌을 '황홀하다'라고 표현하였다. 남학생의 경우는 그 외에 멍하고 몽롱하다(13%), 기분 좋음, 희열(12%), 짜릿함(6%), 개운함(4%), 떨리고 어지러움(3%), 붕뜬 느낌(3%) 등이었으며, 여학생의 경우는 나른하고 멍함(11%), 좋다(7%), 간지러움(4%), 몸이 뜨겁고 떨림(4%), 어지럽다(4%), 숨이 차다(3%) 등으로서 오르가즘을 표현하기도 하였다. 설문에 응답한 학생들의 수가 그리 많지 않아 설문의 결과가 모든 남성이나 여성들의 느낌을 대표할 수는 없겠지만, 학생들이 가장 많이 응답한 '황홀하다'는 의미는 신체적인 쾌감보다는 아마도 강한 밀착감이나 정신적, 육체적으로 하나가 되었다는 만족감에서 얻어지는 전체적인 느낌을 표현한 것으로 추측된다.

오르가즘은 어떤 느낌인가?

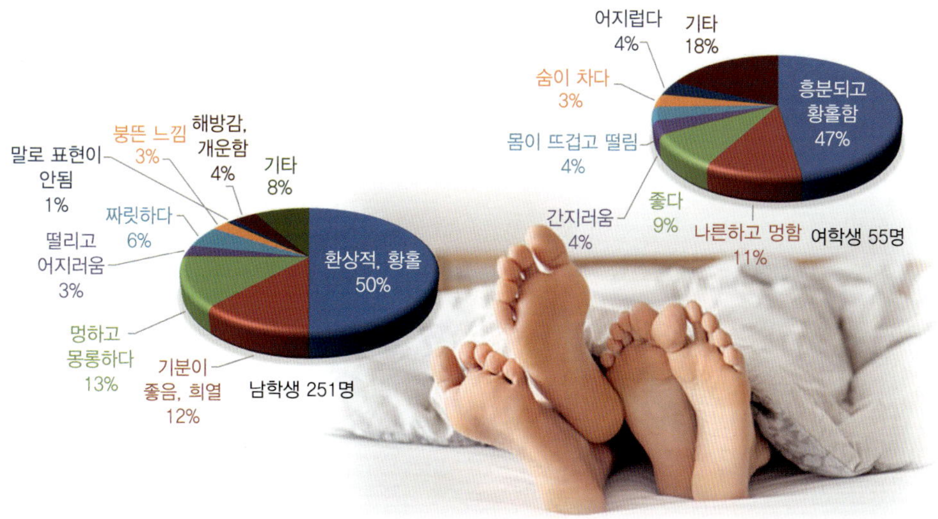

할 때 닫히고, 닫혀야 할 때 열리게 되면 정액이 체외가 아닌 방광으로 방출되는 경우도 있다(그림 3.8).

(5) 해소기

오르가즘 후에는 신체 각 부분이 성적 자극이 전혀 없던 시기와 동일한 상태로 되돌아가게 되는데, 남성에서는 음경으로의 혈액의 유입이 점차 감소되어 발기가 소실되고, 고환의

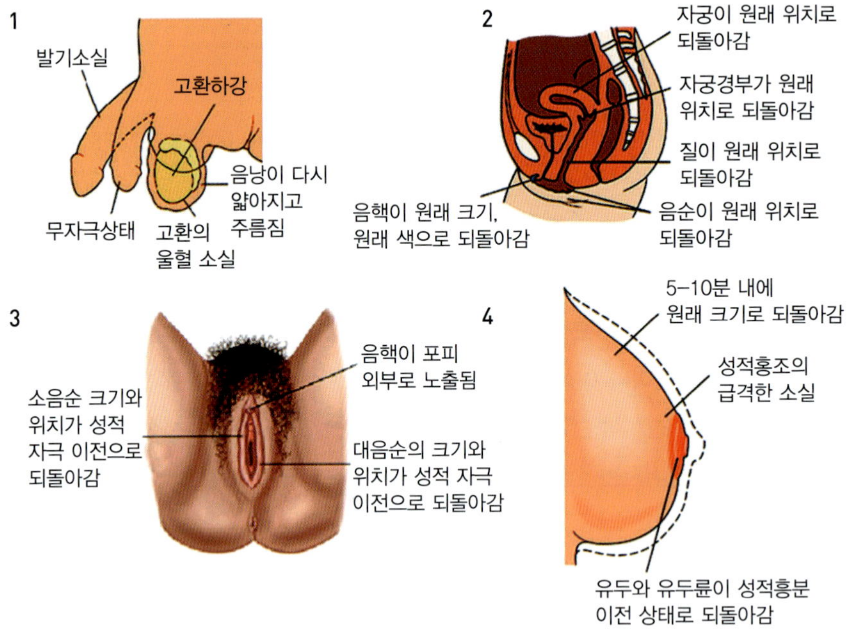

그림 5.6 해소기 남녀의 성반응

1; 남성 생식기관의 변화, 2; 여성 내외부 생식기관의 변화, 3; 여성 음부의 변화, 4; 여성 유방의 변화

크기와 위치가 정상으로 되돌아오며, 성적 홍조도 사라지게 된다(그림 5.6). 고원기서부터 고환에 가득차기 시작한 혈액의 울혈이 오르가즘이 너무 오랫동안 지속되면 통증을 느끼는 경우도 있지만 이러한 현상은 대부분 일시적이며 위험하지는 않다. 격렬했던 신체적 흥분이 가라앉으면서 점차 신체적 이완상태를 경험하게 되며, 표정도 편안해지게 된다. 해소기에는 유방과 질의 외부조직으로부터 피가 빠져 나가고, 성적 홍반이 사라지며, 자궁이 내려오고, 질의 넓이와 길이가 짧아진다. 그러나 아직 음핵귀두는 몇 분 동안 터치에 매우 민감한 채로 남아 있게 된다.

성반응주기에 따른 남녀의 성적 반응의 차이는 남녀의 해부학적 특성에 따라 다르게 나타나지만 해부학적 차이와 관계없이 나타나기도 한다. 가장 많이 알려져 있는 남녀의 성반응 차이는 오르가즘에 도달하는 시간이다. 전희 없이 성관계를 했을 경우 오르가즘에 도달하는 시간은 남성의 경우 대부분 성관계 시작 후 3분 이내지만 여성은 삽입시간이 10여 분 이상 지속되지 않으면 오르가즘에 도달하는 여성이 드물다. 해소기에서 나타나는 남녀의 차이는 남성은 사정을 해버리면 일정시간이 경과하기 전까지 어떠한 자극을 가해도 재발기와 사정이 불가능한 불응기에 빠지며, 이 불응기는 나이가 들어감에 따라 길어져 20대에는 사정 후 1분 이내에 재발기가 가능하던 것이 50대 후반이 되면 12-24시간이 경과해야만 재발기가

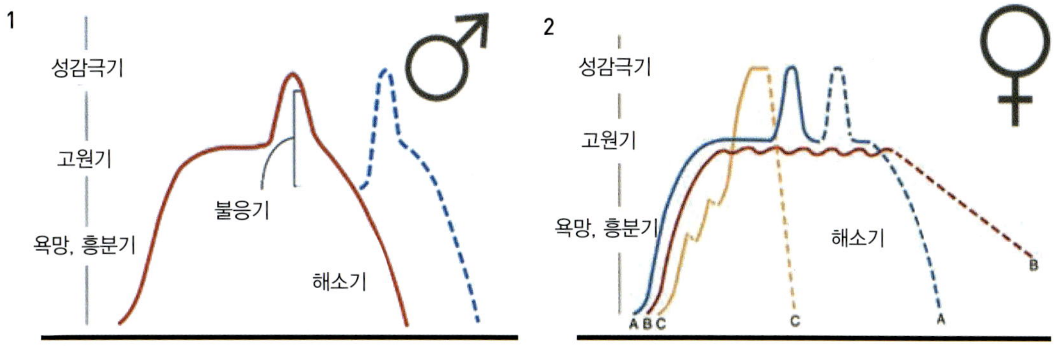

그림 5.7 남녀의 성반응 그래프

1; 남성의 성반응 그래프, 2; 여성의 성반응 그래프, (A) 오르가즘을 경험하는 여성의 전형적인 성반응 그래프(점선은 멀티 오르가즘을 나타내는 유형), (B) 오르가즘에 도달하지 않고 흥분기에 머무는 형, (C) 흥분기에서 몇 차례의 흥분저하가 온 후에 성감극기에 도달할 수 있으나 (A), (B)에 비하여 급속한 해소기가 오는 형

가능하며, 70대가 되면 짧게는 1주일, 길게는 한 달이 지나야 재발기가 가능하다. 그러나 여성의 해소기는 남성에 비해 완만한 성반응의 감소양상을 보이게 되며 오르가즘을 느낀 후에도 성적자극을 계속 주면 곧바로 다시 오르가즘을 느낄 수 있다(그림 5.7).

3) 오르가즘의 각종 특징

(1) 오르가즘 경험 유무

어떤 여성들은 남성과의 직접적인 성교를 통해서는 오르가즘에 도달하지 못하고 구강성교를 통해서만 오르가즘에 도달할 수 있으며, 혹은 어떠한 환경 하에서도 오르가즘에 도달하는 것이 불가능한 여성들도 있다. 1974년 카플란은 많은 여성들이 한 번의 성교에서 여러 번의 오르가즘을 느끼기도 하지만, 성교와 동시에 음핵을 자극하지 않으면 오르가즘에 도달하지 못하는 경우도 있다고 보고하였고, 1976년 하이트는 성인 여성의 30%만이 직접적인 음핵의 자극 없이, 남녀 간의 성교에 의해 규칙적으로 오르가즘을 경험한다고 보고하였다.

2010년 영국의 서섹스 대학, 오스트레일리아 멜버른 대학과 시드니 대학에서 16세에서 59세 사이 오스트레일리아인 남성 10,100명과 여성 9,100명을 대상으로 인간의 오르가즘 경험에 대하여 조사한 결과에 따르면 최근 시도한 성관계에서 남성은 98.4%, 여성은 68.9%가 오르가즘을 경험했다고 보고하였다. 우리나라의 경우도 1998년 한국성의학연구소가 전국 6대 도시의 20−50대 1,400여 명의 기혼 여성을 대상으로 한 설문조사에서 47%의 여성들이 대개,

또는 항상 오르가즘을 경험하며, 49%의 여성들은 가끔, 또는 드물게 오르가즘을 경험한다고 응답하였다. 또한 오르가즘의 지속시간은 5-10초 정도가 가장 많았으며, 4% 정도는 1분 이상 오르가즘이 지속되기도 하고, 약 5% 정도의 여성들은 한 번의 성관계에서 5번의 오르가즘을 느끼기도 하는 것으로 조사되었다. 39%의 여성들은 첫 경험에 오르가즘을 느꼈으며, 첫 출산 후가 21%, 두 번째 출산 후에는 15%의 여성이 처음으로 오르가즘을 경험하였다고 응답하였다. 또한 20대 주부의 58%는 첫 경험에서 오르가즘을 느낀 것으로 조사되었으며, 첫 경험에서 만족감을 느꼈던 여성들의 69%가 부부생활 동안 오르가즘을 느끼기 쉬운 것으로 조사되어 첫 경험의 만족도가 이 후의 성관계에 매우 중요한 것으로 나타났다.

이와 같이 여성들은 성교의 방법이나 개인에 따라, 또는 동일한 사람이라도 경우에 따라 매우 다양한 오르가즘의 양상을 나타낸다. 여성의 오르가즘은 생리학적인 요소는 물론이고 심리학적인 요인도 매우 중요한 역할을 하므로 여성들이 완전한 오르가즘을 경험할 수 있도록 유도하기 위해서는 남성들은 성교 기술은 물론 심리적인 면도 고려해야 할 것이다.

Q 5-3

오르가즘을 느껴 본 적 있는가?

성관계 경험이 있는 남녀 대학생들을 대상으로 오르가즘 경험 유무를 조사한 결과 131명의 남학생 중 92%가 오르가즘을 경험하였다고 응답하였으며 여학생의 경우 57명 중 61%가 오르가즘을 경험하였다고 응답하였다. 남학생들에 비하여 여학생들에게서 오르가즘 경험 빈도는 훨씬 낮게 나타났는데, 이러한 결과는 응답자들이 20대이고 미혼이라는 점에서 많지 않은 성경험에 따른 미숙함과 남성보다는 여성에서 임신의 가능성과 같은 성행위 결과에 대한 불안감이 오르가즘에 도달하는 것을 방해했을 것이라고 추측해 볼 수 있다.

Q 오르가즘을 경험해 본 적 있는가?

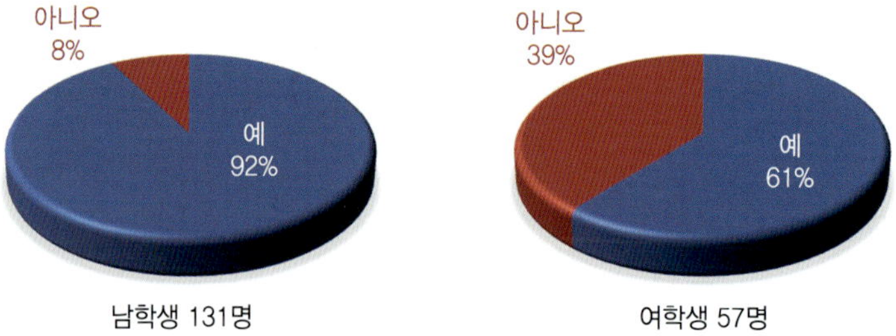

(2) 오르가즘 유형

빅토리안 시대의 학자인 프로이드는 여성의 오르가즘에는 음핵에 의한 오르가즘과 질에의 오르가즘 등 두 가지 유형이 있다고 주장하였다. 그는 음핵 오르가즘은 유아적이며 성적으로 미숙한 경우에 느끼는 오르가즘이며, 질 오르가즘만이 성숙한 정상적인 오르가즘이라고 설명하였다. 또한 그는 여성의 성을 부정시하던 빅토리안 시대의 영향으로 음핵에의 성적 흥분을 억제하거나 제거하는 것이 여성의 성적 발전을 위해 매우 중요하다고도 주장하였다. 킨제이는 879명의 여성을 대상으로 질벽을 터치하였는데도 불구하고 거의 모든 여성들이 인식하지 못하였고, 음핵을 터치하였을 때만 대부분의 여성들이 인지하였다는 사실로부터 생리학적으로 질 입구 부분을 제외한 질 내부의 2/3는 소수의 신경말단만이 분포한다는 사실을 밝혔다. 매스터스와 존슨은 음핵이든 또는 질에의 자극에 의해서든 모든 여성의 오르가즘은 생리적으로 동일하며, 성기 주변 근육의 리드미컬한 수축이 오르가즘의 공통적인 특징이라고 보고하였다. 또한 그들은 질에 삽입된 음경이 음핵을 간접적으로 자극할 때나 유방만을 자극하여 오르가즘에 도달한 여성에서도 동일한 근육의 수축이 관찰되므로 자극의 기원에 관계없이 오르가즘은 오르가즘일 뿐이라고도 주장하였다. 이에 반해 최근의 여러 연구자들은 대부분의 여성들은 음핵을 자극하는 자위행위를 통하여 도달하는 오르가즘과 남성과의 성행위에 의한 오르가즘을 구별할 수 있다고 주장하고 있다. 그들의 조사에서는 많은 여성들이 질 오르가즘과 음핵 오르가즘 및 이들의 혼합된 오르가즘을 경험하였으며, 이러한 오르가즘들은 모두 그 느낌이 다르고, 그 중에서도 혼합된 유형의 오르가즘을 가장 만족스러워 한다고 보고하였다.

실제로 어떤 여성은 음핵 자극으로부터는 오르가즘을 느끼지 못하고 질 자극에 의해서만 오르가즘을 느낄 수 있다. 질의 내부 2/3는 신경말단이 매우 적은 데도 불구하고 질 오르가즘이 존재하는 이유는 삽입된 음경이 질을 자극하게 되면 질 자체가 아니라 질을 둘러싸며 많은 신경말단이 분포하고 있는 치골미골근에 음경의 자극이 전달되며, 이에 따라 신경이 자극받기 때문이다. 즉, 음경에 의한 치골미골근의 간접적인 신경 자극이 여성들로 하여금 질 오르가즘을 느낄 수 있도록 유도하는 것이다. 질 오르가즘을 느끼는 사람들은 대부분 강한 치골미골근을 지니고 있다는 사실로서도 질 오르가즘이 치골미골근과 밀접한 관계가 있다는 것을 알 수 있다. 또한 G점의 자극을 통해서도 질 오르가즘이 유발되는데, 이 부분을 자극하면 조직의 일부가 부풀어 오르고 소변이 나올 것 같은 느낌이 들기도 하지만 계속해서 자극하게 되면 또 다른 느낌의 오르가즘에 도달하기도 한다.

남성의 발기를 위한 가장 효과적인 자극은 음경귀두를 터치하는 것이며, 오르가즘시에는 음경의 기저부와 회음부에서 근육의 수축이 일어나게 된다. 남성들은 귀두와 회음부 자극에 의하여 흥분을 느끼기도 하며, 강도의 차이는 있을지라도 여성과 같이 몸 전체를 통해 오르가즘을 느끼는 것이 일반적이다.

(3) 오르가즘시 여성 사정

여성도 남성과 유사하게 오르가즘 동안 사정한다는 사실이 300년 전 네덜란드의 발생학자들에 의해 알려지게 되었는데, 그 양은 개인에 따라 몇 방울에서부터 넘쳐흐를 정도까지 매우 다양하다. 어떤 여성들에게서는 질 오르가즘시 소변과는 달리 맑고 하얀 무취의 용액이 분비되기도 하며, 사정시에는 소변을 보는듯한 느낌을 받는다고 호소하는 여성들도 있다. 1980년대 이전에는 오르가즘시 분비물을 보이는 여성들을 요실금과 같은 소변 조절 불능으로 진단하기도 했으나, 오르가즘 동안 사정하는 분비물이 남성의 전립선과 발생학적으로 기원이 동일한 스킨선으로부터 방출된다는 사실이 밝혀진 후 오르가즘시의 사정은 소변 조절 불능에 의한 것이 아니라고 알려지게 되었다. 여성의 사정은 G점을 자극하거나 강한

Q 5-4

여성 사정을 경험해 본 적 있는가?

성경험이 있는 여학생들을 상대로 오르가즘시 여성 사정의 경험을 조사한 결과 여학생 78명 중 17%가 경험이 있다고 응답하여 매스터스와 존슨이 조사했던 300명중의 14명(4.6%) 보다 높은 빈도로 나타났다. 사정의 양에 대한 질문에는 '소량'이라고 응답한 여학생이 62%로 가장 많았고 '많다'고 응답한 여학생이 26%, '남성의 사정양 만큼'이라고 응답한 여학생은 9%로 나타났다.

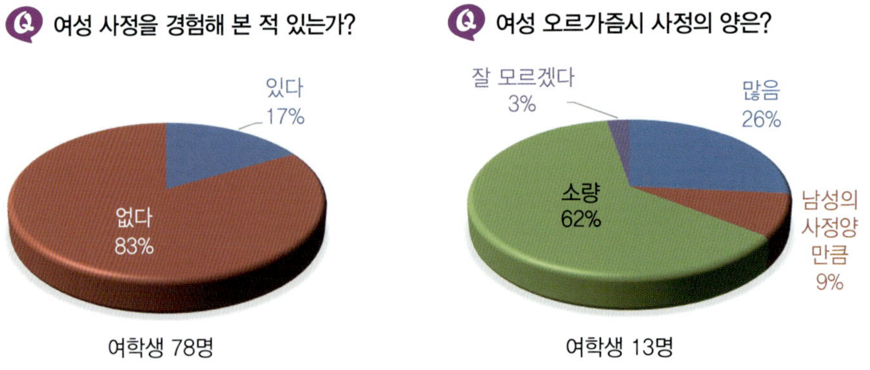

치골미골근을 지니고 있는 여성에게서 자주 관찰된다. 페리와 휘플은 최저 10%에서 최고 40%의 여성이 사정을 경험하였다고 보고하였고, 매스터스와 존슨은 조사한 300명 중에 14명이 사정을 경험했으며 사정된 액은 소변과 다르다고 보고하였다.

(4) 멀티오르가즘

매스터스와 존슨은 오직 여성만이 여러 번의 오르가즘을 느낄 수 있으며, 남성은 사정 후

Q 5-5

멀티오르가즘을 경험해 본 적 있는가?

성경험이 있는 남녀 대학생들을 상대로 멀티오르가즘 경험 유무 및 경험 횟수에 대하여 조사한 결과 남학생 349명 중 17%와 여학생 146명 중 19%가 한 번의 성교에서 여러 번의 오르가즘에 도달한 경험이 있다고 응답하였다. 멀티오르가즘을 경험한 학생 중 한 번의 성교에서 3번 이상의 오르가즘을 경험한 학생의 비율은 남학생 48%, 여학생 65%로 여학생들의 비율이 남학생들보다 높게 나타났으며, 남녀 모두에서 8% 이상의 학생들이 한 번의 성교에 의해 최대 5번 이상의 계속적인 오르가즘을 경험하였다고 응답하였다. 이러한 설문 결과는 남녀 모두 실제로 멀티오르가즘을 경험할 수 있음을 보여준다.

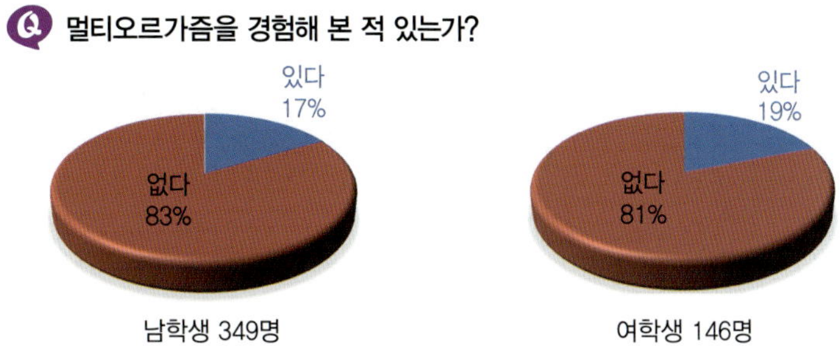

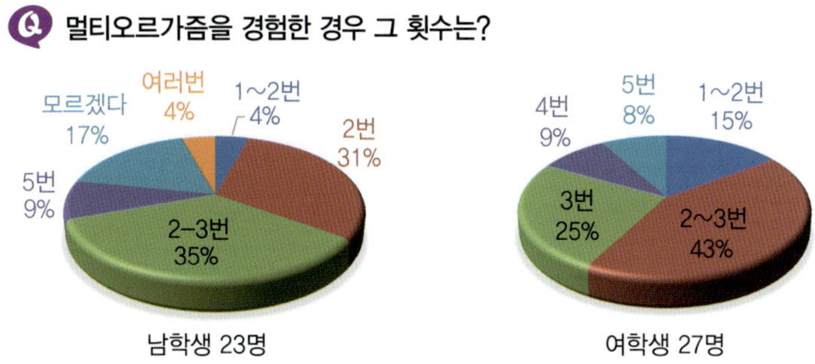

항상 불응기를 경험하게 된다고 주장하였다. 그러나 다른 연구자들은 남성들도 사정을 억제하면 여러 번의 미니오르가즘을 경험할 수도 있으며, 일부의 남성들은 정액을 사정하기 전에 정액의 사출이 없는 한 번 이상의 오르가즘을 경험하기도 한다고 보고하였다.

많은 남성들은 성교 동안 2–3번의 오르가즘에 도달하기도 하는데, 한 번의 오르가즘 후 감정적, 신체적 성적 자극이 지속되면 성적 반응이 고원기 수준보다는 떨어지지만 흥분기 이하로는 떨어지지 않는다. 이 시기 동안에는 발기는 가능하지만 반응이 고원기까지 다시 도달하기 전까지는 또 다른 오르가즘에 도달할 수는 없다. 이 시기를 불응기(refractory period)라고 하며, 개인에 따라 길이가 다르지만 나이가 듦에 따라 점차 길어지게 된다. 이 시기에 계속적으로 성적 자극이 증가하면 짧은 불응기를 지나 또 다른 오르가즘을 경험하게 된다.

여성의 경우도 오르가즘 후에는 성적 흥분이 고원기 이하로 떨어져 자극이 없었던 시기와 동일한 상태로 되돌아간다(그림 5.6). 그러나 일부 여성은 한 번의 성관계에서 고원기 이하로 성적 흥분 상태가 떨어지지 않고 여러 번의 오르가즘을 경험하기도 하는데, 그 횟수는 신체적 탈진할 때까지 계속될 수도 있다. 그러나 연속적인 오르가즘은 계속적인 성욕과 효과적인 자극이 있을 때만 가능하다. 미국의 경우에 한 번의 성관계에서 한 번의 오르가즘을 경험하는 여성이 10% , 여러 번에 걸쳐 반복되는 오르가즘을 느끼는 여성이 14–16%, 경우에 따라 다르게 경험하는 여성이 40%였다. 많은 여성들은 직접적인 성관계보다 자위행위 시에 여러 번의 오르가즘을 느끼는 횟수가 더욱 많은데, 그 이유는 성적 파트너에게 성적 흥분 상태를 방해받지 않고 자신의 성반응 주기에 따라 적당한 성적 자극을 하는 것이 가능하기 때문이다.

성의 유일한 목적이 여러 번의 오르가즘을 경험하는 것이라고 생각하는 남녀는 목적 달성이 되지 않으면 성적인 불만을 느끼게 될지도 모른다. 그러나 대다수의 사람들은 한 번의 오르가즘으로 완전히 만족할 수 있기 때문에 한 번의 성교에 의해 도달할 수 있는 오르가즘의 횟수에 집착하는 것은 건강한 성생활을 위해서 그다지 바람직하지 않은 자세라고 할 수 있다.

(5) 음경의 크기와 오르가즘

음경의 크기와 여성의 성적 만족과의 관계에 관해서는 많은 오해가 있다. 오래 전부터 영웅의 음경은 항상 거대하게 묘사되어 왔으며, 누구든지 손쉽게 볼 수 있는 음란 잡지나 인터넷 등에서도 남성 음경의 크기는 사내다움이나 생식력과 관계가 깊고 여성의 쾌감과도 직접적으로 연관되어 있다는 인식이 무의식적으로 조장되고 있다(그림 5.8). 이러한 인식은 대다수의 남성들로 하여금 극소수 남성들의 과장된 음경과 비교하여 자신의 성기가 모양이나 크기가 너무 작거나 가늘고 발기시의 각도가 좋지 않으며 발기도 충분치 않다고 생각하게 만들었다. 실제로 많은 남성들은 성관계에 충분한 크기의 음경을 갖고 있음에도 불구하고 열등감을 갖는 경우가 많다. 인디아나 대학의 킨제이 연구소는 미국인 남성의 발기된 음경의 평균 크기는 길이가 약 15 cm, 지름은 약 4 cm이며, 최저 2.5 cm에서 최고 25 cm에 달한다고 보고하였다. 3장에서도 언급하였듯이, 우리나라 남성의 음경 크기는 미국인보다는 작지만 평균 약 12 cm 정도로서 정상적인 성행위에는 아무런 문제가 없는 것으로 조사되었다. 최근 일부 남성들은 음경 확대를 위해 음경 기저부의 지방을 제거하는 수술을 받기도 하지만, 미국 성형외과학회에서는 이 시술의 위험성을 경고하고 있다.

그림 5.8 프리아푸스(생식의 신)
그리스 생식의 신의 모습. 남성의 음경을 사내다움과 생식력의 상징으로 인식하였기 때문에 음경이 과장되게 표현되었다.

결론적으로 말해서 음경의 크기와 여성의 쾌감과는 반드시 비례하지는 않는다. 여성의 성기는 끝이 없는 동굴도 아니고 항상 열려 있는 단순한 구멍도 아니다. 흥분되지 않았을 때의 질은 길이가 7–13 cm 정도이며, 성적으로 흥분되었을 때에는 질 내부의 2/3가 확장되고 그 깊이는 서양인의 경우 평균 약 15 cm 정도가 된다. 이와 같이 질 내부 2/3는 신경말단이 거의 없고, 질의 깊이는 평균 15 cm 정도이며, 발기된 서양인 음경의 평균 길이 역시 15 cm라는 사실은 15 cm 이상의 음경은 질의 자극에 그다지 효과적이지 않다는 사실을 암시하고 있다. 더욱이 대부분의 여성들은 성적 흥분시 질구가 좁아지게 되어 삽입된 음경을 압박할 수 있으며, 질구는 내부 깊숙한 곳이 아니라 바깥쪽 1/3만이 터치에 민감하며 음경의 대소나 굵고 가는 것과는 무관하게 삽입된 음경의 크기에 적응함으로써 작은 음경에 의해서도 충분한 쾌감을 느낄 수 있다.

일부이긴 하지만 어떤 남성들은 자신의 음경이 너무 크고 굵어서 고민하는 경우도 있으며, 실제로 과도하게 큰 음경을 갖고 있는 남성은 일반 여성과의 성관계 시 자신의 음경을 여성의 질 내부 깊숙히 삽입시킬 수 없기 때문에 성교 동안 서로 간의 밀착감을 잃는 경우가 많다. 많은 여성들이 성기의 삽입을 통한 일반적인 성교보다는 음핵의 직접적인 자극에 의해 더욱 강한 오르가즘에 도달하지만, 대부분의 여성들은 음핵만을 자극하는 것보다는 서로 간의 밀착감을 느낄 수 있는 성교를 원하기 때문에 성교 체위 중에서도 특히 밀착감을 높힐 수 있는 체위를 선호하는 경향이 있다. 이러한 의미에서 완전한 삽입이 어려울 정도의 큰 음경을 갖고 있는 남성들은 일반 남성들과는 또 다른 문제로 고민할 수도 있을 것이다.

남성들이 자신의 음경 크기에 관심을 갖는 것만큼 여성들도 남성 음경의 크기에 관심을 갖고 있을까? 극단적인 경우이긴 하지만 어떤 연구에서 여성들에게 설문한 결과 음경의 크기가 성관계에서 가장 중요하다고 응답한 여성은 거의 없었다고 조사되었다. 이상의 결과들을 종합하면 여성의 쾌감을 증폭시키기 위해서는 어떠한 음경을 지니고 있는가가 아니라 어떠한 심리적 상태에서 성행위가 이루어지는가가 더욱 중요하다고 할 수 있을 것이다. 실제로 대부분의 여성들은 평균 크기의 음경을 선호하며, 전체적인 성관계의 질이 성적 만족의 가장 중요한 요소라고 인식하고 있다.

4) 심신장애와 성

각종 신체 이상을 갖고 있거나 여러 가지 요인에 의해 정신지체를 갖고 있는 사람들도 성욕을 느끼는가? 많은 사람들은 하반신 장애인 여성은 임신하거나 출산할 수 없다고 생각한다. 그러나 많은 장애 여성들도 임신은 물론 출산할 수도 있으며, 신체의 일부는 장애가 있더라도 성적으로 완전히 마비된 것은 아니다. 많은 사람들은 심신 장애인들이 성욕이 없거나 성적으로 미숙하다고 생각하며, 이들의 부모들은 의식적으로 성적인 정보를 억제함으로써 그들을 보호하고자 한다. 또한 친구들도 그들 앞에서 성에 대한 주제에 대하여 결코 언급하지 않는 것이 그들을 위하는 일이라고 생각한다. 더욱이 전문가들조차도 환자에 대한 성교육의 중요성을 최근에서야 인식하기 시작했을 정도로 심신 장애인들의 성에 관한 사회적, 학문적 관심은 지극히 미미한 실정이었다.

그러나 장애인들도 분명히 성관계가 가능하다. 장애인들도 이성과 만족스러운 관계를 나누고 자손을 얻고자 하는 욕구가 있으며, 이러한 선천적인 욕망은 어떠한 장애로도 억제되지 않는다. 일반인이 갑자기 장애를 갖게 되면 적응하지 못해 성관계에서 많은 문제가 생길 수 있지만, 이러한 경우에도 커플 간의 노력에 의해 충분한 성적 만족을 느낄 수 있을 것이다. 많은 사람들은 발기를 지속시키고 사정하여야만 성행위가 완성된다고 믿지만 애정 어린 따뜻한 손길이나 키스 및 곁에 누워 있는 등의 서로 간의 관능적인 친밀감은 성교보다 더욱 중요한 성행위일 수도 있을 것이다.

사람들은 왜 성관계를 갖는가? 직접적인 성기의 삽입이 불가능해도 성관계를 즐기는 것이 가능한가? 성적 쾌감은 성기의 흥분에만 제한되는가? 이러한 질문들에 대해서는 한 마디로 대답하기가 어렵다. 그러나 사람들은 자손을 얻기 위해서나 신체적인 쾌락을 얻기 위해서 뿐만 아니라 또 다른 목적을 위하여 성관계를 한다. 그 중 가장 중요한 목적으로는 서로 간의 친밀감을 공유하기 위한 것이라고 할 수 있을 것이다. 지체부자유자도 기능이 살아 있

Q 5-6

음경의 크기와 여성의 성적 만족도는 관련이 있는가?

음경 크기와 여성의 성적만족도는 관련이 있는가라는 질문에 남학생 140명 중 39%가 음경의 크기는 여성의 오르가즘과 관계가 있다고 응답한 반면에 여학생 56명 중 23%만이 관계있다고 응답하였으며, 72%는 관계없다고 응답하였다. 설문결과 다수의 학생들이 음경 크기와 여성의 성적만족도는 관계없다고 인지하고 있으나 일부 학생들의 경우, 특히 여학생보다는 남학생들에서 더 많은 비율로 음경 크기가 여성의 성적만족도와 관련될 것이라는 인식을 가지고 있음을 알 수 있다.

Q 음경의 크기와 여성의 성적만족도는 관련이 있는가?

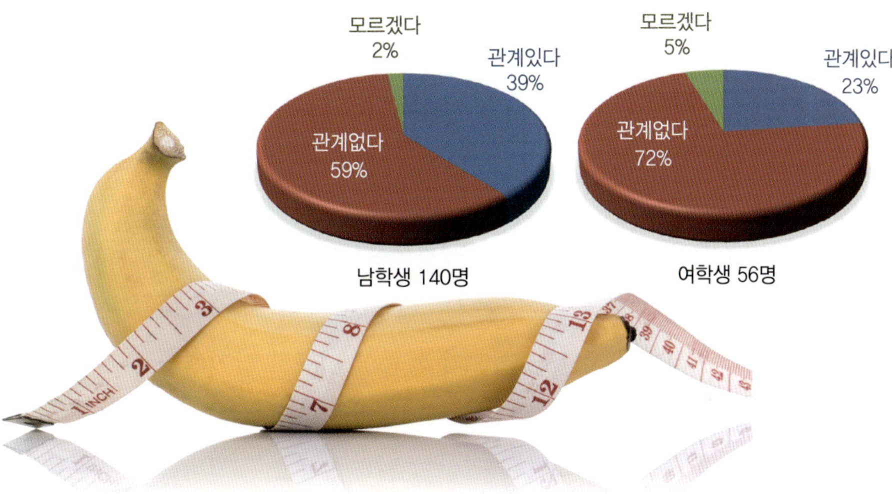

는 신체의 부분을 애무하면 매우 민감하게 반응하기도 하며, 성적인 접촉을 통해 서로 간의 감정적 친밀감을 느낄 수 있다. 즉, 사람들에게는 신체적 이상 유무와 관계없이 포옹, 키스 및 애정의 공유가 성교 이상으로 중요한 성관계라고 할 수 있다.

1967년의 어떤 연구에서는 '하반신 마비 환자들은 성적으로 완전한 불구이다'라고 보고할 정도로 의료인들을 비롯한 전문가들도 장애인들에 대한 성을 부정시하는 경향이 강했다. 모 신문에는 교통사고로 목뼈를 다쳐 사지가 마비된 35세의 안모씨는 부인이 돌보아 주지 않으면 일상생활도 불가능한 정도였기 때문에 사고 후 한 번도 성관계를 갖지 않게 되었다. 그러나 어느 날 남편의 소변 기구를 갈아주던 부인은 남편의 성기가 발기된 장면을 보게 되었고,

그 후로 이들 부부는 인생의 중요한 부분인 성생활을 다시 찾게 되었다는 기사가 실린적이 있다. 또한 켄 크롤이 실제적인 설문결과를 토대로 저술한 '낭만 만들기: 장애인들(과 그들을 사랑하는 사람들)을 위한 사랑과 섹스와 교제 지침'이라는 책에는 엄지손가락을 제외한 신체의 모든 부분이 마비된 주인공 남성이 오른손 엄지손가락을 여성의 질 안에 넣은 채 성관계를 즐겼으며, 그는 엄지손가락으로 전달되는 마찰과 압력을 통해 자신들이 사랑을 나누고 있다는 사실을 확실히 느낄 수 있었다고 술회하는 내용이 실려 있다. 장애인들의 성교에는 일반인들보다 많은 어려움이 뒤따르겠지만 장애인들은 그들 나름대로 새로운 방식의 성행위 방법을 찾을 수 있으며, 이를 통해 충분한 성적 만족을 얻을 수도 있을 것이다.

1999년 3월 국립재활원이 척수장애인 30명을 대상으로 한 설문조사에서는 대부분의 장애인이 성상담을 받은 경험이 없었다고 조사되었다. 특히 의사와 성에 대해 상의해 본 장애인은 한 명도 없었고, 타인과 성에 대해 상의해 본 사람들도 19%에 불과한 것으로 드러났다. 그러나 척수손상 후에도 약 74%의 환자는 발기가 가능하며, 23%는 성관계가 가능할 정도로 충분한 발기력과 발기 지속력을 유지하고 있다고 알려질만큼 특별한 경우를 제외하고는 대부분의 장애인들도 여전히 성에 대한 신체적 능력은 충분하다고 할 수 있다.

국립재활원이 2013년 개정판으로 출판한 '장애인 성재활 가이드북'에 따르면 남성 척수손상 장애인 100명 중 50명 정도는 발기는 되는 데 성교가 안 되는 불완전 발기상태이지만 25명 정도는 발기기능에 문제가 없어서 성교가 가능할 정도로 발기력이 유지된다고 보고하였다. 단, 척수손상 후 사정이 가능한 경우는 역행성사정을 포함해도 20%이고 정자의 활동력이 떨어져 의학적 도움없이 자연스럽게 임신이 되는 경우는 약 10% 미만인 것으로 보고되었다. 여성 척수장애인의 경우 약 50%에서만 척수손상 후 월경 장애가 나타나고 많은 경우에서 손상 후 6개월 이내 신체기능이 정상으로 회복되어 임신이 가능한 경우도 있는 것으로 알려져 있다. 가이드 북에 따르면 147명의 여성 척수장애인 중 88%가 임신 및 출산이 가능해 거의 비장애인 부부의 임신 및 출산율과 비슷한 것으로 밝혀졌다.

장애인들의 성관계를 어렵게 하는 가장 큰 문제는 그들의 장애가 아니라 장애인들에 대한 사회적인 태도이다. 정신적으로나 신체적으로 어떠한 문제가 있든 아니든 간에 모든 사람들은 성적 존재인 성체(sexual being)임에 틀림없으며, 어느 누구도 강제로 그들의 성을 억제하거나 방해할 수는 없다. 장애인을 대상으로 하는 사회복지 정책에는 그들의 의식주뿐만 아니라 삶의 질도 고려되어야 하며, 그 내용에는 지금까지 완전하게 부정되어 왔던 그들의 성적인 문제도 포함되어야 할 것이다.

2 성적 행태

1) 정상적인 성적행위의 기준

정상과 비정상적인 성적행위의 기준은 개인의 나이, 사회문화적 인식, 전통적인 관습, 파트너와의 교감, 행위의 빈도 등에 따라 결정된다. 일반적으로 대다수의 사람들이 행하는 성적행위를 정상적인 행위로 간주하고, 소수의 사람들이 행하는 행위를 반드시 비정상이나 변태적인 행위라고 간주할 수는 없다. 많은 학자들은 성인들이 일반적으로 행하는 질을 통한 성교, 자위행위, 구강성교 등을 정상적인 행위로 간주하며, 동성애 또한 정상적인 성행위의 범주로서 인정하기도 한다. 그러나 만약 유아기나 소아기 또는 청소년기의 아동들이 성인들의 행위와 동일한 행위를 한다면 정상 범주에 드는 성적행위라고 말하기는 어려울 수도 있을 것이다. 이와 같이 정상적인 성행위와 비정상적인 성행위의 판단은 절대적인 기준에 의해서가 아니라 매우 다양한 요인들에 의하여 결정되는데, 성적행위를 시도하는 커플들 상호간에 심리적, 신체적 고통 없이 일상생활에 지장을 주지 않는 한 모든 성행위는 정상적인 성행위로 인정될 수도 있을 것이다.

2) 자위행위

(1) 자위행위에 대한 인식과 태도

자위행위는 수 세기에 걸쳐 세계의 여러 나라에서 부정적으로 인식되어 왔다. 고대 중국의 방중술서는 여자인 '음'과의 접촉 없이 남자의 정기를 소모하는 자위행위는 '양'이 쇠해져 만병의 근원이 된다고 주장하였고, 성경은 자위행위를 씨를 낭비하는 행위로 간주하였으며, 초기 로마 가톨릭 교회는 생식을 위한 목적 이외에 행해지는 모든 성행위는 부도덕하다고 주장하였다. 1758년 스위스 의사인 티소트는 과도한 자위행위는 음경내 혈관조직을 손상시키며 광기를 유발하기 때문에 육체적, 정신적으로 매우 위험하며, 죄수들과 같은 비정상적인 사람들만이 자위행위를 한다고 주장하였다. 또한 빅토리안 시대의 많은 의사들은 자위행위를 통한 정액의 소실은 혈액의 소실과 같이 건강에 치명적이라고 생각하였으며, 특히 프로이드는 정액 1온스를 낭비하면 혈액 40온스를 잃는 것과 같다고 주장하였다. 이 시기의 사람들은 성적 쾌락을 완전히 부정하여 어린이들에게 정조대를 착용시켰으며, 자위행위를

Q 5-7

자위행위를 시도한 적이 있는가?

남녀 대학생들을 상대로 자위행위 경험 여부와 첫 경험 시기를 조사한 결과에서 남학생 734명 중 98%, 여학생 583명 중 29%가 자위행위의 경험이 있다고 응답하여 자위행위 경험 유무에 있어서 여학생에 비하여 남학생들의 자위행위 경험이 훨씬 많았으며, 그 중 남학생의 81%, 여학생의 59%가 고등학생이 되기 이전에 자위행위를 시작하였다고 응답하였고, 여학생의 7%는 취학 전에 이미 최초의 자위행위를 경험하는 것으로 조사되었다. 전체적으로 자위행위를 시도한 시기 또한 여학생보다는 남학생들이 좀 더 이른 시기에 경험했음을 알 수 있다.

자위행위 경험 여부

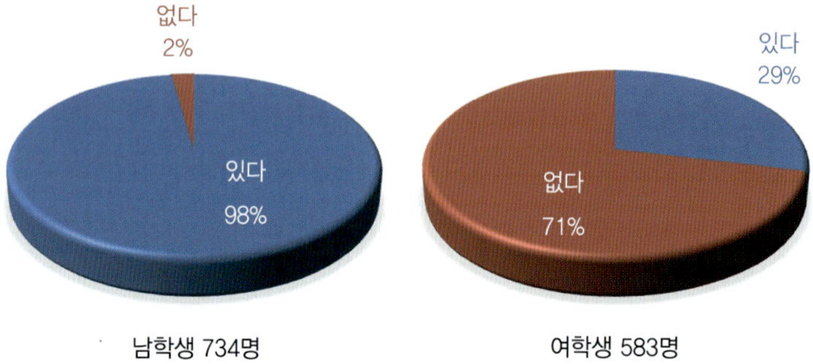

처음 자위행위를 경험한 시기

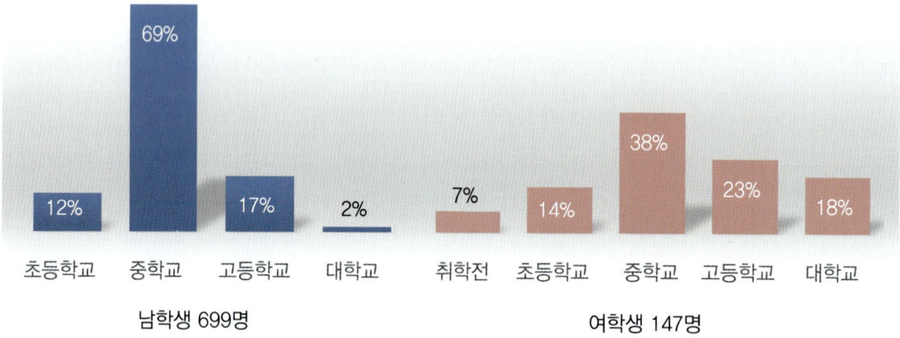

방지할 목적으로 거세나 할례 등을 시도하는 것이 보편적이었다(그림 2.8). 특히 가톨릭 교회는 자위행위란 잘못된 성행위로서 큰 죄에 해당한다고 설교하기도 한다. 그러나 최근에는 임상적인 문제를 유발할 정도로 과도하지만 않다면 자위행위 자체가 특별한 신체적 손상을 유발하지 않는다는 사실이 정설로 받아들여지고 있으며, 어떤 면에서는 타인에게 해를 끼치

지 않으면서도 자신의 성적 욕구를 해소할 수 있는 매우 유용한 성적 행위라는 인식이 일반화되게 되었다.

우리나라의 청소년들은 거의 대부분 자위행위에 대한 부정적인 말들을 들으면서 성장한다. 부모나 학교 또는 종교단체에서는 청소년들에게 지나친 자위행위를 금지하는 대신 운동이나 기타 건전한 방법으로 성적 욕구를 해결하라고 교육하고 있으며, 교육 내용에는 자위행위를 정상적인 성적 생활의 일부로 간주하기보다는 불결하고, 건강을 해치며, 학업이나 정상적인 생활에 지장을 주는 행위라는 인식을 심어주기 위한 자료들이 포함되어 있다. 또한 이러한 성교육뿐만 아니라 자위행위를 비정상적으로 음란하게 표현하는 대중매체의 영향 때문에 청소년기의 소년, 소녀들은 자위행위를 음란한 사람들만의 행위이며, 자신들의 부모들을 포함한 모든 정상적인 사람들은 그러한 행위를 하지 않는다는 고정관념을 갖게 되는 경우가 많다. 이와 같이 종교나 어린 시절의 성교육으로부터 기인하는 고정관념은 성인이 된 후에도 성적 행위에 대한 부정적인 인식을 유발할 수 있으므로 무조건적으로 자위행위를 금지하는 성교육은 청소년들에게 반드시 도움이 되는 교육 방법이라고 할 수는 없다.

(2) 자위행위 빈도

최근까지도 자위행위에 대한 사회적 인식이 상당히 부정적이기 때문에 많은 사람들은 극히 소수의 사람들만이 자위행위를 할 것이라고 생각할 수도 있다. 그러나 수많은 조사결과에 따르면 대다수의 남녀가 자위행위를 하고 있거나 한 경험이 있다고 알려져 있다. 1948년과 1953년 킨제이 그룹의 조사결과는 남성의 92%가 20세 이전에 자위행위를 경험하며, 여성의 1/3이 20세 이전, 1/3은 40세 이전에 자위행위를 경험하였다고 밝히고 있다. 우리나라의 경우 2017년 (주)한국리서치가 1,000명의 만 19–64세 성인 남녀를 대상으로 대한민국 자위행위에 대한 실태조사를 실시한 결과, 자위행위 경험 조사에서 남성 98%, 여성 70%가 자위행위의 경험이 있는 것으로 조사되었다.

또한 많은 연구결과들은 자위행위를 하는 사람들 모두가 정기적으로 자위행위를 하는 것은 아니며, 교육 수준이 높을수록 자위행위의 빈도가 높고, 평균적으로 남성이 여성보다 두세 배 정도 높은 빈도로 자위행위를 시도한다고 밝히고 있다.

한 달에 한 번이든 하루에 세 번이든 자위행위 여부나 빈도가 건강상의 문제를 유발한다는 확실한 의학적 증거는 없다. 더욱이 대다수의 사람들이 자위행위를 시도하고 있으며 그러한 행위가 신체적, 감정적, 사회적 문제를 유발하지만 않는다면, 그 행위를 비정상적인 행

Q 5-8

얼마나 자주 자위행위를 하는가?

남학생들의 경우 주당 2회 이상 자위행위를 시도하는 경우가 71%인 반면에 여학생들은 26%였으며, 여학생들은 주당 2-3회가 최고빈도인데 반해 남학생들은 매일이라고 응답한 경우도 있어 여학생들보다는 남학생들이 훨씬 더 자위행위에 긍정적인 것으로 나타났다.

자위행위의 빈도

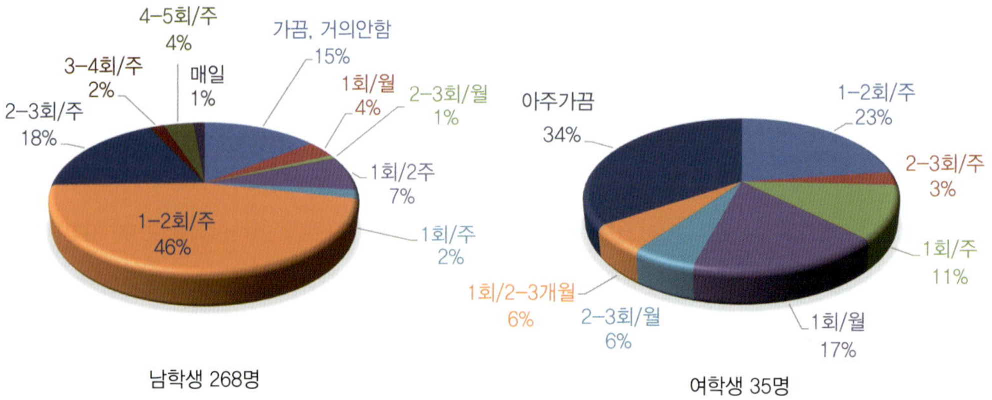

위라고 비판할 수는 없을 것이다. 만약 일부 성직자, 성교육자 및 자위행위에 대해 비판적인 시각을 갖고 있는 사람들이 말하듯이 자위행위가 비도덕적이거나 신체에 위험을 야기하는 행위라면 자위행위를 시도하는 수많은 사람들은 비도덕적이며 반사회적인 사람들이거나 심각한 신체적 손상을 받아야만 할 것이지만, 실제로 자위행위를 시도하고 있는 사람들은 정상적인 사회생활을 하는 건강한 사람들이 대부분이다.

(3) 자위행위 방법

자위행위의 방법은 개인에 따라 다르며, 특히 여성의 경우가 남성보다 훨씬 다양하다(그림 5.9). 남성들의 자위행위 방법은 개인에 따라 자극의 강도나 속도는 다르지만 한 손으로 자신의 음경을 움켜 쥔 채로 위아래로 왕복하는 것에서는 거의 모두 동일하다. 또한

그림 5.9 자위행위의 방법

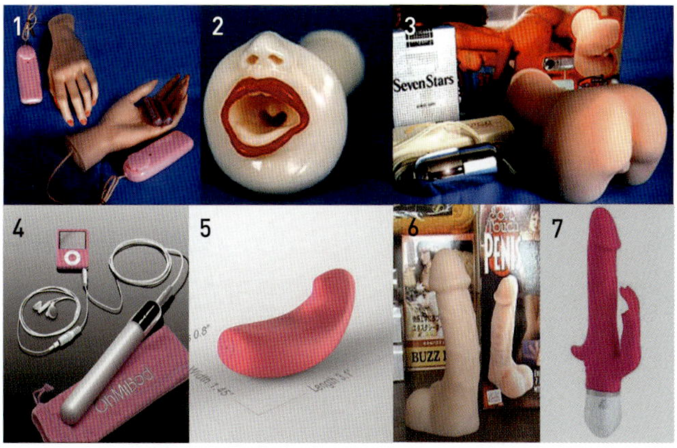

그림 5.10 다양한 자위행위 도구들

여성의 손(1)과 입(2) 및 엉덩이(3) 모양의 남성용 자위행위 도구들. 여성의 음핵 등을 자극하기 위한 다양한 형태의 바이브레이터들(4, 5), 실리콘 재질의 인공음경(6), 전동 형태의 인공음경(7)인 여성용 자위행위 도구들

남성들은 음경의 자극 외에 자신의 음경귀두, 음낭 및 그 외 신체 부분을 동시에 자극하기도 하며, 성적 흥분을 증가시키기 위해 성적환상이나 음란물 및 각종 기구를 이용하기도 한다. 1975년 훈트는 75%의 남성이 자위행위 동안 자신이 사랑하는 사람과 성교하는 환상을 한다고 보고하였으며, 극소수이긴 하지만 어떤 남성들은 오르가즘의 강도를 강화시키기 위하여 기구를 이용하거나 자신의 목을 졸라 산소 공급을 억제하는 행위를 하기도 한다. 미국에서는 이러한 행위 때문에 매년 500–1000명의 남성이 사망한다는 보고도 있다.

자위행위를 하는 대부분의 여성들은 자신의 음핵과 소음순을 비롯하여 음부 전체를 자극하는데, 그 중 20%는 자위행위 동안 손가락이나 자위기구를 비롯한 기타 이물질을 질 내로 삽입하기도 한다. 여성의 자극방법은 매우 다양하여 자위행위 동안 등을 바닥에 대고 반듯이 눕는 자세를 선호하는 여성이 많지만 엎드린 자세나 기타 자세를 취하는 여성들도 있으며, 일부 여성들은 한 손가락을 사용하기도 하지만, 어떤 여성들은 보다 넓은 부위를 자극하기 위하여 손바닥 전체를 사용하기도 한다. 1953년 킨제이 그룹은 약 11%의 여성들이 자위행위시 유방을 자극하며, 매우 소수만이 인공음경과 같은 도구를 사용한다고 보고하였다(그림 5.9; 5.10). 또한 남성과 동일하게 여성도 자위행위 동안 성적환상을 이용하여 자신의 성적 만족감을 증폭시키기도 한다.

(4) 자위행위의 기능

자위행위를 하는 이유는 한마디로 말해서 그 행위를 통해 성적 쾌락을 얻을 수 있기 때문이다. 남녀의 성기는 많은 신경말단이 분포하고 있기 때문에 터치에 매우 민감하게 반응하는데, 유아들은 신체적인 쾌감 때문에 자주 그들의 성기를 터치하며, 10대들은 쾌감을 얻기 위하여 성기의 터치 뿐만 아니라 에로틱한 상상을 통한 정신적인 자극도 함께 이용한다.

어떤 연구자들은 자위행위는 성적 파트너가 없는 남녀의 성적 욕구를 해소할 목적으로 사용되는 것이 일반적이지만 파트너가 있는 경우에도 반드시 억제될 필요는 없다고 주장한다. 1975년 훈트는 남성의 75%, 여성의 68%가 결혼 후에도 자위행위를 경험한다고 보고하였으며, 1993년 제이누스 또한 남성의 66%, 여성의 67%가 자위행위를 자연스런 성행위의 일종으로 인식하고 있으며 결혼 후에도 자위행위를 지속한다고 주장하였다. 또한 1994년 라우만은 성적 파트너가 있는 사람들이 홀로 사는 사람들보다 자위행위의 빈도가 많으며, 성관계를 많이 하는 사람들이 자위행위도 많이 한다고 보고하였다. 1998년 한국성의학연구소가 우리나라 30대 한국 남성 699명을 대상으로 조사한 결과는 결혼하여 배우자가 있는 경우에도 매일 1회 이상 자위행위하는 남성은 1.4%, 주 2–4회는 7.5%, 주 1회는 7.1%, 월 2회는 7.2%, 월 1회는 12.6%, 월 1회 미만이 18%인 것으로 나타났으며, 46.1%의 남성들은 자위행위를 하지 않는 것으로 나타났다. 2017년 우리나라 성인 남녀의 자위행위 실태를 조사한 결과에서도 연애 중 남성 84%와 여성 74%가 자위행위 경험이 있으며, 결혼 후에도 남성 97%와 여성 87%가 자위행위 경험이 있다고 응답하여 연애 또는 결혼 여부가 자위행위에 크게 영향을 주지 않는 것으로 밝혀졌다. 심지어 연인/배우자와 같이 자위행위를 시도한 적이 있는가라는 질문에 남성 22%와 여성 20%가 '있다'라고 응답하였다. 이러한 결과들은 자위행위란 홀로 사는 사람들의 성적인 분출구로서만이 아니라 성적으로 활발한 사람들의 다양한 성행위 중 한 가지 형태라는 것을 암시하고 있다(그림 5.11).

파트너가 있는 사람들이 자위행위를 하는 이유는, 자위행위가 직접적인 성관계보다 더 큰 성적 만족을 주지는 않을지라도 성교와는 또 다른 성적 경험이기 때문이다. 프로이드는 성인들의 자위행위를 성적 미성숙의 증거라고 주장하였으며, 아직도 많은 사람들은 자위행위가 정상적인 성적 발달을 저해한다고 생각하는 경향이 강하다. 그러나 최근의 많은 연구자들은 특별한 죄의식 없이 자위행위로 오르가즘을 느끼는 여성은 파트너와의 성관계에서도 만족하며, 청년기 동안의 자위행위는 성인이 된 후의 성생활에 어떠한 심각한 문제도 유발하지 않는다고 주장하였다. 더욱이 결혼 후의 자위행위는 도리어 성적 만족도를 증가시키기도 한다는 보고도 있다. 따라서 결혼한 남녀의 자위행위는 배우자와의 직접적인 성관계에 흥미나 욕망을 보이지 않고 자위행위에만 집착하는 경우만 아니라면 배우자에 대한 성적 불만이 원인이 아닐 가능성이 높다.

이와 같이 많은 사람들에 의해 부정적으로 인식되고 있는 자위행위가 최근에는 성치료사들에 의해 남성의 사정조절이나 여성의 불감증 등을 치료하기 위한 방법으로 이용될 정도로

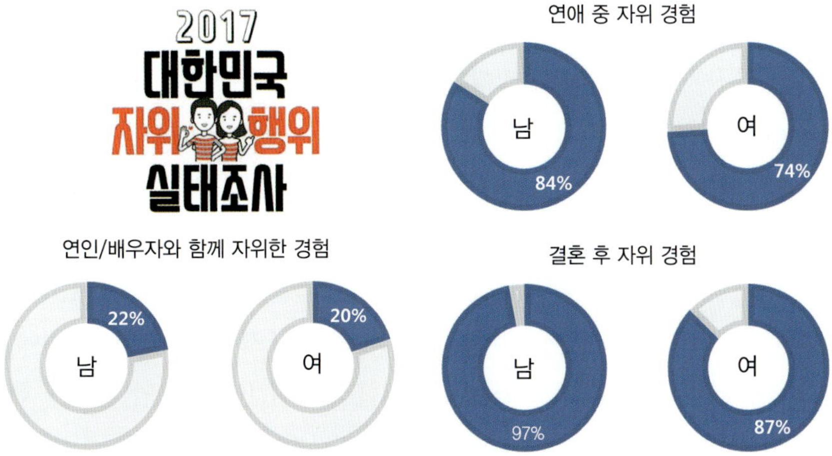

그림 5.11 2017년 대한민국 자위 행위 실태조사

시장조사업체 (주) 한국리서치가 서울 및 6대 광역시민 만 19–64세의 성인 남녀 1,000명을 대상으로 조사한 결과는 실제 많은 남녀가 연애 중이나 결혼 후에도 자위행위를 시도하고 있음을 보여준다.

정상적인 성적 행위의 일부로 간주되고 있다. 그러나 자위행위가 많은 남녀가 시도하는 정상적인 성적 행위라고 해서 모든 사람들이 자위행위를 해야 한다는 의미는 당연히 아니다. 다만 자위행위에 대한 욕망을 느끼는 경우에 근거 없는 죄의식이나 건강에 대한 염려 없이 과도하지 않을 정도의 자위행위를 시도하는 것은 어떤 의미에서는 욕망을 무조건 억제하는 것보다는 성적 문제 해결에 도움이 될 수도 있을 것이다.

3) 몽정

많은 사람들은 꿈에서 오르가즘을 느끼기도 한다. 사람이 수면을 취할 때는 얕은 수면과 깊은 수면 및 급속안구운동성수면(rapid eye movement; REM)이라고 하는 자율신경 활동이 불규칙적인 수면의 시기가 있다. REM 수면 시에는 꿈, 불수의적 근육경련, 급속한 안구운동 등이 수반되며, 80–120분 간격으로 3–4회 일어나고, 5분에서 1시간 이상 지속되는 경우도 있다. 이 REM 수면 시간은 전체 수면시간 중 약 20%를 차지하며, 이 수면 동안에 남성의 경우에는 음경발기, 여성의 경우에는 질의 윤활작용이 일어나기도 하는데, 만약 이러한 반응이 일어나지 않는다면 신체적으로 이상이 있다고 할 수 있다. 그러나 이 시기에 음경의 발기나 윤활작용이 일어난다고 하더라도 반드시 성적인 꿈을 꾸는 것은 아니며, 신체적으로 문제가 없는 사람이라면 무슨 꿈을 꾸던 이러한 반응이 일어나게 된다. 수면 중의 오르가즘은 성기를 침구에 부비거나 하는 행동에 의해 유발되기도 하지만 아무런 행위를 하지 않아도 느낄 수 있다.

자위행위와 마찬가지로 많은 문화권에서 몽정에 대한 부정적인 시각이 존재하였다. 빅토리안 시대의 많은 부모들은 그들의 자녀들이 몽정을 하지 못하도록 가시가 박힌 정액루 고리(spermatorrhea ring)를 음경에 끼우기도 하였다. 정액루란 성교하지 않고도 불수의적으로 자주 과량의 정액을 사출하는 질환으로서, 몽정을 방지하기 위한 도구를 정액루 고리라고 명명한 것으로 미루어 빅토리안 시대에는 몽정을 질환의 일종으로 보았다는 사실을 알 수 있다. 1948년 킨제이 그룹의 연구는 남성의 83%가 몽정을 경험하였으며, 10대에 가장 빈번하다가 그 후 점차 감소한다고 보고하였다. 그러나 반드시 10대에서만 몽정을 한다는 의미는 아니며, 어느 시기에도 일어날 수 있다. 몽정이란 자기 자신의 의지로 조절할 수 있는 것이 아니며, 성적으로 음란하기 때문에 경험하게 되는 것도 아닌 단지 생리적인 현상일 뿐이다. 몽정으로 오르가즘을 경험한 많은 남성들은 자신이 오르가즘을 경험했다는 사실조차 알지 못하는 경우가 대부분이다.

1953년 킨제이 그룹과 1988년 웰스는 각각 여성의 40%와 37%가 꿈에서 질윤활을 경험하였다고 보고하였다. 킨제이 그룹의 연구결과와 같이 남성의 83%가 몽정을 하는 데 비해

Q 5-9

몽정을 경험한 적 있는가? 경험 했다면 언제?

남학생 727명을 대상으로 몽정의 경험 유무와 최초 경험시기를 조사한 결과 남학생의 86%가 몽정 경험이 있으며, 중학교 시절에 66%의 남학생들이 처음으로 몽정을 경험하는 것으로 조사되었고, 대학생이 된 후나 군대에 입대한 후에 처음으로 몽정을 경험하는 경우도 있는 것으로 밝혀졌다.

몽정 경험 유무

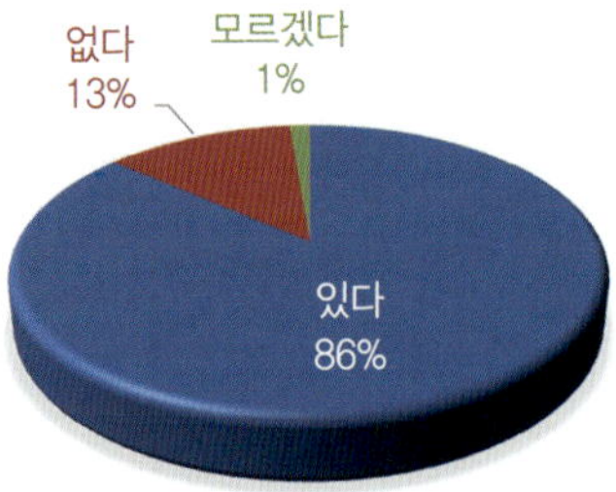

남학생 727명

최초 몽정 경험 시기

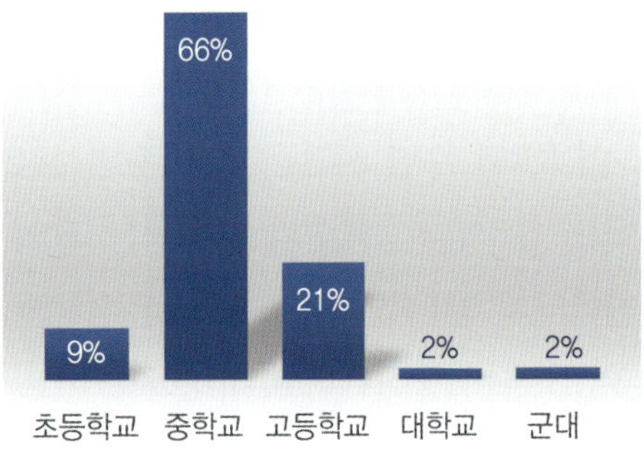

남학생 617명

꿈속에서 질윤활을 경험하는 여성의 수가 적은 것은 남녀 간의 성적 차이가 아니라 여성의 경우에는 잠에서 깬 후 침구나 속내의에 질윤활의 증거가 남지 않기 때문에 실제로는 수면 도중 질윤활이 있었음에도 불구하고 자신이 오르가즘을 경험했다는 사실을 인식하지 못한 결과라고 할 수 있다.

거의 대부분의 사람들이 성적인 꿈을 꾸며, 이러한 현상은 지극히 자연스러운 것이라고 할 수 있다. 킨제이 그룹의 연구에서는 남성의 거의 100%, 여성의 70%가 성적인 꿈을 꾸는 것으로 조사되었다. 그러나 분명히 말해서 성적인 꿈을 꾸었다고 해서 성적으로 문란하다는 것은 아니며, 성적으로 과도하게 발달했다는 의미도 아니다.

4) 성적환상

거의 모든 사람들은 성적환상(sexual fantasy)을 경험한다. 환상의 내용은 특별한 사람과의 로맨틱한 사랑의 장면일 수도 있고, 매우 노골적인 성행위일수도 있다. 과거에는 여성들은 성에 대한 흥미가 많지 않기 때문에 오직 남자들만이 성적환상을 경험한다고 생각하였지만, 최근에는 여성도 남성과 같이 활발한 성적환상을 경험한다고 알려져 있다(그림 5.12). 그러나 일반적으로 여성들의 환상은 로맨틱하고 감정적인 면이 강한 반면에 남성들은 보다 노골적이고 자세한 경향이 있으며, 성적환상의 길이와 노골성은 개개인의 성적 경험에 따라 달라진다.

1994년 라우만은 남성의 54%, 여성의 19%가 매일 성적환상을 한다고 주장하였고, 1953년 킨제이 그룹은 자위하는 여성의 2/3가 성적 흥분을 증폭시키기 위하여 성적환상을 이용한다고 주장하였다. 또한 1975년 훈트는 남성의 3/4, 여성의 4/5가 자위행위 동안 성적환상을 한다고 발표하였으며, 1977년 크레폴트 그룹은 94%의 여성이 성적환상을 한다고 주장하였고, 1988년 펠레티어와 헤롤드는 여대생의 97%가 성적환상을 한다고 자신들의 조사결과에서 밝히고 있다. 1992년의 매스터스와 존슨의 조사결과에서는 86%의 여성이 에로틱한 환상을 한다고 알려졌다.

그림 5.12 성적환상
여성들의 성적환상은 노골적인 것보다는 로맨틱한 것이 주를 이룬다.

2015년 국제 학술지 〈저널 오브 섹슈얼

메디슨〉에 게재된 여성의 성적환상에 대한 논문에 따르면, 799명의 캐나다 여성을 상대로 '섹스 환상'에 대해 조사한 결과에서 1위는 '특이한 장소', 2위는 '파워 플레이'로 상대방이 자신을 압도하는 것, 3위는 '다수의 상대', 4위는 '항복'으로 여성이 관계 중 자신이 결박 당하는 등의 상황, 5위는 '낯선 사람', 6위는 '통제'로서 성관계 중 상대방을 제압하고 자신이 리드하고 싶은 성적환상 순으로 조사되었다. 또한 모바일 데이트 앱 '도플러'는 2017년 400명(여성 241명, 남성 159명)을 대상으로 조사한 성적환상 또는 성적 도착에 관한 설문조사 결과를 발표하였다. 결과에 따르면 가장 흔한 성적환상 또는 성적 도착은 여러 사람과 성관계를 맺는 것(17.6%)과 유명인과 성관계를 갖는 것(16.5%)이었다. 이런 성적환상의 내용은 성별에 따라 다소 달랐다. 설문 조사에 응답한 남성의 약 38%는 여러 사람들과 동시에 성관계를 하는 환상를 갖고 있다고 답변했으나 여성의 경우는 약 8%에 그쳤다. 하지만 남성의 약 14%와 여성의 약 12%가 각각 유명인과 성관계를 갖고 싶다고 답변했으며, 또 응답자의 약 14%는 역할극에 관심이 있는 것으로 나타났다. 응답자의 7.7%는 새도매조키즘에 관심이 있고, 6.6%는 불륜을 성적환상의 대상으로 생각하며, 약 3%는 공개 성행위 생각에 흥분이 된다고 답변했다.

성적환상은 때와 장소를 가리지 않는다. 길에서, 버스나 지하철에서, 학교에서, 직장에서, 심지어는 절이나 교회에서도 사람들은 맘에 드는 상대를 만나면 성적환상을 경험하기도 하며, 특히 음란 영상물을 볼 때면 거의 대부분의 사람들은 긍정적이든 부정적이든 성적환상을 하게 된다. 그러나 남성의 71%, 여성의 72%가 성적흥분을 증폭시키기 위해 성적환상을 사용한다고 밝힌 어떤 조사에서와 같이 대부분의 사람들은 성교시에 환상을 하는 경우가 많다.

성교시의 성적환상은 성행위를 하고 있는 대상이 아닌 다른 사람과의 성관계를 상상하는 대체 환상인 경우가 많다. 어떤 사람들은 성관계를 하면서 파트너 모르게 다른 사람과의 성행위에 대한 상상을 하는 것에 대하여 강한 죄의식을 느끼기도 하지만, 파트너 역시 유사한 성적환상을 한다는 사실을 안다면 그러한 죄의식에서 벗어날 수도 있을 것이다. 이러한 환상의 대상은 친구일 수도, 이웃일 수도, 과거의 연인일 수도, 또는 유명한 연예인일 수도 있다. 성적환상에 대한 프라이버시를 보호하기 위해서는 커플 간에도 서로의 성적환상에 대하여 심하게 추궁하지 않는 것이 현명할 것이다.

성적환상의 내용은 무궁무진하지만, 특히 이제까지 경험하고 싶었지만 여러 가지 이유로 행할 수가 없었던 것들에 대한 내용이 많다. 예를 들어 남들의 성행위를 지켜본다거나, 자신의 배우자가 남과 성관계를 갖는 장면을 훔쳐보거나, 마음에 담아 두었던 상대와 성관계를

Q 5-10

평상시 성적환상을 경험한 적 있는가?

남녀 학생들을 대상으로 평소 성적환상에 대한 경험 여부와 그 대상 및 주요 내용에 대하여 설문한 결과 남학생 322명 중 72%, 여학생 244명 중 49%가 평소 성적환상을 경험한 적이 있다고 응답하였으며, 주요 성적환상의 대상은 남녀 모두 연예인(각 36%와 37%)이 가장 높았고 주요 성적환상의 내용으로는 남학생들의 경우 성관계가 82%로 압도적인 반면 여학생들은 성관계 34%, 키스 22%, 연애 11% 등으로 다양하게 나타났다. 여학생들의 경우 데이트, 연애, 로맨틱한 분위기 등과 같은 상황에 대한 환상이 약 24%인 반면 남학생들의 경우는 모두 신체적 자극과 관련된 환상들로 조사되어 성적환상에 대한 남녀의 극명한 차이를 보여주었다.

평소 성적 환상 경험 유무

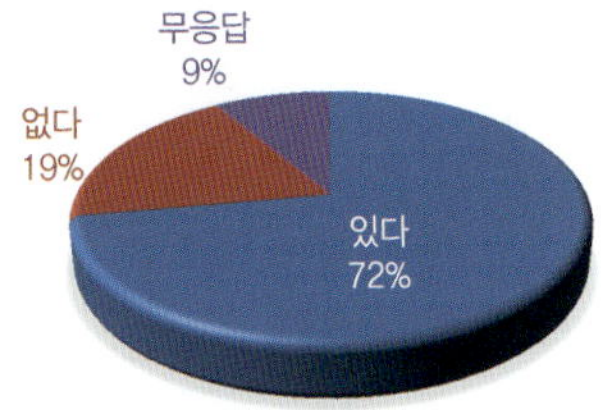

남학생 322명

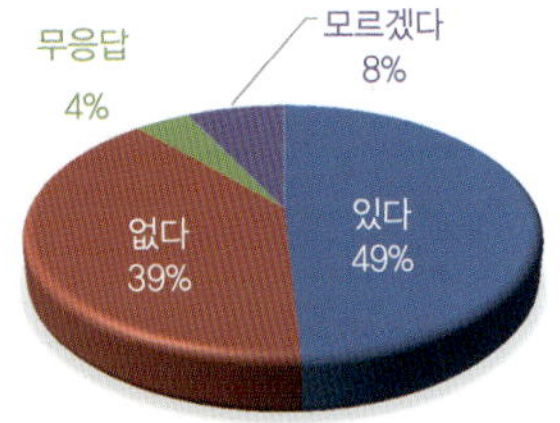

여학생 244명

평소 성적 환상의 대상

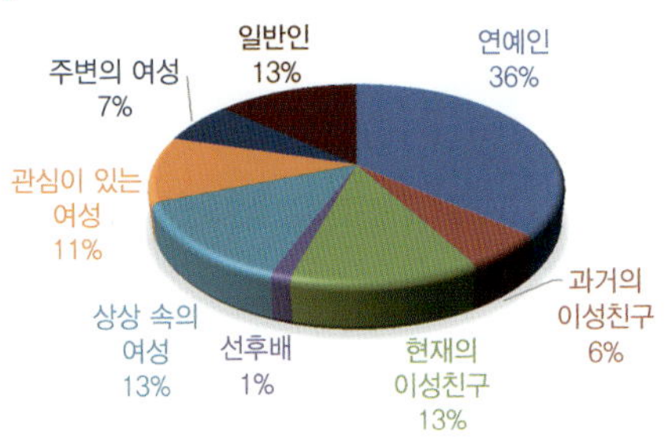

남학생 217명

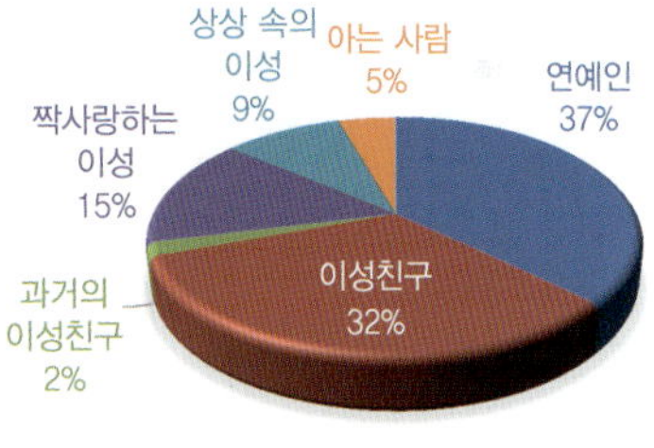

여학생 108명

평소 성적 환상의 내용

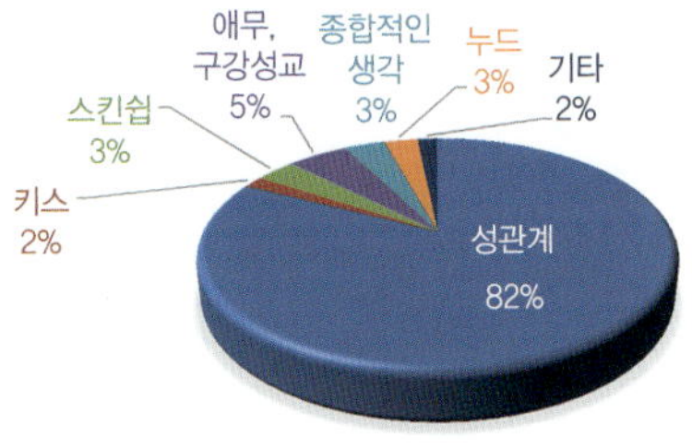

남학생 183명

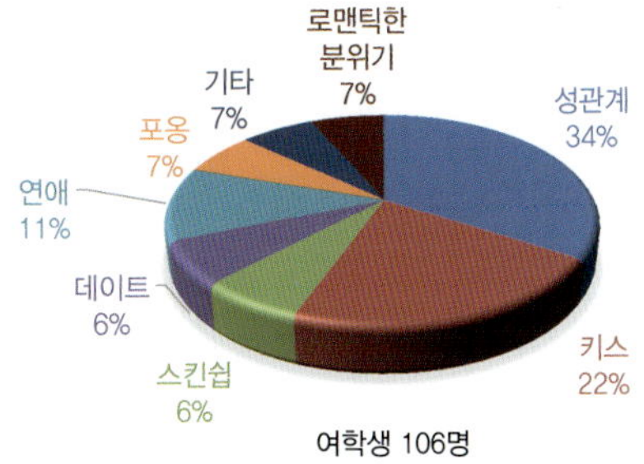

여학생 106명

Q 5-11

성교시 성적환상을 경험한적 있는가?

남녀 학생들을 대상으로 성교시 성적환상에 대한 경험 여부와 그 대상 및 주요 내용에 대하여 설문한 결과 남학생 233명 중 16%와 여학생 168명 중 8%가 성교 중에 성적환상을 경험한 적이 있다고 응답하였다. 이러한 결과는 다른 연구자들의 결과에 비해 낮은 비율을 보였는데, 그 이유는 이들이 미혼이기 때문에 정해진 사람과의 계속적인 성관계를 맺을 기회가 적고, 성관계 경험이 적어 성적환상을 이용하여 성적흥분을 증폭시킬 이유도 없으며, 성적환상을 이용할 여유도 없었기 때문일 것으로 생각된다.

성교 중 성적환상의 대상으로는 남학생의 경우 연예인(32%), 과거 이성친구(25%), 이성친구(14%) 순이었으며, 여학생의 경우 과거 이성친구(43%), 연예인(28%), 이성친구(29%) 순으로 차이를 보였다.

성교시 성적환상의 주요 내용은 남녀 모두 성관계라고 응답하였으며, 남학생들 중 일부 의견으로는 경험하지 못한 체위나 성교대상을 대신하는 내용의 성적환상을 경험한 적이 있다고 응답하였다. 여학생들의 경우 100% 성관계에 대한 환상이라고 응답하여 평상시의 다양한 성적환상과는 다르게 나타났다. 그러나 이 결과는 응답자가 불과 4명에 불과하여 일반화하기에는 어려움이 있다.

Q 성교시 성적환상 경험 유무

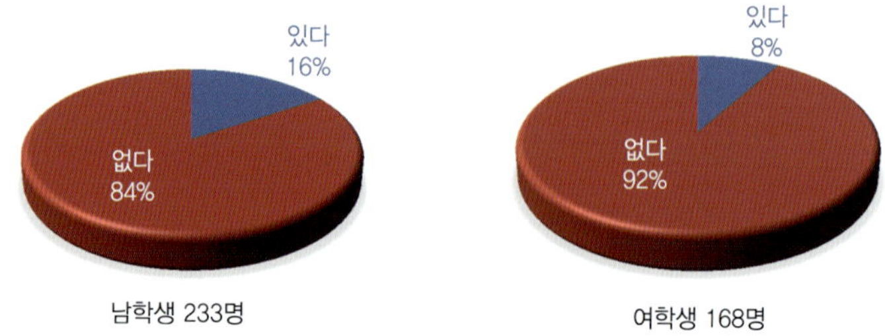

Q 성교시 성적환상의 대상

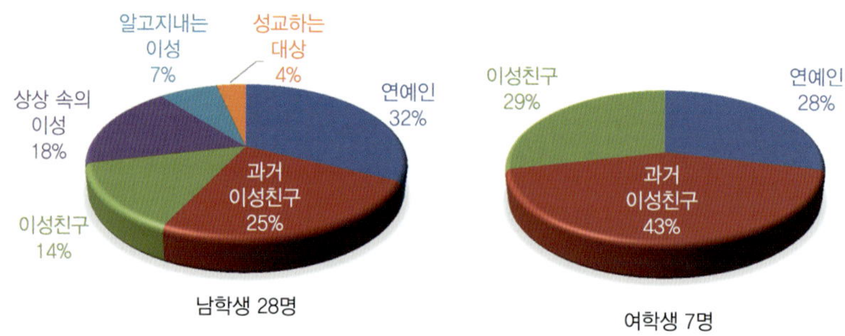

Q 성교시 성적 환상의 내용

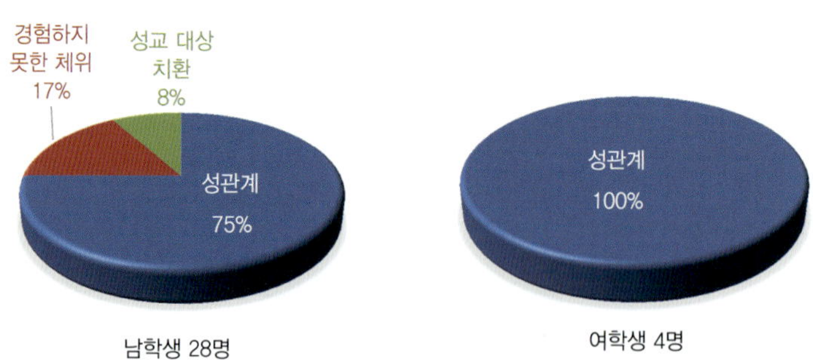

한다거나, 그룹섹스, 강간 및 그 외 변태적인 것들이 모두 성적환상의 내용이 될 수 있을 것이다. 대체로 남성은 지배적인 환상을, 여성은 복종적인 환상을 하는 것이 일반적이지만, 개인에 따라서는 반드시 그렇지 않을 수도 있다. 성적환상의 내용은 성적 불만족이나 심리적인 문제를 암시하는 것은 아니며, 성적인 문제가 거의 없는 사람들도 경험하는 것이 보통이다. 대부분의 성치료사들이 성적환상에 의해서 성적인 문제가 유발되는 경우는 거의 없다고 주장하는 것에서도 알 수 있듯이, 성적환상은 그저 보통 사람들에게 불가능하거나 경험치 못했던 것들에 대한 호기심을 충족시켜 줄 수 있는 기회를 제공할 뿐이다.

어떤 사람이 성적환상을 한다고 해서 그러한 경험을 실제로 원한다는 의미는 아니다. 환상을 실제로 행한다면 타인에게 피해를 주거나 불법인 경우가 많기 때문에 대부분의 사람들은 그저 환상으로 만족하게 되며, 실제로 행한다고 하더라도 행위의 상대자가 자신이 원하는 대로 행동을 한다는 보장이 없기 때문에 그 결과는 매우 실망스러운 경우가 대부분이다. 일반적으로 성적환상은 환상의 주체인 사람들에게 그다지 피해를 주지는 않지만 간혹 상담이 필요할 정도로 죄의식을 느끼는 사람들도 있다. 이러한 예외적인 경우를 제외하고 성적환상은 대부분의 사람들이 경험하는 것이며, 이들의 행위는 정상적인 성적행위의 범주에 든다고 할 수 있을 것이다.

5) 페팅과 넥킹

킨제이는 페팅(petting)이란 실질적인 성교를 하지 않고 에로틱한 자극을 위해 남녀 간에 시도되는 성적 접촉이며, 키스, 유방자극, 성기자극, 구강성교 등의 다양한 행위를 포함한다고 정의하였으나, 다른 많은 연구자들은 직접적인 성교가 아닌 허리 아래 부분의 신체적인 접촉을 페팅, 그 이외의 신체적 접촉을 넥킹(necking)이라고 구분하여 설명하고 있다. 킨제이는 그의 조사에서 18세 남녀의 80% 이상이 페팅의 경험이 있으며, 청년기 남성의 21%, 청년기 여성의 15%가 페팅을 통해 오르가즘에 도달한 경험이 있다고 보고하였다. 청소년기의 성적 경험은 손을 잡고, 포옹을 하며, 넥킹과 페팅을 한 후 직접적인 성관계를 갖는 순서로 진행되는 것이 일반적이다. 1980년대 미국의 대학 1학년생을 대상으로 한 어떤 설문조사에서 82%의 학생이 고등학교 시절에 이성의 성기를 애무한 경험이 있으며, 남성의 50%와 여성의 40%가 페팅을 통하여 오르가즘을 경험했다고 응답하였다. 비슷한 시기의 하아스의 조사에서는 청년기 남성의 55%와 여성의 43%가 성기를 접촉한 경험이 있고, 남녀의 약 1/3이 구강성교를 시도한 경험이 있다고 밝혀졌다. 특히 이 시기의 여성들은 직접적인 성관계보다 오히려 구강성교를 더 빠른 시기에 경험하는 경우도 있다고 조사되었다. 이러한 결과들은 청소년기 남녀들이 과거에 비해 어린 나이에 다양한 성접촉을 시도하고 있다는 사실을 시사하는 증거라고 할 수 있을 것이다.

6) 성관계 및 성교체위

대부분의 사람들은 첫 번째 성관계를 할 때 남성상위를 선호한다. 남성상위란 여성이 등을 바닥에 대고 눕고 남성은 여성의 다리 사이에 엎드려 남녀가 얼굴을 마주하는 성교체위를 말한다(그림 5.13). 성 폴이나 성 오거스틴은 성교시에 여성이 남성 위에 있는 것을 금지하였으며, 남성상위 이외의 체위는 비자연적이며 자연에 대한 죄악이라고 설교하였다. 이와 같은 이유로 남성상위를 '정상위' 또는 '종교적 체위(missionary position)'라고도 한다. 실제로 많은 커플들이 성교시 항상 남성상위만을 고집하기도 하는데, 1948년 킨제이 그룹의 조사에 따르면 커플들의 2/3가 남성상위이 외의 다른 체위는 사용하지 않는 것으로 알려졌다.

많은 사람들에 의해 남성상위가 선호되는 것은 사실이나 어떤 문화권에서는 도리어 여성상위가 보편화되어 있는 경우도 있다는 사실에 비추어 성교체위의 선호도는 신체적이나 의학적인 면보다는 종교적, 사회문화적인 영향이 원인이라고 할 수 있다. 최근 미국의 커플들은 킨제이 시대보다 다양한 성교체위를 시도하고 있는 것으로 알려졌다. 1975년 훈트는 설문에 응답한 커플 중 75%는 여성상위, 50%는 측위, 40%는 배후위(또는 후배위), 25%는 좌위를 경험했다는 조사결과를 보고하였다. 이와 같이 많은 커플들이 다양한 성교체위를 시도하

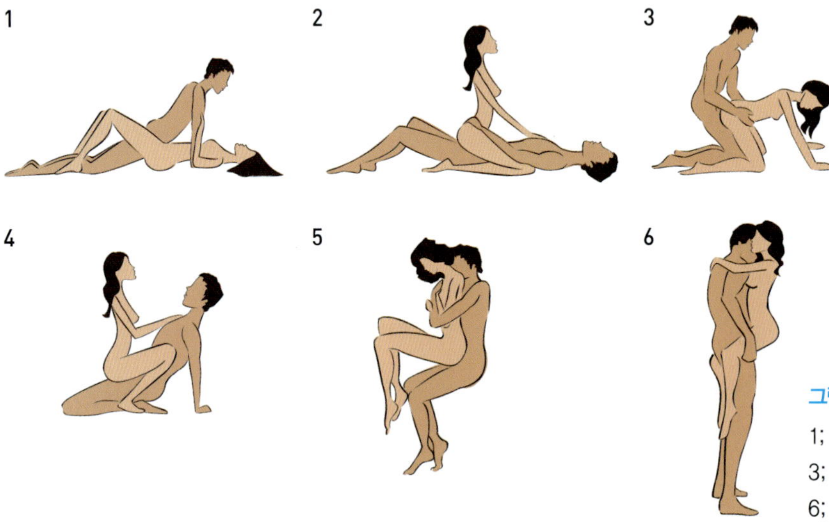

그림 5.13 **다양한 성교체위**

1; 남성상위, 2; 여성상위, 3; 배후위, 4; 좌위, 5; 측위, 6; 입위

Q 5-12

페팅이나 넥킹을 경험한적 있는가?

'페팅이나 넥킹을 경험한 적 있는가?'라는 질문에 남학생 57%와 여학생 47%가 경험이 있다고 응답하여 타 연구결과들과 유사한 비율로 나타났다. 최초 경험 시기는 남녀 학생 모두 대학시절이 각각 76%와 86%로 가장 많았으나 남학생들의 20%와 여학생의 14%는 대학 이전에 경험하였다고 응답하였다.

페팅이나 넥킹의 경험 유무

남학생 282명　　여학생 215명

페팅이나 넥킹의 최초 경험 시기

남학생 72명　　여학생 48명

는 이유는 종교적인 영향이 감소하고, 다양한 성행위를 추구하고자 하는 욕구가 증가되었기 때문이라고 할 수 있을 것이다.

남성상위는 생식을 위한 목적에 적합하며, 서로 얼굴을 마주보는 대면형이기 때문에 성교시 강한 친밀감을 느낄 수 있다는 장점이 있는 반면에 성교시 여성은 자신보다 훨씬 무거운 남성의 무게를 감당하여야 하며 남성이 피곤하여 팔로 자신의 몸을 지탱하기 어려운 경우에는 남성의 몸이 여성을 눌러 호흡하기 어려운 경우도 있다는 단점도 있다. 또한 남성은 자신의 무게를 감당하느라 여성을 자유롭게 애무하기가 어렵고, 여성의 엉덩이가 바닥에 고정되어 있으므로 여성은 남성의 움직임에 모든 것을 의지할 수밖에 없어 여성의 욕구가 무시될 가능성이 있다. 이와 같이 남성상위는 남성과 여성 모두의 운동 능력이 떨어지고, 신체 각 부분을 애무하기 어려워 완전한 성을 즐기기가 어렵기 때문에 최근 들어 상황에 따라 다양한 체위를 시도하는 커플들의 수가 늘어나게 되었다.

대면형이면서 서로의 친밀감을 높일 수 있는 또 다른 체위가 있다. 여성상위가 그것으로서 남성이 바닥에 등을 대고 여성이 남성의 위에서 운동을 하는 체위이다(그림 5.13). 이 체위는 남녀 모두 최고조의 성적흥분에 도달하기에 가장 적합한 자세로서 성치료사들이 권장하는 체위이기도 하다. 남성이 여성을 지지하기 용이하고, 남성이나 여성 자신이 성교시 음핵을 손으로 자극함으로써 성적흥분을 증폭시킬 수 있으며, 여성이 허리운동의 강도나 속도를 조절함으로써 성적으로 만족하기가 용이하다는 장점이 있다.

여성은 엎드리고 남성이 여성의 등 뒤에서 삽입하는 체위도 있는데, 이 체위는 동물의 성교와 동일한 자세로서 여성에게 강한 수치감을 유발하기도 하지만, 남성에게는 정복감을, 여성에게는 피정복감을 야기함으로써 색다른 흥분을 원하는 커플에게 적합한 체위이다. 이 체위를 배후위 또는 후배위라고 하며, 질의 앞쪽 위에 위치하는 G점을 자극할 수도 있기 때문에 일부 커플들은 이 체위를 선호하기도 한다.

또 다른 체위로서 측위라는 것이 있는데, 남성과 여성은 서로 옆으로 누워 여성의 벌어진 다리 사이로 남성이 삽입하는 자세이다. 이 자세는 삽입이 얕아 음경이 질에서 이탈될 가능성이 있으므로 조심해야 하지만, 상대방을 지지할 필요가 없으므로 오랫동안 성교하기가 용이하며, 서로 애무하기도 편하다.

성행위는 눕거나 엎드려서 하는 경우뿐만 아니라 앉아서도 가능하다. 남성이 앉고, 그 위에 여성이 다리를 벌린 채 앉아 삽입하는 체위로서 삽입이 깊고 양손을 자유자재로 움직일 수 있기 때문에 서로 애무하기가 용이하다. 이러한 체위를 좌위라고 하며, 남성은 엉덩이를 움직이기 어렵기 때문에 보통 여성이 운동을 조절하게 된다.

남녀가 선 채로 시도할 수 있는 체위인 입위는 남성이 선 채로 벌린 여성의 다리 사이로 삽입하는 체위로서 삽입이 얕고, 여성이 성교 동안 다리를 든 채로 벌리고 있어야 하기 때문에 오랫동안 성교하기는 어렵다는 단점이 있다. 이 체위는 부부 간의 침실에서 시도되기보다는 거실, 주방, 욕실이나 그 외 장소에서 짧은 시간 동안 시도되는 성교시에 많이 이용되는 체위이다.

지금까지 몇 가지 성교체위를 설명하였는데, 이러한 체위들은 가장 기본이 되는 체위로서 이들을 변형하게 되면 수십, 수백 가지의 체위도 가능하게 된다.

Q 5-13

선호하는 성교 체위와 혐오하는 성교 체위는?

선호하거나 혐오하는 성교 체위에 대한 설문결과, 선호하는 성교 체위로는 남녀 모두 1순위로 남성상위를 선택하였으며 2순위로 여성상위를 선택하였다. 반면 다른 체위에 비해 배후위에 대한 선호도에서 남녀의 차이가 좀 더 크게 나타나서 남성의 15%가 배후위를 선호한다고 응답하였으나 여성에서는 4%에 불과했다. 혐오하는 성교 체위로는 남녀 모두 항문성교와 배후위가 높게 나타났으며 구강성교에 대한 혐오도는 여성의 경우 11%로 항문성교와 배후위 다음으로 높은 반면 남성은 0.005% 정도로 측위, 여성상위, 입위 등의 다른 체위들에 비하여 매우 적게 나타났다. 특히, 남성의 경우 '특별히 혐오하는 체위가 없다'는 응답이 49%로 항문성교를 혐오한다(24%)보다도 2배 이상 높게 나타났다.

가장 선호하는 성교 체위

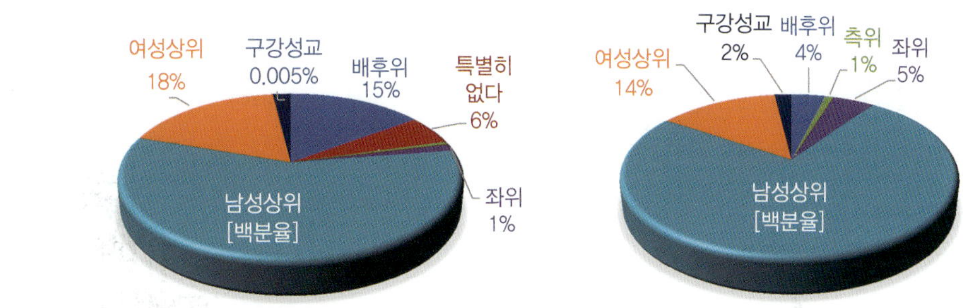

남학생 208명　　여학생 102명

가장 혐오하는 성교 체위

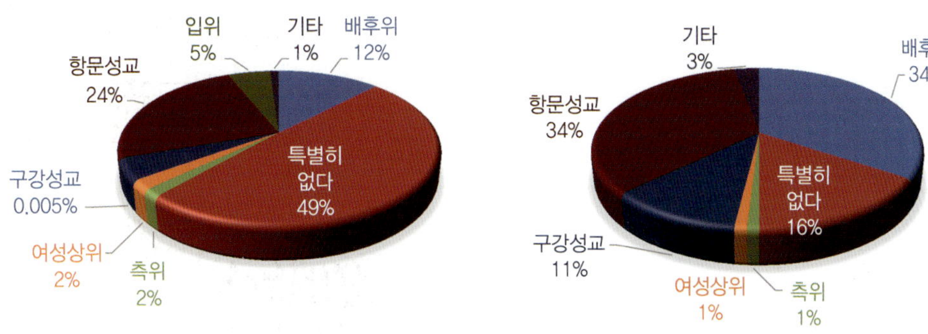

남학생 196명　　여학생 100명

그림 5.14 **욕실에서의 성**
부부 간의 성은 반드시 침실에서만 의식을 치루듯이 이루어지는 것은 아니다.

일반적으로 성관계는 커플에 따라 대부분 예측 가능한 순서로서 진행이 된다. 즉, 키스를 하거나 유방을 간단하게 애무하고는 성기를 직접 터치한 후 질윤활이 시작되면 곧 바로 성교를 시작하게 된다. 특히 오래된 커플일수록 성교시마다 거의 동일한 순서를 취하게 되는데, 동일한 순서라도 다양한 체위를 사용하면 새로운 흥분을 느낄 수 있겠지만, 항상 동일한 순서로 성행위를 시도하는 것은 지양해야 하며 한 번의 성행위시 반드시 다양한 체위를 사용할 필요도 없다. 즉, 짜여진 식순대로 서둘러서 의식을 치루듯이 하지 말고 서로가 원하는 경우에 자연스럽게 한 체위에서 다른 체위로 변화를 주는 것이 좋으며, 항상 자발적이고, 창조적이며, 재미있으면 이상적일 것이다. 어떤 사람들은 밤에 자신의 침실이 아니면 성관계를 거부하는 경우도 있지만, 간혹 아침이나 오후에 거실이나 서재 또는 부엌에서도 성관계의 분위기가 형성될 수도 있을 것이다. 이러한 경우에 밤에 자신들의 침실에서 성관계를 시도할 수 있을 때까지 기다려야 한다는 생각은 결국 커플 간의 성적인 문제를 유발할 수도 있을 것이다. 부부 간에 다양한 장소에서, 다양한 시간에, 다양한 방법으로 성관계를 갖는 것은 지극히 정상적인 것이며, 아무도 없는 집안에서 부부가 소파 위에서나 욕실에서 성관계를 한다고 해서 절대로 부도덕하지도 죄의식을 느낄 필요도 없을 것이다(그림 5.14). 사회적으로 용인되는 장소에서 커플 간에 허락된 성행위라면 자발적이고, 즐거운 기분을 느낄 수 있도록 성에 관한 인식을 변화시키는 것이 필요할 수도 있다. 건강하고 만족스런 성생활은 신체적, 감정적인 충족감과 함께 자신감을 제공하게 될 것이다.

6) 구강성교

성관계는 음경이나 질로만 하는 것이 아니라 손이나 입을 포함한 신체의 모든 부분을 이용하여 시도할 수 있다. 대부분의 사람들이 첫 번째 경험하는 성행위 중 하나는 키스일 것이며, 직접적인 성교 전에 파트너의 신체 각 부분을 키스하거나 핥는 경험을 하게 될 것이다. 이와 같이 입이나 혀는 성관계에서 대단히 중요한 역할을 하는데, 특히 입으로 상대방의 성기를 애무하는 것은 직접적인 성교 이상으로 쾌감을 유발하기도 한다. 이와 같이 상대방의 성기를 입으로 애무하는 성교방법을 구강성교 또는 구음이라고 하는데, 여성이 남성의 음경을 입으로 자극하는 것을 펠라치오(라틴어로 '빤다'는 의미)라고 하며, 남성이 여성의 음부를 입으로 자극하는 것을 쿠닐링구스(라틴어로 '핥는다'는 의미)라고 한다(그림 5.15). 구강성교는 전희로서 이용되기도 하며, 음경을 질에 삽입하는 직접적인 성교행위 없이 여성이나 남성의 오르가즘을 유도하기 위한 목적으로도 이용될 수 있다. 대부분의 남성들은 펠라치오를 매우 좋아하며, 음핵 주변을 입으로 자극하는 쿠닐링구스를 성교보다 더욱 극적으로 느끼는 여성들도 많다. 구강성교는 자극을 받는 사람이 더욱 좋긴 하지만, 상대의 성기를 입으로 자극하는 것도 대단히 즐거운 행위라고 할 수 있다. 일반적으로 구강성교는 커플들에게 강한 친밀감을 느끼게 한다.

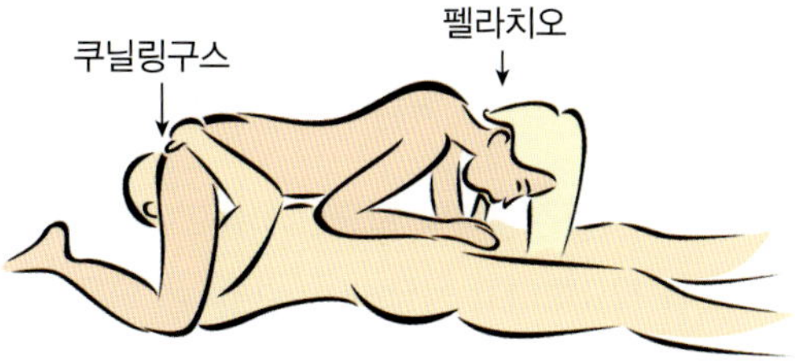

그림 5.15 구강성교

남성이 여성의 음부를 입으로 자극하는 행위를 쿠닐링구스라고 하며, 여성이 남성의 음경을 입으로 자극하는 행위를 펠라치오라고 한다. 때로는 남녀가 동시에 입으로 상대의 성기를 자극하기도 한다.

1948년과 1953년 킨제이 그룹의 연구에서는 기혼자의 50-60%, 홀로 사는 사람들의 15%, 청소년기 남녀의 10%가 구강성교의 경험이 있다고 조사되었다. 최근의 연구에서는 성인기 남녀의 75-90%, 청년기의 경우는 50%가 구강성교를 하는 것으로 조사되었다. 본 저자진의 설문결과에 따르면 남학생들의 경우 혐오하는 성교체위로 구강성교가 차지하는 비율이 0.005%임에 반해 여학생들의 경우 11%로 나타나 남녀 간의 구강성교에 대한 혐오도 차이가 크것으로 나타났다.

이와 같이 구강성교에 대해 매우 부정적인 인식을 갖고 있는 사람들도 있으며, 많은 사람들이 구강성교를 행한다고 해서 누구나 반드시 그러한 행위를 할 필요는 없을 것이다. 그러나 자신은 상대방으로부터 구강성교를 통한 자극을 받길 원하면서 자신이 상대방을 자극하는 것을 싫어하는 등의 경우는 없어야 할 것이다. 많은 사람들이 남녀가 혀를 교환하는 키스에 대해서도 타액 교환이나 입냄새 등을 꺼려하여 처음에는 부정적인 견해를 갖기도 한다. 그러나 시간이 지나 익숙해지면 키스를 즐기게 되듯이 구강성교 역시 비정상적인 행위가 아니라는 사실을 인지한다면 새로운 성생활의 방법으로 인식될 수도 있을 것이다.

성기를 청결히 하더라도 간혹 성기로부터의 분비물 냄새 때문에 구강성교에 부정적인 사람들도 있다. 그러나 성병 등에 감염되지 않은 건강한 여성의 성기에서는 그다지 나쁜 냄새가 나지 않으며, 간혹 정액 냄새 자체를 싫어하는 여성들도 있지만 정액이 여성의 신체에 특별한 의학적 문제를 야기시킨다는 확실한 증거는 없다. 입에는 상당히 많은 종류의 세균이

Q 5-14

결혼 후 성생활에서 구강성교가 필요하다고 생각하는가?

결혼 후 구강성교의 필요성에 대한 설문결과, 남학생의 87%와 여학생의 66%가 결혼 후 구강성교가 필요하다고 응답하여 남녀학생 모두 결혼 후 구강성교의 필요성에 대하여 긍정적으로 생각하고 있으며 구강성교도 다양한 성행위 중 하나로 인식하고 있음을 알 수 있다. 그러나 결혼 후 구강성교가 필요하다고 응답한 학생들의 수는 남학생들에 비하여 여학생들에게서 약 21%가량 낮게 나타났는데, 이는 앞선 설문에서 혐오하는 성교형태로 남학생의 경우 0.005%만이 구강성교라고 응답한 반면 여학생의 경우 훨씬 많은 11%의 학생들이 구강성교를 혐오한다고 응답한 결과와 유사하였다.

결혼 후 구강성교의 필요성

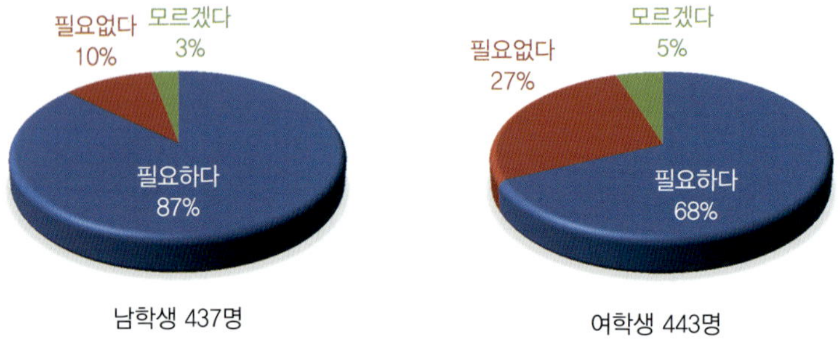

존재하기 때문에 입과 입을 접촉하는 키스가 입과 성기를 접촉하는 구강성교보다 더욱 위생적이라고 할 수는 없을 것이다. 그러나 성병은 구강성교를 통해서도 전염될 수 있으므로 성병에 감염된 경우에는 직접적인 성교뿐만 아니라 구강성교도 금해야 한다.

7) 항문성교

항문 주변은 많은 신경말단이 존재하기 때문에 터치에 상당히 민감하다. 또한 항문 괄약근은 남녀 모두에게서 오르가즘시 리드미컬한 수축을 하는데, 이로 인해 항문에의 자극은 성적 쾌감을 증폭시킨다. 이와 같은 이유로 많은 사람들은 성교시 파트너가 그들의 항문 주위를 손으로 터치하는 것을 좋아한다. 더욱이 성교 상대자로부터 자신의 항문에 키스하거나 혀를 들이밀고 자극하는 애널링구스(analingus)를 받게 되면 신체적 쾌감은 물론 '이렇게 불결한 곳까지 애무해 줄 정도로 나를 사랑하는구나'라는 느낌을 받게 되어 강한 심리적 만족감을 느끼는 경우도 있다.

그러나 많은 사람들은 항문은 성기관이 아닌 배설기관이기 때문에 항문에 음경을 삽입하는 항문성교에 대하여 대단히 부정적이며, 비정상적이고 변태적인 행위라고 생각한다. 항문성교는 남성 동성애자들 사이에선 일반적인 성행위 방법인데 반해, 1948년 킨제이 그룹은 이성애자들 중 단지 8%만이 실제로 항문성교의 경험이 있다고 보고했을 정도로 일반인들에게는 상당히 특별한 성적행위로 인식되어 있다. 최근의 어떤 조사에서는 항문성교를 시도하는 커플의 수가 늘어 약 20−25%의 성인들이 경험이 있는 것으로 알려져 있으며, 또 다른 연구에서는 미국의 이성애자 커플 10쌍 중에 1쌍이 정기적으로 항문성교를 하는 것으로 조사되었다. 대다수의 여성들은 항문성교에 대하여 부정적인 인식을 갖고 있으며 단지 성행위의 다양성을 위하여 시도하는 것으로 밝혀졌으나, 소수의 여성들의 경우에는 항문성교를 즐기기도 하는 것으로 알려졌다. 여성들에게는 질성교보다 느낌이 강력하고, 남성들에게는 음경을 죄는 힘이 매우 강하기 때문에 실제로 일부의 부부들은 항문성교를 즐기기도 한다.

항문성교시에는 몇 가지 조심해야 할 사항이 있다. 음경 삽입 시에 항문괄약근이 수축하여 상처가 나기 쉽기 때문에 항문성교시에는 수성윤활제를 사용하여야 하며, 항문괄약근은 삽입 후 30−60초 정도 이완되지 않기 때문에 남성들은 최대한 부드럽게 행위를 시도하여야 한다. 또한 항문성교 자체는 후천성면역결핍증(acquired immune deficiency syndrome; AIDS)을 전염시키지 않지만, 삽입에 의해 상처난 항문 주위의 모세혈관을 통해 AIDS를 유발하는 인간면역결핍 바이러스(human immunodeficiency virus; HIV)가 감염될 가능성이 높아질 수도 있다. 뿐만 아니라 항문성교는 간염 바이러스(hepatitis virus)를 포함하는 각종 바이러스나 기생충 및 세균을 감염시킬 위험도 있으므로 항문에 삽입했던 음경은 질에 삽입하지 말아야 한다. 항문성교를 하는 사람들은 음경은 물론 항문과 접촉했던 손이나 기구 등이 질이나 요도에 닿지 않도록 조심하여야 하며, 항상 청결을 유지하고, 행위 자체에 최대한 조심을 기함으로써 각종 감염의 위험을 줄여야 한다.

8) 성적행위의 선호도

여러 학자들에 의한 수많은 조사 결과에 따르면 남녀 모두가 음경을 질에 삽입하는 질성교를 가장 선호하며, 구강성교도 비교적 많은 사람들에 의해 선호되는 성적행위인 것으로 밝혀졌다. 이에 반해 항문성교는 성행위의 여러 형태 중에서 가장 소수의 사람들만이 선호하는 것으로 드러났다. 또한 많은 사람들은 직접적인 성교 외에 파트너가 옷 벗는 모습을 관찰하는 것이나, 파트너와 함께 동영상 등을 보면서 애무하는 등의 행위도 좋아하는 것으로 조사되었다. 이러한 결과는 많은 사람들이 신체적인 자극뿐만 아니라 시각, 청각적인 자극 및 배우자 간의 친밀감이나 정신적인 만족감도 성행위의 중요한 부분으로 인식하고 있다는 사실을 암시하고 있다. 즉, 많은 사람들에게 선호되는 성행위의 종류는 성행위 자체의 선호도만으로 결정되는 것이 아니라 특정 성적 행위시의 주변 환경 및 서로 간의 정신적 교감의 깊이에 의해서도 결정될 수 있을 것이며, 개인적인 성에 대한 인식에 의해서도 많은 영향을 받게 될 것이다.

9) 건강한 성적행위의 조건

이 장에서 언급한 성적행위들은 통계적으로는 정상범주에 포함된다고 할 수 있다. 그러나 많은 사람들이 행한다고 누구나 반드시 이러한 행위를 할 필요는 없으며, 대부분의 사람들이 하지 않는 성행위를 시도한다고 해서 반드시 비정상이라고 할 수도 없다. 건강한 성, 정상적인 성을 영위하는 사람이란 자신의 성에 대해 편안하고 즐겁다고 느끼는 사람들을 뜻한다. 이에 반해 성행위를 음탕하고, 더럽고, 죄를 짓는 행위라고 부정적으로 생각하는 사람들은 아무리 이상적인 상대와 건전한 성적행위를 시도한다고 하더라도 결국 성적인 만족과 풍요로움을 경험할 수는 없을 것이다. 당신들은 프라이버시가 침해받지 않는 장소에서 서로의 동의하에 이루어지는 성행위라면 부담감 없이 자유롭게 시도할 수 있어야 한다. 그러나 동료나 파트너가 압력을 가한다고 자신이 원치 않는 행위를 할 필요는 없을 것이며, 그들의 요구에 항상 "네"라고 말하는 것이 성을 긍정적이면서도 자유롭게 영위하는 태도 역시 아니라는 사실도 인식해야 할 것이다. 자신이 진실로 원하는 것이 무엇이고, 상대방이 원하는 것이 무엇인지를 정확히 이해하여야 하며, 자신이 원하는 바를 강요하지도 상대방의 요구를 무조건적으로 받아들이지 않으면서도 서로가 즐거운 성을 즐길 수 있는 방법을 찾아야 할 것이다. 또한 어떠한 성적행위에 대한 좋고 나쁨을 판단할 때에는 사회적, 종교적 인식에 의해 방해받지 말고 자신과 파트너의 진정한 욕구에 충실하도록 노력하는 것도 중요할 것이다.

이상적인 파트너와 다양한 성행위를 하더라도 항상 성관계가 만족스럽지 못하거나 부정적으로 생각된다면 성적으로 건강하다고 할 수 없다. 커플 중 한쪽은 성을 긍정적으로 생각하고 있으나 다른 한쪽은 성을 부정적으로 생각하고 있다면 둘 간의 성행위는 그다지 만족스럽지 못할 것이며, 이러한 경우에는 솔직한 대화를 통하여 서로의 성에 대한 태도와 요구를 이해함으로써 만족할 만한 성관계를 회복하도록 노력하여야 할 것이다. 대부분의 성치료사들은 서로의 신체나 감정을 이해하는 성인들의 경우라면 어떠한 성적 행위든 간에 정상이라고 주장한다.

이 장에서는 인간의 성적 반응과 각종 성적 행태에 대하여 살펴보았다. 성관계시 자신은 물론 파트너의 성적 반응을 정확히 이해하는 것은 서로의 성적 만족을 위하여 필수적이라고 할 수 있으며, 각종 성적 행위의 방법을 제대로 이해하고 정확히 이용할 수 있을 때만이 신체적, 정신적 만족을 얻을 수 있을 것이다. 각종 대중 매체를 통해 성에 관한 정보를 많이 접할 수 있는 현대인들은 자신들의 성은 물론 이성의 성에 대해서도 모든 것을 알고 있다고 생각하는 경향이 강하다. 그러나 당연하다고 생각하던 성에 관한 많은 지식들이 실제로는 과장되거나 잘못된 경우가 많고, 출처가 분명하지 않은 잘못된 정보들에 의해서 남녀의 성이 왜곡되고 고통받는 경우가 많다. 독자들은 이 장에서 설명한 남녀의 성적 반응과 성적 행태에 대한 정보를 확실히 이해하고 정확히 활용함으로써 자신의 성을 자신이 주체가 되어 건강하고 풍요롭게 가꾸어 가길 기대한다.

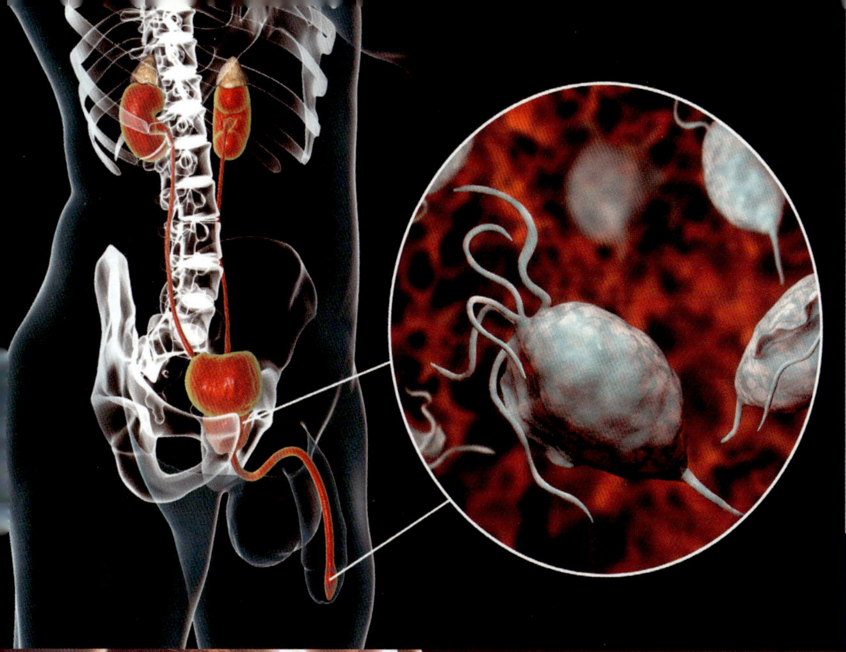

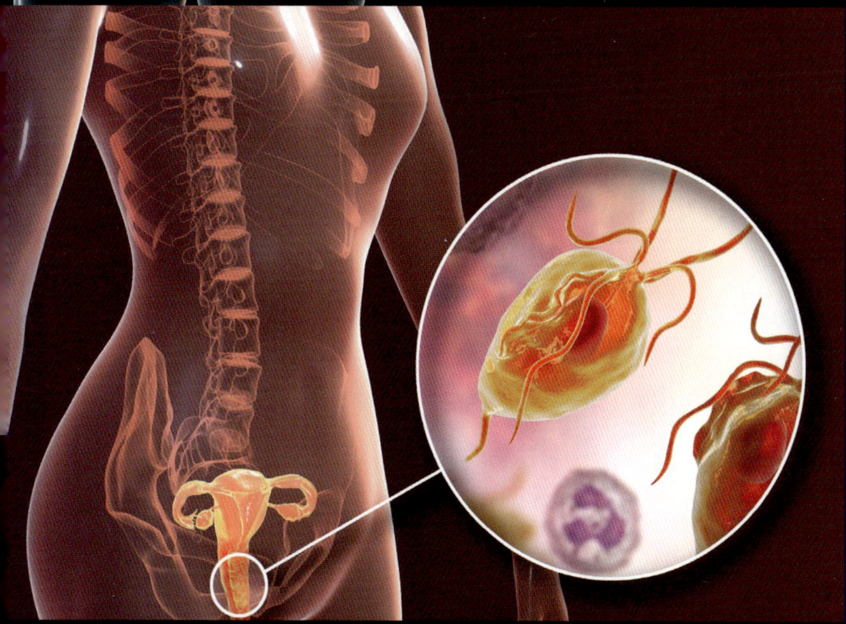

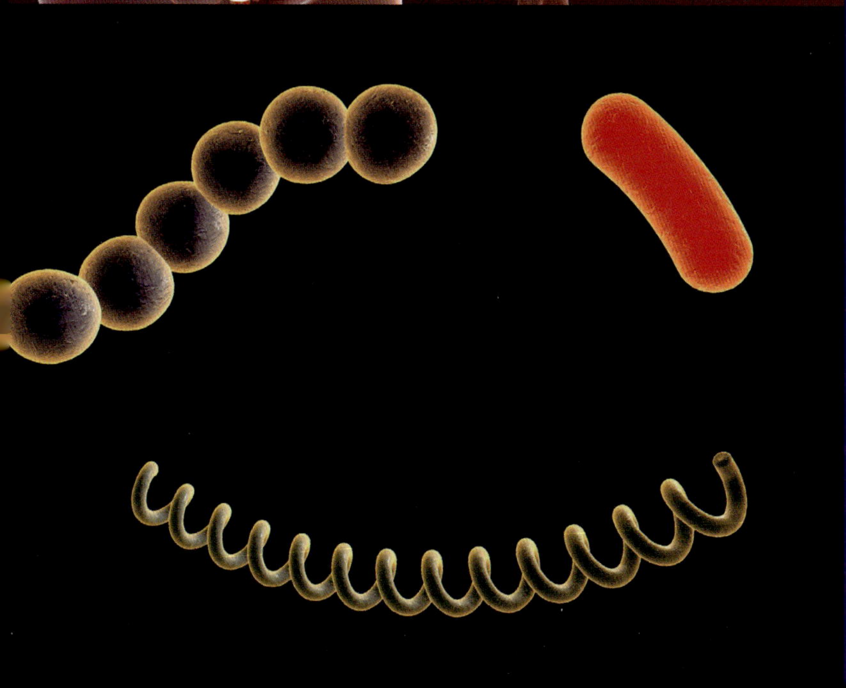

06 성병

1. 성병의 종류

2. 세균에 의한 감염
   1) 임균성 요도염 / 173
   2) 비임균성 요도염 / 175
   3) 매독 / 176
   4) 연성하감 / 178
   5) 서해육아종 / 179
   6) 성병성 림프육아종 / 179

3. 바이러스에 의한 감염
   1) 단순포진 바이러스 / 180
   2) 간염 바이러스 / 183
   3) 인유두종 바이러스 / 184
   4) 인간면역결핍바이러스 / 186

4. 곤충 및 기생충에 의한 감염

5. 질염
   1) 트리코모나스증 / 193
   2) 칸디다증 / 194
   3) 세균성 질염 / 195
   4) 질염의 예방 / 195

6. 방광염 및 전립선염

7. 안전한 성

성병(venereal disease) 또는 성교전파성질환(sexually transmitted disease; STD, sexually transmitted infection; STI)이란 생식기, 항문, 구강을 이용한 성교를 통해 박테리아, 바이러스, 곰팡이, 곤충 및 기생충 등이 감염되는 질환을 뜻하며, 그 종류는 대단히 많다. 이러한 성병은 수천 년 이전 그리스, 로마, 이집트에도 존재하였다는 증거가 있을 정도로 그 역사가 매우 길다. 최근에는 페니실린을 비롯한 항생제의 개발로 성병의 치료가 비교적 수월하게 되었고, 콘돔 등의 사용으로 성병의 예방도 가능하게 되었으나 아이러니컬하게도 콘돔이나 피임약의 개발로 임신이나 출산에 대한 두려움 없이 성적인 자유를 누리게 됨으로써 최근에는 다시 각종 성병의 감염률이 증가되고 있는 실정이다. 성병은 예방이 가장 중요하며, 감염된 경우에는 가능한 한 조기에 치료하여야 심각한 합병증을 예방할 수 있다. 이 장에서는 감염빈도가 높고 그 피해가 심각한 각종 성병의 종류, 감염경로, 증상 및 안전한 성을 위한 방법 등에 관하여 살펴보고자 한다.

1 성병의 종류

인간의 비뇨생식기관에는 정상인 경우에도 여러 종류의 세균이 존재하지만 보통은 소변이나 점액 또는 섬모 운동에 의해 체외로 배출되기 때문에 세균이 점막에 부착하여도 염증반응은 일어나지 않는다. 그러나 병원성이 강한 세균들에 감염되면 궤양이 생기거나 상피조직의 손상에 의해 염증이 발생하게 된다.

질병관리본부의 법정 성매개 감염증(HIV 감염을 제외한 6종의 성매개 감염증) 표본감시 통계에 따르면 우리나라의 성병 발생 건수는 2002년(32,872건) 이후 2010년(7,422건)까지 꾸준히 감소하다가 2014년 이후 다시 증가하는 추세를 보이고 있다. 가장 높은 감염률을 보이던 임질은 감염 발생율이 꾸준히 감소하여 2002년 21,479건에서 2017년에는 1,372건으로 크게 감소한 반면 세균성 감염 중 클라미디아감염(2002년 2,060건에서 2017년 5,583건)과 매독(2002년 134건에서 2017년 2,148건)은 크게 증가하여 같은 세균성 성병인 임질과 다른 양상을 보여주고 있으며, HSV, HPV와 같은 바이러스 감염에 의한 성병의 발생 역시 크게 증가하는 양상을 보이고 있다(그림 6.1).

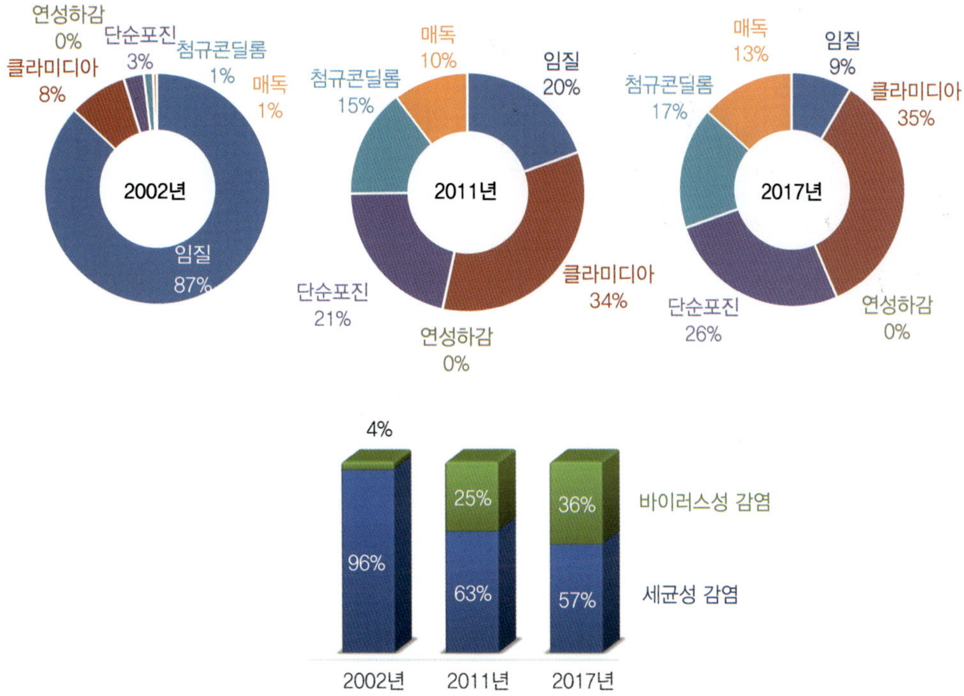

그림 6.1 우리나라에서 보고된 연도별 각종 법정 성매개 감염증들의 발현 빈도

2002년 이후 법정 성병 6종 중 세균성 성병이 차지하던 비율은 2002년 96%에서 2017년 46%로 크게 줄어든 반면에 바이러스성 감염의 경우 2002년 4% 수준에서 43%로 크게 증가하였다.

2 세균에 의한 감염

1) 임균성 요도염

임균성 요도염(Gonococcal urethritis), 즉 임질(gonorrhea)은 서기 130년경 갈렌에 의해 처음으로 명명되었다. 임질이란 그리스어로는 '정액의 누출'을 뜻하며, 1879년 알버트 나이저에 의해 처음으로 임질을 유발하는 원인균이 *Neisseria gonorrheae*라는 사실이 알려지게 되었다. 임질은 1980년 이후 전 세계적으로 발병 비율이 점차 감소되어 가는 추세이며, 우리나라의 경우도 최근의 보고에 따르면 2002년 6종(임질, 클라미디아, 연성하감, 단순포진, 첨규콘딜롬, 매독)의 성병 중 86.93%를 차지하던 임질이 점차 감소하여 2007년에는 29.9%, 2016년에는 15.0%로 성병내 임질이 차지하는 비율이 확연히 감소하였다(그림 6.1).

임질은 요도구, 질, 항문, 입, 목, 눈 등의 따뜻하고 습기찬 점막에 주로 감염되며, 감염된

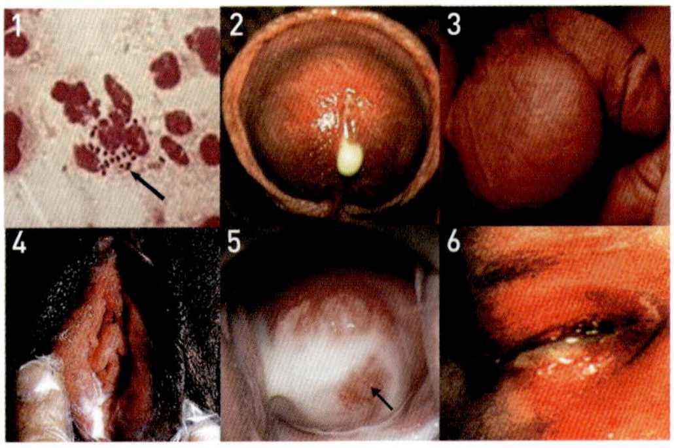

그림 6.2 임질의 증상
1; 환자의 분비물에서 관찰된 임질균(화살표), 2; 남성 요도구 분비물, 3; 감염으로 팽대된 고환, 4; 감염된 여성의 질 분비물, 5; 감염된 여성의 자궁경부(화살표) 분비물, 6; 감염된 신생아의 눈

점막과의 접촉에 의해 전염된다. 감염된 사람과 성적 행위를 하였을 경우 남성과 여성의 전염률이 상이한 것으로 알려져 있는데, 감염 여성과 성관계한 남성은 30-50%가 전염되는 반면에, 감염 남성과 성관계한 여성의 경우에는 50-60%가 전염되는 것으로 조사되었다. 감염자와 항문성교를 하게 되면 항문이나 직장에도 감염이 되며, 구강성교를 하는 경우에는 목에 감염되기도 한다. 임질균은 체외에서는 매우 짧은 시간 동안만 생존할 수 있으므로 성교가 아닌 목욕수건이나 변기 등으로부터 감염될 가능성은 거의 없다.

남성에서는 주로 요도구의 감염이 많으며, 감염 후 3-5일 후에는 요도로부터 고름과 같은 하얗거나 노란 분비물이 나오게 된다(그림 6.2). 이때 요도구에 통증을 느끼게 되며 소변시에도 타는듯한 통증을 느끼게 된다. 감염된 남성의 약 5-20%에서는 증상이 없는 경우도 있으나 치료하지 않으면 전립선, 정낭, 방광, 부고환 등의 생식기관으로 번지게 되어 심한 고통과 열이 나며 심하면 불임이 되기도 한다. 희귀하기는 하지만 균이 혈류를 통해 관절, 눈, 심장, 뇌 등에 감염되기도 하며, 심한 경우에는 사망하기도 한다.

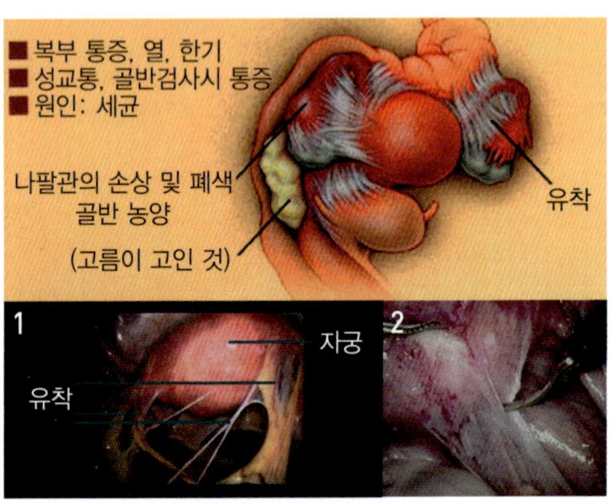

그림 6.3 세균 감염에 의한 골반감염증
임질이나 클라미디아를 치료하지 않으면 나팔관의 손상이나 폐색, 또는 유착이 야기되어 골반 부위의 심한 통증과 자궁외임신 및 불임이 야기될 수도 있다. 1; 자궁과 기타 장기들이 유착(adhesion)된 장면, 2; 유착된 부위를 제거하는 수술 장면

여성에서는 주로 자궁경부와 요도에 감염되나 감염 여성의 약 50%가 무증상이므로 성적 파트너에게 부지 불식간에 전염시키게 된다. 증상을 나타내는 여성의 20-40%에서는 질분비물, 음부나 요도구의 통증, 소변시 통증 등의 자각증상이 나타나게 되며, 이때 치료하지 않으면 자궁을 통해 나팔관에 감염이 되어 골반감염증이 유발될 수도 있다(그림 6.3). 이 경우는 심한 복부의 통증과 고열로 인하여 입원을 요하기도 하며, 나팔관이 손상되어 정자와 난자의 통과가 어려워짐으로써 불임이나 자궁

외임신이 유발되기도 한다. 드물게는 혈류를 감염시켜 고열, 관절통 및 피부 질환을 유발한다. 임산부가 감염된 경우에는 임질균이 혈류를 따라 이동하지는 않기 때문에 태아에게 직접 감염되지는 않지만 출산시에 자궁경부나 질로부터 태아의 눈 등에 감염이 되어 태아가 실명할 수도 있다(그림 6.2). 산부인과에서는 임질 등에 의한 태아 감염을 방지하기 위하여 출산시 신생아의 눈에 항생제나 질산은(silver nitrate) 용액을 처리하기도 한다.

임질균 감염 여부는 현미경 하에서 분비물을 직접 관찰하거나 배양 검사를 통하여 확인할 수 있다. 임질은 혈액검사가 불가능하므로 남성에서는 소변이나 요도구에 1/2인치 정도 안쪽, 여성에서는 자궁경부, 그리고 남녀 모두에서는 목이나 직장에서 면봉을 이용하여 검체를 채취함으로써 균의 존재 여부를 조사하게 되며, 수일 동안 배양을 통하여 더욱 확실히 진단할 수도 있다.

임질에의 감염이 확인되면 반드시 성적 파트너와 함께 치료받아야 하며, 다른 성병에 비해 항생제 내성균주의 출현이 빠른 편이라 치료시 각별한 주의가 요구된다. 또한 면역이 불가능하여 치료 후에도 또 다른 성관계에 의해 연속적인 감염이 일어날 수 있기 때문에 비위생적인 성관계를 피하는 것만이 임질에 의한 피해를 방지하는 가장 최선의 방법이다.

2) 비임균성 요도염

임질균 이외의 감염체에 의해 유발되는 요도염을 총칭하여 비임균성요도염(Nongonococcal Urethritis)이라고 하며, 주로 남성의 요도나 여성의 자궁경부에 감염됨으로써 야기된다. 비임균성 요도염의 원인균 중에서는 *Chlamydia trachomatis*가 가장 높은 감염률을 나타내며, 여성이나 남성은 물론 신생아 및 어린이에게도 감염될 수 있는 가장 흔한 성병 중 하나이다. 성적으로 활발한 여성의 20–40%가 클라미디아에 대한 항체를 갖고 있으며, 산부인과 방문 환자의 약 15%가 이 병에 감염되어 있는 것으로 알려져 있다.

임질균과 유사하게 *Chlamydia trachomatis*에 의해 야기되는 클라미디아도 감염된 사람과 접촉하는 사람의 각종 점막에 감염된다. 감염 초기 증상은 매우 경미하며, 요도로부터 약간 맑아 보이는 고름과 같은 물질이 분비된다(그림 6.4). 그러나 대부분의 감염된 남녀에서 증상이 매우 미약하거나 거의 없기 때문에 적시에 적절한 치료를 받을 기회를 잃는 경우가 많으며, 따라서 남성에서는 전립선이나 부고환 감염에 의해 불임이 되기도 하고,

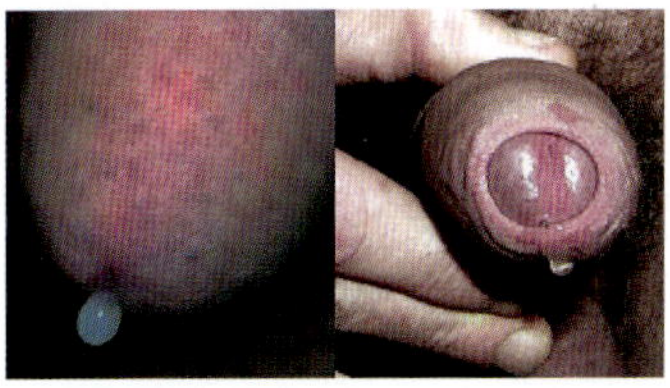

그림 6.4 클라미디아에 감염된 남성 음경으로부터의 분비물

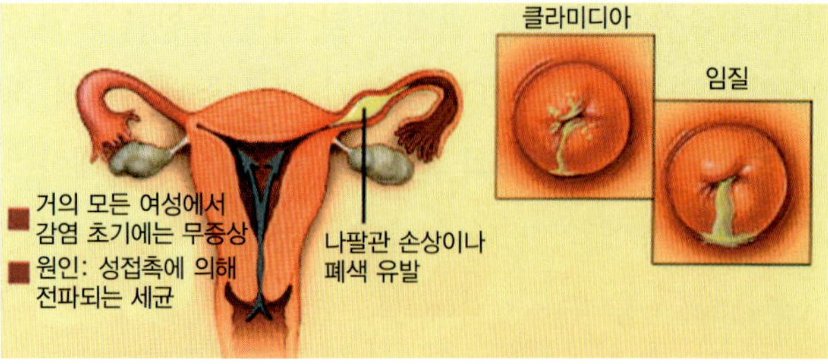

그림 6.5 **세균 감염에 의한 나팔관 손상과 폐색**
클라미디아나 임질균이 감염되어도 무증상인 경우가 많으나, 감염된 세균은 파란 화살표로 표시한 바와 같이 나팔관과 같은 상부 생식기관에 침범하여 나팔관 손상이나 폐색을 유발함으로써 불임이나 자궁외임신의 원인이 되기도 한다. 자궁경부로부터 고름과 같은 물질이 분비되는 것은 임질과 클라미디아의 일반적인 증상이다.

여성에서는 세균이 하부에서 상부 생식기로 전파되어 골반감염증에 의한 나팔관 손상이나 폐색이 야기됨으로써 자궁외임신이나 불임 등의 원인이 되기도 한다(그림 6.5). 또한 산모에게 감염되면 모체는 물론 태아에게도 영향을 미칠 수 있다. 클라미디아는 임질보다 3배 이상 높은 비율로 불임을 유발할 정도로 위험한 질병이며, 태아는 감염된 모체로부터 출산시 눈, 코, 목이 감염됨으로써 눈이 멀거나 폐렴에 걸리는 경우도 있다. 더욱이 심한 경우에는 사산 또는 조산이 야기되어 사망률이 증가하기도 한다.

정확한 진단을 위해서는 배양법이 가장 좋으나 검사 기간이 1주일 이상 걸리는 단점이 있어 최근에는 직접면역형광법, 항원검출법, 분자세포학적 방법 등을 이용하여 항체나 항원을 분석하거나 클라미디아 DNA 존재 여부를 직접 검사하기도 한다.

3) 매독

20세기 들어 세계적으로 1억 명 이상을 죽음으로 몰아넣은 매독은 콜롬부스가 신대륙으로부터 유럽에 전파시켰다고 하는 설과 적도 지역에서 인도마마를 유발하는 트레포네마(treponema) 속에 속하는 균으로부터 변화되었다는 설 등이 있다. 어느 설이 맞는지는 정확히 알 수 없으나 콜롬부스 이전에는 매독에 대한 기록이 없는 것으로 알려져 있다.

1905년에 매독의 원인균이 나선균(spirochete)인 *Treponema pallidum*이라는 사실이 밝혀졌으며, 항생제 개발 후에 한때 발생률이 낮아지기도 했으나 아직도 전 세계에서 수많은 환자가 발생하고 있다(그림 6.6). 우리나라에 매독이 전파된 것은 1515년경 중국과 우리나라를 왕래하던 사신들에 의해서라고 추정되고 있다.

매독은 성교나 태반을 통해 전염되며, 피부나 점막을 통해 감염된 균이 혈류를 거쳐 체내의 여러 부위에 각종 질환을 유발한다. 매독의 잠복기는 약 9일에서 90일 정도이며, 많은 균에 의해 감염이 되면 빠른 시기에, 적은 균에 감염이 된 경우에는 감염 후 90일 정도의 잠복

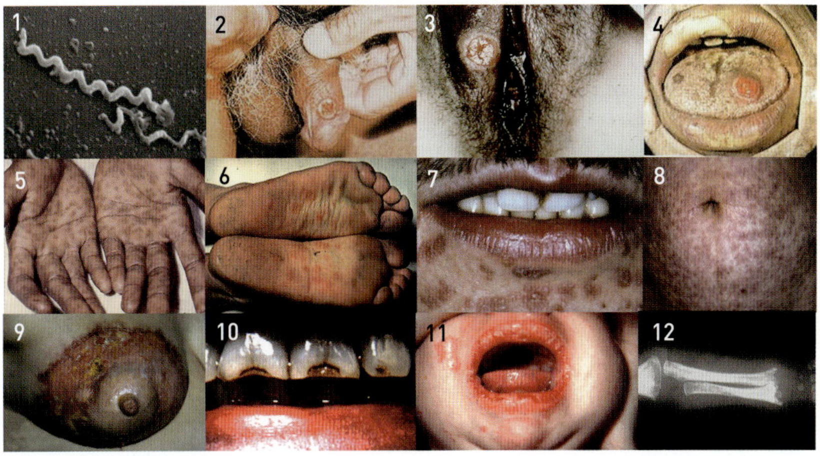

그림 6.6 매독의 증상

1; 매독의 원인균인 스피로헤타의 형태, 2–4; 일기매독의 증상, 일기매독은 남성 음경의 하감(2)과 여성 음부의 하감(3), 혀의 하감(4)과 같이 매독균이 침입한 장소를 중심으로 관찰된다. 5–8; 이기매독의 증상, 이기매독은 손(5), 발(6), 입주변(7)과 복부(8) 등을 포함한 전신적인 증상이 특징이다. 9, 10; 삼기매독의 증상. 삼기매독의 증상은 유방(9)과 치아(10)에도 나타난다. 11, 12; 선천성 매독의 증상, 매독은 모체로부터 태아에게 감염될 수도 있으며(11), 골격 이상(12)을 야기하기도 한다.

기를 거쳐 증상을 나타내게 된다. 매독의 감염은 그 증상에 따라 4단계로 나누어진다.

증상의 첫 번째 단계인 일기매독(primary syphilis)은 매독균이 체내로 침입한 부위인 음경, 자궁경부, 입술, 혀, 항문 등에서 초기 궤양인 하감(chancre)이 관찰되는 것이 특징이며, 하감은 균으로 가득 차 있으므로 감염성이 대단히 높다(그림 6.6). 그러나 이 시기에는 통증이 없고, 치료하지 않아도 몇 주 내에 증상이 사라진다. 더욱이 여성의 경우에는 자궁경부의 하감이 통증도 없고 질경을 통해 관찰하기 전에는 보이지도 않기 때문에 이 시기에 감염 여부를 확인하기는 어렵다. 그러나 매독균은 이 시기 동안 혈류를 따라 체내 여러 곳으로 이동 가능하며 다른 사람에게도 전염이 가능하다.

이기매독(secondary syphilis)은 하감이 사라지고 난 후 수 주에서 수 달 후에 발현되며, 균의 혈행성 전파가 나타나기 시작한다. 이 시기는 혈액을 따라 이동하는 매독균이 점막 피부는 물론 다양한 장기를 침범하게 되어 전신적인 증상이 나타나게 되는데, 손바닥과 발바닥을 포함한 온 몸에 가렵지도 않고 통증도 없는 발진이 관찰되며, 구진(papule), 탈모증(alopecia), 농포(pustule) 등이 나타나기도 한다(그림 6.6). 또한 일부 환자에서는 발열, 오한, 체중 감소, 목이 쉼, 미열, 어지럼증, 식욕부진 등의 증상도 나타난다.

잠복매독(latent syphilis)은 이기매독이 지나고 난 후에 균은 감염된 상태로 체내에 존재하지만 점막에서는 관찰되지 않는 시기를 말한다. 이 시기는 아무런 증상도 없이 수년 동안 지속되는 경우도 있다. 이 시기 동안 적절한 치료를 받지 않은 사람들의 2/3에서는 더 이상 임상적 증상이 나타나지 않기도 하지만, 1/3에서는 세균이 심장, 혈관, 뇌 및 척수 등을 공격함으로써 심각한 합병증이 유발되기도 한다.

삼기매독(tertiary syphilis)은 감염된 후 5–20년 이후에 발현되며, 감염된 환자들은 피부, 뼈, 관절 등에 커다란 궤양이 나타나거나 중추신경계가 손상되어 전신마비, 정신 이상, 귀머거리 등이 되기도 하며, 심한 경우에는 심장과 혈관이 손상되어 사망하기도 한다(그림 6.6).

매독이 무서운 이유는 매독균이 모체로부터 태아에게 전파될 수 있기 때문인데, 이러한 선천성 매독(congenital syphilis)은 임신의 어느 시기에도 유발될 수 있으며, 일기와 이기매독은 80–95%, 조기 잠복매독은 70%, 만기 잠복매독은 10% 정도의 전파율을 나타낸다. 감염된 모체로부터 혈류를 통해 이동하는 매독균에 의해 감염된 태아는 뼈와 이빨에 이상이 생기거나 눈이나 귀가 멀기도 하며 심지어는 사망하기도 한다(그림 6.6). 이러한 위험을 피하기 위해서 임신 중에는 반드시 혈액 검사를 통해 매독 검사를 시행하여야 한다.

일기매독의 경우에는 하감에서 채취한 내용물을 현미경 하에서 분석하거나, 혈액 검사를 실시함으로써 감염 여부를 진단할 수 있다. 매독 치료에는 페니실린이 매우 효과적이며, 감염된 시기에 따라 투여량과 시간이 결정된다. 페니실린에 알레르기 반응을 보일 경우에는 테트라사이클린을 사용하기도 하지만 최근에는 저항성 균주가 발견되어 치료가 점점 어려워지고 있으며, 특히 항생제를 사용하여 균을 제거한다할지라도 일단 손상된 체내 기관은 다시 회복되지 않으므로 빠르고 정확한 진단과 적절한 치료가 매독에 의한 손상을 억제하기 위한 최선의 방법이라고 할 수 있다.

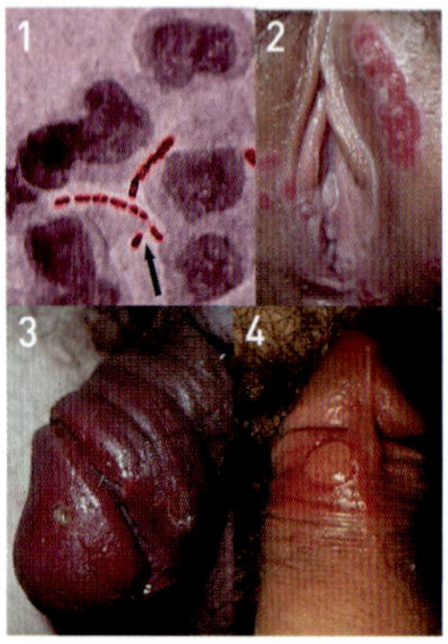

그림 6.7 **연성하감의 증상**
1; 환자의 분비물에서 관찰된 연성하감의 원인균(화살표), 2; 여성 음부의 하감, 3, 4; 남성 음경의 하감

4) 연성하감

연성하감(Chancroid)은 열대나 아열대의 개발도상국에서 호발하며, 성기나 회음부에 감염되어 통증을 동반하는 궤양을 형성하거나 서혜부 림프절을 침범하기도 한다. 원인균은 짧고 가늘며 말단이 둥근 그람음성 간균인 *Hemophilus ducreyi*인 것으로 알려져 있다.

평균 3–5일 정도의 잠복기를 거친 후 성기에 구진이 생성되며, 농포를 거쳐 결국 통증을 동반하는 궤양을 형성한다(그림 6.7). 궤양은 경계가 불분명하고, 바닥은 화농성의 더러운 고름과 같은 분비물로 덮여 있으며, 이를 제거하면 출혈이 발생하게 된다. 유사한 성병과 구분하기 위하여 조직검사나 배양검사 등을 시도할 수도 있으며, 그람염색법이나 단클론항체(monoclonal antibody) 등을 이용한 혈청학적 검사 및 분자생물학적 방법을 이용한 직접적인 DNA 검출법도 이용할 수 있다.

우리나라의 경우 현재 발생율은 매우 낮은 편이나 최근 동남아를 중심으로 열대, 아열대 지역의 관광객이 증가하고 있어 연성하감의 감염 가능성이 높아지고 있다.

5) 서혜육아종

서혜육아종(Granuloma Inguinale 또는 Donovanosis)은 만성적인 궤양성 질환으로 열대 및 아열대 지방에서 많이 발병한다. 서혜부, 치골부, 생식기 및 항문 주위에 궤양을 형성하며, 10%에서 최대 50% 정도의 전염률을 나타낸다. 원인균은 그람음성 간균인 *Calymatobacterium granulomatis*인 것으로 알려져 있다.

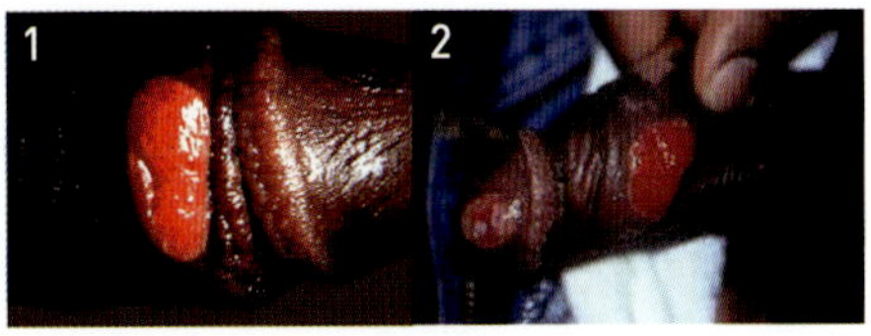

그림 6.8 서혜육아종의 증상
1, 2; 남성의 음경에 발생한 붉은색 단추모양의 구진

잠복기는 평균 2–3주이며, 붉은색 단추 모양의 구진, 수포 혹은 결절 등과 같은 초기 병변의 약 10%는 궤양으로 발전하고 악취가 나는 분비물과 함께 병변이나 가성가래톳이 형성되기도 한다(그림 6.8). 또한 감염 부위로부터 주변으로 파급되어 혈관이나 림프관을 통해 내부 장기, 눈, 입술, 후두 등으로 전파될 수 있으며, 병변이 장기간 계속되면 림프관 폐쇄나 림프부종이 생기기도 한다.

붉은 빛을 띠며 활발히 성장하는 조직의 존재 유무나 분비물이나 조직표본의 염색을 통해 균의 존재를 조사함으로써 진단할 수 있다.

서혜육아종 또한 현재 우리나라에서의 발생율은 매우 낮은 편이나 동남아를 비롯한 열대와 아열대 지방의 관광객 증가는 서혜육아종의 감염 가능성을 높이고 있다.

6) 성병성 림프육아종

성병성 림프육아종(Lymphogranuloma Venerum; LGV)은 성기 부위의 수포와 서혜부 림프절의 화농 및 궤양을 비롯하여 전신적 증상을 나타내는 질환으로서 남성에게 많이 발생하며,

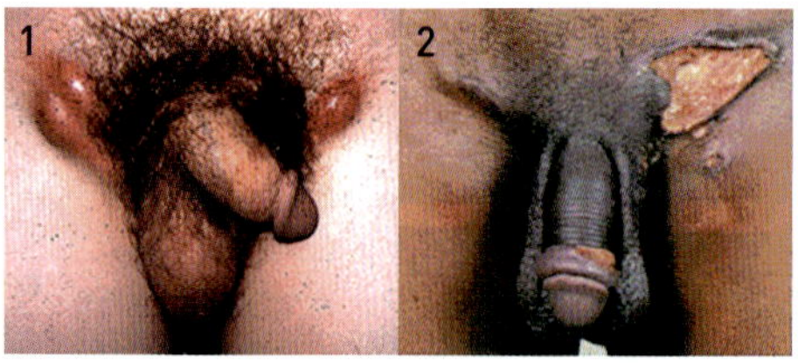

그림 6.9 **성병성 림프육아종의 증상**
1, 2; 서혜부 림프절의 부종과 궤양

지역적으로는 주로 열대 및 아열대 지방에서 많이 발생한다(그림 6.9). 원인균은 *Chlamydia trachomatis*인 것으로 알려져 있다.

잠복기는 4–21일이며, 남성에서는 회음부 및 요도구를 침범하고, 여성에서는 자궁경부와 질에 감염되기도 한다. 작은 구진과 수포가 피부에 발생하며, 병변이 진행되면 통증이 없는 궤양을 형성하기도 한다. 피부 병변이 사라지고 난 후 1–4주가 지나면 림프절 종창이나 화농을 일으키기도 하며, 림프절 폐쇄와 부종이 발생하기도 한다. 이 세균에 감염된 환자의 약 50%에서 전신쇄약감, 관절통, 발열 및 결막염 증상을 나타내며, 골반내 조직의 염증성 변화와 직장과 요도의 협착 및 외음부에 다른 장기와의 비정상적인 통로인 누공(fistula)이 형성되기도 한다.

진단을 위해서는 항체를 검사하는 방법과 감염된 림프절로부터 균을 확인하는 방법 등이 이용된다.

성병성 림프육아종도 연성하감이나 서혜육아종과 마찬가지로 현재 국내 발생률은 매우 낮은 편이나 최근 증가하고 있는 동남아를 비롯한 열대와 아열대 지방 관광들로 인해 감염의 기회가 증가하고 있어서, 이를 통한 국내 발생률이 증가할 가능성이 높아지고 있다.

3 바이러스에 의한 감염

1) 단순포진 바이러스

성병은 세균 외에 바이러스에 의해서도 전염되는데, 그 중 HSV는 한 번 감염되면 추가 감염이 없어도 재발하게 된다. HSV는 성인은 물론 영아에게도 뇌막염을 발생시켜 사망하게 하는 등의 심각한 신체적 문제를 일으키며, 증상이 평생에 걸쳐 재발하기 때문에 정서적, 정신적으로도 깊은 상처를 야기하기도 한다.

유전물질로서 DNA를 갖고 있는 HSV는 입 주변에 수포(또는 포진)를 형성시키는 HSV-1(구강–단순포진 바이러스; oral herpes)과 성기 주변에 수포를 형성시키는 HSV-2(성기–단순포진 바이러스; genital herpes)의 두 아형으로 분류된다. 과거에는 HSV-1이 95%의 환자에게 입 주변의 수포만을 야기시키고, HSV2는 환자의 95%에서 성기 부분의 수포(음부포진 등)만을 야기시켰으나, 최근의 연구결과는 두 아형의 감염 특이성이 없어져 HSV-1 감염 환자의 35%에서 성기 부분에 수포가 관찰되었고, HSV-2 감염자의 30% 이상에서 입 주변에 수포가 형성되었다고 보고하였다. 이러한 타입별 특이성의 감소는 구강성교를 하는 커플 수의 증가가 그 원인인 것으로 추측되고 있다.

HSV에 의한 감염은 일차감염(primary infection), 초감염(initial 또는 first-episode infection), 재발성 감염(recurrent infection)의 세 단계로 구분된다. HSV에 감염되면 2-10일 정도의 잠복기를 지나 피부 병변, 수포, 통증, 가려움, 배뇨곤란, 서혜부 림프선종 등의 국소적인 일차감염 증상이 시작된다. 감염 부위가 따끔거리거나 가렵고 마취된 듯한 느낌을 받게 되며, 특히 HSV-2에 감염된 경우에는 엉덩이나 넓적다리에 통증을 느끼기도 한다. 이 시기에는 바이러스가 복제를 거듭하여 많은 숫자로 증식되며, 피부 표면에 수포가 형성되어 고통을 수반하기도 하고, 수포가 터져 농포나 궤양이 형성되기도 한다(그림 6.10).

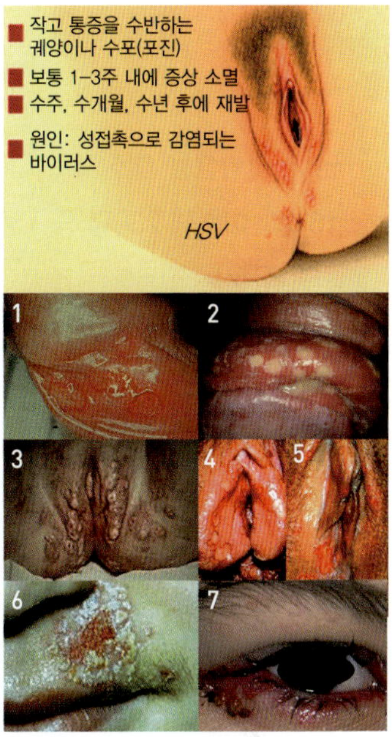

그림 6.10 HSV 감염 증상

1, 2; 음경 부위의 수포, 3-5; 여성 음부의 수포, 6; 입술 주변의 수포, 7; 눈에의 감염

이전 감염 경력은 없으나 HSV에 대한 항체를 갖고 있는 사람에서 처음으로 임상적 증상이 발현되는 경우인 초감염기에는 일부 환자에서 궤양과 같은 종기가 생기며, 증상이 2-3주간 지속된다. 그 외 근육통, 두통 및 열이 나고 림프선이 붓는 등 독감과 같은 증상이 나타나기도 하며, HSV-2의 경우는 소변시나 걷고 앉을 때에 심한 고통으로 고생하기도 한다. 이 시기는 일차감염보다 전신증상이나 성기병변 및 합병증이 적고 증상이 지속되는 기간이나 바이러스 방출 기간도 더 짧다.

일차감염 환자의 38-56%가 6개월 내에 한 번 이상 재발하며, 평생을 통해 재발되는 것이 일반적이다. 이러한 빈번한 재발은 HSV가 신경계 특히 감각신경절의 핵 내에 존재하다가 여러 가지 원인으로 다시 활동을 재개하기 때문인 것으로 알려져 있다. 이와 같이 재발되는 경우를 재발성 감염이라 하며, 이 시기에는 종기가 딱지같이 변하고, 세균에 의한 이중 감염이 일어나기도 한다. 일반적으로 상처는 남지 않으며, 상처가 완전히 아물 때까지는 전염성이 있기 때문에 접촉을 피해야 한다. 일차감염 시에는 바이러스에 대한 항체가가 낮기 때문에 증상이 매우 심각하지만, 일차감염자의 1/3은 재발하지 않고 나머지 2/3는 규칙적이나

Q 6-1

입 주변에 수포 발생했던 경험이 있는가?

남녀 대학생을 대상으로 입 주변에 수포가 생겼던 경험을 조사한 결과에서 남학생 295명 중 16%와 여학생 236명 중 15%가 입 주변에 수포가 생긴 경험이 있다고 응답하였다. 수포의 발생 빈도를 묻는 질문에는 주로 피곤할 때라고 응답하였으며 횟수로는 1년에 1–2번이 가장 많았다. 처음 수포가 나타난 시기는 남학생의 경우 초등학교가 29%로 가장 많았으며 중학교가 23%로 두 번째로 많게 나타난 반면에, 여학생의 경우 중학교와 고등학교가 각각 23%로 가장 많게 나타났다. 전반적으로 여학생에 비하여 남학생들이 좀 더 이른 시기에 HSV-1에 노출되었을 가능성이 높은 것으로 나타났다. 또한 초등학교 이전이라고 응답한 학생도 남학생 19%와 여학생 9%로 비교적 높게 나타났는데 이러한 결과는 HSV의 감염이 성적인 접촉 외에도 일상적인 접촉에 의해서도 발생할 가능성이 있음을 보여주고 있다.

Q 입 주변에 수포가 발생했던 경험이 있는가?

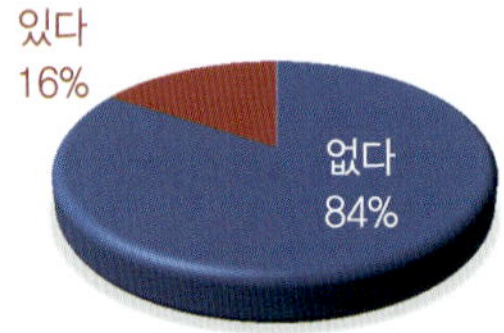

남학생 295명

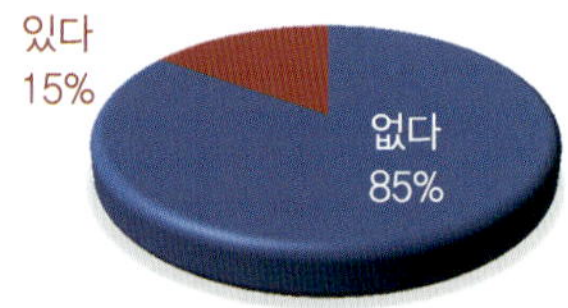

여학생 236명

Q 입 주변의 수포 발생 빈도는?

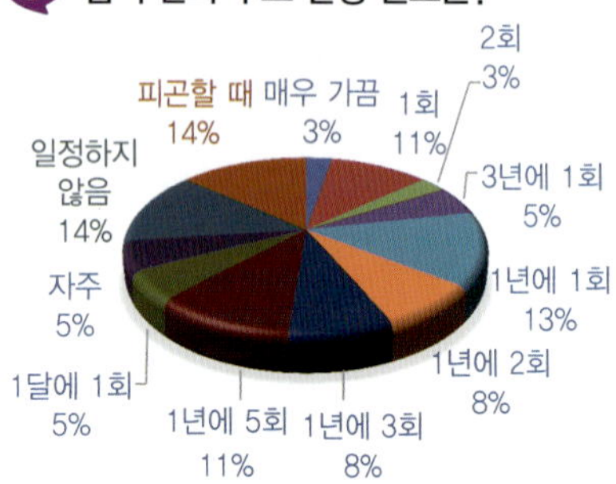

남학생 37명

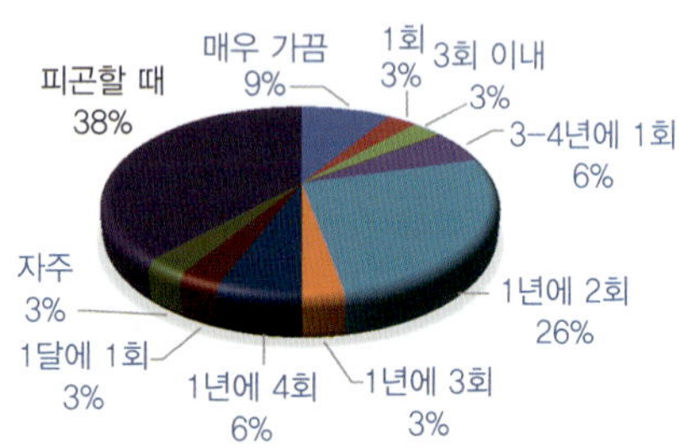

여학생 34명

Q 입 주변에 수포가 처음 발생했던 시기는?

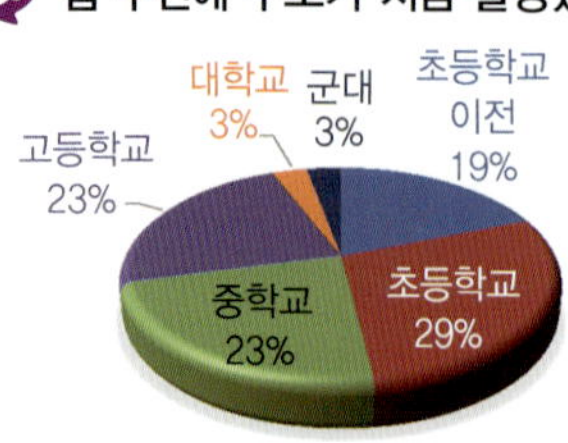

남학생 31명

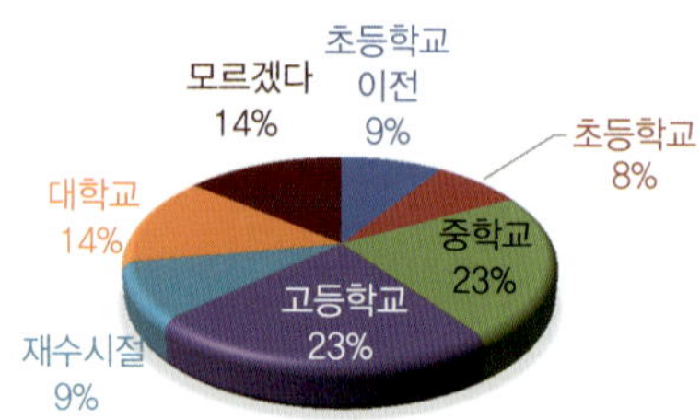

여학생 22명

불규칙적으로 재발하기도 한다. HSV-2의 일부는 천골신경절(sacral ganglia)로, HSV-1은 삼차신경절(trigeminal ganglia)로 이동하여 잠복하게 된다. HSV-2는 HSV-1보다 재발률이 6배나 높아 연간 평균 4번 정도 재발하지만 일차감염에 비해 항체가가 높으므로 증상은 경하고, 5−10일 정도만에 증상은 사라지게 된다. 각종 병이나 피곤, 생리, 과도한 햇빛 및 심리적인 스트레스에 의한 면역체계의 약화가 재발의 원인인 것으로 알려져 있다. 임신 32주 후에 일차감염된 여성의 태아나 신생아는 대단히 위험하며, 바이러스는 혈류를 통해 태아에게 감염되지는 않지만 태반을 통과하여 조산, 유산, 기형 등의 발생률을 증가시키기도 한다. 출산시에 모체의 경부나 질을 통해 감염될 확률은 50% 이상이나 되며, 출산 후 4−21일부터 증상이 시작되어 감염된 신생아의 50%에서는 신경계, 눈, 피부, 내부 기관 등의 손상이 유발되고 심하면 사망하기도 한다. 태아에의 감염을 방지하기 위해서는 산모의 혈액 검사를 통하여 바이러스 감염 여부를 조사하여야 하고, 만약 감염되었다고 진단되면 질이나 자궁경부를 통한 태아에의 감염을 방지하기 위해 제왕절개(cesarean section)를 시도하는 것이 좋다.

HSV의 경우 증상을 완화시키고 상처를 아물게 하는 약이 개발되어 있어 사용이 가능하지만 완치가 불가능하여 수년간 매일 치료를 하더라도 치료를 멈추면 다시 재발하게 된다. 따라서 감염을 방지하기 위해서는 환자와의 성관계는 물론 되도록 접촉을 삼가며 불가피한 경우에는 반드시 콘돔을 사용하여야 한다. 또한 감염된 경우에는 스트레스를 줄이고 손을 잘 씻고 수건이나 칫솔 등을 타인과 분리하여 사용하여야 하며, 나일론이나 꽉 끼는 내의는 피해야 한다. HSV-1에 감염된 경우에는 정상 생활이 가능하긴 하지만 키스나 구강성교는 피해야 하며, HSV-2는 쇼크, 고립감, 외로움, 우울증, 발기불능 등의 신체적, 심리적 문제를 유발하기도 한다. HSV에 감염된 것이 확인되면 성적 파트너에게도 감염 사실을 고백하여 파트너에게 전염시키지 않도록 조치하여야 할 것이다.

2) 간염 바이러스

간에 감염이 되어 각종 증상을 유발하는 간염 바이러스는 여러 아형이 있으나 가장 잘 알려진 것으로는 A, B, C의 세 가지가 있다. 간염 바이러스를 성병으로 분류한 것은 성관계 당사자끼리의 접촉에 의해 전파되는 경우가 많기 때문이며, 실제로 감염자의 각종 체액이나 성교를 통한 접촉은 물론 항문성교 등에 의해서도 전염되는 것으로 알려져 있다. A형(hepatitis A virus; HAV)은 직간접적인 접촉에 의해 전염이 되며, 항문성교 등을 포함한 성관계에 의해서도 감염될 수 있다. 항문성교가 남성 동성애자들 간에 많이 시도되기 때문에 이 그룹에서 감염률이 높은 것으로 알려져 있으며, 감염자가 만진 음식, 오염된 물로부터 채취된 조개류의 섭취에 의해서도 전염될 수 있고, 2-6주 정도의 잠복기가 있다. B형(hepatitis B virus; HBV)은 감염된 환자의 혈액이나 침, 정액, 질 분비물 등의 체액에 의해서 전염이 되며, 간에 암이나 경변 같은 병을 유발하기도 한다. 세계적으로 약 3억 명 이상의 감염 환자가 보고되고 있으며, 새로운 환자 중에 많은 수가 성관계 등을 통하여 감염되는 것으로 알려져 있다. 정상인보다 남성 동성애자나 마약 환자들에서 감염률이 높으며, 수혈시 감염되기도 하고, 감염된 임산부로부터 태아에게 전염되기도 한다. 인터페론은 환자의 약 1/3에 효과적이며, 환자의 90%는 치유가 되지만 10%는 완전한 치유가 어렵다. 잠복기는 6주에서 6개월 정도이며, 미국 소아과협회에서는 모든 유아들에게 예방 주사를 접종하도록 권장하고 있다. C형(hepatitis C virus; HCV)은 1988년에 그 정체가 알려졌을 정도로 최근에서야 연구자들의 관심을 끌게 되었지만 매년 환자 수가 증가하고 있으며, 그 중 절반 이상이 만성 감염자이다. 아직까지 HCV에 대한 백신은 개발되어 있지 않고, C형 간염바이러스는 감염자들 사이에서 변이가 빈번히 발생하며 여러 유전형과 아형 간에 유전자 서열 차이가 커 모든 유전형에 포괄적으로 효과가 있는 백신을 만드는 데 있어 여전히 큰 어려움을 겪고 있다. 감염자는 비감염자보다 간암 발생률이 25배 정도 높은 것으로 알려져 있다. 정맥 주사나 수혈에 의해 주로 감염되며 성관계를 통한 감염은 매우 희귀한 편이다. 특히 간암 등의 발생을 방지하기 위해서는 환자는 절대로 금주하여야 한다.

3) 인유두종 바이러스

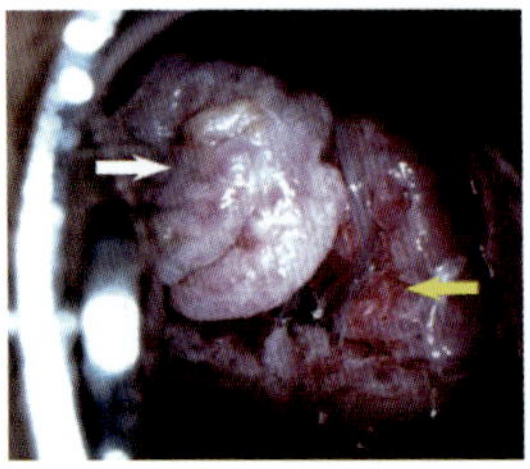

그림 6.11 HPV에 감염된 자궁경부의 첨규콘딜롬
자궁경부(노란색 화살표)에 형성된 첨규콘딜롬(흰색 화살표). 간혹 질경을 통한 자궁경부암 검사 중 첨규콘딜롬이 관찰되기도 한다.

HPV는 체내의 내외부 표면에 위치하는 상피세포에만 감염되며, 100여 가지 아형이 있다. 아형에 따라 관련 질환이 다양한데, HPV-16이나 HPV-18과 같이 자궁경부암을 유발하기도 하며, HPV-6이나 HPV-11과 같이 성기 부위에 첨규콘딜롬(condyloma acuminata)을 형성시키기도 한다(그림 6.11; 6.12). HPV는 유전물질로서 DNA를 갖고 있으며, 모든 부인과 환자의 3-5% 정도가 첨규콘딜롬에 대한 감염 경험이 있을 정도로 비교적 감염률이 높은 것으로 알려져 있다. 미국에서는 성인 3명 중 1명이 아형은 다를지라도 HPV에 감염된 경험이 있으며, 성적으로 활발한 중·고등학생의 20%, 여대생의 40% 정도가 감염된 것으로 조사되었다.

HPV 감염자 대부분은 특별한 검사를 통해서만 진단이 될 정도로 증상이 경하므로 본인도 모르게 다른 사람들에게 전염시키는 경우가 많다. 일반적으로는 접촉 후 3주에서 8개월 내에 첫 번째 증상이 나타나는데, 성기 부위에 형성되는 사마귀인 첨규콘딜롬은 하얗거나 분홍색의 양배추 모양으로 가렵고 자극적이면서 출혈을 보이기도 한다. 남성에서는 음경, 음낭, 항문, 요도 등에 나타나고, 여성에서는 질벽, 자궁경부, 외음부 및 항문 등에 나타나기도 하며, 출산 시에 신생아에게 감염되는 경우도 있다. 사마귀가 질 입구에 위치할 경우 질 내부에 감염될 확률이 50–70%이므로 질경을 이용하여 감염 여부를 조사하여야 하며, 항문 주위에 사마귀가 있을 경우에는 직장경 등을 이용한 검사가 이루어져야 한다. 질과 자궁경부에서 관찰되는 사마귀들은 성장 속도가 느리며, 1/3 정도는 6–12개월 내에 자연치유되기도 한다. 임신 중에는 크기가 급격히 증가하다가 출산 후엔 감소하며, 당뇨나 면역력이 억제된 환자에서는 급격한 성장을 나타내기 때문에 HPV의 성장과 세포성 면역체계는 밀접한 관련이 있다고 알려져 있다.

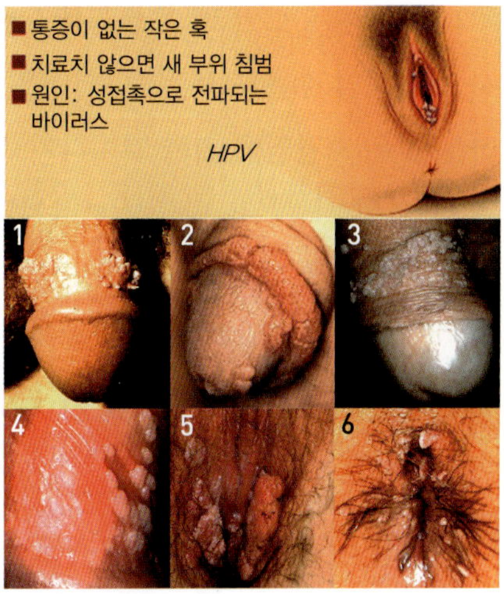

그림 6.12 HPV 감염에 의한 여러 형태의 첨규콘딜롬

1–4; 남성 음경 부위의 첨규콘딜롬, 5; 여성 음부의 첨규콘딜롬, 6; 항문의 첨규콘딜롬

여성의 자궁경부는 계속적으로 세포 분열을 하는 장소이므로 바이러스에 의한 세포의 병변이 일어날 가능성이 많은 반면에 남성의 음경은 분열을 하는 곳이 아니므로 바이러스에 의한 세포 병변이 일어날 확률은 매우 낮다. 자궁경부암 환자의 90% 이상에서 HPV가 검출되기 때문에 HPV가 자궁경부암을 유발시키는 매우 중요한 요인이라고 알려져 있다. 특히 HPV-16과 HPV-18은 자궁경부암을 유발시키는 고위험군이므로 세포진 검사나 질확대경 검사는 물론 자궁경부 세포에 대한 분자유전학적 검사를 통해 감염 여부를 조사한다(그림 3.38; 3.39). 또한 HPV–16은 자궁경부암뿐만 아니라 유방암 환자의 30%에서도 검출되는 것으로 알려져 있어, HPV는 암의 발생과 상당히 밀접한 관계가 있는 것으로 생각된다. 자궁경부암을 유발하는 HPV 아형은 성기 부분에 사마귀를 유발하는 타입과는 다르며, 외형적으로는 아무런 증상이 나타나지 않는 경우가 많다. 만약 감염이 확인되면 최소한 6개월에 한 번씩은 골반검사나 세포진 검사를 받아야 한다. 많은 사람과 성관계를 맺거나 첫 번째 성교의 시기가 어릴수록, 또는 면역체계가 억제된 경우에 자궁경부암의 위험성이 높아지며 감염 여성의 성적 파트너 중 2/3가 감염되는 것으로 알려져 있다.

HPV는 완치되기 매우 힘들며, 보통 재발되는 것이 일반적이다. 이러한 경우에 인터페론이 효과적일 수 있으며, 재발되었을 경우에는 조속한 치료가 시행되어야 한다. 증상이 재발하는 것은 재감염에 의한 것이라기보다는 바이러스가 재활성화되어 나타나는 것이 일반적이며, 감염된 사람들은 반드시 배우자도 함께 치료하여야 한다.

최근에는 몇 가지 유형의 HPV 백신이 개발되어 전 세계적으로 보급되었으며, 국내에서는 만 12세 여아에 대하여 무료 예방접종을 실시함으로써 HPV 감염에 의한 자궁경부암 발생률을 낮추고자 많은 노력을 기울이고 있다(3장 참조).

4) 인간면역결핍 바이러스

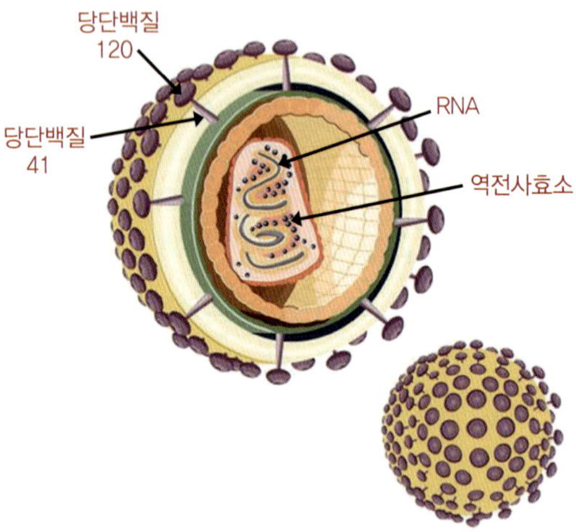

그림 6.13 HIV 구조

아무런 임상적 증상을 나타내지 않는 사람과 성관계를 하더라도 각종 성병에 감염되는 경우가 많은데, 이러한 경우의 좋은 예로서 AIDS를 들 수 있다. AIDS의 원인 바이러스인 HIV는 잠복기가 10년이 넘는 경우도 있기 때문에 AIDS 증상을 나타내지 않는 사람일지라도 체내에는 HIV가 존재하며, 이러한 사람과 성관계를 맺게 되면 HIV에 감염될 수도 있다(그림 6.13). 그러므로 어떤 사람과 성관계를 맺을 경우에 그 사람은 물론 그 사람이 지난 10여 년간 성관계를 맺었던 모든 사람들 중 한 사람이라도 HIV에 감염되어 있었다면 자신도 HIV에 감염될 수 있다는 사실을 인식하여야 한다.

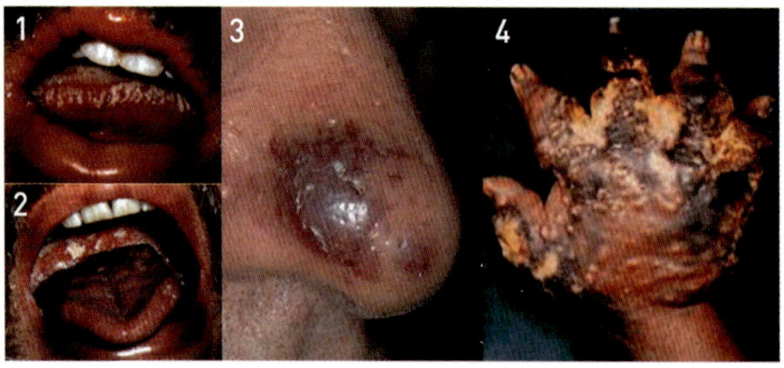

그림 6.14 AIDS 증상

1, 2; 칸디다의 과증식에 의한 구내염, 3; 코에 생긴 카포시 육종, 4; 손에 발생한 피부 궤양

1980년대 미국의 캘리포니아에서는 면역체계가 억제된 경우에만 관찰되는 폐렴이나 카포시 육종(Kaposi's sarcoma)이 젊은 남성에게서 발병하였고, 그들에 관한 연구를 통해 면역 결핍으로 인한 질병의 존재가 처음으로 알려지게 되었다(그림 6.14). 1982년에

이 질환을 AIDS라고 명명하였으며, 이 질환의 원인이 HIV라는 사실이 밝혀졌다. HIV에는 HIV-1과 HIV-2의 두 가지 타입이 있으며, 미국 등의 AIDS 환자에게서는 거의 HIV-1이 관찰되고, HIV-2는 서부 아프리카 나라들에서 많이 관찰된다.

인간의 면역체계는 박테리아, 바이러스, 곰팡이 및 암세포에 대한 방어를 담당하는데, 이 과정에서는 림프구의 작용이 필수적이다. 림프구에는 B와 T 림프구가 있으며, T 림프구에는 보조 T 세포(helper T cells), 억제 T 세포(suppressor T cells) 및 세포독성 T 세포(cytotoxic T cells) 등이 있다. HIV는 이들 중 보조 T 세포에 특이적으로 감염된다. 보조 T 세포는 세포막에 CD4라는 표면항원을 갖고 있기 때문에 CD4 세포라고도 하는데, 어떤 항원이 체내로 들어와 보조 T 세포의 CD4와 결합하게 되면 이 신호가 항체 형성에 관여하는 B 림프구에 전달되어 항체가 분비됨으로써 항원에 대한 면역작용이 나타나게 된다(그림 6.15). 그러나 HIV에 감염된 사람은 CD4 세포의 수가 적정 수준 이하로 떨어져 면역력이 급격히 감소되며, 정상적인 면역체계를 갖고 있는 사람들의 경우에는 아무런 문제도 되지 않는 사소한 감염에 의해서도 심각한 합병증이 유발됨으로써 결국 사망에 이르게 된다. 즉, HIV에 감염된지 얼마 지나지 않은 경우에는 CD4 세포에 감염된 HIV가 환자의 체내에서 급속히 증식함으로써 혈액 속에 수많은 HIV가 존재하게 되지만, 처음에는 환자의 면역작용에 의해 대부분의 HIV가 사멸하게 된다. 그러나 살아남은 소수의 바이러스가 아주 천천히 CD4 세포를 파괴하게 되는데, 이 시기에는 특별한 증상이 나타나지 않으며 이러한 시기는 수년간 지속되게 된다. CD4 세포의 파괴가 진행되어 감염 전에는 1,000–2,000개/mm^3 정도이던 CD4 세포의 수가 500개/mm^3 이하로 감소되면 AIDS 증상이 나타나기 시작하며, 200개/mm^3까지 떨어지게 되면 림프종, 카포시 육종, 세균성 폐렴이나 정신 이상 등등의 병이 유발되어 결국은 사망하게 된다(그림 6.16).

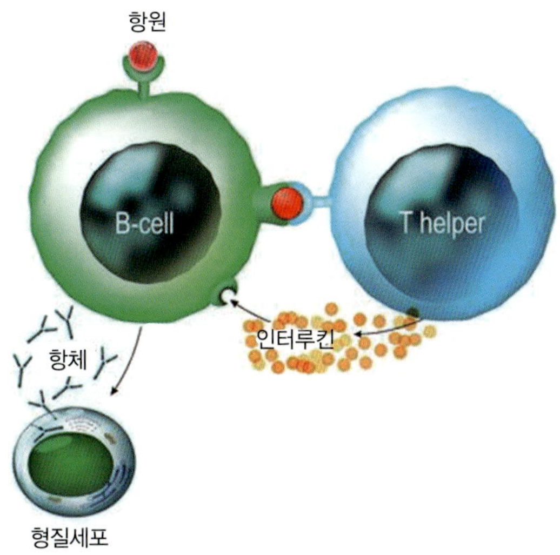

그림 6.15 보조 T 세포와 B 세포의 작용
체내로 항원이 들어오면 일련의 과정을 거쳐 보조 T 세포(CD4 세포, T helper)가 이를 인식하게 되며, 보조 T 세포는 다시 B 세포(B–cell)를 자극하여 항원에 특이적인 항체의 생산을 유도하게 된다.

HIV 감염 후 AIDS 발병까지의 기간은 사람에 따라 그 차이가 심한데, 감염자의 5% 이하는 3년 이내, 15%는 5년 이내, 50%는 10년 이내에 발병하는 것으로 알려졌다. 감염자의

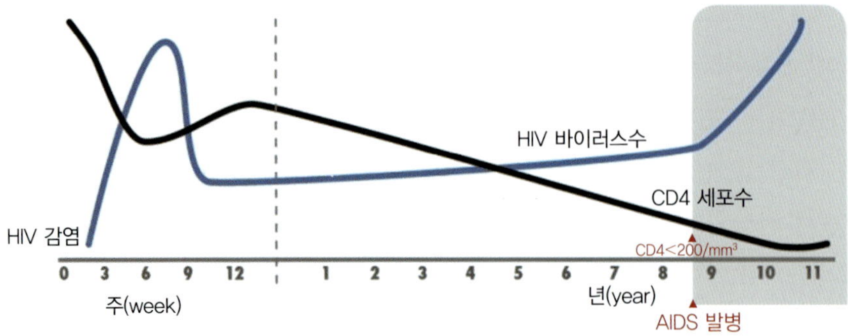

그림 6.16 HIV 감염 후 CD4 세포의 감소와 AIDS의 발병

2/3가 감염 후 14년 이내에 발병하지만, HIV 감염자 중 10−15%는 10−15년간 CD4 세포의 감소가 없는 등 아무런 증상을 나타내지 않기도 하여 그 이유를 규명하고자 하는 연구가 계속되고 있다. AIDS 발병 후 평균 생존일은 약 1년이며, 남성이 여성보다, 젊은 사람이 늙은 사람보다 약간 더 오래 생존하는 것으로 조사되었다.

HIV가 짧은 시간에 전 세계적으로 전파된 이유는 그 바이러스가 호흡이나 일반적인 접촉에 의하여 전염되거나 모기 등에 의해 전염되었기 때문이라고 생각할 수도 있을 것이다. 만약 HIV가 호흡이나 일반적인 접촉에 의해서도 전염될 수 있다면 AIDS 환자의 가족들은 대단히 위험할 것이다. 그러나 AIDS 환자의 가족이 AIDS에 감염되었다는 보고는 아직까지 많지 않으며, 이러한 사실은 AIDS는 일상적인 접촉에 의해서는 전염되지 않는다는 것을 단적으로 보여주는 좋은 예라고 할 수 있다. 또한 HIV는 눈물이나 타액 등의 체액에서 발견되기도 하지만 전염되기에는 그 농도가 너무 낮아 AIDS 환자를 담당하는 의사나 간호원들은 환자의 체액에 의해 AIDS에 감염되지 않는다고 알려져 있다. 더욱이 AIDS는 모기 등의 곤충에 의해서도 감염되지 않는 것으로 알려져 있다. 그러나 AIDS는 성관계나 주사기 등을 통해 감염된 혈액에 노출되는 경우를 비롯하여 감염된 산모로부터 태아에게 감염될 수도 있는 것으로 알려져 있다. 최근에는 HIV가 정액은 물론 여성의 질 분비물에도 존재하기 때문에 동성애에 의해서만이 아니라 이성 간의 성관계에 의해서도 전염되는 것으로 알려지기 시작했고, 특히 감염 초기와 AIDS가 발병했을 시기에 HIV 농도가 가장 높으므로 이 시기의 출혈을 동반하는 성관계는 매우 위험한 것으로 조사되었다.

일반적으로 남성에서 여성으로 감염되는 빈도가 반대의 경우보다 2배 이상 높으며, 구강성교에 의해서는 감염될 확률이 매우 낮은 것으로 알려져 있다. 더욱이 여성에서 여성으로의 감염은 현재까지 보고된 경우가 거의 없어 여성끼리의 구강성교나 키스에 의해서는 감염될 확률이 매우 낮은 것으로 알려졌다. 즉, HIV는 성관계에서는 항문성교, 질에의 정상적인 성교, 구강성교의 순서로 감염에 대한 위험성이 낮아지며, 수혈이나 모체로부터 태아로 수직감염되는 경우도 있는 것으로 알려져 있다. 모체로부터 태아에게 감염될 확률은 약 25%에 달하며, 대부분 임신 말기나 출산시에 일어나기 때문에 모체에 HIV 감염이 의심될 경우에는 제왕절개를 시도함으로써 수직감염의 위험을 낮출 수 있다. 또한 수유도 감염률을 높일 수 있기 때문에 매우 조심하여야 한다. 감염된 유아는 생후 6달 정도에 증상을 나타내기 시작하며, 1/4은 태어난 지 1년 만에 사망하고, 나머지는 귀머거리나 정신지체아가 되어 고생하다가 결국은 AIDS가 발병하여 사망하는 것이 일반적이다.

1995년에는 세계 HIV 감염자의 반 이상이 주로 우간다, 잠비아, 르완다 등의 아프리카 지역에 분포하고 있었으나, 최근 들어 아시아의 태국이나 인도, 남미의 브라질을 비롯하여 전 세계적으로 HIV 감염자 수가 증가하고 있다. 아프리카에서는 이성 간의 성관계에 의해서도 HIV가 전파되고 있으며, 수백만 명의 환자 중 절반 이상이 여성인 것으로 조사되었다. 여성 감염자가 증가함에 따라 태아나 유아의 감염률도 증가하고 있으며, 매독 등의 성병에 의해 성기에 궤양이 형성된 환자들에서는 HIV 감염률이 특히 높은 것으로 알려져 있다. 현재는 전 세계 환자의 20–25%가 여성 환자인 것으로 보고되고 있으며, 이 비율은 점차 증가하고 있는 추세이다. HIV가 이성 간의 성관계에 의해서도 전염되게 된 이유는 양성과 성관계를 하는 사람들이나 정맥 주사를 맞는 마약 환자 및 마약 환자와 많은 성관계를 맺는 매춘부들이 일반인과 빈번한 성관계를 맺게 됨으로써 결국은 이성 간의 성교에 의해서도 감염의 기회가 높아졌기 때문일 것으로 추측된다. 국제보건기구인 WHO의 보고에 따르면 2016년 HIV 감염자는 전 세계적으로 3,670만명으로 조사되었으며 약 70%의 감염자가 아프리카 지역에 분포하는 것으로 알려졌다(그림 6.17). 지역별 HIV 감염자 비율은 아프리카 다음으로 동남아시아(10%), 아메리카(9%), 유럽(7%), 서태평양 지역(4%), 동부지중해(1%) 순서로 조사되었다.

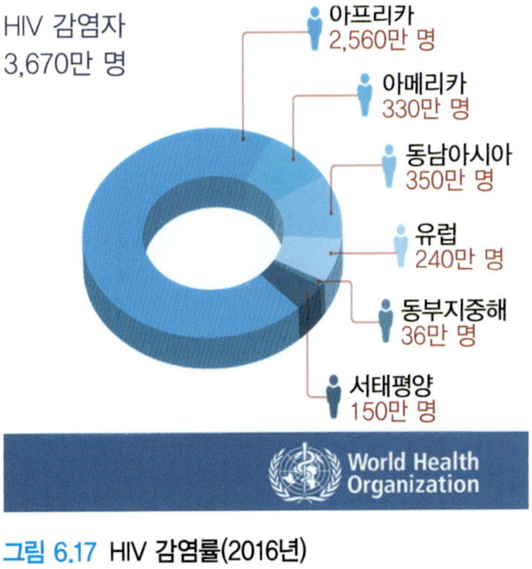

그림 6.17 HIV 감염률(2016년)

우리나라의 경우 질병관리본부의 2016년 HIV/AIDS 신고현황 연보에 따르면 연도별 HIV 신규 감염자수는 꾸준히 증가하고 있으며, 2016년 HIV 감염자 성비는 남성 10,618명, 여성 821명으로 남성이 93%를 차지하는 것으로 밝혀졌다. 연령대별 감염자수는 40대가 27%(3067명)

으로 가장 많았으며, 30대 22%(2467명), 50대 21%(2440명) 순으로 나타났다. 그러나 신규 환자 등록수의 경우 20대 감염률이 34%, 30대 23%로서 젊은 층의 감염률이 높은 것으로 보였다. 감염 경로는 무응답자를 제외한 전체가 성접촉에 의한 감염이었는데, 남성의 경우 이성 간의 성접촉이 355명(52%), 동성 간의 접촉이 325명(48%), 여성은 전원 이성 간의 성접촉으로 인해 감염된 것으로 신고되었다.

HIV 감염 여부를 결정하기 위한 가장 일반적인 방법으로는 체내에 형성된 항체를 조사하는 것이다. 만약 항체가 존재한다면 이 환자는 언젠가 HIV 바이러스에 의해 감염된 경험이 있다는 증거가 되며, 웨스턴분석법(western blot analysis) 이나 면역형광분석법(immunofluorescent assay; IFA) 방법을 통하여 항체의 존재를 확실히 조사할 수 있다. 이 검사에서 음성 반응을 나타내는 경우는 일단 체내에 바이러스가 감염된 경험이 없다고 생각할 수 있으나 HIV에 감염되었더라도 수개월 또는 수년 후에나 항체가 형성되기 때문에 완전히 안심할 수는 없다. 1994년 미국의 FDA는 타액에서의 항체검사 방법을 인정하였지만, 항체검사만으로는 환자의 체내에 현재 바이러스가 존재하는가를 입증할 수 없기 때문에 최근에는 항체가 아니라 분자유전학적 방법을 이용하여 HIV의 체내 존재 유무를 직접 검사하는 방법이 이용되고 있다. 이 방법은 10만 개 이상의 세포 중에서 HIV에 감염된 세포가 하나만 있어도 진단이 가능할 정도로 대단히 민감하고 확실한 분석법이기 때문에 만약 HIV가 감염되었다면 거의 정확하게 확인할 수 있을 것이다.

HIV 치료의 경우 가장 중요한 점은 복약 순응도다. 순응도가 떨어지게 되면 내성이 생기게 되고 결국 치료에 실패하는 과정으로 이어진다. 1987년 AIDS 환자에게 azidothymidine(AZT)을 투여하면 기회감염증이 줄어들고 사망률도 낮출수 있다는 임상시험 결과가 처음으로 발표된 후 지금까지 20가지가 넘는 항-HIV 약제가 개발되었다. 1996년 이후에는 칵테일요법이라는 고강도 항레트로바이러스 치료법이 표준치료법으로 사용되고 있다. 기본적인 칵테일요법의 약물 조합은 2가지 뉴클레오사이드 역전사효소 억제제 기반에 비뉴클레오사이드 역전사효소억제제, 단백효소억제제, 통합효소억제제 중 하나를 섞어 쓰는 것이다. 그러나 이러한 칵테일요법은 하루에 3-4번에 걸쳐 30가지 이상의 약물을 복용해야 하기 때문에 복약 순응도가 떨어질 수밖에 없었다. 따라서 제약사들은 순응도를 높이기 위해 알약의 개수를 줄이는 방법을 고민했고, 그 결과 한 알에 여러 가지 성분을 담은 단일정 복합제가 개발되었다. 최근에는 1-2개월에 한 번씩 주사해도 매일 경구 투여하는 경우와 효과가 유사한 장기 지속형(long-acting) 주사제 또한 개발되었다(그림 6.18).

감염된 피를 수혈받은 사람이나 감염자의 배우자 또는 모체로부터 감염된 태아 등과 같이

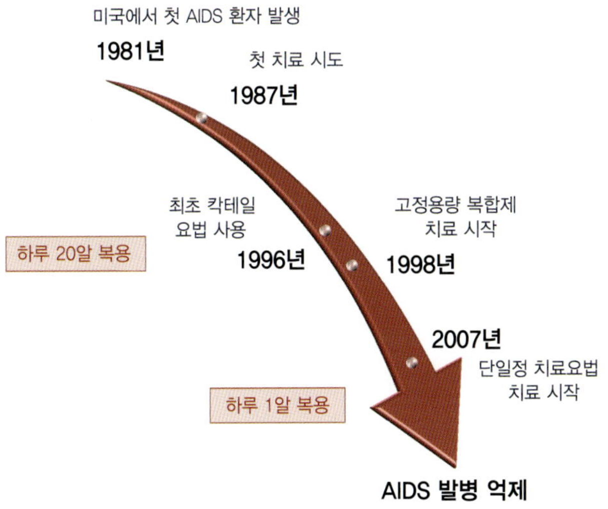

그림 6.18 연도별 HIV 치료제 개발
1987년 최초로 HIV 치료가 시작된 이래 1996년에는 하루에 20가지가 넘는 약제를 복용하는 칵테일 요법이 시행되어 사용되었으며 2007년부터는 하루 1알 복용하는 단일정 치료요법이 개발되어 사용되고 있다.

자신의 잘못 없이 AIDS에 감염되는 사람도 그 수가 무시할 수 없을 정도가 되어 버린 현 시점에서 이들에 대한 사회적 태도는 매우 중요한 이슈가 되고 있다. 우리 모두는 AIDS 환자도 사회적 냉대나 부당한 대우를 받지 않고 적절한 치료를 받을 수 있는 법적, 제도적 장치를 마련하기 위하여 최선의 노력을 하여야 할 것이며, 동성애자나 감염자 부부들에 대한 안전한 성교육을 통하여 새로운 감염자 수를 줄여 나가야 할 것이다. 또한 완벽한 AIDS 치료제의 개발을 서둘러 AIDS 환자들을 한시라도 빨리 죽음의 고통으로부터 해방시켜야 할 책임이 있다는 사실을 명심해야 한다. 왜냐하면, 수혈 등에 의한 HIV 감염은 그들만의 책임이 아니며, 우리 모두에게도 일어날 수 있는 사회적인 문제이기 때문이다.

4 곤충 및 기생충에 의한 감염

성병의 원인에는 세균이나 바이러스를 제외하고도 곤충이나 기생충도 있으며, 이 경우에는 콘돔 등을 이용해도 감염을 막을 수 없다. 그 중 주로 성기의 음모에 서식하는 길이 1–2 mm 정도인 털이(또는 치모슬; 일명 사면발이; pubic lice)는 성관계시 접촉에 의해 전염되며, 보통은 회색을 띠나 흡혈 후에는 암적색을 띈다(그림 6.19). 곤충이므로 다리는 6개이며, 사람의 몸 밖에서는 하루 이상 생존하기 어렵고 알의 부화에는 일주일 정도 걸린다.

옴(scrabies)은 피부 아래에 알을 낳아 매우 가렵고 여드름과 같은 종기나 피부의 손상을

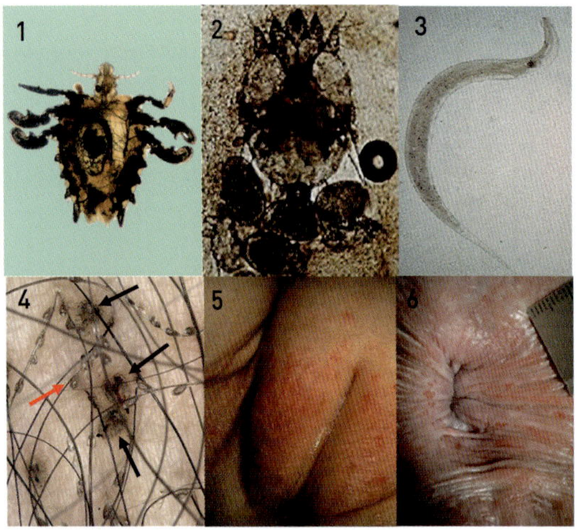

그림 6.19 **곤충 및 기생충에 의한 감염**

1; 털이, 2; 옴, 3; 요충, 4; 음모 기저부에 기생하는 털이(검은색 화살표)와 털이의 알(빨간색 화살표), 5; 옴에 감염된 외음부, 6; 요충감염에 의한 소양증으로 손상된 항문 피부조직

유발한다(그림 6.19). 크기는 0.3–0.4 mm 정도이며 흰색 진주 빛을 띤다. 옴에 의해 손상된 피부에는 세균 등이 감염될 가능성이 높으므로 조심하여야 한다. 옴 역시 접촉에 의해 전염되며, 살충제 성분의 크림으로 치료한다.

요충(pinworms)은 인간의 대장에 기생하며, 암컷 요충은 밤에 직장을 떠나 항문 주위에 알을 낳는다(그림 6.19). 이때 상당히 가렵기 때문에 불식 간에 긁게 되어 알이 손으로 옮아가게 되고 다시 입으로 전달되어 인간의 체내에서 성충이 됨으로써 새로운 생활 주기를 시작하게 된다. 요충은 항문성교 등을 통해 감염되기도 한다.

5 질염

정상 질분비물은 피지선(sebaceous gland), 한선(sweat gland), 바르톨린선, 스킨선 등으로부터의 분비물, 질벽으로부터의 여출액(transudate), 질과 자궁경부에서 떨어져 나오는 세포들, 자궁경부 점액, 자궁내막과 나팔관에서 나오는 액, 미생물과 그 대사물질로 구성된다. 이러한 질분비물의 양은 호르몬의 영향을 받게 되어 월경주기에 따라 주기적인 변화를 나타내지만, 피임약을 복용하거나 무배란일 경우에는 주기적 변화가 나타나지 않으며, 정상 질분비물은 솜모양의 흰색을 띈다.

정상 질 내에는 주로 호기성 세균이 많으며, 그 중 가장 많은 것은 유산균(lactobacilli)이다. 이들의 성장과 분열은 질의 산도(pH)와 세균의 대사작용을 위해 필수적인 포도당

Q 6-2

질염을 경험한 적 있는가?

20대 여학생 236명을 대상으로 질염에 걸린 경험에 대하여 물어본 결과에서, 14명(6%)의 여학생이 질염을 경험한 적이 있다고 응답하였다.

질염에 감염된 경험 유무

(glucose) 등에 의해 조절된다. 정상 질의 산도는 질 표피세포에서 분해된 단당류가 유산균에 의해 유산(lactic acid)으로 변화됨에 따라 pH 4.5 이하로 유지되게 된다.

질 내부의 호르몬 불균형, 알레르기 반응, 특정 화학물질 등에 의해 정상적인 질 내부 환경이 파괴되면 특정 미생물의 성장이 억제되거나 또는 촉진됨으로써 여러 가지 임상증상을 나타내게 되는데, 이러한 질환을 총칭하여 질염(vaginitis)이라 한다. 질염이란 질에의 감염에 대한 일반적인 용어로서 거의 모든 여성이 일생 동안 최소한 한 번은 감염될 정도로 감염 빈도가 높은 질환이다.

1) 트리코모나스증

트리코모나스증(trichomoniasis)은 *Trichomonas vaginalis*라는 원충류에 의해 성교를 통해 감염되며, 무증상인 여성에서는 3–15%, 성병으로 병원을 방문하는 여성에서는 20–50% 정도의 감염 빈도를 나타내는 매우 흔한 질염이다(그림 6.20). 이 질환은 전염성이 매우 높아 감염된 여성과 성관계한 남성의 70%가 감염되며, 남성으로부터 여성에의 감염률은 더욱 높은 것으로 알려져 있다. 미국에서는 임질, 매독, HSV 감염 전체를 합한 것보다 높은 감염률을 나타내며, 해마다 수백만 명의 새로운 환자가 발생하고 있다.

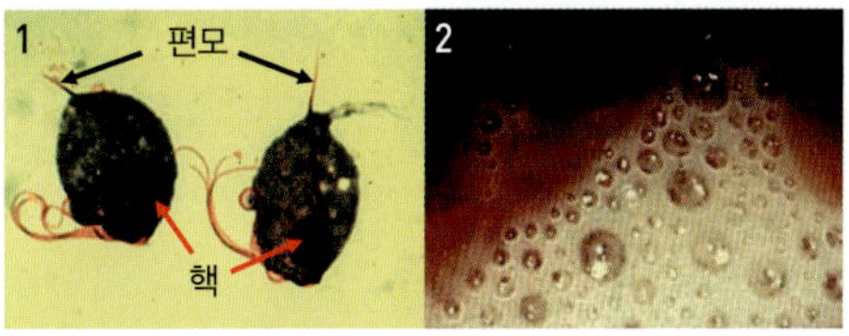

그림 6.20 트리코모나스증

1; 트리코모나스증을 유발하는 원충류인 *Trichomonas vaginalis*, 2; 트리코모나스증 여성의 거품 같은 질분비물

이 질환은 여성에서는 감염된지 4일에서 1개

월 내에 증상이 나타나기 시작하며, 감염된 여성의 50%만이 증상을 나타낸다. 남성은 대부분 증상 없이 요도나 전립선에 균을 보유하고 있는 경우가 많아 계속적으로 배우자를 감염시킬 수 있다. 여성의 경우에는 자궁경부나 질, 요도, 스킨선에 감염되며, 감염된 여성의 1/3에서는 매우 가렵고 거품이 일며 고약한 냄새가 나는 연노랑 분비물이 관찰된다(그림 6.20). 또한 일부 여성에서는 배뇨통, 성교통, 하복부 둔통 등이 나타나기도 한다.

이 질환의 원인이 되는 원생동물은 대부분 성관계에 의해 감염되지만, 소변이나 흐르는 물에서도 몇 시간 또는 며칠간 살 수 있기 때문에 변기나 타월을 통해서도 감염될 수 있다. 트리코모나스증은 과거에는 남성은 물론 여성에서도 치료치 않아도 심각한 증상을 유발하지 않는다고 알려져 있었으나, 최근에는 이 질환에 의하여 나팔관폐색 등이 야기됨으로써 불임이 유발될 수도 있다는 사실이 밝혀지면서 적절한 치료가 필요하다는 사실이 밝혀졌다. 정확한 진단을 위해서는 현미경을 이용하여 직접 동정을 하거나 배양을 통하여 확인할 수 있으며, 감염이 확인되면 재감염을 방지하기 위하여 여성과 남성 모두 치료하여야 한다.

2) 칸디다증

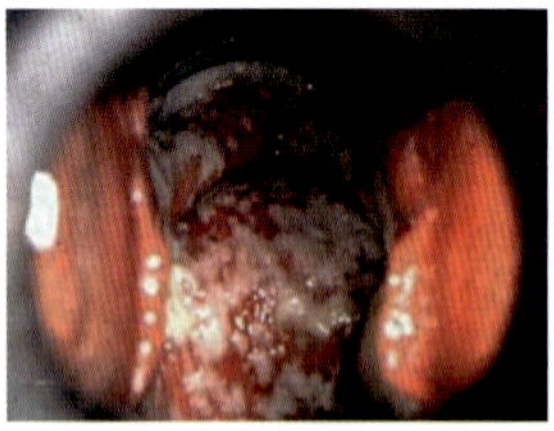

그림 6.21 칸디다증
질벽과 자궁경부가 하얀 치즈 같은 분비물로 뒤덮여 있다.

칸디다증(candidiasis 또는 moniliasis)은 곰팡이나 효모의 감염에 의해 질에 정상적으로 존재하는 미생물(주로 *Candida albicans*)의 과성장이 유발됨으로써 발생하는 질환이다. 여성의 약 75%가 일생 동안 최소한 한 번은 이 질환을 경험하게 되며, 45%의 여성은 1년에 2회 이상 경험하기도 한다. 이 질환의 85–90%는 *Candida albicans*에 의해 유발되는 것으로 알려져 있으며, 가렵고 하얀 치즈 같은 분비물이 특징적인 증상이다(그림 6.21). 간혹 성관계에 의해서도 감염되기도 하지만 어린 아이들도 걸릴 정도로 성과 관련없이 감염될 수도 있다.

이 질환도 다른 질염과 유사하게 체내 호르몬의 변화, 당뇨병, 항생제 복용 등에 의하여 질 내부의 화학적 환경이 변화되어 질 내부 미생물이 과성장을 하게 되는 것이 원인으로 알려져 있다. 임신 중인 여성, 경구 피임약을 복용하는 여성, 높은 농도의 항생제를 사용하는 여성과 같이 체내 호르몬 수치가 정상과는 다른 변화를 나타낼 경우에 이 질환에 많이 걸리게 되고, AIDS와 같이 면역체계가 약화된 경우에는 효모의 감염에 특히 민감해진다. 분비물, 질통증, 성교통, 배뇨시 통증 등을 비롯하여 음순 및 외음부 피부의 부종과 홍반 등의 증상이 나타나며, 일부 여성은 빈번한 재발, 심한 PMS, 위장 문제, 우울, 걱정, 피로 등의 증상을 나타내는 만성 칸디다 증후군(chronic candida syndrome)으로 고생하기도 한다.

3) 세균성 질염

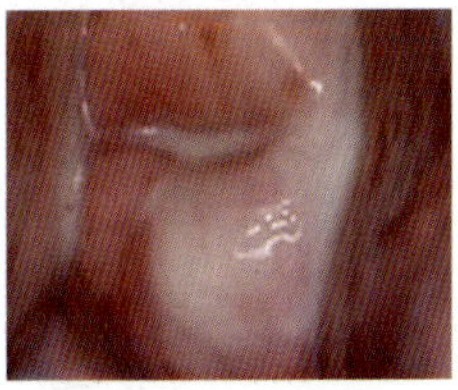

그림 6.22 세균성 질염
불쾌한 생선냄새와 회색의 질분비물을 보인다.

세균성 질염(또는 비특이성 질염; bacterial vaginosis)은 질 내부 유산균이 감소되고, 혐기성균이 과증식하는 경우에 발생한다. 이 질환을 갖고 있는 여성들의 질 내부에서는 정상 여성의 질에서는 약 1%를 차지하던 혐기성 균들의 수가 100배에서 1,000배 이상으로 증가하게 된다. 질 내부 환경 변화를 유발하는 요인은 확실히 알려져 있지 않지만, 성교나 질세척에 의한 질 내부의 알칼리화가 중요한 원인인 것으로 추측된다. 이와 같이 변화된 질내 환경에서는 유산균은 사라지고 각종 세균이 성장하게 됨으로써 결국 세균성 질염이 발생하게 되는 것이다.

이 질염은 여러 종류의 세균에 의해 유발되며, 세 가지 질염 중 가장 일반적인 타입이다. 불쾌한 생선 냄새가 나고 회색의 비정상적 분비물이 관찰되며, 상부 생식기관의 감염이 유발되기도 한다(그림 6.22). 특히 이 질환을 갖고 있는 여성은 골반감염의 빈도가 높아지며, 임산부에서는 조기파수나 조산, 또는 제왕절개 후 자궁내막염 가능성도 높아진다.

4) 질염의 예방

여성에게 질염은 감기 다음으로 많이 걸리는 질환인데, 감염률을 낮추기 위해서는 정기적으로 목욕을 하고, 외음부를 건조하게 하여야 하며, 면팬티를 입는 것이 좋다. 특히 효모가 열에 강하므로 내의는 반드시 잘 삶아야 하며, 질 세정제 등과 같은 여성 위생제 사용을 금하고 항문은 반드시 앞에서 뒤로 닦아야 한다. 질 윤활제를 사용할 때에는 수용성인 것이 좋으며, 성교시 항문을 자극한 후 질 부분을 터치할 때에는 반드시 손이나 음경을 닦아야 한다. 성적 파트너가 자신이 아닌 다른 사람과 성관계를 하는 경우에는 감염을 방지하기 위하여 성교시 콘돔을 사용하는 것이 좋으며, 스트레스를 최소화하고 영양을 충분히 섭취하여야 하며 적당한 수면을 취해야 한다. 이와 같은 주의점을 모두 지켰는 데도 불구하고 질염의 증상이 나타나면 전문의의 진단을 받는 것이 좋다.

6 방광염 및 전립선염

방광염(cystitis)은 남성보다 요도의 길이가 짧은 여성에서 많이 나타나며, 대부분 성관계와 무관하게 발병되지만 '허니문 방광염'과 같이 신혼부부의 격렬한 성교 등에 의해 요도에 감염이 야기되는 경우도 있다(그림 6.23). 방광염은 대변 후 항문에서 요도구로 대장균이 감염되어 야기되는 것이 일반적이지만 클라미디아에 의해서도 유발된다. 빈뇨, 소변시 고통, 하복부 통증이 이 질환의 주증상이며, 설파제나 항생제를 이용하여 치료한다. 성교 후 요도에의 감염이 의심될 경우에는 성교 후 2시간 이내에 성적 파트너와 함께 적절한 치료를 받음으로써 감염을 방지할 수도 있다. 전립선염(prostatitis)은 성교에 의해 대장균이 전립선에 감염됨으로써 발생하며, 등의 하부 통증이나 열이 나고 사정시 타는 듯한 느낌이 들기도 한다.

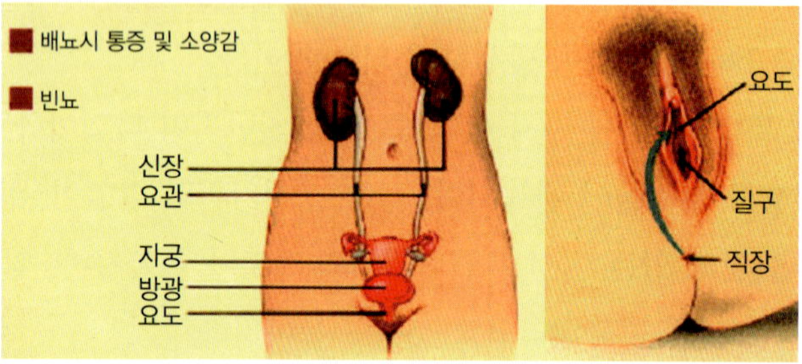

그림 6.23 방광염의 원인과 증상
방광염은 요도가 남성에 비해 짧은 여성에서 많이 발생하며, 신혼부부의 격렬한 성교나 직장으로부터 요도에의 대장균 감염이 원인으로 알려져 있다.

7 안전한 성

안전한 성을 위해서는 ① 성병에 대한 기본적인 지식을 숙지하고, ② 배우자나 정기적으로 성관계를 맺는 사람 외의 사람과 성관계를 자제하며, ③ 특히 매춘부 등과 같이 많은 성관계 경험이 있는 사람과는 성관계를 피하고, ④ 새로운 파트너와 성교시에는 가능하다면 밝은 곳에서 전희 동안에 감염 여부를 관찰하며, ⑤ 콘돔과 살정자제(spermicide)를 함께 사용하고, ⑥ 성교 후 즉시 성기 부위를 씻어야 하며, ⑦ 부적절한 성관계 후에는 감염 여부에 대해서 검사하여야 한다. ⑧ 만약 성병에 걸린 듯한 증상이 나타나면 즉시 성관계를 금지하고, ⑨ 전문의의 진단과 치료를 받음으로써 성병으로 인한 후유증을 최소화하여야 한다. ⑩ 성병의 증상이 나타나거나 치료 중인 경우에는 반드시 파트너에게 알리고 함께 치료하여

Q 6-3

성병에 감염되었던 경험이 있는가?

학생들을 대상으로 성병에 감염된 경험을 조사한 결과에서 남학생의 4%인 10명과 여학생의 3%인 8명이 성병에 감염된 경험이 있다고 응답하였다. 그러나 성병의 경우 감염되었다고 하더라도 무증상인 경우가 많으므로 본인이 감염 여부를 인지하지 못할 가능성이 높으며, 따라서 성병에 감염된 경험이 있다고 응답한 남녀 학생 18명 외에도 성병에 감염되었었거나 현재 감염되어 있을 학생들이 다수 존재할 가능성을 배재할 수 없을 것이다. 감염되었던 성병의 종류로는 남성의 경우 털이가 40%, 비임균성요도염과 옴이 각각 20%, 임질이 10%였으며, 여성의 경우 질염이 75%, 세균 감염 25%로 응답하였다. 전반적으로 여학생들은 남학생들에 비해 자신의 질환을 구체적으로 인지 못하는 경향을 보였다.

Q 성병에 감염되었던 경험이 있는가?

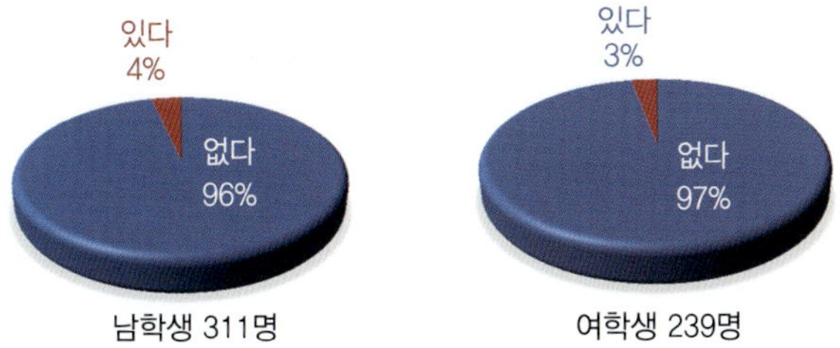

Q 감염되었던 성병의 종류는 무엇인가?

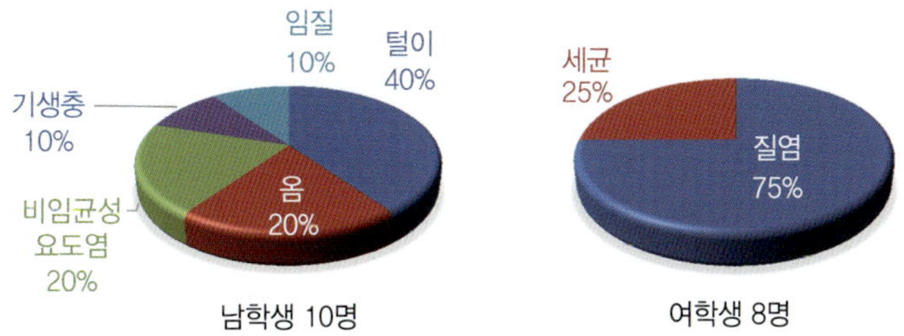

Q 6-4

성병에 감염된 횟수는? 성병감염 후 이를 어떻게 치료하였는가?

성병에 감염된 경험이 있는 학생들을 대상으로 성병 감염 횟수를 물어본 결과에서 남학생 9명 중 8명은 한 번의 감염경험이 있다고 응답하였으나 나머지 1명은 3회라고 응답하였다. 여학생의 경우 7명 중 4명은 한 번의 감염 경험이 있다고 응답하였고, 나머지 3명은 3회, 8회 또는 여러 번 재발하였다고 응답하였다. 감염된 성병의 치료 방법으로는 여학생의 경우 7명 전원이 병원에서 치료를 받았다고 응답한 반면, 성병에 감염된 경험이 있는 11명의 남학생 중 절반에 가까운 5명의 학생은 치료하지 않았거나 자연적으로 치료가 되었다고 믿고 있으며 병원을 방문하여 치료한 학생은 3명에 불과했다. 그러나 성병은 무증상인 경우가 대부분이며 감염되고도 증상이 경미하거나 나타났던 증상이 일시적으로 사라지는 경우도 많아 적극적으로 치료받지 않거나 자연적으로 치료되었다고 믿고 방치하게 되면 오히려 병의 진행을 악화시키고 부지불식 간에 파트너에게 전파시킬 가능성을 배제할 수 없을 것이다. 따라서 올바른 성교육을 통하여 성병을 예방하고 혹시 의심되는 증상이 발생하면 반드시 병원을 방문하여 적극적인 치료를 받아야 할 것이다.

Q 성병에 감염되었던 횟수는?

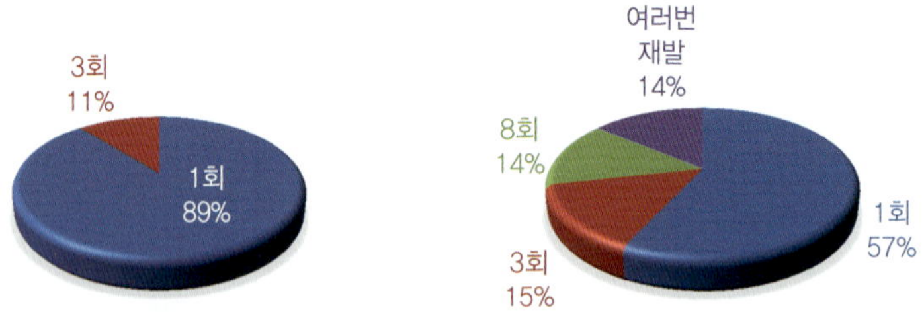

남학생 9명　　여학생 7명

Q 성병은 어떻게 치료하였는가?

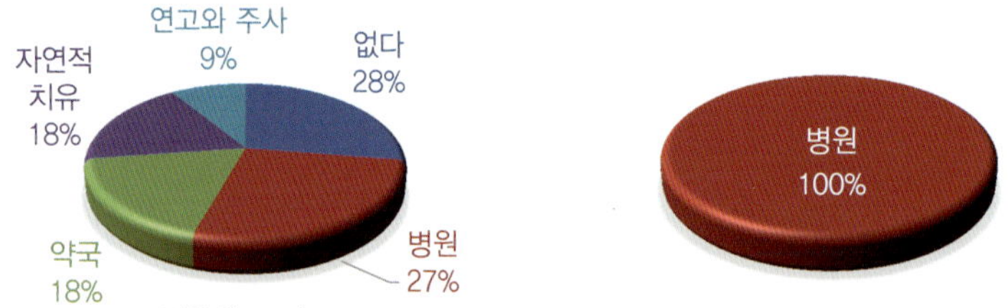

남학생 11명　　여학생 7명

재감염을 방지하여야 할 것이다.

이상 10개 사항을 준수함으로써 성병의 위험을 최소화할 수는 있으나 가장 안전한 성은 결국 불결하고 부적절한 성관계를 피하는 것이라고 할 수 있다(그림 6.24).

그림 6.24 안전한 성
각종 성병을 방지하기 위해서는 부적절한 성관계를 피하거나 안전한 성을 위한 지침을 철저히 준수하는 습관을 생활화하여야 한다.

최근 우리 사회에서는 산업형 매춘이 거대한 시장을 형성하면서 매춘부들과의 성관계 빈도가 증가하고 있으며, 또한 10대 매춘, 주부 매춘 등과 같이 보건 당국의 규제를 받지 않는 다양한 아르바이트형 매춘이 또 다른 향락 문화를 형성하면서 성병에 감염될 위험성은 더욱 높아지게 되었다. 그러나 대부분의 사람들은 자신만은 성병에 걸리지 않을 것이라고 생각하고 있으며, 성병의 감염 경로나 증상 및 후유증에 대해서 거의 모르고 있기 때문에 성병의 위험은 더욱 증대되고 있다. 이러한 성병이 위험한 이유는 면역 반응이 일어나지 않아 계속적으로 재감염될 수 있고, 무증상일지라도 상대방에게 감염시킬 수도 있으며, 정신지체나 전신마비, 불임이나 암 등의 무서운 합병증을 야기함으로써 결국 사회적인 문제까지 유발할 수도 있기 때문이다. 우리 사회로부터 성병을 완전히 퇴치할 수 있는 가장 좋은 방법은 성관계를 금지하는 것이지만, 자동차 사고를 억제하기 위하여 운전을 금지시킬 수 없듯이 성관계 자체를 금지시킬 수 없기 때문에 결국 성병에 대한 올바른 지식의 함양과 안전한 성의 실천만이 성병으로 인한 정신적, 신체적 고통과 이로 인한 사회적 문제를 해결할 수 있는 가장 효율적이면서도 유일한 방법일 것이다.

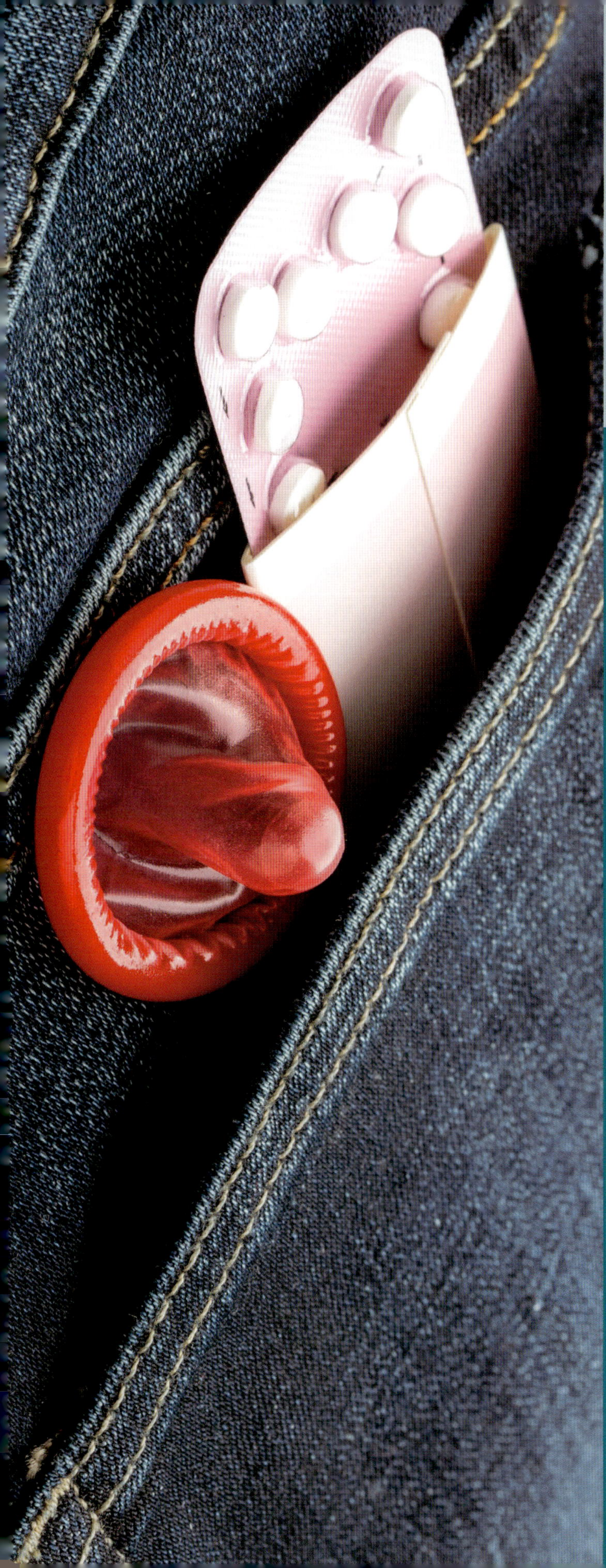

07 피임

1. 청소년 피임의 필요성

2. 피임에 대한 일반 지식

3. 자연피임법

1) 질외사정법 / 206　2) 수유 / 206
3) 리듬조절법 / 207　4) 기초체온법 / 208
5) 경부점액법 / 209　6) 질세척법 / 210

4. 기구를 이용한 피임법

1) 살정자제 / 211　2) 남성용 콘돔 / 211
3) 여성용 콘돔 / 213　4) 피임용 격막 / 214
5) 페사리 / 214　6) 피임용 스펀지 / 215
7) 자궁내장치 / 216

5. 호르몬을 이용한 피임법

1) 경구피임약 / 217　2) 데포-프로베라 / 219
3) 노르플랜트와 임플라논 / 220
4) 피임용 패치와 링 / 221

6. 수술을 통한 피임법

1) 정관절제술 / 222　2) 나팔관결찰술 / 222
3) 영구불임시술 후 복원 / 224

7. 인공유산(낙태)

1) 응급피임법 / 226　2) RU486 / 227
3) 자궁경관개대 및 소파술 / 227
4) 자궁경관개대 및 제거술 / 228
5) 유도출산 / 228

8. 미래 피임법

최근 성이 개방되고 자유로워짐에 따라 원치 않는 임신으로 고통받는 여성의 수가 늘어나고, 그에 따라 사생아의 수나 낙태의 빈도도 급격히 증가하게 되었다. 특히 10대 미혼모의 수가 급격히 증가함으로써 낙태의 법적 인정 여부나 미혼모 및 사생아 관리 문제가 심각한 사회적 이슈로 대두되게 되었다. 이러한 문제를 해결하기 위해서는 사회 각계각층의 다각적인 노력이 필요하겠지만, 그 중에서도 취학 전의 유치원 원아에서부터 대학생을 비롯한 성인들까지를 포함하는 전국민 대상의 단계별 성교육 프로그램을 개발하여 체계적인 성교육을 실시하는 것이 무엇보다도 중요하다고 할 수 있을 것이다. 또한 교육의 효과를 극대화시키기 위해서는 피교육자에게 성의 억제만을 강요하는 과거의 성교육이 아니라 성을 이해시키고 성을 주체적으로 관리, 조절할 수 있도록 유도하는 새로운 차원의 성교육이 이루어져야 할 것이다. 이 장에서는 사회적으로 심각한 문제가 되어버린 낙태, 미혼모 및 사생아 문제를 최소화하기 위한 방편 중 하나로서 피임의 목적, 피임법의 종류, 장단점, 방법 등에 관한 정보를 제공함으로써 독자들에게 피임 목적에 최적인 피임 방법과 자신에게 가장 적합한 피임법을 선택할 수 있는 기회를 제공하고자 한다.

1 청소년 피임의 필요성

질병관리본부 청소년건강형태 온라인조사에 따르면 여성 청소년들의 첫 성관계 연령은 2007년 14.5세에서 2016년 13.4세로 점점 낮아지고 있으며, 2017년 조사결과에서는 성관계 경험이 있는 중고등학교 남학생은 7.1%, 여학생은 3.1%이었고, 피임 실천율은 남학생 49.7%, 여학생은 50.4%이었다. 2015년 실시된 인구센서스 조사결과에 따르면, 미혼모 24,487명 중에서 24세 미만 미혼모는 2,279명으로 전체 미혼모 중 9.3%를 차지했으며 20세 미만만 따로 분리하면 1.42%로 나타났다. 또한 경찰청 통계에 따르면 영아 유기 사건은 지난 2011년부터 2015년까지 모두 608건 발생했으며, 2016년에는 영아 유기 사건만 109건, 베이비박스에 버려진 영아는 278명인 것으로 알려졌다. 또한 원치 않는 임신과 출산으로 인한 버거운 생계와 육아의 피로함, 준비되지 않은 엄마로서의 정체성 혼란 등은 아동학대로 이어질 가능성이 높은데, 2017년 보건복지부 자료에 따르면 최근 3년간 요보호아동 발생수 1만 4,089명 중 21.27%에 해당하는 3,012명이 미혼모 아동인 것으로 밝혀져 청소년 대상의 피임법 등을 포함한 성교육의 필요성이 높아지고 있다.

10대 미혼모가 증가하면 그 자녀들을 위한 국가 보조비나 의료비도 증가하게 되며, 선천성 심신 기형이나 저체중아 자녀의 비율 역시 정상적인 결혼에 의해 태어난 자녀들에 비해 증가하기 때문에 10대 미혼모의 문제는 미혼모만의 문제만 아니라 사회 전체의 문제라고 할 수 있다. 또한 원치 않는 임신으로 태어난 자녀들에 대한 유아 학대 문제도 또 다른 사회문제로 대두되고 있으며, 더욱이 10대 미혼모의 자녀는 경제적 어려움과 부모나 사회로부터의 무관심 등에 의해 성장 후 또다시 미혼모가 될 가능성이 높다는 사실에서 그 문제가 더욱 심각하다고 할 것이다.

10대 미혼모가 증가하는 이유는 여러 가지가 있겠지만, 특히 성적 쾌락에 탐닉해 성적인 행위의 결과를 도외시하거나 성에 대한 무지로 인해 피임을 소홀히 한 때문일 것이다. 우리나라보다 피임율이 높은 미국의 경우에도 여성의 1/3이 첫 번째 성교시에 피임을 하지 않는 것으로 조사될 만큼 피임에 대한 인식 부족이 결국 원치 않는 임신율 증가의 원인이 되며, 임신이 되면 모든 책임을 여성에게 돌리는 남성들의 사고방식도 미혼모를 양산하는 또 다른 원인일 것이다. 원치 않는 임신의 방지는 미혼모를 포함하는 각종 사회적 문제를 사전에 억제하기 위한 매우 중요한 과제이며, 이를 위해서는 적절한 피임 교육과 피임에 대한 사회적 인식의 변화가 필요할 것이다.

2 피임에 대한 일반 지식

현재 이용하고 있는 피임 방법들은 종류에 따라 실패율이 매우 다양한 것으로 알려져 있다. 올바르게 사용하면 거의 100%에 가까운 안전도를 나타내는 방법에서, 실패율이 50%를 상회하는 피임방법도 있다. 또한 장기간 동안 피임을 하게 되면 피임실패율도 따라서 높아지게 되는데, 만약 어떤 피임방법을 1년 동안 사용했을 때 피임에 실패할 확률이 5%인 경우에는 10년간 사용하면 실패율이 23–40% 정도로 상승되며, 10%인 경우에는 40–66%, 20%인 경우에는 67–90%로 높아짐에 따라 비교적 안전한 피임법도 장기간 이용하면 피임에 실패할 확률이 점차 높아지게 된다.

피임법은 사용하는 사람이나 목적에 따라서도 그 종류나 효과가 달라질 수 있다. 예를 들어 피임약은 올바르게만 사용된다면 일반인들에게는 상당히 효과적일 수 있지만, 당뇨병이나 심장에 문제가 있는 여성에게는 사용이 제한되어야 한다. 또한 영구적인 피임을 원하는 경우인지 단지 임신을 미루는 경우인지에 따라 사용되는 피임법이 다르며, 피임과 동시에

Q 7-1

피임에 대한 정보는 주로 어디에서 얻는가?

'피임에 대한 정보를 주로 어디서 얻는가?'라는 질문에 324명 중 49%의 남학생들은 책이나 대중매체라고 응답하였으며, 동성 친구나 이성 친구로부터 정보를 얻는 경우도 25%로 조사되었다. 남학생 중 학교에서 피임에 대한 정보를 얻었다는 경우는 25%에 불과하였으며, 부모로부터 피임에 관한 교육을 받았다고 응답한 경우는 겨우 1%였다. 여학생들의 경우 학교로부터 피임에 관한 정보를 얻었다는 비율이 50%로 남학생들의 두 배 정도였으며, 나머지 33%는 대중매체로부터 피임에 대한 정보를 얻었고, 13%는 친구, 4%는 부모나 친척이라고 응답하였다. 설문 결과를 살펴보면 학교나 가정에서 이루어지는 피임 교육의 비율이 여학생의 경우 53%인 데 반해 남학생의 경우 26% 수준으로 주로 피임에 대한 교육이 여학생들을 중심으로 시도되고 있음을 보여준다. 여학생들에 비하여 남학생들에게 적절한 피임교육이 시도되지 않는다는 현실은 성관계가 남녀 간에 이루어지는 행위라는 사실을 망각한 것이며, 남학생들보다는 주로 여학생들에게 성관계에 의한 피해가 크다는 인식에 기초를 둔 것이라고 볼 수 있다. 게다가 일부 학부모들은 피임교육이 학생들의 성적 호기심을 자극할 것이라고 우려하여 성교육에서 피임과 관련된 내용을 배제하거나 형식적인 수준에 그치고 있다. 이러한 현실적이지 못한 왜곡된 성교육은 효율적이지 못할 뿐만 아니라 도리어 학생들에게 학교에서의 성교육에 대한 불신감만을 조장하고 말 것이며, 결국 원치 않는 임신율은 증가하게 될 것이다.

Q 피임에 대한 정보는 주로 어디서 얻었는가?

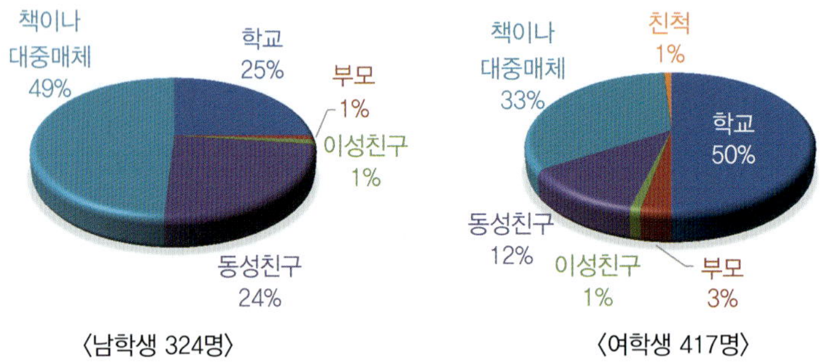

성병 방지를 목적으로 시도하는 피임법도 있다. 그 외 아무런 약이나 기구를 사용하지 않아도 가능한 피임법도 있으며, 전문의의 진단과 시술이 필수적인 피임법도 있다. 원치 않는 임신의 공포로부터 벗어나기 위해서는 다양한 피임법 중 자신에게 가장 알맞은 피임법을 선택

Q 7-2

주로 어떠한 피임법을 이용하는가?

성경험이 있는 249명의 남학생들에게 주로 사용하는 피임법이 무엇인지 설문한 결과에서, 콘돔 52%, 질외사정 26%, 리듬조절법 17%, 피임약 4%, 질세척법 1%인 것으로 조사되었고, 성경험이 있는 98명의 여학생들은 콘돔 35%, 경구피임약 28%, 질외사정 18%, 리듬조절법 18%, 살정자제 1%인 것으로 밝혀졌다. 설문 결과에 따르면 남학생의 44%와 여학생 36%가 질외사정법이나 리듬조절법, 질세척법과 같은 자연피임법을 주로 사용하고 있음을 알 수 있는데, 이러한 자연피임법은 피임실패율이 대단히 높아 이 방법만을 사용하여 지속적으로 성관계를 갖게 될 경우 원치 않는 임신을 하게 될 위험이 높아질 것이며, 따라서 임신을 원치 않는 경우에는 자신에게 가장 알맞은 보다 안전한 피임법을 선택하여 정확하게 사용하여야 할 것이다.

Q 성관계시 주로 사용했던 피임법은 무엇인가?

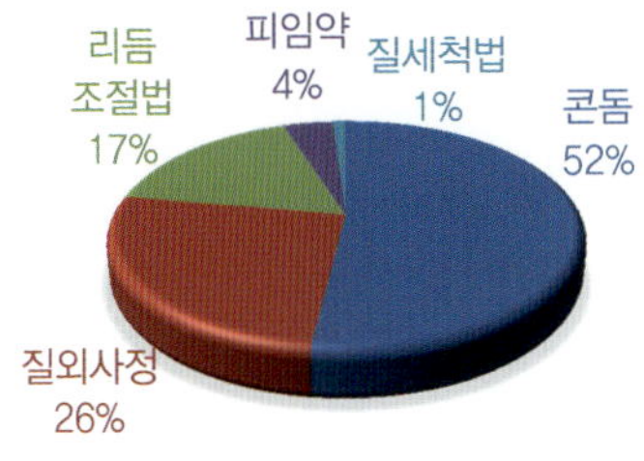

〈 남학생 249명〉

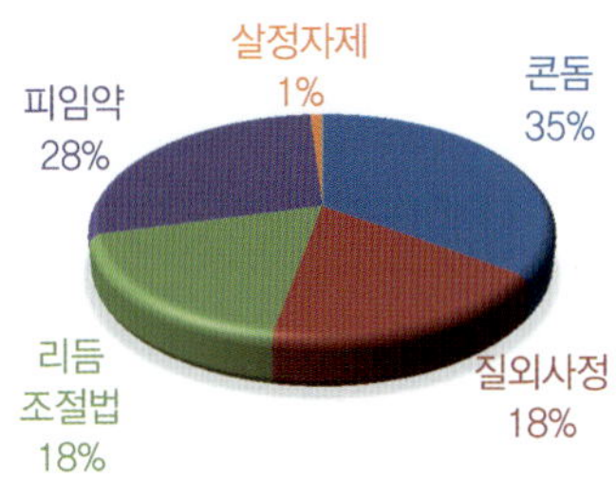

〈 여학생 98명〉

하여 정확하게 이용하는 것이 중요하다. 그러나 반드시 염두에 두어야 할 것은 아무리 훌륭한 피임법이라도 한 번의 실패로 인하여 임신할 가능성은 항상 존재한다는 사실이다. 따라서 선택한 피임법을 너무 과신하지 말고 항상 조심을 기해서 정확하게 사용하여야 하며, 실패율을 줄이기 위해서는 두 가지 이상의 피임법을 동시에 사용하는 것도 좋은 방법이 될 수 있을 것이다. 단언하되, 잘못된 민간요법은 물론 이 장에서 언급할 모든 피임법 중 100% 확실하다고 할 수 있는 방법은 없으며, 단지 자신에게 가장 알맞으면서도 실패율이 가장 낮은 피임법을 선택하여 정확하게 이용하였을 경우에 한하여 100%에 가까운 성공률을 기대할 수 있을 뿐이다.

3 자연피임법

1) 질외사정법

질외사정법(또는 성교중단법; coitus interruptus)은 남성이 사정하기 직전에 여성의 질로부터 음경을 이탈시키는 방법으로서, 100명의 커플이 이 방법을 이용하였을 경우에 1년 이내에 피임에 실패할 확률은 20%에 달한다. 우리나라에서는 미혼 남녀뿐만 아니라 기혼 부부들도 이 피임법을 많이 이용하고 있는 것으로 알려져 있다. 그러나 3장에서 언급하였듯이, 오르가즘에 도달하지 않아도 쿠퍼선으로부터 약간의 정자를 포함하는 알칼리성 용액이 사출되기 때문에 질외사정법의 피임실패율은 대단히 높다. 또한 이 피임법은 심한 페팅 등에 의해 흥분한 남성이 여성의 질구 부분에 사정함으로써 임신되는 경우도 있는 것으로 알려져 있다. 더욱이 이 방법은 성적으로 가장 흥분된 성감극기에 음경을 이탈시켜야 한다는 긴장감으로 인하여 남녀 모두 완전한 절정에 도달하기 어렵기 때문에 신체적, 감정적으로 불만이 쌓이게 되는 단점이 있다. 남성들은 성감극기 후 해소기가 짧은 반면에 여성들은 해소기가 길고 흥분의 감소도 매우 완만하기 때문에 후희가 전체 성관계의 질을 좌우할 수도 있다. 그러나 질외사정법을 통해서는 거의 대부분의 여성들이 성감극기는 물론 해소기 동안의 성적 만족을 기대할 수 없기 때문에 더욱 더 불만스러운 결과를 초래할 수도 있으며, 오랫동안 이용하게 되면 남녀 모두 조루나 불감증과 같은 성기능 장애가 나타나는 경우도 있다.

2) 수유

수유(breast-feeding)를 통해서도 피임이 가능하다. 즉, 아기가 유두를 빨면 성선자극호르몬인 FSH와 LH의 방출이 억제되어 정상적인 월경주기나 배란이 억제됨으로써 자연적으로 피임이 가능하게 된다(그림 7.1). 피임법이 개발되지 않았던 과거에는 이 방법이 터울을 결정하는 방법으로 많이 이용되기도 하였으나 수유 후 처음 6달 동안은 피임 효과가 비교적 높은 편이지만 그 후로는 피임실패율이 점차 증가하게 된다. 과거에는 아기들이 원하면 집에서는 물론 길거리나 차 안에서도 젖을 물리는 엄마들이

그림 7.1 수유

많았으나 최근에는 공공장소에서 수유하는 엄마들은 거의 사라지고 집안에서도 자녀에게 고무젖꼭지를 빨리는 시간이 길어지게 되어 FSH와 LH 억제 효과가 현저히 줄어들게 되었으며, 그 결과 이 방법의 피임실패율이 50% 이상으로 높아지게 되었다.

3) 리듬조절법

리듬조절법(또는 생리주기 이용법; rhythm method 또는 calendar method)은 여성의 배란기에 성교를 피하는 방법으로서 가톨릭 교회에서 허용하는 유일한 방법이다. 난자는 배란 후 24시간 정도 생존하며, 정자 역시 질 내에 사출된 후 여성의 나팔관 내에서 2–3일간만 생존 가능하기 때문에 배란기만 정확히 예측할 수 있다면 임신을 방지할 수 있다(그림 7.2). 일반적으로 배란은 다음 번 월경시작일로부터 거꾸로 계산하여 14일 경에 일어나기 때문에 정자의 질내 생존 기간을 고려하여 예정 배란일 전후 최소 2–3일간은 성교를 피해야 한다. 즉, 월경주기가 28일인 여성의 경우 배란기는 주기의 중간에 위치하며, 월경 중에는 상당히 안전하다고 할 수 있다. 그러나 여성에 따라 월경주기가 매우 다양하며 월경이 불규칙한 여성의 경우에는 배란기를 정확히 예측하기 어려워 이 방법 역시 피임실패율이 높은 것으로 알려져 있다. 더욱이 월경이 규칙적인 여성도 여러 가지 요인에 의해 주기가 며칠씩 변화하기도 하며, 주기가 바뀌는 경우도 있으므로 이 방법도 신뢰할 수 있는 피임방법은 아니다.

리듬조절법의 실패율은 조사에 따라 조금은 다르지만 1년 내에 20%에서 45% 정도인 것으로 알려져 있다. 피임실패율을 낮추기 위해서는 월경주기의 변화에 따른 배란기의 변화를 정확히 예측하는 것이 필수적이다. 우선 최소 8번 정도 월경주기를 조사하여 월경주기의 변동 폭을 파악한 후 가장 짧은 주기에서 18을 빼고 가장 긴 주기에서 11을 빼면 대략적인 임신 가능 기간을 계산할 수 있다. 즉, 월경시작일을 1일로 계산했을 때, 가장 짧은 생리기간이 24일이고 긴 월경기간이 32일이었던 평균 28주기인 여성을 예로 들면, 24−18=6, 32−11=21이므로 임신 가능기간은 월경시작 후 6일에서 21일까지라는 계산이다. 이 계산

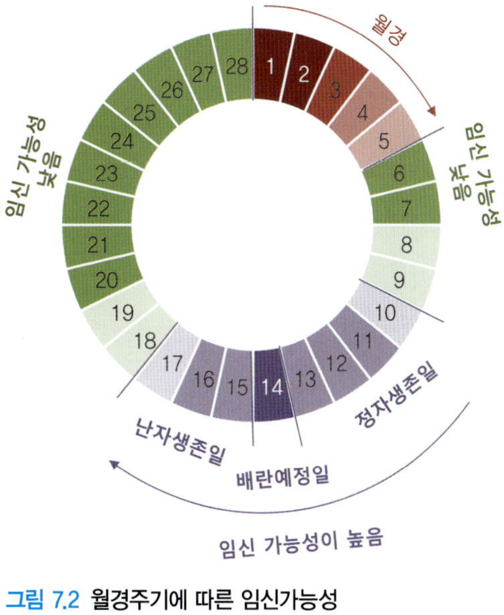

그림 7.2 월경주기에 따른 임신가능성

에 의하면 월경주기가 불규칙하면 할수록 임신가능 기간이 길어지게 되어 한 달에 2주 이상, 심지어는 3주 이상 성교를 금지하여야 하는 경우도 있을 수 있다. 이러한 경우에는 피임이라기보다는 금욕이라고 해야 할 것이므로, 다른 피임 방법을 선택하는 것이 현명할 것이다.

4) 기초체온법

기초체온법[basal body temperature(BBT) method]은 매일 아침 일어나자마자 누운 채로 혀 속의 체온을 측정하여 배란기를 예측함으로써 임신을 피하는 피임법이다(그림 7.3). 이 피임법은 여성의 기초체온은 배란기에는 약간 낮아지고, 배란 후 24–72시간에는 몇 부 정도 상승한다는 사실에 기초를 두고 있다. 매일 동일한 시간대에 동일한 방법으로 기초체온을 기록하다 보면 저온기에서 고온기로 이행하는 시기에 저온기보다 약간 더 낮은 체온을 나타내는 시기가 1–2일 출현하게 되는데, 이 시기가 바로 배란기이다. 즉, 월경에서 배란기까지는 체온이 낮고, 더 낮은 온도를 나타내는 배란기를 지나 다음 월경시까지는 체온이 높아진다. 고온기와 저온기의 체온의 차이는 섭씨 4부에서 5부 정도이므로 정밀한 체온계를 사용하여야 하며, 기초체온뿐만 아니라 배란기 전 2–3일경에 나타나는 습기 있는 질 분비물이나 하복부의 묘한 통증 등과 같은 여러 가지 증상들을 종합하여 판단함으로써 배란기를 비교적 정확히 예측할 수 있다.

이 방법을 이용하여 피임하기 위해서는 월경이 끝나고 기초체온이 상승한 날을 전후하여 최대 7일간 성교를 금지하여야 하며, 온도 상승이 확실치 않은 경우에는 주기 전체를 통해 성교를 금지하여야 한다. 또한 감염이나 스트레스 등에 의해 체온이 상승하기도 하기 때문

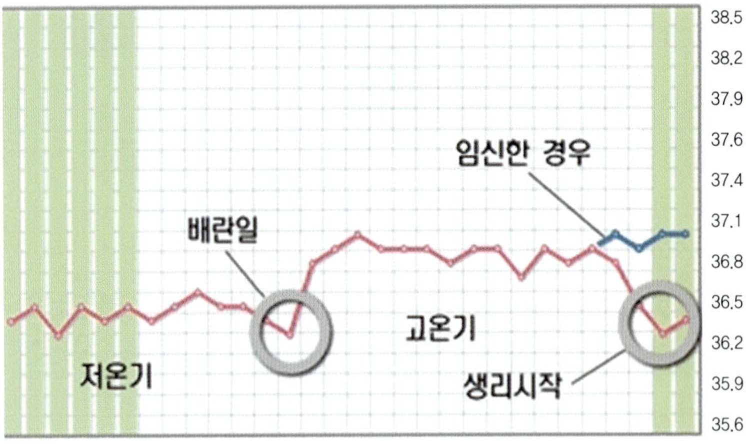

그림 7.3 기초체온법
여성은 월경주기에 따라 체온이 변하는데, 월경 직후부터 배란일 전까지는 저온기에 머물다가 배란과 함께 고온기로 진행되며, 임신이 되지 않고 다시 월경이 시작되면 고온기에서 저온기로 진행된다. (빨간색 선: 반복되는 월경주기에 따른 체온의 변화, 파란색 선: 임신에 따른 고온기의 유지)

에 정확한 체온 측정이 불가능한 경우도 많으며, 어떤 여성은 아예 기초체온이 불규칙하기도 하다. 즉, 이 방법의 가장 큰 단점은 기초체온의 변화가 확인되기 전에는 언제 배란기가 될지 확실히 예측하기 어렵다는 것이다. 이 방법의 1년 이내 실패율은 약 20%로서 비교적 높은 편에 속한다.

5) 경부점액법

경부점액법(cervical-mucus method 또는 ovulation method)은 여성의 자궁경부로부터 분비되는 점액의 탁도, 점도 및 양의 변화를 조사하여 배란시기를 확인하는 방법이다. 이 방법은 1974년 빌링스라는 호주 의사에 의해 처음으로 알려지고 이용되기 시작하였기 때문에 빌링스법(Billings method)이라고도 하며, 점액이 보통 때는 하얗거나 탁하다가 배란 하루나 이틀 전부터 점차 말갛고 미끈미끈한 계란 흰자와 같이 변화한다는 사실에 그 기초를 두고 있다. 이 방법을 이용하여 피임을 시도할 경우에는 점액의 변화를 확인하기 위하여 질세척을 절대 금지하여야 하며, 질을 통해 손가락을 경부에 넣어 경부에서 분비되는 점액의 상태를 조사하여야 한다. 월경이 끝난 후부터 며칠간은 점액이 분비되지 않아 질 내부가 비교적 건조하게 되며, 배란 후에는 다시 점액이 흰색을 나타내거나 점액의 양이 줄어들게 된다(그림 7.4). 확실한 피임을 위해서는 점액이 분비되는 날부터(경우에 따라서는 생리가 끝나는 날로부터) 점액이 변화하기 시작한 후 최소한 4일까지 성교를 금하여야 한다.

이론적으로는 피임실패율이 2% 정도로 매우 낮으나, 경부 점액의 변화를 정확히 판단하기 어렵기 때문에 실제로는 20% 정도로 매우 높은 편이며, WHO의 최근 조사결과에서도 제대로 이용되지 않을 경우에는 86.4%, 완벽하게 이용되었을 경우에도 3.1%가 실패했다고 알려져 있다. 그러나 기초체온법과 동시에 이용되었을 경우에는 만족할만한 피임율을 나타내는 것으로도 보고되었다. 이 방법의 가장 큰 문제점으로는 여성의 1/3이 전형적인 점액 양상을 보이지 않으며, 전형적인 경우라도 손가락을 이용한 검사 방법은 비과학적으로서 위음성, 위양성의 위험성이 높다는 것이다.

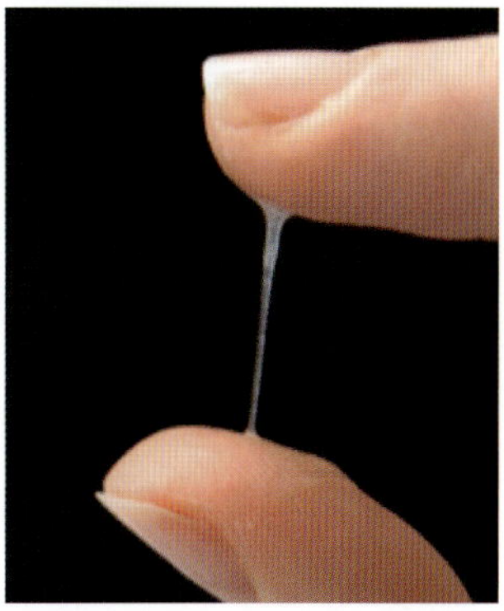

그림 7.4 배란일 직전 및 직후 자궁경부점액

경부점액법의 위음성, 위양성율을 낮추기 위하여 경부 점액에 포함되어 있는 효소나 타액의 Na, K 이온 농도를 조사하는 제품이 시판되고 있는데, 이 제품을 이용하더라도 정자가

Q 7-3

자궁경부점액의 변화를 느끼는가?

여학생 222명에게 '월경주기에 따라 자궁경부점액의 변화를 인지할 수 있는가?'라는 설문을 실시한 결과 32%의 여학생들만이 자궁경부 점액의 변화를 느낀다고 응답였으며, 그 두 배에 가까운 61%의 학생들은 '변화를 인지하지 못 한다'라고 응답하여 많은 여학생들이 자궁경부점액의 변화를 느끼지 못하는 것으로 나타났다. 실제로 자궁경부점액의 변화를 느끼는 여성이 많지 않으며, 자궁경부 점액의 변화를 잘 느끼는 여성들이라고 하더라도 성병에 감염되거나 자궁경부점액 분비에 영향을 미치는 약물을 복용하게 되는 경우에는 전형적인 자궁경부점액의 변화양상을 감지하기 어렵다.

Q 경부점액의 변화를 인지할 수 있는가?

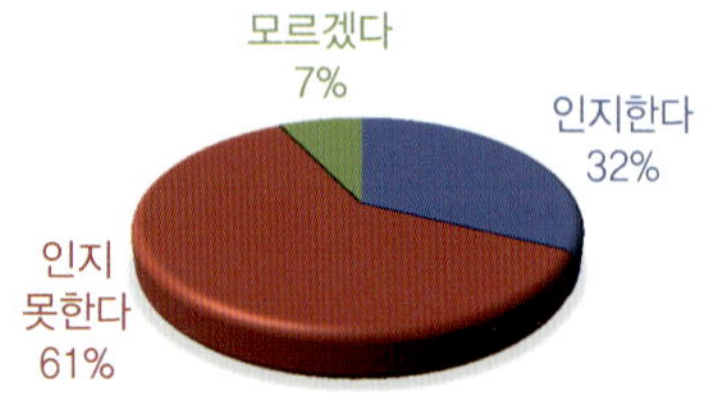

〈여학생 222명〉

나팔관 내에서 2–3일간 생존 가능하다는 사실을 고려한다면 최소한 배란 4–5일 전에 이 검사가 이루어져야 피임에 성공할 수가 있다. 만약 성교한 다음날 검사를 시행하였고, 그날이 바로 배란일이라는 결과가 나왔을 경우에는 이미 질 내에 사정된 정자에 의해 임신될 가능성이 매우 높다. 이러한 문제점 때문에 이 방법이나 시판되는 제품들은 피임 목적이 아니고 도리어 임신을 원하는 경우에 유용하게 많이 이용되고 있다.

6) 질세척법

질세척법(douching)은 엄밀한 의미에서 자연피임법은 아니라고 할 수 있으나, 특별한 기구의 사용 없이 피임할 수 있다는 의미에서 자연피임법으로 분류할 수도 있을 것이다. 이 방법은 사정 후 즉시 질 내부를 세척함으로써 질로부터 정자를 제거하는 피입법인데, 사정 후로부터 세척하기까지의 시간에 따라 피임성공 여부가 결정된다. 정자는 일정 시간이 경과하면 자궁경부를 통과하기 때문에 아무리 깨끗이 세척하더라도 임신을 피할 수 없으며, 도리어 질 내부의 환경 변화가 유발되어 곰팡이나 효모의 감염을 증가시킬 뿐이다. 이 방법을 이용하였을 경우에 1년 이내에 임신할 확률은 약 40%로서 실패율이 매우 높다.

4 기구를 이용한 피임법

1) 살정자제

살정자제(또는 질살정제; spermicides)란 말 그대로 정자를 죽이는 물질인데, 거품, 젤리, 크림, 필름, 좌약이나 정제 등으로 시판되고 있다(그림 7.5). 살정자제는 성교시작 전에 질 내에 처리하여야 하며, 일정 시간이 지나면 효과가 상실되기 때문에 성교 때마다 새롭게 처리해야 한다. 살정자제는 피임 효과 외에 박테리아나 바이러스를 죽이는 장점이 있어 성병의 감염율을 낮추기도 한다. 특히 HPV를 억제함으로써 자궁경부암의 위험도를 낮출 수 있다는 보고도 있다. 그러나 최근의 연구 결과는 살정자제가 콘돔에 비견될 정도의 성병 방지 효과가 있긴 하지만, 이에 반해 질의 궤양을 유발할 수도 있다고 보고하였다. 잘 알려진 단점으로는 20명 중에 1명 꼴로 질이나 음경에 자극적인 경우가 있으며, 요도 감염률이 증가하기도 한다. 또한 학자에 따라 의견이 엇갈려 자세한 역학조사 결과가 보고되기 전에는 확실한 결론을 내릴 수는 없지만 착상 이후나 임신시 살정자제를 사용하면 태아의 기형아율이 약간 높아질 수도 있다는 보고도 있다. 살정자제는 삽입 직전에 사용해야 한다는 이유 때문에 성관계 분위기를 해치기도 하며, 구강성교를 시도하기 어렵다는 사용상의 단점도 있다.

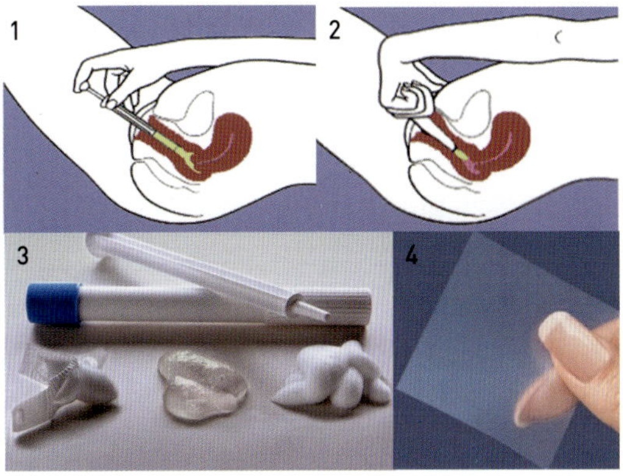

그림 7.5 **살정자제**

1; 젤리형 살정자제의 사용방법, 2; 좌약형 살정자의 사용방법 3; 좌약형 및 젤리, 거품형 살정자제, 4; 필름형 살정자제

2) 남성용 콘돔

피임법에는 음경과 자궁경부 사이를 봉쇄함으로써 정자와 난자의 결합을 방해하는 방법들이 있다. 이 방법들은 자연피임법과는 달리 금욕할 필요가 없고 언제든지 이용할 수 있다는 장점이 있는 반면에, 성관계 전이나 도중에 처리하거나 착용해야 한다는 단점이 있다.

남성용 콘돔은 1500년경에는 성병 방지 목적으로 어피나 양의 창자로 만들어졌으나 1800년경에 부드럽고 유연한 고무 제품의 콘돔이 생산됨으로써 피임 목적으로도 사용되기 시작

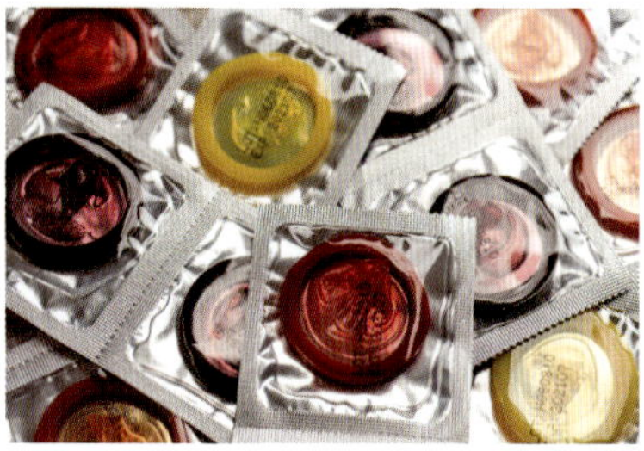

그림 7.6 콘돔

하였다. 최근에는 라텍스나 폴리우레탄 등으로 제작됨으로써 더욱 얇고 질기며 유연하여 착용감이 매우 우수한 것으로 알려져 있다(그림 7.6).

콘돔은 착용 시 양말과 같이 잡아당기는 것이 아니라 말단의 돌기같은 부분을 양손으로 가볍게 비틀어 공기를 뺀 후 음경에 끼운 채 밀어 내리는 것으로서 무리한 힘을 가하거나 손톱 등을 이용하게 되면 찢어지게 되어 피임 효과가 없어지게 된다(그림 7.7).

성교 직전에 발기된 음경에 콘돔을 끼운 채 사정하게 되면 콘돔의 말단에 정액이 저장되어 여성의 질 내로 사출되지 않기 때문에 임신을 피할 수 있게 된다. 콘돔은 효과적인 피임법임과 동시에 음경과 질의 피부 조직이 직접 맞닿지 않지 때문에 성병을 방지하는 데에도 상당한 효과가 있다.

콘돔은 한 번의 성교에 한 개를 사용하며, 두 번 이상 사용하지 말아야 한다. 또한 따뜻한 곳이나 직사광선이 비치는 곳에 오랫동안 저장하지 말아야 하며, 고무로 만든 콘돔은 광물성 오일이나 어린이용 오일, 식물성 오일 및 바셀린 등과 함께 사용하면 손상되는 경우가 있으므로 조심하여야 한다. 남성은 여성이 충분히 흥분하여 질내 윤활이 충분할 때까지 기다려야 하며, 부가적인 윤활작용이 필요할 경우에는 수성 젤리나 살정자제를 함께 이용할 수도 있다. 최근에 새롭게 개발된 폴리우레탄 콘돔은 오일로 만들어진 윤활제와 함께 사용할 수도 있다.

과거에는 한 가지 크기의 콘돔만이 시판되기도 하였으나, 최근에는 여러 가지 크기와 다

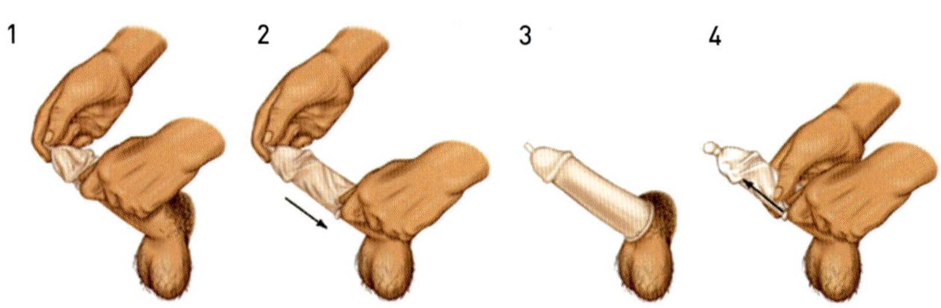

그림 7.7 콘돔 착용 방법

1; 콘돔의 돌기와 같은 부분을 잡아 비틀어 공기를 뺀 후 음경에 링을 맞추어 끼운다. 2; 링에 말려 있는 부분을 음경 기저부를 향해 말아 내린다. 3; 음경의 기저부까지 완전히 밀어 내린 후 성관계를 시도한다. 4; 성관계가 끝나면 음경을 질에서 이탈시킨 후 음경의 기저부에서부터 음경 귀두 방향으로 콘돔을 제거한다.

양한 모양의 콘돔이 개발되어 판매되고 있다.

콘돔의 피임실패율은 이론적으로는 약 3% 정도이며, 살정자제와 함께 사용되었을 경우에는 약 1% 이하까지 낮출 수도 있다. 그러나 실제로는 부적절한 사용 등으로 인하여 1년 이내에 실패할 확률이 12% 정도에 달하며, 특히 30세 이상의 여성은 1–4% 정도의 실패율을 보이는 반면에 25세 이하의 여성은 10–33%의 비율로 실패한다고 알려져 있다. 콘돔 제조회사의 실험실 검사결과에 의하면 질을 통한 성교의 경우에는 1/165개, 항문성교의 경우에는 1/140개의 비율로 콘돔이 파열되는 것으로 밝혀졌다. 그러나 실제로 사용할 경우에는 1–5% 정도의 비율로 콘돔이 파열되는 것으로 보고되고 있으며, 성교시 콘돔이 음경으로부터 벗겨져 피임에 실패하는 경우도 종종 보고되고 있다.

3) 여성용 콘돔

임신이나 성병 등이 우려되는 상황인데도 불구하고 남성이 콘돔 사용을 기피할 경우에는 여성 스스로 여성용 콘돔을 사용할 수도 있다. 여성용 콘돔(female condome 또는 femidome)은 약 15에서 20 cm 정도의 길이에 폴리우레탄으로 만들어진 비닐백과 같은 모양이며, 양 말단에는 유연성 있는 링이 있고, 성교 수시간 전에도 착용 가능하기 때문에 남성용 콘돔과 같이 성교 도중 착용해야 하는 번거로움을 피할 수 있다. 남성용 콘돔보다 얇고 고무보다 부드러워 열도 전달되는 등 착용감이 매우 좋다는 장점이 있으나, 가격이 약간 비싼 것이 단점이다.

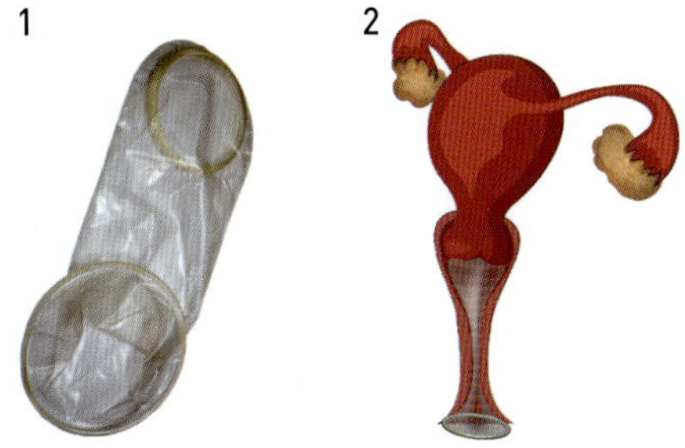

그림 7.8 **여성용 콘돔**
1; 여성용 콘돔, 2; 질내 삽입된 여성용 콘돔의 모습

여성용 콘돔은 두 개의 링 중 끝이 막힌 작은 링이 있는 부위가 질 내부로 삽입되며, 끝이 열려 있으며 큰 링이 위치하는 부위는 질 외부에 남아 있게 된다(그림 7.8). 삽입 방법은 작은 링을 손으로 누른 후 질에 충분히 밀어 넣은 후 큰 링은 질 입구에 위치시키는 것으로서 비교적 쉬운 편이다.

여성용 콘돔의 실질적인 피임실패율은 약 25%로서 대부분 잘못된 사용에 의한 결과이며, 정확히만 사용된다면 피임용 격막이나 스펀지 및 페사리 등과 거의 동일한 피임율을 나타낸다.

4) 피임용 격막

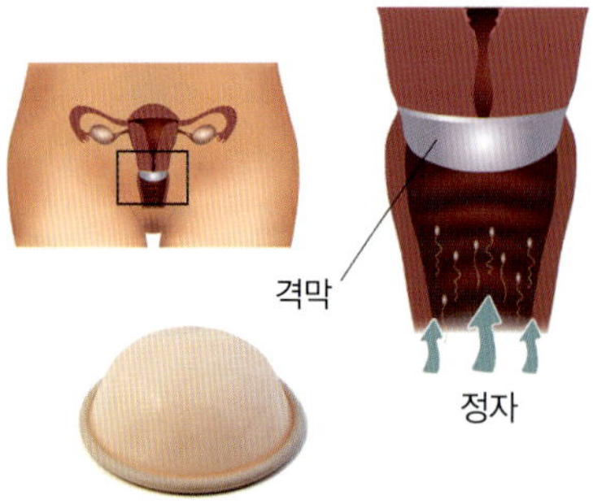

그림 7.9 피임용 격막

피임용 격막(diaphragm)은 크고 둥근 모양의 고무 제품으로 둘레가 유연하고 자궁경부에 맞도록 제작되어 있으며, 정자가 자궁으로 들어가는 것을 방해함으로써 피임 효과를 나타낸다(그림 7.9). 1930년대 미국에서는 피임하는 커플의 1/3 가량이 이 피임법을 사용하기도 하였으나 1980년대 들어서는 사용률이 급격히 감소하게 되었다. 격막을 사용하기 위해서는 의사의 처방이 필요한데, 경부와 치골 간의 거리를 측정하여 개개인에게 적합한 격막을 선택하게 된다. 또한 임신을 하거나 체중이 4–5 kg 이상 증가하는 경우와 같이 신체적인 변화가 있을 경우에는 새로운 격막을 처방받아야 하며, 적절한 사용법도 배워야 한다.

격막 사용시 주의할 점은 삽입 전에 격막의 안쪽(즉, 경부와 접하는 면)에 살정자제를 바르고, 성교 전 최대 2시간 이내에 삽입해야 한다는 점이다. 삽입한 후 2시간 이상 경과하면 살정자제의 효과가 없어지기 때문에 최대의 피임 효과를 얻기 위해서는 성교 직전에 삽입하는 것이 좋다. 성교 후에는 모든 정자를 죽이기 위해 최소한 6–8시간 정도 그대로 방치해야 하며, 한꺼번에 두 번의 성교를 시도할 경우에는 매번 질에 살정자제를 처리해야 한다. 이때 격막을 제거하지 말아야 하며, 최대 12시간 이상은 삽입시켜 놓지 말아야 한다.

고무나 살정자제에 대한 알레르기 반응을 나타내는 여성이나 요도 감염이 있는 여성 및 비정상적인 질 분비물이 있는 여성은 격막 사용을 금해야 한다. 격막은 의사의 처방이 필요하며, 삽입이 불편하고, 살정자제와 함께 사용해야 하기 때문에 구강성교가 어렵다는 단점이 있다.

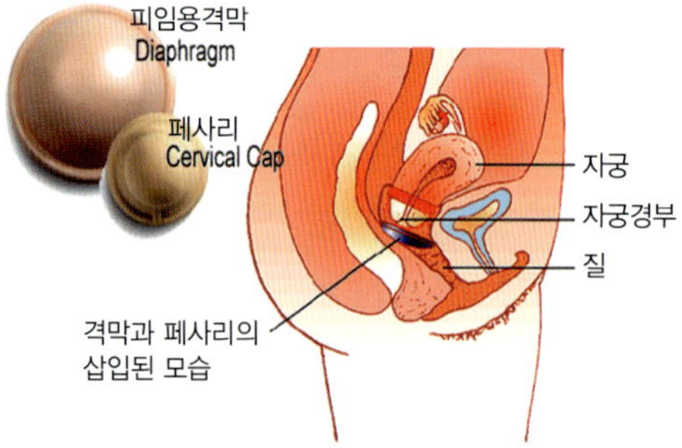

그림 7.10 페사리와 격막의 비교
페사리(빨간색)는 격막(파란색)에 비해 크기가 작으며 골무와 같은 형태를 하고 있다.

5) 페사리

페사리(pessary 또는 cervical cap)는 질로부터 자궁으로 정자가 통과하는 것을 방해하는 피임 기구로서 라텍스 등으로 제작된다. 페사리는 격막보다 작고 골무 같은 모양이며, 적은 양의 살정자제와 함께 사용될 수 있다(그림 7.10; 7.11). 삽입과 제거는 격막보다 조금 어렵지만 한 번 삽입하면 격막보다 편안하고 48시간 동안 사용이 가능하다. 그러나 성교시마다 확실히 삽입되어 있는지 확인하여야 하는 번거로움도 있다. 미국에서는 1988년까지 일반 상점에서 판매하지 못하였으나, 그 후 FDA로부터 승인되어 자유로운 판매가 가능하게 되었다. 피임실패율은 18% 정도로서 출산 경험이 없는 여성에게 좋으며, 정확히 사용하면 실패율을 8–10%로 낮출 수도 있다.

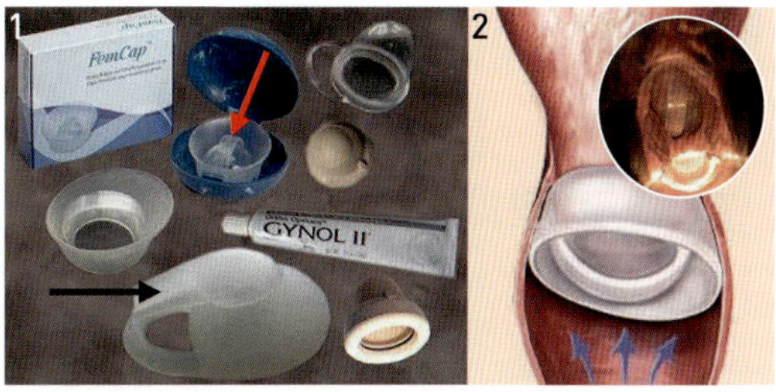

그림 7.11 **페사리**

1; 페사리와 격막의 크기 비교(빨간색 화살표; 페사리, 검은색 화살표; 격막의 일종인 Lea's sheild), 2; 골무형 페사리의 단점을 개선하기 위해 고리를 달아 삽입과 제거가 용이해진 최근의 페사리(원; 실제 질내 삽입된 모습)

6) 피임용 스펀지

피임용 스펀지는 폴리우레탄으로 제작된 지름 5 cm, 두께 2–3 cm 정도의 스펀지이다(그림 7.12). 충분한 양의 살정자제와 함께 사용되며, 새로운 살정자제를 삽입하지 않고도 여러 번의 성교가 가능하다. 이 스펀지는 삽입 후 24시간 정도 경과한 후 간단히 질에서 빼버리면 되므로 사용이 매우 간편하다. 이 스펀지 역시 정자가 경부를 통과하는 것을 방지하며, 살정자제와 함께 사용하여 정자를 죽임으로써 높은 피임효과를 얻을 수 있다. 사용을 위한 의사의 처방이 필요 없으며, 초기에는 한 가지 크기로 시판되었었다. 삽입은 매우 간편하여 물에 적셔서 질 속 깊숙히 삽입하기만 하면 되며, 한쪽이 움푹 들어가 있어 경부와 꼭 맞게 제작되어 있기 때문에 쉽게 이탈되지도 않고, 다른 한쪽에는 작은 고리가 있어 제거하기도 용이하다. 일부에서는 독성쇼크증후군을 우려하기도 하나 실제로는 FDA가 승인할 정도로 발병 위험은 매우 낮은 것으로 알려져 있다.

피임실패율은 약 17%이며, 출산 경험이 없는 여성에게 매우 효과적이다. 적절히 사용하

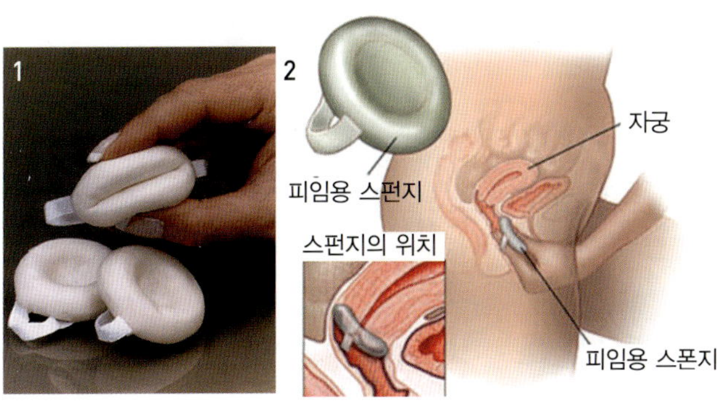

그림 7.12 **피임용 스펀지**

1; 피임용 스펀지의 형태 및 크기, 2; 피임용 스펀지의 질내 삽입 방법 및 삽입 위치

면 실패율을 9–10% 정도로 낮출 수 있는 것으로 알려져 있다.

7) 자궁내장치

피임실패율이 매우 낮은 많은 피임법이 개발되어 있는 데도 불구하고 많은 사람들이 원치 않는 임신을 경험하는 이유는 아예 피임을 하지 않는 경우도 있지만 피임에 대한 주의사항을 제대로 지키지 않기 때문인 경우가 대부분이다. 특히 성행위 분위기를 해치지 않기 위하여 피임기구의 사용을 포기하던가 부적절하게 사용함으로써 피임에 실패하는 경우가 많다. 그러나 1960년대부터 시판되기 시작한 자궁내(삽입)장치[일명 루프(loop), intrauterine device; IUD]는 성행위를 중단할 필요가 없는 피임기구로서 의사의 처방에 따라 자궁 내에 여러 가지 모양으로 제작된 작은 플라스틱 또는 금속 기구를 삽입함으로써 정자가 자궁을 통해 이동하는 것을 방해하고, 수정되었더라도 자궁에 수정란이 착상하는 것을 방해함으로써 임신을 억제하도록 고안되었다(그림 7.13).

자궁에 삽입하기 위해서는 자궁경부를 넓혀야 하는데, 어떤 자궁내장치는 삽입하기 어려워 삽입 도중에 자궁에 구멍이 나는 경우도 있다. 또한 삽입 후 외부의 물질을 제거하고자 하는 자궁의 작용에 의해서 간혹 삽입한 장치가 자궁 밖으로 이탈되는 경우도 있다. 이를 방지하기 위하여 제조회사에서는 기구에 실을 달아 질의 외부에서 볼 수 있도록 제작함으로써 여성 자신이 자궁내장치가 제대로 위치하고 있는지를 확인할 수 있도록 하였다(그림 7.13). 그러나 이 실이 박테리아나 바이러스의 감염경로가 됨으로써 골반감염증, 불임 및 자궁외임신을 유발하기도 한다.

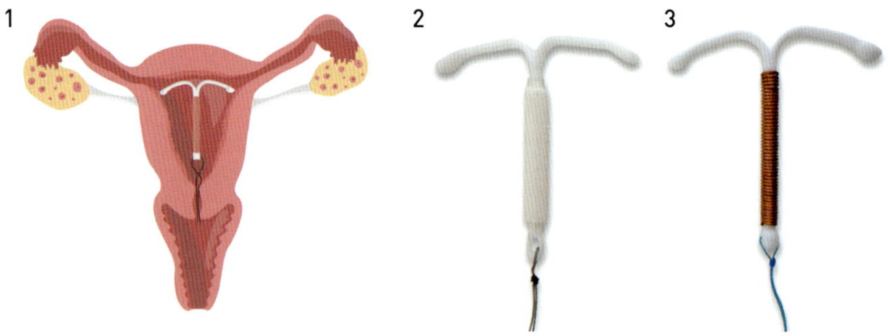

그림 7.13 **자궁내장치**

1; 자궁에 삽입된 자궁내장치의 모습, 2; 내부에 호르몬이 들어 있는 플라스틱 제품의 자궁내장치, 3; 응급피임을 위한 금속으로 제작된 자궁내장치. 원치 않는 성관계 후 5일 이내에 이 장치를 자궁에 삽입하면 99% 이상 피임 효과를 기대할 수 있다. 이 장치는 장기간 사용도 가능하다.

과거의 자궁내장치는 수정란이 착상되어 피임에 실패하기도 하고, 과다월경 등을 야기시키기도 하였으나, 프로제스테론이나 구리로 코팅된 폴리에틸렌으로 제작된 최근의 자궁내장치는 그러한 위험성이 거의 없는 것으로 알려져 있다. 최근의 자궁내장치는 장치 내에 프로제스테론이나 프로제스테론과 유사한 레보노르제스트렐(levonorgestrel; LNg)과 같은 호르몬이 포함되어 있는 경우도 있다. 이 호르몬들은 자궁경부의 점액을 두껍게 하여 정자가 통과하기 못하도록 함으로써 수정을 방해하게 된다. 프로제스테론이 포함된 자궁내장치의 피임 실패율이 약 2%인데 반해, 레보노르제스트렐이 포함된 자궁내장치는 0.1% 정도인 것으로 알려져 있다. 현재 자궁내장치를 사용하고 있는 여성의 대부분이 만족하고 있는 것으로 알려져 있으며, 특히 한 사람과 성관계를 하는 여성에게는 안전하고 효과적인 피임법이라고 할 수 있다.

5 호르몬을 이용한 피임법

1) 경구피임약

2006년 조사된 국가별 경구피임약 복용율을 살펴보면 벨기에와 뉴질랜드의 경우 40% 이상의 가임기 여성이 경구피임약을 복용하며 미국은 14.32%, 우리나라는 2.5%로 보고되었다(그림 7.14). 피임약 복용률과 인공 임신중절률 간의 관계에 대한 연구결과, 피임약 복용률이 높은 국가일수록 인공 임신중절률이 낮고 우리나라와 같이 피임약 복용률이 낮은 국가의 경우 인공 임신중절률도 높다고 보고되어 피임약을 이용한 피임방법의 중요성이 강조되고 있다.

경구피임약은 에스트로젠과 프로제스테론을 모두 포함하거나 프로제스틴만을 포함하는 제품도 있으며, FSH나 LH 방출을 억제하여 배란을 방해하거나 배란이 되더라도 자궁벽의 비후를 억제함으로써 착상을 방해하기도 하고, 경부의 점액을 두껍게 하여 정자의 통과를 어렵게 함으로써 이론적으로는 거의 0%에 가까운 피

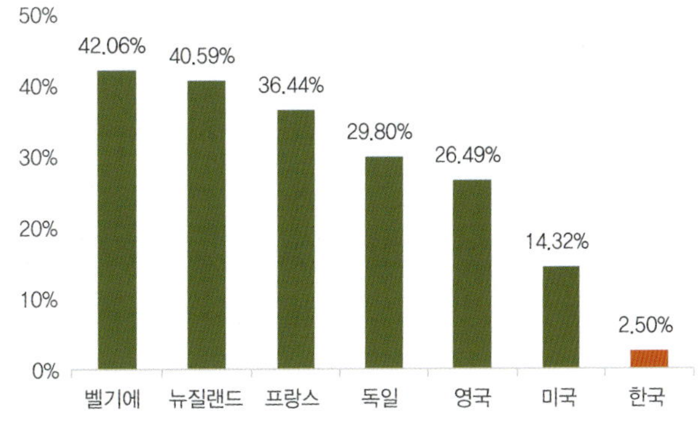

그림 7.14 국가별 피임약 복용률(2006년)

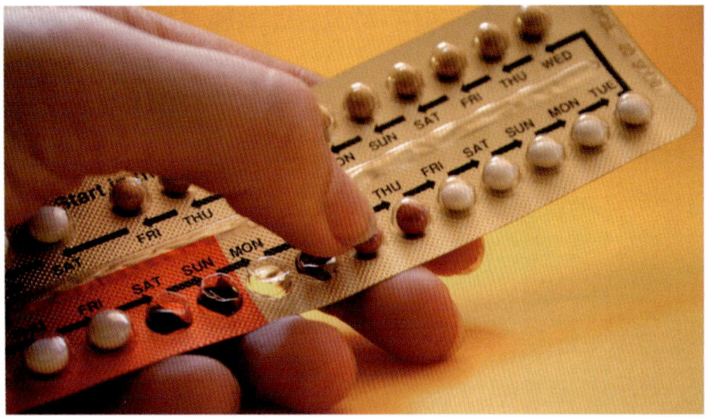

그림 7.15 경구피임약
요일별로 복용순서를 표기해 놓은 경구피임약

임효과를 얻을 수 있는 방법이다. 정확히만 사용된다면 상당히 효과적인 피임법임에는 틀림없지만 간혹 사용자의 실수로 인하여 실질적인 실패율은 약 3%에 달한다고 알려져 있다.

피임약은 매일 복용해야 하며, 사용 즉시 효과적이지 않기 때문에 사용 첫 달은 다른 피임법과 함께 사용하여야 한다. 하루라도 복용하지 않았을 때에는 다음날 두 알을 복용해야 하며, 이틀을 복용치 않게 되면 피임 효과는 거의 사라지게 된다. 여러 날 동안 복용치 않았을 경우에는 다음 한 달 동안 피임약을 모두 복용할 때까지는 다른 피임법을 함께 이용하여야 한다. 항생제, 수면제, 진통제, 신경안정제 등을 복용하면 피임약의 효과가 약화되기도 하며, 피임약 복용을 중단한 후에도 월경주기가 곧바로 재개되지 않는 경우가 많지만 대개는 1년 이내에 정상으로 되돌아온다.

피임약의 종류는 매우 다양하나 가장 효과적이면서 널리 이용되는 것은 에스트로젠과 프로제스테론을 모두 포함하는 복합피임약(combination pills)과 프로제스틴만을 포함하는 미니피임약(mini pills)으로 나눌 수 있다. 복합피임약은 각 정제마다 두 호르몬이 혼합되어 있으며, 월경주기에 따른 호르몬의 실제 수치에 맞게 조제되어 있다. 타입에 관계없이 피임약은 21개의 호르몬을 포함하는 정제와 7개의 호르몬을 포함치 않는 정제를 포함하여 모두 28개의 정제로 구성되어 있다(그림 7.15). 미니피임약은 자궁내막의 발달을 억제하고 경부의 점액을 두껍게 함으로써 임신을 억제하는데, 이 피임약은 수유 중인 경우 에스트로젠에 의해 모유 생산이 억제되거나 에스트로젠에 대한 부작용이 있는 여성들을 위하여 개발되었다. 복합피임약보다는 피임실패율이 약간 높으며, 일부 여성에서는 월경문제를 유발하는 경우도 있다.

현재 판매되고 있는 피임약은 프로제스틴의 종류에 따라 1세대, 2세대, 3세대, 4세대로 구분된다. 1세대는 에스트로젠 부작용에 의해 현재는 사용되지 않으며 현재 사용되는 일반의약품인 피임약은 2세대와 3세대에 속한다. 4세대 피임약은 전문의약품으로 의사의 처방이

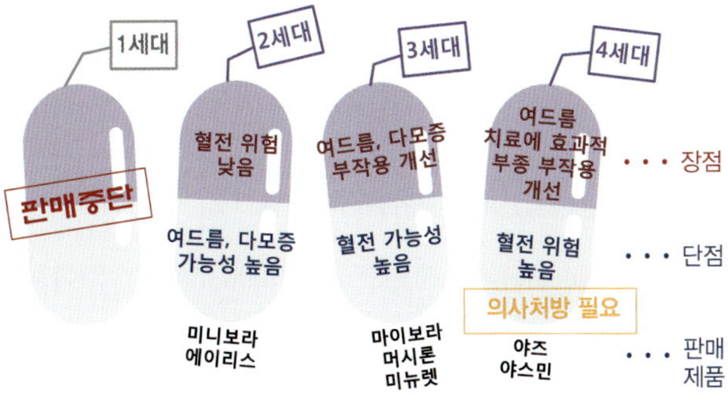

그림 7.16 피임약 종류와 부작용
2세대에서 4세대에 걸친 다양한 피임약이 존재하며, 각각의 피임약은 포함된 호르몬의 종류와 양에 따라 서로 다른 장단점을 가지고 있다. 쉽게 구할 수 있는 2-3세대 피임약과는 달리 4세대 피임약의 경우에는 의사의 처방을 필요로 한다.

있어야 구입가능하며 안드로젠 의존성 여드름 치료에 사용되기도 하며, 부종에 대한 부작용이 적어서 평소 몸이 잘 붓는 여성들에게 적합하다고 알려져 있다(그림 7.16). 그러나 혈전의 위험성은 가장 높기 때문에 의사와 상담 후 처방을 받아야 한다. 피임약의 부작용은 에스트로젠과 프로제스테론 함량에 의해 차이를 보이는데, 에스트로젠 함량이 높을수록 혈전의 위험성이 증가하며 유방팽만감, 유방통, 편두통, 메스꺼움, 구토, 부정출혈, 고혈압 등의 부작용을 나타내기도 한다. 프로제스테론 함량이 높은 경우 안드로젠 의존성 여드름, 체모 증가 등의 부작용과 함께 식욕 및 체중증가, 체온 상승, 부종, 피로감, 우울감 등의 부작용을 호소하는 경우가 있다. 세대별 피임약의 차이는 2세대 피임약은 혈전의 위험성이 줄어든 피부질환 및 부종 가능성은 상대적으로 높은 피임약이며, 3세대 피임약은 여드름을 비롯한 피부 질환이나 다모증의 부작용이 적은 반면 혈전가능성은 2세대에 비하여 높다고 알려져 있다.

2) 데포-프로베라

1993년 미국에서 프로제스틴(메칠프로제스테론의 상품명)을 포함하는 주사제 피임약인 데포-프로베라(Depo-Provera)를 개발하였는데, 이 주사제는 한 번 투여에 3개월 동안 피임 효과가 지속된다(그림 7.17). 그러나 많은 전문가들은 피임실패율을 낮추기 위해서는 이 주사제를 투여받은 후 처음 한 주 동안은 다른 피임법을 함께 사용하는 것이 좋다고 주장한다. 이 피임제는 뇌하수체 호르몬의 방출을 억제함으로써 배란을 방지하는 효과를 나타낸다. 주사제의 투여를 멈춘 후 임신 가능까지는 수개월에서 1년 정도 걸리기도 하며, 실패율은 1% 정도로 매우 낮은 것으로 알려져 있다.

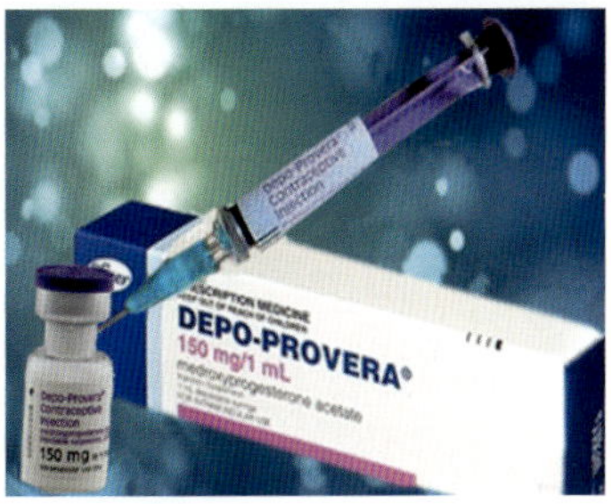

그림 7.17 데포프로베라

1970년대에 미국의 FDA는 유방암, 자궁암, 간암을 유발시킬 위험성이 있다고 판단하여 시판을 승인하지 않았으나, 1993년 WHO는 이 제품의 시판을 승인하였다. 이 제품의 부작용으로는 과다 또는 과소 출혈 등의 생리불순, 체중 증가, 피곤함, 두통, 신경과민, 현기증 등이 있다.

데포-프로베라 외 주사제 피임약에는 3개월마다 주사하는 피하 DMPA, 1~2개월마다 주사하는 MPA, 시피온산 에스트라디올(estradiolcypionate), 노레틴드론(norethindrone) 등이 있으며 모두 의사의 처방이 필요하다.

3) 노르플랜트와 임플라논

노르플랜트(norplant)는 1990년에 미국에서 승인된 피임제로서 6개의 실리콘 튜브를 여성의 팔 안쪽 피부 아래에 선풍기와 같은 모양으로 삽입하면 그 효과가 5년 동안 지속된다(그림 7.18). 수술 시간은 약 10-20분 가량 소요되며, 가격은 5년 동안 피임약을 복용하는 데 지출되는 비용과 거의 비슷하다. 이 튜브들은 프로제스틴을 포함하고 있으며, 시간이 경과하면 내부의 프로제스틴이 천천히 체내로 방출됨으로써 피임 효과를 나타내게 된다. 이 제품 역시 경구피임약과 같이 배란을 방지하고 경부 점액을 변화시켜 임신을 방지하게 된다. 체내에 삽입한 튜브는 분해되지 않으며, 필요 시에는 언제라도 제거가 가능하다. 피임실패율은 0.1%로서 매우 낮은 것으로 알려져 있다.

노르플랜트를 사용한 여성의 3/4이 사용 첫해에 부작용을 경험하였다는 보고가 있는데, 월경시 비정상적인 출혈이나 무출혈, 체중 증가, 탈모, 두통, 현기증, 피곤 등이 일반적인 부작용의 증상들이다. 그러나 증상은 그다지 심하지 않아 사용자의 2/3가 사용에 매우 만족하는 것으로 알려져 있다.

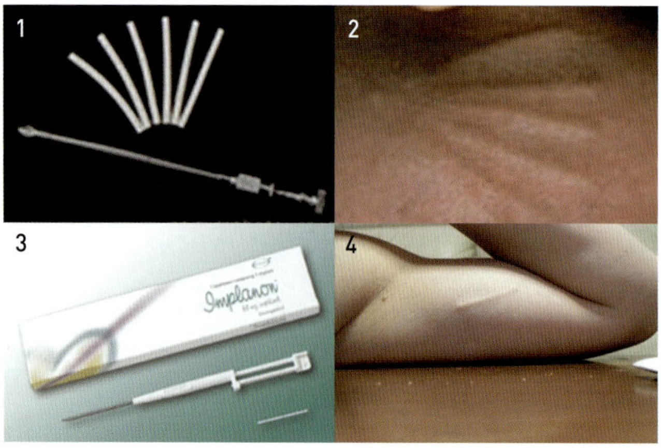

그림 7.18 노르플랜트와 임플라논
1; 노르플랜트, 2; 노르플랜트가 시술된 모습, 3; 임플라논, 4; 임플라논 시술 직후의 모습

이 피임법은 보통 출산 터울을 조절하기 위한 목적으로 많이 이용되며, 에스트로젠이 포함되어 있지 않기 때문에 건강상의 문제도 적다. 그러나 간암을 포함하는 간질환, 유방암, 혈전 등의 병력이 있는 여성들은 사용을 금해야 하며, 부작용이나 피임실패율을 낮추기 위해서는 반드시 노르플랜트의 피하내 삽입에 대하여 적절한 훈련을 받은 의사로부터 시술받아야 한다.

최근에는 프로제스테론이 함유된 길이 40 mm, 직경 2 mm의 단일 봉 형태의 임플라논이라는 피임제를 국소마취 후 특별히 고안된 삽입도구로 피부 밑에 삽입하는 피임방법이 개발되었다. 임플라논 시술에 걸리는 시간은 5분 이내로 알려져 있으며 생리시작 1일~5일 사이에 시술하면 3년간 피임효과를 나타낸다. 피임실패율은 약 0.1%로 피임효과가 매우 높다(그림 7.18). 시술 후 며칠이 지나면 육안으로는 시술 부위가 보이지 않으며 이식한 곳을 만져보면 피부 밑으로 가는 튜브가 만져진다. 제거시 삽입 부위 피부를 2 mm 정도 절개하게 되며 경구피임약보다 순응도가 높고 제거 후 회복속도도 빠른 것으로 알려져 있다.

4) 피임용 패치와 링

호르몬을 이용한 또다른 피임법은 피임용 패치와 질안에 삽입하는 링이 있다. 피임용 패치는 의사의 처방을 받아서 구입가능하며 여성의 복부 아래쪽, 허벅지, 유방을 제외한 상체의 피부에 부착하는 작은 정사각형 모양으로 이루어져 있다(그림 7.19). 피부에 직접 닿는 부분인 하위 접착막에 에스트로젠과 프로제스틴 호르몬이 함유되어 있어 혈류를 통해 이동하여 배란을 억제하고, 자궁경부 점액을 두껍게 하여 정자가 난자에 도달하는 것을 방지하며, 자궁내막을 얇게 해서 임신을 방지한다. 일주일마다 사용했던 패치를 버리고 새 패치를 붙이는 과정을 3주 동안 반복하여야 하며, 4번째 주에는 월경이 시작될 수 있도록 몸에서 패치를 제거한다. 피임확률이 99%로 높은 편이나 체중이 약 90 kg이상일 경우 피임효과가 떨어지는 것으로 알려져 있다.

피임용 링은 바깥 지름이 54 mm인 유연하고 가는 폴리머 링으로 에티닐 에스트라디올과 에토노게스트렐이 함유되어 있으며, 생리시작 1–5일째에 링을 질내에 삽입하여 3주간 두었다가 4주차에 제거하면 정상적인 월경이 시작되게 된다(그림 7.19).

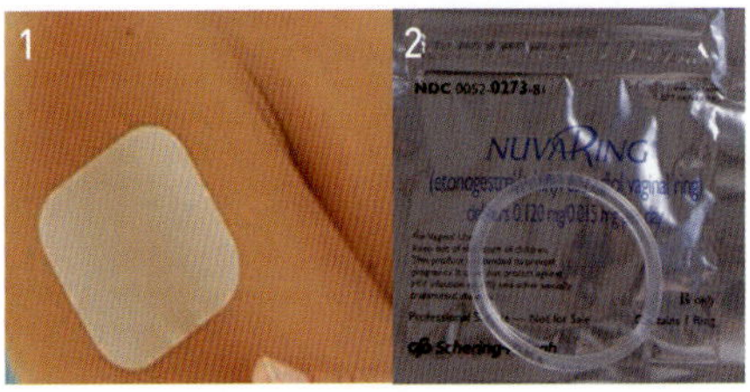

그림 7.19 피임용 패치와 링
1; 피임용 패치, 2; 피임용 링

6 수술을 통한 피임법

1) 정관절제술

미국에서 시행되는 불임시술 중 30%는 여성 불임시술이며, 12%만이 남성 불임시술인 것으로 조사되었다. 남성을 대상으로 하는 불임시술인 정관절제술은 국부 마취 후에 음낭을 조금 절제하여 내부의 정관을 잘라 묶는 비교적 간단한 수술이다(그림 7.20). 시간은 보통 약 20분가량 소요되며, 정관수술을 하여도 남성호르몬 생산이나 정자 생산이 중단되지 않으므로 남성 기능에는 아무런 손상이 없다.

정관절제술 후에도 정자를 제외한 정액의 사출은 가능하지만, 정자는 체외로 배출되지 못하고 정관이 묶인 부분에서 멈추어 있다가 식세포(phagocytes)들에 의해 제거된다. 그러나 수술 후 곧바로 성관계를 하면 이미 묶인 정관 부위를 통과한 정자들에 의해 임신될 수도 있으므로 12–16번 이상 사정한 후에야 완전한 피임이 가능하다. 그러므로 수술 직후에는 다른 피임법을 사용하여야 원치 않는 임신을 방지할 수 있다.

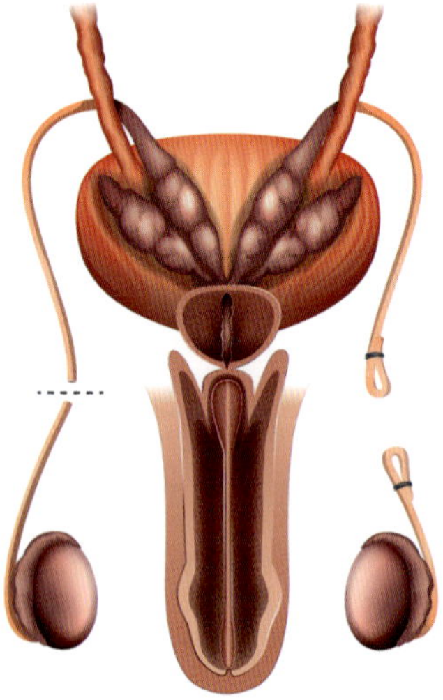

그림 7.20 정관절제술
정관절제술은 손으로 정관의 위치를 확인한 후 정관의 일부를 노출시켜 잘라내고 나머지 부분을 묶어주는 방법으로 시행된다.

정관절제술 후 합병증은 5% 이하이지만, 수술한 남성의 반 정도에서는 정자가 혈류로 들어감으로써 체내에 자신의 정자에 대한 항체가 생산되기도 한다. 원숭이를 이용한 실험에서는 자신의 정자에 대한 항체 생산에 의해 동맥경화가 유발되었다는 결과도 보고된 적이 있으며, 사람에서는 정관절제술에 의해 고환암이 유발되었다는 보고도 있다. 그러나 많은 연구자들은 정관절제술은 동맥경화나 고환암과 아무런 연관이 없다고 주장하기도 한다. 최근 일부 연구자들은 정관절제술과 전립선암과의 관련성을 우려하기도 하는데, 이 또한 미국 국립보건원에 의해 부정되었다.

2) 나팔관결찰술

나팔관결찰술(tubal ligation)은 여성의 나팔관을 잘라 묶음으로써 난자와 정자의 수정을 방해하는 영구 피임법이며, 일단 배란된 난자는 후에 여성의 몸으로 흡수되어 제거되게 된다.

나팔관결찰술에는 여러 가지 방법이 있으며, 복강경을 이용한 나팔관결찰술은 배꼽 주변의 작은 절제 부위를 통해 TV 영상을 제공하는 긴 튜브와 같은 복강경과 외과적 수술장비를 삽입한 후 나팔관을 소작하거나 잘라 묶는 방법이다(그림 7.21). 이 경우는 수술 당일에도 퇴원 가능하며, 여성이 원하면 수술 직후부터 언제든지 성관계가 가능하다. 복부 대신에 질의 작은 절제부위를 통해 시술하는 것도 가능하나, 감염이나 출혈 등은 복부를 절제하는 경우보다 2배 정도 높다. 최근에는 작은 스프링 모양의 마이크로 삽입물을 질과 경부를 통해 각 나팔관에 삽입하여 정자의 이동을 방해하는 시술을 시행하기도 한다(그림 7.22). 이 시술은 피부를 절개하지 않아 국부 마취만으로 시행할 수 있으며 시술 시간도 약 30분 정도로 비교적 간단하다. 2002년 미국 식약처 승인 이후 약 75만 명의 여성이 시술을 받은 것으로 알려졌으나 만성통증, 출혈과 같은 부작용 또한 많이 보고되었다. 특히 이 장치가 자궁 내에서 제위치를 이탈할 경우 요도와 자궁내 기관에 구멍이 뚫리는 천공의 발생 위험이 높은 것으로 보고된 바 있다.

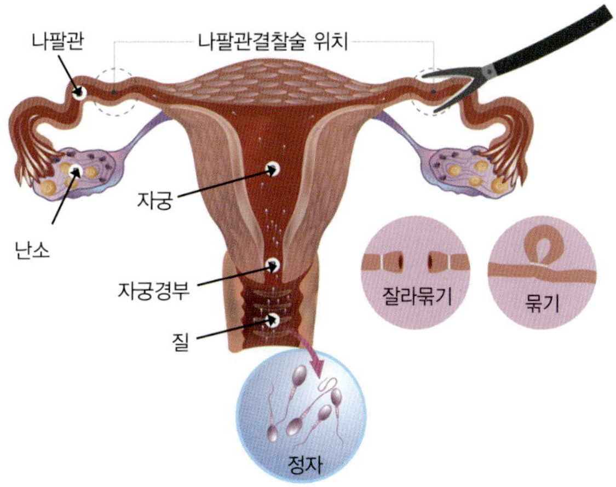

그림 7.21 복강경을 이용한 나팔관결찰술

나팔관결찰술 후에는 골반강 내의 불편감, 난소낭종 생성, 월경량 과다증 등이 있을 수 있는데, 이러한 증상을 총칭하여 나팔관결찰증후군(tubal ligation syndrome)이라 한다. 이 증후군은 나팔관결찰술 시술을 받은 여성의 10–15% 정도에서 발생하며, 아직까지 그 원인은 확실히 알려져 있지 않다. 이에 반해 월경기능 장애가 있던 여성의 약 50%에서는 증상이 호전되는 경우도 있으며, 난소암의 확률도 낮아진다고 알려졌다.

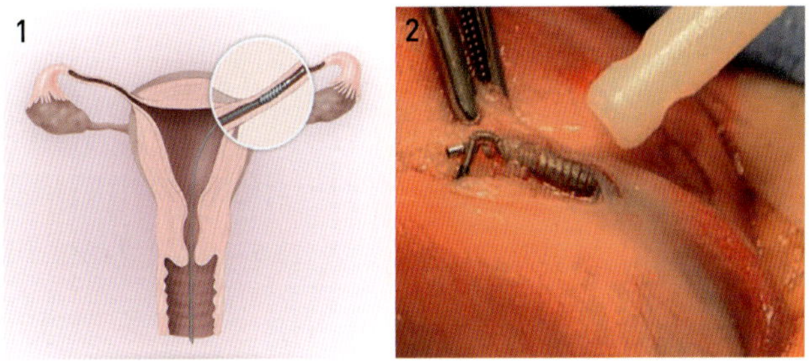

그림 7.22 스프링 모양의 마이크로 삽입물을 이용한 불임 수술

1; 자궁경부를 통과하여 나팔관에 스프링 삽입물을 삽입하는 방법으로 정자와 난자의 만남을 방해한다. 2; 실제 나팔관내 삽입된 스프링 삽입물의 모습

3) 영구불임시술 후 복원

불임시술 후에 복원을 원하는 경우에는 남성이든 여성이든 성공을 확신하기 어렵다. 정관절제술 후나 나팔관결찰술 후 정관이나 나팔관을 복원하기 위해서는 숙련을 요하는 미세수술이 필요한데, 정관절제술의 경우에는 시술 후 오랜 시간이 경과하면 자신의 정자에 대한 항체생산이 증가되어 복원성공률이 매우 낮아지며, 나팔관결찰술 시술 후에는 나팔관에 난 상처에 의해 난자의 통과가 방해받거나 나팔관임신이 유발되기도 하기 때문에 복원성공률은 더욱 낮아지게 된다. 정관절제술의 수태 복원성공률은 최근의 레이저 수술법의 개발로 50% 정도로 높아졌으며, 나팔관결찰술의 경우에는 불임시술 방법에 따라 차이가 있지만 전기적으로 여러 곳을 소작했을 경우에는 예후가 가장 불량하다. 나팔관결찰술 후 미세수술을 이용한 수태 복원성공율은 25% 미만에서 70% 전후까지 매우 다양하며, 나팔관 절제 후 남아 있는 나팔관의 길이가 5 cm 이상일 경우에는 임신률이 높지만, 3–4 cm인 경우에는 50%, 3 cm 이하인 경우에는 임신이 거의 불가능하다.

정관절제술과 나팔관결찰술의 수태 복원성공률은 비교적 낮기 때문에 젊고 미혼인 사람은 시술 전에 충분히 생각할 시간을 가져야 하며, 특히 발기 문제가 있는 남성은 수술하지 않는 것이 좋다. 왜냐하면 발기 문제의 대부분이 심리적인 요인에서 유발되기에 수술에 의해 심리적으로 더욱 위축될 가능성이 높아질 수도 있기 때문이다. 그러나 많은 사람들에서는 불임시술 후에 임신에 대한 불안이 해소됨으로써 도리어 성욕이 증가하기도 한다. 영구불임시술을 원하는 부부의 경우에는 비용이나 합병증 및 복원 문제 등을 고려하였을 때 되도록 남성이 불임시술을 받는 것이 좋을 것이다.

7 인공유산(낙태)

자신에게 가장 알맞은 피임법을 선택하여 정확히 이용하더라도 단 한 번의 실수로 원치 않는 임신을 하는 경우가 있다. 이러한 경우에는 결국 출산하여 본인이 양육하거나 출산 후 입양시키는 경우도 있으며, 아예 유산을 선택하는 경우도 있을 수 있다. 10대 미혼모가 자신이 낳은 아이를 직접 양육하려고 할 경우에는 학교를 중단하고 생계를 책임져야 하기 때문에 낮은 학력으로 인하여 일생 동안 가난을 면하기 어렵고, 가정불화가 잦아 유아 학대의 빈도도 높아지게 되며, 사회의 부정적인 인식에 의해 많은 고통을 받게 되는 등의 각종 불이익을 감수하여야 한다(그림 7.23). 또한 입양의 경우에도 미혼모와 입양기관과의 조정 문제 및 자녀 성장 후 친모와 양부모 또는 자녀들 사이에 발생할 수 있는 수많은 문제들 때문에 입양 여부를 쉽게 결정하기 어려우며, 이러한 이유로 대부분의 10대 미혼모들은 원치 않는 임신의 경우 결국 유산(낙태)을 선택하게 된다.

유산은 크게 자연유산(spontaneous abortion)과 인공유산(induced abortion)으로 나뉘며, 인공유산에는 치료 목적으로 시행하는 치료적 유산(therapeutic abortion)과 선택적 인공유산(elective abortion)도 있다. 인공유산을 위해서는 호르몬제제나 호르몬 억제제가 사용되기도 하며, 외과적 수술 방법이 이용될 수도 있다.

그림 7.23 10대 미혼모 문제
10대의 원치 않는 임신은 그들만의 문제가 아니라 우리 사회 전체의 문제라고 할 수 있다.

2010년 OECD 주요국 인공임신중절률에 대한 보건복지부 보도자료에 따르면 우리나라의 경우 1,000명당 15.8건으로 인공임신중절이 발생하고 있으며 미국, 프랑스, 영국의 뒤를 이어 높은 인공임신중절률을 보이고 있다. 2010년 보건복지부 보도 자료에 따르면 인공임신중절 추정건수는 2005년 약 34만(1,000명당 29.8건)건 이상이었으나 꾸준히 감소하여 2010년에는 약 17만(1,000명당 15.8건)건으로 보고되었다. 특히 2008년에서 2010년 사이 기혼여성들의 인공임신중절률은 눈에 띄게 감소한 반면, 미혼여성들의 인공임신중절률은 비슷한 수준을 유지하였으며, 2010년 인공임신중절률의 연령별 분포를 살펴보면 30대가 43%로 가장 높고, 20대는 36.5%였으며 10대의 경우도 1.6%로 조사되었다(그림 7.24). 우리나라 인공임신중절률의 꾸준한 감소에도 불구하고 OECD 주요국가들의 인공임신중절률 자료와 비교한 결과 우리나라의 인공임신중절률은 미국, 프랑스, 영국과 함께 여전히 높은 수준을 나타내고 있다(그림 7.25).

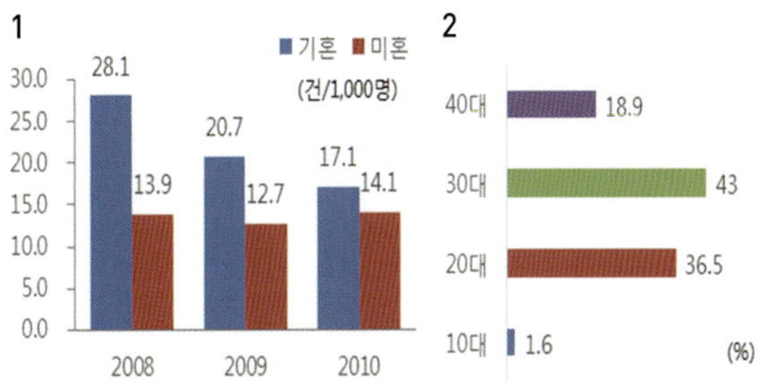

그림 7.24 우리나라의 인공임신중절률
1; 결혼 유무에 따른 인공임신중절률, 2; 2010년 기준 연령별 인공임신중절률(2010년 보건복지부 보도자료)

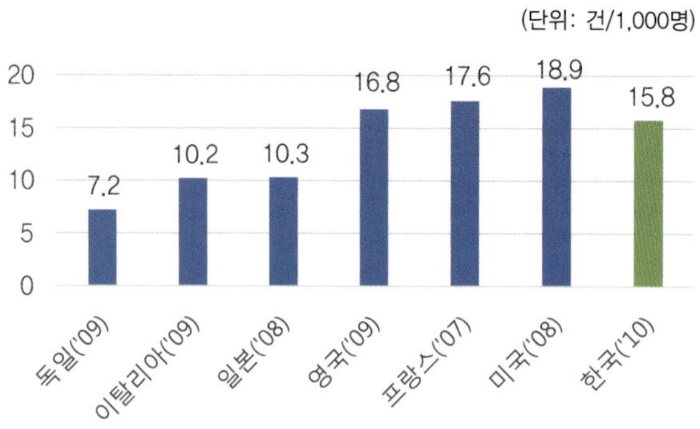

그림 7.25 2010년 OECD 주요국 인공임신중절률 비교

1) 응급피임법

응급피임법(emergency birth control) 또는 사후피임법이란 피임하지 않은 여성이 근친상간이나 강간 등과 같이 불가항력적으로 성관계를 갖게 되었을 경우에 원치 않는 임신을 방지하기 위한 수단으로 사용되는 피임방법이다. 과거에는 높은 농도의 합성에스트로젠(diethylstilbestrol; DES)이 함유된 응급피임약(morning-after pill)을 사용하였으나, 최근에는 고농도 레보노르게스트렐 성분의 노레보원정과 선택적 프로제스테론 수용체 조절제인 울리프리스탈(ulipristal), 두 가지가 주로 사용된다. 먼저 노레보원정의 경우 프로제스틴의 급격한 유입과 감소에 따른 소퇴성 출혈(자궁내막의 탈락)을 유발하여 피임이 가능하게 되는데, 이는 황체형성호르몬의 분비가 급증하기 전에 투여되어야 효과가 있으므로 성관계 후 72시간 이내에 복용하여야 그 효과를 기대할 수 있으며 가능한 빨리 복용하는 것이 피임의 성공률을 높인다고 알려져 있다. 울리프리스탈의 경우 프로제스테론 수용체에 결합하여 프로제스테론의 기능을 방해함으로써 자궁내막의 변화를 유도하여 착상을 저해하며, 드물게는 착상된 수정란을 파괴하기도 하는 것으로 알려져 있다. 울리프리스탈의 복용시기는 성관계 후 120시간 이내, 약 5일 이내로 노레보원정에 비해 비교적 긴 편으로 알려져 있다(그림 7.26).

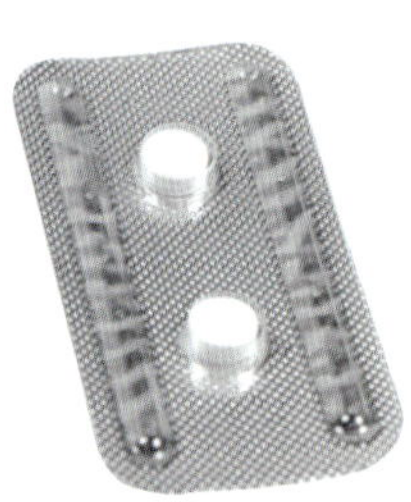

그림 7.26 응급피임약

응급피임약 외에도 성교 후 5–6일 내에 자궁내장치를 삽입함으로써 착상을 억제하는 방법을 응급피임법으로 사용할 수 있다.

2) RU486

RU486은 1988년 프랑스 Roussel-Uclaf 회사에서 개발된 화학적 유산을 위한 제제로서 일명 '프랑스 유산약(French abortion pill)'이라고도 하며, 미페프리스톤(mifepristone)과 미소프로스톨(misoprostol)이라는 두 가지의 강한 합성 호르몬을 포함하고 있다(그림 7.27).

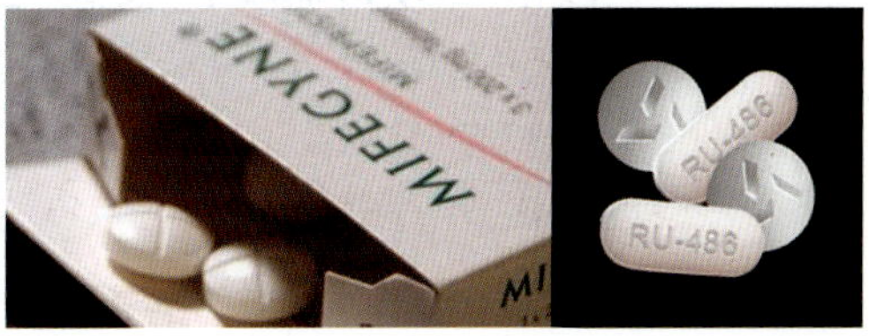

그림 7.27 화학적 유산제제 RU486

RU486은 성교 후 72시간 내에 사용할 때 가장 효과적이며, 시간이 지나면 점차 그 효과가 떨어지긴 하지만 마지막 월경 후 9주까지도 사용 가능한 것으로 알려져 있다. 경구 프로스타글란딘(oral prostaglandins)과 함께 사용되었을 때는 99%의 유산 효과를 나타내는 것으로 알려져 있으며, 자궁내막의 비후를 유지하는 프로제스테론의 효과를 억제함으로써 피임효과를 나타내는 것으로 알려져 있다.

RU486을 이용하여 유산을 원하는 경우에는 최소한 3번 이상 병원을 방문하여야 한다. 처음 방문시에는 기본적인 신체검사를 받게 되며, 특별한 문제가 없는 여성은 프로제스테론에 대한 억제제인 RU486을 투여받게 된다. RU486을 투여받은지 36-48시간 후인 두 번째 방문 시에는 자궁 수축을 유발하는 합성 프로스타글란딘인 미소프로스톨을 투여받게 된다. 대부분의 여성들은 미소프로스톨을 투여받은 후 유산될 때까지 약 4시간 정도 병원에서 기다려야 하지만, 약 30%의 여성들은 최대 5일 후에 유산되기도 한다. 유산된지 약 2주 후에는 유산이 완전히 이루어졌는지를 확인하기 위해서 세 번째로 병원을 방문하여야 하며, 만약 유산이 완전하지 않을 경우에는 수술을 통하여 완전히 유산시켜야만 한다.

부작용으로는 어지러움, 구토, 장기적인 출혈 및 위장관 통증 등이 있으며, 자궁외임신의 경우에는 간혹 복강내 출혈 등의 합병증이 있을 수 있다. 이에 반해 유방암, 섬유종, 골다공증과 같은 질환의 발현 감소에 상당한 효과가 있는 것으로 조사됨으로써, 추후 많은 사용이 기대되는 피임약이다.

3) 자궁경관개대 및 소파술

자궁경관개대 및 소파술(dilation and curettage; D&C)은 15주 이하의 원치 않는 임신의 경우에 실시하는 유산방법으로서, 마취 하에서 경부를 확장시킨 후 자궁내막을 날카로운 숟가

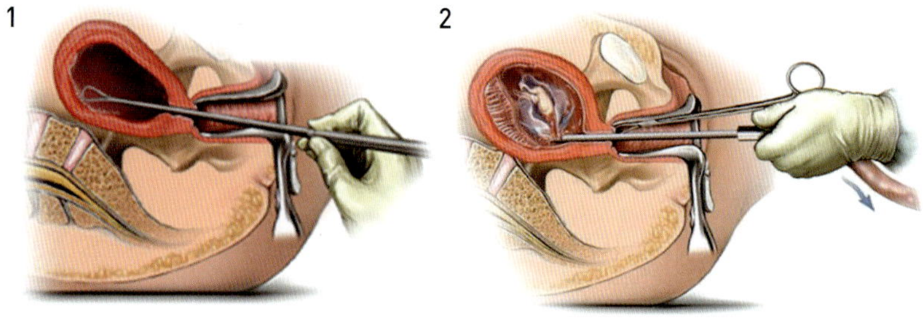

그림 7.28 자궁경관개대 및 소파술과 제거술
1; 자궁경관개대 및 소파술, 2; 자궁경관개대 및 제거술

락 모양의 기구(큐렛)를 이용하여 긁어내는 방법이다(그림 7.28). 이 방법을 시행하는 과정에서 마취의 위험과 많은 출혈이 동반할 수도 있다. 임신 제1삼분기 이후에 시행하면 자궁천공, 자궁경부열상, 태아 또는 태반조직의 불완전 제거 및 감염 등의 합병증이 수반되므로 반드시 14주 이하의 경우에 시행하는 것이 원칙이다.

4) 자궁경관개대 및 제거술

자궁경관개대 및 제거술은 경부를 통해 자궁에 튜브를 삽입하여 태아를 흡입하는 방법으로서, 임신 4–6주의 경우에는 마취 없이도 시술 가능하며, 7–12주 정도인 경우에는 경부의 국부마취나 폭넓은 개대가 필요하다(그림 7.28). 만약 16주 이상이 되면 자궁경부를 폭넓게 개대시킨 후 태아를 기계적으로 분쇄시켜 흡입소파술로 태반 및 잔류물을 제거하게 된다. 임신 초기의 경우에는 불임 등의 위험 없이 비교적 간단히 시술할 수 있으며, 건강한 여성의 경우에는 대부분 입원할 필요가 없다.

5) 유도출산

(1) 유도출산 종류 및 합병증

16주 이상된 태아의 경우에는 다량의 옥시토신(oxytocin)을 정맥 주사하거나 양막 내에 20–25% 식염수 또는 30–40% 우레아(urea) 등의 고장용액을 투여할 수도 있으며, 프로스타글란딘(prostagladins) 용액을 주사하여 자궁수축을 유발함으로써 유도출산(induced abortion)을 시도할 수도 있다. 이러한 방법으로 유도출산된 태아는 죽은 채 태어나게 된다. 유도출산의

Q 7-4

임신을 시키거나 임신한 경험이 있는가?

임신을 시키거나 임신한 경험이 있는가라는 질문에 남학생 232명 중 9%인 20명이 그렇다고 응답하였으며, 여학생 223명 중 1%인 3명이 임신 경험이 있다고 응답하였다. 또한 이들은 모두 불법 인공임신중절을 시행했다고 응답하였다.

Q 임신을 시키거나 임신한 경험이 있는가?

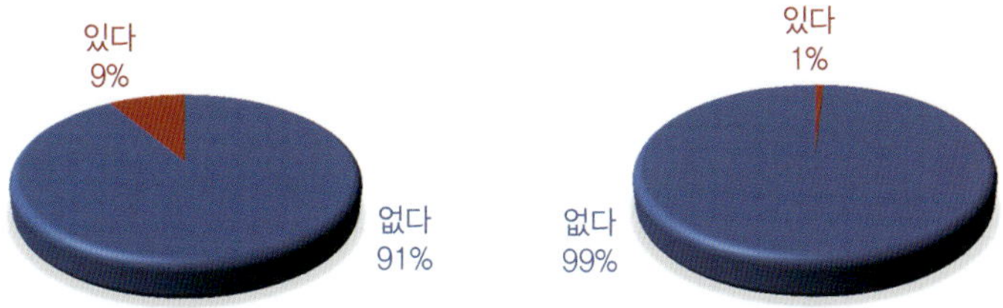

〈남학생 232명〉 〈여학생 223명〉

부작용으로는 옥시토신의 경우 구역질(46%), 구토(37%), 고열(64%), 설사(20%) 등이 있으며, 식염수의 경우는 합병증으로 사망할 수도 있다. 우레아의 경우에는 식염수와 효과는 비슷하나 독성은 적은 편이며, 프로스타글란딘은 다른 약물에 비해 부작용이 적은 것으로 나타나 임신 중기의 유도출산에 자주 사용된다.

(2) 유산(낙태)에 관한 인식과 법

가톨릭 교회는 1588년까지는 낙태를 살인으로 규정하여 철저히 금지하였으나, 그 후 300년간은 남자 태아는 수정 후 40일까지, 여자 태아는 수정 후 80일까지 낙태를 허용하다가 1869년부터 현재까지는 공식적으로는 다시 낙태를 살인으로 규정하여 금지하고 있다. 불교 역시 태아를 인간으로 간주하기 때문에 낙태에 대하여 부정적인 인식이 강하다. 그러나 종교적인 인식과는 달리 미국은 물론 우리 사회에서도 낙태를 인정해야 한다는 의견도 무시하지 못할 정도로 높은 실정이다.

현재 우리나라를 포함한 국가별 낙태허용 규정은 표 7.1과 같다. 우리나라의 경우를 보다 자세히 살펴보면 모자보건법시행령에는 인공임신중절은 임신한 날로부터 24주일 이내에 있는 자에게 한한다. 낙태허용범위는 모자보건법에 따르며, 우생학적 또는 유전학적 정신장애나 신체질환이란 유전성 정신분열증, 유전성 조울증, 유전성 간질증, 유전성 정신박약, 유전

표 7.1 국가별 낙태 허용 규정〈자료:유엔〉

	한국	일본	중국	호주	미국	칠레	독일	프랑스	영국
모체의 건강	△	○	○	○	○	×	○	○	○
강간, 근친상간	△	○	○	○	○	×	○	○	×
태아 이상	△	×	○	○	○	×	○	○	○
사회, 경제적 이유	×	○	○	○	○	×	○	○	○
본인요청	×	×	○	×	○	×	○	○	×

△: 24주 이내 제한적 허용

성 운동신경원 질환, 혈우병, 현저한 범죄 경향이 있는 유전성 정신장애, 기타 유전성 질환으로서 태아에게 미치는 위험성이 현저한 질환 등에 한하는 것으로 규정하고 있다. 그 외에 전염성질환의 범위도 규정되어 있는데, 풍진, 수두, 간염, 후천성 면역결핍증 및 전염병 예방법 제2조 제1항의 전염병 등이 여기에 속한다.

이와 같이 법으로 규정되어 있는 낙태를 제외한 모든 낙태는 불법이라고 할 수 있지만, 우리나라에서만 공식적으로는 매년 약 17만 명, 비공식적으로는 약 200만 명의 태아가 태어나기도 전에 수술대 아래서 사라져 가고 있는 실정이다. 2012년 8월 헌법재판소는 낙태 시

Q 7-5

낙태를 법적으로 허용해야하는가?

인공임신중절에 대하여 남학생과 여학생의 평균 59%가 낙태를 법적으로 인정해야 한다고 응답하여 낙태를 반대한 평균 21%의 학생들과 조건부 허용을 주장하는 나머지 평균 21%의 학생들보다 많았다. 조건부 허용에 대한 의견이 광범위한 의미에서 낙태죄의 유지라고 본다면 낙태죄 폐지와 유지에 대한 의견이 팽팽하게 대립하고 있음을 알 수 있다.

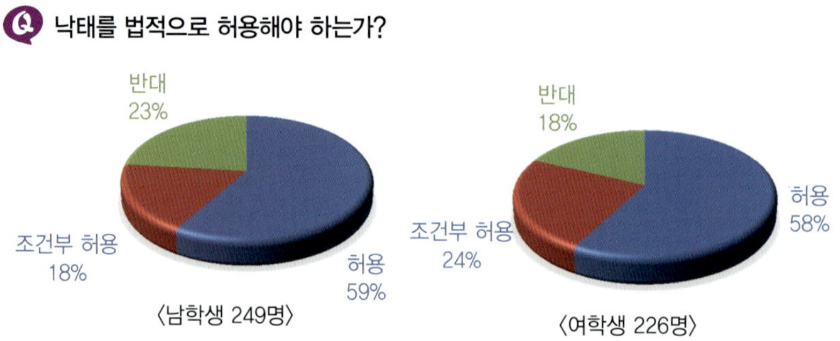

술한 조산사 등을 징역에 처하도록 한 형법 조항인 자기낙태죄 조항에 관하여 위헌 4명, 합헌 4명으로 위헌 결정 정족수 6명을 만족하지 못한다 하여 합헌으로 결정한 바 있다. 이는 태아의 생명권이 여성의 자기선택권보다 높다고 판단되어 내려진 결정이었다. 그러나 위헌 4명, 합헌 4명의 결과에서도 볼 수 있듯이 현재 낙태죄의 법적 처벌에 대한 사회의 갈등이 첨예하게 대립하고 있으며 그로부터 5년이 지난 2017년 낙태죄 폐지 국민청원이 20만 명을 넘어서면서 다시 사회적 이슈가 되고 있다.

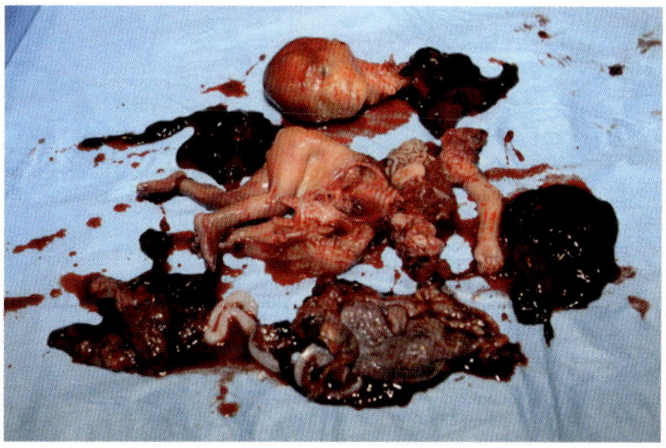

그림 7.29 낙태아 모습

낙태의 불법여부에 대한 법적, 사회적 논란은 차치하고라도, 낙태로 인한 모체의 정신적, 신체적 피해를 방지함은 물론 머리가 파쇄되어 사망한 채로 흡인 당하는 태아의 수를 단 한 명이라도 줄이기 위해서는 무엇보다도 성행위에 수반되는 무거운 책임을 인식하고 올바른 피임법에 대한 체계적 성교육을 시행해야 할 것 있다(그림 7.29).

8 미래 피임법

2012년 워싱턴 주립대학 과학자들에 의해 '녹는 콘돔'이 개발되었으며, 머지 않은 장래에는 수술을 통한 제거가 필요 없는 피임약인 '녹는 임플라논'도 개발될 것이다. 또한 장래에는 남성용 피임약이 판매될 가능성이 높으며, 정자의 이동을 막는 약과 주사들은 이미 성공적인 시험 결과를 보이고 있다. 그 중 하나인 바살젤(Vasalgel)은 정자가 고환으로부터 요도로 사출되는 통로인 정관을 폐쇄 가능하도록 설계된 가역적인 남성용 피임약이다. 이 외에도 몸에 바르는 젤타입의 남성 피임약도 개발되어 있다. 바르는 남성 피임약은 프로제스틴 성분으로 어깨와 팔에 소량 도포하게 되면 피부에 흡수된 후 고환에서 테스토스테론 생산을 막아 정자생산을 억제하는 것으로 알려져 있다.

많은 연구자들의 끊임 없는 연구는 가까운 장래에 새로운 피임약이나 피임 방법의 개발 및 실용화를 가능하게 할 것이지만 어떤 종류의 피임법이던 그 효과를 극대화시키기 위해서는 사용법을 확실히 인지하여 정확하게 사용하여야 할 것이다. 또한 피임법을 선택할 경우에는 남녀에게 공히 편안한 방법을 선택하는 것이 중요하며, 피임법을 변경할 경우에는 현재 사용하고 있는 피임법과 새로운 피임법을 최소 한 달간 동시에 사용함으로써 변경 기간 동안의 피임실패율을 낮춰야 한다는 사실을 명심하여야 한다.

성이란 성관계에 의해 수반되는 모든 결과에 대해 책임질 의지와 능력이 있는 사람들만을 위한 것이다. 자녀 양육에 대한 능력이 없거나 성병 등에 의한 피해가 심각할 수 있는 10대나 미혼자들은 성관계를 갖기 전에 반드시 성관계로 인해 야기될 모든 피해를 감당할 준비가 되어 있는가를 고려해 봐야 할 것이다. 이와 같이 성관계는 사랑을 확인하는 행위임에는 틀림없지만 그와 동시에 각종 성병과 원치 않는 임신으로 이어지는 무한 책임을 요구하는 위험한 행위라는 사실을 명심하여야 할 것이다.

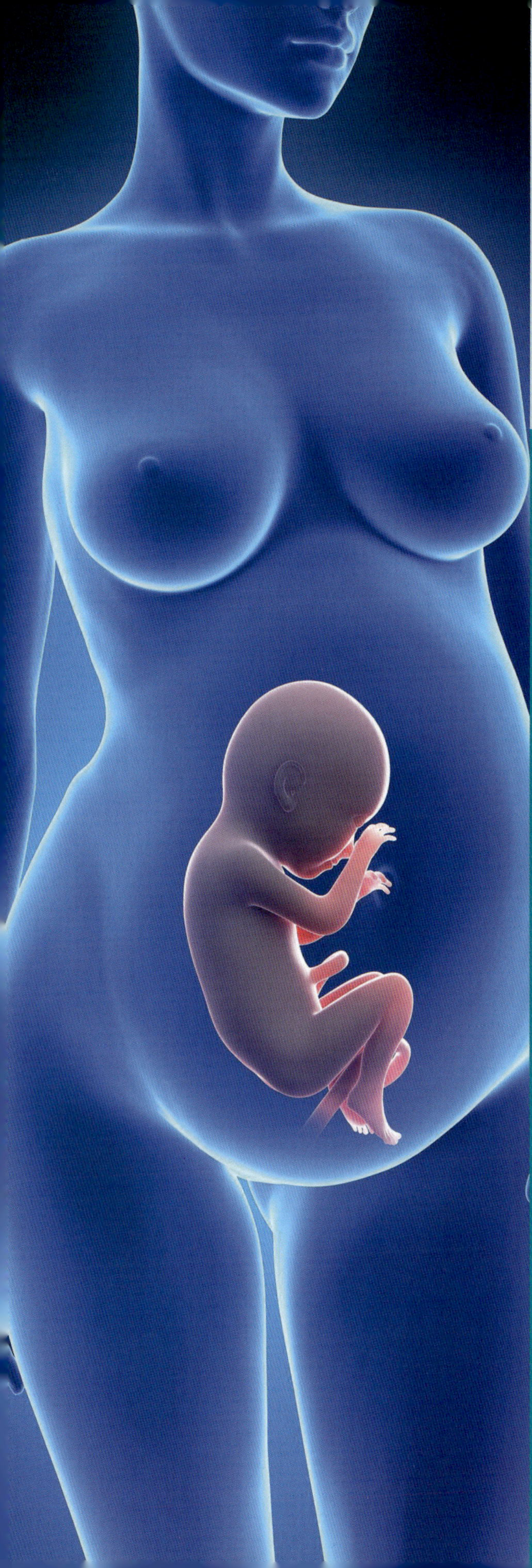

08 임신과 출산

1. 임신 과정

1) 배란과 사정 / 234　2) 수정과 착상 / 235
3) 임신 중 변화 / 237

2. 임신 중 성관계

3. 임신 중 질병

1) 백신 및 바이러스 감염 / 241
2) 성병 / 241
3) 임신 중독증 / 242
4) 기형아 / 243
5) 질병 유발 요인 / 244

4. 임신 중 특수 검사

1) 양수천자 / 250　2) 융모막검사 / 251
3) 검사 기구 / 251　4) 태아 수술 / 251

5. 출산

1) 진성진통과 가진통 / 252
2) 출산 단계 / 253　3) 회음절개 / 255
4) 제왕절개 / 255　5) 라마즈 법 / 257
6) 르봐이예 법 / 258　7) 가정출산 / 258
8) 수중출산 / 259　9) 출산시의 문제 / 261

6. 출산 후 산모의 변화

1) 수유 / 263　2) 산후통 / 264
3) 오로 / 265　4) 체중감소 / 265
5) 일시적 우울감 / 265　6) 출산 후 성생활 / 266

7. 불임

1) 남성불임 / 267　2) 여성불임 / 269
3) 불임치료 / 270

임신과 출산은 여성으로서 가장 고통스러운 순간이기도 하지만 평생 동안 잊지 못할 가장 행복한 순간이기도 하다. 그러나 잘못된 정보나 인식에 의해 임신이나 출산이 그저 잊어버리고 싶은 평생 가장 고통스러운 순간으로만 기억될 수도 있다. 누구나 결혼만 하면 임신이 가능할 것으로 생각하지만 열 쌍 중 한두 쌍이 불임으로 고통 받고 있으며, 임신 초기에 무심코 복용한 약 때문에 기형아를 출산하여 평생을 고통과 함께 살아가는 사람들도 많고, 임신중독증이나 출산시의 문제에 의해 사망하는 산모도 많으며, 임신 후 성생활의 부조화에 의해 평생 성을 멀리하게 되는 사람들도 무수히 많다. 이러한 문제들은 임신이나 출산 과정을 올바르게 이해하고 정확하게 대처함으로써 상당 부분 해소될 수 있을 것이다. 이 장에서는 임신 과정, 임신 중 성관계, 임신 중 질병, 임신 중 특수 검사, 출산 과정, 출산 후 산모의 변화, 불임 등에 대한 각종 정보가 제공될 것이며, 이를 통해 임신이나 출산이 독자들의 마음속에 평생 기억되는 아름다운 추억으로 남을 수 있는 계기가 되기를 기대한다.

1 임신 과정

1) 배란과 사정

여성은 사춘기가 되면 뇌하수체로부터 FSH가 분비되어 매달 난소 내에 존재하는 하나 또는 둘 이상의 여포가 성숙하기 시작한다. 성숙된 여포가 일시적인 내분비기관이 되어 에스트로젠을 분비하면 뇌하수체에서 LH가 분비되며, 분비된 LH에 의해 성숙한 여포로부터 난자가 복강으로 배출되는 배란이 일어나게 된다(그림 8.1). 배란된 난자는 나팔관의 말단에 위치하는 돌기인 나팔관채에 의해 나팔관 내로 들어가 정자와의 수정을 기다리게 된다. 배란된 난자는 약 24시간 내에 정자와 수정되어야 하며, 만약 수정되지 않으면 과성숙되어 월경시 체외로 배출되게 된다.

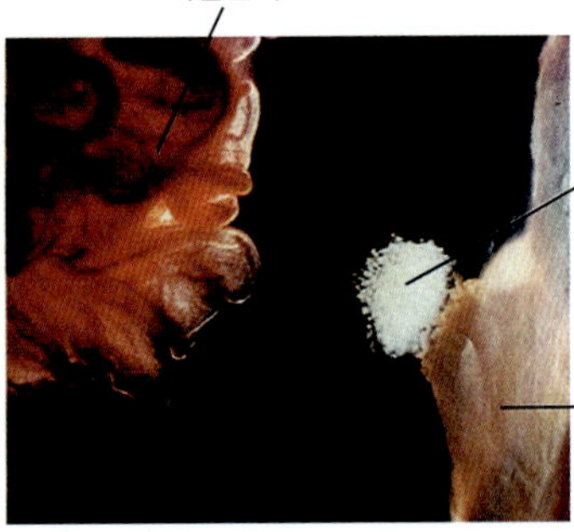

그림 8.1 배란 장면
난소로부터 이차 난모세포가 복강으로 배출되는 배란 과정

남성이 오르가즘에 도달하면 2억에서 4억 개의 정자가 여성의 질로 배출되게 되는데, 일부 정자는 중력이나 질 내부의 산성도에 의해 움직임을 멈추게 되며, 난자가 없는 쪽

의 나팔관으로 방향을 잘못 잡아 난자와 수정할 수 없게 되기도 한다. 결국 수천 개의 정자만이 난자가 있는 나팔관에 도달하게 되고 실제로 난자에 도달하는 정자는 겨우 수십 개 정도가 된다. 정자는 보통 여성생식기 내에서 48시간 정도 생존 가능하며, 일부 정자만이 72시간 정도 생존할 수 있다. 이와 같이 난자는 24시간 동안 수정가능하며, 정자는 최대 3일 정도 생존 가능하기 때문에 이론적으로 여성의 평균 생리주기인 28일 중 4일(배란전 3일, 배란후 1일)만이 수정 가능한 시기가 된다.

2) 수정과 착상

정자는 여성의 생식기관 내에서 외막이 얇아지고, 난자의 외층을 연화시키는 효소인 히알루로니다제(hyaluronidase)를 분비하는 수정능획득(capacitation) 과정을 거치게 된다. 이 과정은 보통 수시간 정도 소요되며, 이 과정이 완료된 정자만이 난자와 수정 가능하다(그림 8.2). 난자는 하나의 정자만을 자신의 표면으로 유도하고, 정자는 효소를 방출하여 난자의 표면을 통과하게 된다. 이때 난자 내에서 화학반응이 일어나 다른 정자의 침입을 방지하며, 수정된 난자는 24–30시간 내에 내부의 핵과 정자의 핵을 융합하여 수정란을 형성한다. 수정란은 곧 분열하게 되며, 세포분열이 계속됨에 따라 세포의 수는 증가하나 각각의 세포는 크기가 작아지면서 상실기(morula)가 된다. 그 후 수정란은 분열을 계속하면서 조금씩 자궁으로 이동하게 되는데, 100개 정도의 세포가 되면 그 가운데가 액체로 가득 차게 되면서 포배기(blastula)가 된다. 자궁에 도착한 포배기 세포들은 며칠 동안 떠다니다가 수정 후 6–7일이 지나면 융모(villi)를 통해 자궁벽에 부착하며, 수정 후 14일이 되면 착상이 완료된다(그림 8.3). 이 시기의 포배기 세포를 배아(embryo)라고 하며, 수정 후 8주가 지나면 태아(fetus)라고 한다.

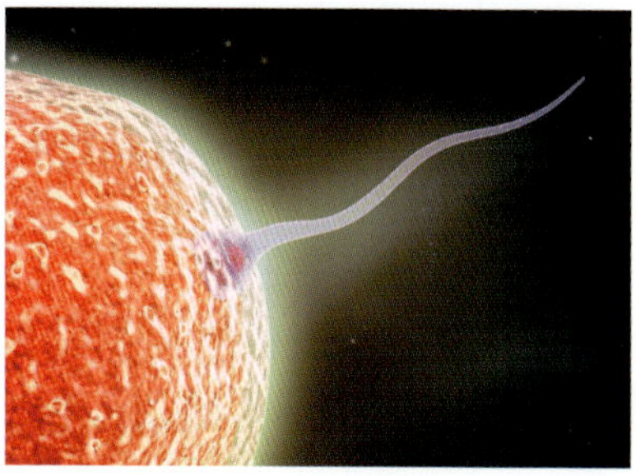

그림 8.2 **정자와 난자의 수정**

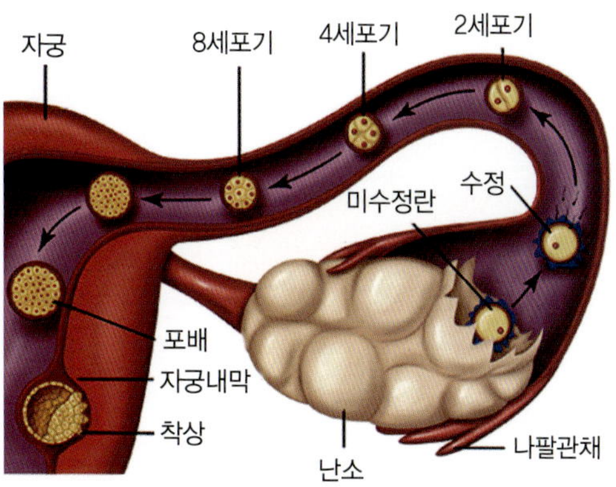

그림 8.3 **수정과 착상**

나팔관 내부에서 수정된 수정란은 분열을 하면서 자궁으로 이동하며, 약 1–2주 후 자궁내막에 착상한다.

수정란의 3/4은 착상에 실패하거나 6주 이내에 유산되는데, 수많은 수정란이 착상에 실패하는 이유는 건강치 못하거나 비정상인 배아를 제거하기 위한 모체의 작용이 원인인 경우도 있다고 알려져 있다. 일반적으로 전체 수정란의 3/4이 모체의 자궁 내에서 6주 이상 생존하지 못하며, 나머지 1/4 중 약 10%는 출산시까지 정상적으로 발생치 못하고 탈락되고 만다. 이러한 자연유산은 유전학적, 해부학적 이상이나 체내 호르몬 분비 이상, 각종 감염 및 모체의 자가면역 반응 등에 의해 야기되며, 습관성 유산으로 고통받는 경우도 있다.

착상이 완료된 후에도 많은 문제가 발생할 수 있는데, 그러한 문제 중 하나가 자궁외임신(ectopic pregnancy)이다. 자궁외임신은 수정은 정상적으로 일어나지만 수정란이 자궁이 아닌 부위에서 착상되는 상태를 말한다. 자궁외임신이 발생하는 부위 중에서 96%가 나팔관이기 때문에 자궁외임신을 나팔관임신이라고도 하며, 그 외에 난소, 자궁경부나 자궁체부 등에서도 일어난다(그림 8.4). 자궁 이외의 부위에 착상된 배아는 보통 모체의 면역작용에 의해 제거되지만, 만약 나팔관 등에서 8주 이상 계속해서 성장하게 되면 나팔관이 터지게 되어 모체가 사망하는 경우도 있다(그림 8.5). 최근에는 여러 가지 이유로 자궁외임신 비율이 급격히 증가하고 있어 임산부의 건강이 위협받고 있다.

자궁외임신은 수정란이 자궁으로 이동하는 것이 방해받게 되어 발생하며, 골반감염증에 의해 나팔관에 상처가 난 경우, 나팔관의 해부학적 기형, 구형 자궁내장치, 수태 연령의 증가 및 과도한 질세척 등이 주요 원인이다. 자궁외임신의 경험이 있는 여성은 장래에 또다시 자궁외임신이 될 확률이 높기 때문에 이를 방지하기 위해 나팔관의 비정상적인 부분을 제거할 수도 있으며, 초음파(ultrasound scan)와 복강경을 이용한 수술을 시행하거나 메소트렉세이트(methotrexate)를 투여하기도 한다.

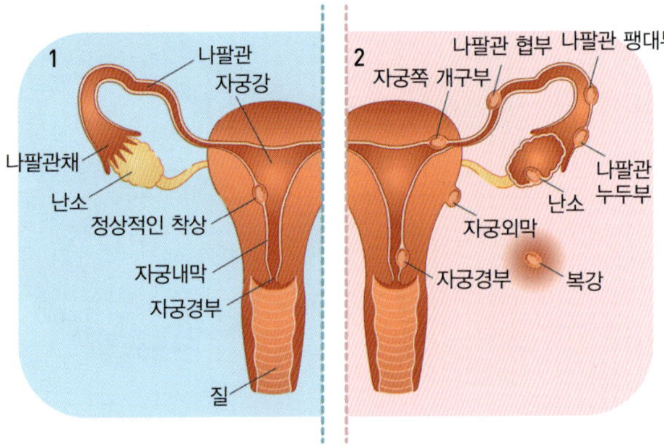

그림 8.4 **자궁외임신 부위**

1; 정상적인 착상 부위, 2; 자궁외 임신을 한 경우에 해당하는 비정상적인 착상 부위

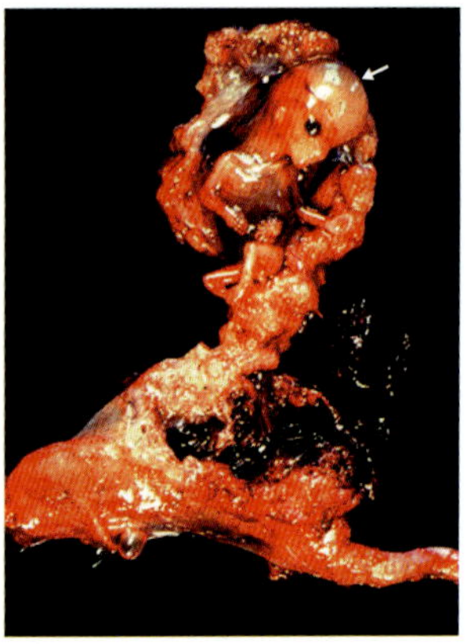

그림 8.5 **자궁외임신**

나팔관에 임신된 태아 모습

3) 임신 중 변화

(1) 임신 제1삼분기-모체

평균 260-270일(즉, 9개월) 정도 지속되는 임신은 임신시작에서 3개월 까지인 임신 제1삼분기(first trimester), 다음 3개월인 임신 제2삼분기(second trimester), 마지막 3개월인 임신 제3삼분기(third trimester)로 구분된다(그림 8.6). 출산예정일은 실제적인 출산일과는 다른 경우가 많은데, 그 이유는 정확한 수정일을 계산하기 어렵다는 것과 여러 가지 요인이 출산에 영향을 미치기 때문이다. 출산예정일을 계산하는 방법은 여러 가지가 있지만, 월경주기가 28일인 경우 임신전 마지막 월경이 시작된 날에 281일을 더하여 대략적인 출산예정일을 짐작할 수 있다. 제1삼분기에 자궁벽에 포배기 세포들이 착상하게 되면 출혈이 유발되는데, 이러한 현상 때문에 여성들은 월경이 멈추었는데도 불구하고 임신 사실을 인식하지 못하는 경우가 있다. 따라서 월경이 멈추면 의사에게 진단을 받거나 임신테스트기를 이용하여 임신여부를 검사할 수 있다(그림 8.7). 임신테스트기는 소변흡수 막대에 소변을 묻혀 인간 융모성 성선 자극호르몬의 일정농도에 반응하도록 만들어진 것으로 두 개의 표시선으로 임

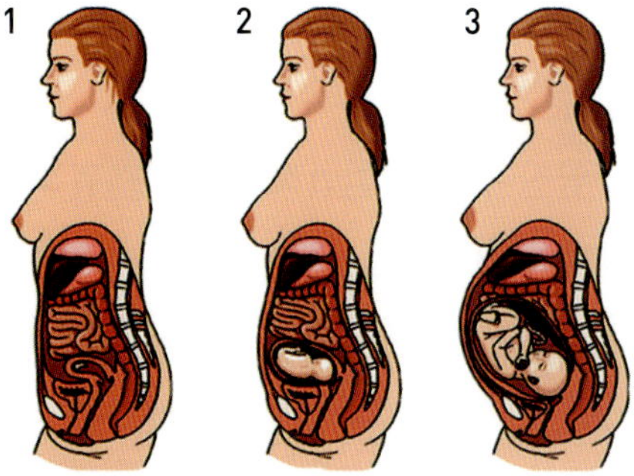

그림 8.6 임신 중 모체와 태아의 변화

1; 임신 제1삼분기, 2; 임신 제2삼분기, 3; 임신 제3삼분기

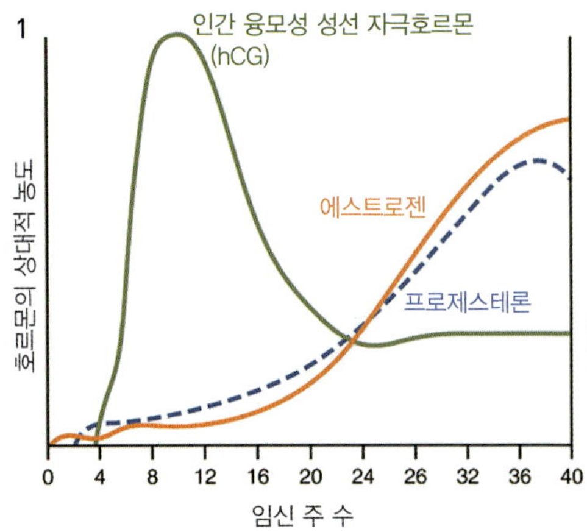

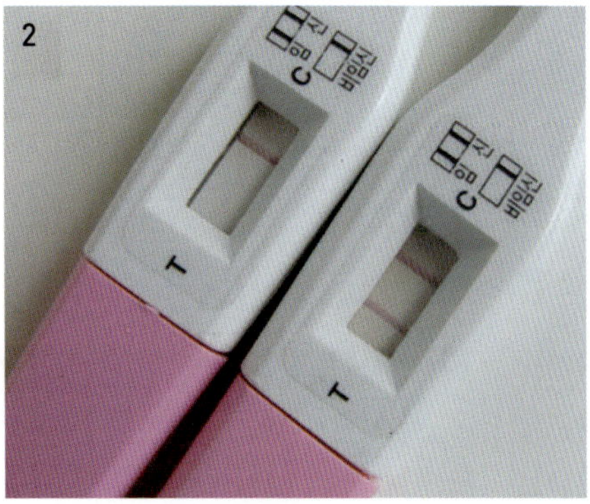

그림 8.7 임신 중 호르몬의 변화와 임신테스트기

1; 임신 주 수에 따른 여성호르몬 및 hCG 호르몬의 변화, 2; 소변내 hCG 양을 검사하는 임신테스트기. 반응선이 C 구역에 한 줄로 나타나면 비임신이고 C와 T 구역에 두 줄로 나타나면 임신을 의미한다.

신 여부를 확인할 수 있도록 제작되어 있다. 인간 융모성 생신선 자극호르몬의 경우 수정 후 약 6일부터 생성되어 혈액이나 소변으로 발견되는데, 약 2주 이내에는 그 농도가 낮은 편이라 이 시기 임신테스트기를 사용하여 검사를 하게 되면 부정확한 결과를 나타낼 수 있다. 따라서 성관계일로부터 최소 2주 이후 가능한 아침 첫 소변으로 테스트하는 것이 정확도를 높일 수 있다.

임신이 되면 일반적으로 메스껍고 구토증을 동반하는 입덧 증상이 나타나는데, 이 증상은 대개 임신 3개월 후가 되면 사라지게 된다. 입덧 외에 유방이 커지고 부드러워지며, 유방이나 유두륜에 위치하는 정맥이 붉어지게 된다. 또한 유두 자체도 커지며, 빈뇨와 불규칙적인 대변 및 피곤 등의 증상이 나타나기도 한다.

(2) 임신 제1삼분기-배아 및 태아

자궁 내에 착상한 포배기 세포를 배아라고 하는데, 임신 3주에는 신경관(neural tube)이 형성되어 장차 중추신경계로 분화되게 되며, 4주 말에는 심장과 소화기관이 형성된다. 6주에는 척추의 원기와 목과 얼굴로 분화될 아가미와 유사한 구조가 형성된다. 8주에는 배아의 크기가 3 cm 정도가 되며, 심장이 박동을 시작하고, 위에서 소화액 생산을 시작하는 등 신체의 모든 기관이 발생을 시작한다(그림 8.8).

(3) 임신 제2삼분기-모체

임신 4–5개월이 되면 모체는 태아의 움직임(태동초감)을 감지할 수 있게 되며, 모체는 자신의 체내에서 새로운 생명을 느끼게 됨으로써 처음으로 모성애를 감지하기 시작한다. 복부가 팽창하여 복부 중앙부에 빨간 임신선이 생기기 시작하고, 유방이 부풀며, 무릎과 손 및 발이 붓기도 한다. 그 외에 정맥류와 치질 및 식욕이 증가하는 경우도 있다. 일부 여성은 이

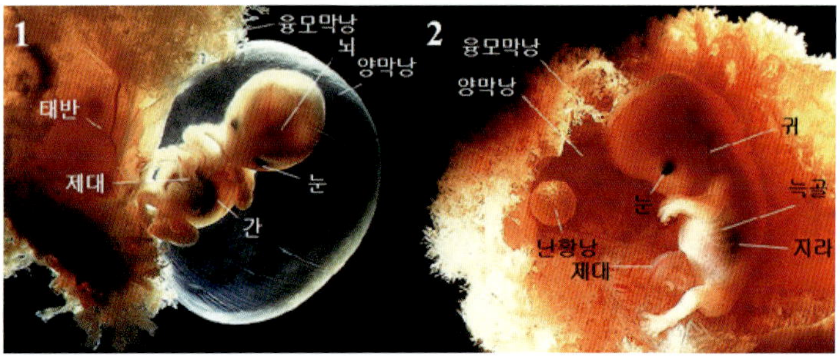

그림 8.8 제1삼분기 태아의 모습
1; 임신 8주 배아, 2; 임신 10주 태아

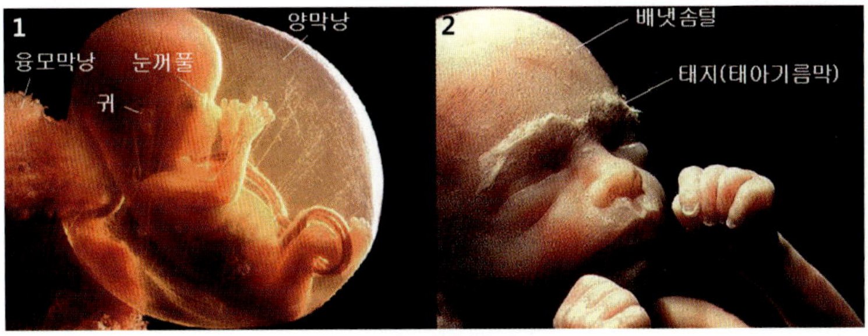

그림 8.9 제2삼분기 태아의 모습
1; 임신 14주 태아, 2; 임신 24주 태아

미 임신했기 때문에 임신의 불안에서 벗어나게 됨으로써 임신 전보다 성욕이 증가하기도 하며, 어떤 여성은 이 시기가 되어서야 처음으로 오르가즘을 경험하기도 한다.

(4) 임신 제2삼분기-태아

태아는 입으로 빠는듯한 행동을 하기 시작하고, 5달째는 심장박동이 감지되며 소리에 반응하게 된다. 또한 모체가 태아의 자는 시간과 자지 않는 시간을 명확히 구별할 수 있을 정도로 태아의 운동이 활발해진다. 이 시기에 출생하는 태아는 만 명 중에 한 명 꼴로 생존할 수 있다. 6달이 되면 태아는 눈을 뜨고 손가락을 빨기도 하며, 빛에도 반응하고, 키는 약 30 cm, 체중은 약 0.5 kg 정도가 된다(그림 8.9).

(5) 임신 제3삼분기-모체

모체는 걷고, 앉고, 일어나기 어려울 정도로 몸이 무거워지며, 몸의 무게 중심이 앞으로 쏠리게 되어 척추에 통증을 느끼기도 한다. 자궁이 확대되어 방광과 위를 압박하고 하루 밤에 4–5번의 소변을 보게 되는 등 빈뇨 증상이 나타나기도 하며, 소화불량이나 변비 등으로 고생하기도 한다. 모체는 태아의 활동이 더욱 활발해져 숙면이 어렵고 딸꾹질이 나기도 한다. 또한 편안한 자세를 잡는 것이 어려워 자는 도중 여러 번 위치를 바꾸게 되고, 다리에 쥐가 나기도 하며, 배꼽도 튀어나오게 된다(그림 8.10). 체중 역시 최저 6–7 kg에서 최고 17–18 kg까지 증가하게 되는데, 일반적으로 임신 전에 말랐던 여성이 비만 여성보다 체중 증가의 폭이 크다. 체중이 순조롭게 증가하지 않는다면 태아의

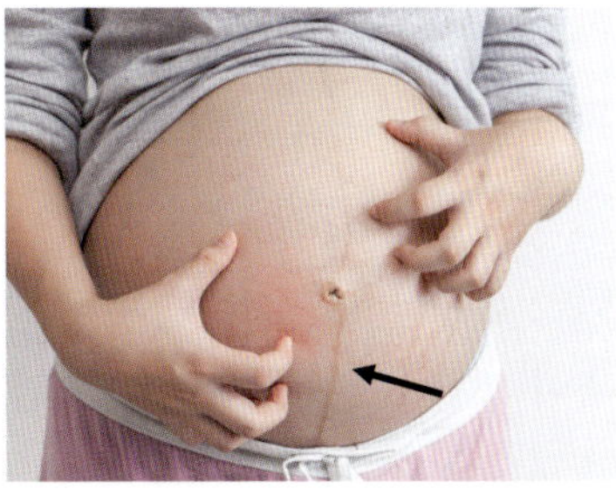

그림 8.10 임신 제3삼분기 모체의 변화
유방과 유두륜 및 유두의 크기가 커지고 검어지며, 배꼽이 튀어 나오고, 복부 중앙에 임신선(화살표)이 더욱 분명해진다.

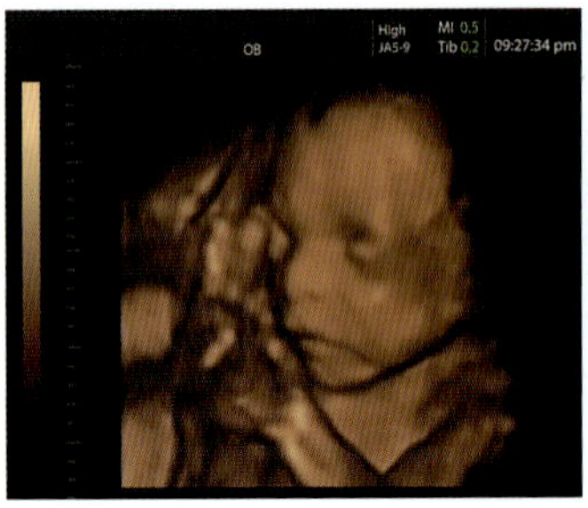

그림 8.11 제3삼분기 태아의 모습
3D 초음파로 본 34주 태아의 얼굴

정상적인 성장이 어려울 수도 있으며, 체중이 과도하게 증가하면 혈압이 상승하고 정상 출산이 어려워져 제왕절개를 시도해야 할 경우도 있다. 임신시 증가되었던 체중은 출산 후에도 완전히 정상으로 감소하지 않는 경우가 많다.

(6) 임신 제3삼분기-태아

임신 7개월 말이 되면 태아는 약 40 cm, 0.75 kg에 달하게 되며, 피부 아래에 지방 조직이 축적되게 된다. 8개월이 되면 태아의 체중은 급격히 증가하여 8개월 말에는 약 43 cm, 2.5 kg 정도가 되며, 그 후 주당 약 200–250 g씩 체중이 증가하게 된다. 9개월에는 평균 약 50 cm, 3.5 kg이 되고, 피부는 엷은 색의 털과 왁스와 같은 물질로 싸이게 된다(그림 8.11).

2 임신 중 성관계

임신 제1삼분기 동안에는 여러 가지 임신 증상들 때문에 많은 여성들이 성욕감소를 경험하게 된다. 성욕 감소의 원인은 육체적인 면과 심리적인 면으로 나누어 생각할 수 있다. 육체적인 이유로는 남성상위 체위가 어려워짐으로써 남성상위에서 오르가즘을 느끼던 여성은 성관계에 의한 즐거움이 상당히 줄어들게 된다. 이러한 경우에는 여성상위를 이용하는 것도 하나의 방법이며, 특히 임신 말기에는 어떠한 체위를 이용하던 너무 깊은 삽입은 피하는 것이 좋다. 심리적인 이유로는 임신한 여성들이 자신의 외모에 자신감을 잃게 되어 남성을 기피하기 때문인 것으로 알려져 있다. 임신한 여성은 체중이 증가하고 얼굴이 부어올라 자신의 외모에 자신을 잃게 되고, 남성들이 자신에게 흥미를 잃고 새로운 여성을 찾을 것이라고 생각하는 등의 부정적인 생각으로 인해 성행위가 상당히 위축되게 된다. 즉, 이러한 심리적인 위축이 임신 중 여성의 성욕을 감소시키는 또 다른 중요한 원인이다. 그러나 대다수의 남성들은 임신한 여성의 성욕감소가 외모에 대한 불만 때문이라고 생각하지 않고 여성 자신이나 태아가 성관계에 의해 피해를 받을지도 모른다는 우려 때문이라고 생각하는 경우가 많다.

매스터스와 존슨은 일부 예외적인 경우를 제외하고는 임신 내내 성관계를 하는 데에 아무런 문제가 없다고 주장하였으나, 다른 연구자들은 9개월째의 성관계는 양수를 감염시키거나 호흡이나 황달 문제를 야기시킬 우려가 있으므로 되도록 피하는 것이 좋다고 주장하였다. 이러한 주장들을 종합하면 임신 9개월까지의 성관계는 특별한 경우를 제외하고는 커다란 문제가 없으나, 임신 말기에는 직접적인 성관계보다는 포옹이나 터치 또는 구강성교 등을 통하여 서로 간의 사랑과 애정을 확인하는 것이 좋다고 할 수 있다. 임신 중에 성관계를 반드시 금지하여야 할 경우는 남성이 성병에 감염되었거나, 질 출혈이 있는 경우, 양막이 파열된 조짐이 보이는 경우, 조산의 증상이 보이는 경우 등이다. 특히 유산의 경험이 있는 여성은 자궁이 수축되어 또다시 유산의 위험이 증가할 수 있으므로 오르가즘을 느끼지 않는 것이 좋다.

3 임신 중 질병

1) 백신 및 바이러스 감염

임신 직전이나 초기에 볼거리(mumps), 수두(chicken pox) 등의 생백신을 접종받으면 배아나 태아에 좋지 않은 영향이 미치기도 하며, 특히 임산부가 풍진(rubella)에 감염되면 태아는 장님 또는 귀머거리가 되거나 저능아가 되기도 한다. 임신 첫 달에 풍진에 감염되면 신생아의 47%, 임신 두 달째에는 22%, 세 달째에는 7% 정도에서 크고 작은 각종 기형이 발생하며, 임신 제2삼분기에 감염된 경우에는 청력이나 언어 능력에 문제가 생기는 경우가 많다. 풍진은 직접적인 신체 접촉에 의하여 전염되는데, 미국에서는 1964년에서 1965년 사이에 풍진에 감염된 약 20,000명의 여성이 기형아를 출산하였으며, 약 11,000명이 유산했던 기록이 있다. 최근에는 풍진에 대한 백신이 개발되면서 풍진에 의한 기형아 출산이 급격히 줄어들었는데, 풍진, 볼거리, 홍역 등에 대한 예방 접종은 임신을 계획하기 최소 한 달 전에 접종을 마쳐야 한다(그림 8.12, 표 8.1).

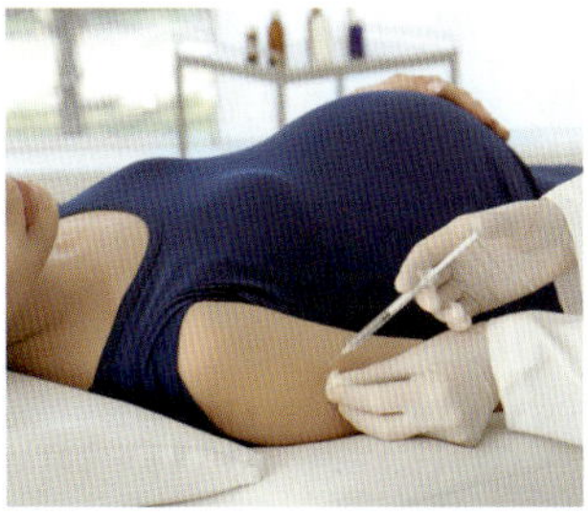

그림 8.12 임신 중 예방접종

2) 성병

성병 역시 태아나 신생아에게 커다란 영향을 미치게 되는데, AIDS에 감염된 모체로부터

표 8.1 임신 전 또는 임신 중 접종 가능한 예방백신

질병	임신 전	임신 중
A형 간염	가능	가능
B형 간염	가능	가능(12주 이상)
풍진/홍역/볼거리 (MMR)	임신계획 최소 1개월 전 접종	불가능
파상풍/디프테리아/백일해 (Tdap)	가능	가능(27주~36주)
수두	임신계획 최소 1개월 전 접종	불가능
독감(인플루엔자)	가능	가능(12주 이상)
자궁경부암	가능	불가능
수막염	가능	가능
폐렴	가능	가능

태아에게 감염될 확률은 약 1/4이며, HSV 역시 모체로부터 태아에게 감염될 수 있다. HSV에 감염된 태아는 사망하거나 신경계 손상을 받게 되며, 임질이나 클라미디아에 감염된 태아는 실명을 하고, 매독의 경우에는 여러 종류의 심신지체를 갖고 태어나거나 심한 경우에는 사망하기도 한다. 이러한 문제를 방지하기 위해서는 임신 전이나 임신 초기에 반드시 성병 감염 여부에 대한 검사를 받아야 하며, 특히 많은 성병이 무증상일 경우에도 전염 가능하기 때문에 성병이 의심될 경우에는 증상이 없는 경우에도 성병 검사를 받는 것이 좋다.

3) 임신중독증

임신 중 소변에서 단백질이 검출되고, 고혈압, 체중 증가, 관절이 붓는 등의 증상이 나타나는 경우를 임신중독증(toxemia)이라고 하는데, 이 중 약 5% 정도가 경련(convulsion)과 혼수상태(coma) 등의 증상을 보이는 자간증(eclampsia)으로 진행된다. 자간증은 산모 사망의 주요 원인 중 하나로 알려져 있고, 임신 제3삼분기의 6% 정도에서 발생하며, 적절한 산전관리를 받지 않은 경우에는 약 20%까지 발생 빈도가 높아진다. 이 질환은 일반적으로 초산인 젊은 여성에게서 많이 발생하지만, 첫 번째 임신시에 임신중독증을 경험했던 여성은 다음 번 임신에서부터는 임신중독증에 걸리지 않는 것이 보통이다. 남성이 콘돔을 사용했던 여성은 자간전증(preeclampsia)에 걸릴 확률이 높은 편이나, 정액에 노출된 여성의 경우에는 이 질환에 걸릴 확률이 매우 낮다. 저염식과 휴식이 일반적인 치료법이며, 증상이 줄어들지 않으면 모성 사망의 위험을 피하기 위해 태아를 조산시키는 경우도 있다.

4) 기형아

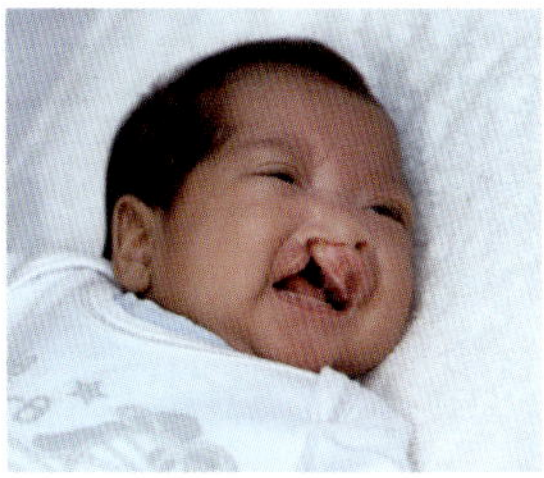

그림 8.13 구순구개열

입술과 입천장에 발생한 구순구개열은 유전적 요인 또는 임신 4~7주 시기에 노출된 환경적 요인에 의해 발생할 수 있다.

전체 임신 중 97%에서는 특별한 문제없이 건강한 아기가 태어나지만, 임신 중에 배아나 태아에게 문제를 일으킬 수 있는 기형발생인자(teratogen)가 태반을 통해 전달되면 기형아가 출산되기도 한다(그림 8.13). 얼마 전까지만 해도 태반은 모든 물질을 걸러내는 완벽한 필터라고 생각했지만, 최근에는 수백 종류의 기형발생인자가 태반을 통과할 수 있다는 사실이 알려졌다. 기형발생인자에 의해 유발되는 피해의 정도는 기형발생인자의 종류, 양, 노출된 시간, 노출된 배아나 태아의 임신 주수 등에 의해 결정되며, 특히 배아나 태아는 조직이나 기관에 따라 기형발생인자에 특히 민감한 시기가 있어 어느 시기에 기형발생인자에 노출되었는가에 따라 손상 받는 조직이나 기관이 달라지기도 한다.

임신 8주까지는 배아의 모든 부분이 기형발생인자에 매우 민감하여 이 시기에 기형발생인자에 노출된 배아는 신체 거의 모든 부분에 손상을 받게 됨으로써 결국 사산 또는 유산되거나 심한 기형을 갖고 태어나기도 한다(그림 8.14). 그러나 임신 8주까지는 많은 여성들이 자

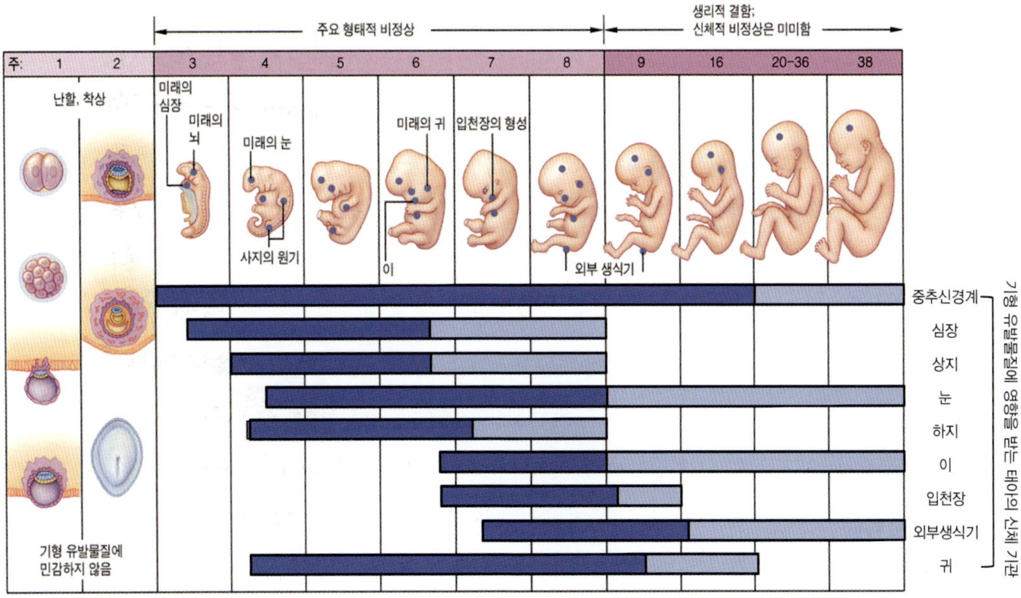

그림 8.14 임신 중 기형발생인자에 대한 민감도

기형유발 물질의 영향은 임신 주수에 따라 그 민감도가 달라지는데, 특히 임신 8주는 모든 부분이 기형발생인자에 가장 민감한 시기(파란색)이다. 그 외의 시기도 발생단계에 따라 기형발생인자의 영향(하늘색)을 받는다.

신이 임신한 사실을 인식하지 못하기 때문에 평상시 습관대로 흡연, 음주 및 각종 약물을 복용하기도 한다. 따라서 피임하지 않고 성관계를 하는 가임기 여성들은 기형아 출산을 피하고 건강한 자녀를 출산하기 위해서라도 음주나 흡연 및 의사의 처방없이 약물을 복용하는 행위는 금하는 것이 좋다.

5) 질병 유발 요인

(1) 흡연

미국에서는 임산부의 1/5이 흡연한다고 알려져 있는데, 임신 중 흡연은 저체중아, 유산, 자궁외임신, 조산, 유아사망의 확률을 높일 수도 있다(그림 8.15). 임산부가 담배를 하루 9개비 이하로 피우게 되면 2배 이상 유아사망증후군의 위험도가 증가하며, 10개비 이상은 3배 이상까지도 증가한다고 알려져 있다. 흡연 여성의 1/3만이 자신이 임신했다는 사실을 알고 금연하기 때문에 임신 중에도 계속해서 흡연하는 여성들의 경우에는 흡연의 피해가 심각할 수밖에 없다. 흡연은 여성이나 태아뿐만 아니라 남성의 정자 생산에도 영향을 끼치는 것으로 알려져 있는데, 흡연 남성에서는 비정상 정자의 수가 증가되어 불임 확률이 높아진다.

(2) 알코올

미국에서는 임신 중 모체의 알코올 섭취에 의해 신생아 1,000명 중 2명이 신체장애나 정신지체를 나타내는 태아알코올증후군(fetal alcohol syndrome; FAS)이 발생하며, 그 빈도는 급속히 증가하고 있다(그림 8.16). FAS 환아는 성장이 지체되고, 얼굴 기형, 작은 머리, 중추신경계 이상 및 기타 장기 이상 등을 나타낸다. 이 질환은 미국에서 정신지체 원인 중 수위를

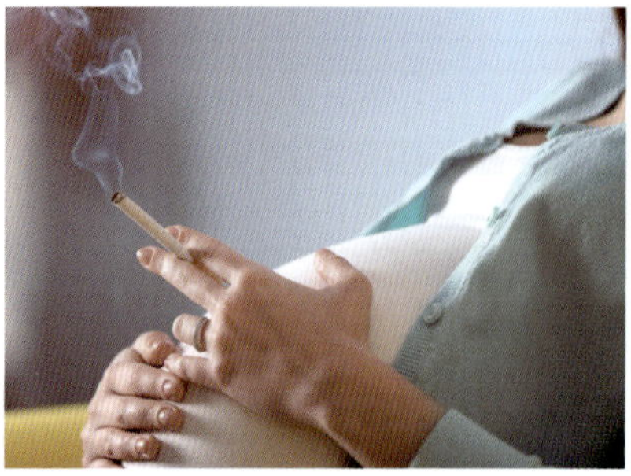

그림 8.15 임신 중 흡연

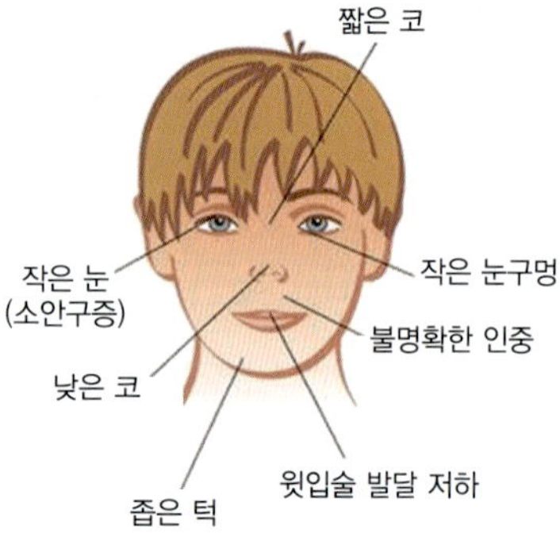

그림 8.16 태아알코올증후군

Q 8-1

현재 흡연을 하는가? 흡연기간과 흡연양은 어느 정도인가?

2016년도 국민건강영양조사 결과에 따르면 가임기에 해당하는 19세 이상 남녀의 흡연율은 남성 40.7%, 여성 6.4%로 나타났다. 성인 여성의 흡연율은 성인 남성의 흡연율보다 현저히 낮은 편이었으나 2012년 이후 남성의 흡연율이 꾸준히 줄어들고 있는 데 반하여 여성의 흡연율은 소폭 상승했으며, 특히 19세~24세 연령대에서 7.2%, 25세~34세 연령대에서 10%의 흡연율을 보여 상대적으로 젊은 흡연 인구가 많은 것으로 조사되었다. 본 연구진의 설문조사 결과에서도 국민건강영양조사결과와 마찬가지로 243명의 20대 여대생 중 17명(7%)이 흡연자인 것으로 조사되었으며 그 중 5년 이상 흡연자가 46%, 한 갑 이상의 흡연자는 13%였다. 남녀를 불문하고 흡연은 건강에 해로운 것이 사실이나 특히 임신한 여성이 흡연을 할 경우 저체중아 출산, 자연유산, 영아 사망 등의 위험이 증가하는 것으로 알려져 있어 임신기간 중 흡연에 대한 각별한 주의가 요구된다.

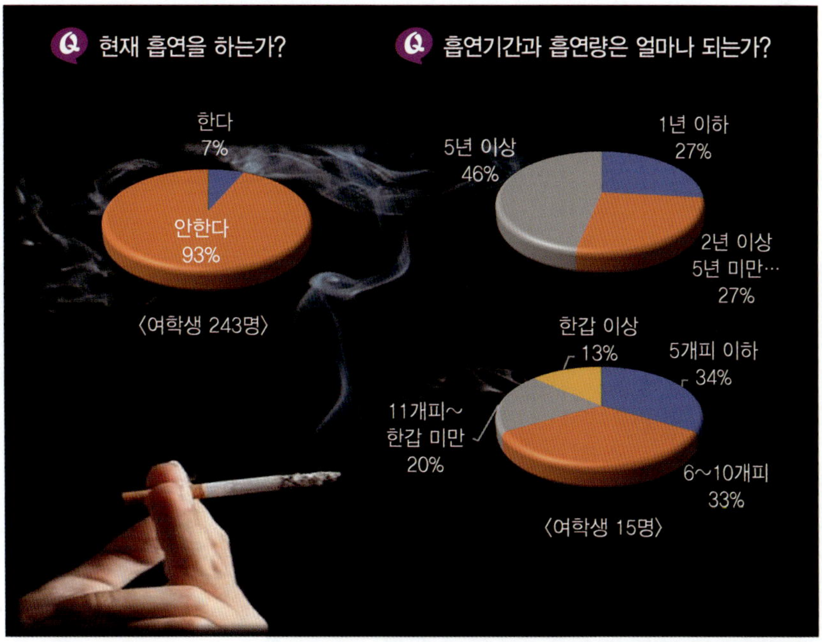

차지하고 있으며, 임신 중, 특히 임신 3주와 같이 알코올에 대해 최고로 민감한 시기에 모체의 음주에 의해 제대가 일시적으로 차단되어 모체로부터 태아로의 산소 공급이 억제됨으로써 발생 중인 배아의 뇌가 손상받는 것이 원인으로 밝혀졌다. 임신 중에는 약간의 알코올만 섭취해도 출산 후 유아에게 정신지체나 협동 생활의 부적응증 등의 부작용이 유발될 수 있

Q 8-2

술을 자주 마시는가?

2014년도 WHO 자료에 따르면 한국인 1인당 연간 알코올 섭취량은 12.3 L로 세계 평균 섭취량 6.2 L의 두 배에 달하며, 2016년도 국민건강영양조사에 따르면 가임기에 해당하는 19세 이상 남녀의 월간 음주율(최근 1년 동안 한 달에 1회 이상 음주한 분율)은 남성 75.3%, 여성 48.9%로 나타났다. 게다가, 최근 1년 동안 월 1회 이상 한 번의 술자리에서 남성 7잔, 여성 5잔 이상 음주를 하는 월간 폭음률(최근 1년 월 1회 이상 한 번의 술자리에서 남자 소주 7잔 또는 맥주 5캔, 여자 5잔 또는 맥주 3캔 이상 음주한 분율)이 25%에 달했는데, 특히 여성의 폭음률은 2013년 이래 꾸준히 증가하고 있는 추세이다. 본 저자진이 여대생들을 대상으로 음주에 대한 설문을 실시한 결과에서 173명의 여대생 중 한 달내 1번 이상의 술자리를 갖는 여학생이 81%였으며 이 중 36%은 주당 1–2회의 음주를 즐기고, 주당 2회 이상 음주를 즐기는 여학생도 8%인 것으로 나타났다. 이렇게 증가하는 여성의 음주율은 자연스럽게 임신기간 중 음주 문제로 연결되는데, 최근 국내 한 병원이 임신부 507명을 대상으로 음주 유무를 조사한 결과, 임신기간 중 술을 마신 경험이 있는 임신부가 36.8%로 임신부 3명 중 1명이 음주를 한 것으로 조사되었다. 여성의 음주는 유산, 사산, 저체중아 출산 등의 위험을 높이고, 특히 임신 초기에 술을 많이 마시는 경우 태아알코올증후군이 나타날 수 있으므로 여성들은 임신을 계획한 순간부터 음주에 대한 각별한 주의가 요구된다.

기 때문에 임산부는 임신 기간 내내 금주하는 것이 좋다. 건강을 위해서 유아에게 술을 먹이지 않는 것과 동일한 이유로 임산부는 임신 중에 반드시 금주하여야 하며, 특히 가장 위험한 시기인 임신 3주에는 거의 대부분의 여성들이 자신의 임신 사실을 모르기 때문에 임신을 원하는 그 순간부터 아예 금주하는 것이 현명하다. 더욱이 수유하는 여성도 금주하는 것이 유아의 신경발달이나 협동심을 높이는 데 중요하다고 알려졌다.

(3) 약물 남용

임신 중 코카인을 사용한 여성은 저체중아, 작은 머리둘레, 조산 등의 경험을 하게 되며, 태어난 아이들은 다양한 운동과 행동 이상 및 학습 문제를 나타낸다. 특히 임신 중 헤로인을 남용하면 태아는 헤로인에 중독된 채로 태어나거나 사망하고, 마리화나를 남용해도 FAS와 유사한 문제를 유발한다. 이러한 마약류뿐만 아니라 일반적으로 복용하는 약물들조차도 태반을 통과해서 태아에 피해를 주는 경우가 많다. 그 중 항생제나 신경안정제(tranquilizer) 등도 태아에 손상을 미칠 수 있으며, 알레르기 치료제나 감기약에 포함되어 있는 항히스타민제나 많은 양의 비타민 등도 태아에 위험한 것으로 알려져 있다. 미국 FDA는 임신 제3삼분기에는 태아의 순환계에 영향을 주어 출산시 문제를 유발할 수 있다는 이유로 아스피린제제 마저도 사용을 억제하도록 권장하고 있다. 또한 커피, 차, 기타 음료수, 초콜릿 등에 포함되어 있는 카페인도 학자들에 따라서는 위험하다고 주장하기도 하는 만큼 임상적 필요에 의해 의사가 처방한 약물이 아닌 경우에는 임신 중에는 어떤 약물도 복용하지 않는 것이 좋다(그림 8.17).

그림 8.17 임신 중 약물복용

(4) 환경 오염

임신 중의 여성이 중금속과 같은 환경오염물질에 오염된 식수를 마시면 태아에 좋지 않은 영향을 끼치게 된다. 낡은 상수도관에서 녹아 나오는 납, 카드뮴 및 수은을 비롯한 중금속과 X 선과 같은 방사선도 태아에게 기형을 유발시킬 수 있다. 특히 제1삼분기에 X 선이 과다 조사되면 태아에게 백혈병 등이 발생할 위험성이 있다고 주장하는 학자들도 있다. 그러나 임신 말기에 모체의 산도와 태아의 머리 크기를 비교할 경우 등에 사용되는 적은 양의 X 선은 태아에게 무해한 것으로 알려져 있다.

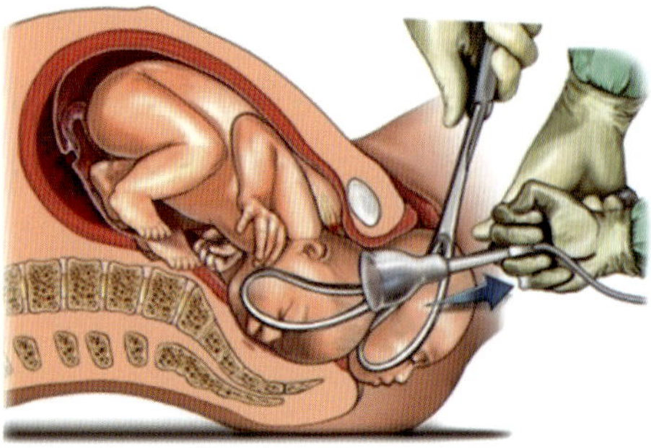

그림 8.18 겸자출산과 흡인출산
구부러진 집게모양의 겸자와 태아의 머리에 부착하여 사용하는 흡입 기구가 출산을 돕기 위해 사용되기도 한다.

(5) 마취제

출산시 모체의 고통을 줄이기 위해 마취를 하는 경우가 많은데, 이때 사용되는 마취제는 태반을 통해 태아에 전달되기 때문에 신생아들은 마취에 취한 채 세상에 태어난다. 마취 상태에서 출산하는 모체는 자신의 힘으로 태아를 밀어낼 수 없기 때문에 의사가 기구를 이용하여 겸자출산이나 흡인출산을 하게 된다(그림 8.18). 신생아의 체내기관들은 출생 당시 완전히 발달되어 있지 않아 체내에 들어온 약물을 빠르게 제거할 수가 없기 때문에 신생아를 강제로 울림으로써 호흡을 유도해야 한다. 마취제를 사용하여 출산한 신생아는 산소결핍증(anoxia)에 의해 발달과정에 문제가 생길 수도 있는 반면에 마취제를 사용하지 않고 출생한 아기는 눈을 뜬 채 태어나며 자발적으로 호흡하게 된다. 출산시 마취제의 사용에 대해서는 학자들 간에 상반된 의견이 있으며, 최근에는 이러한 문제들 때문에 전신마취가 아닌 허리 아래부출산 마취하는 부분마취를 시행한다. 출산시에는 의사와 마취 방법에 대해 상의할 필요가 있으며, 의사들도 상세히 설명해 줄 의무가 있다.

(6) Rh 혈액형

Rh 혈액형은 Rh 요소라는 혈액 단백질 유무에 따라 Rh^+와 Rh^-로 구분하는데, 만약 ABO식 혈액형으로 O형이고, Rh 혈액형이 +라면 O^+ 등으로 표시할 수 있다. 한 사람에게는 Rh 요소를 발현하는 두 개의 대립유전자형이 있으며, Rh^+와 Rh^- 중에서는 Rh^+ 형이 우성이다. 우리나라에는 Rh^- 형이 매우 적지만, 미국 등에서는 전체 임신의 8% 정도에서 Rh^-의 여성이 Rh^+인 태아를 임신하는 것으로 조사되었다. 이와 같은 경우가 첫 출산이라면 적절한 치료 등을 통해 출산이 가능하기도 하지만, 두 번째 임신에는 심각한 문제가 생기게 된다(그림 8.19). 즉, 태반에 의해 모체의 혈액과 격리되어 있던 태아의 혈액이 첫 출산시에 섞이게 되면 모체에서는 태아의 Rh^+ 형에 대한 항체가 형성되게 되며, 모체가 다시 Rh^+ 태아를 임신하게 되면 항체가 태반을 통하여 태아에게 손상을 줌으로써 유산이나 사산되는 것이 보통이다.

최근에는 Rh^- 모체에서 Rh^+에 대한 항체 형성을 억제하는 주사제가 개발되어 Rh^- 혈액형의 모체가 Rh^+ 태아를 출산하는 것이 훨씬 용이해졌다. 이 제제에는 Rh^+ 항체가 포함되

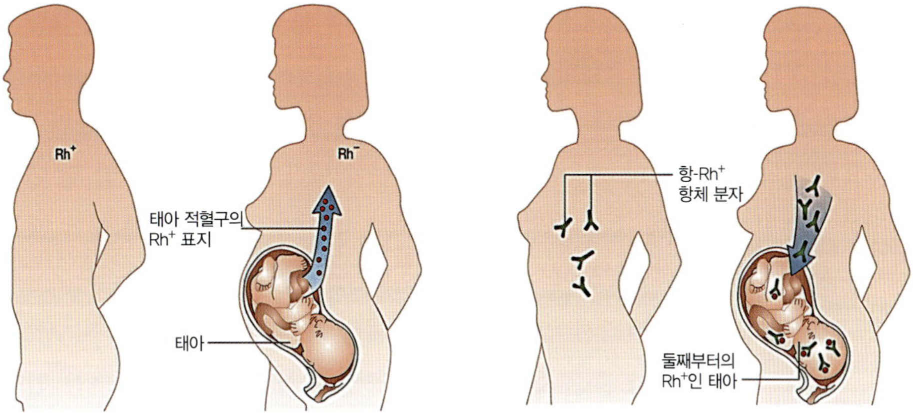

그림 8.19 Rh 혈액형에 의한 태아의 영향

Rh⁺인 아버지와 Rh⁻인 어머니가 Rh⁺인 태아를 임신할 경우에는 출산시에 태아의 Rh⁺ 항원이 태반을 통해 모체로 전달될 수 있다. 그 결과 태아의 Rh⁺ 항원에 의해 모체에 항 Rh⁺ 항체가 형성되고 두 번째 임신에서 태아가 Rh⁺인 경우 모체의 체내에 이미 존재하는 항 Rh⁺ 항체에 의해 태아가 유산된다.

어 있어 주사제를 투여 받은 모체는 이미 항체를 갖게 되므로 모체 내에서는 Rh^+에 대한 항체를 생산치 않게 된다. 시간이 경과하여 주사제 속의 항체가 서서히 사라지게 되면 두 번째 Rh^+ 태아도 임신 가능하게 된다. 그러나 이 제제는 반드시 첫 출산 후나 유산 직후에 투여되어야 하며 만일 조금이라도 늦게 되면 모체에서는 많은 항체가 생산되어 주사제의 효과가 없어지게 된다. 만약 Rh^+ 태아가 모체로부터 Rh^+에 대한 항체를 받고 태어날 경우에는 즉시 수혈을 함으로써 태아의 피해를 최소화하여야 하며, 태아가 태어나기 전에 자궁 내에서 태아에게 수혈하는 방법도 시도할 수 있다.

(7) 영양

건강한 아기를 출산하기 위해서는 임신 중에 영양이 풍부한 음식을 충분히 섭취하는 것이 중요하며, 임산부의 영양이 좋지 않으면 임신중독증, 빈혈, 저체중아의 위험이 증가한다. 임산부는 자신과 태아의 건강을 위하여 두 사람 분의 양질의 음식을 섭취하여야 하며, 쌍생아의 경우에는 더욱 많은 음식을 섭취할 필요가 있다. 되도록 균형 잡힌 영양식과 칼로리가 높은 음식을 섭취하여야 하며, 경우에 따라서는 종합비타민을 복용할 필요도 있다. 단, 임신기의 고함량 비타민과 무기질섭취는 주의할 필요가 있다. 여러 연구 결과를 보면 임신기 비타민 A의 과량섭취(권장량의 8–10배)는 태아의 두뇌, 얼굴, 심장 및 중추신경계에 기형을 초래할 가능성이 있으며, 비타민 D의 과량섭취는 태아에게 고칼슘 혈증을 나타내어 비정상적인 뼈와 치아 발달, 동맥기형을 일으킨다. 따라서 임신 중에 무분별하게 영양보충제를 과량섭취하는 것은 득보다 실이 많아 조심하여야 한다.

임신기는 모든 영양소가 골고루 필요한 시기지만 특히 임신초기 태아 신경관의 정상적인 발달에 중요한 영양소인 엽산의 복용에 주의를 기울여야 한다. 엽산은 임신 한 달 이내 태아의 뇌신경과 척추신경 형성에 중요한 영양소이며 뇌에서 신경전달물질을 합성할 때 필요한 메티오닌의 중간체 및 전구체로 사용되는 혈액의 호모시스테인 수준을 정상적으로 유지하는 데 매우 중용한 비타민이다. 따라서 엽산 결핍은 빈혈을 초래하고 태아의 조산, 사산, 저체중아 출산, 신경관 결함 기형아 출산 등의 문제를 일으킬 수 있다. 국내외 학계는 임신을 계획하기 1–3개월 전부터 임신 후 12주까지 하루 엽산 0.4 mg 이상을 복용하도록 권장하고 있으며, 단지 하루 1 mg 이상 엽산을 과다섭취하게 되면 신장에 무리를 줄 수 있다는 사실에 대해서는 주의하여야 한다.

4 임신 중 특수 검사

1) 양수천자

양수천자(amniocentesis)는 임신 중에 태아의 이상 유무를 검사하기 위한 목적으로 시행되며, 주사기를 복부를 통해 모체의 자궁에 삽입하여 양수를 채취한 후 양수에 존재하는 태아세포들에 대한 핵형분석을 시도함으로써 태아의 성별이나 염색체 이상 유무를 검사하는 방법이다(그림 8.20). 이 방법은 충분한 양의 양수와 태아 세포가 존재하게 되는 임신 14주 이후

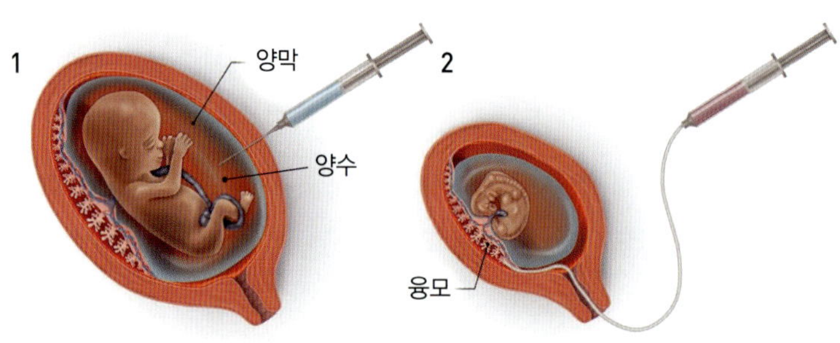

그림 8.20 양수천자와 융모막검사
1; 주사기를 이용한 양막내 양수 채취, 2; 기구를 이용한 융모 채취

에나 시행 가능하며, 우리나라에서는 염색체 이상에 의한 선천성 기형아의 산전 진단을 위해서가 아니라 성별을 판별하기 위한 수단으로 사용되어 많은 문제를 야기시키기도 하였다. 또한 이 방법은 임신 14주 이후에나 가능하기 때문에 검사 후 태아의 이상이 확인되었더라도 인공유산 등을 시도하기가 그리 쉽지 않다는 단점이 있다. 양수천자를 시행한 경우 약 1%의 빈도로 태아가 유산되기도 한다.

2) 융모막검사

융모막검사(chorionic villus sampling; CVS)는 초음파를 이용하여 태아나 융모막의 위치를 확인하면서 진공펌프와 연결된 작은 튜브를 질이나 경부를 통해 자궁에 삽입하여 융모를 채취하는 방법이다(그림 8.20). 채취된 융모를 세포배양하여 태아의 염색체 이상을 조사할 수 있으며, 임신 8-10주 정도에 시행할 수 있기 때문에 태아의 이상이 밝혀지더라도 모체에 큰 피해를 주지 않고 인공유산을 시행할 수 있다는 장점이 있다. 이 방법의 단점은 매우 낮은 빈도일지라도 심각한 합병증이 유발되어 태아가 사망하는 경우도 있다는 것이다.

3) 검사 기구

최근 산과에서 많이 사용되는 기구들에는 화상을 보내주는 튜브를 자궁내 양막에 삽입하여 태아의 피부를 조사하거나 혈액을 채취하기 위한 기구인 태아경(fetoscopy)과 자궁과 태아의 소리 파장을 영상으로 표현하는 장치로서 산모나 태아의 골격 이상 유무를 조사하거나 임신과 출산에 문제가 있을 경우에 사용되는 초음파 영상장치(ultrasound scan) 등이 있다(그림 8.21). 태아경은 간혹 태아에 손상을 끼칠 가능성이 있으며, 초음파 영상장치는 일반적인 검사를 위해 사용되기는 하지만 임상적인 장점은 없다.

4) 태아 수술

태아 수술이란 모체의 자궁 내에서 성장하고 있는 태아를 직접 수술하는 방법으로서, 요도구 폐색이나 횡격막 탈장(diaphragmatic hernia) 등의 치료를 위해 사용된다. 요도구 폐색이 되면 소변이 신장으로 되돌아가 신장에 심각한 손상을 주게 되는데, 산모의 복강을 통해 카테터(catheter)를 태아의 방광으로 삽입하여 소변을 체외로 배출시킬 수도 있다. 최근에는 태

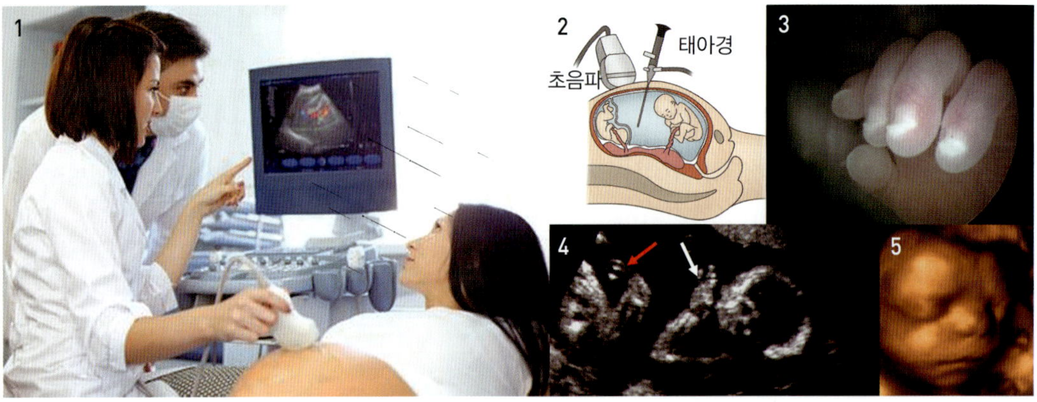

그림 8.21 초음파검사

1; 초음파 영상장치, 2; 초음파 영상장치와 태아경(내시경), 3; 태아경으로 본 태아의 손, 4; 쌍생아의 실제 초음파 영상 사진, 우측으로 머리와 손(흰색 화살표)이 보이는 태아와 좌측으로 손(붉은색 화살표)이 보이는 또 다른 태아, 5; 26주 태아의 3D 입체 초음파 사진

아의 복부를 통해 방광을 직접 수술하기도 한다. 또한 횡격막의 탈장은 치료하지 않으면 태아가 출산하더라도 곧 사망하게 되므로 출산 이전에 자궁 내에서 치료해야 한다. 1994년 미국에서는 모체의 자궁을 절개하지 않고 작은 내시경을 이용한 태아의 수술이 처음으로 성공했다. 그러나 이 수술은 조산이나 자궁으로부터의 과다 출혈 등의 부작용이 있을 수도 있다고 보고되었다.

5 출산

1) 진성진통과 가진통

출산 수일 전부터는 자궁이 불규칙하게 수축하는 빈도가 증가하는데, 이러한 수축을 브랙스톤-힉스 수축(Braxton-Hicks contractions)이라고 한다. 이 수축의 발생시기는 예측할 수 없으며, 강도도 매우 다양하다. 임신 말기에 산모가 브랙스톤-힉스 수축에 의해 고통스러워하면 가족들은 출산할 것으로 짐작하여 병원에 가게 되지만, 이러한 경우는 일반적으로는 가진통(false labor)인 경우가 많다. 진성진통(true labor)과 가진통의 구별은 전문가들에게도 어려운 경우가 많지만 가장 일반적인 구별법은 수축과 수축 사이의 간격이다. 수축이 규칙적이고 그 간격이 점차 짧아지면 진성진통이라고 할 수 있으며, 수축이 불규칙적이고 일정 시간 후 멈추거나 한다면 가진통이라고 생각할 수 있다. 또한 수축이 30초 간격으로 온다면 출산이 가까워지고 있다는 증거이며, 이때는 통증이 등이나 복부에서 느껴진다. 이에 반해 서혜부나 하복부에서 고통이 느껴진다면 가진통일 경우가 많다.

임신 마지막 달에는 자궁경부가 개대되어 직경이 약 1 cm 정도가 되며, 진성진통이 시작되면 약 2–3 cm 정도 열리고, 시간이 감에 따라 경부는 점점 얇아져 10 cm까지 열리게 됨으로써 태아가 산도를 통과할 수 있게 된다. 경부가 70% 이상 열리게 되면 진성진통이라고 확신할 수 있다. 초산인 경우는 진통 시간이 길지만, 여러 자녀를 둔 경산부는 진행이 매우 빠르기 때문에 20분 간격으로 진통이 오면 즉시 병원으로 가야 한다.

2) 출산 단계

출산은 세 단계로 나누어진다. 출산 제1기는 태아를 자궁으로부터 세상 밖으로 밀어낼 준비를 하는 시기로서 보통 6–13시간 정도 진행된다. 이 시기에는 자궁이 수축되어 태아를 경부쪽으로 밀어내게 되며, 경부가 개대되어 경관이 소실되기 때문에 경관소실 또는 경관개대기(stage of cervical effacement and dilatation)라고도 한다(그림 8.22). 처음엔 수축이 10–20분 간격으로 15–20초 가량 오게 되며, 나중엔 1–2분 간격으로 45–60초 정도로 간격이 짧아진다. 10%의 산모에서는 진통이 시작되기 전에 양막이 먼저 터지기도 하는데, 일반적으로는 양막이 터진 후 하루 이내에 진통이 시작되며, 만약 하루가 지나도 진통이 시작되지 않으면 태아의 자궁내 감염을 방지하기 위하여 약물을 이용한 유도출산을 시도할 수도 있다. 일부의 경우지만 양막이 파열되지 않고 진통이 시작되는 경우도 있으며, 진통의 진행 속도를 증가시키기 위하여 의사가 양막을 찢기도 하지만 때로는 양막을 그대로 둔 채 태아를 출산시키는 것도 가능하다. 출산 제1기의 마지막 단계로서 자궁경관이 연화(softening)되고 숙화(ripening)되는 전이기(transition phase)라는 과정이 있는

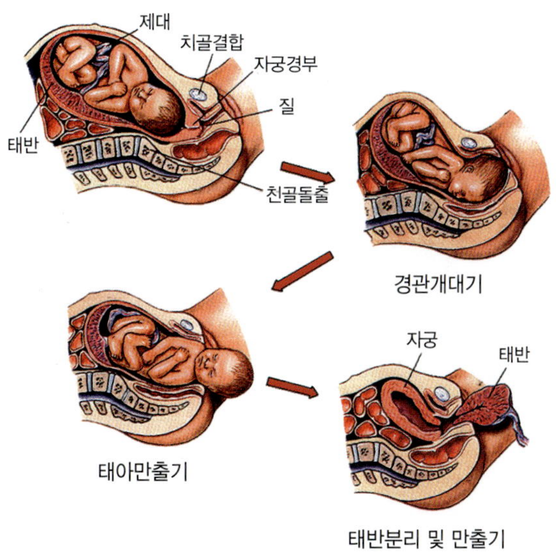

그림 8.22 태아 출산 과정

데, 이 시기에는 자궁경부가 완전히 개대되게 된다. 자궁의 수축이 매우 심하여 산모는 구역질이나 오한 등으로 고생하기도 하지만, 다행히도 이 시기는 몇 시간씩 걸리는 다른 시기에 비해 평균 40분 이하로 비교적 짧다.

출산 제2기는 경부가 완전히 열려 경관이 소실된 시기부터 태아가 산도를 따라 이동하기 시작하여 태아가 출산될 때까지를 말하며, 태아 만출기(stage of expulsion of fetus)라고도 한다(그림 8.22). 이 시기의 자궁수축은 산모에게 태아를 밀어 내려고 하는 강한 욕망을 느끼게 하며, 이러한 수축에 의해 질이 열리게 됨으로써 산모는 진통의 끝이 왔다는 사실을 짐작할 수 있다. 이때 산모는 자신의 아기를 곧 볼 수 있다는 기대감에 흥분되기 시작하며, 이러한 기분이 수축을 더욱 용이하게 한다. 이 시기는 초산이냐 또는 경산이냐에 따라 약 30–80분 정도 지속된다.

자궁수축과 함께 회음부가 팽창하여 외음부의 질개구부가 원형으로 되면 태아의 머리가 보이기 시작하는데, 태아의 머리를 외음부가 둘러싸는 형태를 아두배림 또는 아두출현(crowning)이라 한다. 태아의 출산시 머리가 아니라 코나 이마가 먼저 나오는 경우도 있으며, 이 경우에는 태아의 머리가 산모의 등 하부의 신경을 눌러 진통이 더욱 심해진다. 태아의 머리가 나오는 시기에 의사는 태아의 턱 밑에 손을 받쳐 태아의 목이 제대에 의해 감기는 것을 방지하며, 머리가 완전히 산도를 빠져 나오면 태아의 호흡을 돕기 위하여 입이나 코에 있는 이물질을 고무 튜브로 흡입하여 제거한다. 그 후 태아는 머리가 돌고 나서 어깨와 신체의 나머지 부분이 빠르게 빠져 나오게 된다(그림 8.23). 신생아는 태어나자마자 울게 되는데, 만약 울지 않을 경우에는 태아의 등을 강하게 문질러서 강제로 울림으로써 숨을 쉬도록 유도한다. 태아가 자발적으로 호흡하는 것이 확인되면 제대를 묶고 자르는데, 남아 있던 제대는 수일 내에 완전히 떨어져 나가고 그 부위는 배꼽이 된다.

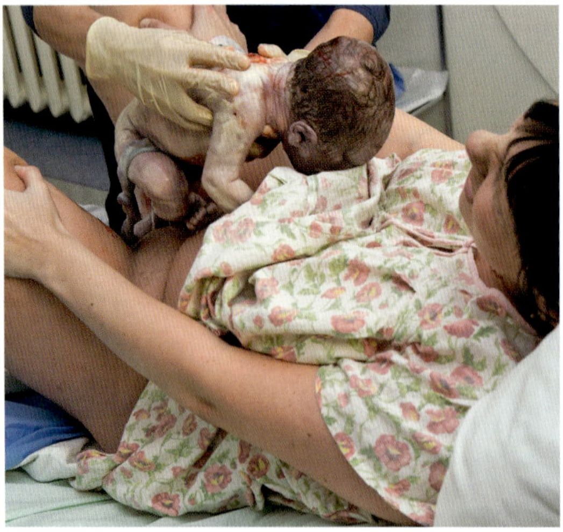
그림 8.23 **자연출산**

출산 제3기는 태아 출산 직후부터 태반 및 태아막의 만출이 끝나는 시기까지를 말하며 태반분리 및 만출기(separation and expulsion of the placenta)라고도 한다(그림 8.22). 태반이 자연적으로 분리되기 전에 억지로 만출시키려 하지 않는 것이 좋으며, 제대가 질을 통해 길게 내려오면 곧 태반도 하강하게 된다. 태반분리는 태아 출산 후 1분 이내에 진행되기도 하며, 대개는 5분 이내에 완료된다. 태반이 분리되면 의사는 우선 자궁수축이 양호한가를 조사하며, 만약 태반의 작은 조각들이 자궁에 남아 있다면 감염이나 출혈이 일어나게 되므로 이 경우에는 소파술을 시행하게 된다. 경부가 완전히 개대되어 있다면 깨끗이 제거할 수 있을 것이며, 질이 찢어진 경우에는 다시 꿰매야 한다. 이 시기 후에 자궁은 저절로 수축하게 되며, 복부 마사지나 약물 등을 투여하여 그 과정을 촉진시킬 수도 있다. 태반 분리가 일어나기 전에 무리한 힘으로 태반을 분리하려고 할 경우에는 자궁 내부가 외부로 뒤집히는 자궁내번증이 발생할 수도 있다.

3) 회음절개

출산 직전에 의사는 질의 불규칙한 손상을 방지하기 위하여 회음절개(episiotomy)를 시행하기도 한다. 회음절개는 산과에서 가장 흔한 수술로서 출산을 용이하게 하고, 질의 파열을 방지하기 위하여 질의 하부에서 항문까지의 회음부를 절개하여 질구를 넓히는 시술이다(그림 8.24). 이 시술은 절개가 깨끗하고, 봉합이 쉬우며 방광류, 직장류, 자궁탈출증, 요실금 등이 예방될 수도 있다는 장점이 있어 많은 산과 의사들에 의해 시행되고 있다.

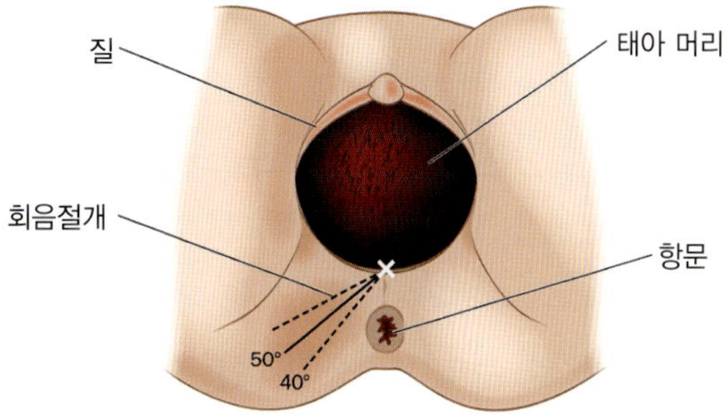

그림 8.24 회음절개술

아두배림의 시기에 질의 파열을 방지하기 위하여 의사가 질과 항문 사이인 회음부를 절개하는 수술을 회음(또는 외음)절개술이라고 한다.

그러나 회음절개에 대하여 많은 학자들은 대부분의 경우 불필요하며, 단지 의사의 편의를 위해 시행될 뿐이라고 주장하기도 한다. 대부분의 조산원에서는 출산시 회음절개술을 거의 시행하지 않으며, 최근의 연구 결과들도 회음절개술을 시행치 않은 경우가 시행한 경우보다 임상적인 문제가 훨씬 적었다고 보고하고 있다.

4) 제왕절개

제왕절개(cesarean sections)는 복부와 자궁벽을 절개하여 출산시키는 방법을 뜻한다(그림

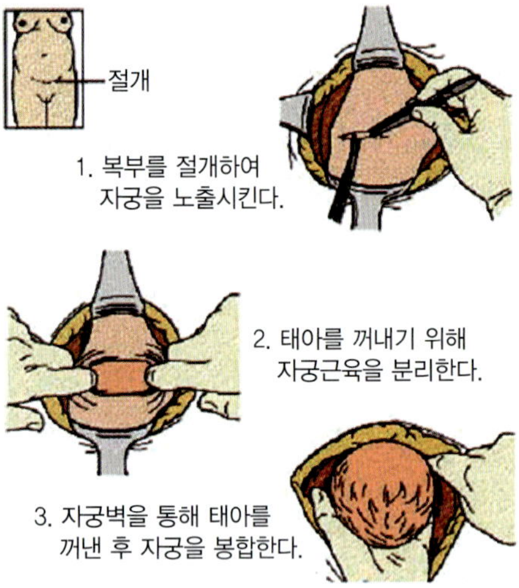

그림 8.25 제왕절개 방법

8.25; 8.26). 1668년 프랑스에서는 위험한 산모에 한해서 임신 말기에 수행하기도 하였지만 예후는 매우 불량했던 것으로 알려져 있다. 20세기까지도 제왕절개술 후의 모성사망률은 그다지 감소하지 않았으나 1921년 코링이나 1926년 케르 등에 의해 자궁하부 수직절개나 횡절개가 처음으로 시도된 이후 그 방법이 변형, 발전되어 현재와 같이 모성사망률이 낮은 제왕절개 방법이 확립되었다. 현재 제왕절개는 산부인과 영역에서 가장 많이 시행하는 수술방법이 되었다.

2013년 기준 각 나라별 제왕절개 출산율은 터키가 50.4%로 가장 높았으며 우리나라가 36%, 미국은 32.5%에 달했다. 한국보건사회연구원의 2015년도 전국 출산력 및 가족보건 실태조사에 따르면 제왕절개 출산율은 더욱 증가해 39.1%인 것으로 나타났다. 제왕절개는 태아나 산모의 위험을 줄이려는 목적으로 수행되며, 특히 과거에 제왕절개 시술을 받았던 여성이 다시 시술 받는 경우, 난산으로 인하여 정상적으로 출산이 불가능한 경우, 둔위출산의 경우, 태아곤란증과 같이 태아에 심각한 문제가 있는 경우 등에 주로 많이 이용된다.

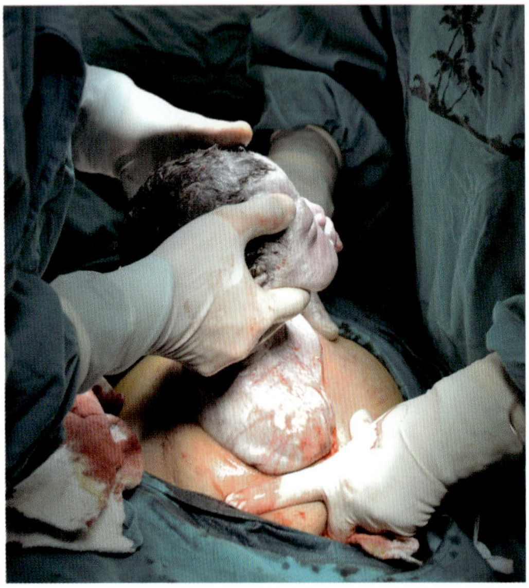

그림 8.26 제왕절개를 통한 태아출산

과거의 제왕절개는 수평인 복부 근육을 수직으로 절개하고 자궁의 수축 부위 역시 절개하기 때문에 제왕절개를 한 후 다음 출산에서 자연출산을 시도할 경우 약 12% 정도에서 자궁 파열이 보고되기도 하였다. 그러나 최근에는 복부를 따라 수평으로 절개하며 자궁의 수축과 관련 없는 부위를 절개하기 때문에 제왕절개 후의 두 번째 출산에서 자연출산을 시도하더라도 비교적 안전한 것으로 알려져 있다. 이에 따라 점차 제왕절개술 후 자연출산 비율이 증가하고 있는데, 제왕절개술을 한 경험이 있는 여성들 중 약 50%가 자연출산의 대상자로서 성공률은 60-80%에 달하고 있다. 일부 연구에서는 자궁하부 횡절개를 받은 여성이 질식출산을 시도할 경우에 자궁이 파열될 확률은 1.8%이며, 반복해서 제왕절개를 할 경우에는 1.9%인 것으로 조사되어 제왕절개술 후 질식출산이 반복적인 제왕절개의 경우보다 더 위험하지는 않은 것으로 알려졌다. 최근에는 우리나라에서도 제왕절개의 비율이 매우 높아졌기 때문에 산모는 진통이 시작되기 전에 제왕절개의 경우 의사가 사용할 기술과 제왕절개 후의 두 번째 출산에 대한 의사의 견해 등에 관하여 상담할 필요가 있다. 그 외에 회음절개와 마취제의 사용을 포함한 출산에 관련된 제반사항에 대해서도 의사와 상의하는 것이 좋다. 이러한 상담은 산모가 처음으로 병원을 방문했을 때 할 수도 있는데, 만약 처음 선택한 병원이나 의사가 산모의 맘에 들지 않을 경우에는 다른 병원이나 의사를 선택하는 것이 편안하고 안전한 출산을 위해서 도움이 될 수 있을 것이다.

5) 라마즈 법

출산시 산모들은 의사를 비롯한 낯선 사람들에게 둘러싸여 알 수 없는 공포를 느끼게 되고, 생리적인 변화에 의해 근육 등에 긴장을 느끼게 될 뿐만 아니라 출산 자체의 고통 때문에 출산에 대하여 상당히 부정적인 인식을 갖게 된다. 이와 같이 공포-긴장-고통의 연속인 출산의 괴로움을 해소하기 위해서는 긴장의 완화가 무엇보다도 중요하다고 할 수 있다. 이러한 목적으로 개발된 방법 중 하나가 라마즈(Lamaze) 방법이다. 이 방법은 프랑스 의사인 라마즈가 러시아의 출산법을 기본으로 하여 고안한 것으로서, 호흡을 통하여 출산을 용이하도록 유도하는 출산 방법이다.

출산 당시 진통의 원인은 아직까지 완전히 밝혀지진 않았으나, 출산에 대한 걱정과 두려움, 근육 긴장, 근육 신장, 근육에의 산소 공급 부족, 신경에의 압력 등에 의해 유발되는 것으로 알려져 있다. 따라서 출산에 대한 두려움을 경감시키기 위해서는 출산할 병원을 사전에 예약하여 출산 환경에 익숙해지는 것이 좋다. 또한 출산시에는 산모만 홀로 남기지 말고 배우자가 산모의 안정을 도와 줄 수도 있으며, 산모가 고통을 느끼지 못하도록 정신을 분산시키는 것도 좋은 방법이 될 수 있다. 근육의 긴장도 고통을 유발할 수 있으므로 근육이 긴장되었을 때를 인지하고 이완시키는 동작을 계속하면 고통 완화에 큰 도움이 될 수도 있다. 출산시에는 근육이 몇 시간 동안이나 신장되어 있어 근육이 피곤해지면서 대단히 고통스럽기 때문에 산소부족으로 인한 근육의 통증을 완화시키기 위해서는 호흡법이 매우 효과적이며, 출산 당시에도 근육수축이 약할 때는 깊은 호흡을 천천히 하며 수축시 횡격막을 자궁의 위까지 내림으로써 고통을 경감시킬 수 있다. 산모의 고통 경감을 위하여 경찰법(또는 마사지법; effeurage)을 이용할 수도 있다. 출산이 가까워 오면 등쪽의 신경에 압력이 가해짐으로써 고통을 느끼게 되므로 외부에서 압력을 가함으로써 고통을 경감시키는 것도 가능하다. 이와 같이 진통의 완화를 위한 방법들을 체계화시킨 것이 바로 라마즈법이라고 할 수 있다.

6) 르봐이예 법

이 방법은 출산실에는 약한 불만 켜고 신생아를 산모의 배 위에 올려 놓은 채 고통이 멈출 때까지 제대를 자르지 않고 따뜻한 물로 목욕시킴으로써 신생아에게 모체의 자궁 내와 같이 편안한 기분을 느끼게 하는 방법이다. 이렇게 태어난 아기는 대부분 성장이 빠르다는 장점이 있긴 하지만 불빛이 흐려 의사들이 신생아의 문제를 조사하기가 어렵다는 단점도 있다.

7) 가정출산

1870년대 미국에서는 임산부의 약 1%만이 병원에서 출산하였으나, 1990년대 들어서는 도리어 약 1–2%만이 병원 외에서 출산하는 것으로 밝혀졌다. 최근에는 미국이나 유럽 등지에서 가정출산을 하려는 움직임이 있는데, 그 이유로는 시간적인 제약이나 의료사고 등을 염려하여 미국 산부인과 의사의 1/8이 출산 진료를 하지 않거나 가정에서 출산하는 것을 선호하는 여성들이 늘어나고 있기 때문이다. 이와 같은 최근의 분위기를 반영하여 일부 병원에서도 진통과 출산을 한 침대에서 가능하도록 출산실을 개조하고, 병원 자체를 가정과 같이 꾸밈으로써 산모의 고통을 줄이고 제왕절개나 출생 후 사망의 비율을 낮추려는 시도를 하고 있다. 유럽에서는 출산시에 조산원을 이용하는 비율이 차츰 증가하여 1990년에는 신생아의 2/3가 조산원에서 아기를 출산한 것으로 조사되었다. 조산원에서는 산부인과 관련 기술에 대해 잘 훈련된 간호사가 산모의 요구에 맞는 출산 서비스를 제공하며, 비용이 싸기 때문에 그 이용률이 계속해서 늘고 있는 실정이다. 이에 따라 미국 산부인과학회에서도 1971년에 조산원의 이용을 승인하였다. 우리나라에서는 과거에는 출산을 위해 조산원을 많이 이용하였으나 최근에는 거의 대부분의 산모들이 출산을 위해 병원을 이용하고 있다. 그러나 임신 중에 모체나 태아에 별다른 임상적 문제가 없고, 위급한 상황에 종합병원으로 긴급 후송할 수 있는 체계만 갖추어져 있다면 가정에서 출산하는 것도 산모의 안정이나 빠른 회복에 도움이 될 수도 있을 것이다. 뿐만 아니라 가정출산은 가족이 함께 산모의 출산을 도우면서 가족의 의미와 부모에 대한 고마움 또는 생명에 대한 경이로움을 느껴 볼 수 있는 좋은 기회도 될 수 있을 것이다.

8) 수중출산

최근 서구 여러 나라에서는 많은 여성들이 가정이나 조산원에서 수중출산(underwater childbirth 또는 waterbirth)을 시도하는 경우가 늘어나고 있다(그림 8.27). 물은 고통을 줄이는 데 매우 효과적이기 때문에 수중출산을 시도하는 대부분의 여성들에게는 마취 등이 필요하지 않으며, 수중출산시에 꼭 필요한 것으로는 충분한 경험이 있는 조산원과 수중출산을 위한 수조 등이다. 이 수조는 출산 동안 계속해서 적당한 온도의 물을 흘려보내게 되는데, 뜨겁지도 차갑지도 않은 물은 모체의 근육을 이완시키는 효과가 있어 출산시간이 짧고, 출산시 조직의 손상이나 고통도 줄여준다. 더욱이 누워서 출산하는 대신에 앉거나 엎드려서 출산하는 것이 용이하여 모체의 힘이 출산에 효율적으로 이용될 수 있으며, 물속에서는 심장으로 피가 집중되고 호르몬 분비가 촉진되기 때문에 출산 과정의 고통을 줄이고 출산시간을 단축할 수 있다는 이점이 있다. 뿐만 아니라 앉은 자세에서는 누워 있을 때보다 골반이 더욱 넓게 벌어져 출산이 더욱 수월함은 물론 회음부의 열상 없이 태아를 출산할 수 있다.

그림 8.27 수중출산

많은 사람들은 수중출산은 각종 감염의 위험이 있다고 생각하지만, 실제로는 다른 출산법에 비해 감염률이 높지 않은 것으로 알려져 있다. 수중출산에 대한 사람들의 또 다른 우려는 물속에서 태어난 태아는 호흡에 문제가 있을 것이라는 것이다. 그러나 태아는 피부가 공기에 접하게 되고 제대가 절단되기 전까지는 제대를 통해 모체로부터 산소를 공급받기 때문에 수중에서 출산되었더라도 호흡에는 아무런 문제가 없다. 더욱이 수중출산은 여성들이 자신의 집과 같은 매우 익숙한 장소에서 가족들의 보호 하에 출산을 경험하게 되므로 가족들에 대한 신뢰감이 높아지고, 출산을 아름다운 경험으로 인식하게 하는 등의 효과가 있다.

그 외에 많은 사람들이 가장 우려하는 수중출산의 문제는 안전성이라고 할 수 있다. 그러나 경험 많은 조산원과 호흡을 도와주는 산소공급기, 지혈제 및 필수 의약품을 구비하고, 가

Q 8-3

선호하는 출산 방법은 무엇인가?

남학생 290명과 여학생 247명을 대상으로 선호하는 출산법을 조사한 결과 남학생 61%, 여학생 75%가 수중출산을 선호하였으며, 병원출산 19%, 가정출산 10%로 응답하였다. 이러한 출산방법을 선호하는 이유로는 남성은 산모와 아이가 편안할 것 같아서가 27%, 출산 과정을 함께 할 수 있어서 17%, 고통이 덜 할 것 같아서 14% 등의 순서였고, 여성은 고통 감소 31%, 편함 20%, 남편과 같이 출산 16% 등으로 조사되어 남녀 모두 편안하고 고통이 적으며, 남녀가 함께 하는 출산법을 선호하는 것으로 나타났다. 우리나라의 경우 1999년 첫 수중출산에 성공한 이후 현재 전국적으로 약 9개의 기관이 수중출산시설을 갖추고 있는 것으로 조사되었다. 이러한 현황은 현재의 수중출산에 대한 높은 선호도에 비하면 현저히 부족한 실정으로 향후 수중출산 시설을 갖춘 기관들이 증가하여야 할 것이다.

선호하는 출산방법은 무엇인가?

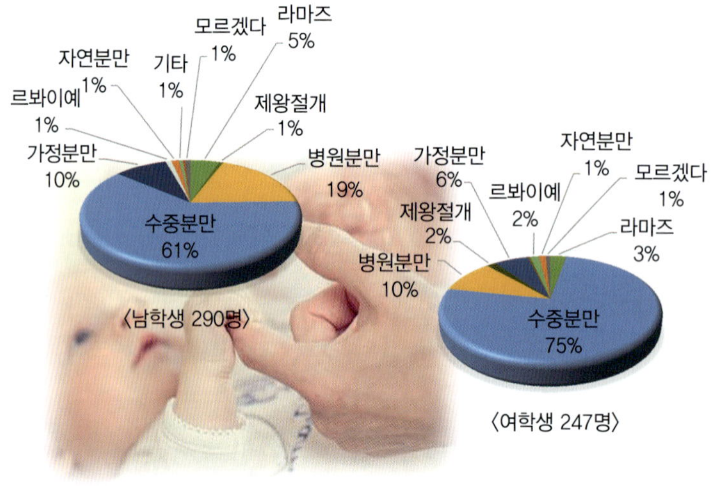

까운 병원과의 연계만 확실하다면 수중출산은 상당히 안전한 출산방법이라고 할 수 있다. 더욱이 여러 학자들의 조사결과는 출산 즉시 사망하는 태아나 그 이후의 임상적인 치료가 필요한 신생아의 비율은 수중출산의 경우가 병원에서의 일반적인 출산에 비해 비슷하거나 도리어 낮은 것으로 나타났다.

2000년대 이후 우리나라에서도 TV에서 수중출산에 관한 프로그램을 방영하는 등 가정출산이나 수중출산에 대한 관심이 높아지고 있다. 아직까지는 매우 소수의 사람들만이 병원이 아닌 가정이나 수중에서의 출산에 관심을 갖고 있으며, 관심이 있더라도 실제로 가정출산이나 수중출산을 시도하는 경우는 매우 희귀하지만 서구 여러 나라의 경우와 같이 우리나라에서도 장래에는 그 빈도가 높아질 가능성이 높다. 출산시의 안전성만 확보된다면 수중출산이 수술실이나 출산실에서 잘 알지도 못하는 의사나 간호사에 둘러싸여 긴장과 두려움에 떨며 출산의 순간을 그저 고통의 순간으로만 인식하게 되는 산모는 물론 탄생의 순간부터 모체의 안락하고 따스한 몸속에서 떨어져 나와 갑자기 수술실의 강한 빛과 추위에 떨며 의사나 간호사에 의해 거꾸로 뒤집히고 이리저리 들려 다니는 고통을 맛볼 수밖에 없는 신생아에게도 훨씬 유익할 것은 분명한 사실이다.

9) 출산시의 문제

(1) 둔위출산

신생아의 96%가 머리부터 출산되기 시작하나, 2–4%는 발이나 엉덩이가 먼저 나오기도 한다. 이러한 경우를 둔위출산(breech delivery)이라고 하며, 드물기는 하지만 등이나 어깨를 비롯하여 여러 자세로 태어나기도 한다. 경우에 따라서는 출산 직전에 발부터 출산할 태아가 자연적으로 자세가 바뀌어 머리부터 출산되는 경우도 있으며, 심할 경우 의사가 산모의 복부를 잡고 손으로 태아의 위치를 바꾸기 위한 시도를 할 수도 있다. 이때 만약 태아나 산모가 위험에 처하게 되면 제왕절개를 시행하기도 한다.

(2) 전치태반

일반적으로 포배기의 세포는 자궁의 윗부분에 착상하나, 산모 200명 중 1명 꼴로 자궁의 하부에서 착상이 이루어지기도 한다. 이 경우에는 태반이 자람에 따라 경부의 입구를 막게 되는데, 이러한 현상을 전치태반(placenta previa)이라고 한다(그림 8.28). 임신 경험이 많거나 나이가 많아질수록 전치태반의 빈도가 높아지며, 제왕절개나 인

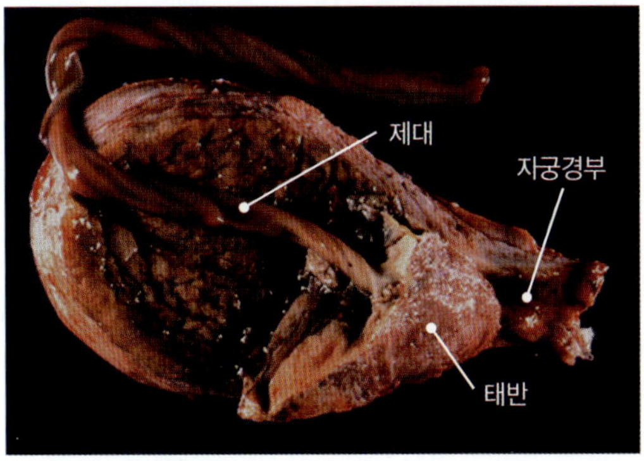

그림 8.28 전치태반
자궁경부 입구를 막고 있는 전치태반

공유산 및 흡연 등도 전치태반의 가능성을 증가시킨다고 알려져 있다. 전치태반의 주증상은 임신 말기에 발생하는 통증 없는 출혈이며, 때로는 수면 중에 출혈하여 속옷이 피에 젖는 경우도 있다. 전치태반의 경우에는 모체의 건강을 위하여 제왕절개 출산을 시도하는 경우가 많다.

(3) 조산

미국에서는 1,000명의 신생아 중 9명이 출생 후 곧 사망하는데, 그 이유는 조산(preterm birth)인 것으로 알려져 있다. 임신 37주 이하, 2,500 g 이하의 신생아는 조산으로 간주하며, 조산한 신생아를 미숙아 또는 조숙아(premature infants)라고도 부른다(그림 8.29). 조숙아는 전체 신생아의 약 7%를 차지하며, 아직까지 확실한 원인은 알려져 있지 않지만 태반출혈과 고혈압성 질환과 같은 내과적 혹은 산과적 합병증과 조기진통 등이 원인인 것으로 알려져 있다. 또한 흡연, 음주, 약물복용, 영양부족, 체중 증가의 불량, 어린 나이의 임신, 심리적 스트레스, 양수감염 등도 조산의 중요한 원인이며, 학자들 사이에 조산과의 관련성에 대해서 논란이 많지만 세균성 질염, 트리코모나스증, 칸디다증, 클라미디아 등도 조산을 유발한다고 알려져 있다.

만일 산모에게 조산의 기미가 보이면 반드시 안정을 취해야 하며, 수액과 진정제 및 스테로이드를 투여하거나 특별한 경우에는 자궁경부 봉축술을 시행하여 태아가 조산되는 것을 방지하기도 한다.

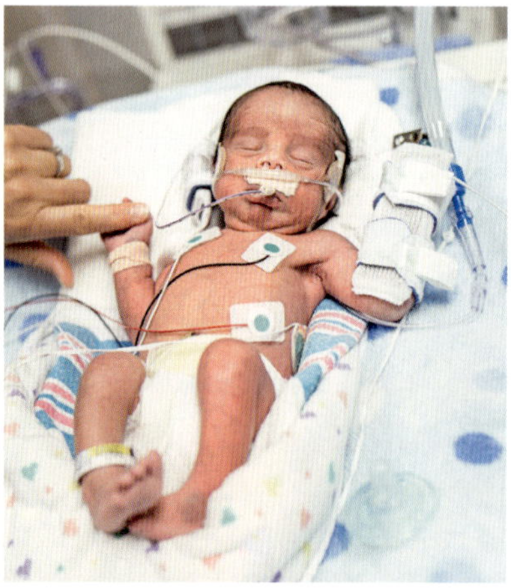

그림 8.29 **미숙아**
미숙아란 일반적으로 2.5 kg 이하 저출생 체중아나 임신기간 37주 이하의 조산아를 일컫는다.

최근 신생아학(neonatology)이 발달함에 따라 임신 23–24주에 출생한 조숙아의 생존률이 과거와는 비교할 수도 없을 정도로 높아지게 되었다. 이 시기에 태어나는 조숙아의 가장 큰 문제는 호흡곤란인데, 임신 23주 이전의 태아는 폐에서 계면활성제가 생산되지 않아 산소 공급이 어렵기 때문이다. 임신 4달이 지나서야 태아에서 계면활성제가 생산되지만, 8–9달 까지도 충분한 양이 분비되지 않는다. 충분한 양의 계면활성제를 생산치 못하는 신생아는 신생아 호흡장애 증후군(respiratory distress syndrome)에 의해 결국 사망하게 된다.

1980년대 초반까지는 750 g 이하의 조숙아는 생존할 가능성이 거의 없었으나, 현재는 500 g, 24주 정도의 신생아도 집중치료를 통해 생존할 수 있다. 적극적인 치료를 통해 조숙아의 체중이 약 500 g 이상 증가하면 30%, 1 kg 이상 증가하면 90% 정도의 생존률을 보이게 된다. 루터 등은 26주 이상의 조숙아는 반드시 치료하여야 하며, 25주인 경우에는 치료하는 것이 좋으며, 24주라면 치료할 수도 있지만, 23주 이전에 태어난 조숙아는 치료하지 않는 것이 좋다고 주장하였다. 어렵게 생존한 조숙아도 수년 동안 치료를 필요로 하는 장애를 갖게 될 확률이 높고, 생존하기까지의 비용이 수천만 원이나 소요되기 때문에 조산의 문제는 부모들에게 상당한 갈등을 유발할 수도 있다.

6 출산 후 산모의 변화

1) 수유

모유 생산은 뇌하수체 호르몬인 유즙분비호르몬과 옥시토신이 중요한 역할을 한다. 아기가 젖을 빨면 유즙사출반사(milk flow reflex)가 유발되어 단순히 아기가 우는 소리만을 들어도 유방에서 젖이 분비되기도 한다. 산모는 처음에는 면역 항체를 포함하는 각종 단백질이 포함되어 있는 두세 컵 정도의 초유(colostrum)를 생산하는데, 그 양은 개인에 따라 상당히 차이가 난다. 수유는 신생아에게는 초유에 포함되어 있는 항체와 같은 각종 단백질들을 통하여 소화기나 순환기 감염, 수막염 및 피부 감염 등에 대한 방어작용을 도와주며, 산모에게는 수유 동안 옥시토신이라는 호르몬이 방출되어 자궁이 수축하도록 도와줌으로써 내부 출혈을 억제시켜 준다(그림 8.30). 또한 수유하는 여성은 골다공증이나 유방암에 걸릴 확률도 줄어든다고 알려져 있다. 초유 분비는 약 5일간 지속되며 4주에 걸쳐 점차 성숙된 유즙으로 전환된다.

수유가 위와 같은 많은 장점이 있음에도 불구하고 수유를 하면 성욕이 저하된다는 등의 근거 없는 소문이나 옥외에서의 수유가 곤란하다는 이유 등으로 수유하는 여성의 수가 급격히 감소하였다. 최근 들어 모유의 장점이 알려지면서 수유하는 여성의 수가 증가하고는 있으나 아직 그 증가율은 그리 높지만은 않은 실정이다. 출산 후 수유를 중단하거나 아예 하지 않는다면 수일 내에 유즙 분비는 억제되기 때문에 그 후에는 수유를 하고 싶어도 할 수 없게 된다. 만약 수유를 원치 않을 경우에는 호르몬제를 복용하기보다 냉찜질과 진경제를 12–24시간 투여하고 유방을 탄력붕대로 묶는 것이 좋다. 유즙분비 억제약물은 임산부에게 뇌일혈, 심근경색증, 발작, 정신적 장애를 유발할 수 있다고 알려져 있으므로 되도록 사용하지

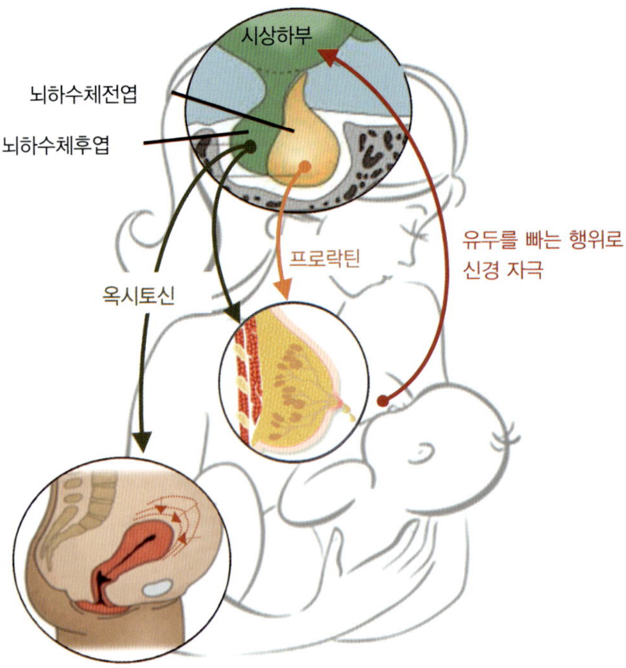

그림 8.30 수유 효과
아기가 젖을 빨면 유즙사출반사가 유발되어 산모의 뇌하수체 전엽과 후엽에서 각각 프로락틴과 옥시토신 호르몬이 분비되어 유즙 분비 및 자궁수축이 촉진된다.

않는 것이 좋을 것이다.

약이나 오염물질 등은 수유를 통해 신생아에게 전달될 수 있으므로 수유 중인 여성이 피임약을 포함하여 모든 종류의 약물을 복용하고자 할 경우에는 반드시 의사나 약사와 상의하여야 한다. 피임약은 모유 분비량을 감소시키며, 흡연은 모유 양을 감소시킬 뿐만 아니라 영아의 성장속도도 감소시킬 수 있다. 그 외 마약류나 방사능을 포함하고 있는 약물은 물론 항우울제, 항정신성 약물 등도 수유시에는 금지하는 것이 좋다.

수유를 처음 시도할 때 산모는 유방과 유두에 통증을 느끼게 되며, 에스트로겐 분비 감소에 의해 질 역시 매우 건조하여 성교시에도 통증을 느낄 수도 있다. 수유를 하는 산모는 출산 후 수개월 동안 월경이 없기도 하며 자연적으로 피임되는 효과가 있을 수도 있지만, 일부 여성에서는 정상적인 월경주기가 시작되기도 전에 배란을 하여 다시 임신할 수도 있으므로 수유를 이용한 피임은 안전한 피임법은 아니다(7장 참조).

2) 산후통

출산 직후 초산부의 자궁은 일정한 강도로 수축하며, 경산부는 자궁이 간헐적으로 강하게 수축을 함으로써 산후통이 발생한다. 간혹 통증이 심해 진통제를 필요로 하는 경우도 있으며, 수유시에는 옥시토신이 분비되어 통증이 더욱 심해질 수도 있지만 대개 출산 3일 후에는 약화되어 결국 사라지게 된다.

3) 오로

출산 후 산욕기에 자궁에서 배출되는 배설물을 오로(lochia)라고 하는데, 산모에 따라 그 양은 다양하며 적혈구, 상피세포, 탈락막조직, 세균 등이 포함되어 있다. 출산 후 수일간은 오로에 혈액이 포함되어 있어 붉은 색을 띄기도 하지만 3–4일이 지나면 점차 색깔이 엷어지며, 출산 후 10일경이 되면 거의 무색이 된다.

4) 체중감소

산모는 출산 후 5–6 kg의 체중이 감소하며, 많은 소변을 통해 추가로 2–3 kg의 체중이 감소하게 된다. 대부분의 임산부들은 출산 후 6개월이 지나면 거의 임신 전의 체중을 회복하지만 임신 전보다 평균 1.4 kg의 체중 증가가 나타나며, 임신 중에 체중이 약 10 kg 이상 증가한 경우에는 출산 후에도 완전한 체중 감소가 이루어지지 않는 경우가 많다고 알려져 있다.

5) 일시적 우울감

산모들은 출산 후 수일 내에 일시적인 우울감(postpartum blues)을 느끼게 된다. 산모들의 이러한 우울감은 태아 출생 후에 에스트로젠과 프로제스테론 농도가 급격히 감소하는 내분비계의 변화는 물론, 임신이나 출산 중에 경험한 흥분과 두려움에 의한 정서적 불안감, 산후통, 회음절개에 의한 통증, 유방통 등의 산욕기 초기의 각종 불편감, 수면부족으로 인한 피로감, 자녀 양육에 대한 걱정, 체중의 변화에 따른 불안감 등과 같은 신체적, 사회적 또는 심리적 요인 등이 복합적인 원인으로 작용하는 것으로 알려져 있다. 경증인 경우에는 대부분 가족, 특히 배우자가 산모에게 따뜻한 관심을 보이게 되면 자연 치유되기도 하지만, 이러한 증상이 계속 지속되면 전문의의 진단을 받아야 한다.

6) 출산 후 성생활

특별한 합병증이 없는 경우에는 산모가 원하면 출산 2주가 지나서부터 성관계가 가능하지만, 성적 흥분과 쾌감은 임신 후반기부터 출산 후 1년까지 감소될 수도 있다. 출산 6주 후에는 35%의 커플이 성관계를 시작하지만, 회음절개를 시행한 여성은 출산 3개월 후에도 통증과 불편함을 호소하기도 한다. 특히 수유하는 여성은 에스트로젠 분비가 급격히 감소되어 질이 위축되고 건조되므로 성관계 시에는 질 윤활제를 사용하는 것이 좋다. 산모들은 임신선, 체중 증가, 축 늘어진 복부 근육 때문에 많은 고민을 하곤 하는데, 임신선은 곧 옅어지며, 체중이나 복부 근육의 문제는 운동을 통해 해결할 수 있다. 일부 여성은 출산 후 넓어진 질 때문에 걱정을 하지만, 질 근육은 다시 원래대로 수축되기 때문에 그다지 걱정할 만한 일은 아니다. 만약 출산한지 오랜 시간이 경과해도 확장되었던 질 근육이 원상대로 회복되지 않았다고 느낀다면 질 근육의 빠른 원상회복을 위해서 케겔 운동을 실시하거나 의사와 상의하여 질회음 수술을 시행할 수도 있다(3장 참조).

정상적인 성관계가 가능하게 될 때까지 소요되는 기간은 의학적인 문제뿐만 아니라 여러 가지 다른 요인들에 의해서도 달라질 수 있다. 출산 후부터는 성적 파트너로서 뿐만 아니라 부모로서의 서로의 관계에 대한 이해도 필요하며, 이러한 새로운 역할을 위해서는 인내도 필요하게 된다. 출산 후에는 수유를 비롯하여 유아에게 할애해야 하는 시간이 늘어나 커플만의 시간을 갖기가 어려워지기 때문에 성관계할 시간 역시 급격히 줄어든다. 이로 인한 커플 간의 성적 문제도 경우에 따라서는 심각한 스트레스로 작용할 수도 있다. 일반적으로 출산 전에 성에 관해 긍정적인 태도를 갖고 있던 커플은 그렇지 않은 커플보다 출산 후 훨씬 빠른 시기에 정상적인 성관계를 재개하는 것으로 알려져 있다.

7 불임

불임이란 피임하지 않고 성관계를 했음에도 불구하고 1년 이상 임신하지 못하는 커플의 경우를 말한다. 대부분의 사람들은 불임이란 임신한 경험이 한 번도 없는 원발성불임(primary infertility)의 경우라고 생각하지만, 실제로는 과거에 임신한 경험이 있지만 새로운 임신이 불가능한 경우인 속발성불임(secondary infertility)이 더욱 일반적이다. 과거에는 불임으로 고통받는 커플의 수조차 알지 못했으며, 불임인 경우에 특별히 해결할 수 있는 방법이 없었지만,

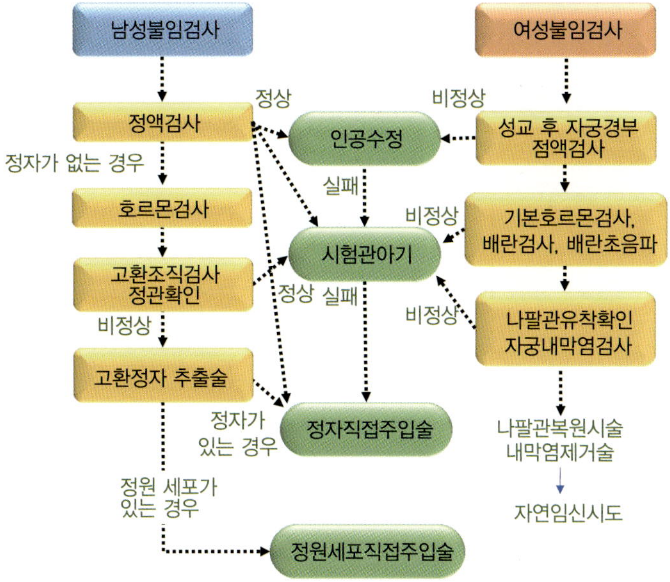

그림 8.31 남녀 불임 검사 및 치료과정
남녀 각각의 검사(노란색)결과에 따라 다양한 불임치료시술(초록색)을 선택하여 시행할 수 있다.

최근에는 불임시술에 관한 기술이 급속도로 발전하고 불임을 적극적으로 해결하려는 커플의 수가 증가함으로써 과거에 비해 불임 커플의 수가 많이 줄어들고 있는 실정이다. 불임의 정확한 원인을 파악하는 것은 매우 어렵지만, 불임 원인의 약 40%는 남성에게, 40%는 여성에게, 20%는 남녀에게 공히 문제가 있는 경우라고 알려져 있다. 불임검사 과정은 남성의 경우 정액검사, 호르몬검사, 고환조직검사 및 정관검사 등이 있으며 여성의 경우 자궁경부 점액검사, 기본 호르몬검사, 나팔관 유착검사 등을 시행한다(그림 8.31). 검사일정은 여성의 생리주기에 따라 결정되므로 보통 생리 시작일로부터 2–3일째(생리 중) 병원을 방문하는 것이 좋다.

1) 남성불임

사정시 방출된 수억의 정자들은 여성의 질이나 자궁에서 거의 사멸되고, 실제로 난자와 만날 수 있는 정자는 소수에 불과하다. 더욱이 남성의 생식기관이 충분한 정자를 생산치 못하거나 정자가 너무 느리거나 약하다면 수정이 일어날 가능성이 급격히 감소된다(그림 8.32). 정자 수는 뇌하수체 호르몬이나 성선호르몬의 농도, 알코올이나 항생제와 같은 약품, 방사선, 감염 및 환경오염 등의 여러 가지 요인들에 의해 영향을 받게 된다. 만일 남성이 사춘기 이전에 볼거리에 걸린 경험이 있다면, 이 바이러스는 고환에 감염되어 정자가 생성되는 세정관을 파괴하는 심한 손상을 야기시킴으로써 정자생산을 억제할 수도 있으며, 성병의 감염

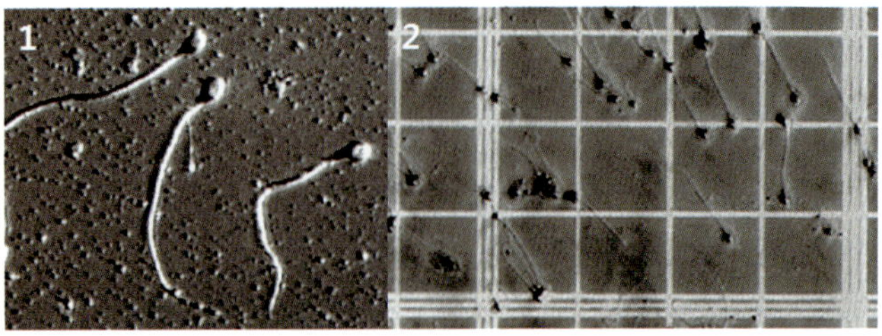

그림 8.32 **정자 모습**

1; 정자의 확대된 모습, 2; 헤마사이토미터(hemacytometer) 내의 정자 모습. 이 기구를 이용하여 정자의 수를 간단히 계산할 수 있다.

은 남성의 여러 관계(duct system)의 폐색을 유발시킴으로써 정자의 이동을 방해할 수도 있다. 또한 정자는 체온보다 몇 ℃ 낮은 온도에서만 생성되므로 장기간 동안 프로텍터를 착용하는 운동선수나 목욕이나 사우나를 자주하는 사람들도 고환의 온도가 상승함으로써 일시적으로 정자 수가 적어질 수도 있다. 임신을 원하는 경우에는 남성은 헐렁한 속내의를 착용하여 고환이 몸으로부터 떨어지게 함으로써 고환의 온도가 높아지는 것을 억제하는 것이 좋다.

정액 내에 포함되어 있는 정자의 수는 환경과 생활습관에 의해 지난 수십 년 동안 반 이상으로 감소하였으며, 정소암의 발현 빈도도 3배 이상 증가하였다. 산업용 폐기물을 포함하는 환경오염 물질들은 구조 자체가 여성호르몬인 에스트로젠과 유사하며, 이러한 오염물질에 노출된 모체로부터 수유받은 태아는 왜소음경과 고환의 기형을 갖고 태어날 수 있다는 보고도 있다.

남성 불임을 위한 치료법은 원인에 따라 다양한데, 전체 원인의 8–23%인 정맥류(varicocele)인 경우에는 정맥류절제술을 통하여 치료하며, 호르몬이 원인이 경우에는 뇌하수체나 뇌하수체자극호르몬 및 성선호르몬 등을 투여하고, 관계가 막힌 경우에는 간단한 시술로 교정할 수 있다. 정자 수가 적은 경우에는 여러 번의 자위를 통해 얻은 정자를 얼려 두었다가 한꺼번에 모두 합하여 여성의 질이나 자궁에 직접 넣어줄 수도 있다(그림 8.33). 예를 들어 한 번의 사정에 5천만 개의 정자를 배출하는 경우에는 6–8번의 사정에 의해 획득한 약 3–4억 개의 정자를 한꺼번에 여성에게 주입할 수 있다. 만일 정자수가 너무 적어서 여러 번 수집하여도 원하는 정자 수를 얻을 수 없을 경우에는 타인의 정자를 이용하여 수정을 유도할 수도 있다. 이러한 방법을 비배우자간 인공 수정(Artificial Insemination of

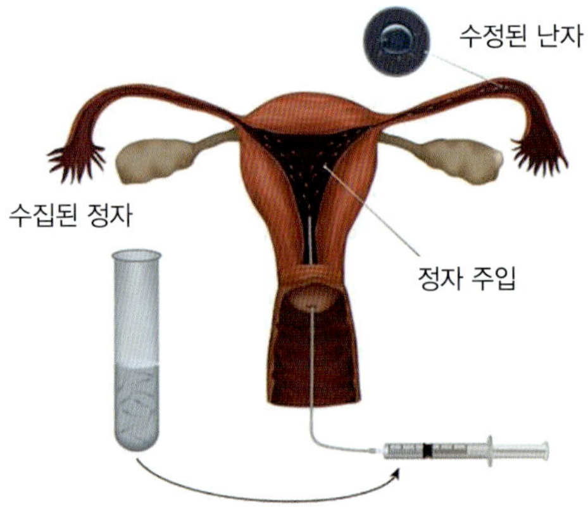

그림 8.33 **자궁내 정자 주입**

Donor Sperm; AID)이라고 하는데, 일반적으로 신체적인 조건이 유사한 남성의 정자를 선택하여 시행한다. 미국에서는 연간 3만 명의 신생아가 이러한 방법으로 태어나고 있다.

2) 여성불임

여성불임의 원인은 나팔관이나 자궁과 같은 생식기관의 구조적 문제와 배란 문제 등 크게 두 가지로 나누어진다.

여성불임의 원인 중 40%에 달하는 것은 나팔관이 막히는 문제인데, 해부학적 이상이나 폴립과 같은 조직의 비정상적인 성장 및 자궁내막증, 감염, 상처 등에 의해 유발된다(그림 8.34). 흡연도 골반감염이나 나팔관 폐색을 유발함으로써 불임률을 증가시킬 수 있으며, 클라미디아나 임질에 대한 치료가 완전치 못한 경우에도 나팔관이 막힐 수 있다. 미국에서는 성병을 제대로 치료하지 않아 연간 125,000명 정도의 여성이 불임으로 고통받고 있으며, 그 감염빈도가 날로 증가함에 따라 가까운 장래에 성병이 가장 중요한 불임원인이 될 가능성이 있다.

수정란이 통과하는 나팔관의 내부 직경은 사람 머리털 정도로 매우 작기 때문에 사소한 감염이나 물리적인 손상에 의해서도 나팔관이 막힐 확률이 높아진다. 과거에는 나팔관의 직경이 작아 나팔관복원술의 성공률이 매우 낮았지만 최근에는 레이저를 이용하여 수술하기 때문에 성공률이 매우 높아지고 있다. 또한 최근에는 심장 동맥에 적용되는 방법과 동일하게 작은 풍선을 나팔관에 넣어 부풀림으로써 막힌 나팔관을 뚫어주는 방법도 개발되었으며, 미세수술보다 가격이 싸고 효과적이기 때문에 이용 빈도가 점차 높아지고 있다.

자궁내막증도 여성불임의 주요 원인 중 하나인데, 아기 낳기를 미루는 20대 중반의 여성에서 많이 발생한다. 이 경우에는 내막조직의 성장을 조절하는 호르몬을 투여하거나 과성장한 조직을 수술을 통해 제거하는 것이 일반적인 치료방법이다. 최근에는 자궁내막증과 관련된 불임을 치료하기 위하여 복강경과 소작술을 이용하기도 한다.

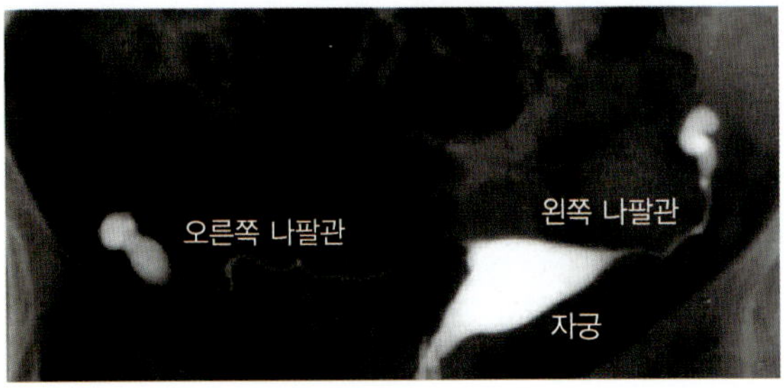

그림 8.34 **자궁나팔관조형법(hysterosalpingography)**
자궁나팔관조형법은 나팔관의 협착이나 폐색 여부를 조사하는 검사 방법으로서, 이 방법을 통해 불임의 원인이 되는 나팔관의 이상 여부를 조사할 수 있다. 자궁으로부터 연결된 가늘고 하얗게 보이는 선이 나팔관이다.

3) 불임치료

최근 들어 불임을 해결하기 위한 여러 가지 기술이 개발되어 많은 불임부부들에게 새로운 생명을 잉태할 수 있는 기회를 제공하고 있다. 이러한 불임치료기술은 불임의 원인에 따라 그 적용 범위가 매우 상이하기 때문에 불임인 커플은 전문가의 정확한 진단을 받아야 한다.

(1) 체외수정

체외수정(in vitro fertilization; IVF)이란 난자와 정자를 배양을 위한 용기에서 수정시킨 후, 4–8 세포기의 여러 개의 수정란 중 최소한 하나의 수정란이 자궁벽에 착상되길 기대하면서 여성의 자궁에 삽입시켜 주는 방법이다(그림 8.35). 이 방법은 임신을 원하는 여성에게 난자 성숙을 자극하는 약물을 투여한 후 외과적 수술로 난소에서 성숙된 난자를 채취하고, 자위행위를 통해 획득한 정자를 채취한 난자와 수정시킨 후 분열하는 수정란을 모체의 자궁에 주입하는 방법이다. IVF를 통하여 태어난 아기를 보통 시험관아기라고는 하지만 실제로 시험관에서만 태아를 성장시키는 것은 불가능하기 때문에 시험관 내에서 정자와 난자를 수정시킨 후 2–3번의 세포분열이 종료되면 여성의 자궁에 착상시켜 발생 과정을 지속시키게 된다.

IVF의 평균 성공률은 15–20%로 매우 낮은 편이며, 출산까지의 비용이 상당히 비싼 편이

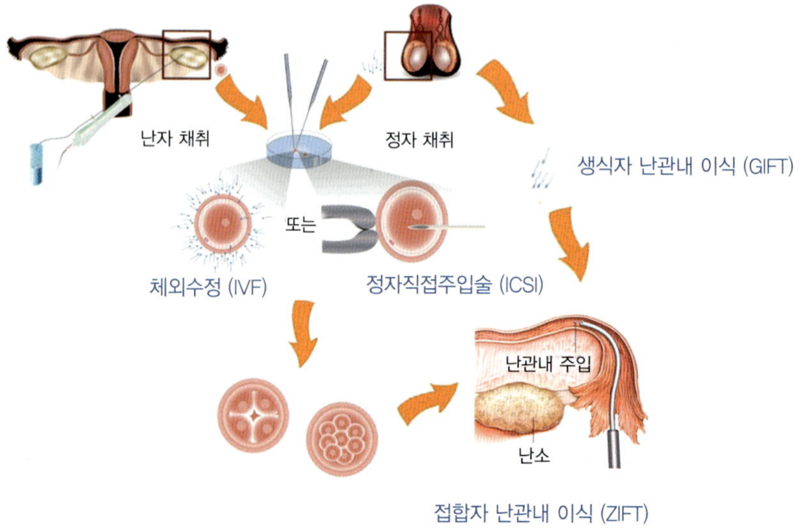

그림 8.35 다양한 불임치료 방법

불임의 원인에 따라 '체외수정' 또는 '생식자 나팔관내 이식술', '접합자 나팔관내 이식', '정자직접주입술' 등과 같은 다양한 불임치료시술을 선택하여 시행할 수 있다.

다. 많은 시술소에서는 직접 채취한 난자가 성공률이 높긴 하지만, 비용이나 환자의 편리 등을 고려하여 첫 번째 실패 후에는 냉동 수정란을 사용하여 수정을 시도하는 경우도 있다. 수정란을 여성의 자궁에 주입하는 IVF의 근본적인 문제는 여성의 나팔관 이외의 곳에서 수정된 난자는 정상적인 방법으로 수정된 난자보다 착상률이 떨어진다는 것이다. 최근에는 IVF 기술이 많이 향상되어 난자의 채취나 수정 및 분열하는 수정란의 자궁 내 삽입까지는 아무런 문제가 되지 않으나, 아직까지도 수정란의 자궁에의 착상률은 일정 수준 이상 높일 수가 없다. 이러한 근본적인 문제 때문에 불임커플이 IVF를 이용하여 자녀를 얻기 위해서는 여러 번의 시술을 받아야 하는 경우가 많다.

(2) 생식자 나팔관내 이식

1980년대 중반 애쉬 박사는 기존 체외수정 방법을 개선한 새로운 불임치료기술인 생식자 나팔관내 이식(gamete intrafallopian transfer; GIFT)법을 개발했다. 이 방법은 난자와 정자를 섞어 직접 나팔관에 주입함으로써 시험관 내에서의 수정 과정을 생략할 수 있게 되었으며, 자연적인 수정과 동일하게 나팔관 내에서 수정이 일어나도록 유도함으로써 착상률을 높일 수 있게 되었다(그림 8.35). 이 방법에 의해 태어난 아기를 나팔관아기라고 하는 것도 바로 이러한 이유이며, 수정란의 착상률은 평균 약 27% 정도지만 시술자에 따라 40–50%까지도 가능하다고 알려져 있다.

(3) 접합자 나팔관내 이식

애쉬 박사 연구진들은 GIFT 방법이 정자와 난자의 수정을 확인할 수 없다는 단점을 보완하기 위하여 위하여 체외에서 수정시킨 수정란을 나팔관에 직접 넣어주는 접합자 나팔관내 이식(zygote intrafallopian transfer; ZIFT) 방법을 새롭게 고안하였다(그림 8.35). 이 방법은 현재까지는 GIFT보다 성공률이 조금 낮거나 비슷한 정도이지만, 매년 기술이 향상됨에 따라 성공률도 높아지고 있다.

(4) 정자직접주입술

가장 새로운 불임치료기술로서는 하나의 정자를 직접 난자에 주입시키는 정자직접주입술(intracytoplasmic sperm injection; ICSI)방법이 있다(그림 8.35; 8.36). 이 방법의 착상 성공률은 IVF보다 5배 이상 높은 것으로 보고되고 있으며, 정자 수가 적거나 비정상 정자 수가 많은

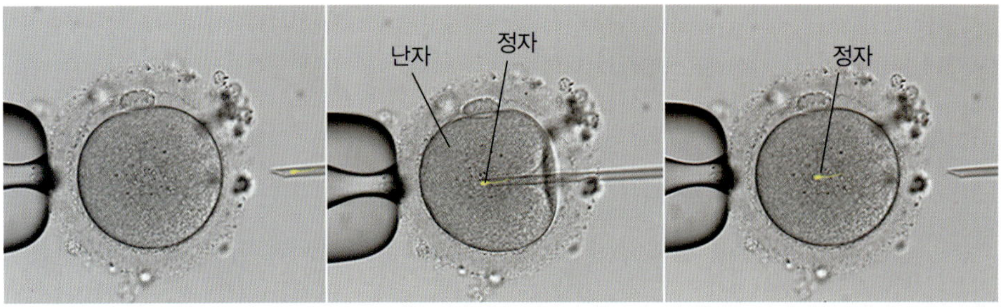

그림 8.36 **정자직접주입술**

정자의 수가 적정 수보다 적어 정상적인 임신이 불가능한 경우에는 가는 관을 이용하여 하나의 정자를 난자 내부에 주입시켜 수정시킬 수도 있다.

남성의 경우에도 정상적인 정자만을 선택하여 난자와 수정시킴으로써 임신이 가능하다.

(5) 정자 및 난자 공여

만일 정상인 여성과 선천적인 원인이나 생식기관에의 각종 감염 및 손상에 의해 정자가 형성되지 않는 남성이 자녀를 원하는 경우에는 정자은행 등으로부터 공여 받은 타인의 정자

Q 8-4

임신이 안 될 경우 불임치료를 받을 것인가?

'임신이 안 될 경우 불임치료를 받을 의향이 있는가?'라는 질문에 남녀학생 약 80%가 불임치료를 받을 의향이 있다고 응답하여 불임치료의 불편함을 감수하더라도 자녀를 낳고자 하는 의지가 강함을 엿볼 수 있으며, 따라서 우리 사회에서 불임부부의 고통을 줄이고 자녀를 갖는 행복을 제공하기 위해 보다 안전하고 성공률이 높은 불임 치료기술 개발이 필요할 것이다.

Q 임신이 안될 경우 불임치료를 받을 것인가?

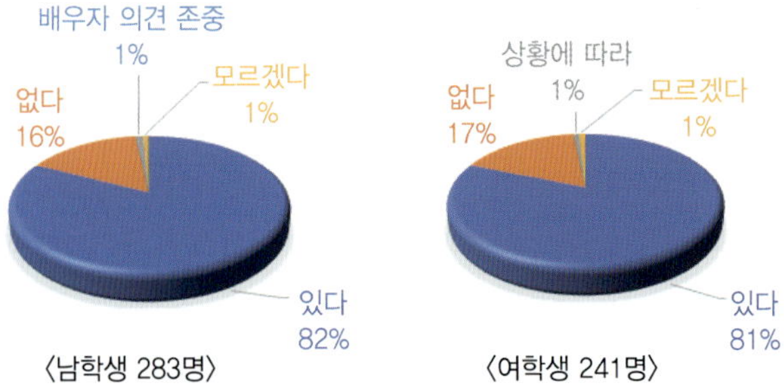

Q 8-5

정자와 난자를 공여하는 것에 대하여 어떻게 생각하는가?

정자, 난자 공여에 대한 학생들의 의견은 남학생 306명 중 48%와 여학생 237명중 55%가 긍정적으로 생각한다고 응답하였다. 남녀 모두 부정적인 시각보다는 긍정적인 시각이 많았지만 부정적인 시각도 40%를 넘어 앞선 설문에서 80%이상의 학생들이 불임치료를 해서라도 자녀를 낳겠다는 의지와는 대조적이다. 이 결과는 자신의 유전정보를 담고 있는 정자와 난자가 아닌 타인의 정자와 난자를 이용하는 것에 대한 거부감이 표현된 것으로 보인다.

Q 정자와 난자를 공여하는 것에 대하여 어떻게 생각하는가?

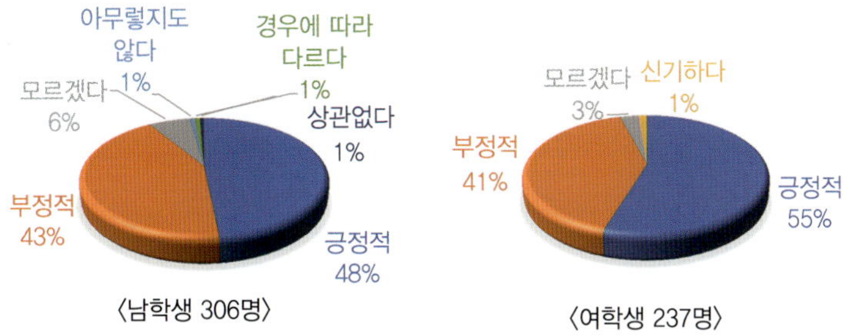

와 여성으로부터 채취한 난자를 앞에서 언급한 체외수정이나 기타 불임치료기술들을 이용하여 수정시킴으로써 자녀를 생산할 수도 있다. 정자 공여 시에는 최소한 공여자의 인종, 혈액형, 머리나 피부 색깔, 유전병 여부 등을 고려하여야 하며, 정자 공여자와 수혜자는 서로 상대방에 대한 정보를 알 수 없도록 조치하는 것이 일반적이다.

정자 공여와는 반대로 남성은 정상적으로 정자를 생산하지만 여성이 여러 가지 이유로 난자를 생산하지 못할 경우에는 젊은 여성의 난자를 공여받아 임신할 수도 있다. 이 방법은 여성의 자궁 발달은 정상이나 난소 발육부진, 난소 제거 또는 난소 위축에 의해 난자가 생산되지 않는 경우나 나팔관이 폐쇄되어 난자와 정자의 통과가 불가능한 경우 등에 적용될 수 있다. 이 경우에도 정자 공여와 같이 공여자의 여러 가지 신체적인 특징이 고려되어야 하며, 공여자와 수혜자는 서로의 정보를 알 수 없도록 조치하는 것이 보통이다.

Q 8-6

대리모에 대하여 어떻게 생각하는가?

남녀 대학생들의 대리모에 대한 인식은 남학생 66%, 여학생 72%가 부정적이라고 응답하여 대리모에 대한 거부감이 높음을 엿볼 수 있다. 이 또한 앞선 설문 결과에서 80% 이상의 학생이 불임치료를 해서라도 자녀를 갖겠다고 대답한 것과 달리 굳이 대리모를 선택하면서까지 자녀를 갖고 싶어하지는 않음을 알 수 있다.

대리모에 대하여 어떻게 생각하는가?

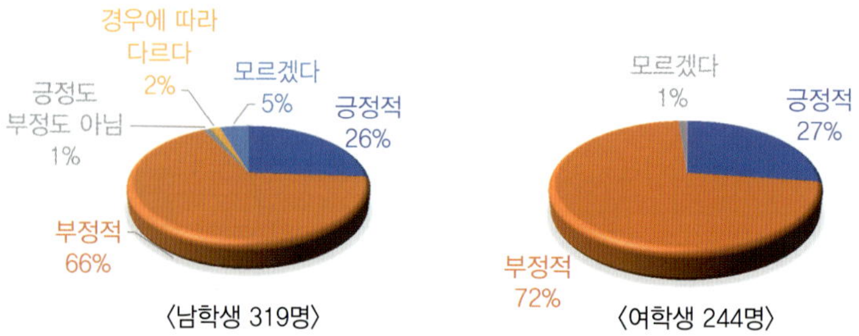

(6) 대리모

사회적, 윤리적, 법적으로 논란이 되고 있는 불임치료법 중 하나는 자녀를 원하는 여성이 임신 자체가 불가능하거나 임신이 되어도 태아를 자신의 자궁 내에서 출산시까지 유지하는 것이 불가능한 경우에 이용되는 대리모(surrogate mother)의 이용이다. 대리모란 임신을 원하는 커플의 정자와 난자를 체외에서 수정시킨 후 다른 여성의 자궁에 착상시키는 방법이다. 이때 대리모는 태어난 자녀에 대한 양육권을 포함한 어떠한 권리도 없으며, 대신 불임커플은 대리모에게 병원비, 법적인 비용 및 임신과 출산에 대한 사례비 일체를 지불해야 한다. 대리모를 원하는 커플은 시술의 방법, 실패율, 법적인 문제 등에 대하여 전문가와 반드시 상담하여야 한다. 대리모를 이용하여 출산한 커플은 태어난 아기를 자신들이 낳은 것처럼 행동할 것인지, 또는 자녀에게 솔직히 말해줄 것인지에 대해서 신중히 생각하여야 할 것이며, 대리모는 출산 후 아기에 대한 모든 권리는 물론 감정적인 문제도 슬기롭게 해결해야 할 것이다.

현재 각 나라별로 대리모에 대한 법적 처벌이 다양한데 프랑스, 독일, 스페인, 이탈리아, 중국, 일본 등에서는 대리모를 불법으로 간주하고 있으며, 미국과 캐나다는 일부 지역에서만 합법이고 영국과 호주 등에서는 합법으로 보고 있다. 우리나라의 경우 자신의 난자를 제공하여 인공수정을 통해 대리모가 되는 경우는 처벌의 대상이 되나 난자를 제공하지 않고 대신 임신해 주는 행위는 법적으로 저촉되지 않는다. 단 유전적인 모와 임신한 모가 다를 경우 임신한 모를 법적인 모로 보고 있어 대리모가 법적으로 친권을 주장하게 되면 임신을 의뢰한 유전적인 모보다 법적으로 유리한 위치를 차지하게 되어 상당히 복잡한 법적 문제가 발생할 가능성이 있다.

(7) 고령 임신

여성은 나이가 들면서 점점 수태 능력이 떨어지게 된다. 일반적으로 30세 이상이 되면 이러한 현상이 발생하기 시작하며, 건강한 아기를 낳을 확률이 매년 3% 정도 감소하게 된다. 그 원인은 자궁의 문제가 아니라 난자의 질이 떨어지기 때문인데, 나이가 들면서 점점 위축되는 난소는 폐경기가 되면 그 활동이 정지되며 난자의 질은 현저히 떨어지게 된다(그림 8.37).

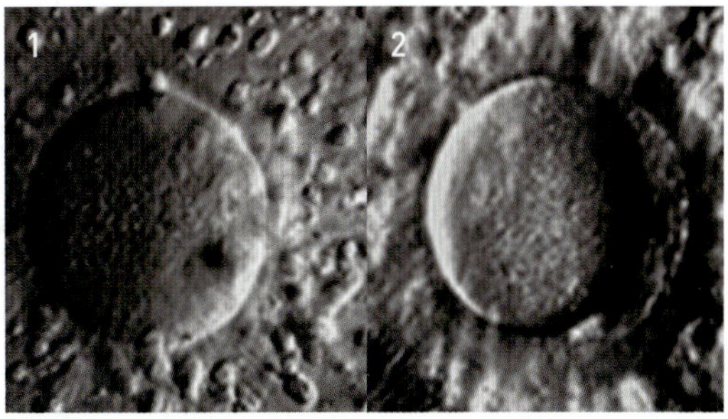

그림 8.37 **난자의 질**
1; 40대 여성의 난자, 2; 젊은 여성의 난자

여성들이 직업 등의 이유로 임신을 연기하면 할수록 점점 임신이 어려워지는데, 이러한 경우에 불임치료기술은 임신을 가능케 해 주는 좋은 방법이 될 수 있다. 이미 언급했듯이 나이가 들어 난소가 위축되었을 경우에는 젊은 여성으로부터 제공된 난자를 공여 받아 자신의 자궁 내에 착상시킬 수 있으며, 여러 가지 이유로 난소를 제거한 여성이 임신을 원할 경우에도 이러한 방법이 적용될 수 있을 것이다. 이와 같이 나이 든 여성에 대한 불임치료기술의 응용은 여러 가지 장점도 있지만, 산모의 나이가 많을수록 태아 사망률과 저체중아의 확률이 높아지며, 산모에게는 당뇨병이나 고혈압 등의 위험이 증가하는 단점도 무시할 수 없다. 더욱이 이러한 의학적 문제는 철저한 산전진단 등을 통하여 위험을 줄일 수 있겠지만, 고령의 모친과 자녀 사이에서 발생할 수 있는 각종 정서적, 사회적인 문제나 공여된 난자에 의해 야기될 수 있는 법적, 윤리적 문제 등은 해결하기 쉽지만은 않을 것이다.

(8) 불임치료기술의 응용

불임치료기술들은 유전병 등의 산전진단에도 응용될 수 있다. 예를 들어 부모가 모두 상염색체성 열성으로 유전하는 유전병의 보인자라고 가정하면, 이들의 자녀가 유전병을 갖고 태어날 확률은 1/4이고, 정상인으로 태어날 확률은 1/4이며, 열성유전자는 갖고 있더라도 유전병이 발현되지 않고 보인자로 태어날 확률은 1/2이다. 최근의 분자유전학적인 기술과 불임치료기술은 체외수정시킨 수정란의 정상 여부를 확인할 수 있을 정도로 발전하였다. 즉, 부모의 정자와 난자의 수정으로 형성된 4–8세포기의 수정란에서 하나의 세포만을 분리하여 분자유전학적 방법 등을 이용하여 열성유전자의 존재 유무를 검사할 수 있다. 불임치료기술을 실시할 경우에는 여러 개의 난자를 정자와 수정시킬 수 있기 때문에 수정란들 중에서 상염색체성 열성유전질환의 원인 돌연변이를 갖지 않는 정상적인 수정란만을 선별하여 모체에 주입하면 이 부부는 정상적인 자녀를 얻을 수 있게 될 것이다.

이 기술들은 남녀의 다양한 불임문제 해결에 응용될 수 있으며, 타인에 의해 공여된 난자나 정자를 이용할 수도 있다. 그러나 이 방법들의 단점은 약물을 이용하여 과배란을 유도하며, 여러 개의 수정란을 모체에 주입하게 됨으로써 다태아가 태어날 가능성이 매우 높다는 것과 이러한 시술을 받는 커플들 모두가 임신에 성공하는 것은 아니라는 것이다.

(9) 입양

임신이 불가능하고, 불임치료기술로서도 자녀를 갖는 것이 불가능한 경우에 마지막으로 선택할 수 있는 방법이 타인의 자녀를 자신의 호적에 입적시키는 입양이라는 제도이다. 그러나 입양은 조건이 비교적 까다로우며, 입양하기까지 상당 기간 동안 기다려야 한다는 단점이 있다. 더욱이 우리나라는 미국 등과 비교하여 입양 자체는 쉬운 편이지만 고유의 관습상 입양에 장애가 되는 부분이 많다. 과거에는 은밀히 씨받이나 씨내리를 이용하기도 할 정도로 자기 혈족에 대한 욕심이 대단히 높았던 우리나라이기 때문에 현재도 공개적으로 남의 자녀를 자신의 양자나 양녀로 입양하기 위해서는 많은 장벽을 넘어야 한다. 그러나 조건이나 방법이 까다롭기는 하지만 부모에게는 자녀를 갖게 되는 기쁨과 입양아에게는 가정과 부모 및 가족의 사랑을 줄 수 있는 입양제도는 자녀를 갖지 못하는 불임부부들이 마지막으로 선택할 수 있는 좋은 제도라고 할 수 있을 것이다.

Q 8-7 입양에 대하여 어떻게 생각하는가?

대학생들을 대상으로 입양에 대한 생각을 조사해 본 결과에서 남학생의 79%와 여학생의 92%가 긍정적이라고 응답하였다. 이러한 결과는 '난자와 정자 공여' 및 '대리모'에 대하여 보여주었던 부정적인 인식에 비해 매우 긍정적인 반응이다. 이러한 설문 결과는 비록 소수의 젊은 사람들로부터 조사된 결과라는 한계가 있기는 하지만 과거 아동수출대국으로 알려질 정도로 자녀 입양에 대하여 부정적이었던 우리나라에서도 입양에 대한 인식 개선이 상당히 많이 이루어지고 있다는 사실을 보여주고 있다.

Q 입양에 대하여 어떻게 생각하는가?

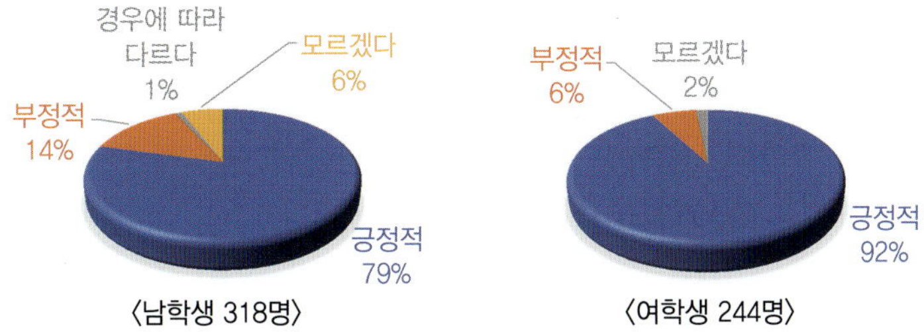

임신이나 출산은 여성에게 있어 기쁨이면서 고통이다. 임신과 출산은 여성에게만 주어진 축복인 동시에, 신체에 원치 않는 변화를 유발시키거나 생명을 잃을 수도 있는 불행이기도 하다. 생식에 대해서 남성은 그저 정자 제공자에 지나지 않는데 반해 여성의 경우는 난자를 생산하고, 약 9개월 동안 자신의 체내에서 태아를 유지하여야 하며, 출산의 고통을 감수해야 함은 물론 출산 후 자녀의 양육까지도 책임져야 한다. 부계사회의 전통이 남아 있는 우리나라에서는 아직도 여성을 자손, 특히 남아를 생산하여 집안의 대를 잇는 도구로서 생각하는 경향이 있으며, 이로 인해 임신과 출산은 여성의 당연한 의무로서 간주되고 있다. 그러나 생명에 남녀의 차이가 있을 수 없으며, 생명의 탄생이 단순히 집안의 대를 잇기 위한 목적일 수도 없다. 생명의 탄생은 남녀 간의 숭고한 사랑의 결과이며, 생명의 영속성을 유지하기 위한 신비로운 생명현상인 것이다. 모든 독자들은 이 장에서 언급한 내용들을 잘 숙지하여 임신과 출산 과정을 명확히 이해하길 바라며, 이를 통해 생명 탄생의 기쁨과 고통을 남녀가 함께 공유할 수 있기를 바란다. 또한 불임치료기술이 더욱 발달하여 자녀를 원하는 모든 부부들이 잉태의 기쁨을 누릴 수 있게 되길 기대한다.

09 성의 다양성

1. 성정체성, 성적역할 및 성적지향
   1) 정의 / 280
   2) 차이점 / 282

2. 성정체성
   1) 성정체성의 결정 / 284
   2) 성정체성의 발달 / 286
   3) 성전환증 / 288

3. 성적역할
   1) 성적역할의 결정 / 292
   2) 성적역할의 발달 / 293
   3) 성적역할과 성 / 297
   4) 성적역할과 사회의 인식 / 299

4. 성적지향
   1) 성적지향의 결정 / 300
   2) 동성애 / 303

인간의 성(sex)은 어떤 기준에 의하여 결정되는가? 우리 자신은 무엇을 기준으로 여성인지 또는 남성인지를 인지하는가? '여성답다' 또는 '남성답다'라는 말은 무엇을 뜻하는가? 여성이 남성에게 데이트를 신청하는 것은 옳지 않은 일인가? 남자 아이가 인형을 갖고 놀거나 또는 여자 아이가 병정놀이를 한다면 부모는 어떻게 대처해야 하는가? 인간은 반드시 이성만을 사랑하도록 창조된 것인가? 동성애는 잘못된 환경이나 습성에 의해서 야기되는가? 이러한 의문들에 대하여 명확하게 대답하는 것은 경우에 따라서는 대단히 어려울 수도 있다. 그러나 누구나 이러한 문제에 의문을 느껴 본 경험이 있을 것이며, 나름대로의 결론을 내려 본 경험도 있을 것이다. 이 장에서는 이러한 의문들을 해결하기 위해 남녀의 성정체성(gender identity)과 성적역할(gender role) 및 성적지향(sexual orientation)은 무엇이며, 이들은 서로 어떠한 차이가 있는 지에 관한 성과학적 연구결과들을 살펴볼 것이다. 또한 생물학적 성과 행동-심리학적 성 간의 차이를 유발하는 요인과 동성애적 성향의 결정 요인 및 사회적 인식에 관해서 알아봄으로써 위의 의문들에 대한 나름대로의 해답을 제시하고자 한다.

1 성정체성, 성적역할 및 성적지향

1) 정의

(1) 성정체성과 성적역할

성정체성이란 자신이 남성인지 또는 여성인지에 대한 자신만의 주관적인 인식을 뜻하며, 성적역할이란 자신이 느끼는 것, 생각하는 것, 또는 행동하는 모든 것들이 남성적인지 또는 여성적인지를 나타내는 기준을 뜻한다. 다시 말하면 자신의 성정체성을 표현하는 방법을 성적역할이라고 할 수 있을 것이다. 성정체성과 성적역할은 서로 별개의 것이 아니고, 성적역할에 대한 자기 자신의 내부 인식이 성정체성이며, 성정체성에 대한 외적인 표현이 바로 성적역할이라고 할 수 있다.

성적역할에는 남성다움과 여성다움의 두 가지 서로 다른 특징이 포함되는데, 어떤 사람에게서 한쪽의 특징이 강하면 다른 쪽의 경향은 전혀 보이지 않는 것이 아니라 남성다움과 여성다움은 남녀 모두에게 존재하며 단지 포함되는 정도가 다를 뿐이라고 알려져 있다.

대부분의 사람들은 남성과 여성은 서로 구별되는 행동, 심리, 감정 등을 지니고 있다고 믿고 있다. 그러나 이 세상에는 남녀의 특징을 모두 지니고 있는 사람들도 상당히 많이 존재한다. 이와 같이 인간의 성정체성과 성적역할은 일반적으로 생각하는 것과는 달리 매우 다양한 양상을 나타내는데, 이러한 다양성은 유전적인 요인을 포함하는 생물학적 요인과 학습과 같은 사회학적 요인들에 의해 결정된다. 개인의 성정체성이나 성적역할을 결정하는 요인들에 대해서는 학자들 간에 많은 이견이 있지만, 이러한 여러 가지 요인들 중에서 어느 하나의 요인만이 결정적인 역할을 하는 것이 아니라 이들이 서로 상호작용함으로써 개인의 성정체성과 성적역할이 결정된다고 할 수 있을 것이다.

(2) 성적지향

사람들은 자신의 생물학적 성과 관계없이 특정 성(또는 성들)을 성적 대상으로 생각하는데, 이와 같이 성적 대상으로서 어떤 성을 선호하게 되는 경향을 성적지향이라고 한다. 즉, 성적지향은 성정체성이나 성적역할과는 달리 어떤 사람의 모든 심리적, 행위적 태도를 기준으로 하지 않고 단지 남성, 여성, 양성 중에서 어느 성을 성적 대상으로 생각하는 가에 따라 결정된다.

성적지향의 분류에는 반대 성에 이끌림을 뜻하는 이성애(heterosexual)와 같은 성에 이끌림을 뜻하는 동성애(homosexual), 두 성 모두 또는 때에 따라 둘 중 한 성에 이끌림을 뜻하는 양성애(bisexual)로 구분된다(그림 9.1).

그림 9.1 동성애자
동성애자란 자신의 성정체성은 인정하지만 성적 대상자로 동성을 선호하는 사람을 의미한다.

인간의 성적지향을 결정하는 데에는 성적인 행위뿐만이 아니라 심리적인 요인도 크게 작용한다. 완전한 이성애자들의 약 12%가 약간의 동성애적 감정을 느낀다고 보고한 연구도 있듯이 인간의 내면에는 동성애적, 이성애적 성향이 모두 존재하는 경우가 많으며, 더욱이 사회적인 압력에 의해 자신의 본래 성적지향이 억제됨으로써 외부로 나타나는 행동은 완전한 이성애자일지라도 심리적으로는 동성애자나 양성애자인 사람도 있을 수 있을 것이다. 또한 사람들마다 느끼는 성적 이끌림이나 행동의 경향 및 강도가 제각기 다르기 때문에 이러한 분류는 명확하게 구분되지 않을 수도 있으며, 트랜스젠더의 이성애는 종종 동성애로 오해받을 수도 있고, 간성(intersex)인 사람들의 경우 동성과 이성의 판단이 모호할 수 있다.

남녀 모두와 성관계한 경험이 있는 약 7,000명의 남성들을 대상으로 한 외국의 조사에서는 2%가 자신을 동성애자, 69%는 이성애자, 29%는 양성애자라고 응답하였으며, 또 다른 연구에서는 22%의 남성이 실질적인 동성애 경험이 있는 데도 불구하고, 이들 중 4%의 남성만이 자신을 동성애자, 5%의 남성이 양성애자라고 응답하였다고 조사되었다. 이 결과들에서 알 수 있듯이 동성이나 양성과 성적 관계를 경험한 사람들 모두가 자신을 동성애자나 양성애자라고 생각하지는 않는 것으로 드러났다. 이와 같이 대부분의 사람들은 이성애자와 동성애자가 완전히 구별되는 것으로 생각하지만 이성애자와 동성애자의 구분은 상당히 모호하며, 특히 두 성을 모두 성적 대상으로 간주하는 양성애자를 포함하여 생각한다면 세 가지 서로 다른 성적지향을 나타내는 사람들을 명확히 구분하기는 더욱 어려워질 것이다.

대표적인 성적지향인 이성애, 동성애, 양성애로의 분류에 추가로 최근에는 사람을 여성 또는 남성으로 구분하지 않고 사람 그 자체를 사랑하는 범성애(pansexual)와 성적 이끌림이 없음을 뜻하는 무성애(asexual) 등이 새로운 성적지향을 의미하는 단어로 등장하였다. 범성애는 남녀를 구분짓지 않고 사랑한다는 측면에서 양성애와 유사한데, '젠더 블라인드(gender blind)'라는 특징에서 양성애와 구분된다. 즉, 자신이 사랑하는 사람의 성별을 신경쓰지 않는다는 것을 의미한다. 무성애의 경우 이를 성적지향의 한 형태로 받아들이고 연구를 시작한 것은 비교적 최근이며, 정의에 있어서도 일반적으로는 누군가에게 성적 끌림을 느끼지 못하거나 성적 욕구를 느끼지 못하는 것으로 정의되지만 때에 따라서는 성욕 또는 성적 감각이 매우 낮거나 없는 사람, 성행위가 결여된 비(非)성적 연애 관계만을 유지하는 사람으로 정의되기도 한다. 오늘날 범성애와 무성애라는 단어의 등장과 같이 성적지향을 구분하는 용어들은 점점 세분화되고 다양해지고 있으며 모호한 경계에 의해 때론 논란의 대상이 되기도 한다.

2) 차이점

대부분의 양성애자나 동성애자들의 성정체성은 이성애자들과 같이 자신들의 해부학적 성과 일치한다. 즉, 양성애자나 동성애자들은 자신들의 해부학적 성은 인정하지만 양성이나 동성을 성적 대상으로 생각한다는 점에서 자신과 다른 성을 성적 대상으로 하는 이성애자와 다를 뿐이다. 이러한 면에서 양성애자나 동성애자들은 자신의 해부학적 성, 즉 성정체성을 부정하는 성전환자와 다르며, 또한 대부분 남성 이성애자이면서 단지 여성 복장을 입음으로

그림 9.2 성전환자, 복장도착자, 동성애자의 차이
생물학적으로 남성인 성전환자(1)와 복장도착자(2) 그리고 동성애자(3). 이들은 모두 생물학적으로 남성이지만 성전환자는 자신의 생물학적 성인 남성을 부정하고 동성애자와 복장도착자들은 자신이 남성이라는 것을 인정한다는 점에서 다르다. 또한 동성애자는 성행위의 상대가 동성인 데 반해 복장도착자들은 성행위 상대가 대부분 이성이라는 점에서도 차이가 있다.

써 성적 흥분을 얻는 의상도착 또는 복장도착(transvestism) 증상을 나타내는 사람들과도 다르다(그림 9.2).

프로이드는 역전된 성적역할이 동성애의 원인이라고 주장하였으며, 현재도 많은 사람들이 이 주장에 동의한다. 즉, 생물학적 남성이 여성들만의 영역으로 간주되는 직업을 포함하는 사회적 태도 및 행위를 나타내거나, 이와 반대로 생물학적 여성이 남성들만의 직업, 태도, 행위를 나타내는 경우에는 성적역할이 역전되었다고 할 수 있다. 그러나 사람들이 고전적인 성적역할에 따라 행동하는가의 여부가 항상 그 사람들의 성적지향을 결정하지는 않는다. 더욱이 성적역할에 대한 인식은 시대나 장소 또는 개인의 나이에 따라서도 달라지기 때문에 고전적인 성적역할에서 벗어난 행동을 하는 사람이라고 모두 동성애자는 아니다. 대부분의 동성애자들은 외모나 태도를 비롯한 성적역할이 자신의 생물학적 성과 일치하며, 동성애자 남성이 여성의 성적역할 또는 동성애자 여성이 남성의 성적역할을 하는 경우는 소수에 불과하다. 1980년 미국에서 조사한 통계에 의하면 남성 동성애자의 약 10%만이 여성스러워 보이는 외모를 하고 있으며, 남성과 유사한 신체적 특징을 나타내는 여성 동성애자의 빈도도 남성 동성애자의 경우와 비슷한 것으로 밝혀졌다. 또한 여성 동성애자들 중에서 여성 역할을 하는 여성을 펨(femme)이라 하고 남성 역할을 하는 여성을 부치(butch)라고 하는데, 이들의 성적역할은 서로 다를 수도 있지만 펨이든 부치든 성적지향은 동일하다. 즉, 성적역할의 변화와 성적지향은 인간의 외형적인 특징을 나타내는 몸무게나 키와 같이 성에 대한 서로 다른 특징을 나타내는 기준이라고 할 수 있을 것이다.

2 성정체성

1) 성정체성의 결정

(1) 유전적 요인

인간의 성은 일차적으로 유전적 요인에 의해 결정된다. 인간은 22쌍의 상염색체(autosomes)와 XX나 XY의 두 개의 성염색체(sex chromosomes)를 포함하여 총 46개의 염색체를 갖고 있다. 난자는 22개의 상염색체와 X 염색체를 갖고 있는 반면에, 정자는 22개의 상염색체와 X 또는 Y 성염색체를 포함하는 두 종류가 있다. 정자와 난자가 수정되면 수정란은 난자로부터의 22개 상염색체와 X 염색체 및 정자로부터의 22개의 상염색체와 X 또는 Y 염색체 중 하나를 포함하여 총 46개의 염색체를 갖게 된다. 이때 수정란을 형성한 정자가 X 염색체를 갖고 있다면 성염색체 조성은 XX가 되어 장래 여성으로 분화하게 되며, Y 염색체를 갖고 있다면 XY가 되어 남성으로 분화하게 된다. 이와 같이 인간의 성은 성염색체 조성이 XY인가 또는 XX가에 의해 일차적으로 결정된다(그림 4.11). 이와 같이 생물학적 성의 결정은 난자와 정자가 수정되는 시기에 이미 결정되며, 일단 결정된 생물학적 성은 성정체성을 결정짓는 가장 중요한 요인으로 작용하게 된다.

그러나 성염색체 조성이 XX임에도 불구하고 외형상 남성인 경우도 있으며, XY 여성인 경우도 있다. 이와 같은 성염색체 조성과 외형상 성 간의 불일치는 Y 염색체에 존재하는 유전자인 SRY에 의해 유발될 수가 있다(그림 4.11). 그러나 SRY 유전자 이상은 염색체 전체 크기나 구조를 조사하는 방법으로는 확인할 수 없기 때문에 일반적인 염색체 검사를 통해서는 정상적인 XY 염색체를 갖고 있을지라도 실질적으로는 SRY 유전자에 이상이 있을 수도 있으며, 이러한 경우에는 XY 성염색체를 갖고 있더라도 여성의 표현형을 나타내게 되는 것이다. 즉, SRY 유전자가 위치하는 Y 염색체의 일부분이 결실되거나 SRY 유전자에서 돌연변이가 발생하면 XY 여성이 형성되고, SRY 유전자가 X 염색체 상의 어느 부위인가에 첨가되면 XX 남성이 태어나게 되는 것이다.

이와 같이 생물학적 성은 일차적으로 성염색체 조성이나 성을 결정하는 유전자의 돌연변이 등에 의해 결정되지만, 생물학적 성만이 성정체성을 결정하는 절대적인 요소로서 작용하지는 않는 것으로 밝혀졌다.

(2) 호르몬

인간의 성결정은 일차적으로는 Y 염색체 상에 존재하는 SRY 유전자의 기능에 의해 좌우되지만, 그 외 태아에 대한 호르몬의 과다 또는 과소 노출, 호르몬 생산에 관련된 효소의 결핍, 호르몬 수용체의 결여 등에 의해서도 결정적인 영향을 받게 된다. 예를 들어, XX 성염색체와 난소를 갖고 있지만 음핵이 남성의 음경과 같이 팽대된 선천성 남성화부신증식증은 태아기에 부신 피질에 존재하는 효소의 결핍에 의해 남성 호르몬이 과다하게 생산됨으로써 야기되며, XY 성염색체와 정소를 갖고 있지만 외모나 외부생식기는 완전한 여성형을 나타내는 고환여성화증후군은 남성의 외부생식기 형성에 관여하는 중요한 호르몬인 DHT에 대한 수용체 이상에 의해 야기된다(그림 4.9; 4.10). 또한 XX 태아가 모체의 종양 등에 의해 과도하게 분비된 남성 호르몬에 노출되어도 반음양이 야기된다. 이와 같이 여러 가지 원인에 의해 태아기의 특정 시기에 성호르몬의 정상적인 기능이 파괴되면 생물학적 성과 형태학적 성의 불일치가 발생하게 된다.

이와 같이 생물학적 성은 유전적 요인은 물론 호르몬에 의해서도 결정될 수 있으며, 고환여성화증후군과 같이 유전적 요인과 호르몬의 복합적인 영향에 의해 생물학적 성이 결정되는 경우도 있듯이 생물학적 성과 성정체성은 반드시 일치하지 않는다.

(3) 생물학적 요인과 사회적 영향

일란성 쌍생아 형제 중 한 명이 유아기에 개에 물려 음경이 소실되었고, 이에 부모는 이 아이를 여성으로서 양육한 사례가 있다. 이름도 여자 아이 이름으로 개명하였으며, 장난감도 인형과 같은 여자 아이 장난감만 갖고 놀게 하였고, 여자 아이들과 친구하여 놀게끔 유도하였다. 또한 완전한 여성으로 만들기 위한 수술도 시행하였다. 그러한 노력의 결과로 그 아이의 성정체성과 성적역할은 여성으로 고착되게 되었으나, 10대가 되면서 그 아이는 여러 가지 문제점을 드러내게 되었다. 즉, 학교에서는 남성과 같은 외부 모습 때문에 많은 놀림을 받게 되었으며, 친구도 없는 외톨이가 되고 말았고, 자기 자신도 여성으로 생활하는 데에 많은 불편을 느끼게 되었다. 이 예는 남아를 여성으로서 양육하더라도 선천적으로 남성으로 태어난 사람은 계속적으로 남성적인 경향을 나타낸다는 사실을 시사하고 있다.

생물학적 요인과 사회적 영향에 대한 연구결과들을 종합하면, 성정체성은 일차적으로 생물학적 요인이 결정하지만 사회적 환경도 성정체성 결정에 주요 요인이 될 수 있으며, 따라서 성정체성은 생물학적 성과 사회적 요인 중 어느 한쪽의 영향에 의해서 결정되는 것이 아니라 이들의 복합적인 작용에 의해 결정되는 것으로 알려져 있다.

2) 성정체성의 발달

(1) 프로이드설

프로이드는 인간의 심리학적 발달은 성적인 발달에 의해 일차적으로 영향을 받는다고 주장하였다. 그는 인간의 성장 시기에 따라 원시적 충동에 의해 유발되는 에너지인 리비도(libido)가 신체의 특정 부위에서 생성된다고 주장하였다. 프로이드의 주장을 요약하면 다음과 같다. 즉, 일차적인 성감대는 심리성적 발생단계에 따라 결정되는데, 첫 번째 단계는 입이 성감대로서 작용하여 모든 것을 입으로 인식하게 되며 입으로 빠는 것으로서 쾌감을 느끼게 되는 1세 전후의 구강기이며, 두 번째 단계는 1.5세에서 3세 정도에 항문이 성감대로 작용하는 항문기이다. 이 시기의 유아는 배변 시에 쾌감을 느끼게 되며, 이러한 이유로 부모가 대소변을 가리게 하면 반항하기도 한다. 세 번째 단계는 3세에서 5세에 걸쳐 성기를 통해 쾌감을 느끼는 음경기인데, 일반적으로는 이 시기에 유아들의 성정체성이 형성되어 남아들은 어머니에 대해 성적 욕망을 느끼게 되고 아버지를 자신의 음경을 떼어갈 수도 있는 강력한 라이벌로 간주하기 시작한다. 이 시기의 유아들에게는 이와 같은 오이디푸스 콤플렉스를 해소해 가는 과정에서 정상적인 성정체성이 형성되며, 이에 따라 남아들은 무의식적으로 자신들의 아버지를 닮아가게 된다. 여아의 경우는 남아들보다 성정체성 확립이 더욱 어려운데, 보통 여아들은 자신이 음경이 없다는 것을 인식하여 음경에 대한 부러움과 질투를 느끼는 여성 오이디푸스 콤플렉스를 경험하게 된다. 여아는 어머니를 힐난하고, 어머니 대신 자신이 아버지를 소유하고자 하는 과정을 거쳐 결국은 어머니와 동일한 성정체성을 얻게 된다는 것이다. 6세에서 사춘기까지는 성욕을 억제하고 성적활동이 줄어드는 잠복기이며, 사춘기 이후부터는 생식기라고 하여 생식기의 자극과 이성에 대한 성적 만족을 추구하게 된다. 이러한 시기에 심리성적 발달이 저해되면 결국 성정체성의 문제가 유발된다는 것이 프로이드설(Freudian theory)의 요지이다.

최근의 대부분 심리학자들은 프로이드가 주장한 발달단계의 기본이 빅토리아 시대의 도덕과 성적역할을 반영하고 있기 때문에 인간의 발달단계를 정확하게 정의한 것은 아니라고 반박하고 있다. 그러나 이러한 반대 의견에도 불구하고 유아들에게도 성적 욕망이 있으며, 이러한 욕망이 성정체성의 발달과정과 연관되어 있다는 사실을 처음으로 언급했다는 점에서 프로이드의 연구는 그 가치가 높다고 평가할 수 있을 것이다.

(2) 학습설

학습설(learning theory)이란 인간의 성정체성이나 성적역할이 어린 시절의 학습에 의해서 형성된다는 학설이다. 즉, 넘어져도 울지 않거나 자동차나 전기를 고치는 것은 남성다운 행동으로 칭찬받고, 여성 의복을 입거나 화장품이나 인형을 갖고 놀면 벌을 받게 됨으로써 생물학적 남성은 결국 남성의 성정체성이나 성적역할을 나타내게 되며, 여성의 경우에는 여성적인 행위에 대해서는 칭찬을 받고 남성같은 행위에 대해서는 무시되거나 벌을 받게 되는 훈련을 통해 점차적으로 여성의 성정체성과 성적역할을 나타내게 된다는 것이다. 이와 같이 학습된 남아나 여아는 더 이상 반대 성의 행위를 따라 하지 않게 되는데, 그 행위를 따라 하면 벌과 비난이 수반된다는 사실을 이미 알기 때문이다. 즉, 유아들은 부모에 대한 흉내가 특정 행동을 시도하는 동기가 되고, 이러한 행위에 대한 상과 벌이 추후 동일한 행위에 대한 시도 여부를 결정짓게 된다는 것이다. 이러한 일련의 과정을 거쳐 결국 유아들은 자신의 성정체성과 성적역할을 형성하게 된다는 것이 학습설의 주된 내용이라고 할 수 있다.

(3) 인식발달설

프로이드가 주장한 구강기에 대하여 그 시기의 유아들이 왜 무엇인가를 입에 넣고 빨게 되는가에 대한 설명을 시도한 것이 인식발달설(cognitive-developmental theory)이다. 즉, 유아들은 세상의 모든 것을 입에 넣을 수 있는 것과 그렇지 못한 것으로 나누게 되며, 성에 대한 개념 역시 이와 같은 인식의 발달에 의해 형성될 수 있다는 것이 이 학설의 주된 내용이다.

이 학설에 의하면 유아들의 남성에 대한 성정체성은 아버지는 남성이고 자신은 어머니보다 아버지와 더 닮았으므로 자신도 남성일 것이라는 인식에서부터 형성된다고 할 수 있다. 남아는 아버지로부터 제공받은 정보를 통해 남성이 할 일과 자신이 할 일을 구분할 수 있게 되며, 여아는 어머니로부터 제공받은 여성의 행위에 대한 정보를 흉내냄으로써 여성으로서의 성정체성이 형성된다는 것이다.

인식발달설은 자신의 생물학적 성과 동일한 성의 전형적인 행위를 흉내 내고자 하는 동기가 인식을 발달시키는 요인이며, 흉내라는 행위가 성적발달 단계에서 대단히 중요한 역할을 한다고 주장하고 있다. 그러나 인식발달설은 행위는 행위 자체에 의해 보상 받기 때문에 행하여진다고 주장하는 반면에, 전술한 학습설은 행동은 상과 벌에 의해 결정된다고 설명하고

Q 9-1

성정체성으로 인한 혼란을 경험한 적 있는가?

'성정체성으로 인한 혼란을 경험한 적이 있는가?'라는 질문에 남학생의 경우 306명 중 6%, 여학생은 244명 중 7%가 성정체성 혼란을 경험했다고 응답하였다.

〈남학생 306명〉 〈여학생 244명〉

있는 점에서 차이가 있다. 다시 말해 인식발달설은 자신의 성을 이해하는 데 필요하다고 느끼는 행위를 완성함으로써 얻는 만족감이 모든 행위에 대한 동기가 될 수 있으며, 학습설은 자신의 성에 대한 이해는 학습과정을 통해 결정된다고 주장하고 있는 점에서 차이가 있다.

3) 성전환증

(1) 성전환증과 성전환자

일부 사람들은 자기 자신을 생식기를 포함한 신체적 특징과 반대의 성으로서 인식하기도 한다. 이와 같이 자기 자신을 생물학적 성과 반대의 성으로서 인식하는 것을 성전환증(또는 성도착증; transsexualism)이라 하며, 이러한 증상을 나타내는 사람들을 성전환자(또는 성도착자; transsexual)라고 한다(그림 9.3) 성전환자의 생물학적 성과 성정체성 사이의 불일치는 매우 어린 시기에 시작되는 경우와 성인이 되어 시작하는 경우가 있으며, 이들 중 일부는 해부학적 성전환을 위하여 호르몬 요법이나 성전환수술을 받기도 한다.

성전환자는 자신의 생물학적 성을 인정하지 않으며 성적 파트너를 구하기 어렵다는 점에 많은 불만을 느낀다. 아직까지 성전환증의 정확한 원인은 알려져 있지 않으며, 심리치료로서는 성전환자의 생물학적 성과 성정체성을 일치시키는 데 아무런 효과도 없기 때문에 결국 많은 성전환자가 성전환수술을 선택하게 된다.

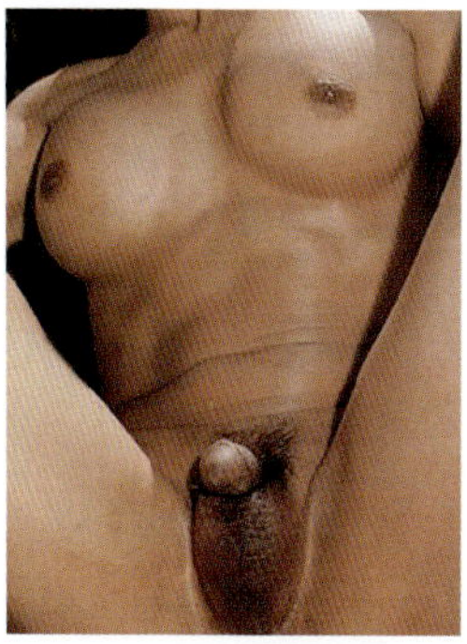

그림 9.3 성전환자의 유방과 음경

(2) 성전환증의 특징

생물학적 남성이 여성의 성정체성을 갖는 경우가 생물학적 여성이 남성의 성정체성을 나타내는 경우보다 3–6배 이상 많으며, 소년들은 자신의 음경, 정소, 얼굴, 체모 등에 불만을, 소녀들은 발달된 유방, 소변 누는 자세 등에 불만을 나타내며, 일반적으로 성전환증 유아들은 반대 성의 의복이나 놀이에 대단한 관심을 보이는 경우가 많다.

성전환자는 동성애자와는 확연히 구별된다(그림 9.2). 동성애자들은 자신과 동일한 생물학적 성을 성적 대상으로 하지만 자신의 생물학적 성을 부정하지 않는 반면에, 대부분의 성전환자들은 자신과 동일한 생물학적 성을 성적 대상으로 한다는 측면에서는 동성애자와 유사하지만 자기 자신은 자신의 생물학적 성과 반대의 성을 갖고 있다고 생각하기 때문에 자신들이 동성애자나 동성애를 하고 있다고 인식하지 않는다. 즉, 남성 동성애자들은 남성으로서 살면서 성적인 대상으로서 여성이 아닌 남성을 택하는 경우이고, 남성 성전환자들은 여성으로서 살면서 이성애자 남성에 의해 여성으로서 사랑 받길 원하는 경우라고 할 수 있다.

또한 성전환증은 변태성욕의 일종인 복장도착과도 다르다(그림 9.2; 10.13). 복장도착자들은 성적흥분을 위해 반대 성의 의복을 입는 사람들을 말하며, 성전환자와는 달리 자신들의 생물학적 성을 인정한다. 이에 반해 성전환자들은 성적흥분을 위해서가 아니라 자신들의 생물학적 성을 부정하고 혐오하기 때문에 반대 성의 의복을 입을 뿐이다. 즉, 남성 성전환자에게 있어서 여성의 의복을 입는 것은 자신이 여성이기 때문에 지극히 당연한 일일 뿐이다.

Q 9-2

성전환증자에 대하여 어떻게 생각하는가?

'성전환증자에 대하여 어떻게 생각하는가?'라는 질문에 남학생들의 경우 284명 중 22%만이 '존중해야 한다' 또는 '이해할 수 있다'라고 응답하였으며, 3배에 가까운 69%는 '부정적으로 생각한다', '불쌍하다', '이해하기 힘들다'고 응답하였다. 심지어 20%는 '혐오스럽다'고 응답하기도 하였다. 여학생들의 경우는 남학생들 보다 2배에 가까운 46%가 '존중해야 한다'라는 긍정적인 반응을 보였으나, 부정적인 의견 또한 52%에 달했다. 반면 성전환증자의 성전환에 대한 법적 인정 여부에 대한 응답에서 남학생 67%와 여학생 82%가 '법적으로 인정해 주어야 한다'라고 응답하여 많은 학생들이 성전환증에 대하여 부정적으로 인식하고 있음에도 불구하고 사회제도적 개선의 필요성은 인정하는 것으로 나타났다.

Q 성전환증자에 대하여 어떻게 생각하는가?

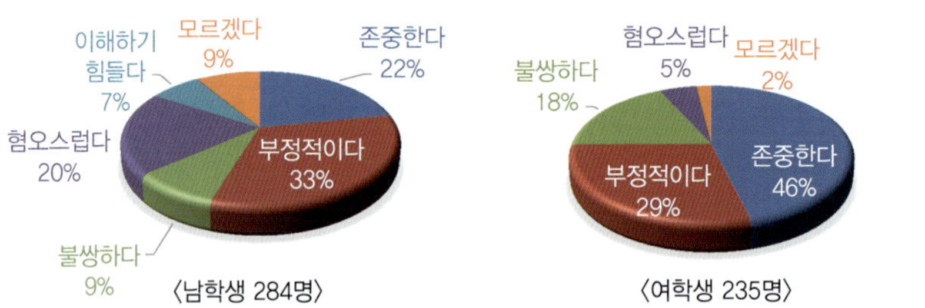

Q 성전환증자의 법적 인정 여부에 대하여 어떻게 생각하는가?

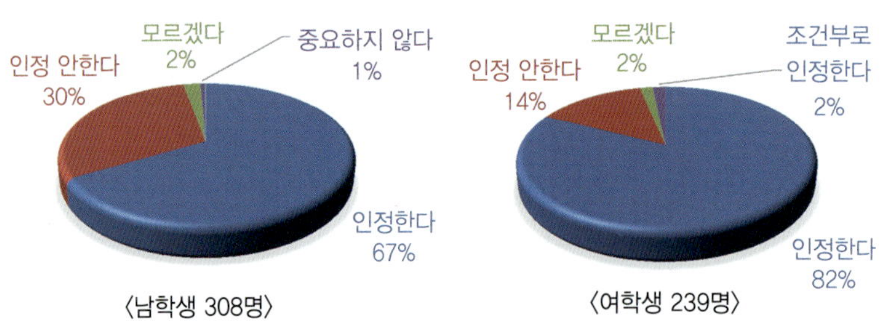

(3) 성전환수술

① 목적

성전환수술은 성전환자에게 자신의 생물학적 성에 대한 불만을 해소시켜 정신적 또는 감정적 건강을 유지시키기 위한 목적으로 시행된다. 일부 학자는 성전환수술 자체는 성전환자에게 정신적으로 아무런 도움이 되지 않는다고 보고하였고, 또 다른 학자들은 성전환수술이 성전환자들의 행복한 생활과 정신적 안정을 보장하는 가장 최선이며 최후의 방법이라고 주장하기도 하는 등 성전환수술에 대한 평가에는 학자들에 따라 서로 상반되는 견해가 있다. 그러나 최근의 어느 연구에서는 성전환수술을 받은 대부분의 성전환자들은 수술한 것을 전혀 후회하지 않고 자신의 새로운 성에 만족하고 있으며, 단지 소수의 성전환자들만이 후회하는 것으로 조사되었다.

② 준비

성전환자들이 성전환수술을 원할 때에는 수술받기 전에 충분한 시간 동안 여러 가지 심리검사를 받게 된다. 우선 성전환수술을 받기로 결심한 사람들에게는 1–2년 동안 반대 성으로 생활하게 한다. 만약 남성이 여성으로의 성전환을 원할 때에는 이 시기 동안 의복은 물론 일상생활에서 여성으로서 살아가게 한다. 이러한 시도는 성전환 후 반대 성으로서의 생활에 대한 적응과 성전환을 시행한 사실에 대한 후회를 사전에 방지할 수 있는 기회를 제공한다. 또한 반대 성의 성적 특징을 유발시키기 위해 성호르몬 치료도 시행한다. 예를 들어, 여성으로의 성전환을 원하는 남성에게는 에스트로젠을 투여하여 유방 발달, 엉덩이의 지방 축적, 피부 변화 등을 유발시키며, 남성으로의 성전환을 원하는 여성에게는 테스토스테론을 투여하여 목소리를 굵게 하고, 얼굴을 비롯한 기타 부분의 체모를 증가시키며, 생리를 억제하게 된다. 더욱이 이 시기 동안 성전환자는 자신의 성전환에 대해 가족이나 친지들이 준비할 수 있도록 고려하여야 한다. 일반적으로 가족이나 친지들은 성전환 수술에 대해 상당히 부정적인 반응을 보이지만, 성전환자들은 수술하기 전에 반드시 이러한 문제를 해결하기 위하여 최선을 다해야 한다. 마지막으로 법적인 문제도 해결해야 한다. 성전환증자의 법적 인정 여부에 대한 조건은 국가별로 다르며 우리나라의 경우 따로 성전환증자의 성별정정과 관련한 법률이 제정되어 있지는 않으나 2006년 대법원 판례에 따라 만 20세 이상, 미혼에 자녀가 없는 성인이 성전환 수술을 한 경우에 한하여 성별정정 신청이 가능해졌으며 2013년 이후에는 법원에서 음경을 만들거나 질을 만드는 수술을 받지 않은 일부 성전환증자에 대하여 성별정정을 인정해 주

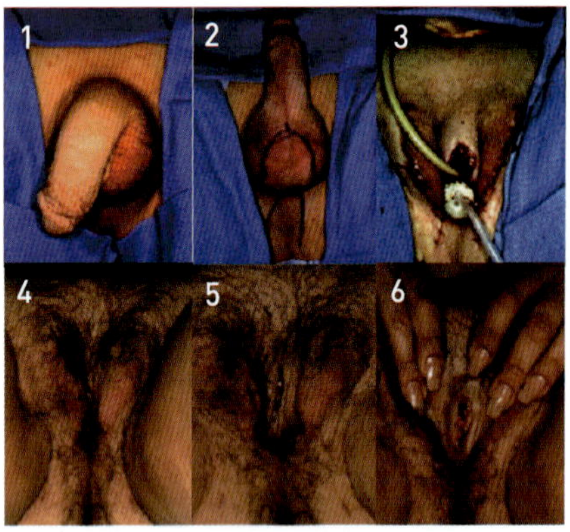

그림 9.4 남성 성전환자의 성전환 수술과정
1; 성전환수술 전의 음경 모습, 2; 수술 부위의 결정, 3; 절제된 음경 모습, 4, 5; 여성의 음부를 만들어 주는 과정, 6; 완성된 음부

그림 9.5 인공음경
음경에 혈관이 보일 정도로 실제 음경과 유사하게 제작되어 있다.

기도 하였다. 성별정정이 이루어진 성전환증자의 경우 생물학적으로 동성인 배우자와 합법적인 결혼 생활을 누릴 수 있게 된다.

③ 방법

여성으로의 성전환을 원하는 남성을 대상으로 하는 성전환수술은 우선 음경과 정소를 제거하고, 골반조직을 이용하여 질을 만들며, 음경 피부에 있는 감각신경을 새로이 만들어지는 질 내로 옮기는 과정을 거치게 된다(그림 9.4). 수술 후 성관계는 가능하지만 윤활작용이 불가능해 보조적인 윤활제가 필요하며, 확실한 증거나 통계는 없지만 수술이 성공적으로 시행된 경우에는 오르가즘과 같은 성반응을 보이는 경우도 있다고 알려져 있다. 이 경우는 여성을 남성으로 성전환하는 수술에 비해서는 간단한 편이다.

여성을 남성으로 성전환시키기 위해서는 난소, 자궁, 유방만을 제거하기도 하며, 경우에 따라서는 인공음경을 부착시키기도 한다(그림 9.5). 인공음경은 근육이나 피부를 이용할 수도 있으며, 음핵을 확대시켜 만들기도 하고, 실리콘 등으로 제작된 음경과 음낭을 부착하기도 한다. 그러나 이러한 인공음경들은 자연적인 발기가 불가능하다.

3 성적역할

1) 성적역할의 결정

생물학적 성은 남녀의 행동이나 감정의 차이를 결정할 수 있는가? 남성이 여성보다 더욱 활동적이고 공격적인 이유는 남성호르몬인 테스토스테론의 농도가 높아서일까? 아니면 공격적인 행위를 한 주체가 남성일 경우가 여성인 경우보다 사회적으로 더욱 관대하게 용인되기 때문일까? 이러한 의문들에 대한 확실한 결론을 내리기는 쉽지 않지만, 생물학적 영향이 사회, 문화적인 영향에 대한 어떤 한계로서 작용할 가능성이 높다는 것이 현재의 입장이다.

성적역할이란 남녀의 행동과 태도에 대한 기준으로서, 그 형성과정에 대해서는 여러 가지 견해가 있는데, 그 중 중요한 두 가지 학설로는 세부구조설(microstructural theory)과 개인주의설(indivisualist theory)이 있다. 성적역할은 남녀의 행동에 대한 사회의 기대에 의해 결정된다는 것이 세부구조설인데, 남성과 여성의 성적역할은 개개인의 내부의 존재하는 무엇인가에 의해 형성되는 것이 아니라 사회가 개인에게 기대하는 행동이나 태도에 의해 결정된다는 것이다. 즉, 성적역할은 어떤 사회환경 속에서 사회구성원 간의 상호작용에 의해 형성된다는 것이다. 이에 반해 개인주의설은 비교적 어린 시기에 발달된 일련의 개인적인 성향이 개개인의 성적역할을 결정한다는 학설이다. 이러한 성향은 일생을 통해 변화하지 않으며, 개개인의 남성적인 또는 여성적인 행동에 대한 동기를 결정한다는 것이다. 예를 들어, 성인 여성은 남성 성향의 직업을 선택하지 않는 경우가 일반적인데, 그 이유는 그녀에게는 그러한 직업을 선택할 동기도 없으며 그녀의 성격 구조나 자아상이 그러한 선택을 하지 않도록 조절하기 때문이라는 것이다.

2) 성적역할의 발달

(1) 미성년기

사회의 일반적인 가치관을 자기 자신의 것으로 내면화시키는 과정을 사회화(socialization)라 하는데, 이러한 사회화 과정이 유아의 태도나 행동에 영향을 줌으로써 유아의 성적역할을 결정하게 된다. 유아들은 사회로부터 성적역할에 대한 여러 종류의 태도를 배우게 되는데, 여성의 성적역할만을 집착하는 사람들은 대개 수동적, 의존적, 협동적이며 사회 적응 능력이 양호하고 자신의 감정 표현에 능숙한 사람에 의해 양육된 경우가 많고, 남성의 성적역할을 선호하는 사람들은 독립적, 우월적, 경쟁적, 공격적, 성공지향적이며 감정을 속으로 감추는 사람들에 의해서 양육된 경우가 많다고 알려져 있다.

부모들은 자신들의 성적역할에 따라 자녀들을 양육하게 된다. 아버지는 아들에게는 강함을, 딸에게는 아름다움과 부드러움을 강조하는 교육을 한다. 남아들이 여자인형이나 주방용 장난감을 갖고 놀고, 여아들이 전쟁게임 등을 하고 논다면, 이를 본 어머니는 별다른 반응을 보이지 않는 데 반해 아버지들은 상당히 부정적인 반응을 보이는 것이 일반적이다. 이와 같

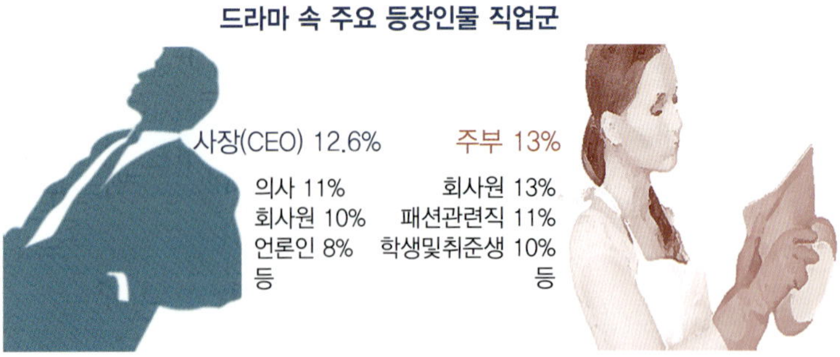

그림 9.6 남녀의 성적역할
KBS 주말드라마 속 인물들의 직업에 반영된 남녀의 성적 역할은 남성의 경우 사장 또는 전문직 종사자가 많고 여성들은 가사노동을 담당하는 주부 또는 일반 사무직 종사자인 경우가 많다. (출처: 미디어오늘)

이 유아들의 성적역할은 사회화 과정을 통해서 발달하기도 한다.

최근에는 남녀의 성적역할에 대한 사회적 인식이 상당한 수준으로 변화하고 있는 것은 사실이지만, 이러한 많은 변화에도 불구하고 아직도 여성들은 전통적인 성적역할에 대한 사회적 기대에 의해 억압받는 경우가 많다(그림 9.6). 예를 들어, 남성에게 자신의 성적역할에 대한 감정을 솔직히 표현하는 공격적인 성향을 나타내는 여성은 애인으로서는 많은 남성에게 호감을 줄 수도 있지만, 결국은 여성답지 못한 사람으로 인식되어 결혼 상대자로는 환영받지 못하는 경우가 많다. 이와 같이 과거에 비해 성적역할에 대한 인식이 많이 변화하였는 데도 불구하고 아직도 우리 사회에는 과거의 성적역할에 대한 고정관념이 뿌리 깊은 것도 사실이다.

여러 연구들은 부모들 간의 상호작용에 대한 관찰과 부모와의 적절한 상호작용 등이 유아들의 성적역할 발달에 매우 중요한 요인으로 작용한다고 설명하고 있다. 보통 아버지들은 어머니보다 성적역할에 대한 고정관념이 더욱 강하기 때문에 아버지가 없는 가정에서 자라난 아동들은 부모와 함께 자란 아동들보다 성적역할에 있어 상당히 유연한 경향이 있으며, 이러한 양성구유적인 성적역할은 현대 사회에 알맞은 성격 형성에 도움이 되는 경우가 많은 것으로 알려져 있다.

그림 9.7 여성직업군의 변화
항공기 엔진을 정비 중인 여성정비사. 과거 남성들이 거의 독점하다시피 했던 일부 직업군에서 여성들의 진출이 뚜렷이 증가하고 있다.

(2) 성인기

최근 들어 성인들의 성적역할도 변화하고 있다. 우리나라의 경우에도 경제적인 이유나 여성들의 의식변화에 따라 여성의 사회참여 비율이 급격히 높아짐으로써 과거에는 남성들에게 독점되다시피 했던 직업에서 최근에는 여성들이 두각을 나타내는 경우가 많아지게 되었다(그림 9.7). 통계청 경제활동 인구조사자료의 여성

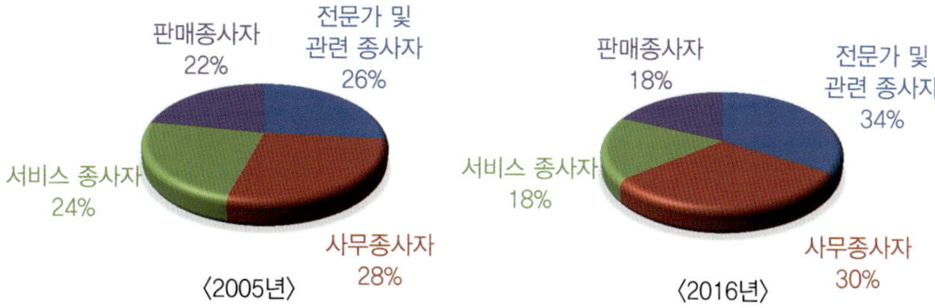

그림 9.8 여성 경제활동 직업군의 변화

경제활동 변화추이를 살펴보면 2005년에 비하여 2016년에는 전문직 또는 사무직 종사 비율이 54%에서 64%로 증가하였고 판매 및 서비스 종사자의 비율은 46%에서 36%로 감소하였음을 알 수 있다(그림 9.8).

최근 들어 결혼과 사회생활에 대한 여성들의 인식은 크게 변화하여 결혼 및 출산 후에도 계속해서 직장 생활을 하는 경우가 많고, 오랫동안 주부로서만 생활했던 여성들도 새로이 직업을 갖는 경우가 늘어나고 있다. 그러나 통계청 조사에 따르면 남성과는 달리 여성들의 경우 20대에 비해 30대 경제활동 비율이 약간 감소하는 모습을 보이고 있는데, 이는 결혼, 출산, 육아문제로 인한 여성들의 경력 단절이 원인인 것으로 밝혀졌다. 또한 40대 이후 여성들의 경제활동은 정규직보다는 식당이나 미화원, 판매직 같은 비정규직이나 단순노동의 비중이 크게 나타나 여전히 경제활동에 있어 남성과 여성의 성적역할의 차이가 있음을 보여준다.

가정에서 또한 남편과 아내가 모두 직업을 갖고 있더라도 성적역할에 대한 고정관념에는 크게 변화가 없다. 아직도 우리 사회에서는 집안 일은 하찮은 것으로 간주되며, 직업이 있는 여성이라도 혼자서 가사를 책임지는 것이 당연한 것으로 생각되는 사고방식이 일반화되어 있기 때문에 여성들은 사회적 성취와 자기만족의 기회를 갖기 어렵다. 또한 직업을 갖고 있는 여성들은 직장에서 직업인으로 정당한 대우를 받기보다는 단지 보조적인 위치에 머물게 되며, 종종 직장 내 성희롱의 희생자가 되고는 한다. 더욱이 신세대 남성들은 배우자로서 직업을 갖고 있는 여성을 선호하지만, 결혼 후에는 아내가 남편 뒷바라지나 자녀 양육에 많은 시간을 할애해 주기를 원하는 이중적인 사고방식을 갖기도 한다. 이러한 현상은 여성들로 하여금 가정과 직장의 균형을 맞추는 데에 큰 어려움을 느끼게 하며, 시대에 걸맞은 성적역할의 형성을 어렵게 하는 원인이 되기도 한다. 그러나 최근에는 가정내 성적역할의 변화가 나타나 육아 및 가사를 분담하는 남성들이 크게 늘고 있으며, 남성육아휴직제도 시행을 통하여 남성들의 육아참여율을 높이려는 노력들이 시도되고 있다. 그 결과 전체 육아휴직자

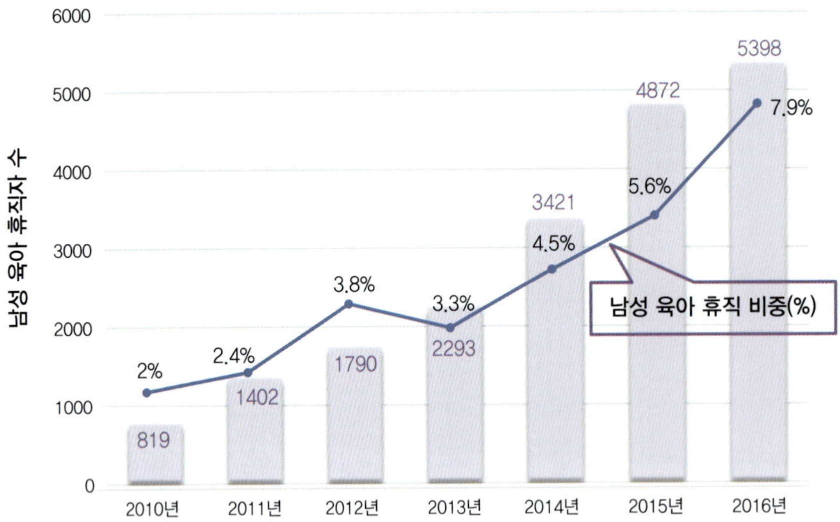

그림 9.9 남성 육아휴직의 변화
2016년 고용노동부의 발표자료에 따르면 2010년에는 전체육아휴직자의 2%에 그치던 남성 육아 휴직자의 비율이 2015년 5.6%, 2016년 7.9%로 최근 들어 빠르게 늘고 있는 것으로 나타났다.

중 남성 육아휴직자가 차지하는 비율이 2010년 2%에서 2016년 9월 7.9%로 지속적으로 증가하고 있다(그림 9.9).

사람들은 나이가 들면서 점점 복잡한 성적역할을 경험하게 된다. 남성들도 자녀 양육의 기회를 갖게 되며, 직업이 있는 여성들은 배우자에게 비의존적인 성향을 나타낸다. 이러한 성적역할의 변화는 사회의 분위기와도 밀접히 연관되어 있으며, 사회분위기의 변화는 TV, 소설, 영화, 잡지 등과 같은 대중매체의 영향을 받게 된다. 최근의 대중매체에서는 성취욕이 강한 능력 있는 직업여성들이 전업주부들보다 훨씬 신세대다운 여성으로서 표현되고 있으며, 여성 친화적인 행동이나 말투의 남성이 가부장적이면서 무뚝뚝한 사람보다 훨씬 인기가 높은 것이 요즘의 경향이다. 더욱이 가족 경제를 위해 최선을 다하는 남성일지라도 장보기, 주방일, 청소하기 등과 같이 일반적으로 여성의 일로 생각되던 행위를 꺼리는 남성들은 완고한 가장, 나쁜 남편, 비가정적인 아버지의 이미지로 표현되는 경우가 적지 않은 반면에, 직업을 갖고 있는 주부의 경우에는 집안 일을 전혀 하지 않아도 가정 수입에 도움을 주는 것만으로도 능력 있는 모습으로 비추어지고 있다. 이와 같이 매스미디어의 성적역할의 표현은 현대 사회의 성적역할의 변화에 결정적인 영향을 미치고 있으며, 이러한 영향은 청소년기는 물론 성인들의 성적역할의 형성에 주요한 요인으로 작용할 수도 있을 것이다.

3) 성적역할과 성

(1) 성적 고정관념의 영향

빅토리아 시대의 의사나 성 연구자들은 여성은 수동적이고 약하며 성관계시 오르가즘도 느낄 수 없는 존재라고 생각하였으며, 이러한 인식은 20세기 들어서까지 지속되었다. 그러나 20세기 중반에 킨제이나 매스터스와 존슨 등이 과학적인 연구 방법을 이용하여 여성도 남성과 유사한 성적 반응을 나타내며 오르가즘의 강도나 지속시간 등은 남성보다 더욱 깊고 길다는 사실을 밝혀낸 후부터 모든 사람들이 여성의 성적 반응에 대한 새로운 인식을 하게 되었다.

동일한 성적 행동이나 태도에 대한 사회적인 시각은 남녀에 따라 이중적인 기준이 적용된다. 예를 들어, 남성의 동정이나 여성의 순결은 그 가치가 달리 해석되는데, 변강쇠 같이 성적으로 우월한 남성은 동경의 대상이 되는 반면에 성을 즐기고 원하는 여성은 헤픈 여자로서 남녀 모두에게 경원의 대상이 되기도 한다. 이러한 남녀의 성적역할에 대한 사회의 요구는 남녀 모두에게 대단히 해결하기 어려운 문제이기도 하다. 여성 같은 남성, 남성 같은 여성이 자신의 내면의 욕구를 포기하고 성적 고정관념에 따라 평생을 사는 것은 너무나 힘든 일일 것이며, 심한 정신적 스트레스와 육체적인 부조화를 야기할 수도 있을 것이다.

남녀는 남자이거나 여자이기 이전에 모두 인간이다. 그러므로 과거와 같이 고정된 성적역할에 집착하여 개인의 행복이나 사회의 안녕이 침해받지 않기 위해서는 성관계를 포함한 남녀의 성적 고정관념을 중요시하기보다는 먼저 인간의 역할에 대하여 이해하는 것이 옳을 것이다.

(2) 부모의 영향

대부분의 부모들은 자녀들에게 자신들의 성적인 행위나 태도를 숨기게 된다. 그 결과 자녀들은 자신들의 부모는 성적으로 활발하지도 않고 특별한 관심도 없다고 생각하며, 성장한 후에는 자신들의 성적인 문제로 많은 고민을 하게 된다. 예를 들어, 어떤 남성은 자신의 기억 속에 남아 있는 부모는 더 이상 성을 느끼거나 즐기는 인간이 아니었으므로 자신이 부모가 된 후에는 성적인 욕구와 부모로서의 도리 사이에서 갈등하게 된다. 이러한 이유로 일부 남성들은 더 이상 자신의 아내를 성적인 상대로 보는 것이 불가능하다고 토로하기도 한다. 어느 문화권에서는 한 남성의 아내이면서 자녀들의 어머니이기도 한 여성의 성적 욕망을 제

Q 9-3

부모의 성관계를 목격한 적 있는가?

학생들에게 '부모의 성관계를 목격한 경험이 있는가?'라고 질문한 결과 557명 중 19%가 경험이 있다고 응답하였으며, 목격한 시기로는 중고등학교 시기가 47%를 차지하였고 초등학교 이전 시기도 19%에 달했다. 당시의 느낌에 대한 조사 결과, 설문에 응한 87명의 남녀 학생들은 놀라거나 당황했다가 30%로 가장 많았으며, 좋게 느꼈다(21%), 당연하다, 자연스럽다(12%)의 긍정적인 반응이 33%, 실망과 같은 부정적인 감정이 15%, 무감정(8%), 모르겠다(5%) 등이 13%로 나타났다. 조사 결과 학생들은 부모의 성관계에 대해 전반적으로 실망과 같은 부정적인 감정보다는 좋게 느끼거나 자연스럽다고 느끼는 긍정적인 반응이 더 많은 것으로 밝혀졌다.

Q 부모의 성관계를 목격한 적 있는가?

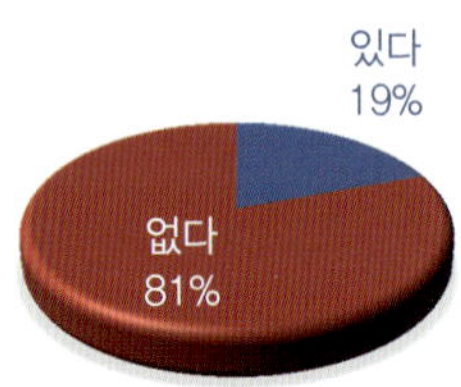

〈남녀 대학생 557명〉

Q 언제?

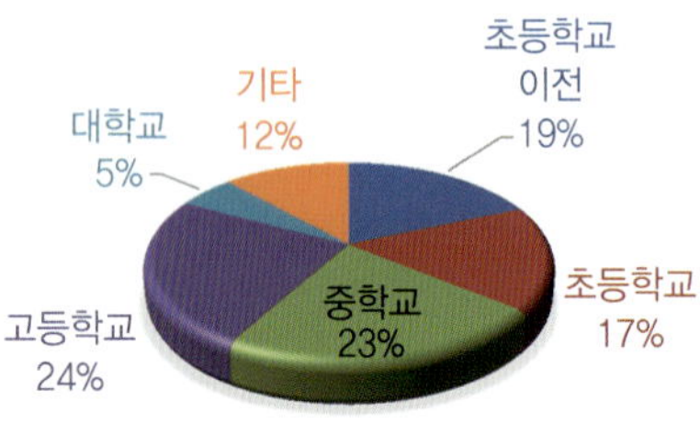

〈남녀 대학생 70명〉

Q 어떤 느낌을 받았는가?

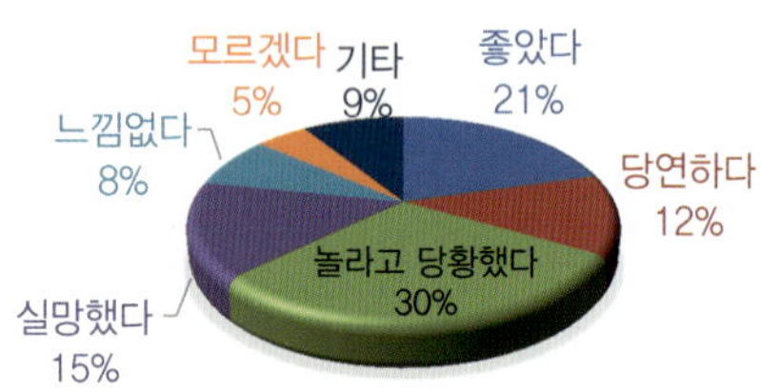

〈남녀 대학생 87명〉

거하기 위하여 여성 할례를 시행하여 성적 기능을 인위적으로 파괴하는 경우도 있다(그림 2.8). 그러나 부모에 의해 양성구유적인 성적역할을 형성하게 된 자녀들은 성인이 되어 자녀를 출산하게 되더라도 부부가 함께 자녀 양육에 대한 책임을 공유하며, 자녀 출산 후에도 계속적으로 서로를 성적인 대상으로 사랑하는 경우가 많다.

대부분의 부모들은 자녀들에게 성적인 것을 숨기고자 하지만, 간혹 자녀들에 의해 부부관계의 장면이 목격되고는 한다. 이러한 경우 자녀들은 부모들이 우려하는 것과는 달리 순간적으로 놀라거나 당황하긴 하지만 부모들의 성을 부정적으로 생각하기보다는 오히려 상당히 긍정적으로 평가하는 경향이 높은 것으로 조사되었다. 더욱이 일방적인 성적 표현이 아닌 부부 상호간에 친밀감을 표시하는 포옹이나 가벼운 키스 등의 행위는 자녀들에게 잘못된 성적 문제를 유발하는 것이 아니라 부부 간의 성을 자연스러운 것으로서 인식하게 하여 도리어 성을 바르게 볼 수 있는 기회를 제공할 수도 있을 것이다. 이와 같이 어린 시절부터 남녀의 사랑, 특히 부부 간의 사랑을 당연하면서도 아름다운 것으로 인식하게 된 자녀들은 성장한 후 자신의 배우자와의 관계에서 어떤 혼란도 경험하지 않을 가능성이 높다.

4) 성적역할과 사회의 인식

현재의 성인들은 성적역할에 대한 전통적인 고정관념을 지니고 있는 부모로부터 양육되었을 것이다. 그러나 최근에는 다양한 정보매체의 발달로 신세대들의 성적역할은 양성구유적인 성향이 강해지게 되었으며, 심지어 어느 것이 남성적인 것이고, 어느 것이 여성적인 것인지에 대한 뚜렷한 구분이 없는 경우도 있어 성적역할에 대한 혼란이 가중되고 있는 실정이다.

최근 들어 여성들의 학력이 높아지고 사회 진출이 많아지면서 경제적, 정신적으로 남성으로부터 독립하는 여성들의 수가 급속히 늘어나고 있으며, 사회적으로 성공한 여성들은 가정에서의 지위는 물론 성적인 면에서도 남성과 평등한 위치에 서고자 하는 경향이 강해지고 있다. 이와 같이 남녀의 역할에 대한 엄격한 기준이 무너지게 됨으로써 성적역할 역시 변화하지 않을 수 없게 되었다. 여성들은 성적역할에 대한 과거의 고정관념에서 벗어나고자 끊임없이 노력하고 있으며, 이를 통해 자신들의 역할이나 사회적 위치를 재구성하려고 하고 있다. 한편 남성들은 과거와는 너무나도 달라진 성적역할에 대한 사회의 기대 때문에 갈등과 방황을 할 수밖에 없게 되었다. 즉, 남성들은 유아기 시절 사회화 과정을 통해 습득한 고전적인 성적역할과 성인이 된 후 급속도로 변화된 성적역할에 대한 사회적 경험들 사이에서 많은 모순과 적응에의 어려움을 느끼게 되었다. 현재의 성인들은 어린 시절부터 아버지란 자녀나 아내에게 권위와 위엄을 보여야 한다고 배우면서 자라 왔으나, 성인이 된 지금은 도리어 자녀나 아내에게 사랑의 감정을 솔직히 표현해야만 하는 처지에 처하게 되었다. 성적역할이 이미 고착화된 성인 남성들은 이러한 성적역할의 변화에 적응하기 어려울 것이지만 사회적 인식의 변화는 아내나 여성 직장동료 및 자녀들과 이전과는 다른 새로운 관계를 정립하도록 강요하고 있으며, 그 변화에 순응하지 않으면 사회적 비난을 감수하여야 함은 물론 심할 경우 사회로부터 도태될지도 모르는 처지에 처하게 되었다. 따라서 시대에 맞는 새로운 성적역할의 형성은 가정이나 사회에서 자신의 행복과 성취를 위해 필수불가결한 요소가 되어버리고 말았다.

이와 같이 최근 성에 관한 시대적, 사회적 가치관의 변화, 여성의 사회적 역할 증대 등에 의해 우리사회는 모든 구성원들에게 남녀의 성적역할 인식에서의 변화를 강요하고 있으나, 고전적인 성적역할에 익숙한 사람들은 변화된 성적역할에 적응하지 못한 채 성적역할에 대한 새로운 가치관 정립에의 어려움과 이에 따른 정상적인 성적활동 및 사회활동에서의 문제 등으로 인하여 상당한 정신적 혼란을 경험하고 있다. 이러한 문제를 해결하고, 현대 사회에 적합한 남녀의 성적역할 모델을 확립시키기 위해서는 남성과 여성 개개인의 노력은 물론 사회 전체의 환경 변화가 필수적일 것이다. 사회 전체가 남녀 관계없이 개인의 능력에 따라 평등한 사회적 대우를 제공하고 이성을 성적인 대상으로만 보는 것이 아니라 자신들과 동등한 인간으로서 이해할 수 있도록 교육함으로써 남녀 모두 새로운 성적역할에 대한 적응이 용이하도록 유도하여야 할 것이다.

4 성적지향

1) 성적지향의 결정

(1) 심리분석학적 요인

프로이드는 사람들은 누구라도 이성애자나 동성애자가 될 수 있다고 주장하였다. 즉, 그는 오이디푸스 콤플렉스를 정상적으로 해결하면 이성애자가 되며, 해결 과정이 정체되거나 퇴보하게 되면 동성애자가 된다고 설명하였다. 그는 남아가 어머니를 거부하고 아버지를 선택하게 되면 남성 동성애자가 되고, 여아가 어머니를 사랑하고 어머니의 사랑을 구하는 과정이 계속되면 여성 동성애자가 되는데, 이러한 성적지향은 외부로 표현되기도 하지만 자신이 동성애자라는 사실이 완전히 노출되기 전까지는 자신의 동성애적 성적지향을 밖으로 드러나지 않고 의식 속에만 담아 두는 잠복동성애자(latent homosexuals)들도 있다고 설명하였다.

어느 소규모 연구에서 남성 동성애자들은 과도하게 방어적인 어머니와 전형적인 남성상을 보여주지 못하는 아버지 밑에서 자라난 경우가 많다는 사실이 밝혀졌는데, 특히 그들의 어머니는 아들의 전형적인 남성적 행위를 억제시키며 소녀들에 대한 호기심조차 금지시키기도 하는 것으로 드러났다. 이 연구는 이러한 환경 하에서 자란 남아는 이성애적 관계에 두려움을 느끼게 되고 아버지에게서 받지 못한 사랑을 다른 남성에게서 갈구하게 됨으로써 결국 동성애자가 될 가능성이 높아지게 된다고 주장하였다. 또 다른 연구에서는 많은 여성 동성애자들은 아버지가 없고 냉정한 어머니에게 양육된 경우가 많다는 사실이 밝혀졌다. 이 경우의 여아는 어머니에게서 받지 못한 사랑을 다른 여인으로부터 찾기 위해 여성을 사랑하게 된다는 것이다. 이러한 연구결과들은 동성애적 성향이 부모나 가정환경에 의해 결정적으로 영향을 받을 수 있다는 증거가 될 수도 있으나, 또 다른 대규모 연구에서는 동성애자들 부모의 성격이나 이성애자들 부모의 성격에서 특이할만한 차이점을 발견할 수 없었다는 결과가 제시되기도 하였다. 이러한 상반되는 결과들은 심리분석학적 접근 방법만으로는 인간의 성적지향을 결정하는 요인을 명확하게 규명하기 어렵다는 사실을 시사하고 있다.

(2) 사회적 학습 요인

매스터스와 존슨은 동성애자나 이성애자가 되는 것은 사회적인 학습(social learning)의 결과라고 주장하였다. 그들은 어린 시절에 동성으로부터는 좋은 경험을, 이성으로부터는 나쁜 경험을 한 사람들은 이성보다 동성을 선호하게 되며, 결국 성장하여 동성애적 성향을 갖게 된다고 설명하였고, 인간은 원래부터 동성애자와 이성애자로 나뉘어 있는 것이 아니라 사회적 경험에 의한 학습이 사람들의 성적지향을 결정한다고 주장하였다. 또한 그들은 동성애적 성향이 있는 여성일지라도 이성애자와의 성적 접촉을 반드시 기피하는 것은 아니지만, 강간과 같은 이성과의 부정적인 경험이 이성애적 관계를 기피하게 하는 원인이 되기도 한다고 설명하였다.

동성애적 경험이 동성애적 성향을 유발하는지 또는 동성애적 성향이 동성애적 경험을 야기시키는지에 대한 정확한 증거는 없지만, 사춘기 전이나 사춘기 시기에 동성과 첫 번째 성적 경험을 한 사람들은 동성애자가 될 가능성이 높다. 성연구가인 벨은 사람의 성적지향은 사춘기 시절에 완성되며, 사춘기 이전에 생물학적 성과 성적역할의 불일치를 보이는 경우에는 동성애자가 될 가능성이 높아진다고 설명하였다. 또한 1987년 호켄베리 등의 연구에서는 남성의 특징을 나타내지 않는 남아는 여성의 특징이 없는 여아의 경우보다 장래 동성애자가 될 가능성이 더 높다고 보고하였으며, 1995년 베일리 등은 여자 인형을 갖고 놀거나 여성적인 특징을 나타내는 남아는 성인이 된 후 동성애자가 될 가능성이 약 75%나 된다고 보고하였다. 그러나 사춘기 소년들은 동성애적 환상과 행동을 하기도 하는데, 그 중 대부분은 성장하여 이성애자가 되며, 극단적으로 여성화된 경우에서도 장래 동성애자가 될 것이라고 단언할 수는 없다. 남성 동성애자들 중에서 어린 시절 여아와 같은 행동과 태도를 보였던 사람들은 전체의 일부일 뿐이며, 대부분의 동성애자들은 어린 시절에는 전형적인 성적역할을 보인다고 알려져 있다.

(3) 생물학적 요인

① 유전적 요인

1952년 칼만은 일란성 쌍생아들의 성적지향은 100% 일치한다는 사실을 밝혀냈다. 즉, 일란성 쌍생아 중 한 명이 동성애자라면 다른 한 명도 동성애자이며, 이에 반해 이란성 쌍생아는 약 10%에서만 성적지향이 일치하는 것으로 조사되었다. 이와 유사한 결과들이 다른 여러 연구자들에 의해서도 관찰되었다. 1991년 167쌍의 형제를 대상으로 한 베일리와 필라드의 연구에서는 일란성 쌍생아에서의 동성애적 성향은 약 52%가 일치하였고, 이란성 쌍생아의 경우는 22%, 입양한 형제의 경우는 11%가 일치하는 것으로 조사되었다. 143쌍의 여자 형제를 대상으로 한 연구에서는 일란성 쌍생아의 경우 48%, 이란성인 경우 16%, 입양한 경우는 6%가 일치하였으며, 또 다른 연구에서는 일란성 쌍생아의 동성애적 성향은 65.8%, 이란성 쌍생아의 경우는 30.4% 정도가 일치하는 것으로 조사되었다. 1993년 해머는 일란성 쌍생아 44쌍 중 33쌍이 동성애적 성향에서 일치하였으며, 일치한 사람들의 어머니로부터 전달된 X 염색체의 특정 부위는 동일한 DNA 염기서열을 나타낸다는 사실을 관찰하였다. 또 다른 연구자는 초파리에 특정 유전자를 삽입하면 성적지향이 변화한다는 연구 결과를 발표하기도 하였다. 이와 같은 조사 결과들은 동성애적 성향이 유전자에 의해 결정될 수 있다는 사실을 시사하고 있다고 할 수 있을 것이다.

성적지향을 결정하는 유전적 요인에 대한 연구들을 종합하면 동성애에 대한 유전적 영향의 정도는 가정에 따라 30–70%의 범위인 것으로 밝혀졌다. 이와 같이 유전적 요인이 성적지향의 결정에 대단히 큰 영향을 미치는 것은 사실이지만, 사회적 환경이 성적지향의 형성에 영향을 미칠 가능성도 완전히 배제할 수는 없을 것이다. 즉, 극단적인 성적 불일치는 유전적 요인에 의한 결과일 가능성이 높지만, 그 외의 경우는 사회적 요인과 유전적 요인의 상호작용에 의해 성적지향이 결정되었을 가능성도 있다고 할 수 있을 것이다.

② 호르몬

1978년 고르스키 등은 집쥐를 대상으로 한 실험에서 암수의 뇌가 서로 다르다는 사실을 처음으로 관찰하였으며, 갓 태어난 쥐의 성호르몬을 조절함으로써 암컷의 성적지향을 나타내는 수컷 집쥐를 얻는 데 성공하였다. 그 외에도 각종 동물을 이용한 연구를 통해 출생 전 호르몬 처리가 동물의 성적지향을 변화시킬 수도 있다는 사실이 확인되었다.

어떤 연구자들은 성적지향은 출생 전에 이미 결정된다고 보고하였다. 그들은 성적지향은 특정 발생단계에서 분비되는 호르몬의 양적 차이에 의해 유발될 수 있는데, 임신 두 달째에 분비되는 테스토스테론은 해부학적 성을 결정하며, 임신 두 달째에서 다섯 달째에는 성적지향을 결정함으로써 출생시에는 한쪽 성의 성적지향을 나타내게 된다고 주장하였다.

③ 생물학적 요인과 사회적 영향

성적지향의 형성에는 생물학적 요인이 결정적인 역할을 한다는 사실이 상당한 설득력을 갖고 있는 것은 사실이지만, 생물학적 요인만으로 성적지향이 완전히 결정된다고 할 수는 없다. 거의 대부분의 학자들은 생물학적 요인과 더불어 심리학적, 사회학적 요인들이 복합적으로 작용함으로써 성적지향을 완성시킨다고 생각하고 있으나 개개인의 성적지향이 이러한 여러 요인들 중에서 어느 요인에 의해, 어느 정도의 비율로 결정되는가를 결정하기는 쉽지 않다.

결론적으로 말한다면, 유전자, 뇌의 구조, 호르몬, 약물, 모체의 스트레스 등과 같은 생물학적 요인이 일차적으로 성적지향을 결정하는 중요한 요인이며, 사회학적 요인은 생물학적 요인의 발현에 관여하고 있다고 할 수 있을 것이다.

2) 동성애

(1) 역사

동성애(homosexuality)란 용어는 1869년 헝가리 의사에 의해 처음 사용되었으며, 20년 후 엘리스에 의해 동성에 대한 성적지향을 나타내는 사람들을 뜻하는 말로서 사용되기 시작하면서 세계적으로 널리 통용되게 되었다. 과거에는 동성애자를 총칭해서 게이라고 하였으나 최근에는 남성 동성애자만을 게이라고 부르며, 이에 반해 여성 동성애자들은 레즈비언이라 부른다.

Q 9-4

동성애에 대하여 어떻게 생각하는가?

동성애에 대한 인식은 남학생 313명 중 42%가 긍정적으로 응답하였으며 여학생 239명 중 68%가 긍정적인 것으로 조사되어 남학생들에 비해 여학생들의 동성애에 대한 인식이 보다 긍정적인 것으로 조사되었다. 동성애에 대한 부정적인 시각을 갖는 학생들 중 남학생 97%와 여학생 83%는 여성 동성애자 보다 남성 동성애자를 혐오한다고 응답하였는데, 남녀 모두에서 여성 동성애에 비하여 남성 동성애에 대한 혐오도가 훨씬 높게 관찰된 이유로는 일반적으로 여성 동성애의 경우 정서적, 감정적 교감의 이미지가 강한 것에 비하여 남성 동성애의 경우 직접적인 항문성교와 같은 육체적 성욕의 표출과 같은 이미지를 떠올리게 되는 것이 원인 중 하나로 작용했을 가능성이 높아 보인다.

Q 동성애에 대하여 어떻게 생각하는가?

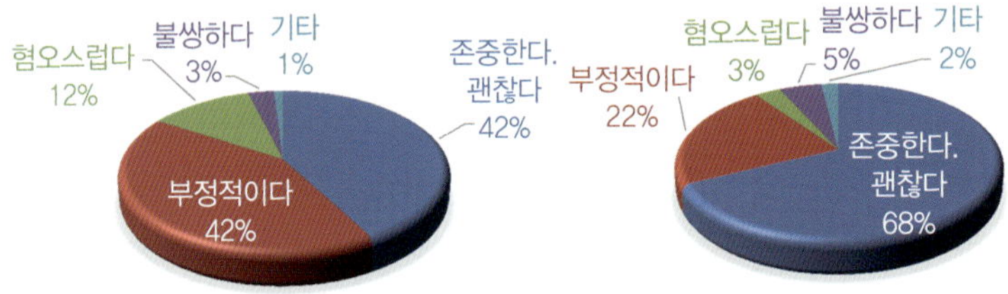

〈남학생 313명〉 〈여학생 239명〉

Q 혐오하는 동성애의 유형은?

〈남학생 186명〉 〈여학생 89명〉

서구에서는 시대에 따라 동성애에 대한 인식이 매우 다양하였다. 고대 그리스의 플라톤은 동성애를 찬양하였고, 소크라테스는 동성애란 자연스런 것으로 간주하는 등 그리스에서는 동성애를 남아들의 도덕적 완성을 위하여 장려하였다(2장 참조). 로마제국에서도 상류층의 동성애가 허용되었으며, 유럽의 기독교 신자들조차도 처음에는 동성애자에 대해 긍정적이었다. 그러나 13세기 들어 성 토마스 아퀴나스가 '성의 유일한 목적은 생식'이며, 생식을 목적으로 하지 않는 모든 성행위는 금지되어야 한다고 주장하면서부터 동성애는 비자연적이고 자연의 법칙에 위반되는 행위로서 강력히 금지되기 시작하였다.

미국 정신병학회에서 동성애가 정신병이 아니라는 사실이 판명되고 나서도 수십 년간 미국은 동성애에 대한 부정적인 인식이 팽배해서 1969년 미국의 그리니치 마을의 스톤월 여인숙에서 3일간 개최한 세계 최초의 동성애자 군중집회는 경찰의 급습으로 해산되기도 하였다. 최근에는 성소수자들에 대한 인권문제에 관심이 높아지면서 동성애자들에 대한 부정적인 인식이 많이 개선되어 2014년 워싱턴 포스트와 ABC 뉴스에서 실시한 여론조사에 따르면 미국인 중 59%가 동성 결혼을 지지하고 있으며 34%가 반대 의견을 내고 있다고 조사되어 동성 결혼을 지지하는 여론이 높은 것으로 나타났다. 그러나 34%라는 적지 않은 반대 의견은 여전히 동성 결혼에 대한 인식의 차이가 사회갈등의 요소로 남아 있음을 보여준다. 이러한 사회적 갈등으로 인하여 불거지는 인권문제와 관련하여 2011년 국제연합인권이사회에서는 성소주자에 대한 혐오 범죄와 차별, 성소수자 처벌과 성소수자 권리 증익을 도모할 것을 요구하는 결의안을 발표하고 여러 국가들이 이 결의안을 채택하도록 권하고 있으나, 여전히 동성 결혼이 법제화된 국가가 있는 반면에 동성애 행위만으로도 사형 및 종신형에 처하는 국가들이 함께 존재하고 있는 상황이다. 특히 종교계의 경우 자유주의적 개신교 등은 동성 결혼을 허용하자는 입장이지만 보수적 개신교와 가톨릭, 정교회, 무슬림 등에서는 동성 결혼에 대해 강하게 반대하고 있는 실정이다.

(2) 빈도

① 시대별 빈도

킨제이에 의해 1948년과 1953년에 실시된 동성애 관련 세계 최초의 대규모 조사에 의하면, 백인 남성 응답자의 4%가 일생 동안 완전한 동성애자이며, 10%는 최소한 3년간 완전한 동성애자, 37%는 최소한 한 번의 동성애 경험이 있다는 사실이 밝혀졌다. 또한 이 조사에 의하면 여성의 경우 13–19%가 최소한 한 번의 동성애 경험이 있으며, 1–3%는 완전한 동성애자라고 밝혀졌다. 1970년 킨제이 연구소의 조사 결과는 성인 남성의 3.3%가 동성애 경험이 있다고 보고하였고, 1975년 플레이보이 잡지는 남성의 20–25%가 최소한 한 번의 동성애 경험이 있고, 12–13%는 사춘기 이후에 동성애 경험이 있으며, 2–3%가 완전한 동성애자라는 조사 결과를 발표하였다. 또한 1993년 야누스 등은 미국 남성의 22%, 여성의 17%가 동성애 경험이 있으며, 남성의 9%와 여성의 5%가 자주 동성애를 경험하고 있다고 보고하였

Q 9-5

동성애 충동을 느낀 적 있는가?

'동성애 충동을 느낀 적이 있는가?'라는 질문에 626명의 남학생 중 9%가 동성애 충동을 느낀 경험이 있으며, 585명의 여학생 중에서는 남학생들의 약 두 배에 해당하는 16%가 동성애 충동을 느낀 경험이 있다고 응답하였다. 또한 '자신도 동성애자가 될 가능성이 있다고 생각하는가?'라는 질문에 760명의 남학생 중 11%가 가능성이 있다고 응답하였으며, 690명의 여학생 중에서는 남학생의 두 배인 22%의 여학생들이 자신도 동성애자가 될 가능성이 있다고 응답하였다.

이 설문에서 동성애적 충동을 느낀 경험이 있으며 자신도 동성애자가 될 수 있다고 응답한 학생들 모두가 현재 동성애자거나 또는 언젠가는 실제로 동성애자가 될 것이라고 단정할 수는 없을 것이다. 그러나 이 결과는 이성애자인 일반인들의 내부에도 생각했던 것보다 훨씬 많은 동성애적 감정이 존재하고 있으며, 최소한 감정적으로는 이성애자나 동성애자의 구분이 생각보다 명확하지 않을 수도 있다는 증거라고 할 수 있을 것이다. 이와 같이 동성애적 감정은 특정 사람이나 특정 나라에서만이 아니라 인간 내부에 존재하고 있는 수많은 감정들 중 하나일 수도 있을 것이다.

Q 동성애 충동을 느낀 적 있는가?

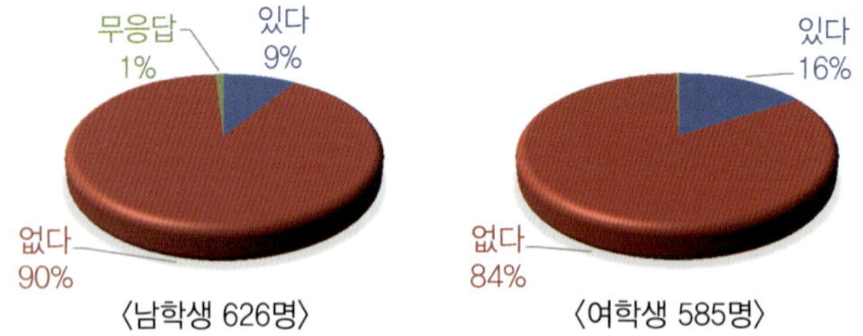

Q 자신도 동성애자가 될 가능성이 있다고 생각하는가?

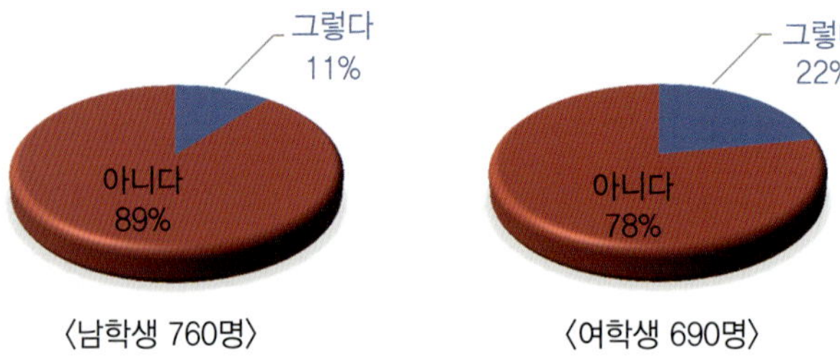

Q 9-6

동성애 경험이 있는가?

동성애 경험 여부를 묻는 질문에는 남학생 318명 중 1%, 여학생 251명 중 3%가 동성애 경험이 있다고 응답하였으며, 남학생의 7%와 여학생의 3%는 응답을 하지 않아 동성애 경험 유무를 밝히고 싶어 하지 않는 것으로 조사되었다. 또한 자신의 성적지향에 대해서는 남학생 92%와 여학생 96%가 이성애자, 남녀학생 모두 2%는 양성애자, 여학생의 0.4%가 동성애자라고 응답하였다. 이 결과는 동성애 경험이 있다고 해서 반드시 동성애자이거나 양성애자인 것은 아님을 나타내고 있다.

Q 동성애 경험이 있는가?

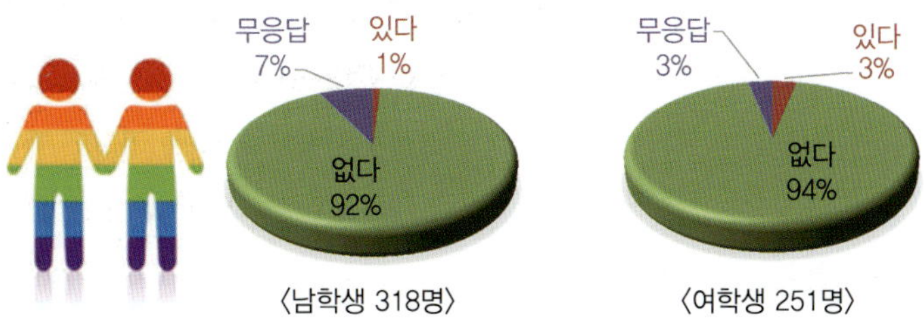

Q 자신의 성적지향은?

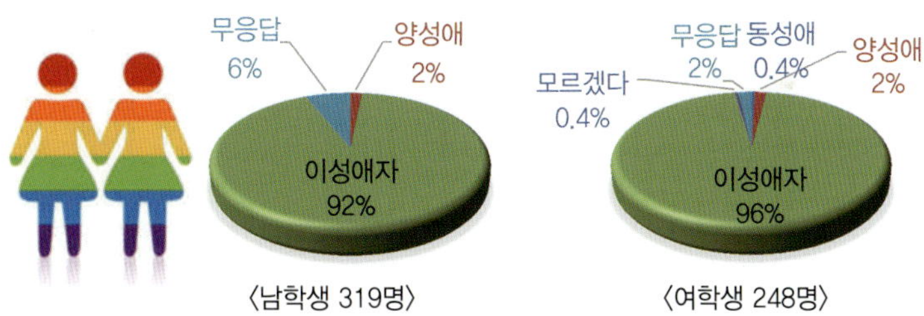

다. 1994년 라우만의 조사에서는 남성 2.8%, 여성 1.4%가 자신을 동성애자 또는 양성애자라고 응답하였다.

네일 화이트 헤드 박사의 'My Genes Made Me Do It! Homosexuality and the Scientific Evidence'이라는 제목의 저서에서는 1988년부터 2010년까지의 설문조사 결과 미국의 남녀 양성애자와 동성애자를 합한 비율은 약 2.4%였으며, 2008년 미국 대선의 출구 조사에 따르면 4%의 유권자들이 동성애자나 양성애자라는 사실이 밝혀졌다. 영국의 경우 2008년 설문조사에서 13%의 영국인이 동성 간 성접촉 경험을 했다고 응답했으나 자기 자신을 동성애자나 양성애자로 응답한 경우는 6%였다. 2010년 영국 통계청의 설문 조사에서는 1.5%의 영국인이 동성애자나 양성애자로 응답했다. 우리나라의 경우 한국성과학연구소가 2011년에 서울시에 거주하는 성인남녀 1,000명을 무작위로 추출하여서 설문을 실시한 결과, 남성의 1.1%와 여성의 0.3%가 동성애 경험이 있는 것으로 조사되었다.

② 나라별 빈도

동성애자의 비율은 시대, 연구자, 조사 방법에 따라 상당한 차이를 보이고 있으며, 나라에 따라서도 그 비율은 차이가 있는데, 1993년 월스트리트 저널이나 뉴욕타임즈에 실린 내용을 살펴보면, 캐나다는 5,514명의 25세 이하 대학 1년생을 대상으로 실시한 조사에서 1%가 동성애자, 1%가 양성애자였으며, 노르웨이는 18-60세 성인 6,155명 중에서 남성 3.5%, 여성 3.0%가 평생 1회 이상의 동성애 경험이 있는 것으로 조사되었다. 프랑스는 성인 20,055명 중에서 남성 0.7%, 여성 0.6%가 완전한 동성애자였으며, 평생 1회 이상 동성애를 경험한 경우는 남성 4.1%, 여성 2.6%인 것으로 알려졌다. 덴마크는 18-59세의 성인 3,175명을 대상으로 한 조사에서 남성의 1% 미만이 동성애자로 알려졌으며, 영국은 16-59세의 성인 18,876명 중에서 6.1%가 평생 1회 이상의 동성애 경험이 있다고 조사되었다. 우리나라에는 아직까지 동성애자나 양성애자 빈도에 대한 신뢰성 있는 자료가 없어 확실한 빈도는 알 수 없지만, 국내 남성 동성애자 수는 약 11만 명에 달하며, 이들 중 완전한 남성 동성애자는 1만 명 정도라고 알려져 있다. 11만 명 중 완전한 남성 동성애자를 제외한 10만 명은 추후 사회적 요인에 의해 동성애자로 변신할 수 있는 잠재적 남성 동성애자들이라고 할 수 있을 것이다. 이 통계는 남성 동성애자만을 대상으로 한 것이기 때문에 만약 여성 동성애자도 통계에 포함시킨다면 전체 동성애자 수는 상당히 증가할 것으로 추측된다.

(3) 동성애적 생활

동성애자들은 일반 장소에서는 성관계 상대자나 친구를 사귀기가 쉽지 않기 때문에 자신들만의 특별한 카페나 공중목욕탕 등에서 서로 간의 만남의 기회를 갖곤 하는데, 그러한 장소는 성관계를 위한 곳만이 아니라 동성애자들끼리 서로를 이해해 주는 대화의 장소이기도 하다. 우리나라에도 서울에서는 낙원동 일대, 신촌, 이태원 등지에 동성애자들을 위한 만남의 장소가 많이 있는 것으로 알려져 있으며, 신뢰도 있는 조사 결과는 없지만 전국적으로 상당한 수의 동성애자간 만남의 장소가 따로 있을 것으로 추정된다. 동성애자들 중에는 사회의 하층민들만이 아니라 고등교육을 받고 전문직에 종사하는 사람들도 상당히 많지만, 사회적으로 명예나 부를 축적한 동성애자들 중에서 커밍아웃(comming out)을 시도하는 경우는 극소수에 불과하며, 대부분은 자신의 성적지향을 숨기고 살거나 비밀 장소에서 은밀히 동성과의 관계를 지속하는 경우가 대부분이다(그림 9.10).

그림 9.10 성소수자들을 상징하는 심볼들
분홍색 역삼각형은 나치 독일 하에 수용소에서 동성애자를 식별하기 위한 마크였으며, 검정색 역삼각형은 '반사회적 행위'라는 명목으로 체포된 페미니스트, 레즈비언, 성매매 여성들에게 붙여졌던 마크로, 이후 두 개의 역삼각형은 동성애 운동과 게이 프라이드 상징 마크로 널리 사용하게 되었다. 그 외에 무지개 깃발 또는 여성을 상징하는 기호를 엮어 놓은 그림 등은 성소수자를 상징하는 심볼로 많이 사용된다.

많은 사람들은 동성애자들이 하루의 대부분을 성생활과 관련된 행위에 허비할 것이라고 생각할지도 모른다. 하지만 동성애자들도 이성애자들과 동일하게 전체 생활 중에서 성적인 활동에 투자하는 시간은 그리 많지 않으며, 나머지 시간은 직업과 관련된 업무, 여가 생활, 사회, 문화, 정치적 관심 등에 소비한다.

남성 동성애자의 경우에는 비교적 많은 성관계 대상자를 만날 기회가 있기 때문에 평생 동안 수십 명 이상의 성적 대상자와 동성애 관계를 맺는 경우가 많다고 알려져 있으나 AIDS 출현 이후 많은 남성 동성애자들은 여러 파트너와의 성관계보다는 한 사람의 성적 대상자와 오랜 기간 동안 관계를 지속하는 것에 더 관심을 갖게 되었다. 이에 반해 여성 동성애자들은 약 1–4% 정도만이 평생 동안 10명 이상의 성적 대상자와 동성애적 관계를 맺는다고 알려질 정도로 남성 동성애자들에 비해 월등히 적은 수의 동성과 성관계를 맺는 것으로 알려져 있다. 여성들은 동성애자건 이성애자이건 로맨틱한 사랑을 추구하며, 관계가 길게 지속되는 것이 보통이다.

동성애자들은 이성애자와 마찬가지로 키스, 애무, 구강성교, 항문성교 등을 시도하며, 특히 여성 동성애자들은 서로 간의 터치와 애무에 많은 시간을 할애하고 오르가즘을 위해서는 69 체위를 선호한다. 여성 동성애자들은 성관계 중에 자신들의 음부나 신체의 민감한 부분을 상대방의 음부에 문지르거나 성인용 기구를 사용하여 성관계를 하는데, 여성들은 자신들의 몸에 대해 잘 알고 있기 때문에 여성 동성애자들은 이성과 결혼한 이성애자 여성들보다 오르가즘에 도달하는 빈도가 높다고 알려져 있다. 남성 동성애자들 간에서는 구강성교가 가장 일반적이며, 그 다음이 상호 애무이고, 가장 빈도가 낮은 것이 항문성교이다. 이성애자들은 동성애자들이 남성 역할이나 여성 역할 중 어느 한쪽만을 선택한다고 생각하지만 대부분의 동성애자들은 경우에 따라 역할을 바꾸기도 하고 또는 동시에 서로를 자극하기도 한다. 어떤 연구는 남성 동성애자들 중에서 약 20%만이 성관계시 한 가지 역할만을 수행 한다고 보고하였다.

(4) 커밍아웃

자신이 동성애자라는 사실을 모든 사람에게 밝히는 것을 커밍아웃이라고 하며, 커밍아웃은 여러 단계를 거쳐 이루어지게 된다. 첫 번째는 자신이 동성애적 성향이 있다는 사실을 자인하는 단계이다. 일부 연구자들은 성적지향은 4살 전후에 완성되며, 많은 동성애자들은 아주 어린 시기에서부터 자신이 남들과 다르다는 사실을 인식한다고 주장한다. 또한 동성애자들은 성적 능력이 형성되기 이전에 이미 동성에 대해 매력을 느끼는 경우가 많으며, 일부는 사춘기나 그 이후까지 자신의 성적지향을 인식하지 못하는 경우도 있다고 알려져 있다. 자신이 동성애적 성향이 있다는 사실을 인식하면서부터 동성애자들은 동성애에 대한 부정적인 사회 인식 때문에 외롭고 고통스러운 경험을 하게 된다.

두 번째 단계는 다른 동성애자와의 친분관계를 시작하는 시기이다. 반동성애적 사회환경에서 성장한 동성애자들은 자신들의 성적지향에 대하여 부정적일 수밖에 없었을 것이지만, 다른 동성애자들과 가까워짐에 따라 동성애에 대한 부정적인 생각이 긍정적으로 바뀔 수 있는 기회가 생기게 된다. 이와 같이 동성애에 대한 인식이 변화되면 일반인들에게 자신이 동성애자라는 사실을 밝히기도 쉬워지게 된다. 다른 동성애자들과의 관계가 깊어지게 되면서 점차 성적인 표현도 하게 되며, 이성애자들의 연애와 유사하게 만나고 헤어지는 관계가 지속되기도 한다. 또한 이 단계에서는 동성애자들과의 만남을 통해 동성애자들의 권리에도 흥미를 갖게 되어 단체활동이나 정치적인 활동을 보이는 경우도 많아지게 된다.

우리나라에서도 1990년대부터 컴퓨터 통신의 동호회나 인터넷 및 대학의 동아리를 중심으로 동성애 인권을 보호하자는 움직임이 활성화되었다. '버디', '레인보우', '또사동(또 하나의 사랑)', '끼리끼리', '친구사이', '니아까' 등이 그 당시의 동성애자들의 잡지나 모임의 이름으로서 많은 동성애자들이 자신들의 인권보호를 위하여 다양한 활동을 시도하여 왔으며, 그 결과 최근에는 대학의 동성애 모임이 정식 동아리로 인정받기도 하는 등 동성애에 대한 사회적 인식이 조금씩 변화하게 되었다. 1993년 최초의 동성애자 인권모임인 초동회가 결성되었고 1994년에는 남성 동성애자 인권단체인 친구사이와 여성 동성애자 인권단체인 '끼리끼리'로 분리되어 활동하였다. 1997년에는 처음으로 서울퀴어영화제와 대규모 성소수자 집회가 열려, 현재의 동성애자인권연대의 전신인 대학동성애자인권연합이 결성되기도 하였다.

세 번째 단계는 매우 어려운 시기로서 동성애자들이 가족이나 친구들에게 자신의 성적지

Q 9-7

동성애자라면 커밍아웃 하겠는가?

남녀 학생들을 대상으로 실시한 '자신이 동성애자나 양성애자라면 커밍아웃할 것인가?'라는 질문에 남학생들의 82%, 여학생들의 88%가 커밍아웃하지 않겠다고 응답하여 대부분의 학생들이 커밍아웃에 대한 부정적인 인식을 갖고 있는 것으로 조사되었다. 이 결과는 우리 사회가 가지고 있는 동성애자들에 대한 부정적인 시각으로 인하여 동성애에 대하여 긍정적인 인식을 갖고 있는 학생들조차 커밍아웃하게 될 경우 자신은 물론 자신의 가족을 비롯한 주변인들에게 미칠 영향을 두려워하고 있다는 사실을 나타내고 있다.

Q 본인이 동성애자라면 커밍아웃할 것인가?

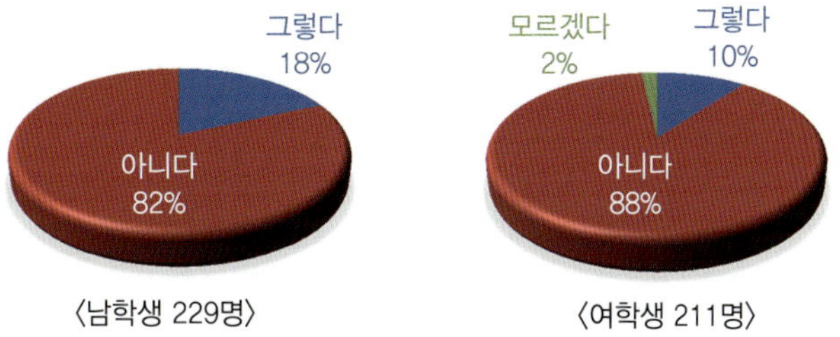

향을 밝히는 시기이다. 이때 동성애자가 이미 결혼하여 부모가 된 경우에는 타인에게 공표하기가 더욱 어려워지기도 하지만, 대부분의 경우 가족들은 결국 자기 가족이 동성애자라는 사실을 인정하게 된다.

네 번째 단계는 자신의 동성애적 성향을 완전히 자신의 생활로 받아들이게 되는 시기이다. 이 시기의 동성애자들은 직장 동료들에게도 자신이 동성애자라는 사실을 공표하기도 하며, 자신의 성적지향을 표현할 수 있는 방법을 개발하기도 한다.

본 저자들은 강의 시간에 남성 동성애자와 여성 동성애자를 초대하여 학생들과 함께 동성애에 관한 토론을 시도한 적이 있다. 그들과의 토론에서 가장 기억에 남는 것은 남성 동성애자와 여성 동성애자 두 사람 모두 모든 사람에게는 커밍아웃하기 쉬웠으나 부모에게는 자신이 동성애자라는 사실을 차마 말할 수 없었다고 밝힌 사실이다. 그러나 남성 동성애자는 TV 출연 등으로 인하여 결국 부모들도 알게 된 반면에, 그 당시까지 부모에게 커밍아웃하지 못한 상태였던 여성 동성애자는 '부모들이 평생 자신들의 자식이 동성애자란 사실을 모르고 돌아가시길 바란다'고 말해 그녀의 심적 고통이 얼마나 큰 것인지 알 수 있었다.

(5) 동성애와 결혼

미국의 경우에는 게이들의 1/5, 레즈비언의 1/3이 결혼을 하며, 많은 양성애자들도 이성과 결혼한다. 이들 중 일부 사람들은 결혼할 당시에는 자신의 성적지향을 알지 못하는 경우도 있지만, 결혼하기 전부터 자신의 성적지향을 알고 있는 경우도 많다(그림 9.11). 동성애자가 이성과 결혼하는 이유로는 사회나 집안의 압력, 파트너에 대한 애정, 자녀를 갖고자 하는 욕망, 동성 간의 결혼 생활에 대한 부정적 감정 등이 있다. 이성과 결혼한 후에 자신이 동성애자나 양성애자라는 사실을 알게 된 사람들 중 극히 소수만이 배우자에게 고백하며, 결혼한 동성애자나 양성애자들은 동성인 사람들과의 불륜으로 인하여 배우자의 마음에 상처를 줄 수 있다는 사실 때문에 심한 갈등과 스트레스를 받게 된다. 자신의 배우자가 동성애자란 사실이 드러나면 상대 배우자는 대단한 충격과 고통을 받게 되며, 대개의 경우 두 사람의 관계는 이혼으로 끝나게 된다.

많은 게이나 레즈비언들은 서로 간의 관계를 길게 지속하기를 원하지만, 동성애자들 간의 결혼은 자녀를 생산할 수 없다는 이유로 아직도 많은 나라에서 법적으로 인정받지 못하고 있다. 그러나 결혼의 주목적을 자녀 생산에 한정한다면 자녀를 갖지 않는 이성애자들끼리의 결혼이나 가임기간이 지난 노년의 결혼 역시 법적으로 인정받을 수 없을 것이다. 따라서 결혼의 가치가 결혼 당사자들의 육체적, 정신적 행복이라는 사회적 공감대가 형성된다면 동성 간의 결혼을 자녀 생산 가능 여부만으로 법적으로 금지할 수는 없을 것이다.

동성애에 대한 부정적인 인식을 바탕으로 오랫동안 동성 간의 결혼을 금지해 온 미국은 2003년 메사추세츠 주를 시작으로 입법과 소송, 주민판결 등을 거치면서 각 주에서 점차적으로 동성 결혼을 허용하기 시작하였으며, 2015년에는 미국 연방 대법원에서 결혼을 남녀 간으로 한

그림 9.11 동성애자 간의 결혼

Q 9-8

동성결혼에 대하여 어떻게 생각하는가?

동성애에 대한 법적 인정여부 및 동성애자들의 자녀양육과 관련한 법적 인정여부에 대한 인식을 묻는 조사에서 305명의 남학생 중 44%, 239명의 여학생 중 55%의 학생들이 동성애를 법적으로 인정하여야 한다고 응답하여 남학생들에 비하여 여학생들에서 이 문제에 대한 긍정적인 시각이 비교적 많은 것으로 밝혀졌다. 이에 반해 학생들 중 절반 이상인 남학생 60%, 여학생 53%가 동성애자들의 자녀양육에 대해서는 부정적인 의견을 나타냈다. 대부분의 학생들은 동성 간 결혼에는 긍정적이나 동성애자의 자녀양육에 대해서는 부정적인 이유로 부모의 성적지향이 자녀의 성적지향을 형성하는 데 영향을 줄 가능성과 동성인 부모가 아이에게 미칠 정서적 문제에 있어서의 부정적인 영향을 중요하게 생각하고 있는 것으로 조사되었다.

Q 동성간 결혼을 법적으로 인정해야 하는가?

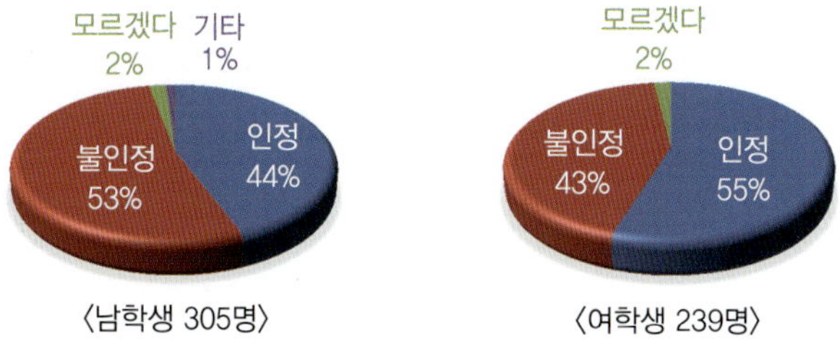

Q 동성애자 부부의 자녀양육권을 법적으로 인정해야 하는가?

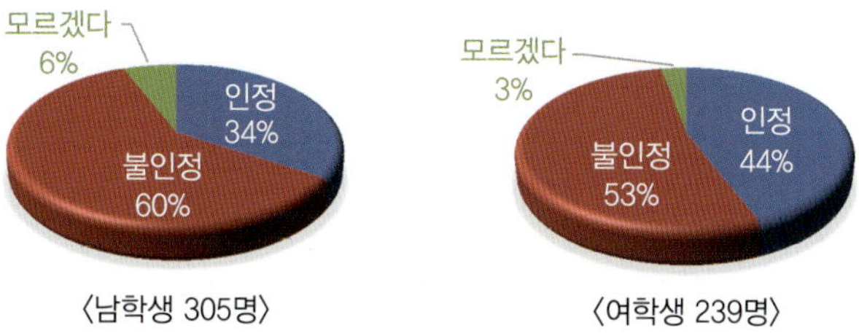

정하고 있는 '결혼보호법'에 대해 부분 위헌 판결을 내리게 됨으로써 각 주의 동성 결혼 금지법 또한 위헌 결정을 받게 되었다. 그 결과 현재 미국의 38개 주에서 동성결혼이 가능하다.

미국과 마찬가지로 유럽을 비롯한 서구사회의 동성애에 대한 법적제도는 많은 변화를 겪었는데, 1989년 덴마크에서는 세계 최초로 동성 커플 간 시민 결합(결혼과 유사한 가족제도)이 법적으로 인정을 받았고, 2001년에는 네덜란드가 동성결혼을 법제화한 최초의 국가가 되었으며, 현재 미국의 대다수 주를 포함한 영국과 프랑스, 아르헨티나 등 전 세계 23개 국가가 동성결혼을 허용하고 있다. 여기에 시민 결합 제도 또는 혼인 관계에 준하여 배우자로서의 권리를 보장하는 국가들까지 포함하면 전 세계 35개 국가가 동성 커플의 법적 지위를 보장하고 있는 상황이다.

최근 수십 년 동안 서구사회의 동성애 및 동성 간의 결혼 등에 대한 사회적 인식이나 법적 제도는 많은 변화가 있었으나 우리나라의 경우에는 아직도 이에 대한 사회적, 법적 변화는 미미한 수준에 머물러 있다. 그 예로 2013년 영화감독 김조광수와 영화사 대표 김승환이 동성 간 공개결혼식을 올려서 화제가 되었는데, 이들의 혼인신고는 불수리되었으며 이와 관련한 소송에서 재판부는 "혼인이 기본적으로 남녀의 결합관계라는 점에 관한 일반 국민들의 인식, 지금까지 혼인을 '남녀 간의 결합'으로 정의해 온 대법원과 헌법재판소의 판단을 종합해 현행법의 통상적인 해석으로는 동성인 신청인들 사이의 이 사건 합의를 혼인의 합의라고 할 수 없다"라는 이유를 들어 그들의 소송 및 항고를 기각한 바 있다. 이와 같이 우리 사회는 동성결혼을 비롯한 동성애자의 자녀 양육권 등에 대한 법적, 사회적 문제 및 동성애자 군복무 문제 등 풀어 나가야 할 어려운 과제들이 산적해 있다. 이러한 문제를 잘 해결하기 위해서는 성소수자들에 대하여 알고자 하는 적극적인 태도와 사회 구성원으로서의 공존하고자 하는 배려, 이를 통해 사회적 공감대를 형성하고자 하는 충분한 노력이 수반되어야 할 것이다.

(6) 동성애자 부모

미국에서만 수백만 명의 동성애자 또는 양성애자들이 결혼했던 경험이 있으며, 이들의 결혼생활에서 가장 민감한 이슈가 되었던 것은 자녀 양육의 문제였던 것으로 알려져 있다. 대부분의 일본인들은 동성애자들이 부모가 되는 것에 대해 부정적이며, 1993년 미국 법정은 어느 여성이 동성애 행위를 했다는 이유로 2살 난 아들의 보호권을 박탈하기도 했다. 이와 같이 동성애자들의 자녀 양육이 일반인들에게 부정적으로 비춰지는 이유는 동성애는 정신질환이며, 동성애자들은 부성이나 모성이 약하고, 자녀 역시 동성애자가 될 가능성이 높다는 이유 때문일 것이다. 또한 자녀들이 동성애자 부모로부터 성적으로 희롱당할 가능성이 높다는 것도 중요한 이유 중 하나이다.

그러나 이러한 동성애자 부모들에 대한 일반인들의 인식은 진실과 다른 부분이 상당히 존재하는 것으로 알려져 있다. 여러 연구들에서는 동성애자들이 유아를 대상으로 성폭력을 시도하는 경우는 매우 희귀한 편이며, 동성애자 자녀들은 이성애자 부모들의 자녀들과 다름없이 정상적인 성정체성과 성적지향을 나타내는 것으로 조사되었다. 이러한 결과는 성적지향의 결정이 일차적으로 생물학적 요인에 의해서 결정되기 때문에 부모가 동성애자이건 이성애자이건 이러한 환경적 요인은 선천적인 성향을 변화시킬 만큼 그 영향이 크지 않기 때문이라고 할 수 있을 것이다.

(7) 호모포비아

많은 사람들은 자기와 다른 성격, 특징, 종교를 갖고 있는 사람들을 무시하거나 차별하는 경향이 있다. 특히 동성애자들은 사회제도는 물론 많은 사람들로부터 각종 차별을 받고 있으며, 동성애자들도 자신들을 '이반'이라고 하여 이성애자들과 구별하고 있다. 이반의 이는 '다르다'는 의미의 '異' 자를 써서 일반과 다른 이반이라는 의미를 포함하고 있다. 이반이라는 뜻은 자신들이 일반인들보다 우월하다거나 일반인들을 차별한다는 의미보다는 도리어 일반인들에게 많은 차별을 받고 있다는 의미로서 사용된다. 1992년 미국에서는 공식적으로 확인된 이성애자들에 의한 동성애자 그룹의 폭행 사건이 817건이 넘으며, 90% 이상의 동성애자들이 언어폭력을 당한 경험이 있다고 알려져 있다. 동성애자들을 혐오하는 사람들이란 뜻인 호모포비아(homophobia)들 중에서도, 특히 성적역할에 대한 고정관념이 강한 남성이나 교육수준이 낮은 자, 또는 일부 종교인들은 동성애자에 대한 혐오감이 더욱 심하다. 이들이 동성애자를 혐오하는 가장 큰 이유는 동성애가 우리 사회의 기본적인 틀을 파괴할지도 모른다는 우려 때문이라고 할 수 있다.

(8) 동성애자 치료

19세기 후반에는 동성애를 정신병으로 간주하여 동성애자를 대상으로 뇌전두엽 절제술, 강제 거세, 자궁적출술, 전기 충격요법, 호르몬 투여, 정신치료 등을 시도하였다. 그 후 20세기 중반까지는 동성애자에 대한 종합적인 연구가 이루어지지 않았으나, 1957년 후커에 의해 남성 동성애자와 이성애자는 심리 검사상 어떠한 차이도 보이지 않는다는 사실이 발표되면서부터 동성애자에 대한 연구가 활발히 진행되게 되었으며, 결국 1973년 미국 정신병학회는 회원의 37%가 반대했음에도 불구하고 동성애를 정신병으로 분류하는 것을 금지하게 되었다.

어떤 연구에서는 동성애자들에게 '이성애자로 변화시켜 주는 신비의 약이 있다면 복용하겠는가?'라는 설문을 했을 때 게이의 14%, 레즈비언의 5%만이 긍정적으로 대답했다고 조사되었다. 이 결과는 대부분의 동성애자들이 자신의 성적지향에 만족하고 있으며, 동성애자들이 이성애자가 되길 원한다고 생각하는 것은 이성애자들의 편견일 수도 있다는 사실을 시사하고 있다.

많은 학자들은 이성애자가 되기를 원하는 동성애자들을 대상으로 각종 심리분석학적, 행동치료학적 요법들을 시도하였지만, 어떠한 방법을 이용하여도 현대 의학으로는 인간의 유전적 요인을 변화시키는 것은 불가능하기 때문에 결국 동성애자들의 성적지향을 변화시키려는 시도는 실패하고 말았다. 현재까지도 동성애자들이 원하는 경우에 한해서 여러 가지 치료를 받을 수는 있지만, 이러한 치료를 받겠다는 동기는 동성애자들이 진정으로 원해서가 아니라 가족들의 압력, 직장에서의 차별, 법적인 문제 등등에 의한 것이라고 알려져 있다. 동성애자들을 치료하는 것이 불가능하며, 동성애가 치료해야 할 정신병이 아니라 유전적인 차이에 의한 것이라면, 도리어 그들이 우리 사회의 일원으로서 건강한 삶을 영위할 수 있도록 도와주는 것이 동성애자들에 대한 일반인들의 올바른 자세일 수도 있을 것이다.

이 장에서 언급하였듯이, 자신의 성에 대한 인식(즉, 성정체성)이나 자신의 생물학적 성에 알맞은 행위(즉, 성적역할)는 일차적으로 생물학적 요인에 의해 결정적인 영향을 받지만, 그 영향은 학습과 같은 사회적 요인들에 의해서 변화될 수도 있다. 현대 사회는 성정체성에 관해서는 과거와 거의 동일한 인식을 갖고 있지만, 성적역할에 대한 인식에는 과거와 상당한 차이를 보이고 있다. 남성다움과 여성다움에 대한 고전적인 의미는 이미 퇴색되었으며, 시대의 변화에 따른 새로운 성적역할의 정착이 요구되고 있다. 현대인들은 이러한 변화에 적응하도록 강요받고 있으며, 변화된 성적역할에 제대로 적응하지 못하는 사람들은 사회에서 무시되거나 도태되고 있다. 이러한 성적역할의 변화가 현대 사회의 거역할 수 없는 흐름인 것이 사실인 만큼 그에 따른 적응을 위하여 자신의 성적역할에 대한 인식변화는 물론 자녀교육에도 상당한 변화가 필요하게 되었다. 또한 동성애가 치료가 불가능한 유전적 요인에 의해 결정되며, 동성애자들이 심각한 사회문제를 야기시키는 범죄집단이 아니라면 이들이 건강한 사회의 일원으로서 살아갈 수 있도록 도와주는 것은 우리 모두의 책임일 수도 있을 것이다. 유전적으로 결정된 동성애자에게 이성애자가 되라고 강요하는 것은 이성애자에게 동성과 결혼하라고 요구하는 것과 동일한 요구일 수도 있다. 동성애자건 양성애자건 성적지향에 관계없이 그들은 분명히 우리 사회의 일원이며 따라서 그들에게도 인간으로서의 법적, 사회적 자유와 권리를 보장해주는 성숙한 사회제도의 변화가 필요할 것이다.

10 성범죄

1. 성폭력

1) 강간 / 318
2) 성희롱 / 348
3) 어린이 성추행 / 354
4) 근친상간 / 359

2. 성욕도착

1) 판단기준 / 364
2) 정의 / 365
3) 종류 / 365
4) 원인 / 379
5) 치료 / 380

생식을 위하여 성을 이용하는 동물들과는 달리, 생식은 물론 쾌락을 위해서도 성을 이용하는 인간은 제도나 규범 등을 통하여 부적절한 쾌락적 성을 억제함으로써 성으로 인하여 발생할 수 있는 사회적 문제들을 해결하고자 하였다. 쾌락적 성에 의해 발생할 수 있는 문제들을 방지하기 위하여 제정된 이러한 사회적 제도는 사회 구성원 모두의 건전한 성적 자유를 보장하기 위한 것이며, 따라서 한 개인이 자신의 성적만족을 위하여 타인에게 정신적, 신체적 위해를 가하는 행위를 엄격히 금지하고 있다. 그러나 동물적, 충동적 성에 익숙한 일부 사람들은 본능적인 성적 쾌락에 탐닉하여 사회적 제도에 반하는 행동을 시도하게 되었고, 이에 따라 많은 성범죄가 발생하게 되었다. 사회제도에 반하는 성적행위에는 개인의 자유로운 성적 결정권을 침해하는 강간, 성희롱, 성추행 등이 포함되는데, 이러한 모든 신체적, 언어적, 정신적 피해를 가하는 행위를 총칭하여 '성폭력'이라고 정의할 수 있다. 이 장에서는 일반적인 강간은 물론 데이트 강간, 부부강간 등을 포함하는 각종 강간, 직장이나 학교에서의 성희롱, 어린이 성추행과 근친상간과 같이 우리 사회 어디에서나 발생할 수 있는 성범죄의 원인, 양상 및 대처 방법 등을 다룸으로써 자신의 성을 보호하는 방법과 타인의 성을 존중하는 방법들을 이해시키고자 한다.

1 성폭력

1) 강간

(1) 역사

강간이란 어떤 사람이나 그룹이 자신(들)의 성적만족을 위하여 타인의 의사와는 상관없이 강제로 성관계를 맺음으로써 신체적, 정신적 위해를 가하는 행위라고 정의할 수 있다. 영어로 강간을 뜻하는 rape는 라틴어의 '훔치다'라는 뜻의 rapera에서 유래되었으며, 강간은 초기 로마 시대의 남성들이 이웃 종족의 여성을 유괴하여 자신의 부인으로 삼았던 관습으로부터 기원되었다고 알려져 있다.

과거로부터 최근까지 발생한 국가 간의 전쟁에서는 대부분의 경우 승리한 국가의 군인들이 패한 국가의 여성들을 강간하곤 했는데, 1937년 일본군이 중국 남경의 소녀나 기혼여성을 포함하여 거의 모든 여성을 강간하고 우리나라 여성들을 위안부로 강제로 끌고 가서 성

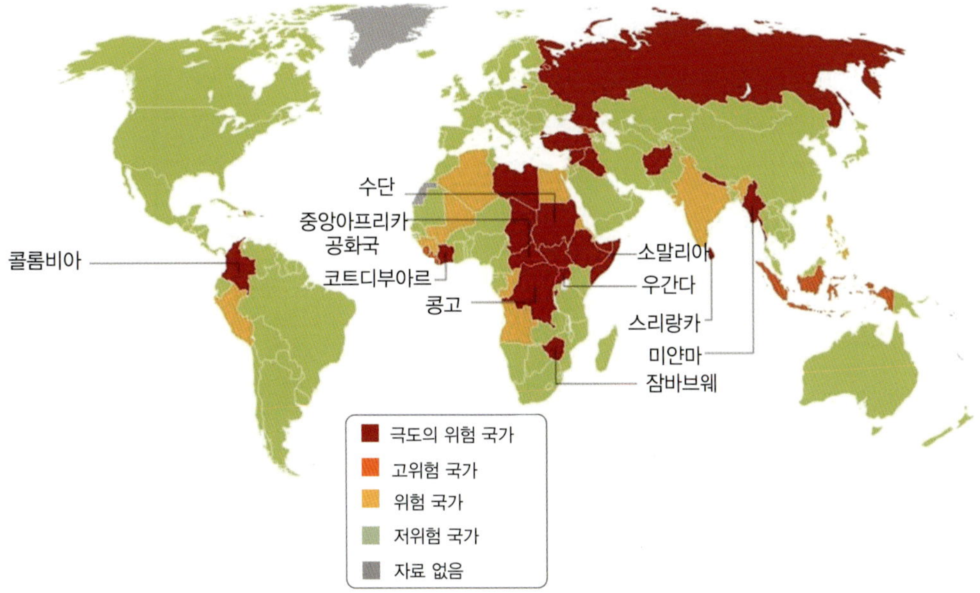

그림 10.1 **국가별 전시 여성 성폭력 위험지수**
2013년 영국 리스크 평가 전문 업체(Maplecroft)가 공개한 국가별 전시 여성 성폭력 위험 지수

의 노예로 삼았으며, 1990년 보스니아에서 세르비아 군인들이 수만 명의 이슬람 여성들을 강간한 것 등이 그러한 예에 속한다고 할 수 있다. 또한 전쟁은 결혼문화까지 바꾸어 놓아 2011년 12%였던 미성년자 결혼이 시리아 내전 이후에는 시리아 난민사회에서 성범죄를 피하기 위하여 미성년 여성의 결혼이 25%로 급증하기도 하였다. 최근 유엔 평화유지군 성폭력 근절과 관련한 '코드블루 캠페인'에서는 중앙아프리카공화국 주둔 유엔군(MINUSCA)의 성범죄 사건 14건을 고발하였는데, 특히 2007년에 발생한 아이티 어린이 성폭행과 관련하여 어린이들을 성적으로 착취해 온 스리랑카 군인 134명의 이름이 공개되어 충격을 안겨주었다. 또한 2017년 유엔 안전보장이사회는 현재 나이지리아와 콩고에서 벌어지고 있는 내전에서 여성에 대한 성폭행과 성범죄율이 극도로 높다고 보고하기도 하였다. 이렇듯 오늘날까지도 전시 여성 성폭력이 세계 곳곳에서 행해지고 있는 상황이다(그림 10.1).

전문가들은 전쟁 속 여성의 피해가 계속되는 이유로 '남성우월주의'와 '강간의 무기화'를 꼽는다. 한국 위안부문제대책협의회는 전시 여성폭력이 전쟁전략으로 사용된다고 주장했다. 즉, 21세기 들어 발생하는 강간은 성욕을 해소하기 위해서가 아니라 인종 말살과 패배감을 유도하기 위해서이며, 강간을 통해 민간인에게 공포감을 조성하고 수치심을 주는 것과 같은 여성에 대한 성폭력이 전쟁무기로 사용되고 있는 셈이라고 주장했다. 한마디로 전쟁을 이긴 국가의 군인들이 패한 국가의 여성들을 강간하는 이유는 자기 국가의 힘이나 영광을 과시하면서 패한 국가의 자존심이나 인간성 파괴를 위해서이며, 따라서 피해를 당한 국가나 집단은 정신적으로 황폐해지고, 오랫동안 후유증으로 고통을 받게 된다는 것이다.

이와 같이 강간은 먼 과거로부터 현재까지 어느 사회에서나 발생하였고 또한 발생하고 있으며, 한 개인에 의해 저질러지기도 하지만 국가나 집단에 의해 대규모로 시도되기도 한다.

(2) 발생빈도 및 대상

미국 FBI는 1993년에 미국에서만 10만 4,806건의 강간사건이 발생하였으며, 보고되지 않은 사건까지 합하면 실제로는 훨씬 더 많은 강간사건이 있었을 것이라고 발표하였다. 또한 미국 법무성은 1990년대에도 매년 17만 건의 강간과 14만 건의 강간미수 사건이 발생했다고 보고하였고, 국립 피해자센터는 매년 68만 3,000건의 성인 여성에 대한 강간사건이 발생하고 있다고 보고하였다. 더욱이 일부 학자들은 여성의 15%에서 30% 정도가 강간이나 강간미수의 피해자라고 주장하기도 하며, 그 중 1983년 러셀과 호웰은 미국 여성이 평생 동안에 강간 피해를 입을 가능성이 약 1/4 정도에 달한다고 밝히고 있다.

우리나라의 경우 2016년 범죄백서에 의하면 2005년 1만 1,757건이었던 성폭력 발생건수는 2009년 1만 6,156건, 2011년 2만 2,034건, 2013년 2만 6,919건, 2015년 3만 1,063건으로 10년 사이 3배 가까이 증가하였는데, 특히 살인 · 강도 · 방화 · 성폭력과 같은 '4대 흉악범죄'중 성폭력 범죄가 차지하는 비중이 2006년 65.7% 에서 2015년에는 88.4%까지 크게 증가하였다. 물론 성폭력 범죄의 급증은 실제 범죄 발생 건수가 증가하기도 하였지만 과거와는 달리 최근에는 피해자들이 적극적으로 피해 사실을 신고하는 등의 사회적 인식 변화도 그 요인으로 작용했을 것이라고 추정된다. 성폭력 범죄가 주로 발생하는 시간대는 밤 10시부터 새벽 4시 사이가 9,179건(30.7%)으로 가장 높았으며, 다음으로 오후 12-5시 5,383건(18.8%), 오후 6-8시 사이 2,415건(8.1%) 순으로 나타났다. 성폭력 피해자의 성별은 95% 이상이 여성이며, 특히 10-20대 연령의 여성이 54.2%로 가장 높은 빈도를 차지하는 것으로 조사되었다.

강간 피해자 중에는 16-24세의 여성들이 가장 높은 비율을 차지하지만, 어린이, 중년이나 노년의 여성, 심지어는 남성까지도 강간의 피해자가 되기도 한다. 미국 법무성은 1992년 미국의 강간 피해자 중 51%가 18세 미만의 소녀들이었고, 국립 피해자센터는 보고되지 않은 사례까지 합하면 피해자의 62%가 18세 이하였으며, 29.3%는 11세 이하였다고 발표하였다. 특히 자신들이 강간의 희생물이 되었다는 사실조차도 인식할 수 없는 유아들도 종종 강간 피해자가 되기도 하는데, 강간을 당한 후 심한 출혈 때문에 질을 제외한 모든 비뇨생식기를 제거하는 수술을 받은 사례가 있을 정도로 그 후유증은 심각한 것으로 알려져 있다.

우리나라에서도 10세 이하의 유아나 소아에서부터 70대 노인층까지 성폭력의 피해는 거의 모든 연령층에서 발생하는 것으로 알려졌다. 한국성폭력 상담소의 조사에 따르면 934건의 상담건수 중 피해자가 13살 미만의 어린이인 경우가 23%에 달한다고 조사되었으며, 최근 71세의 할머니가 42세의 남성에 의해 둔치로 끌려가 성폭행을 당하기도 하였고, 2017년 한 섬마을에서는 70대 할머니를 성폭행하려다 살해한 30대가 검거되기도 하는 등 여러 건의 성폭행 사건이 신문 지상에 발표될 정도로 성폭행은 피해자의 나이와 무관하게 발생하는 것으로 드러났다.

강간 피해자의 나이가 어릴수록 면식범이나 친척이 범인일 가능성이 높다. 미국에서는 12세 이하 소녀들을 대상으로 하는 강간사건의 96%가 가족을 포함한 친척이나 면식범에 의해 저질러지는 반면에, 18세 이상 여성의 경우에는 67%만이 친척이나 면식범에 의해 발생한다고 알려져 있다. 일반적으로 전혀 모르는 사람에게 강간당한 사람들은 신고하는 경향이 강하지만, 가족이나 친척 또는 면식범에 의해 벌어진 강간에 대해서는 신고하길 꺼려하는 경향이 있어 보고된 강간율에 비해 실제적인 강간 건수는 훨씬 높을 것으로 추정된다. 이와 같이 대부분의 사람들은 강간이 전혀 모르는 사람에 의해 일어난다고 생각하지만 실제로는 피해자와 매우 가까운 사람들에 의해 발생하는 경우가 대부분이다. 우리나라의 경우도 미국의 경우와 유사하게 보건복지부의 조사 결과에 따르면 전국 43개 성폭력 상담소에 접수된 총 2만 4,788건의 상담건수 중 평소 알고 지내던 주변 사람에 의한 성폭력 건수는 38.6%에 달하며, 가해자 유형은 직장 동료 및 상사(8.8%), 이웃(8.2%), 동급생이나 후배(7.2%), 부모(6.9%), 친인척(4.3%), 교사나 강사(3.2%), 전혀 모르는 사람(12.8%), 기타(48.6%)의 순인 것으로 보고하였다.

강간은 충동적으로 일어나기도 하지만, 일반적으로는 사전에 잘 짜여진 각본에 따라 저질러진다. 모르는 사람에 의해 저질러진 강간의 경우에도 강간범은 특정 장소와 시간을 선택하여 강간 피해자가 자신의 각본에 따라 움직여 주길 기다리며, 피해자는 단지 강간범이 정한 시간에 그 장소를 지나는 첫 번째 여성일 뿐이다. 그러나 강간범은 대개 홀로 살거나 침입이 쉬운 장소에 사는 약점 있는 여성을 노리며, 강간을 실행에 옮기기 전에 그 여성의 주변 상황을 조사하여 성공적인 강간을 위한 치밀한 계획을 세우는 것이 일반적이다.

(3) 강간범의 특징과 목적

강간죄로 체포된 사람들의 약 50%가 3년 이내에 다시 강간을 범한다는 조사 결과가 있듯이 강간범들은 동일한 죄를 계속해서 범하는 경향이 있으며 대부분 젊은 정상 지능의 사람들이다. 어떤 연구에서는 공격적인 강간범들을 대상으로 테스토스테론의 농도를 조사한 결과에서 그들의 테스토스테론 수치가 정상인보다 월등히 높은 것으로 밝혀졌다. 이 결과는 강간이 과

Q 10-1

강간을 당한 경험이 있는가?

292명의 남학생 중 2명과 234명의 여성 중 3%에 해당하는 7명이 '강간당한 경험이 있다'고 응답하였다. 2016년 범죄백서의 통계 결과와 유사하게 강간 피해자의 비율은 여성이 남성보다는 많았으나 2명의 남성 강간 피해자에서도 알 수 있듯이, 강간의 피해자는 성별과 상관없이 누구에게도 발생할 수 있다는 사실을 알 수 있다. 강간을 당한 경험이 있는 학생들의 경우 그 가해자를 묻는 질문에 주로 친척이나 지인이라고 응답하였으며, 강간 장소도 대부분 집이라고 응답하여 가장 익숙한 공간에서 가까운 사람들로부터 강간이 이루어지고 있음을 알 수 있다. 거꾸로 '강간한 경험이 있는가?'라는 질문에 남학생 284명 중 3명이 그렇다고 응답하여 우리 주변의 평범한 학생들도 강간의 가해자가 될 수 있다는 사실을 확인할 수 있었다.

Q 강간을 당한 경험이 있는가?

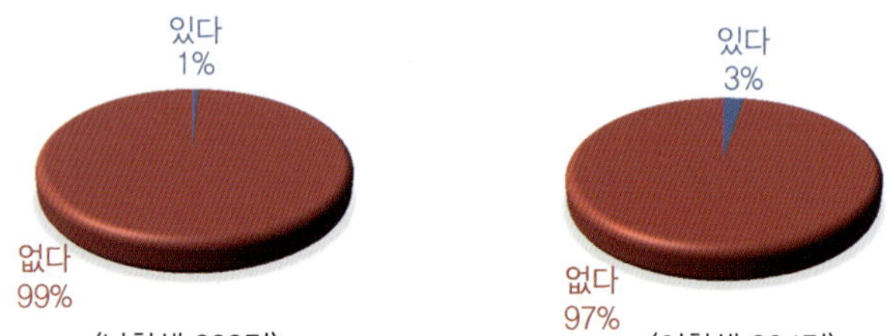

〈남학생 292명〉 〈여학생 234명〉

Q 강간을 행한 경험이 있는가?

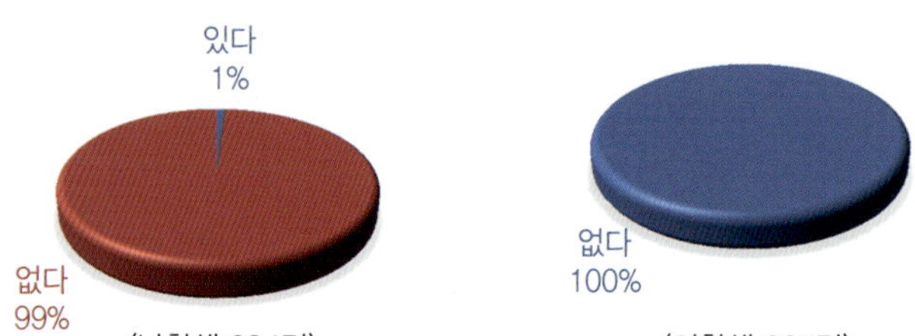

〈남학생 284명〉 〈여학생 227명〉

도한 성욕의 해소를 위하여 시도될 수도 있다는 사실을 암시하고 있다고 할 수 있을 것이다. 그러나 강간범들에 대한 또 다른 연구는 조사대상이 된 강간범들은 1/3이 기혼자거나 정기적으로 성관계를 맺고 있다고 보고하였으며, 1953년 킨제이 그룹은 매춘이 금지된 곳과 매춘이 허용된 곳에서의 강간 발생 건수는 거의 차이가 없다고 보고하였다. 즉, 이러한 일련의 증거들은 강간이 단순히 성욕을 해소하기 위하여 시도되는 것이 아니라는 사실을 나타내고 있다. 1977년 그로스와 버게스는 그들의 조사 결과에서 성적 파트너와의 정상적인 성관계에서는 아무런 문제가 없는 강간범 101명 중에서 강간 당시에는 27%가 발기부전, 5%는 조루, 26%는 사정불능을 경험했다고 밝혔다. 이 조사 결과 역시 강간이 성적 분출구를 찾기 위한 수단으로서 발생하는 것이 아니라는 사실에 대한 또 다른 증거라고 할 수 있을 것이다. 더욱이 성욕이 과도한 남성들의 대부분은 구속될 위험이 있는 강간보다는 매춘이나 자위행위를 통해 자신의 성욕을 해소하려고 할 것이기 때문에 강간이 단순히 성욕해소를 위한 목적으로 시도된다고는 생각할 수 없을 것이다. 즉, 강간은 일반적으로 성욕해소가 아닌 상대를 정복하고 싶은 비뚤어진 욕구나 여성으로부터의 애정 결핍에 의한 반동적 공격성과 같은 목적에 의해 발생한다.

많은 성범죄자들은 어린 시절에 성추행을 당한 경험이 있거나 폭력적인 가정환경 하에서 자란 경우가 많다. 이러한 환경 하에서 자라난 사람들은 대개 여성들에게 공격적인 성향을 나타내는데, 일부 강간범들은 강간이나 여성에 대한 폭력을 내용으로 하는 환상을 하며, 실제로 강간을 시도하기 오래 전부터 다른 성범죄를 저지르기도 한다. 그러나 많은 강간범들은 화를 자주 내거나 공격적인 성향을 보인다는 사실을 제외하고는 사회생활에 특별한 문제가 없으며 사회 적응력도 높은 편이다.

강간범들은 대개 대부분의 피해자들이 자신들과 성관계를 맺길 원한다거나 강간당할만하다고 생각하며, 일부 강간범들은 자신은 누구도 강간하지 않았다고 주장하기도 한다. 그들은 '남성에게 먼저 말을 거는 여성은 남성과 성관계를 갖고 싶다는 의미를 그런 식으로 표현하는 것'이라거나, '야한 옷차림을 하고 으슥한 곳을 다니는 것은 남성을 유혹하려는 욕망이 강하다는 증거'라고 생각하기 때문에 그러한 여성들과 성관계를 하는 것은 강간이 아니라고 주장한다.

(4) 종류

① 데이트 강간

강간은 전혀 모르는 사람에 의해 저질러지기도 하지만 아는 사람에 의해서도 발생한다.

그림 10.2 데이트 강간

앞에서 언급하였듯이, 본 저자들의 설문조사에서도 성관계를 강요당한 남녀학생 대부분이 아는 사람들로부터 성관계를 강요당했다는 사실은 모르는 사람보다 아는 사람에게서 강간당할 가능성이 훨씬 높다는 사실을 나타낸다고 할 수 있을 것이다. 아는 사람들에 의한 강간 중 데이트 강간(date rape)은 연인이나 상당한 밀접한 관계가 있는 사람에 의해 야기되는 강간의 일종인데, 대부분의 사람들은 데이트 강간의 피해자를 동정하지 않거나 도리어 비난하는 경우도 있어 피해자의 정신적인 고통은 모르는 사람에게 당한 강간의 경우보다 더욱 심각한 경우가 많다(그림 10.2).

1982년 코스와 오로스는 미국 여대생의 6%가 데이트 도중에 강간당한 경험이 있으며, 자신은 원치 않았지만 성관계를 강요당한 경우는 21%에 달한다고 보고하였다. 또 다른 조사에서는 여대생의 25%가 자신들이 원치 않을 때 성관계를 강요받은 적이 있다고 밝혀졌다. 그러나 이러한 데이트 강간들 중 5%만이 경찰에 신고되며, 어떤 피해자들은 신고는 고사하고 자신을 탓하기도 한다. 또한 최근에는 그 수가 많이 줄어들긴 하였지만 성적역할에 대한 고정관념이 강한 여성은 이미 자신의 몸이 더렵혀졌다고 생각하여 강간한 남성과의 관계를 지속하기도 한다.

많은 남성들은 데이트 도중에 여성들에게 성관계를 강요하지만, 그 중 단지 소수만이 자신들이 여성에게 성관계를 강요했다고 인식할 뿐이다. 어떤 조사에서는 남자 대학생의 15%가 데이트 중 성관계를 강요했으며, 1/3이 최소한 한 번 이상 데이트 도중에 성관계를 위하여 여성에게 물리적인 힘을 사용하거나 위협한 적이 있다고 밝혀졌다. 대부분의 남성들은 데이트 강간을 합리화시키고자 하는 경향이 있는데, 그들은 '그녀가 나를 자극했기 때문에 그러한 행위를 시도하였고, 멈출 수가 없었다'고 말하기도 하며, '그녀가 나의 집으로 찾아왔기 때문에 나는 그녀도 그것을 원하는 줄 알았다'고 말하기도 한다. 그러나 남성들이 반드시 알아두어야 할 것은 여성이 남성의 집을 방문하고, 페팅을 허락했다는 것이 반드시 성관계를 원한다는 의미는 아니라는 사실이다.

많은 사람들은 상대방의 의사와 상관없이 폭력을 이용하여 강제로 성관계를 맺은 경우만을 강간이라고 생각하지만, 언어를 이용하여 성관계를 강요하거나 술에 취한 상대와 성관계를 맺은 경우도 강간이라고 간주할 수 있다. 그러나 이러한 피해자의 절반 정도만이 자신이 강간당했다고 생각하며, 대부분의 여성들은 자신을 강간한 남성과 데이트를 지속하는 경우

Q 10-2

성관계를 강요하거나 강요당한 경험이 있는가?

성관계 강요 및 피강요 경험에 대한 질문에 대해 712명의 남학생 중 6%가 여성에게 성관계를 강요한 경험이 있으며, 1%는 여성으로부터 강요받은 경험이 있다고 응답하였다. 이에 반해 여학생의 경우에는 676명 중 14%가 남성으로부터 성관계를 강요받은 경험이 있으며, 강요한적 있다고 응답한 여성은 2명으로 0.3%였다. 그러나 '언어를 이용해 성관계를 요구한 경험이 있는가?'라는 질문에는 앞서 '성관계를 강요한 경험이 있는가?'라는 질문에 '그렇다'라고 응답한 남학생 6%, 여학생 0.3%와는 달리 남학생 33%와 여학생 5%가 요구한 경험이 있다고 응답하여 큰 차이를 보였다. 이 결과는 많은 학생들이 언어를 이용한 성관계 요구는 성관계에 대한 강요로 인식하지 않고 있다는 사실을 나타내고 있다. 그러나 언어적, 정신적 강요행위 역시 일종의 성적강요인 것이 확실하며, 상황에 따라서는 실질적인 강간으로 이어질 가능성이 높다고 할 수 있을 것이다.

Q 성관계를 강요하거나 강요당한 경험이 있는가?

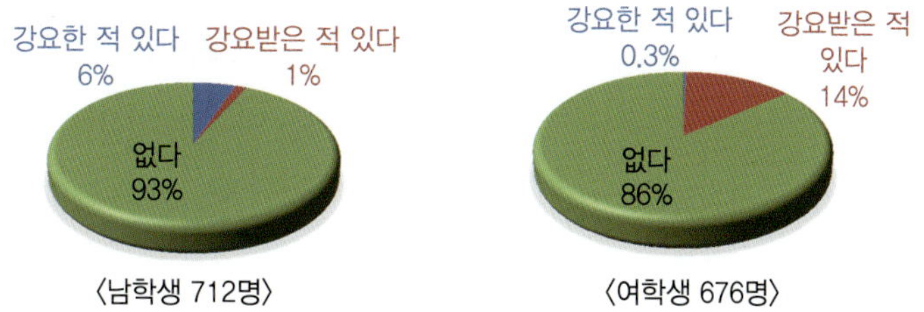

Q 언어를 이용해 성관계를 요구한 경험이 있는가?

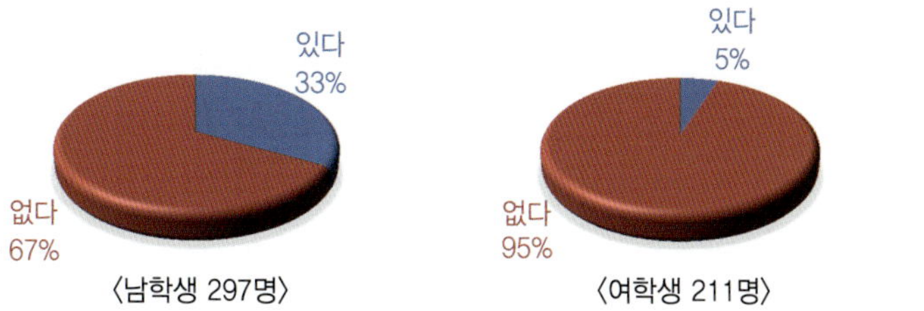

가 많다. 이러한 여성들의 태도로 인해서 이 경우는 어떤 의미에서 강간이 아니라고 생각하는 사람들도 많다. 미국의 타임지와 CNN이 공동으로 대규모 조사를 시도한 결과 남녀의 3/4이 저항이 불가능한 상대와 성관계를 맺는 경우는 분명한 강간으로 간주하는 데 반해, 절반 이상의 남녀가 언어나 감정에의 호소를 통하여 성관계를 강요하는 경우에는 강간으로 생각하지 않는 것으로 드러났다. 1978년에 여대생을 대상으로 조사한 '코스 보고서'에서는

25%의 여성이 '남성의 지속적인 요구에 의해서', 8%는 '술이나 약을 먹었기 때문에', 9%는 '남성의 힘에 못 이겨서'라는 이유로 성관계를 맺게 되었다고 조사되었다. 우리나라의 경우도 역시 어떤 연구는 피해 여성의 약 78%가 '안돼! 라고 말할 수가 없어서' 성관계를 맺게 되었으며, 또 다른 연구는 64%의 여성이 '지속적인 남성의 요구에 어떻게 할 수가 없어서' 성관계를 맺었다고 밝히고 있다. 분명한 것은 상대의 의지에 반해서 성관계를 강요하는 것은 그 과정에 관계없이 모두 강간이며, 강요에 못 이겨 성관계를 허락하는 것은 범죄인 강간을 인정하고 자신의 성적자기결정권을 포기하는 행위와 다를 바 없다고 할 수 있다.

남성뿐만 아니라 여성도 남성에게 성적인 강요를 시도하기도 한다. 미국의 아이오와 대학에서 실시된 조사에서는 여성의 14.2%가 남성에게 성행위를 강요한 경험이 있으며, 텍사스 A&M 대학에서는 여성의 13.4%와 6.5%가 언어를 이용하여 남성에게 성관계를 강요하거나 물리적인 강요를 시도한 경험이 있다고 알려졌다. 또한 뉴욕이나 뉴저지 지역의 여러 대학들에서도 여성의 15% 이상이 남성에게 성적강요를 시도하였다고 응답하였다. 어떤 연구에서는 전체 남성의 16%는 강요된 성행위를 한 경험이 있으며, 9%가 대학시절에 그러한 경험을 하게 된다고 조사되었다. 우리나라도 전체 성폭력 피해자의 약 10%가 남성이며, 전체 남성의 16%가 강요된 성행위의 경험이 있는 것으로 알려져 있는데, 이와 같이 남성만이 여성에게 성

Q 10-3

성관계를 강요한 시기와 대상은?

성관계 강요 경험이 있는 남학생들을 대상으로 설문을 조사한 결과에서 성관계를 강요한 대상의 경우 90%가 애인이거나 지인이었으며 잘 모르는 사람을 대상으로 한 경우는 10%에 불과했다. 성관계 피강요 경험이 있는 남녀학생 33명의 경우 또한 모두 선배나 애인으로부터 강요받았다고 응답하여 100% 지인들로부터 성관계에 대한 강요를 받았음을 알 수 있다.

Q 본인이 성관계를 강요했던 대상은 누구인가?

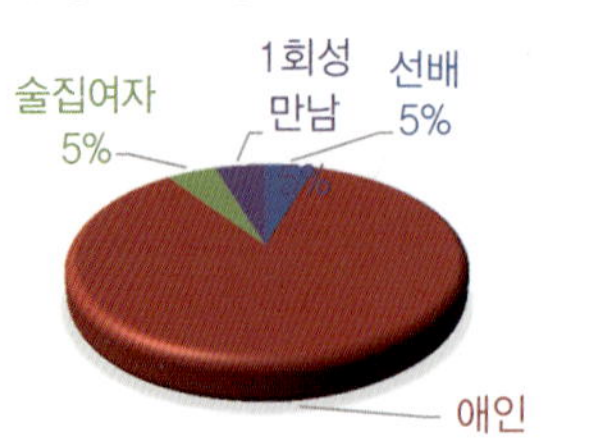

〈성관계 강요경험이 있는 남학생 19명〉

Q 나에게 성관계를 강요했던 사람은 누구인가?

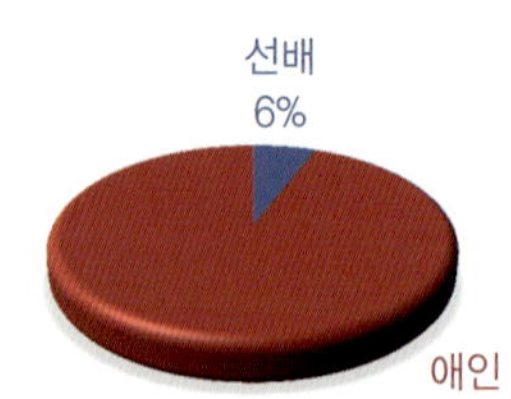

〈성관계 피강요경험이 있는 남녀학생 33명〉

Q 10-4

페팅을 허락하면 성관계를 동의한 것인가?

'상대가 페팅을 허락한 경우라도 상대의 의사에 반해 성관계를 맺으면 강간인가?'라는 질문에 남학생 245명 중 31%는 '아니다'라고 응답하였으며, 여학생 또한 189명 중 30%가 '아니다'라고 응답하였다. 페팅을 허락한 상대가 성관계를 거부한 경우 어떻게 할 것인가에 대한 응답에는 남학생 293명 중 28%와 여학생 181명 중 6%가 계속 요구한다고 응답해 여학생들보다 남학생들이 페팅에 대한 합의와 성교에 대한 합의를 혼동하는 경향이 많음을 엿볼 수 있다.

상대가 페팅을 허락한 경우 성관계를 맺으면 강간인가?

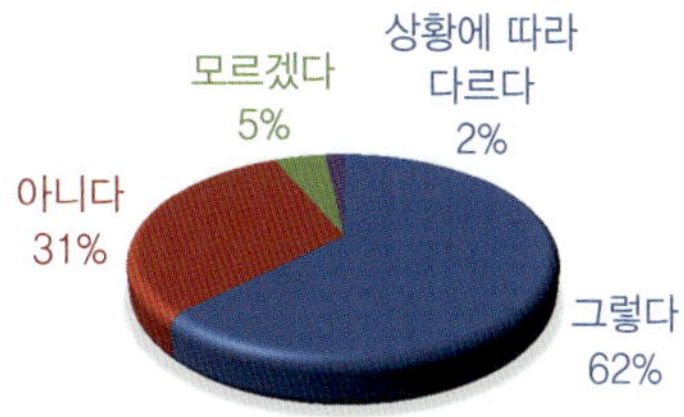

〈남학생 245명〉

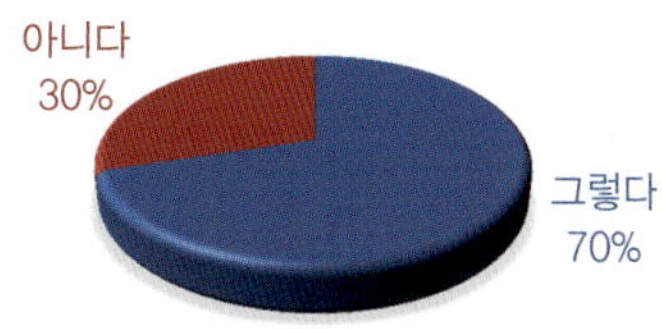

〈여학생 189명〉

페팅을 허락한 상대가 성관계를 거부한다면 어떻게 할 것인가?

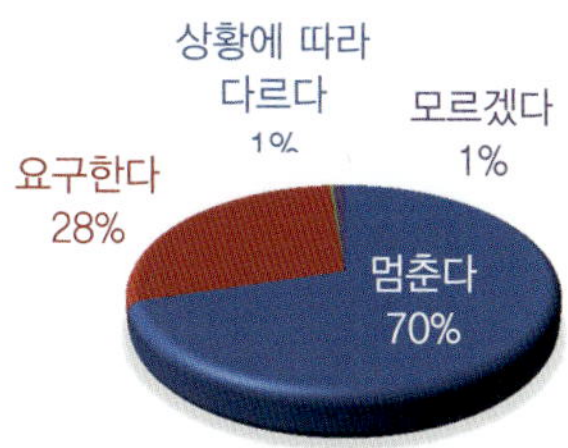

〈남학생 293명〉

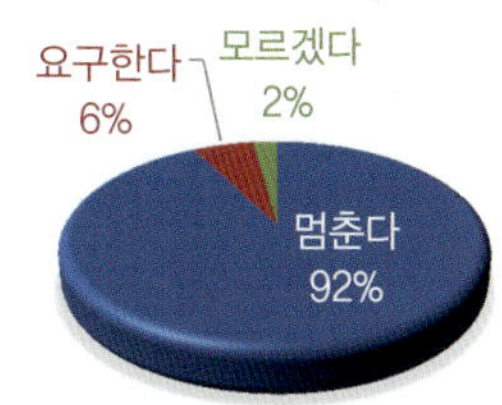

〈여학생 181명〉

적강요를 하는 것이 아니라 여성들도 남성에게 성적강요를 하며, 남성에 의한 강요는 물리적인 경우가 많은 반면에 여성의 경우에는 주로 언어를 사용한다고 밝혀졌다.

연구자들은 파트너에 의해 원치 않는 성관계를 강요받거나 실질적인 성관계를 맺게 되는 이유는 자신의 의사를 표시하는 대화가 서툴기 때문이라고 주장한다. 사람들은 종종 오해의 소지가 많은 어떤 몸짓 등을 단서로 타인들의 의사를 이해하곤 하는데, 특히 남성들은 명확한 언어를 사용하지 않은 상태에서 여성들이 페팅이나 넥킹을 허용하는 경우에는 여성들이 성교를 원하는 것이라고 오해하는 경향이 강하다. 그러나 실제로는 이러한 상황하에서도 직접적인 성교를 원치 않는 여성의 수가 성교를 원하는 여성의 수보다 월등히 많은 것이 보통이다. 타임지와 CNN의 합동 조사는 거짓으로 저항하는 여성과 성관계를 시도한 경험이 있는 남성들은 실제로 성교를 원치 않는 여성이 아무리 거부해도 정말 거부한다고 믿지 않고 계속해서 성관계를 요구하는 경향이 강하다고 밝혔다. 포르노 영화 등을 보면 강간당한 여성이 처음에는 반항하다가도 일단 성관계가 끝나고 나면 도리어 강간범을 사랑하게 되는 내용이 종종 등장한다. 의식적이던 무의식적이던 이러한 설정이 진실일 것이라고 믿는 남성들은 일단 강제로라도 여성들과 성관계를 맺고자 하는 경향이 강하다. 그러나 이러한 설정은 단지 포르노 등에서나 가능한 것으로서 실제로 많은 여성들이 강하게 거부하지 못하는 이유는 상대방의 기분을 상하게 하면 더 큰 피해가 미칠 것을 두려워하기 때문이라고 할 수 있다.

언어나 행동을 통한 거짓 거부의사의 표현은 지속적인 관계를 유지하는 커플들 사이에서 주로 일어나며, 이러한 표현은 때로는 서로 간의 미묘한 성적흥분을 유발시키기도 한다. 그러나 거짓 거부의사에 익숙한 남성들이 장래 다른 여성과 성관계를 시도할 경우에는 그 여성이 진심으로 저항하더라도 과거의 여성과 마찬가지로 거짓 거부를 하는 것이라고 오해할 위험성이 높다. 많은 남성들은 여성들의 부정은 곧 긍정의 의미이고, 여성이 한 번 거부했다고 행위를 멈추는 것은 여성을 제대로 이해하지 못하는 것이며 심지어는 여성으로부터 비난받을 것이라고 생각한다. 이러한 오해를 불식시키기 위해서는 거짓 거부와 진정한 거부를 언어나 태도로서 확실히 표현하고, 이를 정확히 판단할 수 있도록 서로 노력하는 것이 중요하다.

음주는 사람들 간의 의사표시와 이의 정확한 이해를 어렵게 한다. 데이트 강간의 3/4이 음주 상태에서 발생한다는 조사에서도 알 수 있듯이 음주는 사람들의 판단력을 흐리게 함으로써 남녀 모두에게 원치 않는 결과를 초래한다. 데이트하는 남녀는 음주 전에 성행위에 대한 확실한 결정을 내리는 것이 좋으며, 자신의 결정을 파트너에게 언어로서 명확하게 표현할 필요가 있을 것이다. 그럼에도 불구하고 강제로 성관계를 시도하는 경우에는 분명한 강간에 해당된다고 할 수 있을 것이다.

데이트 강간이 일어날 수 있는 가장 큰 요인은 남녀 모두 특별한 상황에서는 남성이 여성에게 성관계를 강요하는 것이 허용될 수 있다고 하는 인식이다. 성경험이 있는 여성에게는 데이트 도중 성관계를 강요할 수 있으며, 남성이 여성을 위하여 많은 시간이나 돈을 소비하였다면 여성의 의사에 반하더라도 성교할 권리가 있고, 만일 여성이 남성에게 허리 아래를 만지도록 허락하였다면 데이트 도중 성관계를 강요하는 것이 가능하며, 이미 서로 성관계를 맺은 상태라면 데이트 도중 성관계를 강요하는 것은 당연하다는 등의 인식은 데이트 강간이 계속해서 증가할 수밖에 없게 하는 요인일 것이다.

Q 10-5

술 취한 이성에게 시도한 성관계는 강간에 해당하는가?

'술에 취한 상대와 성관계를 맺는 경우 강간인가?'라는 질문에 남학생 306명 중 19%와 여학생 237명 중 15%가 '아니다'라고 응답을 하였다. 그러나 술취한 상대를 대상으로 성관계를 맺는 경우 심신상실이나 항거불능의 상태를 이용한 강간에 해당하며, 따라서 준강간죄가 적용될 수 있다. 성관계는 어떠한 조건하에서든 당사자들의 자발적 합의가 선행되어야 함을 잊지 말아야 할 것이다.

Q 술에 취한 상대와 성관계를 맺은 경우 강간인가?

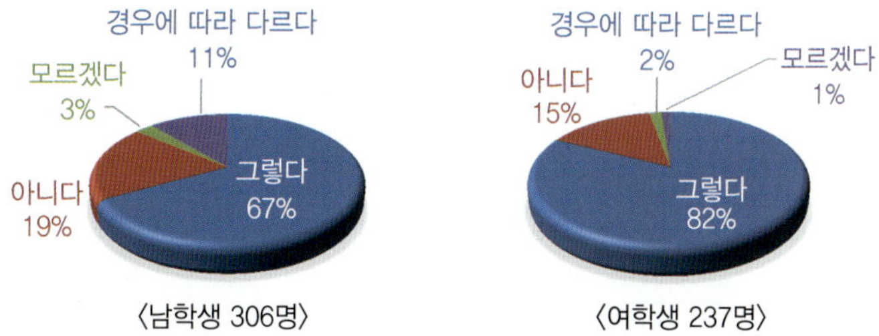

② 부부강간

부부강간(marital rape)이 사회적 문제로 제기되기 시작한 것은 비교적 최근의 일이다. 17세기 영국의 헤일이라는 판사는 법적 부부 사이에서는 남편이 부인에게 성관계를 강요했더라도 강간으로 간주할 수 없다고 판결하였는데, 이러한 인식의 바탕에는 결혼서약을 맺은 부부인 경우에 남편이 원할 경우에는 부인이 원치 않아도 성관계를 갖는 것은 당연하다거나 부인은 남편의 소유물이기 때문에 언제라도 부인과 성관계를 하는 것이 정당하다는 사회적 통념이 깔려 있다(그림 10.3). 그러나 최근에는 남편의 부부강간에 대한 불공평한 사회적 인식이나 법적 조항이 많이 개선되었다. 1978년 미국의 오레곤 주에 거주하는 어떤 여성은 자신의 남편을 강간 혐의로 고소하였다. 남편은 결국 무죄로 풀려나긴 했지만 이러한 여성의 시도는 부부강간에 대한 사회적 인식을 새롭게 하는 계기가 되었고, 오늘날 미국의 모든 주는 심한 폭력을 수

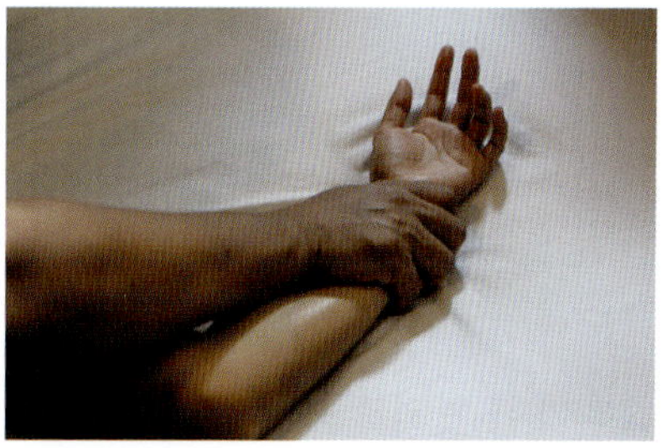

그림 10.3 부부강간
남편의 강요에 의하여 시도되는 부부강간은 구타나 심한 굴욕감에 의해 아내에게 심각한 신체적, 정신적 피해를 끼치게 된다.

Q 10-6

부부 사이에도 강간이 성립되는가?

'부부 사이에도 강간이 성립될까?'라는 질문에 남학생 311명 중 87%와 여학생 245명 중 97%에 해당하는 다수의 학생들이 부부 간에도 강간이 성립된다고 인지하고 있는 것으로 나타났다. 그러나 여학생들에 비해 남학생들이 부부강간에 대하여 관대하게 생각하는 경향을 보여 아직도 일부 학생들에게는 과거 부부 간의 성에 대한 인식의 영향이 여전히 남아 있는 것으로 조사되었다. 암묵적으로 성관계의 동의를 전제로 하는 부부 사이라고 하더라도 남편과 아내 모두 성관계의 시기와 장소를 선택할 개인적 권리가 있으며, 따라서 아무리 부부 사이라고 하더라도 당사자의 자발적 동의에 의한 성관계가 아니라면 강간에 해당한다고 할 수 있다.

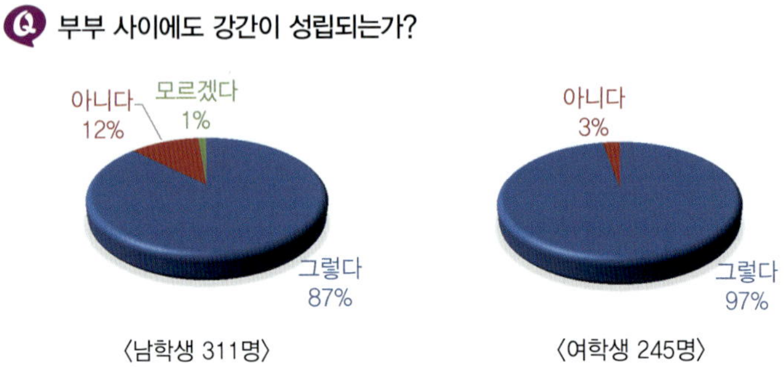

반하는 경우에 한하여 부인 강간을 범죄로 인정하게 되었으며, 그 중 1/3 이상의 주에서는 부인 강간을 기타 강간과 동일한 범죄로 인정하고 있다.

우리나라 대법원의 경우 1970년 3월 부부강간 사건에 대하여 "실질적인 부부관계가 유지되고 있을 때는 남편이 강제로 아내를 간음했다 하더라도 강간죄가 성립하지 않는다"로 판결하여 부부강간에 대하여 무죄를 선고하였으나, 2009년 1월 16일 처음으로 부부 간의 성폭행을 인정한 판례가 나왔는데, 결혼하면서 한국으로 온 필리핀 아내가 생리 중이라며 성관계를 거부하자 흉기로 협박해 강제로 관계를 가진 한국인 남편에 대하여 징역 2년 6월에 집행유예 3년이 선고된 사례가 있었다. 이후 2015년 5월에는 아내가 남편을 감금하고 강제로 성관계한 혐의로 아내가 구속되어 아내 부부강간죄의 첫 번째 사례로 기록되었다.

1992년 미국 국립피해자센터의 보고서에 따르면 여성의 9%가 남편이나 전남편에 의해 강제로 강간당한 경험이 있으며, 기타 연구들은 피해자센터가 보고한 숫자보다 더욱 많은 여성들이 남편들에 의해 원치 않는 성관계를 강요받은 경험이 있다고 밝히고 있다. 대부분의 부부강간은 심한 구타를 비롯한 신체적인 폭력이 수반되며 남성이 여성에게 내리는 일종의 벌의 형태로서 이용되는 것으로 알려져 있다. 부부강간도 다른 강간과 유사한 동기에 의해 시도되지만 현재 법적 부부관계에 있다는 이유로 보호받을 수 있는 방법이 매우 한정되어 있기 때문에 여성들이 받는 신체적, 정신적 고통은 기타 강간의 경우보다 더욱 심각한 경우가 많다. 한국 여성의 전화 상담건수의 약 30%가 아내 구타에 관한 내용인데, 여성 상담자들은 구타당한 후에는 대부분 성관계를 강요당하고 있으며, 이때가 가장 치욕스럽다고 진술하고 있는 것으로 조사되었다. 강간범이 피해자와 어떠한 관계이든 또한, 어떠한 방법을 사용하든 간에 자발적인 의사에 의하지 않은 모든 성관계는 강간임에 틀림없다.

③ 윤간

두 명 이상의 집단이 한 명을 또는 다수의 잡단이 소수의 잡단을 강간하는 경우를 윤간(gang rape)이라고 하는데, 윤간은 특별한 이유가 있어 발생하는 것이 아니라 대부분 호기심이나 권태로움을 해소하기 위한 것이 유일한 이유인 경우가 많다(그림 10.4). 윤간은 남성집단에 의해 한 명의 여성이 희생당하는 것이 보통이지만, 감옥과 같은 특별한 장소에서는 남성그룹에 의한 남성 피해자가 발생하는 경우도 있다. 또한 윤간은 피해자와 가해자가 서로 모르는 경우가 많지만 데이트 강간에서부터 시작되는 경우도 있다. 예를 들어, 미국에는 대학내에 많은 사교클럽이 있는데, 이 클럽의 한 멤버가 다른 멤버들에게 자신의 사내다움을 과시하거나 클럽 동료들의 압력에 의해 자신과 데이트하던 여성을 윤간의 희생물로 삼는 경우도 있다고 알려져 있다. 윤간은 대개 계획적으로 시도되며, 특정 여성이 여러 번 희생을 당하는 경우는 드물지만 대부분의 윤간범들은 피해자가 잘 아는 사람일 경우가 많다. 체포된 강간범들을 대상으로 한 연구에서는 약 71%가 한 명 이상이 저지른 강간에 참여한 경험이 있으며, 1971년 아미르의 연구에서는 강간 피해자의 43%가 한 명 이상의 강간범들에게 윤간당했다고 조사되었다.

우리나라에서도 매년 많은 윤간 사건이 발생하고 있다. 1984년에는 가출한 여중생에게 잠자리를 제공하겠다고 유인하여 윤간을 저지른 10대 14명이 수배된 적이 있으며, 해수욕을 하러 온 여고생 3명에게 술을 먹인 후 번갈아 성폭행한 10대 6명이 구속되기도 하였다. 또한 귀가 중이던 20대 여성을 파키

그림 10.4 윤간
윤간은 두 명 이상의 집단이 한 명을 강간하는 것을 말한다.

스탄인 5명이 자신들이 근무하던 공장 기숙사로 끌고가 집단으로 성폭행한 사건도 발생하였다. 심지어 2016년에는 섬마을 초등학교 관사에서 학부모와 동네주민들이 결혼을 앞둔 20대 여교사를 번갈아 성폭행한 사건이 발생하여 충격을 주었다. 이와 같이 우리나라에서도 수많은 윤간 사건이 발생하고 있으며, 윤간의 특징 상 피해자의 정신적, 육체적 피해는 다른 강간에 비해 훨씬 심각한 경우가 많은 것으로 알려져 있다.

윤간은 일반적인 강간과 동일하게 남성은 여성을 자신의 의지대로 조정할 수 있어야 하고 여성에 대해 공격적이며 여성을 정복해야 한다는 잘못된 인식이 원인인 것으로 알려져 있다. 어떤 사람들은 혼자서는 불가능해도 여러 명이 함께 있을 때는 성범죄를 저지르기도 하는데, 이러한 윤간은 개인적인 책임이 희석된 상태에서 그룹에 대한 자신의 충성심을 표시하기 위한 방편으로 이용되기도 한다.

윤간의 경우는 일반적인 강간보다 폭력적인 성향이 강하며, 윤간범들은 대체로 일반 강간범보다 어린 것이 특징이다. 이처럼 윤간범의 나이가 어린 것은 동료들의 압력이나 각종 범죄 및 여성에 대한 폭력이 일반화되어 있는 사회 환경도 무시할 수 없는 요인이 될 수 있을 것이다. 윤간을 비롯한 모든 유형의 강간 사건을 감소시키기 위해서는 강간범 개개인에 대한 교육이나 과중한 형벌도 중요하지만, 우선적으로 남성과 여성이 동등하게 대우받는 폭력 없는 사회 환경을 조성하는 것이 근본적인 해결책이 될 수 있을 것이다.

④ 미성년자 강간

미성년자에 대한 강간죄는 성인이 법정 연령 이하의 어린 사람과 강제로 성관계를 맺는 것을 불법화하기 위하여 제정된 것으로서, 미성년자가 성관계에 동의하든 아니든 상관없이 미성년자와 성관계를 맺은 성인들은 이 법에 저촉된다. 이 법은 나이 어린 아이들은 성관계의 의미나 결과를 제대로 이해하지 못하기 때문에 보호해야 한다는 인식에 의해 제정되었으며, 우리나라의 경우 최근 들어 13세 미만 미성년자에 대한 강간 및 강제 추행은 가중 처벌함으로써 미성년자의 보호를 강화하고 있다.

미성년자를 강간하는 가해자의 직업, 나이, 방법은 매우 다양한데, 1998년 24세의 남성이 길가던 11세 초등학교 여학생을 승용차로 들이받은 후 병원에 데려다 준다는 핑계로 인근 야산으로 끌고가 성폭행하였으며, 29세와 53세의 처남과 매부는 12세 여학생을 수차례에 걸쳐 상습적으로 성폭행한 혐의로 구속되기도 하였다. 고아후원회를 결성하는 도중에 알게 된 14세 여중생을 성폭행한 후 그 학생의 친구 4명도 동시에 성폭행한 목사가 검거되었으며, 길을 묻는 16세의 김모양을 놀이터로 끌고가 성폭행한 42세의 재단사와 달아 난 김모양을 찾아 성폭행을 하려다 미수에 그친 39세의 남성이 경찰에 체포된 사건도 발생하였다. 더욱이 10대 4명이 귀가 중이던 14세 여중생 두 명을 아파트 공터로 끌고가 집단 성폭행하였으며, 성폭행 당한 후 걸어서 귀가하던 그 중 한 여학생을 여관으로 끌고가 재차 성폭행한 30대 남성이 구속된 사건도 있었다. 2008년 12월에는 한 교회 화장실에서 성범죄 전과 14범인 남성이 만취한 상태로 8살 여자아이를 납치하여 성폭행한 사건이 있었으며, 이 사건으로 피해자는 장기가 파열되고 성기와 항문이 불구가 되어 인공항문으로 살아가야 하는 치유할 수 없는 상처를 입기도 하였다. 이와 같이 미성년자 강간 사건의 가해자는 무직에서부터 성직자까지 다양한 직업의 성인이나 미성년자 남성들에 의해서 발생할 수 있으며, 그 방법 역시 다양하기 때문에 유아원생에서 고등학생까지 모든 미성년자들이 강간의 위험에 직면하고 있다고 해도 과언이 아니다(그림 10.5).

또한 엄밀한 의미에서는 강간이라고 할 수 없겠지만 가출한 대부분의 미성년자들이 유흥비나 생계를 목적으로 성인들에게 성을 파는 경우가 늘어나면서 유흥업소에 종사하는 미성년자들의 성적 착취도 사회문제화되고 있다. 미성년자들이 자기 자신의 의지로 윤락을 하던 강요에 의해서든 이들과 성관계를 갖는 성인들은 도의적으로 비난받을 뿐만 아니라 법적으로도 처벌을 받게 된다.

1990년대 초반까지의 우리 사회는 성폭력에 대한 이해가 매우 왜곡되어 있어 정숙한 여성들만 국가가 보호한다는 분위기였으며, 여성이 저항한다면 강간은 있을 수 없다는 남성중심적 성규범이 지배적이었다. 그러나 1991년 9살 때 자신을 강간했던 남성을 21년 후 찾아가 살해한 사건이 언론에 보도되고, 1992년에는 13년간 자신을 성폭행한 의붓아버지를 남자친구와 함께 살해한 사건이 언론에 보도되면서 '성폭력특별법제정위원회'가 구성되어 1994년 '성폭력범죄의 처벌 및 피해자보호 등에 관한 법률'이 제정되어 시행되었다. 이후 여성과 아동에 대한 잔혹한 성폭력범죄(2005년 도가니 사건, 2007년 혜진, 예슬이 사건, 2008년 조두순 사건, 2010년 김길태 사건, 2010년 김수철 사건, 2012년 오원춘 사건, 2012년 초등생 사건 등)가 언론에 보도되어 시민들의 분노가 높아질 때마다 관련 법안들이 새로 제정되거나 처벌을 강화하는 방향으로 개정이 이루어져 왔다. 현재 1994년 제정된 '성폭력범죄의 처벌 및 피해자보호 등에 관한 법률'은 2010년 제정된 '성폭력범죄의 처벌 등에 관한 특례법'과 '성폭력방지 및 피

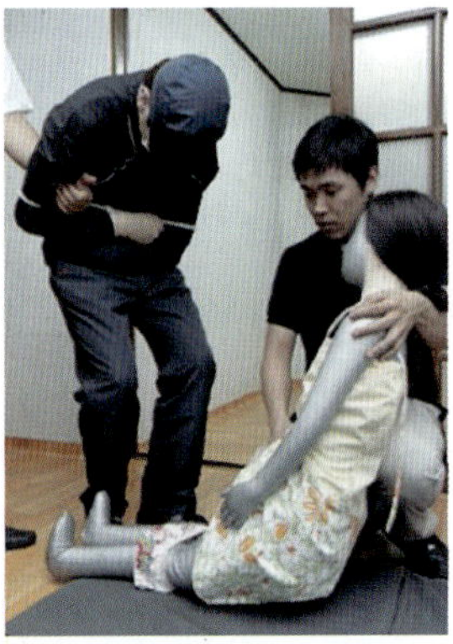

그림 10.5 미성년자 강간
우리나라의 경우 성교 동의 연령에 이르지 않은 만 13세 미만 미성년자와의 성교는 폭행의 유무와 상관없이 강간으로 처벌한다. (사진: 2010년 초등학생 성폭행사건 현장검증 모습)

해자보호 등에 관한 법률'로 대체되어 시행되고 있다. 2011년 이후로는 13세 미만 아동 대상의 성범죄에 대한 공소시효가 폐지되었으며, 성범죄자들에 대해 범죄의 경중에 따라 신상공개 및 취업제한, 전자발찌, 성충동을 약물로 치료하는 '화학적 거세' 등의 처벌이 시행되고 있다. 특히 최근에는 성범죄를 저지른 사람에 대하여 신상정보를 등록하고 범죄의 심각성과 재범의 위험성을 고려하여 일정기간 전용 웹사이트(성범죄자 알림e)에 신상정보를 공개하면서 동시에 성범죄자가 거주하고 있는 지역의 아동청소년 보호세대와 학교 등에 우편으로 성범죄자의 신상정보를 제공하는 서비스가 시행되고 있다(그림 10.6). 현재 2018년 성범죄 신상정보 등록 대상자는 약 6만 명이며, 신상정보 공개 대상자는 4,088명에 달한다. 이러한 법적 제재가 미성년자를 보호하기 위한 최소한의 수단은 될 수 있겠지만 미성년자 강간을 방지하는 데 얼마나 효과가 있을지는 미지수이다. 미성년자 성범죄를 적극적으로 예방하기 위해서는 이와 같은 법적 제제와 함께 지속적이며 적극적인 성교육을 통한 올바른 성에 대한 인식의 정립이 필요할 것이다.

⑤ 남성 강간

일반적으로는 여성이 강간의 피해자이지만, 남성도 강간 피해자가 될 수 있다. 대부분의 사람들은 남성이 여성에게 강간당하는 경우도 있다는 사실을 믿으려 하지 않는데, 힘이 센 남성이 여성의 강요에 의해 강제로 성교를 맺게 된다는 사실도 믿기 어렵지만, 특히 남성의

그림 10.6 성범죄자 알림e 서비스
성범죄자의 신상정보를 제공하는 성범죄자 알림e 웹사이트

음경이 발기되지 않으면 성관계가 불가능하다고 믿기 때문이다. 그러나 남성들은 극도의 불안과 공포를 느끼는 동안에도 발기할 수 있으며, 자신의 의지와는 관계 없이 신체적인 자극만으로도 발기가 가능하기 때문에 강제적인 성관계도 가능하다. 1989년 앤더슨은 일부 여대생들은 물리적인 힘과 무기를 이용하여 남성들에게 성관계를 강요하기도 하며, 피해자 남성들은 그러한 환경 하에서도 자신이 성적으로 반응하였다는 사실에 심한 죄의식을 느끼게 되어 여성 피해자들과 유사하게 상당히 오랫동안 정신적 후유증에 시달리기도 한다고 주장하였다.

대부분의 사람들은 남성 강간의 가해자는 또 다른 남성이고, 감옥과 같은 특별한 장소에서만 발생한다고 생각한다. 실제로도 남성 강간의 많은 숫자가 다른 수감자들에 의한 경우인 것으로 밝혀졌지만 남성 강간은 감옥 밖에서도 많이 발생하며, 단지 남성 강간의 대부분이 신고되지 않기 때문에 거의 없을 것이라고 인식될 뿐이다. 남성 강간의 경우 가해자와 피해자는 모르는 사이인 경우가 많고 때로는 무기가 사용되기도 한다. 남성 강간의 가해자는 특정 남성만을 대상으로 하는 것이 아니기 때문에 어떤 남성이라도 피해자가 될 가능성이 있다.

Q 10-7

남성도 강간을 당할 수 있을까?

'남성도 강간을 당할 수 있다고 생각하는가?'라는 질문에 남학생 308명 중 8%, 여학생 242명 중 7%는 '그럴 수 없다'라고 응답하였다. 그러나 앞선 설문에서 '강간당한 경험이 있는가?'라는 질문에 남학생 1%(292명 중 2명)가 '그렇다'라고 응답하였으며, 실제로 최근 남성 강간의 사례들이 보고되고 있는 것을 감안한다면 비록 강간의 피해자의 대부분이 여성이기는 하지만 남성도 강간의 피해자가 될 수 있다는 사실을 알 수 있다.

Q 남성도 강간당할 수 있다고 생각하는가?

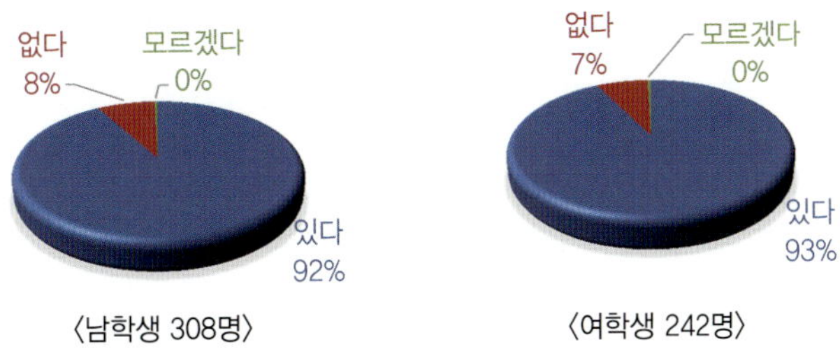

(5) 원인

과거에는 여성의 외모나 의복 및 행동이 남성의 성적충동을 자극함으로써 강간을 유발한다고 생각하였으나, 최근에는 강간이란 여성에 대한 적의나 폭력의 성적인 표현이라고 해석한다. 연구자들은 강간의 원인을 크게 5가지 관점에서 설명하고 있다.

① 정신역할설

정신역할설(psychodynamic theories)은 강간이 정신병리학적 이상에 의해 야기된다고 주장하는 학설이다. 이 학설에 의하면 강간에는 4가지 유형이 있다. 첫째, 폭력강간(power rape)은 불안과 무기력 등의 내부 감정을 조절하기 위하여 미리 계획된 공격을 시도하는 강간으로서, 이 유형의 강간범은 자신의 성정체성과 성적만족을 위한 수단으로 강간을 이용한다. 이 경우의 강간범들은 강간하는 동안 언어나 행동을 이용하여 피해자들에게 굴욕을 주기도 하며, 피해자들의 반항의지를 꺾기 위하여 위협하거나 무기를 이용한 폭력을 시도하기도 한다. 이들은 간혹 피해자들에게 신체적인 상처를 입히기도 하지만 대부분의 경우에는 위협만 할 뿐 피해자들에게 실질적인 상해를 가하지는 않는다. 이 유형의 강간범들은 사람들과의 인간관계가 좋지 않으며, 특히 여성과의 일반적인 관계 형성에 많은 어려움을 나타낸다. 모든 강간 사건의 55%가 이 유형에 속한다. 둘째, 분노강간(anger rape)은 인생 자체에 대한 불만이나 피해자에게 받은 굴욕에 대한 복수심을 해소하기 위한 목적으로 시도되는 계획되지 않은 강간의 형태이며, 이 유형의 강간범들은 강간 자체보다는 피해자들에게 심한 굴욕이나 벌을 주는 경우가 많다. 공격 시간이 비교적 짧으며, 모든 강간의 4%가 이 유형에 속한다. 셋째, 가학적강간(sadistic rape)은 성적으로 흥분한 사람들이 폭력을 이용하여 시도하는 강간이다. 이 유형의 강간범들은 피해자들에게 물리적인 고통을 가함으로써 쾌감을 느끼며, 피해자들이 반항하지 않으면 성적으로 만족하지 못하기 때문에 고문을 하거나 살해함으로써 성적만족을 추구하는 경우도 있다. 공격 시간이 비교적 길며, 모든 강간의 5% 정도가 이 유형에 속한다. 네 번째로 기회적강간(opportunistic rape)은 성적인 욕구에 의해 발생하는 강간이며, 이 유형의 강간범들은 기회가 있을 때마다 충동적으로 강간을 시도한다. 이들은 강간을 하는 데 필요한 힘만을 사용하며, 피해자가 심한 반항을 할 때만 분노를 표현한다. 대부분의 데이트 강간범들이 이 유형에 속한다.

강간은 성의 공격적인 표현이라기 보다는 도리어 공격의 성적표현이라고 할 수 있을 것이다. 루이지애나와 텍사스에서 스키마스크 강간범으로 알려진 어떤 남성은 남편이나 남자 친구가 있는 여성만을 선택하여 강간하였다. 그는 여성의 집을 미행하여 남성이 집을 떠날 때까지 기다렸다가 여성 혼자가 되면 침입을 하였으며, 여성을 묶은 후 남자가 돌아올 때까지 기다렸다가 남성도 함께 묶고는 여성이 강간당하는 것을 보도록 강요하였다. 만일 이 남성이 강간을 시도한 일차적인 동기가 성적만족이라면 남성이 집으로 돌아올 때까지 기다릴 필요가 없었을 것이다. 즉, 이 남성의 일차적인 동기는 피해자 여성과 여성의 파트너를 지배하고 모욕하는 것이라고 할 수 있을 것이다(그림 10.7).

그림 10.7 강간의 목적
강간은 성적욕망의 분출이 아니라 피해자를 지배하고 모욕을 줌으로써 왜곡된 심리적 만족을 얻고자 하는 욕구에 의해 발생하는 경우가 많다.

② 문화설

문화설(cultural theories)이란 강간은 성을 억압하고 폭력을 미화하는 사회적 환경에 의해서 발생한다고 주장하는 학설이다. 이러한 사회는 대개 남녀에 대한 성적역할의 구분이 확실하며, 남성의 역할이 여성보다 우월하다는 인식이 팽배하여 있다. 1988년 엘자이어는 남성은 공격적이고 여성은 수동적이라는 고전적인 성적역할이 만연되어 있는 사회에서는 남성이 여성을 정복하기 위하여 힘이나 폭력을 사용하게 된다고 설명하였다. 실제로 많은 연구자들은 강간이나 성적강요를 시도하는 남성들은 그렇지 않은 남성들보다 고전적인 성적역할에 익숙하며, 남성이 여성보다 우월하다는 인식이 강하다고 보고하였다. 어떤 연구는 사회의 남성화가 남성의 폭력적인 성향을 강하게 만든다고 보고하였다. 즉, 이러한 사회적 관습에 젖어 있는 남성들은 스스로 성적 폭력을 인정하게 됨으로써 여성 피해자는 더욱 늘어날 수밖에 없을 것이다.

이 설에 따르면 TV 드라마나 영화는 물론 각종 대중매체에서 필요없는 폭력이 난무하는 사회에서는 남성에 의한 성폭력의 강도가 증가될 가능성이 높기 때문에 하루라도 빨리 새로운 남녀의 성적역할에 대한 사회적 인식을 확립하여 남성의 폭력적인 성향을 감소시켜야 할 것이다.

우리 사회에는 남성들은 성을 억제하기도 힘들지만 억제하면 건강에 해롭다는 잘못된 인식이 존재한다. 이러한 인식은 남성의 성적 방종과 여성에 대한 성적강요를 용이하게 하는 동기가 되고 있다. 또한 체계적이고 효율적인 성교육이 이루어지지 않아 성에 대한 잘못된 정보나 인식을 바로잡을 수 있는 기회가 없으며, 성교육을 실시하더라도 순결교육과 성병교

그림 10.8 **대중매체의 선정성**

1; 2007년 윤간 장면을 떠올리게 하는 돌체앤가바나(Dolce and Gabbana) 광고, 2; 2013년 여성을 납치하는 장면을 묘사한 포드사의 소형자동차 광고

육을 중심으로 하는 지극히 원론적이고 교훈적인 윤리교육에 머물고 있어 성교육의 효율이 지극히 낮은 상태이다. 더욱이 최근에는 향락과 폭력문화가 범람함으로써 쾌락적 성이 대중화되고, 여성이 성적 쾌락을 위한 도구로 전락됨으로써 보다 자극적인 성을 즐기기 위한 성폭력이 급속히 증가하게 되었다. 특히 청소년들에게 그 영향이 대단히 큰 TV나 각종 대중매체에서는 선정적인 표현과 과도한 노출 및 폭력 장면이 매일 소개됨으로써 사회 전체에 폭력이 만연될 수밖에 없는 사회환경이 조성되게 되었다(그림 10.8). 이상과 같이 남녀의 성적차이에 대한 왜곡된 인식과 폭력과 쾌락적 성에 물들은 우리 사회의 문화가 강간과 같은 성범죄의 중요한 원인이라고 할 수 있을 것이다.

③ 사회교육설

사회적 교육이 강간의 원인이 될 수 있다고 주장하는 것이 사회교육설(social learning theories)이다. 많은 강간범들은 어린 시절 자신이 성폭력을 당했거나 가족이 성폭력을 당하는 장면을 목격한 경험이 있다고 알려져 있다. 만약 어떤 사람이 어린 시절의 경험에 대해 부정적인 인식을 갖고 있지 않다면, 그 아이는 성장한 후에도 그 태도나 행위를 계속할 가능성이 높다. 즉, 성폭력이 잦았던 가정에서 자란 사람들은 성인이 된 후에 성폭력을 그다지 부정적으로 생각하지 않을 수도 있을 것이다. 이러한 환경에서 자란 남성들은 성폭력의 가해자가 될 가능성이 많으며, 여성들의 경우에는 성인이 된 후에 성폭력의 피해자가 될 가능성이 높다. 이와 같이 성폭력에 대한 과거의 경험은 남녀 모두에게 비정상적인 성적 태도를 갖게 하는 중요한 원인이 될 수도 있다.

가정이나 사회로부터 고전적인 성적역할에 대한 교육을 받았거나 남성과 여성을 적대관계라고 교육받고 자라온 남성들은 여성에 대한 폭력을 정당화하는 경향이 있으며, 실제로도 이러한 사람들은 다른 사람들보다 성적으로 폭력적이고 공격적이다.

④ 개인관계설

개인관계설(interpersonal theories)이란 서로 간의 오해가 강간을 유발할 수도 있다는 학설이다. 상대방에 대한 오해가 두 사람의 관계를 어렵게 만들 듯이 남녀 간의 오해가 종종 남성을 폭력적으로 만들기도 한다. 많은 남성들은 특정 환경하에서는 강간도 정당화될 수 있다고 생각하는데, 이미 언급한 바와 같이 많은 남성들은 여성이 넥킹이나 페팅을 허락하거나 남성의 집을 방문하는 경우에 여성들이 성관계를 허락하는 것이라고 생각한다. 특히 마음속으로는 원하면서 겉으로는 거짓 거부를 하는 여성과 성관계를 맺어 본 경험이 있는 남성의 경우에는 위와 같은 경우에 여성에게 폭력을 쓰는 것이 당연하다고 생각하기도 한다.

검거된 강간범들은 강간 장면을 보거나 들으면 성적으로 대단히 흥분하는데, 강간범이 아닌 일반 남성들도 음주상태에서 억제력이 떨어지면 강간 장면에 의해 흥분이 유발된다. 또한 음주 전에 여성이 남성을 분노하게 만든 경우에는 일반 남성의 경우에도 강간 장면 등에 대한 성적흥분의 강도가 강간범과 유사한 정도로 강화된다는 보고도 있다. 즉, 남성들은 여성들의 태도에 대한 오해나 음주에 의한 억제력 감소 등과 같은 요인들이 내부에서 상승작용을 일으키게 되면 폭력을 동반하는 성적 장면에 민감하게 반응하게 되며, 결국 실제 상황에서도 여성에게 성적 폭력을 사용할 가능성이 높아질 수 있다.

⑤ 유전적 요인

최근에는 유괴, 살인, 강도, 강간 등의 폭력성이 유전자에 의해서 조절될 수 있다는 증거들이 제시되고 있다. 네덜란드에서 5세대에 걸쳐 폭력이나 방화를 저지른 한 가계를 대상으로 한 연구로부터 이 가계의 구성원들은 세로토닌이라는 신경흥분전달물질을 조절하는 유전자에 결함이 있다는 사실이 밝혀졌으며, 1999년 버밍엄 대학의 과학자들은 인간의 공격성을 조절하는 3개의 신경흥분전달물질을 발견했다. 공격유전자라고 부르는 이 유전자가 실제로 인간의 공격적인 행동을 조절할 수 있는지에 대해서는 아직까지 확실한 결론을 내리기 어렵지만, 미국 롱아일랜드의 브루크헤이븐 연구소의 연구에서도 자살기도, 우울증, 폭력성을 나타내는 사람들은 세로토닌이나 도파민 등이 과다하게 분비되거나 결핍되어 있다는 사실이 밝혀지는 등 최근 들어 많은 연구결과들이 인간의 폭력성이 유전자에 의해 조절될 수 있다는 사실을 시사하고 있다. 아직까지는 사회적 환경도 완전히 무시하긴 어렵지만 이러한 생물학적 접근이 강간과 같은 성폭력의 원인을 규명하기 위한 유용한 수단이 될 수도 있을 것이다.

(6) 잘못된 인식

사람들은 강간에 대하여 잘못된 인식을 하는 경우가 많은데, 이러한 잘못된 인식의 대부분은 죄의 일부를 피해자에게 전가시키는 구실로서 이용되곤 한다. 특히 보수적인 성적역할에 익숙한 남성들은 여성들보다 이러한 인식을 옳다고 믿는 경향이 강하다. 다음은 많은 사람들이 믿고 있는 강간에 대한 잘못된 인식들의 예이다.

첫째, 많은 사람들은 여성의 야한 의복이나 행동이 남성의 성적흥분을 유발함으로써 강간이 발생한다고 생각한다(그림 10.9). 사람들의 1/2에서 1/3은 여성들이 미니스커트와 같은 노출이 심한 의복을 입거나 또는 남성의 집을 방문하거나 술에 취한 경우에는 여성에게도 강간에 대한 최소한의 책임이 있다고 생각한다. 1989년 미국의 플로리다 법정은 미니스커트를 입은 여성을 강간한 남성에 대해 그 여성의 의복이 강간을 유도할 수 있다고 인정하여 강간범을 무죄방면하였다. 그러나 그 남성이 연속 강간범이었다는 사실이 밝혀진 후 플로리다 주의회는 강간 사건에서 강간 피해자의 복장을 판결의 중요한 증거로서 사용치 못하도록 법을 개정하게 되었다.

그림 10.9 **여성들의 노출과 성폭력**

2014년 케냐에서 미니스커트를 입었다는 이유로 한 여성을 7명의 남성이 집단강간하려다 미수에 그친 사건에 대해 분노한 여성들이 거리에서 시위를 벌이고 있다. 사람들은 일반적으로 여성들의 노출이 강간을 유발한다고 생각하지만 노출했다고 해서 그 여성을 강간할 수 있는 권리는 그 누구에게도 없다.

남성들만이 아니라 많은 여성들도 여성 강간 피해자들에게 그다지 호의적이지 않은 경우가 많은데, 피해자들의 행실이 올바르면 강간당할리가 없다고 생각하기 때문이다. 그러나 이와 같이 강간 피해자의 주위 사람들이 피해자에게 책임이 있다는 태도를 보이게 되면 피해자의 정신적인 상처는 더욱 깊어질 수 밖에 없으며 그 후유증은 대단히 오래 지속되는 것이 보통이다. 만약 도둑을 맞았다거나 강도를 당한 피해자에게 주변의 모든 사람들이 "당신은 왜 도둑맞을

짓을 했습니까?" 또는 "왜 강도에게 헛점을 보였습니까?"라고 비난한다면 피해자는 어떤 심정일지 여러분은 충분히 짐작할 수 있을 것이다. 옷이나 행동이 야한 여성들이 강간을 원하는 것도 아니며, 설혹 어떤 여성이 남성들을 유혹하기 위해서 야한 의복을 입고 매혹적인 행동을 한다고 해서 모든 남성이 그 여성을 강간할 수는 없다. 그 여성에게도 남성을 선택할 자유가 있으며, 원치 않는 남성으로부터 강제로 성관계를 강요받아야 할 이유도 없다. 이 경우 역시 명백한 강간이며, 여성에게 책임을 물을 수는 없을 것이다.

둘째, 많은 남성들은 여성들이 무의식 속에서 강간당하기를 원한다고 생각한다. 많은 여성들이 강간에 대한 환상을 하며, 에로틱한 강간 장면을 보면 흥분하기도 하지만 이러한 사실이 여성들이 강간당하기를 원한다는 사실을 의미하지는 않는다. 여성들이 강간에 대한 환상을 한다고 해서 원치 않는 장소에서, 원치 않는 사람과, 원치 않는 방법으로 강간당해도 좋다고 생각하지는 않을 것이다. 또한 대다수의 여성들은 남성들과 달리 실제적인 강간 장면에 의해서는 성적으로 흥분하지 않으며, 도리어 혐오감이나 공포감을 느끼는 것이 보통이다.

셋째, 많은 사람들은 여성이 끝까지 반항하면 강간이 불가능하다고 생각한다. 속설 중에는 '흔들리는 바늘에는 실을 끼울 수 없다'는 말이 있는데, 이 말은 여성이 심하게 반항하면 삽입하기가 불가능하다는 뜻으로 해석할 수 있을 것이다. 그러나 대부분의 강간범은 피해 여성보다 크고 힘이 세기 때문에 힘이 약한 여성들은 강간범의 공격에 제대로 대항할 수 없으며, 일부 남성들은 무기를 사용하기도 하기 때문에 결국은 불가항력적으로 강간을 당할 수 밖에 없는 것이 일반적이다.

넷째, 많은 사람들은 여성이 강간범을 고소하는 이유는 강간에 대한 피해 때문이 아니라 강간 이외의 다른 행위에 대한 보복을 목적으로 하는 경우가 많다고 생각하는 인식이 강하다. 이러한 인식은 자신을 강간한 남성으로부터 돈을 받아 내기 위해서나 자신과 한 몸이 되었는 데도 불구하고 자신에게 냉정하게 대하는 남성에 대한 분풀이로 고소를 한다는 생각에 근거를 두고 있다. 다른 범죄의 경우에는 피해자의 주장이 대부분 받아들여지는 데 반해 강간의 경우에만 피해자의 고소 의도가 의심받는 것은 이러한 잘못된 인식에서부터 유래되었다고 할 수 있을 것이다. 그러나 미국의 FBI 연구 결과는 무고한 고소율은 강간의 경우가 다른 범죄보다 월등히 낮은 것으로 나타났다. 이와 같이 강간에 대한 고소는 강간 행위에 대한 신체적, 정신적 피해를 보상받기 위한 최소한의 대응일 뿐이다.

그림 10.10 강간 피해
강간 당한 여성은 신체적인 손상뿐만 아니라 불안과 자책감에도 시달리게 되며 정신분열증을 나타내는 경우도 있다.

(7) 피해

많은 여성 강간 피해자는 강간에 의해 야기되는 각종 증상으로 고통받게 된다(그림 10.10). 피해자의 25%는 비교적 경미한 상처로, 4%는 심한 상처로 고생하게 되는데, 이러한 신체적인 손상은 강간당한 직후부터 몇 주 정도에 걸쳐 회복되게 되며, 이 시기 동안 강간에 의한 정신적인 손상도 점차 회복되기 시작한다. 회복 기간 중에 어떤 피해자는 자신의 감정을 표현하기 시작하며, 울기도 하고, 심한 분노와 두려움 및 불안을 느끼기도 한다. 또 다른 피해자들은 자신에게는 아무 일도 발생하지 않았다고 생각하면서 자신을 조절하고자 노력하기도 한다. 그러나 많은 강간 피해자들은 정신분열 증상을 나타내기도 하는데, 그들은 사건이 발생한지 수개월이 지나도 두통, 불면증, 불안, 죄의식 및 자책을 느끼며 점점 더 우울해지기도 한다. 그 후 피해자는 이사를 하거나 직장을 바꿈으로서 과거를 잊고 새 출발하려는 시도를 하기도 한다.

우리나라 강간 피해자의 피해를 신체적, 정신적 피해로 재분류하여 살펴보면 정신적 피해가 강간 미수의 경우에는 72.7%, 강간의 경우에는 66.7%인 것으로 나타나 압도적 다수의 피해 여성이 정신적 후유증으로 고생하고 있음을 알 수 있다. 특히 강간의 경우에는 정조를 상실했다는 자괴감 때문에 노이로제(0.7%)에 걸리는 사람도 있으며, 술과 약물을 복용(강간미수: 2.4%, 강간: 5.3%)하기도 하고, 심지어는 자해행위나 자살(강간미수: 0.7%, 강간: 4.7%)을 기도하는 여성들도 있다. 정신적 피해 이외에 신체적 피해로 고통받는 사람도 많은데, 강간미수의 경우에는 '몸이나 성기에 상처(3.7%)'를 입거나 '성병(0.7%)'에 걸리는 경우가 있으며, 강간의 경우에는 '상해(10.0%)', '임신(12.0%)', '성병(1.3%)' 등에 걸리는 경우도 있는 것으로 알려져 있다.

우리 모두는 우리가 사는 세상이 안전하다고 생각하려는 경향이 강하다. 이러한 믿음은 세상에 대한 걱정과 두려움을 감소시켜 주지만, 강간이나 폭력의 피해를 받게 되면 세상에 대한 신뢰가 깨지게 되어 더 이상 자신을 조절하기가 어려워진다. 또한 이들은 성적욕망을 잃게 됨으로써 각종 성문제가 발생하기도 하는데, 가족이나 배우자가 피해자를 진심으로 따뜻하게 대해주고 일상적인 성관계시 무리한 정신적 압박을 가하지 않는다면 의외로 쉽게 해결될 수도 있다. 그러나 강간당한 후 자신의 감정을 극도로 억제하는 피해자는 사건 후 몇 달 또는 몇 년 동안 각종 문제로 고통받는 경우가 많다.

여성 강간 피해자들과 마찬가지로 남성 강간 피해자들도 장기간 동안 파트너와의 성관계나 사회생활 등에서 여러 가지 문제가 발생하는 경우가 많은데, 특히 이들은 주변 사람들에게 도움을 청하지 않기 때문에 회복이 더욱 어려운 경우가 많다.

두 번 이상 강간 당한 경험이 있는 사람들은 자신에게 어떤 문제가 있다고 자책하게 되어 정신적 고통이 더욱 심해지게 된다. 이러한 경우에는 강간이 피해자의 잘못에 의해 발생한

Q 10-8

성관계를 강요 당하는 상상해 본 경험이 있는가?

'모르는 사람과의 성관계를 상상해 본 경험이 경험이 있는가'라는 질문에 남학생 317명 중 88%와 여학생은 349명 중 20%가 그러한 경험이 있다고 응답하였다. 그러나 대부분의 학생들은 에로틱한 성관계를 상상하며 신체적으로나 정신적으로 상해를 입거나 굴욕을 받는 성폭행을 상상하는 것은 아닌 것으로 조사되었다. '모르는 사람으로부터 성폭생당하는 상상을 해본 적 있는가'라는 질문에는 남학생의 25%와 여학생의 9%가 상상한 경험이 있다고 응답하였다. 그러나 이러한 상상을 한다고 해서 이들이 모두 실제로 성폭행을 원하며, 실제로 실행할 것이라고 단언할 수는 없을 것이다.

Q 모르는 사람과의 성관계를 상상해 본 경험이 있는가?

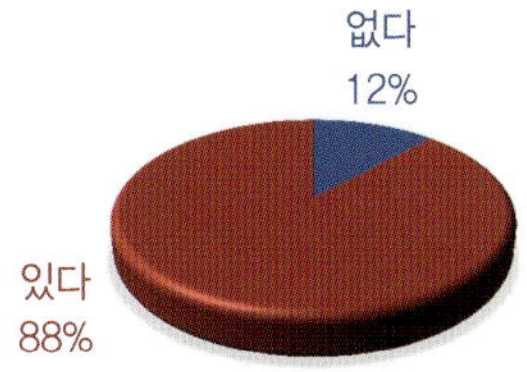

〈남학생 317명〉

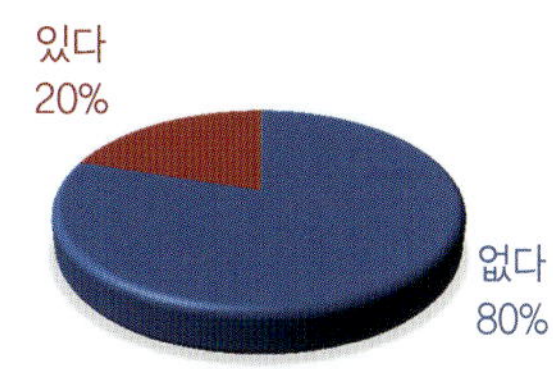

〈여학생 349명〉

Q 모르는 사람으로부터 성폭행 당하는 것을 상상해 본 경험이 있는가?

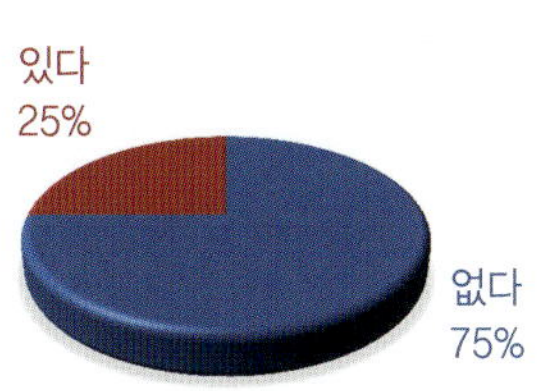

〈남학생 314명〉

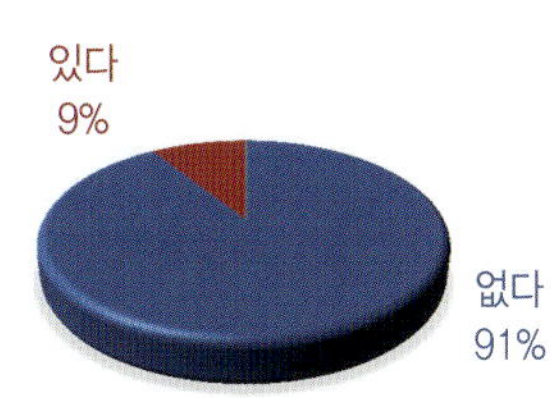

〈여학생 349명〉

것이 아니라는 인식을 심어주기 위한 전문가의 상담이 필요할 수도 있다. 특히 다수의 파트너와 성관계를 하거나 원치 않는 임신이나 낙태 등의 경험이 있는 여성이 강간당했을 경우에는 자신에 대한 자책이 남다르게 심할 수도 있다. 이러한 사람들에게는 자존심을 회복시켜 줌으로써 정신적인 고통으로부터 벗어날 수 있도록 도와주어야 하며, 피임이나 성관계 여부를 자신의 의지로 결정할 수 있도록 치료 및 교육을 시도할 필요가 있을 것이다.

(8) 피해자에 대한 주위의 반응

강간 피해자의 파트너나 가족들은 자신들의 반응과 감정을 조절할 수 있도록 노력해야 한다. 강간 당한 여성의 남성 파트너는 자신이 여성을 보호하지 못한 것에 대해 자책하기도 하지만, 자신을 탓하기 전에 우선은 피해 여성이 자신 스스로 강간의 고통으로부터 벗어날 수 있도록 모든 노력을 아끼지 말아야 할 것이다. 강간 피해자에게 가장 두려운 것은 강간당했다는 사실 자체가 아니라 남성 파트너와 가족들이 강간에 대한 잘못된 인식을 믿거나 그에 따라 자신을 비난하는 것일 것이다.

당신의 파트너가 강간당했을 경우에는 "왜 너는 거기에 갔으며, 왜 그렇게 늦게 외출했고, 왜 그런 옷을 입고 있었느냐?"는 등의 질문은 절대 금해야 한다. 이러한 질문들은 피해자에게도 강간에 대한 일말의 책임이 있다는 의미를 내포하고 있으므로 피해자는 파트너의 이러한 물음에 정신적으로 대단한 상처를 받게 될 것이다. 강간 피해자의 신속한 회복을 위해서는 파트너나 가족들의 이해가 가장 중요하지만 전문가의 상담을 받는 것도 좋은 방법이 될 수 있을 것이다.

(9) 피해신고

미국의 경찰서에는 유아 성학대나 강간 피해자들을 위한 특별부서가 있다. 강간사건이 신고되면 정복의 경관이 현장에 도착하여 실제로 강간이 발생하였는지를 조사하게 되며, 만약 강간사건이라고 판단되면 가해자를 수배하게 된다. 또한 강간 피해자를 전문적으로 도와주는 특별 수사대가 구성되어 피해자의 고통을 최소화시키고자 노력하며, 범인 체포에도 최선을 다하게 된다. 더욱이 큰 도시에는 강간 피해자를 위한 프로그램이 설치되어 있어 특별히 훈련된 상담원이 피해자를 도와주며, 초등 수사 후에는 피해자를 병원으로 후송하게 된다.

오늘날 선진국의 대부분 병원은 강간 피해자들에게 각종 편의를 제공하고 있다. 예를 들어 응급센터는 직원들을 대상으로 강간 피해자들을 도와줄 수 있는 적절한 교육과 훈련을 시행하고 있어서 강간 피해자는 최선의 대우와 치료를 받을 수 있으며, 생명이 위태로운 환자 다음 순위로 치료 받을 수 있도록 조치된다. 또한 강간에 의한 신체적인 상해뿐만 아니라 원치 않는 임신이나 성병의 위험을 방지하기 위한 처치도 받을 수 있다.

질 내의 정자들은 강간범을 색출하기 위한 중요한 증거가 될 수 있으므로 법적기소 가능성을 높이기 위해서는 강간 직후 성기 부위를 닦거나 의복을 갈아 입지 말아야 한다. 일부 피해자들은 강간 직후에는 여러 가지 이유로 신고하지 않다가 상당 기간이 경과한 후에 신고하기도 하지만 강간에 대한 의과학적 증거가 없을 경우에는 기소하기가 쉽지 않다.

미국의 경우에는 여성의 질 내에서 정액이 사정되었다는 증거가 없어도 기소가 가능하지만, 정액이 검출되면 기소가 훨씬 쉬워진다. 최근에는 정자로부터 혈액형뿐만 아니라 DNA를 이용한 유전자검사를 통해 더욱 정확하게 범인을 확인할 수 있게 되었으므로 확보된 정자는 범인 검거를 위한 결정적인 증거로서 이용될 수 있다. 1987년 영국에서는 두 건의 강간 사건에 대한 용의자로 체포된 남성이 피해자에게서 채취된 정액의 유전자 검사결과에 의해 무죄로 석방되었고, 대신 그 지역에 사는 4,000여명의 남성들 모두로부터 유전자 감식을 시도하여 진범을 체포하는 데 성공한 사례가 있다.

강간 신고의 거의 절반이 기각되는데, 기각된 사건의 대부분은 강간범과 피해자가 아는 사이에서 벌어진 경우이다. 이러한 경우에 피해자들은 법정에서의 여러 가지 복잡한 문제들 때문에 재판까지 진행하는 것을 주저하게 됨으로써 결국은 고소를 취하하게 된다. 그러나 미국의 대심원에서는 1991년 강간범들이 피해자의 동의하에 성관계를 맺었다는 증거를 제시하지 못하도록 하는 법안을 제정하였고, 강간범의 과거 성적 범죄는 제시될 수 있지만 피해자의 과거 성적경험 등을 재판 중에 제시할 수 없도록 함으로써 피해자의 입장을 강화하였다.

강간 사건은 계속해서 강간을 시도하는 강간범의 특성상 피해자 중 누군가가 신고하여 범인을 검거하지 않는다면 계속해서 많은 피해자가 발생하게 될 것이다. 만약 당신이 강간 사건을 일단 신고하게 되면, 후에 고소를 취하하더라도 강간 사건 자체에 대한 기록은 남게 되어 동일한 강간범에 의해 발생할 강간을 미연에 방지하거나 강간범을 신속하게 체포하는 데 도움이 될 수 있다.

우리나라의 경우 1994년 '성폭력범죄의 처벌 및 피해자보호 등에 관한 법률' 제정 당시 여성운동단체들이 성폭력 범죄에 대한 친고죄 조항 삭제를 주장하였지만 당시에는 친족 성폭력과 신체장애인 대상 성폭력에만 비친고죄가 적용되었었다. 친고죄란 피해자가 직접 가해자를 고소해야만 공소제기가 되는 범죄로 피해자의 명예를 보호할 필요가 있거나 피해자가

받는 법적 이익이 극히 적어 공익에 직접적인 영향이 없는 범죄에 규정되는 조항이다. 성폭력 범죄에서 친고죄 조항은 성폭력 피해 내용과 피해자의 신상이 외부에 노출됨으로써 피해자가 2차 피해를 받을 수 있다는 점을 고려하여 제정되었는데, 당시 친고죄 조항은 고소기간 1년으로 제한되어 피해자가 짧은 기간 안에 고소를 결정해야 하는 부담을 지는 문제가 있었다. 실제로 2012년 한국성폭력상담소가 발표한 '친고죄 조항이 피해자에게 끼친 피해유형'을 살펴보면 친고죄는 피해자에게 고소를 결정하게 하는 중압감(37.3%)과 고소 및 합의 관련 가해자 측에 의해 가해지는 2차 피해(27.2%), 수사 및 재판기관의 소극적 대응(13.3%), 고소기간 초과(12.7%) 등의 문제가 있는 것으로 조사되었다. 이와 같이 성범죄에 대한 친고죄 조항은 피해자의 성폭력 피해 경험이 피해자가 감춰야 하는 부끄러운 문제라는 인식과 피해자에게도 일말의 책임이 있다는 잘못된 인식에 의한 2차 피해를 방지하기 어렵다는 치명적인 단점을 내포하고 있다. 이러한 이유로 결국 아동과 청소년에 대한 친고죄가 폐지되었고, 2013년 6월 19일부터는 모든 성폭력 범죄에 대하여 친고죄가 폐지되어 현재는 고소기간과 상관없이 공소시효에 따라 성폭력 범죄 가해자를 처벌할 수 있는 법적 근거가 마련되었다.

(10) 방지대책

강간 방지를 위한 첫 번째 방법으로는 강력한 법적 제재를 들 수 있다. 어떤 연구에서는 설문에 응한 많은 남성들이 체포되지 않는다는 보장만 있다면 자신들도 강간을 시도해 보고 싶다고 응답하였으며, 이러한 결과는 많은 경찰 병력을 동원한 우범지역의 순찰 강화와 강력한 법적 제재는 강간을 억제하는 데 매우 효과적이라는 사실을 암시하고 있다. 그러나 이러한 방법은 강간에 대한 억제 효과는 있을지라도 강간 방지를 위한 근본적인 해결책은 될 수 없다.

두 번째로는 강간의 표적이 될 기회를 감소시키는 방법이다. 예를 들어 집에 불을 밝혀 여성 홀로 있다는 사실을 모르게 하고, 문단속을 확실히 하며, 인적이 드문 어두운 주차장에 갈 때는 멀리서 차 주변과 아래 및 뒷좌석 등을 자세히 살핌으로써 강간을 방지할 수 있을 것이다.

세 번째로는 이렇게 조심하였는 데도 불구하고 강간범이 공격하여 올 경우에는 강력히 반항함으로써 강간을 방지할 수도 있다. 실제로 어떤 연구에서는 여성들이 강간범에게 강력히 반항하면 강간율을 80%까지 감소시킬 수 있다고 보고하였다. 강간미수 피해자들에 대한 설문조사 결과에서는 대부분의 경우 반항하였는 데도 불구하고 심한 상처 없이 강간의 위험에서 벗어날 수 있었다고 조사되었다. 대부분의 여성들은 공격적으로 양육되지 않았기 때문에 강간범에 대한 공격 방법도 모르지만 아예 공격 자체를 주저하게 된다. 그러나 각종 단체에서 실시하는 강간에 대한 자기방어 프로그램에는 강간범에 대한 신체적인 공격도 포함되며, 강력한 공격은 경우에 따라서는 상당히 효과적인 강간 방지법이 될 수 있다고 알려져 있다. 단호한 말이나 신체적인 공격은 물론 타인에게 도움을 청하거나 사람이 있을 만한 장소로 유인하는 것도 강간 방지에 효과적일 수 있다.

네 번째로는 적당한 말이나 행동으로서 강간범을 속이거나 강간범이 아예 강간을 시도할 마음이 사라지도록 유도하는 방법도 있다. 실제로 집에 침입한 강간범에게 "옆 방에 남편이 자고 있으니 조용히 내 몸을 다루시되 성교만은 하지 마세요"라고 하여 강간범이 강간을 포기하게 만든 경우도 있으며, 새벽에 귀가하던 중 강간을 당할 위험에 처한 20대 여성은 강간범에게 자신의 전화번호를 가르쳐 주면서 "나중에 연락해서 다시 만나자"고 달래서 위기를 모면했던 실례도 있다. 또한 지하보도에서 10대에게 강도를 당하고 여관으로 끌려 가 성폭행당할 위기에 처했던 50대 여성이 "땀이 많이 나니 씻고 오라"고 말한 후 강간범이 목욕하는 사이에 도망쳐 위기를 벗어난 경우도 있다.

지금까지 언급한 강간 방지법에는 피해자에게도 어느 정도의 책임이 있다는 인식이 밑바탕에 깔려 있다. 이러한 인식은 강간당한 여성이 자기 방어를 제대로 하지 못해 강간이 발생한다고 생각하게 할 수도 있지만, 여성들이 의도적으로 강간을 부추기거나 유발한 것이 아니므로 불가피하게 강간을 당했더라도 절대 죄의식을 느낄 필요가 없다. 또한 소리치거나 호루라기를 부는 것 등도 강간 방지 효과가 있을 수도 있지만 항상 효과적이지는 않다. 결국 아무리 좋은 방법을 이용하더라도 강간을 완벽하게 방지할 수 있는 방법은 없다고 할 수 있다.

강간범에 대한 정신적인 치료를 시도하거나 피해자의 의복이나 태도를 변화시키는 방법은 약간의 강간 방지 효과는 있을지라도 근본적인 해결 방법은 아니다. 그러나 사회제도 자체를 변화시킨다면 강간 발생을 현저히 줄일 수도 있다. 남성이 여성보다 공격적이고 우월해야 한다는 인식과 폭력이 일반화되어 있는 사회에서는 남성이 여성을 복종시키기 위한 수단으로서 폭력적인 강간을 시도한다. 그러므로 남성과 여성의 성적역할에 대한 사회의 태도가 변화하고 폭력이 아닌 화합과 이해가 중요한 가치로 인식되는 사회 분위기가 성숙된다면 강간의 발생도 따라서 줄어들게 될 것이다.

Q 10-9

체포되지 않는다면 강간을 시도해 볼 것인가?

'체포되지 않는다면 강간을 시도할 것 인가?'라는 질문에 남학생 303명 중 17%(52명)가 '시도할 것이다'라고 응답하여 충격을 주었으며, 여학생의 경우에도 238명 중 1명이 시도한다고 응답하였다. 비록 이들 모두가 실제로 강간을 실행에 옮기지는 않을지라도 잠재적인 강간 가해자로 간주될 수 있을 것이다. 강간 피해자의 고통을 고려한다면 잠재적 강간 가해자가 응답자 중 53명이라는 숫자는 결코 적은 숫자라고 할 수는 없을 것이다. 또한 이 결과는 강간을 방지하기 위해 강력한 법적처벌과 올바른 성교육이 필요함을 시사하고 있다고 할 수 있다.

Q 체포되지 않는다면 강간을 시도할 것인가

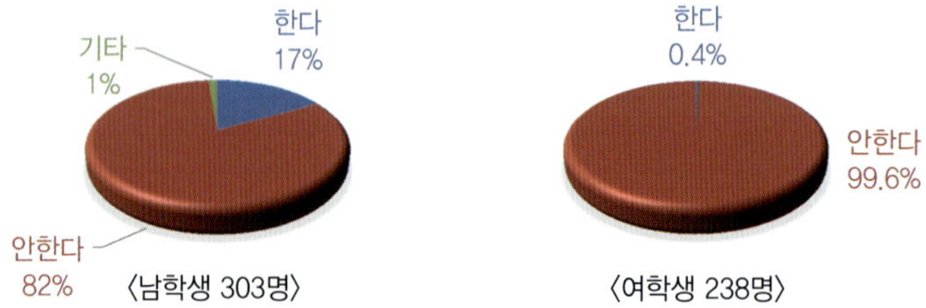

2) 성희롱

(1) 정의

성희롱이란 어떤 사람이 상대방이 원치 않는 성적 유혹, 성적 요구, 성적인 언어나 신체 접촉 등을 시도하고, 이를 거부하면 각종 피해를 끼치거나 정상적인 업무를 방해하는 경우라고 할 수 있다. 만약 이러한 성희롱에 대해 즉각적이고도 적절한 시정 조치가 취해지지 않는다면 회사는 고용자에 의해 발생한 성희롱 사건에 대해 책임을 져야 할 것이다.

많은 남성들은 성희롱에 대해 여성들이 너무 과장하거나 민감하게 반응한다고 생각한다. 남성들은 자신들의 일반적인 관심의 표현을 여성들이 오해하고 있다고 생각하며, 성희롱의 기준이 너무나 모호하기 때문에 애꿎은 남성 피해자가 양산될 수 있다고도 생각한다. 또한 남성들은 대가를 지불하면서 성을 요구하는 등의 명백한 행위만을 성희롱으로 간주하며, 성희롱에 대한 책임의 일부를 여성에게 전가시키기도 한다.

1980년대에 시도된 미국의 각종 조사에서는 직업의 종류에 관계없이 여성들의 40–60%

가 직장에서 성희롱(sexual harassment)을 당한 경험이 있다고 밝혀졌다. 또한 직장 여성의 7–8%는 성희롱을 허용한 대가로 금품을 제공받기도 하였고, 이에 반해 반항한 벌로 직장에서의 불이익을 받기도 하였다고 응답하였다. 또한 최근에는 남성 역시 직장에서의 성희롱 피해자가 되는 경우도 있다고 알려져 있다.

그림 10.11 직장내 성희롱
성희롱은 힘의 균형이 한쪽으로 치우친 곳이라면 어느 곳에서나 발생할 수 있다.

성희롱은 고용주와 고용자, 또는 선생과 제자와 같이 주로 힘의 균형이 한쪽으로 치우친 관계에서 일어난다(그림 10.11). 만약 피해자가 가해자의 성적 요구를 거절하면 직장에서 승진하기 어려워지고 심지어는 해고당할 수도 있으며, 해고된 후에도 고용주로부터 신원증명 등을 받기가 쉽지 않기 때문에 피해자는 가해자의 요구를 받아들일 수밖에 없는 처지에 놓이게 된다. 결과적으로 성희롱의 피해자는 다른 성폭력 피해자들과 유사하게 굴욕감, 수치 및 분노를 느끼게 된다.

(2) 원인

성희롱은 아주 오래 전부터 남녀가 함께 근무하는 거의 모든 장소에서 일상적으로 일어나는 사건이었으나, 여성의 직장 내 역할이 증대되고 지위가 상승하면서부터 사회적 문제로 인식되기 시작하였다. 지난 수십 년 동안 많은 여성들이 직업을 갖게 되면서 과거에 비해 남녀의 성적역할에 대한 사회적 인식에도 많은 변화가 있었지만, 아직도 성인들은 물론 10대 청소년들까지도 과거의 보수적인 성적역할에 대한 인식에서 완전히 벗어나지 못하고 있다. 이러한 고전적인 남녀의 성적역할에 대한 인식이 고착된 사회환경하에서는 성희롱은 그저 당하는 쪽에서 참아야 하는 당연히 벌어질 수 있는 일상사가 될 수밖에 없을 것이다. 실제로 다른 나라에 비해 여성의 사회적 지위가 높은 것으로 알려진 미국 사회에서도 1993년 10대 소녀들을 대상으로 한 설문조사에서 소녀들의 2/3 이상이 신체의 각 부분을 터치당하거나 팔을 꼬집히는 등의 각종 성희롱을 당한 경험이 있다고 밝혀졌다. 또한 이 결과는 성희롱 가해자인 소년들이 장래 성인이 된 후에도 성희롱 가해자가 될 가능성이 매우 높다는 사실을 의미한다고도 보고하였다.

남녀 간의 인식의 차이도 성희롱의 원인이 될 수 있다. 우리 사회에서는 남성은 성적으로 공격적이며 여성은 수동적인 것을 당연하게 여기는 경향이 강하기 때문에, 어떤 여성이 일반 여성들에 비해 조금이라도 야한 표정이나 적극적인 몸짓 및 언어를 사용하게 되면 많은 남성들은 그러한 행위를 자신들에 대한 성적인 관심으로 오해하는 경우가 많다. 또한 많은 남성들은 남성의 성희롱에 대한 여성의 저항을 진실한 저항으로 생각하지 않기 때문에 성희롱에 대한 죄의식을 느끼지 않음은 물론 그 정도도 점점 심해지게 된다. 이와 같은 남녀 간의 행동이나 태도에 대한 오해가 성희롱의 주요 원인이 될 수 있다.

(3) 직장 내 성희롱

직장은 성희롱이 가장 많이 발생하는 곳으로, 특히 자신이 집안의 경제를 책임지거나 승진을 원하는 사람들은 직장 상사의 부당한 요구에도 자신의 의사를 명확히 표현하지 못하고 각종 성희롱을 당하게 된다. 1991년에서 1992년 사이에 실시된 한국 성폭력상담소의 조사에 의하면 직장 내 성폭행이 약 16%에 달하는 것으로 밝혀졌다. 또한 1999년 보건복지부 발표에 따르면 1997년에는 직장내 성폭력 중 강간이나 성추행 등이 37.6%와 39%로서 대부분을 차지했으나 1998년에는 33.5%와 22%로 그 비율이 낮아진 대신, 성희롱은 1997년 23.3%에서 1998년 43.6%로 크게 높아진 것으로 조사되었다. 2014년 한국성폭력상담소에 접수된 직장내 성폭력 상담건수는 300건으로 전체 성폭력 상담건수의 20.7%였으며 2016년은 368건, 27.2%로 증가 추세에 있다. 한국형사정책연구원에서 2016년 직장인 1,150명을 대상으로 현재 재직중인 직장에서의 성희롱 피해 경험을 조사한 결과, 조사대상자의 45%가 직장 내 성희롱 피해를 경험했다고 응답했으며, 성별로 나누어 살펴볼 때 여성은 2명 가운데 1명꼴인 52%, 남성은 38%의 매우 높은 비율로 직장 내 성희롱으로 피해를 입은 것으로 확인되었다. 그러나 피해자의 78.4%가 참고 넘어갔다고 응답하였으며 사과를 요구하거나 상급자와의 면담, 사내 기구나 외부 기관을 이용하여 피해에 대한 적절한 조치를 위한 경우는 12.4%에 불과한 것으로 조사되었다. 이와 같이 우리 사회 곳곳에서 많은 직장인들이 성희롱의 피해자가 되고 있으며, 피해자의 숫자는 날로 늘어가고 있는 실정이다.

직장 내 성희롱은 성적 농담에서부터 신체접촉이나 성관계 강요 등에 이르기까지 매우 다양한데, 여성을 동료로 인정하지 않고 직장의 꽃이나 활력소 정도로 여기는 남성들의 인식이 중요한 원인이 되고 있다. 1991년 한국 여성단체협의회의 조사 결과는 직장 내 언어폭력이 84%, 물리적 폭력이 24% 정도인 것으로 밝혀졌으며, '한국여성민우회'의 조사에 의하면 음담패설이나 손으로 만지는 등의 신체적 접촉과 같은 성희롱 피해자가 직장여성의 반을 넘는다고 밝혀졌다. 이들의 가해자는 남자 상사, 남자 동료, 고용주와 고객 등인 것으로 조사되었다. 2016년 한국형사정책연구원 조사 결과, 성희롱 행위자와의 관계를 묻는 질문에 전체 응답자의 51.7%가 직장상사(고용주 제외)로 응답하여 가장 높았고, 직장동료(37.1%), 거래처 직원(14.2%), 고용주(13.7%), 직장 부하직원(7.1%) 등의 순으로 조사되었다.

직장 내 성희롱 피해자는 대기업이든 소규모 회사이든 어느 직장에서도 발생할 수 있으며, 사무직이든 노무직이든 직업의 종류에 관계없이 발생한다. 성희롱의 대상은 소규모 회사의 일반 사무직, 대기업의 비서, 전문기술직이나 아르바이트 학생까지 남성과 함께 근무하는 모든 여성들이라고 할 수 있으며, 나이에 관계없이 발생할 수 있다. 즉, 성희롱은 반드시 10대나 20대 미혼 여성에게만 발생하는 것이 아니라 30대나 40대 미혼 여성이나 결혼한 가정주부에게도 발생할 수 있으며, 심지어는 50대 이후의 여성도 성희롱의 피해자가 될 수 있다.

직장 내 성희롱은 여성의 인격을 침해하는 것에 그치지 않고 여성의 노동 의지를 상실하게 할 뿐만 아니라 여성의 평생 노동권을 위협하기도 한다. 여성의 노동력이 사회 발전을 위한 중요한 자원이 되어 버린 현대 사회에서 여성의 사회참여를 방해하고 노동력을 저하시키는 직장 내 성희롱은 개인은 물론 국가적으로도 커다란 손실이라고 할 수 있을 것이다.

(4) 대학 내 성희롱

성희롱은 일반 사회에서만 일어나는 것이 아니라 힘의 불균형이 존재하는 곳이라면 어느 장소에서건 발생할 수 있다. 1994년 미국의 아칸사스 주립대학의 총장이 성희롱으로 기소당한 적이 있으며, 우리나라에서도 최근 들어 대학 사회에서의 성희롱 문제가 사회문제로 대두되고 있다.

한국성폭력 상담소의 전체 상담 건수 중 5%가 교사와 강사 및 교수에 의한 성폭력인 것으로 밝혀져 학교도 성희롱으로부터 안전한 장소가 아니라는 사실이 확인되었다. 1990년대 초 우리나라 최고의 국립대학에 재직 중이던 교수가 조교를 희롱했다고 해서 사회적 문제가 되었던 일명 '우조교 사건'은 대학 내 성희롱 문제가 법정으로 비화된 우리나라 최초의 사건이다. 그 이후 한 국립대학 약대 교수가 여학생 두 명을 승용차에 태운 뒤 몸을 만지고 껴안는 등의 성희롱 행위를 한 혐의로 해임되었으며, 어느 지방 대학 무용학과 남자 교수가 신입생 환영회나 탈의실 등에서 동성인 남학생 세 명을 성추행한 혐의로 구속영장이 청구된 사건도 있었다. 최근에는 스마트폰 및 SNS(Social Network Services/Sites) 활용빈도가 많아지면서 통신매체를 통한 불법촬영물 유포나 SNS 단체 채팅방에서의 성희롱 사건이 연일 보도되고 있다. 심지어 한 대학에서는 단체 채팅방 성희롱 사건에 대하여 교수가 수업 중 "남자들

Q 10-10

성희롱을 경험한 적 있는가?

성희롱 경험 여부에 대한 설문 결과 292명의 남학생 중 5%와 234명의 여학생 중 28%가 성희롱을 당한 경험이 있다고 응답하였다. 남성의 경우 군대 선임이나 선생님 같이 우월한 지위에 있는 가해자에 의한 피해가 전체의 40%였으며 모르는 사람에 의한 피해는 20%였고, 여성의 경우는 상사와 선생님이 32%, 대학선배가 31%, 모르는 사람에 의한 피해는 28%인 것으로 조사되었다. 또한 성희롱을 경험한 시기는 남학생은 중학교 시절이 33%로 가장 많았던 반면에 여학생은 대학교 시절이 63%로서 가장 많았던 것으로 조사되었다. 성희롱을 당한 장소는 남녀 모두 학교가 가장 많았으며, 여학생의 경우 학교 다음으로 대중교통과 술자리였던 것으로 조사되었다.

Q 성희롱을 당한 시기는?

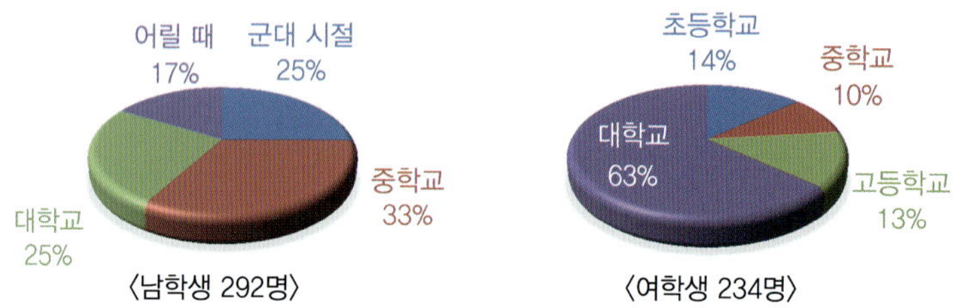

Q 성희롱 가해자는 누구였는가?

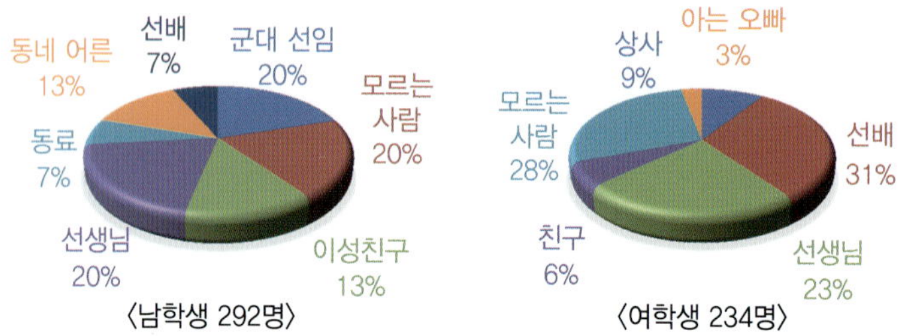

은 다 그래"라는 표현을 하며 대수롭지 않게 여기듯 발언해 또 다른 파문이 일기도 하였다. 또한 2017년 5월에는 대학 MT에서 술에 취해 잠이든 동성 신입생의 성기 주변 등에 장난으로 치약을 바르고 동영상을 촬영한 대학생 3명이 성추행 혐의로 실형을 선고받은 일이 있었으며, 같은 해 여교수를 강제 추행한 혐의 등으로 총장에게 징역 5년이 구형되었고, 2018년 한 전문대 교수는 소속 여직원들을 상습적으로 성추행한 혐의로 입건되었다. 심지어 해당 교수는 학교의 '성희롱고충심의위원회' 위원장이었다. 최근 교육부가 제출한 자료에 따르면

지난 4년간 국립대에서 총 35명의 교수가 성범죄로 징계를 받은 것으로 알려졌다.

기독교 여성청년회(Young Women's Christian Association)는 대전 지역 4개 대학교 411명 남녀 학생들을 대상으로 설문을 시도한 결과 여대생 10명 중 6명이 언어적 폭력을 당한 경험이 있으며, 신체적 성희롱과 성폭행을 당한 경우도 적지 않은 것으로 조사되었다. 설문에 응답한 여학생들은 '여성 비하 발언'과 '신체에 대한 조롱'과 같은 언어적 희롱과 '교제 강요', '음란물 공개', '술자리 등에서의 신체적 접촉', '의도적이거나 강제적인 신체 접촉' 등의 성희롱이나 심지어는 강간을 당한 경우까지 있는 것으로 나타났다. 여학생들의 성희롱 가해자는 선후배(43.8%), 모르는 사람(25.8%), 기타(25.3%)와 교수나 교직원(5.1%)의 순인 것으로 조사되었다.

대학에서의 성희롱은 교수, 강사 및 조교가 성적을 미끼로 성관계를 요구하는 노골적인 경우와 성적인 언사나 뒤에서 껴안는 등의 가벼운 접촉을 시도하는 경우 등이 포함된다. 교수나 강사가 자신의 강의를 듣는 학생들에게 성적을 핑계로 암암리에 또는 노골적으로 성적인 접촉을 요구하게 되면 성적에서의 불이익을 염려하지 않을 수 없는 학생들 입장에서는 거부하기가 매우 어려워진다. 이와 같은 요구는 분명히 성희롱에 해당되며, 일반 직장에서의 성희롱 피해자와 같이 학생들도 감정적 손상을 받게 되어 이들 중 일부는 전공을 바꾸거나 학교를 그만두는 경우도 있다.

(5) 방지대책

피해자가 가해자의 성희롱 행위에 대해 처음부터 단호하게 대처한다면 매우 효과적으로 성희롱을 방지할 수 있는 것으로 알려져 있다. 대부분의 여성들은 불친절하고 무례하게 보일 것을 두려워하여 단호히 대처하길 어려워 하지만, 성희롱을 당한다고 느낄 경우에 단호히 "안돼"라고 말하는 것은 당신의 당연한 권리를 표현하는 것일 뿐이다. 만일 당신의 반응이 단호하지 않으면 도리어 남성에게 거짓 저항이나 관심의 왜곡된 표현으로 오해 받을 수도 있을 것이다.

많은 여성들은 성희롱에 대해 아예 무시하거나 직장을 그만두는 수동적인 태도를 취하기도 하지만, 일부 여성들은 도리어 더 심한 농담을 하거나 가해자의 의도를 파괴함으로써 성희롱의 고통에서 벗어나기도 한다. 그러나 본인이 할 수 있는 모든 시도를 했음에도 불구하고 가해자의 성희롱 행위가 계속된다면 다른 차원의 방법을 고려하여야 한다.

성희롱이 지속되고 상당히 공격적일 경우에는 가해자에게 자신의 의사를 명확히 표시하거나 편지를 쓰는 것도 좋은 방법이 될 수 있다. 이때 전 과정을 일일이 기록하여 두는 것이 중요하며, 가능하면 목격자를 확보하는 것이 좋다. 그래도 성희롱이 계속된다면 직장이나 학교 또는 사회의 보호기관에 신고할 수밖에 없을 것이며, 보호기관으로부터도 부당한 대우를 받았다고 판단되면 마지막 방법으로 법에 호소할 수도 있다.

결론적으로 말해서 성희롱을 방지하기 위해서는 성희롱에 대해 수동적으로 피하려고만 하지 말고 단호히 대처하는 것이 좋다. 만일 당신이 성희롱에 대하여 수동적인 태도를 보인다면 성희롱은 계속될 것이며, 당신 이외의 또 다른 피해자가 계속적으로 발생하게 될 것이다. 대학의 교수나 강사는 자신의 강의를 듣는 학생들을 대상으로 계속해서 성희롱을 시도할 것이며, 직장의 상사 역시 아무런 죄의식 없이 많은 직장 여성들에게 고통을 주게 될 것이다. 이와 같은 성희롱 행위는 누군가가 성희롱 가해자에 대해 단호한 태도를 취할 때만이 억제될 수 있을 것이다.

우리나라에서는 1998년 9월에 인권법 시안에서 성희롱의 개념을 구체적으로 규정하고 성희롱을 차별 행위로 간주하여 제재하기로 결정하였다. 인권법은 성희롱을 '업무, 고용 기타 관계로 인해 자기의 보호나 감독을 받는 자에게 성과 관련된 언동을 해 성적 굴욕감이나 혐오감을 느끼게 하는 행위'로 규정함으로써, 직장뿐만 아니라 학교에서의 성희롱도 이 법에 저촉되게 되었다. 과거에는 '성희롱은 인격권 침해로 불법행위를 구성한다'는 대법원 판례에 따라 성희롱 피해자는 법원에 손해배상 소송을 낼 수 있었으나 시간과 비용이 많이 들기 때문에 성희롱을 방지하거나 피해자의 심리적, 신체적 피해에 대한 보상으로서의 효과가 전혀 없었다고 해도 과언이 아니었다. 따라서 최근에는 인권법이 시행되어 인권위원회에의 진정만으로도 손해배상이나 명예회복 등의 구제조치가 취해질 수 있게 됨에 따라 성희롱 방지 효과와 함께 피해자의 고통도 덜어줄 수 있게 되었다.

3) 어린이 성추행

(1) 발생빈도 및 유형

미국에서는 1992년 전직 성직자가 32명의 10-14살 어린이들을 성추행한 사건이 사회 문제화된 적이 있으며, 워싱턴 주의 어떤 남성은 오랜 기간 동안 어린이들을 강간하고 그 중 여러 명을 살해한 죄로 체포된 적도 있다. 우리나라에서도 1998년 약사인 58세 남성이 10세의 여아를 약국 조제실로 유인하여 성추행하는 등 총 5명의 여아를 성추행한 혐의로 구속되었고, 유치원 원장이 여러 명의 유치원 원아들을 성추행한 사건 또한 보도되어 온 국민을 놀라게 한 경우도 있다. 또한 2017년 11월 한 어린이집 교사가 어린이 3명을 10여 차례 성추행한 혐의로 기소되어 징역 8년을 선고 받았으며, 정신감정결과 소아성애증으로 진단받은 사건도 있었다. 미국에서는 조사에 따라 그 빈도에서 많은 차이를 보이지만 소녀의 6-62%, 소년의 3-31%가 성추행을 당한 경험이 있을 정도로 매우 많은 어린이들이 성추행의 피해자가 되고 있는 것으로 알려져 있다.

미국에서의 어린이 성추행은 13세 이전의 어린이를 5살 이상 나이 많은 가해자가 성적으로 희롱한 경우를 뜻한다. 1994년 미국의 어느 조사에서는 17%의 여성과 12%의 남성이 13세 이전에 나이든 사람에 의해 성추행 당한 경험이 있다고 밝혀졌으며, 기독교 여성청년회는 소녀 4명 중 1명, 소년 7명 중 1명은 18세 이전에 어떤 형태이던 성추행의 피해자가 된다고 주장하였다. 대부분이 조사에서는 공통적으로 소년들에 비해 소녀들이 두 배 이상 높은 비율로 성추행을 당하는 것으로 밝혀졌으며, 피해자의 대부분이 한 번의 성추행을 당하지만 약 15%의 피해자는 1년 이상 지속적으로 추행당하는 경우도 있다고 밝혀졌다. 또 다른 조사에서는 피해자의 10-15%가 한 명 이상의 성인에 의해 추행 당한 경험이 있다고 밝혀지기도 했다.

어린이를 대상으로 하는 성추행은 성기를 만지는 것이 일반적이지만, 질이나 항문을 공격하거나 구강성교를 시도하는 등 추행의 정도가 심각한 경우도 있다. 그러나 대부분의 아이들은 이러한 행위에 대한 대처 방법을 모르기 때문에 자신도 모르는 사이에 각종 감염이나 상처를 입기도 하고 부모에게 정확히 표현하지도 못한다. 이와 같이, 성인들의 경우와는 달리 어린이 성추행 피해자들은 자신이 당한 사건이 얼마나 심각한 것인지를 인식하지 못하기 때문에 도리어 더욱 심각한 문제가 발생할 수도 있다.

(2) 성추행범의 특징

많은 사람들은 어린이 성추행범은 사탕을 사주면서 어린 소년이나 소녀를 유혹하는 보잘 것 없는 노인이거나 부모가 없는 곳에서 어린이를 괴롭히는 사람들이라고 생각한다. 그러나 대다수의 조사결과는 친척을 포함하여 피해자가 잘 아는 사람이 성추행범인 경우가 많다고 보고하였다. 어린이 추행범들은 성인에게는 관심이 없고 어린이에게만 성적관심이 있는 경우와 일차적으로는 성인에게 관심이 있으나 스트레스 해소나 충동에 의해 어린이에게도 성적 흥미를 나타내는 경우로 나누어진다. 전자는 성적흥분을 유발하는 유일한 대상이 어린이인 경우이며, 후자는 어린이를 추행하기도 하지만 항상 어린이에게만 성적흥미를 나타내지 않는 경우라고 할 수 있다.

어린이 성추행범은 심리학적 특징에 따라 분류될 수 있다. 첫째, 심리적으로 미성숙한 성추행범이 있는데, 이들은 가장 일반적인 성추행범으로서 성인과는 정상적인 관계를 유지할 수 없기 때문에 어린이들로부터 성적흥분을 얻고자 하는 경우이다. 둘째, 전혀 모르는 아이들과 충동적으로 성관계를 하는 성추행범이 있는데, 이들은 성인과도 성관계를 하지만 성인과의 관계에서 성적인 부조화나 스트레스 또는 음주 등으로 자신의 행위를 조절할 수 없게 되면 어린이들에게 성적관심을 돌리는 경우이다. 셋째, 가장 희귀한 유형의 성추행범으로서 성관계만으로는 만족하지 못하고 아이들에게 신체적인 상해를 입힘으로써 성적흥분을 느끼는 경우이다. 이 유형의 성추행범은 강간과 유사한 동기로서 어린이를 추행하며 다양한 반사회적 행위를 시도하기도 한다. 많은 연구결과들에 따르면 어린이 성추행범의 7–15%가 피해자들에게 신체적인 상해를 입히는 것으로 알려져 있다.

어린이 성추행범은 체포되기 전에 이미 많은 어린이를 추행한 경험이 있는 것이 보통이다. 미국의 경우 소녀 성추행범은 체포되기 전에 평균 20명 이상을 추행하는 것으로 조사되었고, 소년에 대한 성추행범의 경우는 평균 200명을 추행하는 것으로 알려져 있다. 성인에게도 관심이 있지만 경우에 따라서 어린이에게 성적관심을 돌리는 성추행범은 피해 소녀의 친아버지나 양아버지인 경우가 많으며, 이들에 의한 피해자는 한 명인 경우가 대부분이다. 아주 희귀하게는 여성들이 어린이를 대상으로 성추행을 시도하는 경우도 있다.

소수의 남성 성추행범은 소년과 소녀를 모두 공격하기도 한다. 미국의 경우 소녀 성추행범의 95%는 이성애자 남성들이며, 많은 소년 성추행범들은 동성애자 남성인 경우가 많다. 또한 소년과 소녀 피해자의 비율은 1:2 정도이며, 이성애자 성추행범과 동성애자 성추행범의 비율은 11:1 정도인 것으로 알려져 있다. 많은 어린이 성추행범들은 존경받는 위치에 있거나 법을 잘 지키는 일반 시민이며, 부끄러움이 많고 수동적이며 우유부단한 성격을 갖고 있다. 자신의 딸을 성추행하는 아버지는 가정에서는 매우 권위적인 경우가 많지만, 일반적으로 성추행범은 어떤 특징적인 성격을 가진 사람이 아니라 매우 다양한 성격의 사람들인 것으로 알려져 있다.

어린이 성추행범은 어린이와의 성행위에 관한 환상을 하면서 자위행위를 시도하며, 이러한 행위는 수년 동안 계속된다. 어린이에게만 성적관심이 있는 성추행범은 그들 자신이 어린 시절 성추행의 피해자인 경우가 많기 때문에 이들은 어린이들과의 성관계가 나쁘다는 인식이 없다.

성추행을 시작하는 시기는 대개 사춘기에서 청년기이며, 어린이 성추행범의 30–50%가 사춘기 남성들이다. 최근의 연구들은 어린이를 유일한 성적 대상으로 하는 성추행범은 어린 시절부터 성인에 대한 관심은 없이 옷 벗은 아이들을 보는 데 과도한 호기심을 나타내며, 성적만족을 위하여 어린이에게 접근하기 용이한 장소를 찾는다고 보고하였다. 미국의 뉴올리언스에서는 어린이 생일 파티에서 어린이들을 즐겁게 해 주는 광대 역할을 하던 남성이 십여 명의 어린이들을 추행한 혐의로 체포되었으며, 어린이 성추행범을 체포해야 할 경관이 자신이 보호해야 할 어린이들을 추행한 경우도 있다. 또한 이들 중에는 선생이나 스카우트 지도자 및 성직자 등과 같이 어린이들과 자주 접할 수 있는 직업에 종사하는 경우가 많은 것으로 알려져 있다.

(3) 피해

대부분의 사람들은 성추행이 어린이에게 매우 부정적인 영향을 미치며 그 영향은 상당히 오래 동안 지속된다고 생각하지만, 실제로는 성추행에 의한 후유증은 그리 심하지 않은 것으로 알려져 있다. 성추행을 당한 경험이 있는 소녀들의 60%와 소년들의 33% 정도가 성인들과의 성관계를 부정적으로 생각하지만, 일부 성추행 피해자는 자신들이 성추행당한 경험에 대해 심하게 부정적인 인식을 갖고 있지는 않는 것으로 조사되었다. 즉, 성추행을 당할 당시의 주위 환경과 사건이 발생한 이후의 부모나 주변 사람들의 배려 정도에 따라 성추행이 피해자에게 미치는 영향은 매우 다양한 것으로 알려져 있다.

성추행이 자주 그리고 오래 동안 지속되거나 성추행 동안 무리한 삽입이나 폭력 및 위협 등이 수반되는 경우에는 부정적인 영향이 오래가는데, 특히 친아버지나 양아버지에 의해 추행당했지만 어머니가 자신을 도와주지 않을 경우에는 두려움과 자존심에의 상처에 의해 심각한 성추행 후유증이 야기되기도 한다. 이러한 피해자 중 일부는 성적지향이 왜곡되어 동성애 기질을 나타내기도 하며, 우울증 등으로 고통 받는 경우도 있다. 또한 여러 번 성추행을 당한 피해자 중 일부는 성과 사랑을 혼동하거나 성에 몰두하고 공격적인 경향을 나타내기도 한다.

어린이 피해자의 약 1/3은 부모나 다른 어른들에게 성추행 사실을 알리기도 하지만, 주변으로부터 자신이 기대한 것만큼의 도움을 받지 못하면 성추행에 대한 경험을 상당히 부정적으로 인식하게 된다. 어린이 성추행 피해자의 2/3는 12–18개월 지나면 거의 성추행의 후유증에서 벗어나게 되지만 회복이 된 후에도 성행위에 대한 집착과 공격성이 증가되기도 하며, 10-24%의 피해자들은 증상이 개선되지 않거나 더욱 심해지기도 한다.

(4) 방지대책

만약 당신이 당신 자녀들이 성추행의 피해자가 되는 것을 원치 않는다면 당신 자신을 먼저 교육시켜야 한다. 당신은 성추행을 포함하는 성에 관한 모든 내용에 대하여 자녀들과 자유로운 대화가 가능하여야 하며, 특히 어린이들은 성추행에 관하여 어떠한 거짓말도 하지 않는다는 사실을 명심하면서 대화에 임해야 한다. 예를 들어 당신은 당신의 자녀가 당신이 너무나 잘 아는 사람이 추행범이라고 말했을 때에도 자녀의 말을 의심하지 말고 믿어줘야 할 것이다.

당신 자신에 대한 교육 후에는 당신 자녀를 교육시켜야 한다. 추행당했을 경우에 어디를 어떻게 추행당했는지 정확하게 설명할 수 있도록 평상시에 당신의 자녀들에게 음경이나 질 등의 신체 각 부위 명칭을 정확히 알려 주어야 한다. 이때 명칭뿐만 아니라 기능도 가르쳐 주어야 하며 속어 등은 사용하지 않는 것이 좋다. 또한 자녀들이 자신의 신체에 대해 부끄러워하지 않도록 하여야 하며, 성기와 가슴 부위는 절대 타인이 건드리지 못하도록 교육시켜야 한다. 만일 누군가가 성기나 가슴 및 엉덩이 부분을 만지려고 할 경우에는 단호하게 "안돼"라고 말할 수 있도록 가르쳐야 한다. 더욱이 자녀들이 추행당한 사실을 당신에게 말했을 때 당신은 절대 그들을 혼내지 않는다는 사실을 주지시켜야 하며, 성추행범이 부모에게 추행 사실을 알리지 못하게 협박하더라도 그러한 위협은 절대 사실이 아니라는 것을 알려줘야 한다. 이러한 내용의 교육을 한두 번 만으로 끝내는 것이 아니라 교통안전에 대한 교육과 같이 여러 번 반복적으로 교육함으로써 자녀들의 뇌리에 각인시켜 둘 필요가 있다. 당신은 자녀들에게 성추행범이 접근하면 어떻게 대처해야 하는지를 가르쳐야 하며, 성추행범에 관한 이야기를 부모에게 말하는 것이 옳은 것이라는 사실을 인식시켜야 한다. 또한 성추행은 자녀에게 문제가 있는 것이 아니라 성추행을 시도하려는 어른들의 잘못이라는 사실도 확실히 주지시켜야 한다. 어떠한 형태의 성추행이 발생하였건 성추행범을 자녀 앞에 다시는 나타나게 못하게 하여야 하며, 만약 성추행범이 가족 구성원이나 잘 아는 사람이라면 성추행범이나 자녀들 모두가 더 이상의 피해 없이 모든 것이 잘 처리될 수 있다는 확신을 줄 수 있도록 노력하여야 한다. 이러한 방법으로도 성추행이 계속된다면 마지막으로 경찰 및 관계기관에 신고함으로써 성추행범에 의한 당신 자녀의 피해를 줄일 수 있을 뿐만 아니라 또 다른 어린이 피해자가 나오지 않도록 방지할 수도 있다.

대부분의 부모들은 자녀들로부터 성추행당한 사실을 듣기 전에는 그 사실을 전혀 인지하지 못하는 것이 보통이다. 그러나 당신의 자녀가 성추행을 당했다는 사실을 알 수 있는 확실한 증거가 있다. 즉, 피해자는 갑자기 우울해지고 이유 없이 울거나 성격의 변화를 보이게 된다. 혼자 있고 싶어 하고, 어떤 장소에 가는 것을 두려워하거나 어떤 사람을 만나는 것을 꺼리는 경향이 두드러지게 되며, 학교생활에서 갑자기 여러 가지 문제가 발생하기도 한다. 이러한 증상이 있을 경우에는 당신은 신속히 적절한 조치를 취해야 할 것이다.

어린이 성추행은 가장 기소하기가 어려운 범죄에 속한다. 왜냐하면 대부분의 성추행 사건은 피해자 외에는 증인이 없는 것이 일반적이며, 피해자인 어린이가 경찰이나 법정에서 법적 효력이 있는 증언을 하는 것이 거의 불가능하기 때문이다. 또한 그러한 장소에서 범인과 대면하게 됨으로써 피해자의 마음의 상처가 더욱 심각해질 가능성도 무시할 수 없을 것이다. 이러한 이유로 최근 들어 미국에서는 어린이 성추행 사건의 경우에는 피해자인 어린이를 법정에 출석시키지 않아도 되도록 법으로 규정하고 있으며, 영상촬영 등을 이용한 증언을 인정하고 있다.

어린이 성추행은 피해자가 자신의 태도나 행동을 자신의 의지대로 조절할 수 없는 나이이기 때문에 다른 어느 성범죄보다도 부모와 사회의 적극적인 예방과 대처가 요구된다. 어린이 성추행의 발생률을 낮추기 위해서는 숨기거나 피하기만 하는 소극적인 대처가 아니라 자신이나 자녀의 교육은 물론 법적인 제재를 포함하는 부모들의 적극적인 자세와 대처가 필수적이며, 사회기관이나 국가기관 역시 어린이 피해자 방지를 위한 프로그램의 개발과 법적, 제도적 장치의 신설과 개선 및 관련분야 전문가 양성 등에 최선을 다하여야 할 것이다. 이러한 다각적인 노력만이 어린이 성추행 발생률을 낮춤은 물론 성추행을 당한 어린이 피해자의 신체적, 정신적 고통을 경감시킬 수 있을 것이다.

4) 근친상간

근친상간(incest)이란 촌수가 매우 가까운 가족 간의 성관계를 의미하는 것으로서 많은 나라에서 법으로 금지하고 있다. 근친상간을 법으로 금지하는 가장 중요한 이유 중 하나는 근친간의 성관계에 의해 태어나는 자녀들은 선천성 이상 비율이 높아진다는 것이다. 대부분의 사람들은 근친상간이 매우 희귀할 것이라고 생각하고 있으나, 많은 조사결과에 따르면 실제로는 꽤 높은 비율로 근친상간이 발생하고 있다고 알려져 있다. 1965년 게브하드는 조사대상의 4%, 1974년 훈트는 남성의 14%와 여성의 9%가 근친 간의 성행위를 경험하였다고 보고하였는데, 이 경우의 근친상간은 대부분 사촌 간에 발생하였으며 가벼운 페팅 정도였다고 조사되었다. 특히 훈트의 조사에서는 근친상간 중에서 삼촌에 의한 조카의 성추행이 가장 빈번하며, 성추행의 4%는 남자 형제나 여자 형제와의 성행위, 0.5%는 부녀 간의 성행위인 것으로 알려졌다. 또 다른 연구에서는 여대생의 1%가 아버지에 의해 성추행을 당한 경험이 있고, 남성의 3.3%, 여성의 4.5%가 어린 시절 친척에 의해 성추행을 당했으며, 이 경우 피해자의 약 60%는 지속적으로 성추행을 당하는 것으로 조사되었다. 어떤 피해자들은 자신에게 일어난 사건이 성추행이라는 사실을 모르는 경우도 있으며, 근친상간의 약 2% 정도만이 신고되는 것으로 알려졌다.

우리나라에서도 근친상간 사건이 많이 발생하는 것으로 알려져 있다. 40세의 개인택시를 운전하는 남성은 17세인 자신의 친딸을 강간한 혐의로 구속되었고, 51세 남성은 10년에 걸쳐 20세의 친딸 3명을 성추행한 혐의로 체포되기도 하였다. 또한 47세의 남성은 9살이던 친딸을 성폭행하고 그 후 2년 7개월 동안 60여 차례에 걸쳐 성폭행하였으며, 46세 남성은 자신의 큰 딸을 초등학교 6학년 시절부터 11년 이상 상습적으로 성폭행하고 작은 딸은 물론 처형까지도 성폭행한 혐의로 경찰에 체포되기도 하였다. 2017년 12월 50대 남성이 집에서 잠든 19세 친딸을 성폭행하여 징역 7년을 선고받았으며, 2018년 1월에는 지적장애 3급인 딸을 강간하고 수차례 추행한 친아버지가 징역 10년을 선고받고 15년간 위치추적장치(전자발찌) 부착 선고를 받은 바 있다. 또한 아들이 죽자 며느리를 수차례 강간하고 임신까지 시킨 70대 시아버지가 7년의 징역형을 선고받은 경우도 있다. 더욱이 매우 희귀하기는 하지만 복수의 추행범과 복수의 피해자가 한 가족 내에 존재하는 경우도 있으며, 이러한 가정의 피해자들은 근친상간에 대하여 부정적인 인식이 약해서 피해자들이 장래 또 다른 근친상간의 가해자가 될 확률이 매우 높다. 특이하게도 이러한 경우의 추행범은 여성인 경우가 많은 것으로 알려져 있다.

(1) 형제-자매 간

남자 형제와 여자 형제 간의 근친상간이나 남자 형제 간의 근친상간은 부모와 자녀 간의 근친상간에 비해 5배나 많이 발생한다. 1980년도 미국 대학생을 대상으로 한 어느 연구에서는 여학생의 15%, 남학생의 10%가 형제 또는 자매와 애무를 하거나 심지어는 성교까지 경험한 것으로 조사되었다. 이 경우의 대부분은 부모가 떨어져 살거나 형제, 자매 간의 성적경험이 용이한 환경에서 발생하는 것으로 드러났다.

형제, 자매 간의 근친상간의 피해에 대해서는 전문가들 사이에 많은 논쟁이 있다. 어떤 연구그룹은 근친상간이 동일한 나이 또래의 형제와 자매 간에 발생하고, 서로 간에 믿음이 존재하며, 어른들에 의해 발각되어 심각한 심리적인 상처를 받지 않는 경우라면 당사자들에게는 그저 자라는 과정의 일부로서 인식되는 경우가 많다고 주장하였다. 이에 반해 다른 연구그룹은 근친상간이 위협이나 폭력을 수반하는 강제적인 환경하에서 발생하였을 경우에는 매우 부정적인 결과가 나타날 수도 있으며, 근친상간 동안 육체적 쾌락을 경험하게 된 경우에는 성에 대한 심한 혼란과 죄의식을 느끼게 되어 타인을 불신하고 우울증에 시달리는 등의 장기적인 피해로 고통받기도 한다고 주장하였다.

(2) 부모-자식 간

부모에 의한 근친상간은 자녀들에게 매우 큰 감정적인 손상을 끼치게 된다. 믿었던 부모에게 근친상간을 당하게 되면 그 자녀들은 다른 어떤 유형의 성적 피해보다도 심각한 후유증에 시달리게 된다.

미국의 경우 부모-자식 간의 근친상간은 모든 근친상간의 10%에 달하며, 체포된 사람의 80%는 피해자의 친아버지나 양아버지인 경우가 많다. 근친상간을 시도하는 아버지들은 성격이 소심하고 사회적으로 평범한 위치에 있는 사람들이 많다. 또한 이들은 가정에서는 대단히 권위적이며 가끔은 충동적이기도 하지만 정신적으로 특별한 문제는 없는 경우가 대부분이다. 이들은 자녀들을 과보호하며 이기적이고 질투가 강한 특징이 있는 것으로 알려져 있다.

근친상간을 시도하는 아버지들은 자녀들뿐만 아니라 다른 어린이들도 추행하는 경우가 많으며, 자신이 어린이들에게 사람을 사랑하는 방법을 가르치고 있다고 자기합리화하는 경향이 강하다. 체포된 가해 아버지는 알코올이나 마약 등의 영향으로 근친상간을 저지르게 되었거나 또는 도리어 유혹당했다고도 주장하지만, 이들은 음주문제 이전에 성적인 문제를 갖고 있는 경우가 많다. 많은 사람들이 술을 마시지만 취한 상태에서 어린이를 추행하는 경우는 거의 없는 것으로도 이들의 주장은 설득력이 없다는 것을 알 수 있다.

아버지와 자식 간의 근친상간인 경우에 어머니의 역할은 대단히 중요하다. 자녀들은 추행 자체보다도 어머니의 적절치 못한 반응에 의해 더욱 큰 정신적 손상을 받게 된다. 예를 들어 아버지에 의해 성추행을 당했다는 사실을 어머니에게 말했을 때 어머니가 도리어 그럴 리가 없다고 자녀를 꾸짖는다거나 또는 자녀의 말을 무시하거나 하면 자녀들은 가족이나 사회는 물론 심지어는 자기 자신까지도 불신하게 됨으로써 정상적인 사회생활이 불가능하게 되는 경우도 있다. 일부 어머니는 근친상간이 일어났다는 사실을 인지했을 때 적절한 해결 방법을 모색하기 위해 전문가를 방문하기도 하지만 2/3 이상의 어머니는 자신의 딸을 보호하려는 구체적인 행동을 보이지 않는다. 특히 피해자의 어머니가 남편에게 의지하려는 경향이 강한 경우에는 자녀가 근친상간을 당했다는 사실을 알면서도 남편과 헤어지는 것이 두려워 적절한 행동을 취하지 못하는 경우가 많다. 이러한 어머니들은 자신이 어린 시절 성추행의 피해자인 경우가 많으며, 극단적인 경우에는 남편과의 성관계를 피하기 위하여 자신의 딸이 남편의 성적 파트너 역할을 해주기를 기대하거나 심지어 강요하는 어머니도 있는 것으로 알려져 있다.

희귀하긴 하지만 어머니가 아들을 근친상간하는 경우도 있는데, 이러한 어머니와 아들 간의 근친상간은 이런 유형의 조사가 희귀하기 때문에 실제보다 낮은 빈도로 평가되고 있다고 주장하는 학자들도 많다. 어머니와 아들 간의 근친상간은 감정적인 결속이나 신체적 친밀감을 남편이나 다른 남성보다는 자신의 아들에게서 찾으려는 어머니에 의해 발생한다. 이 유형의 근친상간은 대개 어머니와 아들이 침대나 이불을 공유하는 것으로부터 시작되어 점점 성교로까지 진행되어 가는 것이 일반적이며, 이 경우의 어머니들은 근친상간 외에는 정신적으로 특별한 문제가 없는 것이 일반적이다.

역시 희귀하기는 하지만 조부모가 근친상간의 가해자인 경우도 있다. 조부모에 의한 어린이 성추행은 조부모에게 어린이를 맡겨두고 직장을 나가는 맞벌이 부부가 늘어나면서 그 빈도가 점차적으로 증가하고 있다. 최근의 조사에서는 조부모에 의해 발생하는 거의 모든 근친상간이 조부와 손녀 사이이며, 특히 양조부에서 더욱 높은 것으로 밝혀졌다. 또한 대부분의 가해 조부는 과거에 자신의 자녀를 성추행한 경험이 있으며, 위협을 하거나 신체적인 피해를 입히는 경우도 많은 것으로 밝혀졌다.

(3) 피해

아버지와 자식 간의 근친상간에서는 신체적 접촉이나 애무만이 아니라 질과 항문에의 삽입 등이 시도되는 경우가 많아 피해가 장기간 지속되기도 한다. 많은 피해자들은 성추행을 방지하지 못한 것이 자신의 탓이라고 생각하는 경향이 강하기 때문에 장기간 정신적, 육체적 문제로 고통받게 된다. 또한 추행 당하는 동안 육체적 쾌락을 느낀 경우에는 심리적 혼란이 더욱 심각해지며, 어린이가 아닌 청소년이 피해자일 경우에는 피해자에게도 일말의 책임이 있다고 생각하는 인식 때문에 청소년 피해자의 심리적 상처는 더욱 커지게 된다. 더욱이 피해자들이 추행당한 사실을 어렵게 타인에게 알렸는 데도 불구하고 주위의 반응이 부정적일 경우에는 장기간에 걸쳐 심리적 후유증에 시달리게 되며, 특히 어머니의 반응이 부정적일 경우에는 정신적 피해 정도가 더욱 심각해진다. 근친상간에 의해 야기되는 후유증에는 전형적이라고 할만한 증상은 없지만 자아의식이 약해지고 걱정과 무기력증을 느끼며 이상식욕항진증이나 우울증 및 알코올 중독증 등으로 고통받는 경우가 있는 것으로 알려져 있다.

근친상간을 당한 어린 피해자들은 성장해서도 다양한 성적문제로 고통받게 된다. 이들은 타인에게 배반당하고 거부당하며 또 다시 추행당할 것 같은 불안감 때문에 성인이 되어도 타인과의 밀접한 관계 형성이 불가능하며 때로는 난교에 빠지기도 한다. 추행당한 어린이들의 일부는 성장 후 다른 어린이들을 추행하기도 하며, 어머니에 의해 근친상간을 당한 피해자들은 성인이 되어도 여성을 거부하기도 한다.

여성 재소자들에 대한 어떤 연구에서 매춘부의 1/2 이상, 중죄인의 1/3 이상, 어린이 성추행범의 1/4 이상이 어린 시절 추행당한 경험이 있는 피해자란 사실이 밝혀졌으며, 체포된 남성 연속 강간범을 대상으로 한 연구에서는 그들의 절반 이상이 아버지에 의해 근친상간을 당한 경험이 있는 것으로 조사되었다. 이와 같이 근친상간이 성문제나 성범죄의 주요 원인이 될 수도 있기 때문에 근친상간의 피해 어린이들을 위한 종합적인 대책 마련은 피해자 보호뿐만 아니라 피해자에 의한 또 다른 피해를 방지하기 위해서도 매우 중요하다고 할 수 있다.

(4) 치료

아버지와 자식 간의 근친상간과 형제나 자매 간의 근친상간이 발생하는 전형적인 가계 유형이 있다. 이러한 가계에는 가정 내에서 힘과 권위를 갖고 있는 아버지가 존재하며, 가족들은 외부와의 교류가 많지 않기 때문에 서로에 대해 과도하게 의존하는 경향을 나타낸다. 또한 어머니는 남편에 의해 버려질 것이 두려워 자녀를 보호하는 데 소극적이며, 성장한 자녀들은 근친상간을 정상적인 행위로 인식하는 경향이 강하여 자신들이 부모가 되었을 때 자신이 당한 것과 동일하게 자신의 자녀를 추행하는 경우가 많다.

성추행이 발생하는 가계에 대한 치료는 가계 구성원 각자에 대한 개별치료와 가계 전체에 대한 집단치료를 모두 포함하게 된다. 이러한 치료가 효과를 나타내기 위해서는 아버지는 권위적인 역할을 포기하여야 하며, 가계 구성원들은 서로 간에 의지하는 부분을 최소화시킴으로써 독립적이 되도록 노력해야 한다. 이와 더불어 피해 자녀들이 근친상간의 책임이 자신들이 아닌 가해자들에게 있다는 사실을 인식할 수 있도록 교육시킬 필요가 있다.

성이란 두 사람 사이의 밀접한 대화이며, 인생에서 가장 아름다운 경험 중 하나이다. 그러므로 근친상간의 후유증으로 성장 후에도 정상적인 성이 불가능한 사람들은 반드시 전문가의 상담을 받아 새로운 인생을 찾도록 노력할 필요가 있다. 사람이면 누구나 건강하고 즐거운 성을 즐길 권리가 있으며, 부모라면 누구나 자녀들이 성장하여 건강하고 풍요로운 사랑과 성을 즐길 수 있도록 배려해 주어야 할 것이다.

2 성욕도착

인간의 성적 행동은 개인에 따라 상당한 차이가 있다. 따라서 어떤 성적 행동이 정상적이며 사회의 관습에 맞는 것인지, 어떤 행동이 비정상적이며 관습에 벗어나는 행동인지를 결정하기는 그리 쉽지 않다. 동일한 성적 행동에 대한 정상 또는 비정상 여부는 시대, 문화, 장소에 따라 달라질 수는 있지만, 만약 어떤 성관련 행위가 타인에게 심각한 정신적, 육체적 피해를 끼치게 된다면 그 행위는 강간, 성희롱 및 성추행과 같은 일종의 성폭력에 해당된다고 할 수 있을 것이다. 이 장에서는 인간의 동일한 성적행동이 지역이나 역사, 문화적 배경에 따라 얼마나 다양하게 인식되며, 정상과 비정상적인 성적행위의 기준은 무엇이고, 비정상적인 성적행위에는 어떤 종류가 있으며, 비정상적인 성적행위를 시도하는 여러 종류의 성욕도착자(또는 변태성욕자)들의 심리상태와 이들에 의한 피해를 방지할 수 있는 최선의 방법은 무엇인지 등에 대하여 알아보고자 한다.

1) 판단 기준

어떤 성행위가 정상인가 비정상인가의 판단은 통계학적, 사회학적, 심리학적 기준에 의해 결정될 수 있다. 통계학적 기준에 따르면 많은 사람들이 시도하는 행위를 정상이라고 할 수는 있으나, 소수의 사람들이 하는 행위라고 해서 반드시 비정상이라고는 할 수 없는 경우도 많다. 예를 들어, 일부의 사람들이 낮에 아무도 없는 자기 집 목욕탕이나 차고의 차 안에서 성행위를 가졌다고 해서 그 사람들을 비정상이라고 할 수는 없을 것이다. 또한 어떤 성적행위에 대한 사회적 인식은 동일 문화권에서도 매우 다양하며, 사회를 구성하는 각 세대에 따라서도 인식이 다를 수 있기 때문에 어떤 성적행위를 사회학적 요인에 따라 정상, 비정상으로 판단하는 것도 그다지 쉽지만은 않다. 심리학적 기준은 개인의 심리 상태에 의해서도 결정될 수 있는데, 만약 개인의 어떤 성적행위가 자기 자신은 물론 다른 사람들에게 죄의식이나 부정적인 느낌이 들게 하고 일상생활에 지장을 주게 된다면 그 행위는 비정상이라고 판단할 수 있을 것이지만, 동일한 행위가 자신에게 어떠한 부정적인 느낌도 주지 않는 경우라면 최소한 행위를 시도한 자기 자신에게는 정상적인 행위로 인식될 수도 있을 것이다. 이와 같이 인간의 동일한 성적행위에 대한 정상과 비정상의 판단은 적용하는 기준에 따라 달라질 수 있다.

2) 정의

미국 정신과학회는 성심리학적 이상을 성욕도착증(또는 변태성욕; paraphilias)이라고 명명하였으며, 통계학적이나 사회학적으로 보편적이지 않은 행위들 모두가 성욕도착은 아니라고 규정하였다. 성욕도착증이란 직접적인 성교를 통해서가 아니라 특정 행위를 상상하거나 시도함으로써 성적흥분이나 만족을 얻는 경우를 뜻하며, 이러한 현상이 계속해서 재발하는 것이 특징이다. 아마 이 책을 읽는 대부분의 독자들도 이 장에서 언급될 여러 가지 성욕도착증상 중에서 한두 가지는 경험하였을 것이다. 그렇다고 독자들 모두가 성욕도착자라는 의미는 아니지만, 만약 당신들이 그러한 행위를 통해서만 성적흥분을 느낄 수 있으며 그러한 행위를 지속적으로 시도하고자 한다면 성욕도착자일 가능성도 완전히 배제할 수는 없을 것이다. 이러한 경우만 아니라면 당신들이 행하는 대부분의 성적 행위는 정상 범주에 포함되는 성적 다양성의 한 형태라고 할 수 있을 것이다.

3) 종류

이 장에서 언급될 성욕도착증들은 자신이나 타인에게 신체적 또는 정신적 피해를 주기도 하지만, 일부는 특별한 피해를 주지 않는 경우도 있다. 매조키즘은 자신의 신체를 학대함으로써 성적흥분을 구하는 성욕도착증으로서 타인에게는 그다지 해를 끼치지 않지만, 새디즘, 노출증(exhibitionism), 시간증(necrophilia), 소아애증(또는 기아성도착증, 기아증; pedophilia) 등은 타인에게 막대한 정신적, 신체적 피해를 끼칠 수 있다. 복장도착증은 남성이 여성의 의복을, 여성이 남성의 의복을 입는 성욕도착증인데, 이러한 행위가 공공장소가 아닌 사적인 장소에서 시도된다면 자신은 물론 타인에게도 별다른 피해를 주지 않을 수도 있다. 성욕도착증으로 인한 자신이나 타인에의 피해 여부는 학자들에 따라 그 의견이 매우 상이하다. 일부 학자들은 비록 특정 기준으로는 성욕도착증에 해당될 수도 있지만 죄의식이나 부끄럼 없이 행할 수 있으며 타인에게 정신적, 신체적 해가 되지 않는 행위라면 정상 범주의 행위라고 주장하기도 하지만, 또 다른 학자들은 해가 되지 않는 성욕도착은 없다고 주장하기도 한다.

건강보험심사평가원과 경찰청 자료를 통해 우리나라 성욕도착증자에 대한 빈도를 살펴보면 2017년 한 해 동안 성욕도착으로 진료를 받은 인원은 총 326명으로 성폭력범죄자의 1.1% 수준이었으며, 그 유형별로는 상세불명의 성욕도착이 86명으로 가장 많았고, 노출증과 관음증(voyeurism)이 82명, 접촉도착증 39명, 이성의 의복에 대한 페티시즘 14명, 물건에 대한 페티시즘 13명, 소아애증이 13명, 가학피학증 4명과 이들 성욕도착이 복합적으로 나타나는 '다발성 성욕도착'이 8명인 것으로 보고되었다. 이러한 통계는 자발적으로 성욕도착증을 치료하기 위해 병원을 찾는 경우가 아니라 사회적으로 물의를 일으켜 강제로 치료를 받은 사람들에 대한 결과이므로 실제 관련 성욕도착자들의 수는 훨씬 많을 것으로 예상된다.

(1) 페티시즘

페티시즘이란 용어는 1988년 비넷에 의해 처음으로 사용되기 시작하였으며, 직접적인 성교가 아닌 무생물이나 신체의 특정 부위를 접촉하거나 상상함으로써 성적흥분을 얻는 성욕도착증을 뜻한다. 페티시즘의 가장 보편적인 대상은 머리, 발, 손 등과 같은 신체의 일부나 팬티, 브래지어, 스타킹, 하이힐, 부츠, 가죽이나 고무 제품과 같은 무생물 등이며, 부츠나 가죽 또는 고무와 같이 딱딱한 물건들은 새도매조키즘 행위와도 밀접한 관련이 있다(그림 10.12). 이성애자 남성 페티시스트는 자신이 선호하는 물건에 내재되어 있는 여성적 특징에 의해 성적으로 흥분하게 되며, 동성애자 남성 페티시스트는 반대로 남성 특징에 의해 자극받게 된다. 대부분의 페티시스트는 남성이며, 그들이 성적 대상으로 삼는 물건들이 옷이나 구두 등인 경우에는 깨끗한 새것이 아닌 사용한 흔적이 있거나 냄새가 남아 있는 것을 선호한다.

페티시즘은 성욕도착증과 정상적인 성적다양성의 차이를 확실히 구별할 수 있는 좋은 예이다. 대부분의 정상적인 이성애자 남성들도 여성의 팬티에 성적흥분을 느끼며, 가슴, 엉덩이, 다리, 어깨, 발가락 등 파트너의 신체 특정 부분에 의해 강한 성적욕망을 느끼게 된다. 그러나 그들은 이성의 의복이나 신체의 일부분에 대한 흥분 자체로서 모든 성적행위가 끝나는 것이 아니며, 유도된 성적흥분은 직접적인 성행위를 시도하기 위한 전단계일 뿐이다. 따라서 이러한 행위는 정상 범위 내에 포함되는 성적 다양성의 한 형태라고 할 수 있을 것이

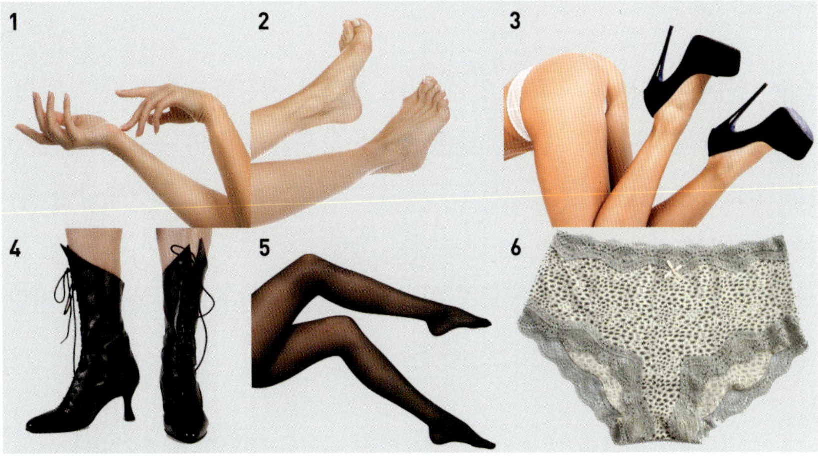

그림 10.12 다양한 페티시즘
1, 2; 손과 발에 대한 페티시즘, 3, 4; 하이힐이나 부츠에 대한 페티시즘, 5; 스타킹에 대한 페티시즘, 6; 속옷에 대한 페티시즘

다. 이에 반해 페티시스트는 팬티와 같은 특정 물건이나 발가락 등의 신체 일부에 의해 성적으로 흥분하며, 파트너의 전체적인 매력이나 자신이 선호하는 부분 이외의 것들로부터는 성적흥분을 느끼지 않는다. 또한 이러한 사람들에게는 여성의 역할은 단지 성적환상을 일으키기 위한 수단일 뿐이며, 극단적으로는 여성이 전혀 필요치 않은 경우도 있다. 예를 들어, 팬티에 대한 페티시스트는 훔친 여성의 팬티를 이용하여 자위행위를 하는 것으로 완전한 성적만족을 얻게 되기 때문에 여성 자체는 성적으로 아무런 역할도 할 수 없게 된다.

페티시즘의 원인은 조건화 과정으로 설명할 수 있다. 팬티 페티시즘을 예로 들면, 어떤 남성이 넥킹이나 페팅에 의해 성적으로 흥분된 상태에서 여성이 입고 있는 팬티를 처음으로 보게 되고, 성적 경험이 풍부해짐에 따라 성적으로 흥분된 상태에서 여성의 팬티를 접할 기회가 많아지게 됨으로써 결국 성적흥분과 팬티가 항상 연관되어 상상되게 된다. 이러한 과정이 계속됨에 따라 결국 팬티를 보는 것만으로도 성적으로 흥분하게 되는 것이다. 또한 남성에게 여성의 부츠와 누드를 함께 보여주는 과정을 반복함으로써 부츠만으로도 성적흥분을 유발시키는 것이 가능하며, 이 사실은 음경으로 유입되는 혈액의 양을 측정함으로써 확인할 수 있다. 어떤 연구자들은 자위행위 동안 성적환상의 대상이 되는 물건이나 신체의 일부가 결국은 페티시즘의 대상이 되거나, 어린 나이에 경험한 첫 번째 성적흥분과 관련된 물건이 장래 페티시즘의 대상이 되기도 한다고 주장한다.

(2) 복장도착증

복장도착증이란 성적흥분과 만족을 얻기 위해 자신과 생물학적으로 다른 성의 의복을 입는 성욕도착증을 말하는데, 어떤 연구자들은 복장도착증을 이성의 옷을 소유하거나 보는 대신 입는 것을 선호하는 페티시즘의 일부로 구분하기도 한다. 남성들의 복장을 즐겨 입는 여성들도 있는데, 패션을 목적으로 하는 경우에는 복장도착증이 아니며, 동성을 유혹하기 위하여 이성의 의복을 입는 경우도 복장도착증이라고 할 수 없다. 즉, 복장도착자란 성적흥분

Q 10-11

신체의 일부나 특정 물건에 대해 성적 욕망을 경험한 적 있는가?

학생들에게 '신체의 일부나 특정 물건에 대해서 성적인 욕망을 느껴본 경험이 있는가?'라는 내용의 설문을 실시하였는데 설문에 응한 562명의 남학생 중 27%가 경험이 있다고 응답하였다. 또한 경험이 있는 남학생의 89%, 여학생의 19%가 대부분 이성의 속옷에 의해 성적으로 흥분한 경험이 있다고 응답하였으며, 그 외 다리, 잘록한 허리, 스타킹, 신발 등도 성적 욕망의 대상인 것으로 밝혀졌다.

Q 신체 일부나 특정 물건에 성적 욕망을 느껴본 적 있는가?

〈남학생 562명〉 〈여학생 505명〉

Q 성적 욕망을 경험의 대상은 무엇이었는가?

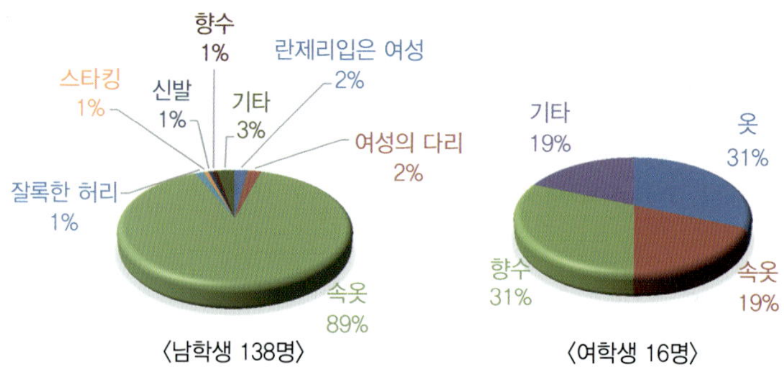

〈남학생 138명〉 〈여학생 16명〉

과 만족을 위하여 자신의 성정체성이나 해부학적 특징과는 다른 성의 의복을 즐겨 입는 성욕도착자를 뜻한다(그림 10.13).

대부분의 복장도착자들은 기혼인 이성애자 남성이며 개인적인 장소에서만 이성의 옷을 입지만, 소수의 복장도착자들은 공공장소에서도 여성의 의복을 입은 채로 행동하기도 한다. 복장도착자들은 이성의 옷을 입을 때 겉옷보다는 주로 속옷을 즐겨 입고, 이성의 의복을 입은 상태나 바꿔 입는 상상하면서 자위행위를 함으로써 이성과 성관계를 갖는 것과 동일한 성적만족을 느낀다. 복장도착자들의 파트너들은 대부분 화를 내거나 또는 할 수 없이 참지만 극소수의 파트너들은 복장도착자들의 행위를 도와주는 경우도 있다.

그림 10.13 **복장도착자**

미국의 복장도착자들은 자신들을 TV(transvestism의 T와 V)라는 약자로 부르며, 대부분 신분을 드러내지 않은 채 매스컴 등을 이용하여 자신들을 옹호하기도 한다. 1993년 제이누스 등은 미국 남성의 2%, 여성의 6%가 복장도착에 대해 비교적 긍정적이라고 보고하였고, 레빈은 남성 복장도착자들은 남성으로서가 아니라 자신이 소녀나 여성이라고 환상할 때 훨씬 편하고 자연스럽게 느낀다고 보고하였다.

일반적으로 성정체성이 완전히 확립되지 않은 유아들은 양성의 의복을 입는 데 대하여 아무런 거부감을 나타내지 않으며, 성장하여 성정체성이 확립되면 자신의 생물학적 성에 맞는 복장을 선호하게 된다. 그러나 일부 남성 복장도착자들은 어린 시절 여성 의복을 입어서 부모에게 혼이 난 경험이 있거나 부모들로부터 이성의 의복을 입도록 강요당한 경험이 있다는 조사 결과에서 알 수 있듯이 어린 시절의 경험이 복장도착을 유발시키는 요인이 될 수도 있는 것으로 알려졌다. 또한 일부 연구자들은 복장도착증은 페티시즘과 유사하게 어린 시절의 성적인 자극과 이성의 의복과의 관련이 그 원인이 될 수 있다고 주장하기도 한다.

(3) 노출증

노출증(exhibitionism)이란 자신의 성기나 신체의 일부를 노출하여 타인에게 강제로 보여줌으로써 성적흥분이나 만족을 얻고자 하는 행위를 말한다(그림 10.14). 현대 사회에서는 많은 유명인사들이나 연예인들의 알몸이 대중매체를 통해 공개되기도 하고, 심지어는 일명 몰래카메라를 이용하여 특정인의 알몸이나 정사장면들을 찍거나 아예 상업적 목적으로 유명인의

그림 10.14 노출증

자신의 신체를 노출했다고 모두 노출증 환자는 아니며 노출행위에 의해서만 성적 흥분을 느끼는 사람들을 노출증 환자라고 한다.

알몸이나 성적인 행위를 촬영한 음란물들이 공공연하게 판매되고 있다. 그러나 이러한 경우는 자의든 타의에 의해서든 보는 사람들을 위해 상업적으로 제작된 것이기 때문에 노출증과는 완전히 다르다고 할 수 있다.

노출증 피해자는 대부분 여성이거나 유아들이다. 미국의 어떤 연구에서는 여성의 33–44%가 일생에 한 번 이상 노출증의 피해자가 된 경험이 있으며, 피해자의 1/5은 이로 인해 심리적 고통을 받는다고 조사되었다. 자신의 성기를 노출시키는 여성도 있지만 대부분의 노출증 환자는 20–30대 기혼남성인 것으로 알려져 있으며, 이들의 대부분은 특별한 정신적 이상이 없고 정상 수준의 지능을 갖고 있다고 알려져 있다. 그러나 일부 노출증 환자는 여러 가지 이유로 지적 손상을 받은 경우도 있으며, 어떤 행위에 대해 사회적으로 옳고 그름을 판단하지 못하는 경우도 있다.

노출증 환자의 절반 정도는 음경을 노출하는 동안 발기되며, 이때 자위행위를 시도하거나 노출 직후에 성기를 노출했던 기억을 떠올리면서 자위행위를 시도하기도 한다. 이들의 성적 흥분은 피해자가 나타내는 쇼크, 혐오, 두려움의 정도에 따라 달라지는데, 피해자의 반응이 강하면 강할수록 성적흥분의 강도도 따라서 상승하게 된다. 그러나 대부분의 노출증 환자들은 자신의 신체를 타인에게 강제로 보여주는 것 외에 피해자들을 더 이상 괴롭히거나 신체적인 상해를 가하지는 않는 것이 일반적이다. 노출증 환자에 대한 피해를 최소화할 수 있는 최선의 방법은 어떠한 표정을 나타내거나 아무런 말도 하지 말고 무시한 채 즉시 그 자리를 벗어나는 것이다. 이와 같이 피해자들이 아무런 반응도 보이지 않으면 노출증 환자들은 성적흥분도가 떨어지거나 아예 흥분 자체가 불가능하기 때문에 더 이상의 행동을 보이지 않게 된다. 노출증 환자들은 대개 동일한 장소에서 노출을 시도하는데, 그 이유는 체포될 수도 있다는 불안감이 성적흥분을 더욱 상승시키기 때문일 것으로 추측되고 있다. 이와 같은 경향성 때문에 노출증 환자는 여러 성욕도착증자들 중에서 가장 많이 검거되는 것으로 알려져 있다.

(4) 관음증

관음증이란 계단을 올라가는 피해자의 팬티를 훔쳐보거나 욕탕에서 목욕하는 여성을 훔쳐보는 경우, 지하철에 앉아 있는 여성의 치마 속을 훔쳐보거나 부부의 정사 장면을 훔쳐보는 등 피해자가 전혀 인식하지 못하는 사이에 피해자의 은밀한 부분이나 성적 행위를 관찰

Q 10-12

의도적으로 신체의 일부를 노출한 경험한 적 있는가?

학생들을 대상으로 한 설문조사에서 남학생 17%와 여학생 23%가 자신의 신체 일부를 노출한 경험이 있다고 응답하였으며, 남학생들은 가슴, 팔, 어깨 등을 주로 노출하고 여학생들은 다리, 팔, 가슴, 어깨, 허리 등을 노출하는 것으로 조사되었다. 그러나 노출의 경험이 있는 학생들 모두가 노출증 환자라는 의미는 아니며, 대부분의 경우 성적 다양성의 범주에 포함된다고 할 수 있을 것이다. 즉, 학생들의 노출 행위는 자신의 성적 매력을 나타내기 위한 수단일 뿐 성욕도착으로서의 노출증은 아닌 것으로 판단된다.

의도적으로 신체의 일부는 노출한 경험이 있는가?

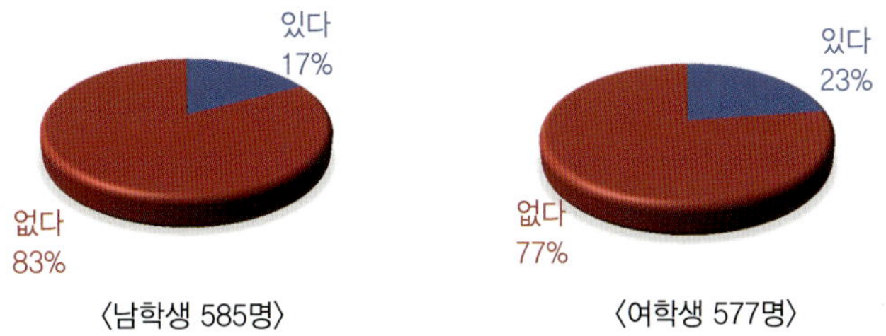

주요 노출 부위는 어디였는가?

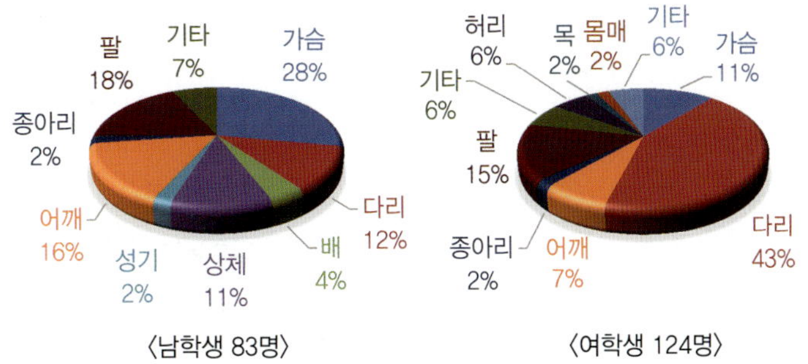

그림 10.15 관음증

함으로써 성적흥분이나 만족을 얻는 경우를 뜻한다(그림 10.15). 잡지나 비디오에서 이성의 나체를 보는 사람, 누드촌이나 해변에서 이성의 몸매를 감상하는 사람들은 엄밀한 의미에서 관음증자라고 할 수는 없다. 이들의 행위는 분명 옳다고는 할 수 없지만 단순한 성적 다양성의 범주에 포함된다고 할 수 있는데, 이에 반해 관음증자는 누드촌의 여성들이나 나이트클럽의 댄서들과 같이 남들이 관찰하고 있다는 사실을 알고 있거나 남들에게 관찰되기를 기대하는 사람들에게는 아무런 성적 관심이 없다. 그들은 자신들의 훔쳐보는 행위가 누군가에 의해 발각될 위험성이 있을 때 더욱 강렬한 성적흥분을 느낀다. 관음증에는 특히 타인의 성기나 성행위를 훔쳐봄으로써 성적흥분을 얻는 절시증(scoptophilia)이라는 성욕도착증도 있다.

관음증자는 노출증 환자의 경우와 마찬가지로 대부분 젊은 남성들인데, 이들은 사회성이 떨어지고 정서적으로 불안정하며 직접적인 성교에 문제가 있는 경우가 많다. 관음증자들은 피해자들을 실제로 훔쳐보거나 그러한 상상을 하면서 자위행위를 하곤 하며, 피해자들에게 직접적인 가해행위를 하지 않기 때문에 그다지 위험하지는 않지만 간혹 예외적인 경우도 있다. 만약 관음증자가 자신이 훔쳐보고 있다는 사실을 피해자에게 알리려고 한다거나 피해자나 피해자의 집으로 접근하려고 할 경우에는 잠재적인 위험성을 내포하고 있다고 보아야 할 것이다.

(5) 소아애증

소아들과의 성관계를 통해 성적흥분과 만족을 추구하는 성욕도착을 소아애증(pedophilia)이라 한다. 소아의 기준은 나라마다 다를 수 있으나, 미국에서는 18세에서 20세 이상인 성인이 자신보다 최소한 5살 이상 어린 아이들에게 성적학대를 시도하는 경우를 소아애증이라고 정의하고 있다. 이 기준에 따르면 동갑의 소아들끼리, 또는 9살 가해자 남아와 7살 피해자 여아와 같이 가해자와 피해자가 모두 소아거나 나이 차이가 많지 않은 경우에는 소아애증이라고 할 수 없을 것이다. 또한 소아를 한두 번 성적으로 학대한 경우를 모두 소아애증이라고 하지 않으며, 소아와의 성관계나 성적학대가 계속되는 경우만을 말한다.

소아애증은 사회적으로 가장 심각한 부작용을 야기하는 성욕도착증에 속한다. 왜냐하면 매년 수백, 수천 명의 피해자가 발생하며, 피해자인 어린 유아나 소아들은 심각한 정서적,

Q 10-13

다른 사람의 은밀한 부위나 성행위 장명을 몰래 지켜본적 있는가?

남학생 592명 중 39%가 다른 사람의 은밀한 부위나 성행위 장면을 몰래 지켜본 경험이 있다고 응답한 반면에 여학생들은 577명 중 10%만이 지켜본 경험이 있다고 응답하였다. 또한 관음 대상으로는 남학생은 여성의 치맛속(34%), 방(20%), 알몸(12%), 욕실(9%) 등의 순이었으며, 여학생은 남성의 벗은 가슴(27%), 방(22%), 몸매(11%) 등의 순인 것으로 조사되었다. 그러나 대부분의 학생들은 호기심이나 또는 우연한 기회에 관음 경험을 하게 되는 것으로 밝혀졌으며, 서술형 설문조사 결과에 따르면 이들 중 특별히 관음증으로 분류할 정도로 심각한 경우는 거의 없는 것으로 조사되었다. 그러나 39%에 달하는 남학생들과 10%의 여학생들이 관음 경험이 있다는 사실은 만약 개별적인 상담 등을 통하여 조사한다면 이들 중에도 관음증 환자가 존재할 수 있다는 사실을 완전히 배제할 수는 없을 것이다.

Q 관음증 경험이 있는가?

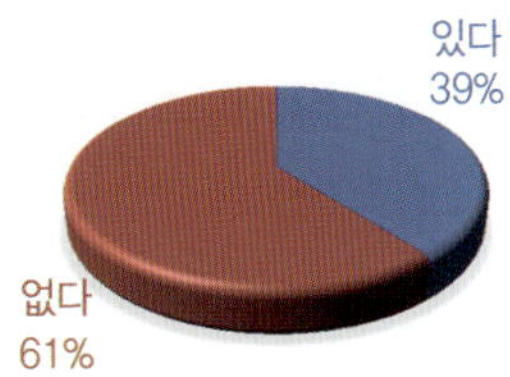

〈남학생 592명〉

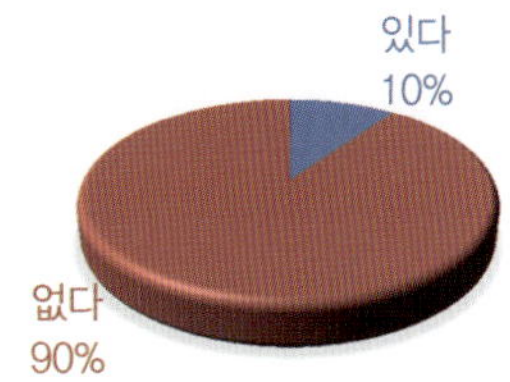

〈여학생 577명〉

Q 관음증 경험의 대상은 무엇이었는가?

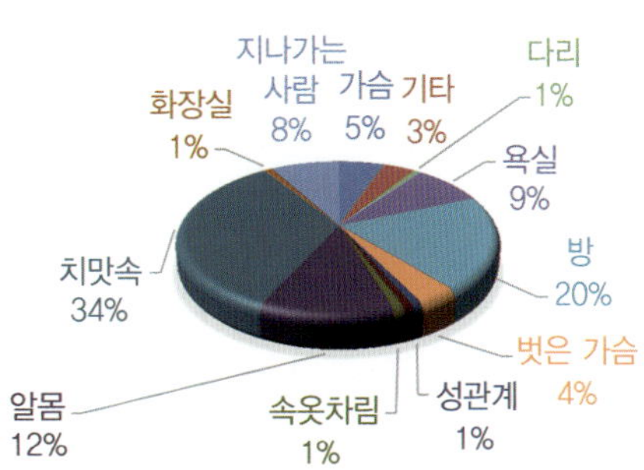

〈남학생 219명〉

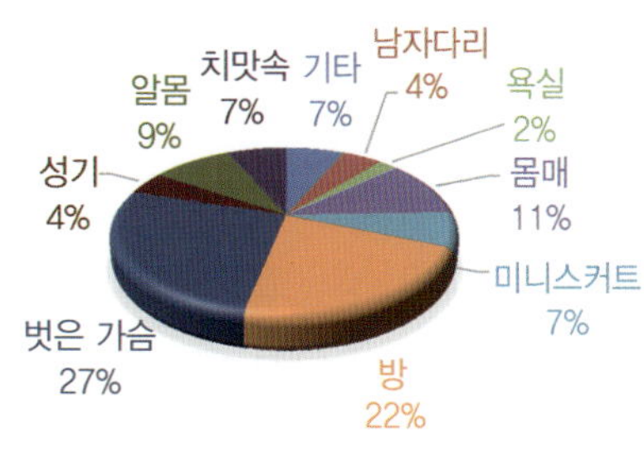

〈여학생 45명〉

심리적 후유증으로 고통받는 경우가 많기 때문이다.

그림 10.16 새도매조키즘 기구 및 종류

(6) 새도매조키즘

새디즘은 타인에게 고통을 가함으로써 성적흥분이나 만족을 얻는 성욕도착을 뜻하고, 매조키즘(또는 피학성애; masochism)은 반대로 자신을 학대함으로써 성적만족을 얻는 경우이며, 새디즘과 매조키즘을 합하여 새도매조키즘(가학피학애증; sadomasochism)이라고 한다(그림 10.16). 매조키즘에는 자신들의 유두, 성기, 요도구 등에 철사와 같은 이물질을 끼우거나 삽입을 위한 수술을 하기도 하는 피어싱(piercing)도 포함될 수 있다.

성관계시 어떤 사람들은 파트너를 물고, 할퀴고, 꼬집고, 때리는 경우가 있는데, 이러한 행위는 새디즘의 가장 마일드한 경우라고 할 수도 있다. 킨제이 그룹은 남녀의 1/4 이상이 성교 동안 파트너에게 물렸을 때 에로틱한 반응을 나타내며, 가볍게 물거나 찰싹 때리거나 함으로써 성적흥분이 상승하기도 한다고 보고하였다. 1993년 제이누스 등은 남성 16%와 여성 12%가 성관계시 약간의 고통은 쾌락과 상당한 관련이 있다고 응답하였으나 이들 중 반 정도만이 새도매조키즘에 대하여 긍정적인 인식을 갖고 있다고 보고하였다. 다른 성욕도착과 마찬가지로 가학적이거나 피학대적인 행위에 관심이 있거나 실제로 실행에 옮긴 경우를 모두 새도매조키즘으로 구분하지는 않으며, 이러한 행위가 성적흥분이나 만족을 얻기 위한 거의 유일한 방법으로 이용될 경우에만 새도매조키즘으로 분류할 수 있다. 즉, 커플들 간의 정상적인 성관계를 위한 강한 애무의 일종으로서 이용하는 가학과 피학대는 성욕도착이라고 할 수 없다.

새디스트들은 다른 성욕도착자들과 많은 공통점을 갖고 있다. 이들은 알코올이나 마약에 빠지기도 하며 사회성이 낮고 반사회적인 행동을 보이기도 한다. 극단적인 새디즘은 매조키즘보다 희귀하며, 남성 새디스트가 여성의 경우보다 월등히 많다. 또한 새도매조키즘은 성격장애와 같은 심한 정신, 심리학적 이상에 의하여 야기될 수 있으며, 새도매조키스트들은 남성이 여성보다 2배 정도 많고 이성애자면서 고등교육을 받은 사람들도 많다.

새도매조키스트들은 남에게 고통을 주거나 고통을 받는 것을 즐기는 것이 아니라 오히려 지배(domination)와 복종(submission)의 관계일 경우가 많다. 즉, 고통보다는 굴욕을 주거나 받는 것을 즐기는 것이다. 이들은 상당히 체계적이고 조직화된 시나리오에 따라 지배자와 복종자로서의 역할을 수행함으로써 서로의 성적만족을 추구한다. 이들은 지배자나 복종자의 역할 중 어느 한쪽을 선호하는 것이 보통이나 양쪽을 번갈아 시도하는 경우도 있다. 여성들은 남성 파트너들을 위하여 이러한 행위를 하게 되며 고등 교육을 받은 사람들이 많은데, 대부분 복종하는 역할을 하게 되지만 일부는 지배적인 역할을 선호하기도 한다. 이 경우에 지배자 역할을 하는 사람은 복종자의 신체를 끈이나 철사로 묶은 채로 굴욕을 주는 경우도 있다(그림 10.17). 일반적으로 이들의 행위는 서로 믿을 수 있는 파트너와 함께 시도되며, 시나리오를 제대로 수행하기 위하여 가죽옷, 하이힐, 부츠 등의 특별한 의상이나 가죽끈, 채찍, 목걸이, 체인 등의 특별한 장치가 동원되기도 한다. 그러나 이 행위 중에 가해지는 고통은 실질적인 고통이 아니라 상징적인 경우가 많다. 새도매조키스트들은 지배와 복종의 역할을 경험하기 위하여 그들만의 클럽을 조직하기도 하며, 자신들만을 위한 영업장소도 있는 것으로 알려져 있다. 남녀 새도매조키스트들이 공히 선호하는 행위는 지배와 복종 관계 이외에 엉덩이나 신체의 부분을 손이나 기구를 이용하여 때리는 행위, 항문성교, 구강성교, 자위행위, 결박, 에로틱한 란제리 착용, 감금 등이며, 새도매조키스트들 중 남성 동성애자는 남성 이성애자보다 훨씬 공격적이다.

그림 10.17 **새도매조키즘**

새디즘은 심리분석학적으로는 자신의 어머니에 대한 무의식적인 분노가 그 원인이며, 매조키즘은 자신에 대한 새디즘으로 설명되기도 한다. 이에 반해 행동치료사들은 새도매조키즘은 어린 시절의 오르가즘과 고통과의 관련에 의해 유발되며, 실제로 남성 새도매조키스트들의 80%와 여성의 40%가 아동기나 사춘기 시절에 그러한 경험이 있다고 보고하였다. 그러나 다른 연구에서는 단지 20%만이 어린 시절의 경험과 새도매조키즘과 관련되어 있다고 조사되었으며, 1987년 웨인버그는 새도매조키즘을 사회적인 현상으로 이해하기도 하였다. 즉, 대부분의 남성 새도매조키스트들은 복종적인 역할을 선호하는데, 믿을 만한 파트너와 잘 짜여진 각본에 따라 사회에서 남성들에게 기대하는 것(즉, 지배적인 것)에 반한 행동을 함으로써 자신들만의 어떤 만족을 얻고자 한다는 것이다. 또한 웨인버그는 이와 동일한 이유로 사회에서 아무런 영향력이 없고 힘이 없는 사람들은 도리어 지배 역할을 선호하게 된다고 설명하였다.

(7) 수간

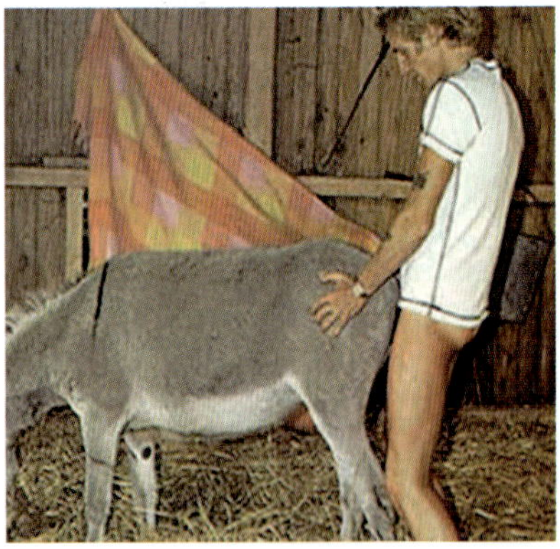

그림 10.18 **수간**
말과 남성의 수간 장면

수간(bestiality 또는 zoophilia)이란 동물과 성관계를 갖는 행위를 말하며, 그리스 신화에서 신들이 동물로 변해 여신이나 인간과 성관계를 맺는 것에서도 알 수 있듯이 그 역사가 매우 길다. 킨제이 그룹의 연구에서는 조사대상인 남성의 8%, 여성의 3%가 최소한 한 번 이상 수간의 경험이 있다는 사실이 알려졌으며, 특히 시골의 농장 등에서 자란 소년들은 약 17%가 수간 경험이 있는 것으로 조사되었다(그림 10.18). 남성의 수간 대상은 대부분 농장의 동물들이며, 여성의 경우에는 애완동물인 경우가 많다. 남성의 경우는 동물과 직접적인 성관계를 시도하지만, 여성의 경우에는 동물에게 자신의 성기를 핥게 하거나 자신이 직접 수컷의 음경을 자극하기도 한다. 사춘기나 청년기 소년들은 용기를 뽐내거나 남의 이목을 끌기 위하여 또는 호기심 등으로 단지 몇 번 정도의 수간을 경험을 하게 되는데, 희귀하긴 하지만 이러한 소년들 중 일부는 성장해서도 성적만족을 위한 수단으로서 수간을 선호하는 동물성애자가 되기도 한다.

(8) 음란전화

많은 여성들은 늦은 밤에 음란한 내용의 전화를 받아본 경험이 있을 것이다. 이러한 전화를 받은 여성들은 무척 당황하게 되고 경우에 따라서는 심한 정신적 피해를 받게 되지만, 전화한 남성들은 노출증 환자와 같이 여성들이 당황하면 할수록 그 강도에 비례하여 성적흥분도 강해지게 된다(그림 10.19). 음란전화를 이용하는 사람들 중에는 지식인들도 많이 포함되어 있으며, 이들 대부분은 정상적인 성관계를 유지하기 어려운 사람들이다. 이들은 성적흥분과 만족을 위하여 오직 전화만을 이용하며, 정상적인 성관계에는 관심이 없는 경우가 많다. 또한 전화라는 특성상 신분노출의 위험이 낮기 때문에 실제로 체포되는 경우는

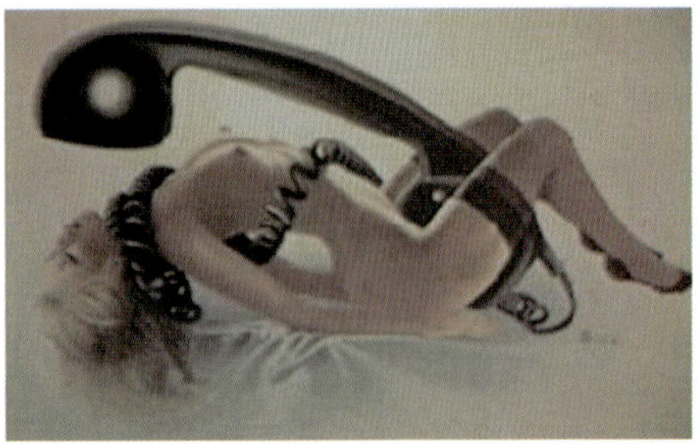

그림 10.19 **음란전화**
음란전화를 이용하는 가해자의 성적 흥분도는 피해자의 반응 정도에 따라 결정된다.

적지만, 체포된 사람들을 대상으로 한 어떤 조사에서는 음란전화를 이용하는 사람들 중 많은 수가 유아기에 성폭행당한 경험이 있다는 사실이 밝혀졌다.

음란전화에 의한 피해는 미국에서만 매년 100만 건을 넘고 있는데, 음란전화를 시도하는 사람들의 대부분은 자기 자신에 대한 자랑을 하며, 거친 숨을 쉬기도 하고, 성에 관한 노골적인 말을 한다. 이들은 간혹 피해자를 협박하기도 하고 설문 형식을 빌어서 피해자의 성적 행태를 조사하기도 하는데, 대부분의 가해자가 피해자의 인적사항을 잘 알고 있기 때문에 피해자들은 더욱 큰 공포심을 느끼게 된다. 그러나 음란전화를 시도하는 가해자들은 피해자들을 직접 괴롭히지는 않으며, 대부분 전화 도중에 자위행위를 하는 것으로서 자신의 성적 욕구를 해결한다.

음란전화에 대처하는 방법도 노출증의 경우와 같이 아무 말도 하지 않고 그냥 전화를 끊어버리는 것이며, 계속적으로 전화가 오면 전화국이나 경찰에 연락하여 발신자를 추적하는 방법도 있다. 음란전화를 이용하는 사람은 피해자가 아는 사람인 경우가 많기 때문에 범인이 밝혀지고 나면 도리어 정신적인 상처가 커지는 경우도 있다.

(9) 기타

지금까지 언급한 성욕도착증 외에도 호뇨증(urophilia), 호분증(coprophilia), 접촉도착증, 불결기호증(mysophilia), 관장기호증(klismaphilia), 시간증(necrophilia) 등과 같이 일반인들은 상상도 못할 희귀한 성욕도착증들이 있다(그림 10.20).

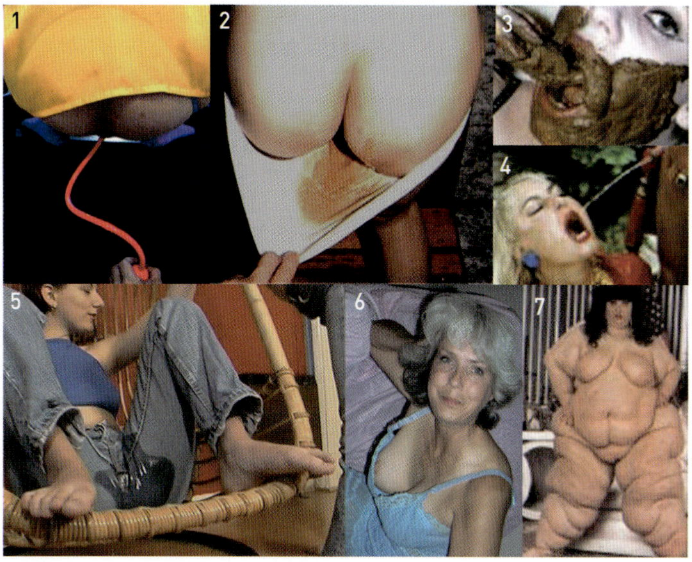

그림 10.20 기타 성욕도착증

1; 관장기호증, 2,3; 호분증, 4,5; 호뇨증, 6; 노인애증, 7; 고도 비만이나 기형인 사람들을 선호하는 성욕도착증 환자도 존재한다.

Q 10-14

모르는 사람과의 신체적 접촉으로 성적 흥분을 느낀 경험이 있는가?

'공공장소(버스나 지하철 등)에서 모르는 사람과의 신체적 접촉에 의해 성적흥분을 느낀 경험이 있는가?'라는 설문결과, 남학생 305명 중 72%와 여학생 339명 중 22%가 경험이 있다고 응답하였다. 이 경험에 대하여 남학생의 과반수 이상에 해당하는 62%가 흥분되고 좋았다고 응답한 반면 여학생의 과반수 이상인 64%는 불쾌했다고 응답하여 낯선 사람들과의 신체적 접촉에 대하여 남녀 학생들이 느끼는 감정의 차이가 매우 크다는 사실을 알 수 있었다.

Q 공공장소에서 모르는 사람과의 신체적 접촉에 의해 성적흥분을 느낀적 있는가?

Q 모르는 사람과 신체적 접촉시 느낌은 어떠했는가?

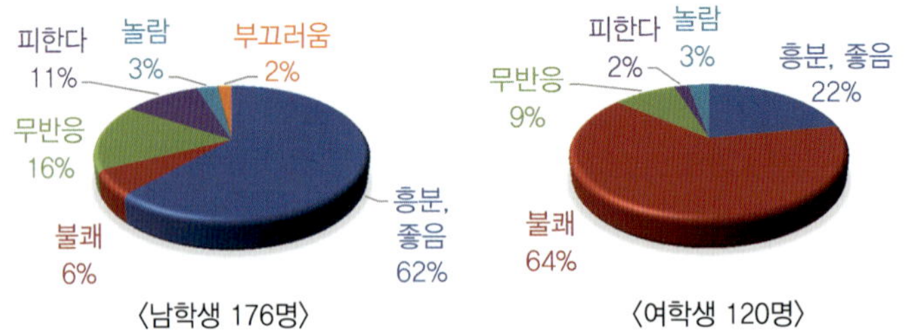

호뇨증은 배뇨 행위에 의해 성적으로 자극되는 경우로서, 이들은 다른 사람들이 배뇨하는 장면을 보는 것을 즐기기도 하고, 파트너의 몸 위에 배뇨하거나 자신의 신체 위에 파트너가 배뇨하게 되면 성적흥분과 만족을 느끼게 되며, 심한 경우에는 다른 사람들의 소변을 마시기도 한다. 또한 호분증은 대변에 의해 성적으로 흥분되거나 만족하는 경우로서, 남들이 배변하는 장면을 보는 것을 즐기고, 대변을 갖고 놀거나 자위행위를 시도하기도 하며 심지어는 먹기도 한다. 1993년 제이누스 등은 남성의 6%와 여성의 3%가 자신의 몸 위에 파트너가 배뇨하는 것에 대해 긍정적인 반응을 보였다고 보고하였으며, 남성의 3%와 여성의 1%가 배

변에 대해 매우 긍정적인 반응을 보인다는 연구 결과도 있다. 이 숫자는 생각보다 훨씬 많은 수의 사람들이 호뇨증이나 호분증에 대해 관심이 있거나 실제로 시도한 경험이 있다는 사실을 암시하고 있다. 즉, 대부분의 사람들은 호뇨증 및 호분증자들이 극소수일 것이라고 생각하지만 미국이나 일본 및 심지어는 우리나라에서도 이러한 사람들만을 위한 시장이나 인터넷 사이트가 형성되어 있을 정도로 비교적 많은 사람들이 호뇨증이나 호분증 경향을 나타내는 것으로 알려져 있다. 접촉도착증은 공공장소에서 옷을 입은 채로 자신의 성기를 다른 사람에게 문지르는 경우를 말하는데, 이러한 접촉도착증자들은 복잡한 버스나 지하철에서 여성들의 엉덩이에 자신의 성기를 밀착시키고 문지르는 행위를 통해 성적흥분을 얻게 된다. 보통 사람들도 이성과 포옹하거나 이성의 신체에 접촉하게 되면 흥분하듯이 이성과 밀접한 신체적 접촉에 의해 성적으로 흥분하는 것은 전혀 이상한 것이 아니지만, 대부분의 사람들이 신체적 접촉 후에 성교를 기대하는 것과는 달리 접촉도착자들은 접촉에 의한 성적자극만을 추구한다는 점이 다르다. 불결기호증은 남들이 토한 것이나 콧물 등과 같은 오물들을 이용하여 자위행위를 하거나 마심으로써 성적흥분을 느끼는 경우이며, 관장기호증은 항문에 관장액을 넣어 강제로 배변을 시도하는 행위를 통해 성적흥분이나 만족을 느끼고 직접적인 성교나 구강성교보다 관장을 선호하는 경우를 말한다. 성욕도착증 중에서도 가장 특이하면서도 놀라운 경우는 시간증이라고 할 수 있다. 시간증자들은 죽은 사람의 시체와 성관계를 함으로써 성적만족을 얻고자 하는 사람들이며, 지금까지 알려진 시간증 환자는 극소수를 제외하고는 모두 남성이다. 이들은 심한 감정적인 손상이나 심리학적 이상이 있는 경우가 많으며, 시체에 접근하기 용이한 장의사나 병원 시체실에 근무하는 사람들 중에 많다. 또한 이들은 성관계 동안에 파트너에게 죽은 것처럼 행동하라고 요구하기도 한다. 그 외 노인들과의 성관계에만 흥미를 느끼는 노인애증(gerontophilia)을 비롯하여 비만인 사람이나 심지어 기형인 사람들과의 성관계를 통하여 성적만족을 추구하는 성욕도착증도 있다. 이와 같이 성욕도착에는 상당히 많은 종류가 있는데, 대부분의 성욕도착자들은 이 중 어느 한 가지 증상을 나타내기도 하지만 여러 가지 성욕도착증을 동시에 나타내는 경우도 있는 것으로 알려져 있다.

4) 원인

프로이드는 성욕도착을 심리성적 발달이 정지되어 감정적인 갈등을 해소하는 데 실패한 경우라고 설명하고 있다. 즉, 그는 성욕도착은 내부의 불안을 해소시키려는 방어 본능으로부터 유래된 비정상적인 행동이라고 설명하였다. 예를 들어, 복장도착자들은 자신의 성정체성에 대한 불만을 해소하거나 경감시키기 위한 수단으로서 이성의 의복을 입게 된다는 것이다.

이에 반해 학습설은 성욕도착은 어린 시절의 학습에 의해 야기될 수 있다고 주장한다. 1966년 래치먼은 조건화로서 성욕도착을 설명하였는데, 어린 시절 다리가 부러진 소년이 깁스를 한 다리를 치료해 주는 간호사를 보고 자기도 모르는 사이에 음경이 발기되고, 그 후 지속적으로 그러한 장면에 대한 환상을 하면서 자위행위를 하게 되었다면 이러한 환상과 자위의 연속이 결국 깁스와 같은 석고상에 대한 페티시즘을 유발할 수도 있다는 것이다.

그러나 성욕도착증의 원인에 대한 프로이드나 래치먼 등의 설명으로는 대부분의 성욕도착자들이 남성인 이유를 정확하게 설명하기 어려우며, 이들이 주장하는 성욕도착 원인에 대한 치료도 실질적으로는 그다지 효과가 없는 것으로 알려져 있다.

대부분의 성욕도착자들은 일반적으로 사회적응력이 떨어지고, 자신감이 없으며, 여성에게 분노를 느끼는 성향이 있고, 어린 시절에 추행을 당한 경험이 있거나 성을 죄악시하는 가정에서 양육된 경우가 많다. 이들은 파트너와의 일반적인 성관계는 너무 복잡하고 조절해야 할 것들이 많기 때문에 정상적인 성교 대신 훨씬 단순한 변태적인 행위를 함으로써 성적인 만족을 얻게 된다. 즉, 이들은 성욕도착의 대상인 팬티, 시체, 짐승 등이 수동적이며 저항할 수 없기 때문에 아무런 불안이나 걱정 없이 자신의 성에 집중할 수가 있게 되는 것이다.

성장 환경은 사람들의 건강한 성적발달에 매우 중요한 요소로 작용할 수 있는데, 유아기나 소아기에 무의식적으로 행한 성적인 행위에 대해 부모나 주위로부터 심하게 비난을 받게 되면 간혹 성욕도착이 유발되기도 한다. 또한 많은 연구자들은 강박관념과 성욕도착 사이에 많은 유사점이 있다고 주장한다. 강박관념에 사로잡힌 사람은 이의 해소를 위하여 성행위를 하지만 결국 절망으로 끝나게 되며, 불안감을 해소하기 위하여 또 다시 강박관념에 싸이게 된다. 이와 유사하게 성욕도착의 경우도 스트레스나 불안이 동기가 되어 변태적인 성행위를 하게 되지만 얼마 후 안도감이 없어지고 새로운 불안감이 엄습하게 되면 또 다시 변태적인 성적흥분을 갈구하게 된다는 것이다. 그러나 강박관념과 성욕도착 사이에 유사한 면이 많긴 하지만 강박관념에 대한 치료제가 성욕도착에는 효과가 없는 등 두 경우의 원인이 동일하지 않다는 증거도 많다.

5) 치료

아직까지 성욕도착을 치료하는 효과적인 방법은 없다. 한 가지 방법은 약물을 이용하여 테스토스테론의 양을 감소시킴으로서 성욕을 억제시키는 경우인데, 이러한 치료는 근본적인 것이 아니라 치료 도중에 변태적인 행위에 탐닉하는 것을 방지하기 위한 목적으로 사용되는 것이 일반적이다. 성욕도착증의 치료에는 강박관념이나 불안 치료에 대해 사용되는 약물들을 투여할 수 있으며, 이러한 약물치료와 함께 다양한 심리치료도 병행할 수 있다. 심리치료 중에는 성욕도착자에게 피해자가 고통 받는 모습을 보여줌으로써 스스로 자신의 잘못을 깨우치게 하는 방법이 있으며, 불쾌한 자극과 변태적인 행위를 관련시키거나 좋은 자극과 오르가즘을 연결시키는 오르가즘 재조건화(orgasmic reconditioning) 과정을 통하여 파트너와의 정상적인 성관계로서 성적흥분이나 만족을 얻을 수 있도록 유도할 수도 있다.

성욕도착의 치료는 어떠한 방법을 사용하더라도 한 번이나 단시일 내에 효과적이지는 않다. 성욕도착자들의 사회적응력을 향상시키려는 노력 없이 성욕도착 행위 자체에 대한 치료만으로는 근본적인 효과를 기대하기 어려우며, 설혹 치료되었다고 하더라도 다시 재발하게 된다. 성욕도착자들의 내면에 존재하는 불안감을 해소시키기 위한 가장 효과적인 방법으로는 둔감화 과정이 있다. 이 방법은 치료 도중에 의도적으로 불안감을 유발시키는 과정을 반복함으로써 성욕도착자들이 그러한 자극에 둔감해지도록 유도하는 방법이다. 즉, 여성과의 일상적인 관계에 의해서도 심한 불안감을 느끼는 성욕도착자에게 여성과 함께 시도할 수 있는 여러 가지 행위를 상상하도록 처방한다. 그 후 여성과 같은 방에 있도록 하고, 여성 옆에 앉게 하며, 여성에게 말을 걸도록 함으로써 점차 상상이 아닌 현실 속에서 여성과의 관계를 형성하는 훈련을 시키게 되며, 이러한 과정을 통하여 성욕도착자들은 여성과의 관계에 의해 형성되는 불안감에서 벗어나게 되는 것이다. 또한 일반인들이 아동기에서 사춘기를 거쳐 청년기에 도달하는 동안 저절로 습득하게 되는 대화법이나 거절 방법 등을 가르침으로써 사회성 교육도 시키게 된다.

그러나 경험이 풍부한 성치료사가 아무리 훌륭한 치료법을 선택하여 최선의 치료를 한다고 하여도 정작 본인이 성욕도착을 치료하고자 하는 마음이 없다면 그 효과는 전무할 것이다. 실제로 많은 성욕도착자들은 변태적인 행위에 대한 욕구가 너무 강하기 때문에 치료받는 것을 거부하거나 치료를 하더라도 거의 효과가 없는 경우가 많다.

어떤 연구자들은 성욕도착자들을 치료하기 위해서는 그들 개개인에 대한 치료보다는 사회적인 인식이나 편견을 바꾸는 노력이 선행되어야 한다고 주장하기도 한다. 예를 들어, 우리 사회에는 남성은 여성보다 우월하며, 남성은 성관계시 항상 성관계 전체를 주도할 수 있는 능력이 있어야 하고, 남성은 항상 여성이 오르가즘에 도달할 수 있도록 노력하여야 한다는 등의 인식이 뿌리 깊이 남아 있다. 만약 이러한 사회적 인식이 변화되어 건강하고 풍요로운 성은 남성만이 아니라 남녀가 함께 이루어 가는 것이라는 인식이 자리를 잡게 되면 남성의 심리적 부담감이 줄어들게 됨으로써 결국 성욕도착자의 수도 저절로 감소할 가능성이 높아질 것이다.

성은 누구에게나 자유로워야 하며 아름다워야 한다. 다수의 성을 위하여 소수의 성이 희생되어서는 안 되며, 어느 한 사람의 성을 위하여 다른 사람의 성을 억압해서도 안 될 것이다. 성의 자유와 아름다움은 타인의 성을 존중하는 마음을 통해서만 얻어질 수 있으며, 자신만을 위한 일방적 쾌락적 성의 추구는 결국 자신을 포함한 우리 모두의 성을 추하고 병들게 할 뿐이다. 강간, 성희롱, 성추행 등과 같은 성폭력은 자신의 성을 위해 타인의 신체와 정신을 희생시키는 범죄 중에서도 가장 악랄한 범죄라고 할 수 있으며, 피해자 개인은 물론 사회 전체를 병들게 하는 암적인 행위이다. 또한 성욕도착자들에 의한 피해 역시 무시할 수 없을 것이다. 다른 성폭행의 경우와 같이 성욕도착의 피해자도 어떤 특정한 사람이 아니라 우리들 모두일 수 있으며, 특히 어린이나 노약자 및 사회적 지명도가 높은 공인들도 성욕도착의 피해자가 될 수 있을 것이다. 그러나 최근까지도 우리들은 성욕도착자들을 음란하고, 불결하며, 정신 나간 사람들이라고 생각하여 피해 버리거나 피해를 당하더라도 어쩔 수 없는 일로 치부해 버리곤 했다. 이러한 소극적인 반응으로는 성욕도착자들에 의한 피해를 방지할 수 없으며, 결국 피해자의 심적인 고통만 심해질 것이다. 이 장에서 언급하였듯이 성폭행이나 성욕도착증과 같은 성범죄의 원인은 아직까지 확실히 알려져 있지 않을 뿐만 아니라 적절한 치료법도 개발되어 있지 않다. 그러나 모든 사람들이 성폭력범이나 성욕도착자들에 대한 대처 방법을 숙지하고, 피해를 당했을 경우에는 가족이나 사회단체 또는 법의 힘을 빌어서라도 가해자를 적극적으로 처벌하는 것이 자신의 심리적 고통을 해소함은 물론 성범죄자들의 지속적인 행위를 억제할 수 있는 방법일 것이다. 또한 성범죄에 의한 피해자를 줄이고 성범죄자들의 행위를 근복적으로 억제하기 위해서는 그들에 대한 처벌뿐만 아니라 남녀의 성적역할에 대한 우리 사회의 인식을 변화시키고 효과적인 치료법을 개발하려는 노력이 병행되어야 할 것이다. 인간은 성체이며 건강한 성은 인간이기에 가능한 행위이므로 정상적인 성을 더럽히고 파괴시키는 행위는 살인과도 같은 중범죄에 해당된다고 할 수 있을 것이다. 자신의 성을 소중히 하고자 원한다면 타인의 성을 인정하고 아름답고 풍요롭게 가꾸려는 노력부터 시작해야 할 것이다.

11
성치료

1. 남녀의 성적 차이
1) 인식의 차이 / 384
2) 성반응의 차이 / 386
3) 선호하는 자극의 차이 / 388
4) 성적욕망의 차이 / 389
5) 성행위 방법의 차이 / 391
6) 성문제의 해결 / 392

2. 성치료
1) 성치료사 / 393
2) 방법 / 395

3. 남녀의 성문제
1) 성욕감소 / 398
2) 성욕항진증 / 399
3) 성교불쾌증 / 400

4. 남성의 성문제
1) 음경 발기 / 401
2) 발기부전 / 402
3) 조루 / 409
4) 지루 / 411
5) 성교두통 / 411
6) 지속발기증 / 412

5. 여성의 성문제
1) 질경 / 414
2) 오르가즘 장애 / 415

6. 성문제 예방

사람들은 가능하다면 평생 건전하고 풍요로운 성생활을 영유하길 기대하지만, 실제로는 전체 커플들의 절반 이상이 각종 성문제로 고민하고 있다는 연구결과들이 있다. 성적인 문제는 신체적인 것이 원인일 수도 있으나 커플 상호 간의 감정적인 부조화가 원인이 되기도 한다. 이 장에서는 많은 커플들이 경험하고 있거나 장래 경험할 수도 있는 여러 가지 유형의 성문제들을 소개하고 가장 효과적인 해결 방법을 제시함으로써 이 책을 읽는 모든 독자들에게 성의 자유 및 성문제로부터의 자유를 누릴 수 있는 기회를 제공하고자 한다.

1 남녀의 성적 차이

1) 인식의 차이

남성과 여성은 성에 대한 인식에서 미묘한 차이를 나타낸다(그림 11.1). 즉, 일반적으로 여성들은 사랑을 위하여 성관계를 하지만, 남성들은 파트너의 외모를 포함한 신체적인 특징과

그림 11.1 남녀의 인식차이
한 결혼정보회사에서 실시한 설문에 따르면 82% 이상의 남성이 육체적 관계 여부가 바람의 기준이라고 생각하는 반면에, 여성의 64%는 정신적 흔들림부터 바람이라고 생각한다는 조사 결과가 있었다. 이처럼 남성과 여성은 성에 대한 인식에서 차이가 나며, 이러한 차이가 남녀 간의 성문제를 야기할 수도 있다.

성적인 매력 때문에 성관계를 하는 경우가 많다. 남성들은 친밀감과 성을 거의 동일시하기 때문에 만약 남성들에게 "연인의 무엇이 가장 좋으며, 연인과 무엇을 가장 하고 싶은가?"라는 질문에 대해 거의 대부분의 남성들은 여성의 예쁜 엉덩이, 큰 유방, 섹시한 다리 등의 해부학적인 특징을 좋아하며, 성교를 포함한 다양한 신체적 접촉을 하고 싶다고 대답할 것이다. 이에 반해 여성들은 동일한 질문에 대해 해부학적인 것보다 연인만이 갖고 있는 여러 가지 매력을 좋아하며, 사랑받거나 존경받고 싶다고 대답할 것이다. 또한 대부분의 여성들은 남성들이 자신에게 많은 시간을 할애해 주길 기대하는데, 만약 남성들이 자신이 원하는 만큼의 시간을 할애해 주지 않으면 이에 대해 상당한 불만을 느끼기도 한다. 이와 같은 성에 대한 인식과 기대감에 대한 남녀의 차이는 서로 간의 이해 부족과 이에 따른 상대에 대한 실망감을 증폭시킴으로써 결국 성적인 문제를 야기하기도 한다.

Q 11-1

무엇을 위해 성관계를 하는가?

남녀 학생들을 대상으로 '성관계의 목적을 무엇이라고 생각하는가?'라는 질문에 남학생 60%와 여학생 58%가 사랑의 확인, 표현이라고 응답하였으며, 남학생의 34%와 여학생의 25%는 쾌락, 즐거움이라고 답하였다. 반면 성관계의 목적을 자손번식이라고 응답한 비율은 남학생 2%와 여학생 12%로 나타났다. 즉, 남녀학생들에게서 성관계의 목적은 '자손의 번식'보다는 '사랑을 확인하고 표현하기 위하여' 또는 '쾌락과 즐거움을 얻기 위하여'라는 것을 알 수 있다.

무엇을 위해 성관계를 한다고 생각하는가?

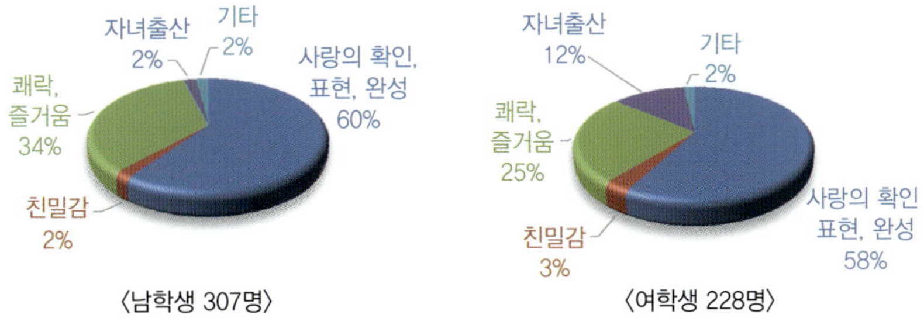

Q 11-2

교제 및 성관계를 주도하고 싶은가? 아니면 상대방이 주도해 주기를 원하는가?

'당신은 교제관계를 주도하길 원하는가?'라는 질문에 남학생의 65%가 '그렇다'라고 응답한 반면에 여학생의 경우 48%가 '아니다'라고 응답하여 남학생들은 대부분 이성관계를 주도하길 원하지만 여학생들은 주로 상대방이 주도해 주기를 원하는 것으로 나타났다. 성관계에 있어서도 남성의 60%가 자신이 '주도 하고 싶다'고 응답한 반면 여학생의 59%는 상대가 주도해 주기를 원하는 것으로 나타났다. 이러한 결과는 남녀의 생물학적, 심리학적 차이 또는 사회적인 성적 고정관념이 교제는 물론 성관계시 남녀의 성적 행태의 차이를 야기시키는 주요 원인일 가능성을 시사하고 있다.

Q 교제관계를 주도하기 원하는가?

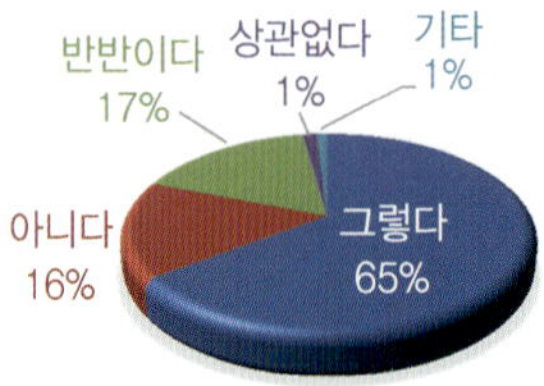

〈남학생 306명〉

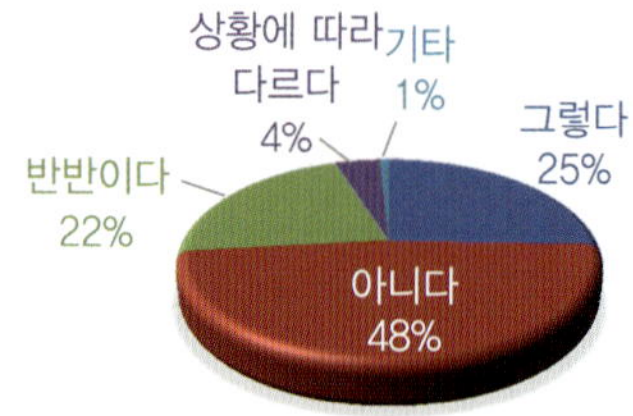

〈여학생 235명〉

Q 성관계를 주도하기 원하는가?

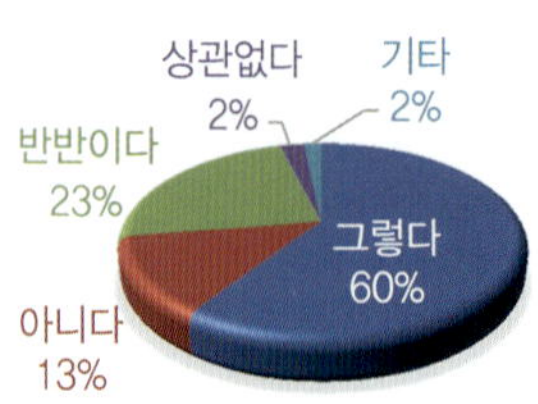

〈남학생 297명〉

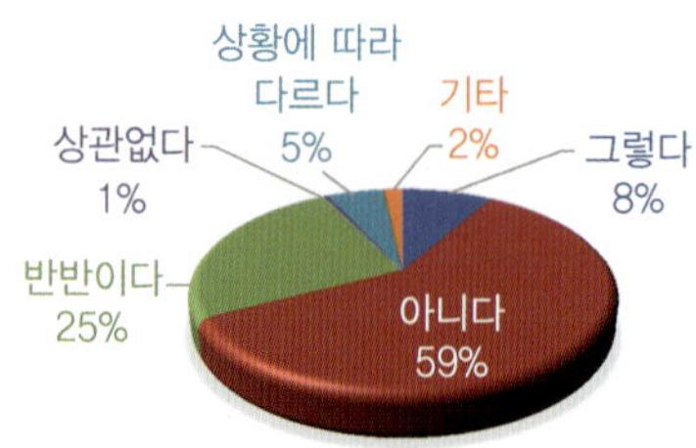

〈여학생 227명〉

2) 성반응의 차이

비교적 오르가즘에 도달하는 시간이 짧고 오르가즘에 도달하기도 쉬운 남성들에 비해 여성들은 동일한 성적 자극을 받더라도 남성에 비해 오르가즘에 도달하는 시간이 길며, 욕망기나 흥분기 동안 신체적으로나 정신적으로 충분히 자극받지 않는다면 아예 오르가즘에 도달하기 어려운 경우가 많다. 이러한 남녀 간 성반응의 차이 때문에 대부분의 남성들은 의도적으로 자신의 성적흥분을 조절하지 않는다면 여성이 오르가즘에 도달하기도 전에 사정하게 된다. 그러나 이와 같은 문제는 직접적인 성교 전에 충분한 전희를 시도하여 남녀의 성반응 주기를 일치시킴으로써 해소할 수 있다. 5장에서도 언급하였듯이, 여성의 질로부터 애액이 분비되기 시작했다고 해서 성교할 준비가 완료되었다는 의미는 아니다. 따라서 여성이 오르가즘에 도달하기를 원한다면 여성들의 외음부나 질 내부에서 충분한 울혈이 일어나고, 특히 심리적으로도 삽입을 원하게 될 때까지 충분한 전희를 시도하여야 한다.

그림 11.2 **전희를 위한 애무**

전희는 여성 오르가즘의 빈도나 강도를 증가시키기 위하여 매우 중요하다.

일반적으로 전희라고 하면 남성이 여성에게 성관계 전에 제공하는 신체적 자극을 의미한다고 생각할 수도 있지만, 정상적인 성관계는 일방적으로 한 쪽만의 즐거움을 위한 것이 아니라 서로를 위한 것이어야 하므로 여성도 성관계 전에 남성에게 전희를 시도할 필요가 있다. 대부분의 여성들이 남성들에게는 특별한 성감대가 없다고 생각하거나 전희 없이도 언제나 성관계가 가능하다고 생각하지만 남성들도 여성들과 동일하게 직접적인 성관계 전에 전희를 통해 신체적으로 자극받는 것을 좋아한다(그림 11.2). 또한 전희에는 신체적인 자극뿐만 아니라 정신적인 흥분도 포함되므로 신체적인 자극과 함께 상대방을 존중하는 태도와 사랑을 담은 속삭임도 매우 중요하다고 할 수 있다.

1948년과 1953년 킨제이 그룹의 연구에 의하면 그 당시 커플들의 대부분은 전희에 수분 이상을 투자하지 않았지만, 1975년 훈트의 연구에서는 커플들의 전희 시간이 약 15분으로 늘어난 것으로 밝혀져 과거에 비해 커플 간의 전희 시간은 상당히 길어진 것을 알 수 있었다. 이와 같이 전희 시간이 길어진 이유 중 하나는 남성들이 충실한 전희는 여성들의 오르가즘의 빈도나 강도를 증가시키기 위하여 필수적이라는 사실을 인식하였기 때문이라고 할 수 있을 것이다. 만약 당신이 욕망의 배설을 위한 육체적인 접촉이 아닌 파트너와의 육체적, 정신적 친밀감을 강화하고 사랑하기를 원한다면 삽입 전에 충분한 전희를 시도하는 것이 필수적인 요소라는 사실을 명심하여야 할 것이다.

Q 11-3

본인이 원하는 전희 시간은?

성관계 경험이 있는 남녀 대학생들을 대상으로 본인이 원하는 전희 시간을 조사한 결과에서 남녀 학생 모두 5분에서부터 30분 이상까지 다양하게 나타났다. 눈에 띄는 것은 남학생들의 9%만이 30분 이상이라고 응답한 것과 달리 여학생의 경우에는 47%가 30분 이상이라고 응답하여 남녀가 선호하는 전희 시간에 대한 차이가 매우 큰 것으로 확인되었다. 또한 비록 시간의 차이는 있을지라도 남성 역시 여성으로부터 충분한 전희를 받기를 원한다는 사실을 알 수 있었다. 따라서 성관계의 질적인 만족도를 높이기 위해서는 남녀가 선호하는 전희 시간의 차이를 고려하여 서로 상대방을 충분히 배려하는 노력이 필요할 것이다.

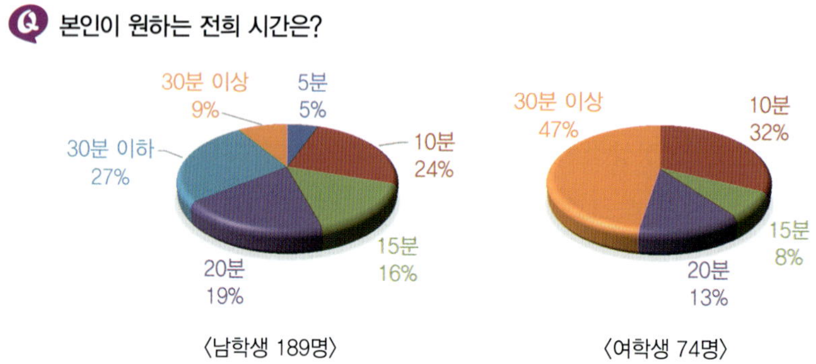

3) 선호하는 자극의 차이

사람들은 생리적인 차이나 성경험의 정도에 따라 상대방에 대한 성적 자극의 방법이나 강도가 달라진다. 대부분의 남성들은 사춘기에 자신의 신체를 스스로 자극함으로써 생애 첫 번째 오르가즘을 경험하게 된다. 5장에서 자세히 설명하였듯이, 남성들의 자위행위는 두세 개의 손가락이나 손바닥 전체로 음경을 쥔 채 위 아래로 흔드는 행위로서 보통 2-3분 만에 끝나게 된다. 이와 같이 비교적 단순한 남성의 자위행위에 비해 여성의 자위행위 방법은 상당히 다양하다. 대부분의 여성들은 음핵을 직접적으로 강하게 자극하는 것이 아니라 음핵의 위나 아래를 원형으로 자극하는 등의 간접적인 자극을 선호하며, 대개의 경우 남성보다 오르가즘에 도달하기까지의 시간이 길다. 사람들은 자신이 좋다고 느끼는 것은 다른 사람에게도 좋을 것이라고 생각하기 쉽기 때문에, 남성들은 여성들도 음핵을 격렬히 자극해야 쾌감이 증가할 것이라고 생각하여 여성의 음핵은 물론 질 안팎을 손가락으로 강하게 자극하거나 빠르게 삽입하기를 계속하는 경향이 있다. 여성들은 자신의 경험에 비추어 남성들이 부드럽고 간접적인 자극을 좋아할 것이라고 생각하여 최대한 부드럽게 남성을 애무하게 된다. 그러나 여성에 대한 강한 자극은 쾌감이 아니라 고통만을 안겨 줄 뿐이며, 남성에 대한 지극히 부드러운 애무는 남성의 욕구를 만족시키기 어려울 것이다. 즉, 만족할만한 성관계를 위해서는 이러한 남녀 간의 신체적 차이를 인정하고 충분히 이해하여 상대방의 요구나 필요를 충족시켜 줄 수 있는 방법을 찾는 것이 중요하며, 이를 통하여 상대방은 물론 결국 자신의 성적만족도 얻을 수 있게 될 것이다.

4) 성적욕망의 차이

가장 일반적인 성문제 중 하나는 성행위 빈도라고 할 수 있다. 만약 커플 중 남성은 일주일에 3-4번의 성관계를 원하는 데 반해 여성은 일주일에 한 번의 성관계로서 만족한다면, 이 커플의 경우 남성은 남성대로 성적욕망을 해소하기 어려울 것이며, 여성은 여성대로 남성의 과도한 성적 요구에 상당한 갈등을 느끼게 될 것이다. 이러한 경우에 남성은 여성이 성에 대한 관심이 너무 적다고 생각할 것이며, 여성은 남성이 너무 과도하게 성에 탐닉하고 있다고 생각할 것이다. 이러한 문제가 지속된다면 이 커플의 성생활 만족도는 지극히 낮을 것이 분명하다. 그러나 이 커플이 성적인 문제로 인하여 결국은 헤어지고 서로가 새로운 남녀와 커플이 되었을 때, 만약 남성의 새로운 여성 파트너는 일주일에 7번 이상의 성관계를 요구하며 여성의 새로운 남성 파트너는 한 달에 한 번의 성관계로도 만족한다고 가정한다면, 남성은 도리어 새로운 여성의 과도한 성관계 요구로 인하여 갈등하게 될 것이며 여성은 새로운 남성을 통해 성적욕망을 해소하기 어려워짐으로써 과거의 남성이 느끼던 것과 동일한 성적 욕구불만을 느끼게 될 것이다. 또한 앞에서 말한 커플이 헤어지지 않고 상당 기간 동안 생활하다가 어떤 질병으로 인하여 남성의 성적욕망이 현저히 줄어들게 되었다면, 이 경우에는 도리어 여성이 성적 욕구를 해소할 수가 없어 성적인 불만을 느끼게 될 수도 있을 것이다. 더욱이 대부분의 남성들은 젊은 시절에는 많은 성관계를 요구하다가 나이가 들어감에 따라 그 횟수가 줄어드는 반면에, 여성들은 젊은 시절에는 그저 남성들의 요구에 응하는 경우가 많지만 중년이 되어 성의 기쁨을 알게 된 후에는 도리어 남성들에게 성관계를 요구하는 빈도가 많아지기도 한다.

이와 같이 남녀 간의 성적욕망이나 이에 따른 성관계 빈도의 차이는 항상 절대적인 것이 아니라 서로의 신체적 또는 정신적 상태나 성관계 습관에 따른 커플 상호 간의 상대적 성적

Q 11-4

선호하는 성적 자극 방법은?

'정서적 자극과 신체적 자극 중 어떤 성적 자극을 선호하는가?'라는 설문 결과에서 남학생 응답자의 87%가 구강성교, 페팅, 넥킹, 애무와 같은 신체적 자극을 선호한다고 응답하였으며, 여학생의 경우도 역시 66%가 애무, 키스, 구강성교의 순으로 신체적 자극을 선호한다고 응답하였다. 그러나 정서적 자극에 대한 선호도에서는 남학생은 13%로서 여학생의 34%가 정서적 자극을 선호한다고 응답한 것에 비하여 약 1/3 수준인 것으로 조사되었다. 결론적으로 남녀 모두 성적 자극에 있어 정서적 자극보다는 신체적 자극을 선호한다는 것을 알 수 있으나, 신체적 자극이라고 하더라도 남학생들이 선호하는 신체적 성적 자극은 구강성교와 페팅 같은 생식기관의 직접적인 자극을 주로 응답한 반면에, 여성의 경우 애무, 키스의 순서로 나타나 생식기관에 집중되기보다는 포괄적이며 간접적인 자극을 선호한다는 점에서 남녀 간 차이가 분명한 것으로 나타났다.

Q 어떠한 성적 자극을 더 선호하는가?

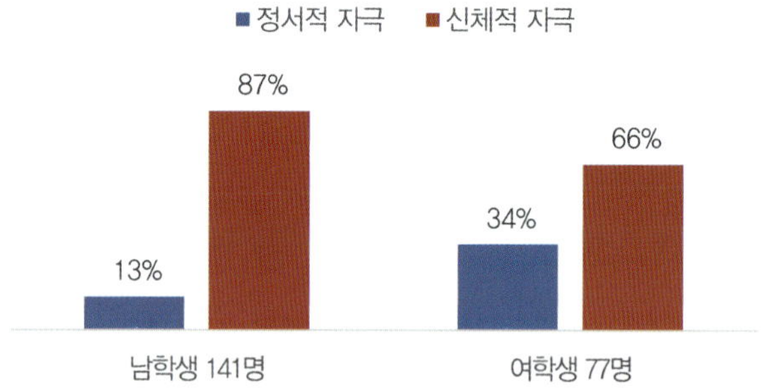

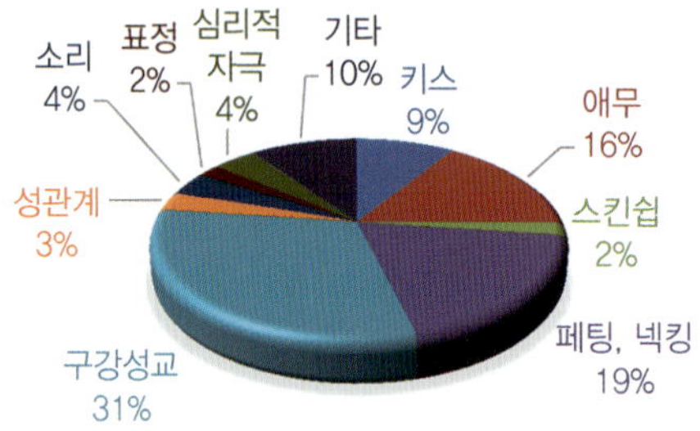

〈남학생 141명〉

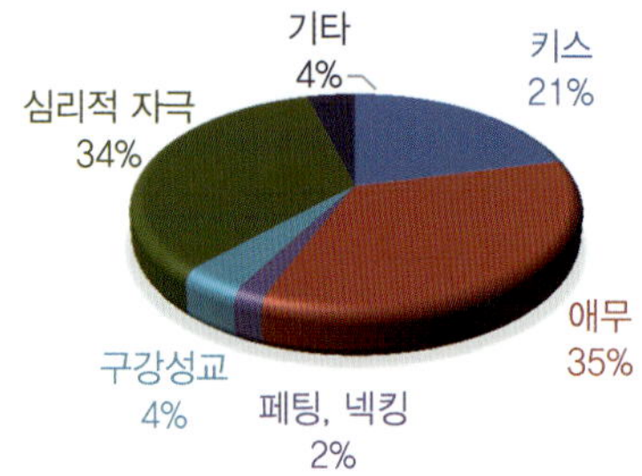

〈여학생 77명〉

욕망의 차이에 의해 결정된다. 따라서 건강하고 풍요로운 성생활을 위해서는 서로 간의 성적욕망의 차이를 인정하고 이해함은 물론 서로 상대방의 욕구에 맞추려는 노력이 필요하다. 서로가 진정으로 아끼고 사랑한다면 남성의 부드러운 말 한마디에 여성은 언제나 성적욕망을 느끼게 될 것이며, 남성들도 한 번의 성관계를 통해서도 완전한 만족을 느끼게 됨으로써 남녀 모두 상대의 성적욕망의 빈도나 강도에 자신을 적응시키기가 용이할 것이다.

5) 성행위 방법의 차이

사람들에 따라 선호하는 성행위 방법은 매우 다양하다. 페팅이나 넥킹을 제외한 실질적인 성관계는 반드시 침실에서 이루어져야 하며, 성교체위는 남성상위만이 사용되어야 한다고 고집하는 남성과 사람들의 눈이 닿지 않는 곳이라면 어느 곳이던 성관계가 가능하며 여러 가지 체위를 이용하여 성교를 시도할 수 있다고 생각하는 여성이 커플이 된다면 아마도 성적인 문제가 끊이지 않게 될 것이다. 그러나 이러한 성행위 방법이나 장소 상의 차이도 절대적인 차이는 아니며 커플 간의 상대적인 차이라고 할 수 있다. 즉, 위에서 언급한 성에 대해 비교적 보수적인 남성이 페팅이나 넥킹은 물론 일상적인 접촉조차도 침실이 아니면 거부하는 더욱 보수적인 여성을 만난다면 도리어 성의 다양성을 즐기는 남성으로 인식될 수도 있을 것이며, 성에 비교적 개방적이고 적극적인 여성이 항문성교나 각종 기구를 이용한 매우 자극적인 성관계를 선호하는 남성과 만나게 된다면 도리어 보수적인 여성으로 인식될 수도 있을 것이다.

이와 같이 선호되는 성행위의 방법이나 수준은 사람에 따라 매우 다양하며, 어느 방법은 좋고 어느 방법은 금지되어야 한다는 절대적인 기준은 없다. 따라서 커플 간의 성행위 방법의 차이도 성적욕망의 차이와 같이 커플 간의 이해와 협조를 통한 해결이 중요하며, 자신만의 방법을 고집하는 것은 문제 해결에 아무런 도움이 되지 않을 뿐만 아니라 이로 인하여 서로가 많은 갈등을 느끼게 될 수도 있을 것이다. '이유 없이 싫으니까' 또는 '이러한 방법은 다른 사람들에게 변태적이라고 인식될 수 있으니까'라는 이유로 사랑하는 사람의 요구를 거절하는 것보다는 상대방의 요구를 이해하고자 하는 마음가짐과 배려하고자 하는 노력을 보이는 것이 서로간의 친밀한 관계 형성을 위하여 바람직할 것이다. 성관계는 남에게 보여주기 위한 것이 아니며, 남의 비판을 들을 필요도 없다. 그러므로 서로에게 신체적이나 정신적 손상을 야기시킬 수 있는 행위나 방법이 아니라면 단순히 자신에게 익숙하지 않은 방법이라고 해서 반드시 거부만 해야 할 필요까지는 없을 것이다.

Q 11-5

본인이 원하지 않더라도 상대방이 원하면 어떤 성행위이든 시도가 가능한가?

'본인이 원하지 않더라도 상대방이 원하면 어떤 성행위이든 시도가 가능한가?'라는 질문에 남학생의 68%가 그렇다고 응답한 반면에, 여학생은 67%가 불가능하다고 응답하여 여학생들이 남학생들보다 원치 않는 성적행위나 익숙하지 않은 성적행위의 방법에 대한 부담감이나 두려움이 큰 것으로 조사되었다.

Q 본인이 원하지 않더라도 상대방이 원하면 어떤 성행위이든 시도가 가능한가?

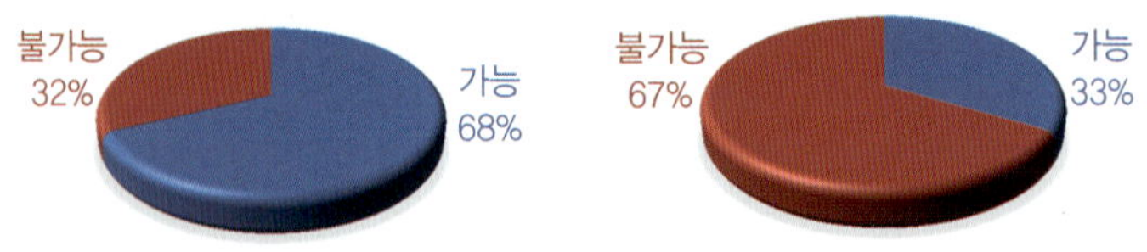

〈남학생 310명〉 〈여학생 240명〉

6) 성문제의 해결

대개의 경우 성문제는 커플 중 어느 한 사람의 문제가 아니라 커플 공동의 문제에 의해 야기되며, 서로 간의 생리적, 심리적 차이를 이해하지 못하거나 성적 선호도의 차이 및 표현 방법의 차이를 인식하지 못하는 것이 가장 중요한 원인이다. 커플 간의 성관계는 생활의 일부이기 때문에 일상적인 관계가 좋은 커플이라면 성적 관계도 양호할 것이며, 반대로 생활 자체가 문제의 연속이라면 성관계에도 상당한 영향을 주는 것은 당연하다. 즉, 성문제를 해결하기 위해서는 성관계 자체뿐만 아니라 일상생활에서도 서로를 이해하고, 존중하며, 함께 문제를 해결하기 위하여 노력하는 자세가 필요할 것이다.

성적인 차이나 문제를 해결하기 위해서는 커플 간의 솔직한 대화가 필수적이지만, 대화의 방법이나 해결 방법을 정확히 알 수 없는 경우에는 전문가에게 상담을 청하는 것도 좋은 방법이 될 수 있을 것이다. 만약 커플 중 어느 한쪽이 요구하는 성행위가 상대방에게 심한 스트레스를 준다면 성치료 전문가와 상의하여 문제를 최소화할 수도 있을 것이다. 더욱이 모든 성적인 문제가 커플 간의 성적 부조화에 의해서만 야기되는 것은 아니며 기본적인 생활 방식, 종교, 감정 등도 문제의 원인이 될 수 있기 때문에 문제 해결을 위해서는 생활 전체에 대한 서로 간의 이해가 필요할 것이다. 따라서 만약 전문가의 치료를 받길 원할 경우에는 반드시 커플 중 어느 한 사람이 아니라 두 사람 모두가 치료 받는 것이 중요하다.

Q 11-6

성적 불만의 표현 방법은?

'만약 결혼 후 성적 불만이 있다면 그 문제를 어떠한 방법으로 표현할 것인가?'란 설문을 시도하였다. 그 결과 남학생의 87%와 여학생의 94%가 대화로 표현해야 한다고 응답하였으며, 남학생의 3%만이 '자위' 또는 '표현 안한다.' '모르겠다'라고 응답하여 과거에 비하여 대부분의 학생들이 성적 불만의 표현이나 문제해결에 적극적인 것으로 나타났다. 그러나 성적 불만을 해결하고자 하는 생각으로 제대로 준비되지 않은 상태에서 섣부른 대화를 시도하는 경우에는 자신의 입장만을 상대에게 강요하는 수준에 그칠 가능성이 높다. 그러한 경우의 대화는 오히려 상황을 악화시킬 수도 있으므로 올바른 대화방법의 교육을 통하여 자신이 가지고 있는 성적 불만의 원인을 정확히 파악하고 이를 해결할 수 있는 적절한 의사표현 기술을 익혀야 할 것이다. 또한 필요한 경우에는 전문가와의 상담을 통하여 문제를 해결하는 적극적인 태도가 필요할 것이다.

Q 부부 간의 성적 불만을 어떤 방법으로 표현해야 한다고 생각하는가?

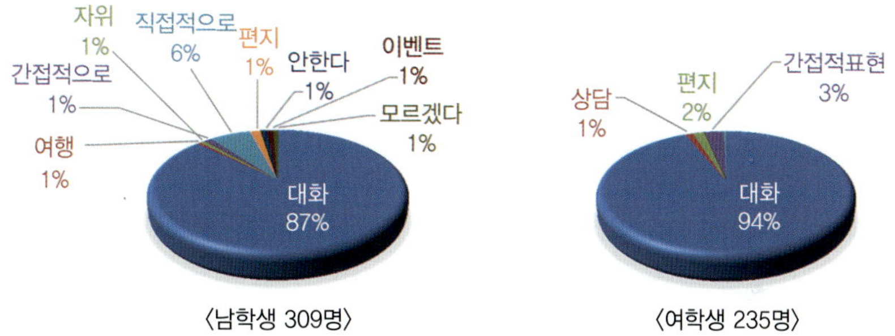

2 성치료

1) 성치료사

미국에서도 1980년대까지는 가정의, 비뇨기과 전문의 및 심리분석가 등이 성문제에 대한 치료를 담당하였다. 그러나 그 당시에는 의과대학에서도 성에 관한 정규 교육이 시행되지 않았기 때문에 의사들조차 성문제를 해결할 준비가 되어 있지 않은 상태였다. 또한 심리분석가들은 성적인 문제가 어린 시절의 깊은 갈등으로부터 야기되었다고 생각하여 과거의 갈등을 해소함으로써 성문제를 해결하고자 하였다. 그러나 이러한 방법을 이용하여 성문제를

그림 11.3 성문제의 상담

치료하기 위해서는 때로는 몇 년이나 걸리는 등 너무 긴 시간을 소비하여야 하기 때문에 하루라도 빨리 성문제를 해결하고 싶은 사람들에게는 적용하기 어려운 경우가 많았다.

우리나라의 경우에는 주로 산부인과나 비뇨기과 전문의가 성상담이나 치료를 담당하고 있으나, 최근 미국 등과 같은 선진국에서는 의사, 심리학자, 사회학자 등이 공동으로 성치료를 담당하기도 하며, 아예 임신한 여성이 산부인과를 가고 눈이 아픈 사람은 안과를 가듯이 성치료(sexual therapy) 또한 성치료에 대하여 전문으로 교육받은 성치료사(sexual therapist)들이 담당하는 경우가 늘어나고 있는 추세이다(그림 11.3).

성문제를 숙명적인 것으로 간주하여 문제의 원인을 찾아 해결하기는 고사하고 그저 숨기기만 하는 것은 중병에 걸린 사람이 병원에 가지 않는 것과 다를 바 없다고 할 수 있다. 그러나 우리나라에는 아직까지 성문제를 체계적으로 치료할 수 있는 기관이나 성치료사는 거의 없기 때문에 적절한 성치료를 받는 것이 매우 어려운 현실이다. 최근에는 각종 사설 단체나 인터넷을 통하여 성상담을 받을 수는 있으나 상담내용이 너무 획일적인 경우가 많거나 자격 없는 상담원의 상업 위주의 책임 없는 상담이 대부분이기 때문에 원하는 치료효과를 기대하기가 거의 불가능한 경우가 많다. 또한 일반 비뇨기과나 산부인과 전문의는 성문제를 주사제나 약물 투여 및 수술 등을 통해 해결하려는 성향이 강하기 때문에 신체적인 이상에 대한 치료는 가능하지만 정신적인 문제에 대해서는 적절한 효과를 거두기 어려울 수도 있다. 이와 같이 성치료의 필요성에 비해서 치료기관이나 전문가가 너무나도 부족한 우리나라에서는 지금 이 순간에도 많은 부부들이 성문제로 갈등하며 심할 때는 헤어지기도 한다(그림 11.4).

그림 11.4 성문제

성문제는 숙명적인 것이거나 숨겨야 하는 것이 아니라 치료해야 하며 치료될 수 있는 병의 일종이다.

2) 방법

(1) 병력 조사와 의학적 치료

성치료사들은 본격적인 치료가 시작되기 전에 환자의 과거 신체적 또는 정신적 이상에 대한 충분한 정보를 확보하여야 하며, 환자는 치료의 효과를 높이기 위해서 자신의 과거 병력에 대하여 솔직히 대답하여야 한다. 커플 중 한쪽에 문제가 있는 경우에는 다른 한쪽도 동일한 성문제를 갖고 있는 경우가 많기 때문에 대부분의 성치료는 커플이 동시에 받을 때 효과도 높아진다.

성문제는 심리적인 문제뿐만 아니라 동맥경화증, 호르몬 이상, 당뇨병, 고혈압 또는 척추손상 등과 같은 신체적인 이상과 알코올이나 각종 약품의 남용에 의해서도 야기된다. 고혈압이나 심장 문제를 치료하기 위하여 사용되는 약이 남성 발기불능의 원인인 경우도 있기 때문에 성치료사들은 성문제의 신체적인 원인을 해결하기 위하여 치료 이전에 환자의 병력을 알아야 한다. 신체적인 이상이 있는 경우에는 행동치료만으로는 적절한 효과를 기대하기 어려우므로 성치료 전에 신체적인 이상을 치료하는 과정이 선행되어야 한다.

(2) 지각둔마법

일부 사람들은 특정 상태 하에서 성관계를 실시할 때 심한 불안을 나타내기도 하는데, 이러한 경우에는 지각둔마법(systematic desensitization)을 이용하여 치료할 수 있다. 이 방법은 일단 근육을 이완시키고 스트레스를 감소시킴으로써 불안이나 걱정을 최소화시키게 되며, 그 후 환자들에게 불안의 원인이 되는 장면들을 상상하게 하는 과정을 반복시킴으로써 그 장면을 아무런 불안이나 걱정 없이 상상할 수 있도록 유도한다. 그 장면에 대해 어느 정도 내성이 생겼다고 판단되면, 불안의 원인이 되는 또 다른 장면에 대하여 동일한 과정을 실시하게 되며, 환자가 이러한 일련의 과정을 아무런 불안 없이 상상할 수 있을 때까지 과정은 계속되게 된다. 아무런 불안 없이 상상하는 것이 가능해 진 이후에는 실생활에서의 적응을 위한 훈련도 시도될 수 있다.

(3) 감각 자각과 자위행위

사람들은 자신의 신체에서 유발되는 성반응을 정확히 모르는 경우가 많다. 만일 자신의

그림 11.5 성문제 치료를 위한 자위행위

자위행위는 자신의 성반응을 가장 정확히 자각할 수 있는 방법으로서 성치료를 위한 방법으로 이용되기도 한다.

신체 구조와 반응을 모른다면 자신에게 필요한 성적 자극과 감정에 대하여 파트너와 상의하기가 어려울 것이다. 성치료사들은 이러한 사람들에게 자기 자신을 탐색할 수 있는 기회를 제공하는데, 이때 성치료사들에 의해 가장 많이 추천되는 방법이 자신의 신체를 자신이 자극하는 자위행위이다(그림 11.5). 즉, 자신을 가장 확실히 느낄 수 있는 자위행위의 방법을 교육하고, 커플이 서로의 흥분과 기쁨을 확인할 수 있도록 파트너 앞에서 자위행위를 실시하도록 유도하기도 한다. 이러한 과정을 통해 자신의 성반응은 물론 상대방의 성반응도 이해하게 되며, 상대방의 성감 부위, 자극의 방법, 자극의 강도 등도 배우게 된다.

(4) 감각집중 훈련

어떤 사람들은 종교적, 사회적 영향으로 자신이 성을 즐긴다는 사실에 죄의식이나 불안감을 느끼기도 하며, 또 다른 사람들은 성관계를 단순히 오르가즘만을 위한 신체적인 행위만으로 간주하기도 한다. 이러한 사람들은 성관계의 부조화로 인하여 심각한 성문제가 야기될 수 있다. 이 경우에 성치료사들은 직접적인 성교를 억제하고 옷을 벗은 채 서로를 애무하도록 하거나 성교를 하더라도 오르가즘만을 목표로 하지 않도록 교육시킨다.

처음에는 유방이나 성기를 제외한 신체의 모든 부분을 애무하도록 유도하는데, 이때 애무를 받는 사람은 파트너에 의해 촉발되는 신체적 감각에 모든 초점을 맞춰야 하며 나쁜 느낌과 좋은 느낌에 대한 반응을 확실히 표현하여야 한다. 이 과정을 통해 애무하는 사람은 애무하는 기쁨을 배우는 동시에 파트너가 성적으로 민감하게 반응하는 신체 부위 및 애무 방법을 확실히 알 수 있게 된다. 즉, 커플들은 서로 애무하거나 받는 과정을 번갈아 시도하게 되며, 이 과정을 통하여 성적자극의 방법과 자신의 성적인 반응에 대하여 배우게 된다. 이와 같은 감각집중 훈련(sensate focus exercise) 방법을 처음으로 고안한 매스터스와 존슨은 성기를 제외한 신체 부위의 애무에 수일을 투자하였는데, 이 시기 동안 환자들은 성에 대한 불안감과 두려움으로부터 벗어나고 신체를 통한 대화의 기술을 배우게 된다.

다음 단계로 유방이나 성기를 포함한 신체의 모든 부분을 자극하도록 하지만, 오르가즘까지는 도달치 않도록 한다(그림 11.6). 또한 이 시기에는 일방적인 애무가 아니라 상대의 신체를 상호 애무할 수도 있으며, 애무 받는 사람은 자신의 손을 애무하는 사람의 손 위에 올려놓은 채 부드러운 자극이 필요할 때는 약하게, 강한 자극을 원할 때는 강하게 눌러 자신이 원하는 애무를 유도한다. 이와 같은 과정을 통하여 성적 자극에 대한 감각의 변화를 경험하게 되며, 계속적인 훈련을 통하여 신체의 성반응을 확실히 깨닫게 된다. 또한 성적 자극에 따른 상대방의 민감한 신체 부위, 흥분 정도, 원하는 성적 자극 방법을 배우게 됨으로써 새로운 성에 눈뜰 수 있는 계기가 마련될 수도 있다.

그림 11.6 감각집중 훈련
감각집중 훈련은 자신이나 상대 신체의 감각과 반응을 인지하고 성적 자극 방법을 배우는 과정이다.

(5) 성적대리인의 이용

감각집중 훈련을 위해서는 오랜 시간 동안 함께 노력해 줄 수 있는 파트너가 필요하다. 그러나 고정된 파트너가 없어 훈련을 실시하기 어려운 경우에는 성적대리인(sexual surrogates)을 이용할 수도 있다(그림 11.7). 환자와 성치료사 사이의 성적 접촉은 비윤리적이고 치료에 효과적이지 못할 수도 있기 때문에 성치료사가 직접 환자의 성치료 상대자가 될 수는 없으며, 매춘을 하는 사람들을 성적대리인으로 이용하는 경우에는 환자를 진심으로 치료하고자 하지 않거나 치료를 위한 훈련이 되어 있지 않기 때문에 결국 잘 훈련된 성적대리인이 환자를 위한 파트너가 되는 경우가 많다. 성적대리인은 환자의 성문제를 치료하는 데 필요한 각종 서비스를 제공하지만, 매스터스와 존슨을 포함한 많은 치료사들은 환자와 대리인 사이에서 형성될 수 있는 감정적인 문제 때문에 대리인의 이용을 자제하였다. 현재까지 미

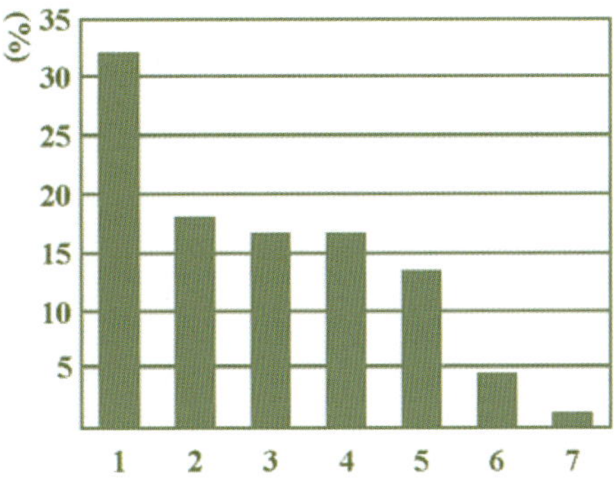

그림 11.7 성적대리인의 역할
1; 접촉을 통한 성감과 신체적 자각 교육, 2; 치료에 대한 확신을 심어주기 위한 의뢰인과의 대화, 3; 의뢰인과의 대화를 통한 성적인 정보 제공, 4; 비육체적, 비성적인 실제 훈련, 5; 성교나 구강성교와 같은 성적행위, 6; 의뢰자와 치료 목적의 사회적 활동, 7; 사회환경 내에서의 의뢰인의 관찰. 성적대리인은 성적인 접촉이나 성관계뿐만 아니라 대화나 일상적인 사회활동도 함께 함으로써 의뢰인의 성문제를 해결한다.

국의 여러 주에서도 성적대리인의 법적 위치가 확실히 정립되어 있지 않으며, 우리나라에서는 성적대리인은 물론 성치료사라는 개념조차 확실히 정립되어 있지 않은 실정이다. 그러나 최근 들어 모든 사회적 제도나 규범이 개인의 삶의 질을 존중하는 방향으로 변화하고 있으며 성생활의 질 역시 중요한 문제로 대두됨에 따라 언젠가는 성치료사는 물론 성적대리인의 중요성이 증대되게 될 것이다.

(6) 성교를 위한 훈련

많은 성치료사들은 감각집중 훈련이 끝나 직접적인 성교를 시작하기 전에 환자들을 대상으로 특별히 고안된 각종 운동을 실시하게 된다. 모든 치료가 끝난 후 처음으로 직접적인 성교를 시도할 때에는 여성이 성관계를 주도할 수 있는 여성상위나 남녀 모두 성관계를 주도하기가 어려운 측위를 이용하게 된다.

3 남녀의 성문제

1) 성욕감소

많은 사람들은 때때로 성적욕망의 빈도나 강도가 줄어들거나 없어지기도 하며, 실질적인 성행위의 빈도도 감소하는 현상을 경험하게 된다. 특히 여성들이 가장 많이 호소하는 성문제가 성욕감소나 성적혐오(sexual aversion)인데, 미국의 경우에는 기혼 부부의 16–20% 정도가 성적혐오 등으로 인한 성욕감소로 인하여 고민하고 있는 것으로 알려졌다.

성욕감소는 의학적으로는 정신병을 포함한 각종 질병에 의해 유발되는 일차 또는 원발성 성태결여(primary asexuality)와 암, 호르몬 결핍, 심리적인 요인, 강간이나 성적학대와 같은 과거의 정신적 상처 등이 원인이 되는 이차 또는 속발성 성태결여(secondary 또는 inhibited sexual desire)로 구분된다. 또한 성욕감소는 우울, 스트레스, 원치 않는 임신이나 성병에 대한 두려움에 의해 야기되는 성에 대한 부정적인 태도, 성적으로 억압된 환경 하에서 양육된 경우, 성기에 대한 혐오, 자위행위나 구강성교와 같은 성행위에 대한 혐오 등이 원인인 경우도 있다.

어떤 사람의 성적욕망의 정상적인 빈도의 기준은 자신과 파트너 및 다른 커플들의 성적욕망 빈도와의 상대적인 차이에 의해 결정된다. 어떤 성치료사들은 성접촉이 한 달에 평균 두 번 이하인 경우를 성욕감소로 간주하는데, 이때의 성접촉이란 반드시 성교만을 의미하는 것은 아니고 자위행위를 비롯한 각종 성적 행위를 모두 포함한다. 성적욕망이 저하된 사람들은 성에 대한 욕망이 없거나 기회가 있어도 피하게 되며, 정상인에 비해 에로틱한 자극에 대한 신체적인 흥분의 정도가 매우 약한 것이 일반적이다. 1979년 카플란은 이러한 사람들은 자신이 성적으로 느끼는 것을 원치 않기 때문에 성적욕망을 억제한다고 보고하였으며, 최근에는 이러한 증상을 신경성 성욕부진(sexual anorexia nervosa)이라고 부르고 있다. 이 증상은 극단적인 경우에는 성에 대한 혐오로까지 발전하게 되며, 성적혐오를 느끼는 사람들은 성에 관련된 간단한 대화나 접촉만으로도 매우 큰 불안을 느끼게 되어 성적인 행위가 시작되기도 전에 피해 버리게 된다.

성욕감소는 일상적인 관계 형성에도 좋지 않은 영향을 미칠 수 있다. 성적욕망이 감소된 여성들은 파트너와의 애정 표현이 서툰 경우가 많으며, 성적욕망이 저하된 남성들의 경우에는 성관계로 이어질 가능성이 있는 분위기를 고의적으로 피하기 때문에 커플 간의 관계가 지극히 형식적이 되고 만다. 경우에 따라서는 성욕감소가 성관계의 실패를 피하기 위한 수단으로 이용되기도 한다.

성적욕망의 감소는 치료하기 매우 어려운 성문제이며, 개인에 따라 치료율도 매우 다르다. 매스터스와 존슨은 다른 성문제들과 거의 동일한 기간 동안의 치료를 통해 성욕감소 환자의 80%를 치료하는 데 성공하였다고 보고하였으나, 다른 성치료사들은 매스터스와 존슨의 방법을 이용하여 10-20%의 환자만을 치료할 수 있었다고 보고하였다. 최근의 치료 방법에는 성적 쾌감을 증가시키고, 커플 간의 대화의 기회를 늘리며, 성관계에 대한 불안을 감소시키기 위한 방법들이 포함되어 있다. 환자를 치료한 후에는 파트너도 동시에 치료하여야 하며, 경우에 따라서는 성관계에 대한 불안 요인을 제거하기 위하여 심리적 치료를 추가하기도 한다.

2) 성욕항진증

커플 상호 간에는 성욕의 강도와 빈도가 다른 경우가 많지만, 성욕의 차이는 항상 상대적인 것이므로 어느 한쪽이 성욕항진증(hypersexuality)이고 다른 쪽은 성욕저하증(hyposexuality)이라고 할 수는 없다. 그러나 카사노바와 같이 수백 명의 파트너와 하루에도 서너 번의 성관계를 할 정도로 정상보다 현저히 높은 성욕을 나타내는 경우를 색정증(erotomania)이라 하며,

남성인 경우는 남성색정증(satyriasis), 여성인 경우는 여성색정증(nymphomania)이라 한다. 성욕항진증은 성욕의 빈도뿐만 아니라 성적충동(sexual compulsion)의 정도에 의해서도 결정되며, 성적충동은 자기 내부의 성적쾌락에 대한 욕구와 성과 직접적으로 관계없는 내재적 욕구가 동기가 되기도 한다.

성욕항진증인 사람들은 감정적인 만족 없이 충동적으로 성관계를 반복하며, 반복되는 성관계를 통해 여태껏 발견치 못한 성에 관한 무엇인가를 찾고자 한다. 이러한 이유로 이들이 사랑에 빠지거나 파트너와 밀접한 관계를 형성하게 되면 난잡한 성행위에 탐닉하는 경우가 많다. 성욕항진증 환자들은 정상적인 생활이 어렵고 항상 불행과 불만족을 느끼며 충동적인 행동을 멈출 수가 없는 경우가 대부분이다. 또한 이들은 감정적인 만족을 위하여 약물중독이나 알코올 중독증에 빠지는 경우가 많다.

성욕항진증은 유아기 동안 주변으로부터 무시당하거나 성추행당한 경험이 있는 사람들에게서 많이 나타난다. 이러한 유아는 자기애나 자존심이 없고 성장한 후에는 내부의 불만을 해소하기 위하여 알코올, 마약, 과식, 과도한 성에 몰두하게 된다. 그러나 이러한 방법을 이용한 내부 문제의 해소는 단지 일시적인 효과만을 볼 수 있기 때문에 또 다시 동일한 행위를 반복하게 된다. 더욱이 반복되는 자신의 행동에 대한 부정적인 감정이 또 다시 이러한 부정적인 느낌을 피하고자 하는 동기를 유발함으로써 성욕항진증은 악순환을 거듭하게 된다.

성욕항진증과 정상적인 성적욕구를 구분하는 기준은 성행위 빈도가 아니라 성행위 목적이나 방법이라고 할 수 있다. 만약 어떤 사람이 우울이나 걱정을 해소하기 위하여 성을 이용하거나, 자신이나 상대방에게 신체적, 감정적 손상을 주는 성관계를 시도하거나, 자신이 행한 성행위에 의해 자신의 경력, 건강, 자존심 등에 손상을 받거나, 자신의 의지대로 성행위를 멈출 수가 없는 경우라면 성욕항진증의 가능성이 높다고 할 수 있다. 성욕항진증의 치료를 위해서는 내부 불만의 해소를 위한 항우울제나 안정제 투여 및 환자의 감정과 욕구의 충족을 위한 심리적인 방법 등이 이용될 수 있다.

3) 성교불쾌증

성교불쾌증(또는 성교곤란증, 성교통; dyspareunia)은 대부분 신체적인 문제에 의해 유발되는데, 남성에서의 신체적인 문제는 전립선, 방광 및 요도에의 감염과 음경의 포피가 너무 타이트한 경우 등이 있다. 또한 희귀하기는 하지만 음경해면체에 섬유성조직이 축적되어 음경이 굽어지는 페이로니병도 발기시에 상당한 고통을 유발함으로써 성교불쾌증을 유발할 수 있다

(그림 3.10). 어떤 남성들은 사정 동안이나 사정 후에 성기에 심한 고통을 느끼는 사정후통증 증후군(postejaculatory pain syndrome)으로 고생하기도 하는데, 이는 심리적인 문제로 인하여 유발되는 성기의 경련이 원인인 것으로 알려져 있다.

여성은 남성보다 성교불쾌증으로 고생하는 경우가 더 많은데, 여성의 1–2%가 만성적인 성교불쾌증으로 고생하며, 약 15%는 만성적이지는 않더라도 간혹 성교불쾌증을 경험한다고 알려져 있다. 또한 1991년의 한 연구에 따르면 8–33%의 미국 여성들이 성교불쾌증을 경험하고 있다고 조사되었다. 여성 성교불쾌증의 가장 큰 원인은 성교시 여성의 질로부터 애액이 충분히 분비되지 않아 음경을 삽입할 때 건조한 질벽이 심한 자극을 받게 되는 질건조증(colpoxerosis)이다. 적절한 윤활작용이 되지 않는 이유는 성교에 대한 두려움이나 걱정 및 질 윤활을 위한 전희가 충분하지 않기 때문이다. 또한 질건조증은 폐경으로 인한 호르몬의 변화에 기인하기도 하며 항히스타민제제나 탐폰을 사용할 경우에도 유발될 수 있다. 이러한 질건조증은 수성윤활제를 사용하여 질윤활을 보조함으로써 문제를 간단히 해결할 수 있다.

여성의 성교불쾌증은 질건조증 외에도 자궁내막증, 골반감염증, 질 감염, 바르톨린선 감염, 요도구 감염, 정액이나 질세정액 또는 살정자제에 대한 알레르기에 의해서도 유발될 수 있다. 성교불쾌증의 원인이 되는 이러한 신체적인 문제들이 치료되지 않으면 또 다른 성문제가 유발되는 경우가 많다. 성교불쾌증에 대한 걱정이나 불안은 남성에서는 발기문제, 여성에서는 질건조증을 야기시키며, 양성 모두에서는 성적욕망을 감소시킴으로써 심각한 성문제를 유발시킨다. 이와 같이 성교불쾌증은 신체적인 문제에 의해 유발되는 경우도 있기 때문에 증상이 계속될 경우에는 전문의의 진단과 적절한 치료를 받아야 할 것이다.

4 남성의 성문제

1) 음경 발기

음경의 발기는 반사성, 심인성, 수면 중 발기의 세 가지로 구분될 수 있다. 반사성 발기는 천수발기중추에 의해 조절되며 생식기의 신체적 접촉에 의해 유발될 수 있다(그림 5.2). 이에 반해 심인성 발기는 시각, 청각, 후각은 물론 성적환상에 의한 뇌의 작용이 흉요수발기중추를 자극하여 발생하게 되며, 수면 중 발기는 보통 REM(rapid eye movements; 역설수면) 시간에 발생하고 심인성이나 반사성 발기와는 전혀 다른 기작에 의해 조절된다. 발기부전증의 정확한 진단을 위해서는 기본적으로 병력, 신체검사, 임상병리검사를 실시하고, 필요에 따라서는 추가 검사를 실시하기도 한다. 또한 발기부전증이 심인성인지 또는 기질성인지를 결정하기 위해서는 REM 동안의 발기가능 여부나 시청각 성자극 발기검사를 실시할 수도 있다. 정상 남성은 하룻밤 동안의 REM 시간 동안에 3–5회의 발기가 일어나며, 1회당 25–35분 정도 지속된다. 발기부전증 환자 중 REM 시간 동안 정상적인 발기가 관찰되는 경우에는 심인성 요인으로 진단할 수 있으며, 발기가 불충분하거나 시간이 짧거나 아예 발기가 불가능한 경우에는 기질성으로 판단할 수 있다.

2) 발기부전

(1) 원인

발기부전(impotence)에는 아예 한 번도 발기를 경험한 적이 없는 경우와 과거엔 정상이었으나 어떤 원인으로 의해 발기부전이 발생하는 경우가 있으며, 항상 발기에 문제가 있는 경우와 상황에 따라 발기에 문제가 있는 경우도 있다. 특정 상황에서만 발기부전을 나타내는 사람들 중에는 파트너와의 성관계에서는 발기부전을 나타내지만 다른 여성이나 자위행위 시에는 아무런 문제가 없는 경우도 있다.

크고, 강하며, 오랫동안 발기가 가능한 음경은 남성적인 힘과 생식력의 상징인 동시에 모든 남성들의 동경의 대상이다. 그러나 음경이 발기되지 않는 남성은 심리적으로 강한 충격을 받게 되며, 성생활은 물론 일상생활에도 지장을 받게 된다. 뿐만 아니라 상대 여성도 자신의 잘못에 의해 남성의 발기부전이 야기되었다고 생각하여 심리적으로 대단히 위축되기도 한다. 이와 같이 발기부전은 남성은 물론 여성에게도 심각한 영향을 끼침으로써 발기부전 이외의 또 다른 성문제를 유발시킬 수도 있으며, 이에 따라 커플들의 관계는 심각한 위기상황에 처해질 수도 있다.

① 심인성 발기부전

발기부전은 반드시 신체적이나 정신적으로 문제가 있는 사람에게 한정되어 발생하는 것이 아니고, 대부분의 정상적인 남성들도 평생에 최소한 한두 번은 경험할 정도로 모든 남성들을 괴롭히는 문제이다. 5장에서 설명하였듯이, 발기는 척수의 흉요수발기중추와 천수발기중추의 조절을 통해 음경으로 혈액이 유입됨으로써 유발되는데, 천수발기중추는 신체적인 자극에 민감하며, 흉요수발기중추는 에로틱한 상상에 민감한 반응을 일으켜 결국 음경 발기에 관여하게 된다. 발기중추에 의한 음경발기는 테스토스테론과 같은 호르몬이나 각종 화학물질들의 작용에 의해서도 조절되는데, 스트레스, 피곤, 알코올, 약물 등이 이러한 체내의 조화를 파괴하게 되면 발기능력이 손상받게 된다. 예를 들어, 간혹 과음한 남성들이 성관계를 시도하다가 발기가 아예 불가능하거나 발기가 지속되지 않아 당황하는 경우가 있다. 그 이유는 알코올은 성욕을 증가시키는 효과가 있는 것이 아니라 도리어 중추신경계에 작용하는 진정제 역할을 수행하기 때문이며 과음하면 중추신경계가 마비되어 결국 발기가 어려워지게 되는 것이다. 그러나 한두 잔의 알코올은 억제력을 감소시키기 때문에 성관계에 대한 두려움 등이 사라져 성행위에 적극적이 되기도 한다.

매스터스와 존슨은 발기부전의 80%가 심리적인 원인에 의해 유발되는 심인성 발기부전이라고 주장하였다. 심인성 발기부전은 심리적 영향에 의한 교감신경의 과다한 작용과 신경흥분전달물질의 분비억제가 원인인 것으로 알려져 있는데, 심리적 요인에는 성교실행에 대한 불안감, 종교적 영향, 강박관념, 성적혐오, 우울, 신체적 매력 상실, 노화에 대한 걱정 등이 포함될 수 있다.

심인성 발기부전의 가장 일반적인 원인은 성행위에 대한 실행불안이다(그림 11.8). 성행위에 대한 불안감은 정상적인 성반응을 방해하며, 그에 따라 발기부전과 같은 성기능 장애가 나타나게 된다. 이러한 과정이 반복되면 결국 심각한 성문제가 야기된다. 수년 동안의 성관계에도 불구하고 여성이 한 번도 오르가즘을 경험하지 못한 경우에 남성은 자신이 남자로서의 능력이 부족하다고 생각하게 되고, 또 다시 실패할 것이라는 불안과 걱정이 앞서게 되어 결국은 발기문제가 유발되게 된다. 거의 모든 남성들은 일생 동안 최소한 한 번 이상의 발기부전을 경험하게 되는데, 피곤, 약물, 과음 등이 그 원인이 되기도 하며, 실직이나 가족의

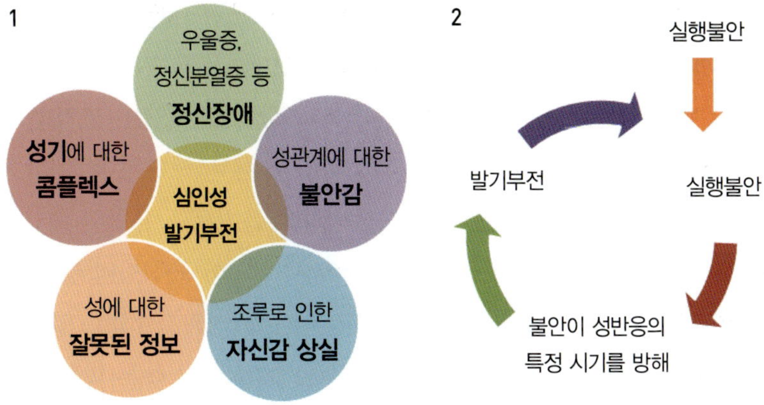

그림 11.8 심인성 발기부전
1; 심인성 발기부전의 주요 원인들, 2; 발기부전 유발의 원인

사망 등에 의해 야기되기도 한다. 대개의 남성들은 이러한 주변 환경의 변화가 성문제와 밀접히 관련되어 있다는 사실을 인식하지 못한 채 단지 성적 자신감의 상실에만 초점을 두기 때문에 문제는 점점 심각해진다.

한 번도 발기문제로 갈등한 경험이 없는 남성들도 자신이 발기부전이나 발기불능이 될까 두려워한다. 실행실패에 대한 두려움이 심해지면 성적인 만족이나 쾌감보다는 자신의 반응을 관찰하거나 평가하는 데만 초점을 맞추게 되고, 이러한 현상이 지속되면 결국 발기부전이 야기되어 정상적인 성행위가 불가능하게 된다. 즉, 처음에는 피곤, 알코올, 약물 등에 의해 야기된 일시적인 발기부전이 실행실패에 대한 두려움 때문에 심각한 만성적인 심리학적 이상으로 진행됨으로써 성생활의 위기가 발생하게 되는 것이다.

② 기질성 발기부전

188명의 40–70세 미국 남성을 대상으로 한 어떤 연구에서는 86%의 남성들이 최소한 부분적으로라도 신체적인 문제가 있는 것으로 밝혀졌으며, 최근의 많은 의사나 성치료사들은 발기부전의 80%가 심인성이라고 주장한 매스터스와 존슨과는 달리 대부분의 발기부전은 다이어트, 당뇨, 노화, 약, 알콜, 흡연 등에 의한 기질성 발기부전이라고 주장하고 있다. 매스터스와 존슨은 성행위의 25% 이상에서 발기에 문제가 있을 경우에 발기부전으로 진단하였으며, 다른 성치료사들은 만성적인 발기부전을 최소 6주 이상 발기문제가 지속되는 경우라고 규정하였다. 이러한 기준에 따르면 미국에서만 최소 1천만 명이 발기부전으로 고통받고 있으며, 연령이 높아질수록 발기문제는 더욱 심각해진다. 최근 비뇨기과에서는 강직성 발기가 일어나지 않거나 일어나더라도 유지되지 않는 경우가 성관계의 50% 이상에서 발생하는 경우로서 6개월 이상 지속되면 검사와 치료를 받아야 한다고 주장하고 있다.

발기부전은 원인에 따라 발기중추의 조절 실패로 인한 발기 유도장애, 음경으로의 혈액 유입이 어려운 충만장애, 음경으로 유입된 혈액의 폐색효과가 불완전하여 발생하는 저장장애 등으로 구분된다. 유도장애는 중추신경계나 말초신경계의 손상이나 신경흥분전달물질의 분비 이상 및 종양이나 파킨슨병과 같은 질환에 의해 발생하며, 충만장애는 흡연, 고지혈증, 만성 고혈압, 당뇨병, 관상동맥질환에 의해 유발될 수 있고, 저장장애는 해면체 조직의 손상, 과다한 정맥 수, 신경흥분전달물질의 불충분한 분비 등에 의해 음경으로 유입된 혈액이 음경 내에 유지되지 못함으로써 발생한다. 또한 발기문제의 1/4은 혈압이나 심장병 등과 같은 일반적인 신체이상을 치료하기 위하여 복용한 약물에 의하여 야기되기도 하며, 알코올 중독자의 80%가 발기문제를 경험하고, 흡연자는 비흡연자보다 약 50% 이상 높은 빈도의 발

Q 11-7

발기부전의 경험이 있는가?

남학생들에게 발기부전을 경험한 여부에 대하여 설문한 결과, 총 295명의 남학생 중 12%가 발기부전 또는 발기불능의 경험이 있다고 응답하였으며, 그 이유로는 음주에 의한 것이 40%로 가장 많았고 성행위 실행에 대한 불안감이 33% 순으로 나타났다. '결혼 후 발기부전 등의 문제가 발생하면 배우자에게 솔직히 고백할 것인가?'라는 질문에 대다수인 89%의 학생이 '고백할 것이다'라고 응답하였으며, 발기부전 치료를 위하여 외과적 수술도 시도하겠다고 응답한 남성이 50%를 차지하였다.

Q 발기부전, 발기불능의 경험이 있는가? 그 이유는?

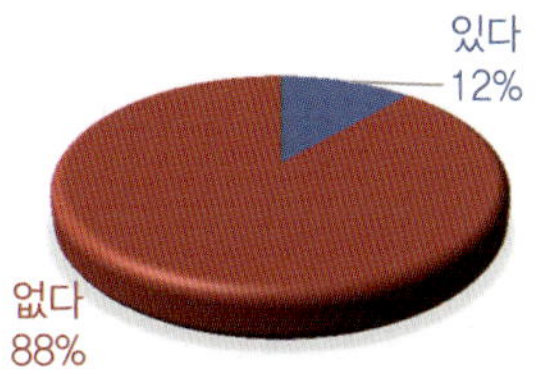

〈남학생 295명〉

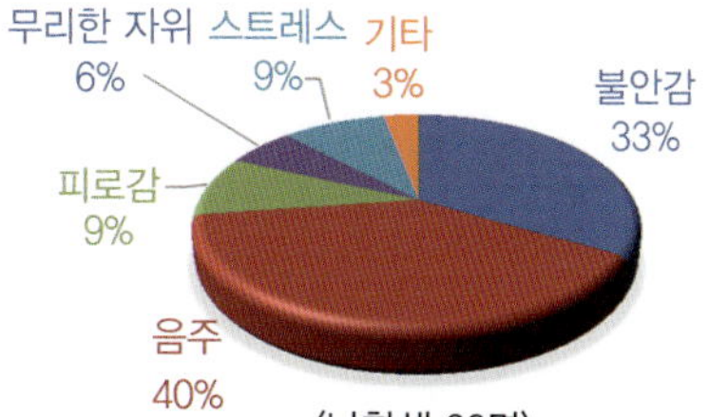

〈남학생 33명〉

Q 발기부전 등의 문제가 있다면 배우자에게 말할 것인가?

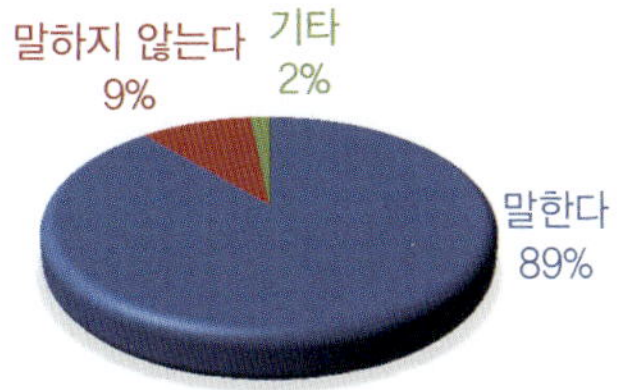

〈남학생 304명〉

Q 치료를 위하여 외과적 수술도 시도할 의향이 있는가?

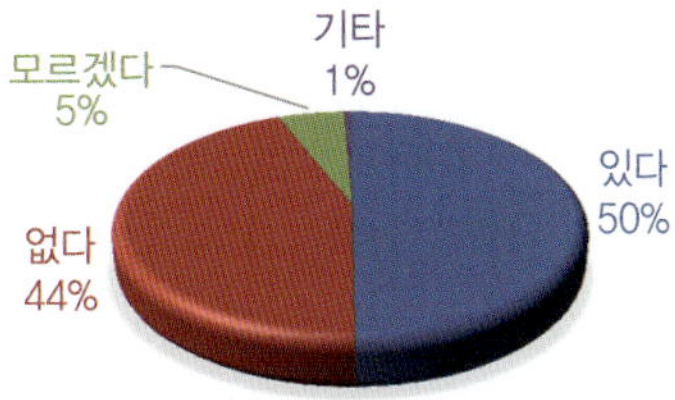

〈남학생 299명〉

기문제를 경험한다. 이와 같이 발기부전증은 심인성 못지않게 기질적 이상에 의해 유발되는 경우도 많기 때문에 성치료를 받기 전에 신체적 이상을 우선적으로 치료하여야 한다. 그러나 심인성 발기부전증은 물론 기질성 발기부전인 경우에도 신체적인 치료 후에 추가로 성치료를 받는 것이 발기부전을 치료하는 데 효과적인 것으로 알려져 있다.

(2) 치료

① 심인성 발기부전

상황에 따라 발기부전이 발생하는 경우는 심리적인 원인이 대부분이다. 어떤 남성은 직접적인 성교의 경우에는 발기는 가능하지만 삽입 후 1–2분 내에 발기가 소실되어 만족스러운 성교를 시도하기가 거의 불가능한 반면에 구강성교나 자위행위 시에는 발기가 지속되어 거의 대부분 오르가즘에 도달하는 것이 가능한 경우가 많다. 만약 이 남성의 문제가 신체적인 이상에 의한 것이라면 어떤 경우 또는 어떤 유형의 성행위를 하더라도 발기를 유지하기가 어려울 것이기 때문에 이 남성의 발기부전의 원인은 심인성인 것으로 확신할 수 있으며 의학적인 치료보다는 심리적인 치료에 의해 효과를 볼 수 있을 것이다.

발기부전의 원인을 조사하는 방법은 많으나 일반적으로 확실한 원인을 밝히기는 쉽지 않으며, 치료의 효과도 원인에 따라서 매우 다양하게 나타난다. 같은 심인성 발기부전이라도 과거에 전혀 발기를 경험한 적이 없는 일차 또는 원발성 발기부전과 과거에는 문제가 없었으나 어떤 이유인가에 의해 후천적으로 유발된 이차 또는 속발성 발기부전은 치료 성공률이 매우 다르다. 일차 발기부전을 나타내는 남성들 중에서는 성 자체를 죄악시하는 종교를 믿는 경우가 많으며, 이러한 경우에는 이차 발기부전보다 치료하기가 훨씬 어렵다. 매스터스와 존슨은 일차 발기부전 환자의 60%를 치유하였다고 보고하였으나, 다른 치료사들의 치료율은 약 20% 내외인 것으로 알려져 있다.

실행불안에 의해 유발된 심인성 발기부전 치료에는 발기문제의 원인을 찾거나 치료하고자 하는 남성의 강한 의지와 여성의 도움이 가장 중요한 요소이다. 서로 간에 친밀감이 강하고 특별한 갈등이 없는 커플들은 매우 심각한 성문제도 효과적으로 해결하는 반면에 풀리지 않는 갈등을 갖고 있는 커플들의 경우에는 심리요법이나 수술 등의 최선의 치료를 하여도 그 효과는 미미한 정도에 머무는 것이 보통이다. 그러므로 발기부전의 치료를 위해서는 커플 상호 간의 이해와 노력이 무엇보다 중요하며, 성치료사에게 자신들의 일상적인 갈등이나 문제점들을 자세하고 솔직히 밝혀야만 효과적인 치료를 기대할 수 있다.

성치료사들은 발기부전증 남성들에게 감각집중 훈련을 시키는데, 대부분의 남성들은 치료받은지 얼마 지나지 않아 완전한 발기가 가능하다는 사실에 놀라게 된다. 감각집중 훈련을 받는 남성은 실질적인 성관계를 실행할 필요 없이 자기 신체의 성반응에만 솔직해지면 되기 때문에 실행불안에 의한 발기부전이 발생하지 않고 충실한 발기가 가능하게 된다. 초기 치료단계가 지나 성기 애무가 허락되었을 때에도 여성 파트너는 당분간 발기한 남성의 음경을 애무하지 않는 것이 좋다. 발기부전증 남성들은 발기가 소실될까 두려워 발기가 되자마자 서둘러 삽입하고자 하는 경향이 강하지만 이러한 치료과정을 통해 발기된 음경을 서둘러 사용하면 안된다는 사실을 배우게 된다. 이 과정이 성공적으로 수행되면 발기가 수월해지고 발기지속 시간이 현저히 길어진다. 또한 이 과정 동안 발기의 소실과 새로운 발기를 경험하면서 발기의 소실이 성관계의 완전한 실패가 아니라는 사실도 인식하게 된다. 그 후 성교가 허락되었을 때에도 남성이 실행을 주도해야 하는 체위는 삼가고 여성이 성관계를 조절할 수 있는 여성상위나 좌위 등을 시도하며, 삽입 시에도 여성이 남성의 음경을 자신의 질로 유도하는 것이 좋다. 발기부전으로 고통받는 남성들은 자신들의 문제를 혼자서 해결해야 한다는 사실에 심리적인 두려움을 느끼며, 여성의 태도에 대단히 민감한 반응을 보이게 된다. 그러나 발기부전은 남성의 노력만으로는 해결될 수 없으며 여성과의 조화로운 관계가 형성되어야만 치료될 수 있기 때문에 여성들도 남성들의 문제 해결에 적극적으로 참여하여야 할 것이다.

② 기질성 발기부전

발기부전의 의학적 치료방법은 크게 내과적 치료와 외과적 치료로 나누어지며, 원인에 따라 적용 방법이 달라질 수 있다. 내과적 치료로는 약물 복용, 음경해면체 내의 발기유발제 자가주사, 진공음경흡입기 등이 이용될 수 있으며, 외과적 치료에는 음경동맥재건술, 음경정맥결찰술, 음경정맥동맥화수술, 음경보형물삽입술 등이 포함된다(그림 11.9). 호르몬 분비량

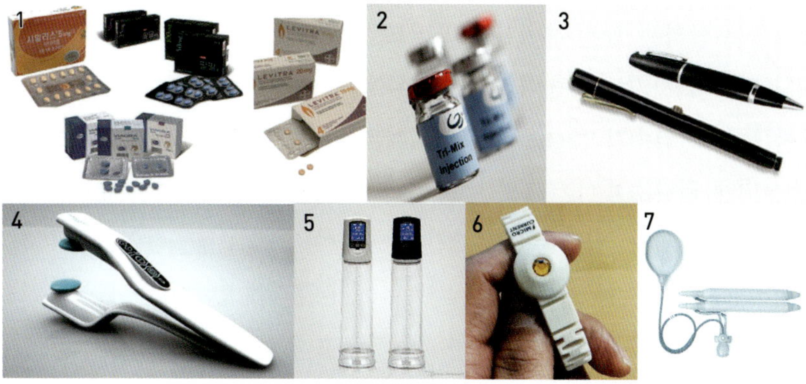

그림 11.9 발기부전 치료용품들

1; 경구 발기부전 치료제, 2; 발기부전 치료용 주사제, 3; 펜 모양의 발기부전 치료용 주사기구, 4;진동자극을 통해 발기 및 음경의 강도를 증가시키는 바이브렉트, 5; 전동음경확장 견인기구, 6; 미세전류를 방출하여 발기력을 지속시키는 팔찌형 치료제 슈퍼써클링, 7; 수술을 통해 음경내 삽입하는 팽창형 보형물

그림 11.10 **진공음경 흡입기**
진공펌프의 실린더를 이용해 음경 내부로 혈액을 유입시킴으로서 발기를 도와주게 된다.

이 감소된 환자에게는 테스토스테론을 주사하기도 하며, 자가주사용 발기유발제로는 파파베린(papaverine), 파파베린과 펜톨아민(phentolamine), 프로스타글란딘 E1 또는 이들 세 가지의 혼합액이 사용될 수 있으나, 발기가 4시간 이상 지속되면 해면체의 저산소증에 의해 조직이 손상될 위험이 있으므로 이 경우는 에피네프린(epinephrine)과 같은 교감신경물질을 해면체에 주사하여 발기소실을 유도하여야 한다. 그 외에 주사를 싫어하는 환자들에게는 발기유발제를 요도에 투여하는 요도좌약을 이용할 수도 있다.

음경으로 혈액을 보내주는 진공음경 흡입기는 발기부전의 원인에 관계없이 손쉽게 사용할 수 있기 때문에 많은 사람들이 이용하고 있다(그림 11.10). 외상에 의한 발기부전의 경우에는 동맥재건술이 효과적일 수 있으며, 정맥결찰술은 예후가 그다지 좋지 않은 것으로 알려져 있다. 음경보형물 삽입술은 양쪽 음경해면체 내에 보형물을 삽입하여 사용자가 원하는 시기에 발기가 가능케 하는 기구로서 매우 효과적인 방법이긴 하지만, 한 번 시술하면 자연적 발기력이 영원히 회복되지 않으므로 마지막 치료법으로서만 이용되어야 한다. 이 방법에는 세 가지 타입이 있는데, 그 중 하나는 성교가 가능할 정도의 강도이긴 하지만 일상생활도 가능할 정도의 유연성이 있는 플라스틱 보형물을 음경의 발기부위에 삽입하는 것이며, 조금 더 복잡한 것으로서 음경의 발기부위에 두 개의 부드러운 튜브를 이식하고 이 튜브와 연결된 식염수를 포함하는 작은 주머니는 골반부위에 이식하여 이 주머니를 정소 내에 이식되는 작은 펌프와 연결시키는 방법이다. 이 경우에는 남성이 성교를 원할 때 펌프를 가볍게 누르면 튜브를 통해 식염수가 음경으로 유입되어 발기가 시작되며 펌프의 밸브를 누르면 다시 발기가 소실되게 된다(그림 11.11). 또 다른 것으로는 펌프를 이용하는 실리콘 주머니를 음경에 이식하는 방법이 있다. 미국의 경우 3만 명 이상이 음경보형물삽입술을 이용하여 발기부전증을 치료하였으며, 약 90%의 환자와 파트너들이 결과에 만족하는 것으로 조사되었다.

과학 기술이 발달함에 따라 발기문제를 해결할 수 있는 물질들이 많이 개발되었는데, 1995년 미국의 FDA가 처음으로 승인한 발기부전증 치료제인 카버젝트(caverject)나 올프로스타딜(olprostadil)은 음경에 주사하면 80% 정도의 효과를 나타내며, 비록 부작용에 관한 논란이 많긴 하지만 최근 전 세계적으로 주목의 대상이 된 비아그라 등도 발기부전에 대단한 효과를 보이는 것으로 알려져 있다. 최근에는 환자의 골수에서 채취된 줄기세포를 해면체와

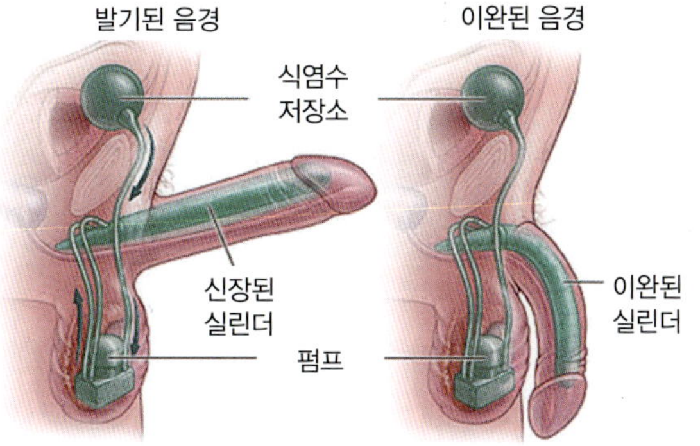

그림 11.11 음경보형물삽입술

발기부전인 남성이 마지막으로 선택할 수 있는 방법으로서 음경에 보형물을 삽입시키는 음경보형물삽입술이 있다. 성관계를 원할 때마다 음낭에 위치하는 펌프를 누르면 골반에 위치하는 저장소로부터 음경 부위까지 연결된 실린더로 식염수가 흘러 들어가 음경이 발기하게 되며, 펌프를 조절하면 식염수가 다시 저장소로 되돌아가 음경이 이완되게 된다.

귀두에 주사하는 방식으로 이식하여 좁아지고 약해진 혈관을 재생하고 강화시키는 등 줄기세포를 이용한 발기부전 치료 목적의 임상연구가 진행되고 있다.

3) 조루

조루(premature ejaculation)란 여성의 질 내에 삽입하기 전은 물론 삽입 후에라도 자신이 원치 않는 시기에 사정해 버리는 경우를 뜻한다. 조루증은 전체 남성 성기능장애 중 60–70%를 차지하며, 전체 남성의 약 15% 정도가 조루를 경험하는 것으로 알려져 있다. 또한 그 중 치료를 요하는 경우는 약 15–20%에 달하는 것으로 밝혀졌다.

과거에는 조루를 질 내 피스톤 운동의 횟수, 성교지속 시간, 여성 파트너의 오르가즘 도달 빈도 등으로 판단했다. 그러나 남성의 행위만으로 조루를 판단하는 방법들은 경우에 따라서는 정확한 판단기준이 될 수 없다. 즉, 여성의 질 내에서 행해지는 남성의 피스톤 운동 횟수를 정확히 계산할 수 없기 때문에 조루라고 판단할 수 있는 피스톤 운동의 횟수를 결정하기 어려우며, 여성들이 오르가즘에 도달할 수 있는 평균 시간 동안 성교를 지속할 수 있는 남성일지라도 여성 파트너가 그 시간 내에 오르가즘에 도달하지 못할 수도 있으므로 남성의 성교지속 시간이나 피스톤 운동의 횟수를 근거로 조루를 판단하기는 대단히 어렵다. 또한 만일 어떤 여성이 성교 지속시간이나 성교방법에 관계없이 오르가즘에 도달키 어렵다면, 상대 남성은 거의 기력이 쇠진할 때까지 성교를 지속하여도 여성을 만족시키기 어려울 것이다. 만약 여성의 오르가즘 도달 빈도가 남성의 조루 여부를 결정하는 기준이 된다면 이러한 남성도 조루로 진단될 수밖에 없을 것이다.

최근에는 조루를 '사정에 대한 자가조절 능력의 상실'이라고 정의하며, 남성만을 기준으로 판단하지 않고 여성 파트너의 반응도 고려하여 판단하게 되었다. 이러한 정의에 따르면 정상적인 남성들은 자신의 의지에 반하여 오르가즘에 도달해서는 안 되며, 어느 정도까지는 자신의 의지대로 사정 시기를 조절할 수 있어야 한다. 즉, 성교시마다 오르가즘의 시기를 조절하지 못하는 남성은 조루라고 할 수 있으며 경우에 따라서는 성치료를 받아야만 한다.

조루는 성적자극에 너무 민감한 것이 원인이 되기도 하지만, 대부분의 경우는 파트너에 대한 불만과 같은 심리적인 원인에 의해 유발되며, 자위행위와 같은 청소년 시절의 성적 습관이 성교를 서두르게 하는 원인이 될 수도 있다. 대부분의 남성들은 일반적으로 자위행위를 통하여 처음으로 오르가즘을 경험하게 되며 타인에게 들키지 않으려고 행위를 서두르게 된다. 이러한 강박관념이 장래 여성과의 실질적인 성관계시 조루를 유발하게 되는 것이다. 그러므로 조루에 대한 치료의 기본은 성교를 서두르지 않도록 가르치는 것이라고 할 수 있을 것이다.

남성의 성과 여성의 성에 대해 이중적인 기준이 적용되는 우리나라에서는 남성의 성에는 매우 관대한 반면에 여성의 성은 억압되어 왔다. 이러한 과거의 인식에 익숙해 있는 남성들은 여성의 성은 무시한 채 성관계란 생식을 목적으로 하거나 남성의 오르가즘만을 위해 존재한다고 생각하게 된다. 이러한 남성들은 조루가 성적인 문제를 유발할 수 있다고 생각하지 않으며, 도리어 자신만을 위한 성의 활용을 남성만의 특권이라고 생각하는 경향이 강하다. 이와 같이 개인의 신체적 또는 심리적 문제만이 아니라 사회적인 인식도 조루와 같은 성문제의 원인이 되기도 한다.

조루의 치료를 위해서는 우선 발기부전 치료를 위해서도 이용되는 감각집중 훈련을 받아야 하며, 그 다음 단계로 여성은 남성의 음경을 자극하다가 거의 오르가즘에 도달하게 되면 더 이상의 자극을 멈춘 채 엄지와 검지를 이용하여 3–5초 동안 음경을 강하게 압박한 후 안정될 때까지 기다리는 과정을 3–4번 반복하게 된다. 이와 같이 오르가즘 직전에 음경을 압박하는 기술은 1970년 매스터스와 존슨이 처음으로 시도하였으며 최근에도 조루 치료에 상당히 효과적인 방법으로 인정받고 있다. 이와 유사한 방법으로 음경을 압박하는 대신 오르가즘 직전에 음경에 대한 자극을 잠시 멈춘 후 사정감이 사라지면 다시 자극하는 방법도 있다. 남성들은 이러한 과정을 통하여 사정을 지연시키는 방법을 배우게 되며, 동일한 방법을 자위행위 동안에도 시도할 수 있으므로 여성의 도움 없이 혼자서도 연습이 가능하다. 모든 과정이 성공적으로 수행되고 나면 실질적인 성교를 실시하게 되는데, 성교시에는 여성이 성교를 주도할 수 있으며 남성이 오르가즘에 도달하는 데 긴 시간을 요하는 좌위나 여성상위를 이용하는 것이 좋다. 조루의 의학적 치료방법으로 음경배부 신경가지절단술을 실시하는 경우도 있다. 이 시술은 음경배부의 신경가지를 부분적으로 절단하는 미세수술인데, 음경의 감각을 무디게 함으로써 사정시간을 늘이는 효과가 있다.

4) 지루

지루(inhibited ejaculation)란 조루의 반대 현상으로서 여성의 질 내에서 사정하거나 오르가즘에 도달하기 어려운 상태를 말한다. 1970년 매스터스와 존슨은 남성의 1-2%가 지루로 고생한다고 보고하였으며, 최근의 연구에서는 4-9%가 지루 환자라고 조사되었다. 남성이 여성의 질 내에서 전혀 사정할 수 없는 경우를 사정불능(aspermatism, aspermia, ejaculatory incompetence)이라 하는데, 이러한 남성이라도 대부분은 자위행위를 하거나 여성의 손이나 입으로 자극받으면 오르가즘에 도달한다. 이러한 사실은 지루도 신체적인 요인보다는 심리적인 요인에 의하여 유발될 가능성이 높다는 사실을 암시한다. 매스터스와 존슨은 한 번도 여성의 질 내에서 사정한 경험이 없는 일차 또는 원발성 지루는 엄격한 종교적인 교육, 임신에의 두려움, 파트너에 대한 부정적인 느낌 등에 의해 유발되며, 과거에는 정상이었으나 어떠한 이유인가에 의해 질 내 사정이 불가능해진 이차 또는 속발성 지루는 일차 지루보다 희귀한 편이며 주로 정신적인 상처에 의해 유발된다고 주장하였다.

지루의 치료는 여러 단계에 걸쳐 이루어진다. 우선 남성 혼자서 자위행위를 이용하여 오르가즘에 도달하는 연습을 통해 사정이 용이해지면 이번에는 파트너가 보는 곳에서 자위행위를 통해 사정하는 훈련을 지속한다. 이러한 과정이 성공적으로 완료되면 여성이 손을 이용하여 남성이 오르가즘에 도달하도록 도와주게 된다. 이때 여성은 남성의 음경을 자극하여 거의 오르가즘에 도달하게 되면 음경을 자신의 질 속으로 빠르게 삽입한다. 이러한 과정을 여러 번 반복함으로써 남성은 여성의 질 속에서 사정하는 데 대한 두려움을 극복하게 된다.

5) 성교두통

어떤 남성들은 오르가즘 동안이나 직후에 심한 성교두통(benign coital cephalalgia)으로 고생하기도 한다. 이러한 증상은 기원전 5세기 히포크라테스가 처음으로 보고했을 만큼 오래된 성적문제이다. 미국인 25만 명 이상이 이 문제로 고통받고 있는데, 이들의 대부분은 중년이고 약간 뚱뚱하며 고혈압을 앓는 경우가 많다고 알려져 있다. 두통은 대개 몇 분에서 몇 시간까지 지속되며, 성행위의 유형과는 관계없이 머리, 목, 상체의 혈관이나 근육의 수축에 의해서 발생한다. 이 두통은 초기에는 몇 주에서 몇 달 동안 증상이 없는 경우도 있지만 갑

Q 11-8

조루나 지루의 경험이 있는가?

성관계 경험이 있는 남학생들을 대상으로 '조루를 경험한 적이 있는가?'라는 설문을 수행한 결과, 284명의 남학생 중 20%가 조루의 경험이 있다고 응답하였다. 조루를 판단하는 기준이 모호하여 20%에 해당하는 학생들이 어떠한 기준으로 조루를 경험하였다고 응답하였는지 명확하지는 않지만, 20%의 학생들은 스스로가 자신의 사정을 조절할 수가 없어 조기에 사정한 것으로 인식하고 있는 것으로 밝혀졌다. 또한 '지루를 경험한 적이 있는가?'라는 질문에는 응답자 272명 중 12%가 지루를 경험했다고 응답하였다. 이러한 조루나 지루의 경험은 실행불안으로 이어져 이후의 성관계에 부정적인 영향을 미칠 수 있으므로 만약 이러한 경험이 반복된다면 전문의와의 상담을 통해 정확한 원인규명 및 적극적인 치료를 시도하여야 한다.

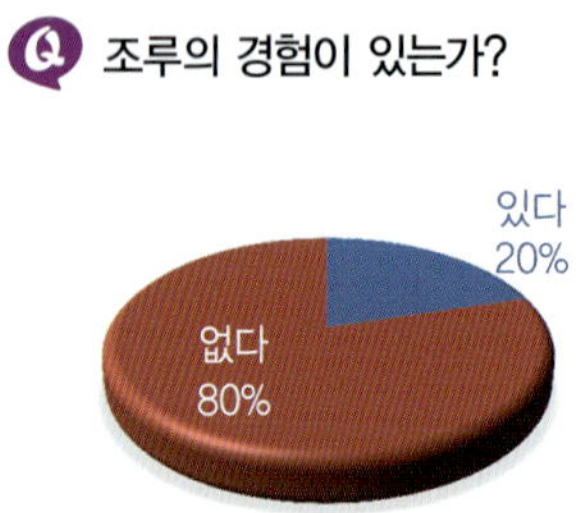

〈남학생 284명〉

〈남학생 272명〉

자기 재발되기도 한다. 치료를 위해서는 혈관이나 근육을 이완시키거나 약물요법 등을 이용할 수 있다.

6) 지속발기증

음경이 오랜 기간 동안(종종 며칠 동안) 발기된 채로 유지되는 희귀한 경우를 지속발기증(또는 음경강직증; priapism)이라고 하는데, 성적인 자극을 주지 않는 데도 불구하고, 완전한 혹은 불완전한 발기가 4시간 이상 지속되는 경우를 말한다. 지금까지 알려진 대표적인 위험요인으로는 음주나 마약과 같은 향정신성 의약품의 오남용으로 음경이나 회음부의 외상, 음경암이나 타부위 암의 음경으로의 전이 등에 의해서 발생하는 것으로 알려져 있으며, 최근

Q 11-9

성교두통을 경험한 적 있는가?

성관계 경험이 있는 남녀학생들을 대상으로 한 '성교두통을 경험한 적 있는가?'라는 질문에 남학생 277명 중 3%와 여학생 88명 중 1%가 오르가즘 직후 심한 두통을 경험했다고 응답하였다.

Q 오르가즘 직후 심한 두통을 경험한 적이 있는가?

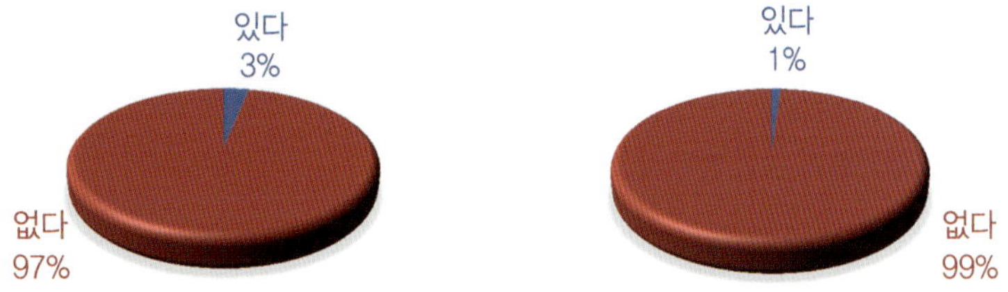

〈남학생 277명〉 〈여학생 88명〉

발기부전 치료에 사용하는 약물이나 자가주사제의 사용이 늘면서 지속발기증의 발생빈도도 증가했다. 또한, 특정 집단에서 호발하는 것으로 알려졌는데, 낫모양의 비정상적 형태의 적혈구를 갖고 있는 겸상적혈구빈혈증(sickle-cell anemia)인 경우 정상인에 비해서 지속발기증을 동반할 확률이 매우 높은 것으로 알려져 있다. 이유가 어찌되었든 성적욕망과 무관하게 증상이 발생하여, 장시간 동안 발기가 지속되면 음경 내부 혈액의 흐름을 조절하는 밸브에 손상을 주게 되어 조직이 괴사됨으로써 고통과 불편함이 야기되기도 한다.

지속발기증의 치료는 보통 찬 얼음물로 페니스를 식히는 방법이 있지만 이것만으로 충분하지 못할 수 있으며, 경우에 따라서는 음경정맥 내 정체된 혈액을 주사기로 빼낼 필요도 있다. 또한 신경증에 의해서 생기는 지속발기증의 경우에는 척수를 마취시켜 진정시키기도 하며, 음경해면체로 유입되는 혈관을 외과적으로 수술하는 방식도 시도될 수 있다.

Q 11-10

지속발기증을 경험한 적 있는가?

남학생 275명 중 7%가 상당시간 발기가 지속된 경험을 했다고 응답하였으며, 발기가 지속된 시간은 10분 남짓에서 최대 2시간 이상을 경험한 학생도 있는 것으로 조사되었다. 설문에 응한 모든 남학생들의 경우 지속발기증의 기준인 4시간 이상에 해당되지는 않지만, 2시간 이상이라고 응답한 16%의 남학생들은 추후 동일한 증상이 지속될 경우에는 그 원인을 확실히 규명함으로써 장래 지속발기증의 발생위험을 낮출 필요가 있을 것을 판단된다.

지속발기증의 경험 유무 및 그 시간

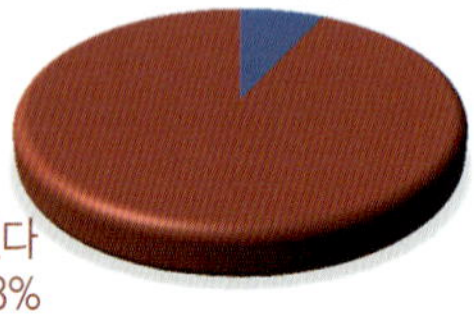

〈남학생 275명〉

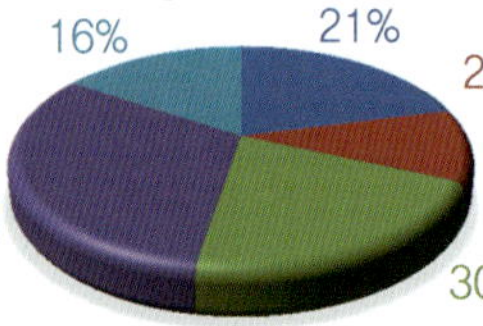

〈남학생 19명〉

5 여성의 성문제

1) 질경

질경(또는 질구경련증; vaginismus)이란 국소적 감각과민의 결과로서 야기되는 질의 경련이며, 질입구나 항문거근 등에서도 발생할 수 있다. 질근육이 불수의적으로 수축하기 때문에 여성은 음경 삽입시 상당한 고통을 느끼게 되며, 강제로 삽입을 시도하면 고통이 더욱 심해진다. 또한 질경은 손가락이나 탐폰 등과 같이 음경이 아닌 무엇인가를 질에 삽입하려고 할 때에도 발생할 수 있다. 이러한 여성들은 골반검사를 위해 기구를 삽입하는 것도 어려우며, 무리해서 성교를 시도하더라도 남성은 음경이 벽에 부딪히는 듯한 느낌이 들게 되고 여성은 심한 통증을 경험하게 된다.

여성의 약 2% 정도가 질경을 경험하며, 대부분은 심리적인 원인에 의해 야기된다. 대부분의 여성들은 근육을 이완시키는 법을 저절로 터득하지만 성경험이 없는 여성들의 경우에는

Q 11-11

질경을 경험한 적 있는가?

성경험이 있는 여학생들을 대상으로 '질 경련을 경험한 적이 있는가?'라는 질문에 여학생 170명 중 3%가 질경을 경험했다고 응답하였다.

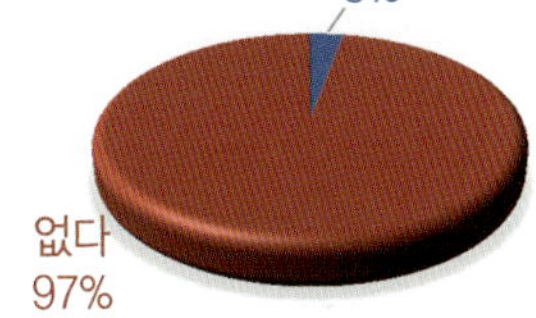

〈여학생 170명〉

삽입에 대한 불안감을 느끼면 근육이 불수의적으로 수축되어 질경이 발생하게 된다. 이에 반해 일부 여성들은 이 근육을 자유자재로 수축 또는 이완시킬 수 있는 능력을 갖게 되어 오히려 성관계에 도움이 되는 경우도 있다. 연속적으로 재발하는 질경은 강간 등에 의한 심리적인 상처, 부정적인 성적경험, 성을 죄악시하는 종교적인 영향, 남성에 대한 두려움이나 적의 및 신체적인 이상 등이 원인이다. 질경의 치료를 위해서는 우선 감각집중 훈련을 시도하여 음경 삽입에 대한 불안감을 해소시키고, 질확장 기구나 손가락을 이용하여 점진적으로 질을 확장시켜야 한다. 성관계 실패에 대한 부담감이 없는 상황에서 질확장기를 사용하면 여성은 자신의 질 내에 어떤 물질을 삽입하는 것에 대한 불안감을 점차적으로 극복할 수 있게 된다.

2) 오르가즘 장애

여성의 성문제 중 가장 심각한 것은 오르가즘을 느끼지 못하는 오르가즘 장애(orgasmic disorder)라고 할 수 있다. 오르가즘 장애에는 어떤 자극에서도 오르가즘에 도달하기 어려운 일차 또는 원발성 오르가즘 장애와 남성과의 성교를 통해서는 오르가즘에 도달하기 어렵지만 과거에는 오르가즘을 느낀 경험이 있거나 자위행위를 통해서는 오르가즘에 도달하는 것이 가능한 이차 또는 속발성 오르가즘 장애가 있다. 킨제이는 결혼생활 20년이 넘은 여성들 중 11%가 오르가즘에 도달하지 못한다고 보고하였으며, 1995년에 발표된 '미국의 성'이란 보고서는 성관계시 항상 오르가즘에 도달하는 여성은 29%에 불과하다고 보고하였다.

오르가즘 장애를 보통 불감증이라고도 하는데, 불감증이란 말은 여성의 성반응에 대한 부

Q 11-12

오르가즘 장애를 경험한 적 있는가?

성경험이 있는 여학생들에게 '오르가즘 장애를 경험한 적이 있는가?'라는 설문을 수행한 결과 120명 중 12%가 '있다'라고 응답하였다. 설문 대상이 20대 초반의 성경험이 많지 않은 남녀대학생들이라는 점을 감안한다면, 이들 모두를 진정한 의미의 오르가즘 장애로 확진할 수는 없겠지만, 어떠한 이유에선가 오르가즘에 도달하는 것이 어렵다고 느낄 경우 우선 가장 일반적인 방법인 충분한 전희와 체위의 변화를 통하여 이러한 문제를 해결하고자 하는 노력을 기울여야 할 것이며, 그럼에도 문제가 해결되지 않을 경우에는 전문의의 도움을 받아 적극적으로 치료하여야 한다.

Q 오르가즘 장애를 경험한 적 있는가?

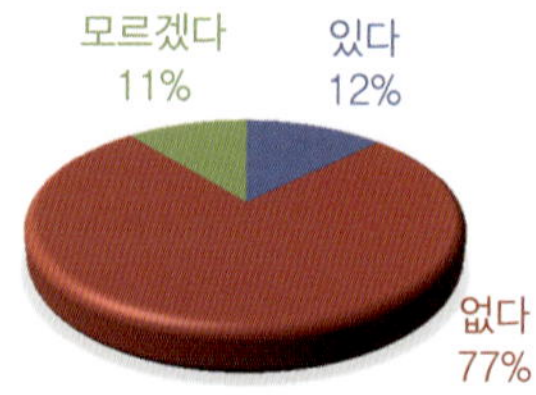

〈여학생 120명〉

정적인 의미를 내포하고 있으며, 일부 여성들은 오르가즘을 느끼는 것이 불가능한 것이 아니라 보통 여성보다 오르가즘에 도달하기 어려울 뿐이기 때문에 어떤 연구자들은 불감증 대신 비감증이라는 말을 사용하기도 한다.

오르가즘 장애로 고생하는 여성들도 성적자극에 대해 정상적으로 반응하며 성을 즐기기도 하고, 충분한 전희를 받거나 성교 동안 적절한 자극을 받게 되면 오르가즘에 도달하기도 한다. 남성들은 감정적으로 완전히 흥분되지 않은 상황에서도 음경이 발기되고 발기와 동시에 삽입이 가능하기 때문에 삽입을 서둘게 되며, 이에 반해 여성들은 정상적인 성반응이 유도되기 위해서는 음경 삽입 전에 긴 시간 동안의 전희가 필요하다. 특히 전희 동안 남성들에 의해 성감대에 적절한 자극이 가해지면 여성들이 오르가즘에 도달할 가능성은 더욱 높아지게 된다. 그러나 이러한 전희를 소홀히 하면 결국 많은 여성들이 오르가즘 장애를 나타낼 수도 있으며, 따라서 평생 동안 성의 즐거움을 모르고 살아가는 경우도 있다.

충분한 전희를 시도해도 직접적인 성교를 통해서는 오르가즘에 도달하기 어려운 여성들도 있는데, 이러한 여성들은 오르가즘에 도달하기 위해서는 질에의 자극만이 아니라 음핵에의 자극도 필요하기 때문이다. 성교 동안 음경의 피스톤 운동은 음핵포피를 움직여 음핵귀두를 간접적으로 자극하긴 하지만 일부 오르가즘 장애 여성들의 경우에는 성교시 음핵의 간접적인 자극만으로는 오르가즘에 도달하기 어렵다. 특히 많은 남녀가 선호하는 체위인 남성상위는 성기의 삽입각도가 음핵을 직접 자극하기 어려우며 남성이나 여성 자신이 손으로 음핵을 자극하기도 불가능하기 때문에 오르가즘에 도달하기 원하는 여성들은 성교시 음핵을 자극하기 용이한 체위를 시도해 볼 수도 있을 것이다. 카플란이나 하이트도 50% 이상의 여성들이 음핵에의 직접적인 자극 없이 직접적인 성교에 의해 오르가즘에 도달하는 것이 불가능하며, 오르가즘에 도달하기 위해서는 성교시 음핵을 효과적으로 자극할 수 있는 방법을 시도하여야 한다고 주장하였다.

남성들은 자신들이 좋다고 느끼는 것에 대해 여성들도 동일하게 느낄 것이라고 생각한다. 예를 들어, 남성들은 자신이 성행위를 강하게 시도하는 것이 좋다고 느낀다면 여성 파트너도 격렬한 성행위를 좋아할 것이라고 생각한다. 그러나 너무 강한 성행위는 오히려 여성의 성감을 해치며 심지어는 고통만을 안겨 줄 뿐이다. 또한 남성의 경우에는 성교시 질벽과의 마찰을 통한 음경에의 자극과 자위행위에 의한 자극이 거의 유사하지만, 여성의 경우에는 실질적인 성교와 자위행위에 의한 자극이 반드시 동일하지는 않다. 즉, 여성의 질 안쪽 2/3는 신경말단이 거의 분포되어 있지 않아 자극에 대단히 둔감하기 때문에 질에의 자극만으로는 완전한 오르가즘에 도달하기 어려운 경우가 많다. 이러한 이유 때문에 많은 여성들은 자위행위 동안 자신의 음핵을 자극하는 것이 일반적이다. 그러므로 성교시 여성이 음핵을 자극하기를 원하는 경우에는 여성 자신이나 남성 파트너가 손을 이용하여 음핵을 자극하거나 음핵을 자극하기 용이한 체위를 선택하는 것이 좋다. 여성의 해부학적 구조가 음핵에의 자극을 선호하게끔 되어 있기 때문에 남성들은 자신의 성교기술이 좋지 않은 것은 아닌가 걱정할 필요는 없으며, 여성들도 남성들에게 미안하거나 부끄러운 느낌을 가질 필요 없이 자신의 요구를 분명히 밝힐 필요가 있다. 남성 자신은 원치 않더라도 여성이 원하는 행위라면 무엇이던 시도할 수 있도록 허용하거나 아예 남성이 직접 시도해 주는 것이 여성의 진정한 오르가즘을 위하여 매우 중요하다.

대부분의 성상담에서 여성의 성문제 중 수위를 차지하는 것은 남성상위로 성행위를 시도하는 경우에는 전혀 오르가즘에 도달할 수 없다는 것이다. 그러나 이러한 여성들이라도 음핵을 강하게 자극하는 자위행위를 통해서는 대부분 오르가즘에 도달한다고 알려져 있다. 그러나 음핵에의 직접적인 자극이 오르가즘 장애를 치료하는 좋은 방법일 수는 있지만 만약 여성 자신이나 남성 파트너가 모든 유형의 직접적인 음핵 자극을 거부하는 경우에는 여성이 질 오르가즘을 느끼는 방법을 몸에 익힐 수밖에 없을 것이다.

여성 오르가즘 장애의 원인이 모두 음핵에의 불충분한 자극 때문만은 아니다. 성적 만족은 신체 부위의 물리적인 자극에 의해서만 얻어지는 것이 아니라, 성 자체나 성적 쾌락에 대

Q 11-13

자신의 신체 부위 중 성적으로 가장 민감한 부위는 어디인가?

'자신의 신체 부위 중 성적으로 가장 민감한 부위는 어디라고 생각하는가?'라는 질문에 남학생들은 음경(53%)과 귀두(20%), 고환(2%)의 순으로 응답하였으며, 여학생들은 가슴(26%), 귀(18%), 음핵(16%), 목(15%), 음부(11%) 등의 순으로 성적으로 민감하다고 응답하였다. 즉, 남성들의 경우 성적인 감각을 느끼는 부위가 생식기(75%)에 집중되어 있는 반면, 여학생들의 경우에는 생식기(27%)의 직접적인 자극 보다는 가슴이나 목, 귀와 같이 전희 과정 중에서 애무할 수 있는 포괄적인 신체 부위로 분산되어 있음을 알 수 있다. 이러한 남녀 및 개인의 차이를 인지하지 못하고 자신의 성적 감각만을 고려하여 상대를 자극하게 되면 상대의 경우 충분한 성적 자극을 느끼지 못할 수 있다. 따라서 서로의 성적 감각이 집중되어 있는 성감대를 충분히 이해한 상태에서 상호 간의 성적인 자극이 주어진다면 성관계의 질적 만족도는 높아질 것이다.

본인의 가장 민감한 성감대

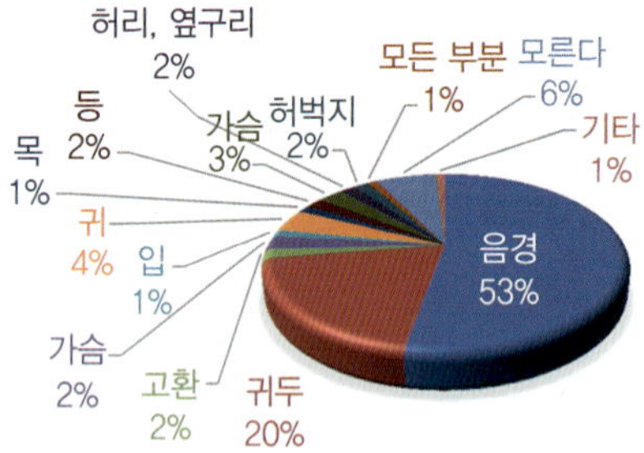

〈남학생 291명〉

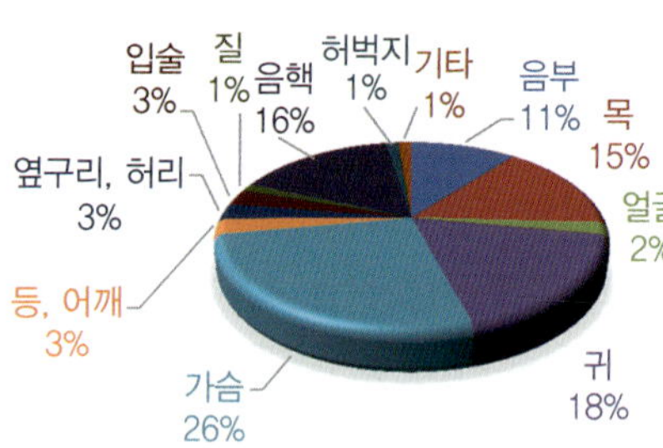

〈여학생 151명〉

한 긍정적인 태도에 의해서도 많은 영향을 받게 된다. 그러나 우리 사회에서는 청소년들의 성을 무조건적으로 억제하며, 특히 소녀들에게는 성적 자유는 물론 성적인 느낌이나 상상 자체도 죄악시하는 경향이 있기 때문에 이들이 성인이 된 후에도 성에 대해 부정적인 인식을 갖게 된다. 학교나 사회단체의 성교육 역시 성을 기피하거나 부정하게 느끼도록 유도함으로써 청소년들은 성은 추하고 더러운 것이라는 부정적인 인식을 갖게 될 수밖에 없게 된다. 이와 같이 사회적 인식이나 왜곡된 성교육에 의해 고착도니 청소년들의 성에 대한 부정적인 태도는 장래 성인이 된 이후에도 부부 간의 정상적인 성관계에서조차 소극적이 되게 함으로써 결국 건강한 성생활이 어렵게 된다. 이에 반해 건전한 성, 정상적 성에 대해 긍정적인 인식을 갖고 있는 여성들은 자신이 좋아하고 싫어하는 것에 대하여 파트너와 솔직한 대화를 시도하여 문제를 해결함으로써, 완전한 오르가즘에 도달하기가 용이하기 때문에 만족스러운 성생활을 영위할 수 있다. 특히 성을 긍정적으로 인식하는 여성들은 자위행위는 물론 성행위 동안 음핵으로부터 느낄 수 있는 쾌감에 대해 민감하며, 이러한 여성들 중에는 멀티오르가즘을 느끼는 경우도 많은 것으로 알려져 있다. 자녀들이 장래 행복한 결혼생활을 영유하길 바란다면 이제부터라도 부모들이나 성교육자들은 금지만을 위한 성을 부정시 하는 성교육을 지양하고 그들이 성에 대해 밝고 건전한 인식을 가질 수 있도록 노력해야 할 것이다.

또한 어떤 사람들은 성행위시 자신이나 상대방의 모습에 대해 부정적인 인식을 갖고 있는 경우가 있으며, 이러한 인식에 의해 오르가즘에 도달하는 것이 어려워지기도 한다. 성관계 동안 대부분의 사람들은 땀이 나고, 겨드랑이나 성기에서 냄새가 나기도 하며, 질에서는 소리도 날 뿐만 아니라 얼굴도 찡그리는 등 여러 가지 신체적 변화가 나타난다. 이러한 현상에 대하여 많은 사람들은 불결하다거나 수치스럽다고 느끼기도 하며 여성스럽지 않다고 생각하는 경우도 있다. 그러나 만약 당신이 파트너와 함께 완전한 오르가즘에 도달하기를 원한다면 이러한 지극히 정상적인 현상에 대한 부정적인 인식부터 버려야 할 것이다.

성관계에 대한 실행불안도 여성에게 오르가즘 장애를 유발할 수도 있다. 만일 남성 파트너가 성관계 동안 여성의 오르가즘을 기대하거나 요구하게 되면 여성은 성관계 자체에 집중하기가 어려워지면서 오르가즘에 도달하기가 어려워진다. 오르가즘 장애를 나타내는 여성들 중에는 남성의 요구에 맞춰주기 위하여 거짓으로 오르가즘에 도달한 듯한 흉내를 내는 경우도 있는데, 이러한 행위는 오르가즘 장애를 치료할 수 있는 기회를 스스로 포기하는 것과 같아 문제를 더욱 악화시키게 된다. 따라서 남녀가 모두 오르가즘에 도달하기를 원한다면 여성들은 물론 남성들도 성교할 때마다 항상 오르가즘에 도달하여야 한다는 기대나 강박관념을 버려야 한다.

1953년 킨제이 그룹은 약 50%의 여성들이 자위행위의 경험이 있으며, 이들 중 상당수가 성관계를 경험한 후에 자위행위를 경험한다고 보고하였다. 최근의 연구들은 자위행위를 통해 오르가즘에 도달해 본 경험이 있는 기혼 여성들은 자위행위의 경험이 없는 여성들보다 오르가즘에 도달하는 빈도는 물론 결혼이나 성에 대한 만족도가 높다고 보고하였다. 이와 같이 자위행위는 많은 여성들이 경험하고 있으며, 오르가즘을 느끼기가 용이하기 때문에 대부분의 성치료사들은 오르가즘 장애를 호소하는 여성들에게 자신의 성반응을 자세히 이해할 수 있는 기회를 제공하기 위한 목적으로 자위행위를 추천하기도 한다.

여성의 오르가즘 장애를 치료하는 최선의 방법은 자위행위와 같은 자기 신체에 대한 탐색이라고 할 수 있으며, 만일 처음으로 자위행위를 하는 경우라면 자극하는 동안 자신의 신체적 반응을 자세히 관찰하여야 한다. 그 후 남성과 함께 감각집중 훈련을 시도하게 되는데, 이때는 실행 실패에 대한 부담감 없이 자신의 성반응에 집중하도록 노력해야 한다. 이러한 훈련을 수일간 반복해서 실시한 후에는 남성은 등을 돌리고 앉은 여성을 껴안은 채 손으로 여성 성기의 애무를 실시한다. 일부 성치료사들은 우선 여성이 파트너 앞에서 자신의 성기를 스스로 자극하도록 지시하기도 한다. 그 후 직접적인 성교를 실시할 때에는 여성상위를 이용하는 것이 좋다. 이 체위에서는 여성이 삽입시기와 왕복운동을 스스로 조절할 수 있기 때문에 자신의 반응에 맞추어 성교를 주도할 수 있다는 장점이 있다. 또한 이 과정에서는 여성이 자신의 음핵을 손으로 자극하거나 삽입한 채로 남성의 치골 부위에 음핵을 문지름으로써 음핵을 강하게 자극하는 것이 가능하기 때문에 오르가즘에 도달할 가능성이 더욱 높아지게 된다.

지금까지 설명한 것은 가장 일반적인 오르가즘 장애에 대한 치료 방법이다. 이외에도 여러 가지 방법이 있는데, 그 중 하나가 케겔 운동이다. 질과 요도를 둘러싸고 있는 치골미골근이 약화된 여성은 성교시 질오르가즘을 느끼기 어려운 반면에 치골미골근이 강한 여성은 강한 질 쾌감을 경험한다(그림 3.24). 약화된 치골미골근을 강화시키기 위한 운동이 바로 케겔 운동이며, 이 운동을 꾸준히 하게 되면 오르가즘의 강도도 강해지게 된다. 또한 이 운동은 출산 후 많은 여성들이 겪게 되는 요실금을 예방하는 효과도 있다(그림 3.25).

여성의 성적만족은 오르가즘 동안의 짧은 쾌감만으로 형성되는 것이 아니라 성관계시 파트너와의 깊은 심리적, 감정적 교감에 의해서 증폭될 수 있다. 즉, 여성에게 있어서 성적만족은 성관계의 빈도나 오르가즘의 횟수보다 파트너와의 깊은 감정적 교류나 친밀감 등에 의해 결정될 수 있기 때문에 파트너와의 전반적인 관계가 좋아질수록 성생활에서의 기쁨도 동시에 커지게 된다. 즉, 가장 효과적인 성치료는 성행위 방법의 개선이나 신체적인 문제해결보다는 파트너와의 친밀한 관계를 통한 감정적 만족을 증폭시키는 것이라고 할 수 있다(그림 11.12).

그림 11.12 성적 만족
서로를 성적으로 만족시키기 위해서는 성적 기교도 중요하지만 성관계 당시는 물론 일상생활에서의 정신적 교감이 더욱 중요하다고 할 수 있다.

6 성문제 예방

성치료가 아무리 효과적이라도 성적인 문제가 야기되기 전에 사전에 예방하는 것보다 좋을 수는 없다. 커플 간의 성문제를 최소화하기 위해서는 우선 파트너와의 끊임없는 대화가 필요하며, 성공적인 대화를 위해서는 성에 대한 긍정적이고도 솔직한 태도가 필수적이다. 그러나 성에 대해서 긍정적으로 생각하라고 해서 자신은 싫은 데도 불구하고 파트너가 원한다면 모든 것을 허용하라는 의미는 아니며, 싫은 것은 왜 싫으며, 좋은 것은 어떻게 좋은 지를 명확하게 말할 수 있어야 한다는 의미이다. 또한 어떤 행위가 싫다고 느끼는 이유가 어떤 선입견이나 그릇된 편견으로부터 비롯된 것은 아닌지 생각해 볼 필요도 있다. 만약 지금까지의 자신의 성적태도가 그릇된 것이라고 판단된다면 과감히 고치려는 용기도 필요하며, 자신은 변하지 않은 채 상대방에게만 변화를 강요하는 우를 범하지 말아야 할 것이다. 그러나 자신이 시도하고 있는 여러 가지 성행위 중 현재의 성문제를 유발한 원인은 무엇이며 어떻게 고쳐야 하는지를 정확히 모를 경우에는 전문가의 자문을 구하는 것이 좋은 방법일 것이다.

성치료란 의학적인 검사와 상담을 포함하는 일종의 성교육이라고 할 수 있기 때문에 성문제가 있을 경우에는 되도록 커플이 함께 성치료사에게 상담을 받아야 하며, 만약 파트너가 상담을 거부할 경우에는 상담을 받은 사람이 자신의 파트너와 대화를 통하여 문제를 해결하는 것이 효과적일 것이다. 그러나 잘못된 대화는 오히려 문제를 그르칠 수 있기 때문에 대화에 자신이 없을 경우에는 무리해서 대화하려 하지 말고 상황에 따른 해결 방법을 강구하기 위한 전문가의 조언을 받는 것이 좋다. 또한 성치료를 위해서는 문제가 있는 성인들을 대상으로 최선의 치료를 시도하는 것도 중요하지만 어린이들을 대상으로 성을 긍정적이면서도 건강하게 인식할 수 있도록 체계적인 성교육을 실시하는 것이 장래 성인들의 성문제를 감소시킬 수 있는 효과적이면서도 근본적인 치료 방법이라고 할 수 있다.

당신이 성문제로부터 자유롭길 원한다면 성생활뿐만 아니라 모든 일상생활을 파트너와 함께 공유할 수 있도록 노력해야 한다. 파트너와의 친밀한 관계의 형성은 성교 이상으로 서로에게 기쁨과 행복을 느끼게 할 것이다. 또한 성관계는 자발적이고 즐겁게 시도하는 자세가 필요하며, 성을 오르가즘만을 목적으로 하는 게임과 같이 생각하지 말아야 할 것이다. 성은 신체를 이용하여 서로를 즐기고 서로를 느끼며 서로를 깊이 이해하는 대화와 같은 것이다. 이러한 성관계만이 서로에게 깊은 사랑과 친밀감을 안겨줄 뿐만 아니라 결국 궁극의 성적 극치감을 제공할 것이다(그림 11.13).

그림 11.13 풍요로운 성생활의 조건
당신은 1과 같이 행복한 부부생활을 원하는가? 아니면 2와 같이 고통스러운 부부관계를 지속하길 원하는가? 당신이 1과 같은 부부관계를 원한다면 성관계뿐만 아니라 일상생활에서 파트너와 친밀한 관계를 유지하도록 노력해야 할 것이다.

성문제는 누구에게나 발생할 수 있으며, 치료하여야 할 대상인 동시에 치료에 의해 회복될 수 있는 일종의 질환이다. 그러나 거의 대부분의 사람들은 성문제를 치료해야 하는, 치료될 수 있는 질환으로 인식하지 않고 그저 어쩔 수 없는 운명 정도쯤으로 치부하고 만다. 여성들의 성적 요구에 대한 부담감으로 밤이 두려운 조루증 남성들, 일생 동안 한 번도 오르가즘을 느끼지 못하고 그저 남성들의 성적 요구에 기계적으로 응하는 여성들, 아예 이성과의 성관계 자체를 죄악시하는 사람들은 모두 성치료의 대상이며, 이들이 건강한 성, 건전한 성, 아름다운 성을 이해하고 향유하기 위해서는 적절하고 체계적인 교육과 치료를 받아야 할 것이다. 우리나라에서도 하루 빨리 성의 긍정적인 면을 교육시킬 최선의 성교육 프로그램이 개발되고, 성치료를 전문으로 하는 전문가들의 양성 및 성문제를 치료해야 할 질환으로 생각하는 사회적 인식이 확립되어 성문제로 인하여 평생을 고통 속에 살아 온 커플들이 새로운 성적 만족과 일상에서의 행복을 누릴 수 있게 되길 기대한다.

12 성적 대화

1. 성에 관한 대화

1) 대화의 어려움 / 424
2) 대화의 방해 요인 / 425

2. 자녀와의 대화

1) 대화의 필요성 / 428
2) 대화의 빈도 / 429
3) 단어 선택 / 429
4) 대화의 시기 / 430
5) 대화의 수준 / 432
6) 대화의 방법 / 433
7) 대화의 성패 / 434
8) 부모의 영향 / 434
9) 성에 대한 가치 기준 / 435
10) 성교육과 성적문란 / 436
11) 성교육의 효과 / 437

3. 커플 간의 대화

1) 대화의 시작 / 437
2) 단어 선택 / 438
3) 대화의 장소와 시기 / 439
4) 대화의 방법 / 439
5) 대화 유도 / 441
6) 경청 방법 / 442
7) 상호 간의 이해 / 443

성에 대하여 많은 것을 알고 있는 사람들도 성을 주제로 하는 대화에는 상당한 어려움을 느낀다. 그러나 대화란 서로의 생각이나 정보를 교환하는 수단이며, 특히 서로 간의 이해를 바탕으로 하는 자유로운 대화는 상호간의 관계를 최선으로 유지하기 위한 필수불가결한 요소이다. 성에 관한 대화 역시 서로를 전반적으로 이해하는 데 많은 도움을 줌으로써 성관계는 물론 일반적인 인간관계 형성에도 긍정적인 효과를 나타낸다. 이 장에서는 성행위, 성범죄, 임신, 피임 등을 포함하는 성에 관한 전반적인 문제를 주제로 하여 자녀들이나 연인 또는 배우자와 함께 대화할 수 있는 적절한 방법을 제시함으로써 독자들의 성에 관한 대화 기술의 향상을 도모하고, 이를 통해 성생활은 물론 일상생활에서 발생할 수 있는 문제를 예방 또는 해결할 수 있는 방안을 제시하고자 한다.

1 성에 관한 대화

1) 대화의 어려움

성교를 뜻하는 영어인 intercourse의 원래 의미가 대화라는 것에서도 알 수 있듯이 성은 상대방과의 대화로서 시작하며, 대화를 통해 성숙되고, 대화를 통해 완성된다. 대부분의 사람들은 성보다 더욱 어려운 주제에 대해서는 매우 능숙하게 대화하곤 하지만, 성에 관한 대화의 경험이 부족하여 성과 관련된 문제에 대한 대화에는 많은 어려움을 느끼게 된다. 어떤 연구에서 대학생의 1/3 이하만이 부모와 성에 대해 대화해 본 경험이 있다고 조사되었듯이 대부분의 청소년들은 성에 관하여 부모를 포함한 성인들과 대화하기가 거북하기 때문에 또래 친구들과의 은밀한 대화나 농담을 통하여 성에 관한 대화를 하게 된다. 그러나 이와 같이 친구들과의 대화를 통해 얻는 성에 관한 정보들은 지나치게 원색적이며 내용도 정확하지 않은 것이 대부분이기 때문에 청소년들의 성을 왜곡시키는 결과를 초래하게 된다.

대부분의 청소년들은 성에 관하여 대화하게 되면 이성으로부터 성적으로 문란한 사람으로 오해받거나 심지어는 성관계를 원한다는 의사 표시로 오해받을 소지가 있다고 생각하여 가능하면 성에 관한 대화를 피하게 된다. 이러한 이유로 청소년들은 내용에 관계없이 성과 관련된 대화의 대부분을 주로 동성 친구들과 하게 됨으로써 결국 이성과는 성에 관한 실질적 대화의 경험 없이 성인으로 성장하게 된다. 또한 동성 간에도 성적인 문제에 대해서 대화하게 되면 성적인 문제가 있다고 오해받을 소지가 있으며 자신이 한 말이 다른 사람들에게 널리 퍼질 가능성도 있기 때문에 평범한 수준의 성적 주제만을 다루게 된다. 더욱이 성인으로 성장한 이후에도 도리어 문제가 악화될까 두려워 타인은 물론 자신의 파트너와도 성을 주제로 대화하는 것 자체를 꺼리게 된다.

2) 대화의 방해 요인

성에 관한 대화를 기피하게 만드는 몇 가지 요인들이 있다. 그 중 하나가 자신들은 성에 대해 전문가라는 근거 없는 인식이다. 본 저자들의 대학에서 '성의 과학' 강의를 듣는 많은 학생들, 특히 남학생들은 자신들은 이미 성에 관한 거의 모든 것을 알고 있기 때문에 '성의 과학'이란 교과목을 통해 그다지 배울 것이 없다고 생각하고 그저 흥미나 학점을 얻기 위한 수단으로서 이 과목을 선택하는 경향이 있다. 그러나 실제로는 여성뿐만 아니라 남성들도 아는 것보다 모르는 것이 더 많으며, 정확한 지식보다는 잘못된 지식을 올바른 지식이라고

Q 12-1

당신은 성에 대하여 잘 안다고 생각하는가?

'본인은 성에 대하여 잘 안다고 생각하는가?'라는 질문에 남학생 41%와 여학생 26%가 '그렇다'라고 응답하였다. 이와 같이 여학생들에 비해 남학생들은 스스로가 성에 대하여 잘 안다고 생각하는 경향이 강했는데, 실제로 강의실에서 만난 대부분의 학생들은 신체 기관이나 성적 반응에 대한 기초적인 질문에 대해서도 무지하거나 왜곡된 정보를 가지고 있는 경우가 많았다. 실제로 강의 시간 중 실시한 50 문항의 성과 관련된 기초적 질문에 대하여 30 문항 이상 정답을 맞춘 학생은 극소수에 불과할 만큼 성인인 대부분의 대학생들 조차 성에 관해서는 상당히 무지한 것으로 밝혀졌다.

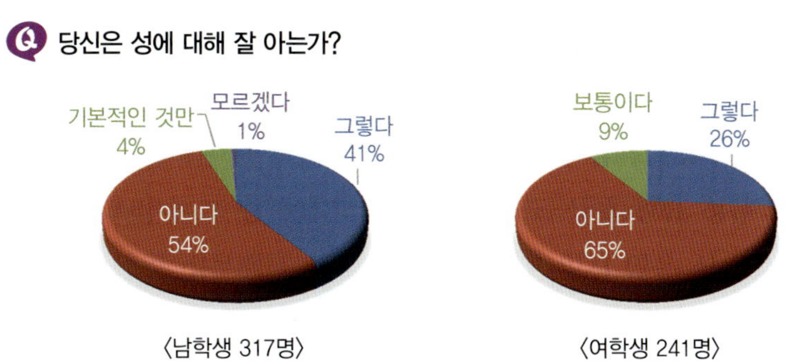

Q 12-2

주로 어디에서 성에 관학 지식을 얻는가?

학생들을 상대로 '주로 누구로부터 성에 관한 지식을 얻었는가?'라고 질문한 결과, 남학생들의 41%가 친구라고 응답하였으며, 그 다음으로 TV, 인터넷과 같은 매체가 35%로 많았다. 여학생의 경우는 50%의 학생이 학교에서 교육을 받았으며, 그 다음으로 친구, TV, 인터넷 순이었다. 주로 학교에서 성관련 정보를 얻는 여학생들과는 달리 남학생들 TV, 동영상, 인터넷이나 친구를 통해 정보를 얻는 것으로 나타나 정확하지 않은 왜곡된 성관련 정보로 인하여 여학생들보다 장래 각종 성문제로 고통받을 가능성이 더욱 높아질 수 있다.

주로 어디에서 성에 대한 지식을 얻었는가?

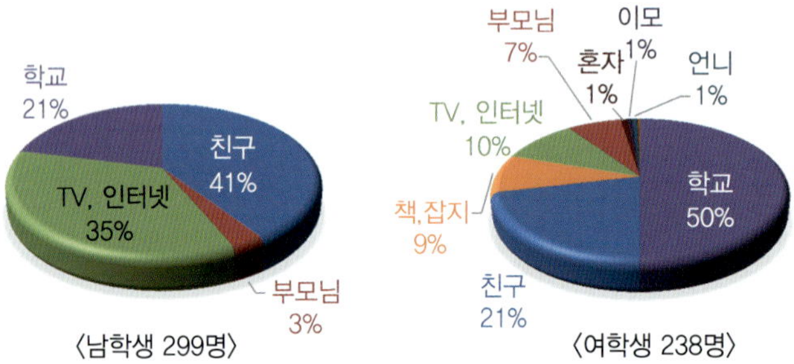

착각하는 경우가 대부분이다. 성에 대한 섣부른 자신감과 성에 대한 잘못된 상식은 성에 대한 대화에서 상대방의 의견을 무시하고 자신의 이야기만을 고집하는 문제로 나타날 수 있다.

커플 간의 대화를 어렵게 하는 두 번째 요인은 상대방을 이해하고자 하는 마음가짐이나 상대방과 대화를 이끌어 갈 요령이 부족하다는 것이다. 모든 사람들은 자신만이 아니라 상대방에게도 기쁨을 줄 수 있는 대화의 방법을 연구하고 배워야 한다. 특히 성 관련 대화의 기술은 학습을 통해 향상될 수 있기 때문에 전문가의 조언이나 성교육 교본 등을 이용하게 되면 서로 간의 이해의 폭을 넓힘으로써 성을 새로운 관점에서 관리할 수 있을 것이다.

솔직한 대화를 방해하는 세 번째 요인으로는 고전적인 성적역할에 대한 뿌리 깊은 인식이라고 할 수 있다. 대부분의 남성들은 자신들의 성적 느낌이나 감정을 밖으로 표현하지 않는 것이 남성다운 태도라고 생각한다. 그러나 남성이든 여성이든 자신의 감정이나 느낌을 솔직히 표현할 필요가 있으며, 이에 대해 상대방과 함께 자연스럽게 대화할 수 있어야 한다. 강하고 과묵해야 한다는 남성에 대한 성적 고정관념이 남성의 자연스러운 욕구를 억제하고, 상대와의 진실한 대화의 즐거움을 빼앗아 버린 주요 원인이라고 할 수 있다.

또한 커플들 간의 힘의 차이도 대화에 영향을 주는 또 다른 요인일 수 있다. 사람들은 대개 자신과 비슷한 처지에 있는 사람들에게만 자신의 솔직한 마음을 털어 놓는 경향이 있다. 그러나 커플 간에 힘의 불균형이 뚜렷한 경우에는 동등한 입장에서 서로의 의견이나 요구를 대화로서 표현하기가 어렵다. 이러한 커플의 경우에는 전문가와의 상담을 통해서 힘의 격차를 줄여보거나 서로에게 알맞은 대화의 방법을 찾을 필요가 있을 것이다.

2 자녀와의 대화

성교육은 태어나면서부터 시작되어 평생에 걸쳐 학교는 물론 가족, 친구 및 각종 매체를 통해 계속된다. 자녀와 성에 관해 대화를 나누지 않더라도 부모의 성적 행동이나 태도는 자녀들의 성적 모델로서 작용하기 때문에 청소년기 이전까지는 부모가 자녀의 성교육에 강한 영향력을 미치게 된다. 그러나 자녀들은 청소년기를 지나 성장하게 되면 부모보다는 친구들이나 TV, 영화, SNS, 인터넷 등과 같은 대중매체로부터 더욱 많은 영향을 받게 된다(그림 12.1). 청소년기 이후의 부모나 학교의 획일적인 금지 위주 성교육은 자녀들에게 성에 대한 부정적인 인식을 심어주게 되며, 친구들이나 대중매체를 통해 제공받은 노골적이고 폭력적인 성에 관한 정보는 청소년들의 성에 관한 올바른 가치관 정립에 상당한 혼란을 주게 된다. 또한 대중매체로부터 접하게 되는 성에 관한 정보는 그 시간이나 내용에서 부모나 학교의 성교육보다 월등히 길고 풍부하기 때문에 가정이나 학교에서 시행하는 성교육은 기대에 비해 그 효과가 미미한 수준에 그치게 되며, 친구나 대중매체로부터 접하게 되는 말초적 감각만을 자극하는 성적 정보는 결국 청소년들의 성에 대한 인식을 왜곡시키고 고착화시키는 결과로 나타난다.

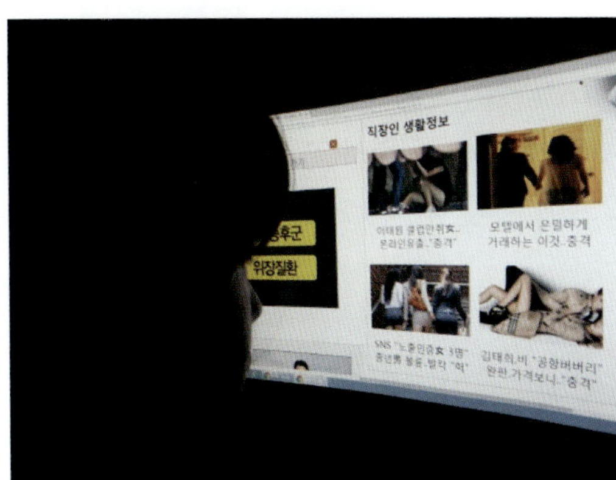

그림 12.1 인터넷 상의 선정적 광고
오늘날 청소년들은 인터넷 상의 선정적인 광고 및 성에 관한 무분별한 정보에 그대로 노출되어 있다.

최근 들어 AIDS를 포함하는 각종 성병과 성문화의 범람에 의한 청소년의 피해는 날이 갈수록 심각해지고 있지만 이들에 대한 적절한 성교육은 거의 전무하다고 해도 과언이 아니다. 대부분의 부모들은 자녀들에 대한 성교육의 중요성은 충분히 인식하고 있지만 실제로 실천에 옮기는 경우는 대단히 드문 편이며, 자녀들에 대한 성교육을 전적으로 학교에만 일임하고 있는 실정이다. 그 이유는 부모들 자체가 과거에 성교육을 받은 적이 없고 자신의 성 지식과 느낌을 자녀에게 솔직하게 표현하기 거북하기 때문이며, 특히 일부 부모들은 자녀들과 성에 관한 대화를 하게 되면 도리어 자녀들을 성적으로 문란하게 만들 가능성이 있다고 오해하기 때문이다. 그러나 만약 당신들이 자녀들에게 올바른 성지식을 교육하고 성에 대한 긍정적인 인식을 심어주길 원한다면 지금부터라도 자녀들과 성에 관한 체계적이면서도 진솔한 대화를 시작하여야 할 것이다.

1) 대화의 필요성

당신은 자녀들이 문란한 성에 물들지 않기를 바라겠지만, 그러기 위해서는 자녀들이 성장할 때까지 외부와는 완전히 차단된 어딘가에 가두어 두어야 할 것이다. 왜냐하면 자녀들은 집에만 있어도 인터넷이나 TV 등을 비롯한 각종 매체로부터 매일 수없이 많은 성에 관한 왜곡된 정보를 접할 수 있기 때문이다. 이와 같이 부모가 아무리 엄격히 통제한다고 하더라도 결국 자녀들은 어린 시절부터 주위 환경이나 친구들로부터 성에 대한 잘못된 정보를 접하게 됨으로써 건강한 성이 아닌 타락한 성, 문란한 성, 왜곡된 성에 익숙해질 가능성이 높다(그림 12.2).

그림 12.2 **청소년 유해환경**
인터넷을 통해 쉽게 접근이 가능한 음란 사이트들

만약 부모들이 자녀들에게 성에 관한 정확한 정보를 제공하거나 자녀들이 건강한 성의 가치를 이해하길 바란다면 자녀들의 성교육을 각종 매체나 학교에만 맡기지 말고 부모들이 직접 실시하여야 할 것이다. 만약 자기 자신이 성교육을 기피하거나 부정적으로 생각하지 않고 자녀들에게 성에 대한 정확한 정보를 제공할 수만 있다면 부모보다 더 훌륭한 성교육자는 없다. 특히 부모들은 대화의 기술이 향상된 후에는 성에 관한 대화의 도중에 가정의 의미, 윤리, 도덕과 종교적 믿음에 대한 교육도 함께 시도할 수 있을 것이다. 성과 일상생활을 유리시킬 것이 아니라 부모가 생활 속에서 자녀에게 올바른 성을 가르치는 것이 성교육의 효과를 극대화 시킬 수 있는 최선의 방법일 것이며, 모든 부모들이 원하는 성교육일 것이다.

2) 대화의 빈도

당신은 한 번의 대화만으로 당신의 자녀가 모든 성적인 문제를 해결할 수 있을 것이라고 기대하지 말아야 하며, 성교육이란 성에 대하여 길고 심각하게 대화를 나누는 것이라는 생각을 버려야 한다. 한 번의 대화에 성교육에 필요한 모든 것을 다룬다고 하더라도 친구들이나 각종 매체로부터 얻게 될 성적인 정보의 양과 질에는 비교가 되지 않을 정도로 미미하기 때문에 그러한 교육의 효과가 장기간 지속되기는 어려울 것이다. 따라서 성교육은 교육을 위한 별도의 시간에만 시도되는 것이 아니라 전 생애에 걸쳐 시도되어야 하며, 성에 대한 부모와 자식간의 대화 역시 전 생애 동안 생활 속에서 지속적으로 이루어져야 한다.

3) 단어 선택

자녀들에게 부적절한 신체접촉에 관하여 설명하기 위해서는 적당한 용어가 필요하게 된다. 대부분의 부모들은 '고추', '거기' 및 '어느 누구도 너의 아래를 건드리지 못하게 하라'는 등의 암시적인 용어나 모호한 말로서 설명하곤 하지만, 결국 이러한 태도는 자녀에게 신체부위가 음탕하고 더러우며 그 기능도 불결하다는 생각을 갖게 할 뿐이다.

성에 관한 대화에서 가장 무난하게 선택될 수 있는 외부생식기 등을 지칭하는 용어들은 대부분 해부학적 용어일 것이며, 이러한 용어의 올바른 사용을 위해서는 부모가 우선적으로 용어의 의미와 기능 등에 대한 교육을 받음은 물론 단어의 사용에 대한 거부감이 없어야 할 것이다. 이러한 의학용어들을 사용한 대화에서는 용어를 사용하는 사람들의 부담도 줄어들 수 있으며, 듣는 사람도 신체기관의 일부에 대한 부정적인 인식은 들지 않을 것이다. 이와 같이 부모들이 소년들은 음경을, 소녀들은 질을 갖고 있다는 등의 정확한 용어를 사용한 교육을 시도함으로써 자녀들에게 자신의 신체나 정상적인 성적인 행위가 불결하거나 부정적인 것만은 아니라는 사실을 주지시킬 수 있을 것이다.

Q 12-3

부모님과 성에 관한 대화를 나누는가?

'부모와 성에 관한 대화를 한 경험이 있는가?'라는 질문에 남학생 313명 중 단 15%만이 그렇다고 응답하였으며, 여학생의 경우는 좀 더 많은 42%가 대화경험이 있다고 응답하였다. 그러나 대화의 빈도는 남녀 학생 모두 드물게 가끔 또는 문제가 발생한 경우에 한해서인 경우가 전체의 약 40% 이상이었다. 대화의 주요 주제가 무엇인지에 대한 질문에는 다양한 응답이 있었는데 남학생들의 경우는 주로 임신, 성에 대한 기본개념, 자위행위에 대한 것이었으며, 여학생들은 연애 관련, 월경 관련, 여성으로서의 몸가짐 등의 주제로 대화를 나누는 편이라고 응답하였다.

Q 부모님과 성에 대한 대화를 한 경험이 있는가?

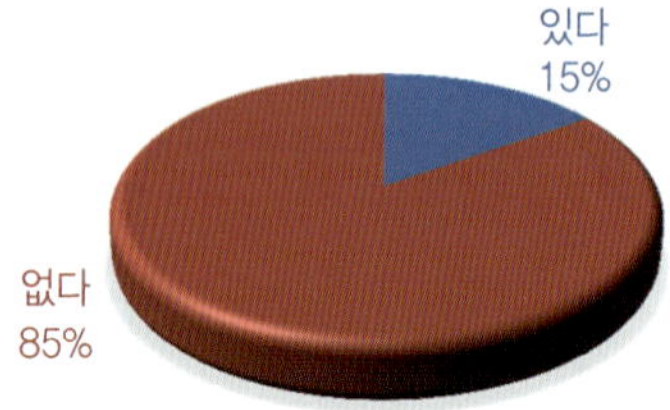

〈남학생 313명〉

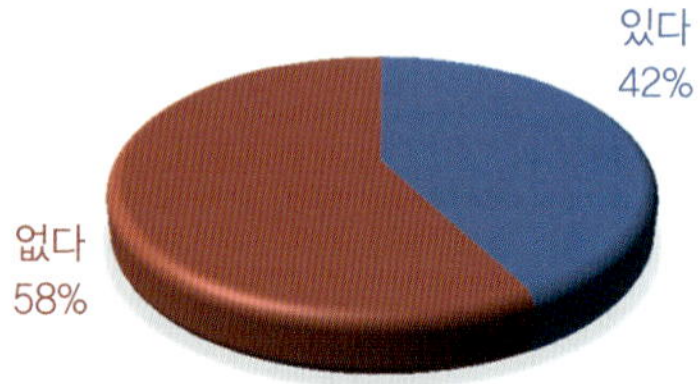

〈여학생 240명〉

Q 얼마나 자주 나누는가?

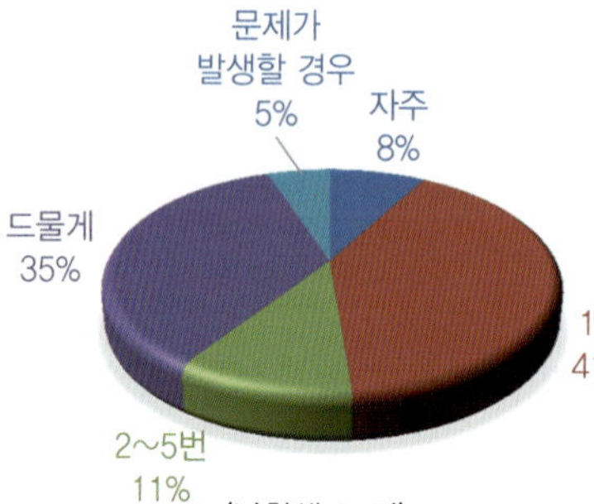

〈남학생 37명〉

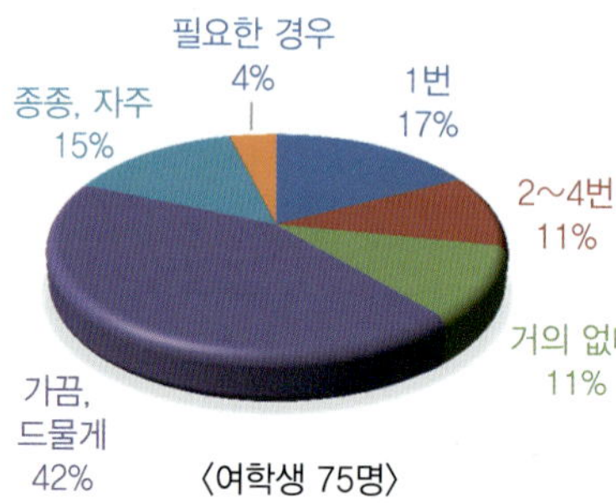

〈여학생 75명〉

4) 대화의 시기

부모들은 자녀가 사춘기에 도달하기 이전에 사춘기의 신체적 변화에 대하여 자녀와 대화의 시간을 갖는 것이 좋다. 어떤 부모들은 초경이나 몽정에 대해 딸이나 아들과 대화하는 것을 기피하지만, 일부 자녀들은 자신에게 일어난 이러한 신체적 변화에 매우 당황하거나 무

Q 12-4

부모님과의 대화에서 음경, 음모 등의 언어를 사용할 수 있는가?

'부모님과의 대화에서 음경, 음모 등의 언어를 사용할 수 있는가?'라는 질문에 남학생 310명 중 83%, 여학생 240명 중 62%가 '아니다'라고 응답하여 여전히 성 관련 대화에 대한 부담감을 가지고 있으며 생식기를 지칭하는 정확한 용어의 사용을 불편해 하는 것으로 나타났다. 부모가 자녀들과의 대화에서 생식기와 관련하여 그곳, 거기 등의 애매한 용어를 사용하게 되면 자녀는 생식기가 부끄럽고 감추어야 하며 언급해서는 안 되는 것이라는 인상을 받을 수 있다. 따라서 부모가 먼저 음경, 음모, 음순과 같은 정확한 해부학적 용어를 사용함으로써 자녀들이 생식기를 자연스러운 우리의 몸의 일부로 인식할 수 있도록 하는 노력이 필요하다.

Q 부모님께 음경, 음모 등의 언어를 사용할 수 있는가?

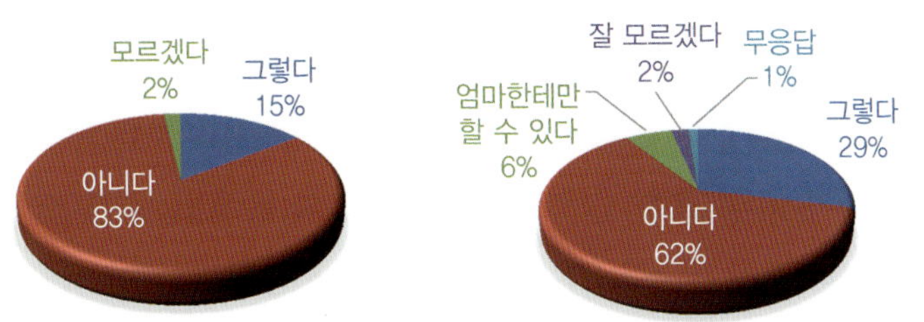

〈남학생 310명〉 〈여학생 240명〉

서운 병에 걸렸다고 오해하는 경우도 있으므로 부모들은 적당한 기회에 적절한 교육을 시키는 것이 좋다. 또한 소년에게는 사춘기 소녀에게서 일어나는 변화를, 소녀에게는 사춘기 소년에게서 일어나는 변화를 설명하는 것도 중요하다. 즉, 남녀가 서로를 올바르게 이해하기 위해서는 이성의 신체적, 감정적 변화를 정확히 인식하는 것이 필요하다.

대부분의 부모들은 자녀들과 성에 관해서 언제, 어떻게, 어떤 말을 해야 하는가를 판단하기 어렵다고 느낀다. 그러나 자녀들 자신이 특정 주제에 관한 대화의 시기를 결정하는 경우가 많다. 예를 들어, 어린이들은 "아기는 어디서 생기나요?"라는 질문을 하는 경우가 많은데, 부모들은 이때를 놓치지 말고 자녀와 신체 부위의 명칭과 기능에 관한 대화를 시도하는 것이 좋다. 만일 이때 부모들이 대답을 회피하거나 "나중에 크면 알게 돼"라고 대답하게 되면 장래 자녀들은 부모와는 더 이상 이러한 종류의 대화를 시도하지 않게 될 것이다. 또한 나이에 맞지 않는 성숙한 질문을 했다고 당황하여 대답을 피하거나 자녀가 나이들 때까지 기다리는 것은 현명치 못한 방법이다.

최근 세계적으로 AIDS를 비롯한 각종 성병의 만연은 청소년들에게 상당히 위협적인 문제가 되고 있다. 만약 자녀가 AIDS에 대해서 질문한다면 그때가 바로 자녀들이 AIDS에 대해서 무엇을 모르고 무엇을 잘못 알고 있는지를 알려줄 수 있는 좋은 기회이며, 자녀들이 오해하고 있는 부분이 있다면 바로 잡아 줄 수 있는 좋은 기회이다. 그러나 만약 자녀들이 질문하지 않는 경우에는 적당한 시기에 적절한 방법으로 부모들이 먼저 AIDS에 대한 대화를 유도하는 것도 좋은 방법일 것이다. 대부분의 부모들은 AIDS에 대해서 설명하기 위해서는 동성애, 구강성교, 항문성교 등을 언급해야 한다는 사실에 매우 불편해 하지만, 취학 전이나 초등학생에게 반드시 그러한 설명을 할 필요는 없다. 그들은 항문성교나 구강성교 등을 잘 이해하지 못하며, 그러한 말을 하지 않아도 AIDS를 설명할 수 있는 방법은 많다.

10대들은 성병 등에 대해서 매우 노골적인 질문을 하는 경우가 많다. 그들은 "키스, 자위행위, 성기접촉, 성교 등을 하면 AIDS에 걸리는가?" 또는 "AIDS와 같은 성병을 방지할 수 있는 방법은 무엇인가?"와 같은 질문을 하곤 한다. 이러한 질문을 받은 경우에는 AIDS를 비롯한 모든 성병에 관한 정보를 제공하는 것이 좋다. 그러나 자녀들에게 정확한 대답을 하기 위해서는 부모들이 먼저 성병에 관한 내용을 공부해야 할 것이다. 자녀의 연령에 맞는 정보를 제공하면서 자녀와 함께 성병 등과 같은 의학적인 내용은 물론 성적 가치관 등에 관한 대화를 시도할 수도 있을 것이다. 이때 부모들은 자녀의 나이와 관계없이 성에 대한 긍정적인 면을 부정하지 말아야 한다. 자녀들과의 대화에서 건전한, 정상적인 성은 아름답다는 인식을 심어주는 것이 장래 자녀들의 건전하고 아름다운 성을 보장하는 성교육의 방법이라고 할 수 있다.

5) 대화의 수준

자녀들과의 대화는 항상 솔직하고 명확해야 한다. 자녀들은 획일적이고 지나치게 도덕적이기만 한 성교육을 원치 않으며 정확한 용어와 실질적인 정보를 원한다. 모호한 단어를 이용한 교육은 자녀들에게 혼란만을 가중시킬 뿐이다. 그렇다고 자녀들이 이해하지도 못할 정도로 너무 자세하게 설명하는 것은 피해야 하며, 대화 도중에 자녀가 제대로 이해하고 있는지 항상 체크하여야 한다. 만약 자녀가 제대로 이해하지 못한다고 판단되면 다른 방법이나 예를 들어 설명하여야 한다.

부모들은 자녀들의 질문에 매우 훌륭한 대답을 하기도 하지만, 어린 자녀들은 무엇을 어떻게 질문해야 하는지 정확히 모르는 경우가 많기 때문에 그것이 자녀들의 질문에 대한 답이 아닐 수도 있다. 예를 들어 6살짜리 꼬마가 "아기는 어디로 나오나요?"라는 질문을 했을 때 많은 부모들은 자녀들에게 성행위에 대해서 자세히 설명해야 한다는 데에 많은 부담을 느끼게 된다. 그러나 아이들은 성교 자체에 대해 묻는 것이 아니기 때문에 되도록 간단히 자녀가 원하는 대답만을 하는 것으로 충분하다. 즉, "아기는 엄마 배속의 자궁이라는 곳에서 자라며, 질을 통해 태어난다"고 설명할 수 있다. 만약 자녀들이 다시 "질은 무엇이냐?"고 질문한다면 "질이란 자궁의 입구와 연결된 곳으로서 엄마의 배속과 외부를 연결시키는 통로"라고 설명할 수도 있을 것이다.

성이라는 것은 자녀들의 수많은 호기심 중에서 극히 일부일 뿐이라는 사실을 기억하라. 또한 어린이들이 생각하는 성은 어른들이 생각하는 성적행위나 태도와는 전혀 다르다는 사실도 염두에 두어야 할 것이다. 대부분의 어린이들은 성교 경험이 없고 임신한 경험도 없으며 성관계가 어떻게 이루어지는지 조차 모르기 때문에 성을 성인들이 생각하는 의미로 받아들이는 것이 아니라 단지 하나의 대화 주제로만 생각할 뿐이다. 어떤 아버지가 6세 아들에게 자궁에 관한 이야기와 질을 통한 출산에 대해 설명하고는 "또 다른 질문이 있냐?"고 물었을 때 아들은 "(성에 관한 것이 아닌) 다른 질문해도 되나요?"라고 대답할 정도로 아이들에게는 성이란 것이 그저 그들의 많은 관심사 중 하나일 뿐이다.

6) 대화의 방법

많은 부모들은 종종 자녀들의 질문에 당황하게 된다. 이때 부모들은 약간 당황되더라도 자녀들이 벌써 성장하여 그러한 질문을 하게 돼서 기쁘고 대답할 수 있는 기회가 생겨서 더더욱 기쁘다고 말해주는 것이 좋다. 또한 자녀들의 질문에 대한 당신의 대답도 중요하지만, 더더욱 중요한 것은 당신이 자녀들의 질문에 귀를 기울여 준다는 사실을 자녀들에게 확실히 인식시키는 것이다(그림 12.3).

그림 12.3 부모와 자녀의 대화
자녀와의 대화에서 가장 중요한 점은 자녀들의 질문에 정확한 답을 찾아주는 것이 아니라 질문에 귀를 기울여 주는 것이다.

자녀와의 대화에서 반드시 고려하여야 하는 것은 일방적으로 강의하듯이 하지 않고 자녀들과 서로의 의견에 대하여 토론을 하는 것이다. 또한 자녀의 성에 대한 인식이나 태도가 당신과 다르다고 해서 엄하게 꾸짖거나 화내지 않아야 한다. 항상 조용하고 침착한 목소리로 대화하라. 자녀들에게 성에 관한 어떤 문제라도 부모와 함께 상의하면 해결될 수 있으며 부모로부터 비판과 꾸지람을 듣지 않을 것이라는 인식을 심어 주는 것이 중요하다. 만일 부모가 사랑과 관용의 분위기를 조성하지 않는다면 자녀들은 절대로 진실을 말하지 않을 것이다. 또한 너무 형식적인 대화는 피해야 하며, 자녀에게 성에 대한 두려움과 부정적인 인식을 없애주는 것과 동시에 성에 대한 책임도 가르쳐야 한다.

7) 대화의 성패

자녀에게 실시한 성교육의 성패를 판단할 수 있는 방법이 있다. 만약 당신의 자녀가 성교육 후에도 성에 관한 문제로 당신과 다시 상의하기를 원한다면 당신의 성교육은 성공한 것이며, 반대로 자녀들이 더 이상 당신과의 성에 관한 대화를 거부한다면 당신의 모든 노력은 실패했다고 할 수 있을 것이다.

신체적이나 정신적으로 건강한 청소년들은 성에 대한 강한 흥미를 느끼며, 성장해서도 성에 관한 각종 정보를 얻길 원한다. 그들은 결혼 전에는 데이트와 청혼, 결혼 후에는 부부생활, 피임, 자녀출산 등에 대해서 되도록 많은 것을 알고자 한다. 그들은 친구, 대중매체 및 그 외 각종 출처로부터 이에 대한 정보를 얻게 될 것이며, 부모들과의 대화도 그러한 정보를 획득하는 길 중 하나일 것이다. 따라서 수많은 정보의 홍수 속에서 부모가 자녀들에게 성에 관한 정보를 제공할 수 있는 천재일우의 기회를 얻기 위해서는 자녀를 향한 대화의 채널을 항상 열어 두어야 한다는 점을 명심해야 할 것이다.

8) 부모의 영향

부모들은 자신들의 행위가 자녀들의 성적 가치관의 형성에 중요한 영향을 끼칠 수 있다는 사실을 명심해야 한다. 부모들은 자녀들에게 가족들끼리는 애정을 공유하여야 한다는 사실을 알려줘야 하며, 부부 간이나 부모나 자식 간의 포옹은 애정의 신체적 표현이라는 사실도 가르쳐야 한다. 만약 부모가 자녀들 앞에서 키스하거나 포옹하는 것을 꺼려한다면, 자녀들에게 부부 간의 신체적인 접촉이 잘못된 것이라고 가르치는 것과 같다. 이때 자녀들은 물론 부모들도 성과 애정은 전혀 별개의 것이라는 사실을 확실히 인식하여야 한다. 또한 자녀가 결혼 전에 성경험을 하지 않길 바란다면 부모 자신부터 혼전 성관계를 금지하여야 한다. 만약 자녀가 부모가 혼전 성관계 경험이 있다는 사실을 알고 있는데, 부모가 자녀에게 혼전 성관계를 나쁘다고 말한다면 자녀가 부모의 말을 어떤 느낌으로 받아들이겠는지 상상해 보라.

자녀와 함께 성에 관한 대화를 한 번도 시도해 본 적이 없더라도 부모들의 행위는 자녀들에게 성적역할이나 행태의 모델로서 작용하게 된다. 자녀들은 부모들을 보고 자라면서 성에 대한 부정적인 태도를 배울 수도 있다. 예를 들어, 일부 어른들은 노골적이면서도 저속한 농담을 자주 하는데, 이를 보면서 자란 자녀들은 성을 정상적으로 인식하지 않고 저속하고 부정적으로 생각하게 될 것이다.

유치원에 갈 나이가 된 어린이들은 성에 관한 농담에 많은 흥미를 나타낸다. 그들은 자신들이 하는 농담의 의미를 확실히 이해하진 못하지만 나이든 사람처럼 행동하며 어른들의 흉내를 내려고 한다. 어른들이 어린 아이들의 농담을 듣고 웃게 되면 아이들의 농담이나 행위는 점점 심해지고 빈도도 증가하게 된다. 자녀가 음란한 말을 사용하는 경우에는 화를 내지 말고 차분히 그 말의 의미를 설명하여 주는 것이 좋다. 어린 아이들은 자신이 쓰는 말의 의미도 모르는 경우가 많기 때문에 부모가 무턱대고 화를 내게 되면 아이들에게 아무런 도움이 되지 않을 뿐만 아니라 도리어 역효과를 유발할 수도 있다.

9) 성에 대한 가치 기준

만약 자녀들이 부모의 성에 대한 믿음과 가치를 따라주길 원한다면 자녀들과의 대화는 필수적이다. 그러나 자녀들과 성의 도덕적 가치에 대하여 대화하는 동안에 반드시 고려해야 할 것들이 있다. 즉, 자녀들에게 자신들의 성에 대한 가치 기준을 강조할 수는 있겠지만 설교하듯이 하지는 말아야 한다. 다시 말해 부모자신이 느끼고 생각하는 바를 언급하는 것은 좋으나 자녀가 다른 가치 기준을 갖고 있다고 해서 자신의 가치 기준을 따르도록 강요하거나 명령하지 말고 차이점에 대해서 서로 토의하는 시간을 갖는 것이 좋을 것이다(그림 12.4). 만약 자녀가 성에 관한 문제를 계속해서 상의하기를 원한다면 대화하기 편안한 환경을 제공하라. 이때 부모 자신만의

그림 12.4 성에 대한 가치 기준의 강요
성에 대한 부모의 가치 기준을 무조건 강요하거나 명령하는 대화방식은 자녀들에게 아무런 교육적 효과도 없으며, 도리어 반발심만을 유발하게 된다.

의견만을 강요하고 자녀들의 의견을 무시한다면 자녀들은 다시는 부모와 대화하려 하지 않을 것이다.

자녀와 성에 대한 대화를 하는 동안 부모들이 접하게 되는 가장 큰 문제는 사회의 보편적인 도덕성을 강조해야 할 것인지 아니면 상황에 따른 윤리를 강조해야 할 것인지에 관한 것이다. 보편적인 도덕성이라 함은 '성관계는 결혼할 때까지 금지되어야 한다'는 등과 같이 모든 환경하에서 적용될 수 있는 가치기준이다. 그러나 요즘 같이 많은 사람들이 혼전 성관계를 경험하는 현실에서 보편적인 가치기준만을 강요할 수도 없게 되었다. 많은 부모들은 성관계에 관해서 대화하는 것이 도리어 성에 관한 문제를 유발할 수도 있다는 생각 때문에 자녀들과 성관계나 피임에 관하여 대화하기를 꺼려하지만, 이러한 대화가 없을 경우에는 원치 않는 임신이나 성병 등과 같은 더욱 심각한 문제를 야기할 수도 있다. 이에 반해 상황에 따른 성적 도덕성이나 윤리를 강조한다는 것은 특별한 상황에서 어떠한 태도나 행동을 하는 것이 가장 올바른가를 결정하는 것을 말한다. 즉, "우리들은 네가 그러한 행동을 하지 않기를 바란다. 그러나 네가 반드시 그러한 행동을 하여야 한다면…"과 같이 특정 환경에서 자녀들의 태도나 행위에 대한 부모의 기대를 자녀들에게 인식시키는 것을 말한다. 최악의 경우에는 자녀들이 혼전 성관계를 갖지 않도록 유도하는 노력을 포기하고 원치 않는 임신이나 성병의 위험을 방지할 수 있는 방법을 설명해야 할지도 모른다. 이와 같이 보편적인 가치기준과 상황에 따른 가치기준 중에서 어느 쪽을 선택할 것인가는 자녀와 대화를 시도하여 보거나 그 자녀들의 상황을 고려하여 신중히 결정하여야 할 것이다.

10) 성교육과 성적문란

일부 부모들은 실질적인 성행위나 피임과 관련한 내용을 담고 있는 성교육이 도리어 자녀들을 성에 익숙하게 하여 성적 문란을 야기시키는 촉진제가 될 수도 있다고 생각하지만, 운전교육이 자동차 사고를 유발하지 않는 것과 같이 성교육이 성을 문란하게 하지는 않는다. 2016년 질병관리본부의 청소년 건강행태 온라인 조사자료에 의하면 우리나라의 성관계 시작 연령은 만 13.1세이며, 이들의 피임 실천율은 50%가 안 된다. 미국의 경우 15세~19세 청소년의 피임실천율이 98.9%인 것에 비하면 이는 참담한 수치이다. 심지어 70% 이상의 청소년들이 1년 중 한 번 이상은 학교에서 성교육을 받는다고 응답하였지만 이들이 받는 성교육에는 성행위나 피임에 대한 정보가 너무 빈약하다. 따라서 연일 인터넷에서는 피임법에 무지한 청소년들이 콘돔대신 랩이나 비닐봉지를 사용하고서 그에 따른 임신에 대하여 불안감을 표현하는 글을 심심치 않게 발견하게 된다. 많은 연구들은 보다 실질적인 성교육을 받은 사람들의 원치 않는 임신율이 성교육을 받지 않은 사람들에 비해 훨씬 낮다고 밝히고 있다. 또한 부모가 적극적으로 성교육을 실시하는 가정의 자녀들이 부모가 성교육을 소홀히 하는 가정의 자녀들보다 성의 도덕적 가치를 더욱 존중하는 것으로 조사되었다.

11) 성교육의 효과

성에 대한 잘못된 정보는 성기능 장애는 물론 타인과의 일상적인 관계 형성에도 심각한 문제를 야기시킬 수 있으며, 성에 대한 정보가 결핍되면 미혼모, 성병, 성추행 등으로 인하여 개인은 물론 사회도 큰 상처를 받게 된다.

성교육은 올바른 성적 태도와 인식을 형성하게 하고, 성관계에 수반되는 책임을 강조함으로써 많은 성적인 문제를 감소시킬 수 있는 긍정적인 면이 있다. 어린 시절의 올바른 성교육은 자신의 신체에 대한 자부심을 갖게 하며 신체 기능의 변화에 의해 유발되는 현상들에 대해 적절히 대처할 수 있는 능력을 제공하게 된다. 따라서 모든 부모들이 자녀에 대한 성교육의 필요성을 절감하고 자녀와 함께 성에 관한 대화를 주저하지 않을 때 자녀들의 성문제는 물론 일상생활에서의 문제점도 지금보다 훨씬 줄어들게 될 것이다.

3 커플 간의 대화

1) 대화의 시작

파트너와 성에 관한 대화에 익숙해지는 최선의 방법 중 하나는 신문이나 잡지 또는 인터넷과 같은 대중매체를 이용하는 것이다. 최근의 대중매체에는 성에 관한 기사가 거의 빠지지 않는다. 파트너와 신문을 보면서 넌지시 “난 이건 잘 모르겠어” 또는 “이건 정말 재미있네”와 같은 말을 시작으로 자연스럽게 성에 대한 대화를 시도할 수도 있을 것이다. 당신이 대중매체 속의 성에 관해 대화하는 것이 편해질수록 당신 자신의 성문제에 관하여 대화하는 것도 용이해 질 것이다. 성에 관한 최초의 대화 내용으로는 왜 당신들이 성에 관해 대화하는 것이 어려운가에 대한 것도 좋을 것이다. 만일 상대방이 성에 관한 대화에 부정적이라면 당신이 생각하는 성에 대해서 조심스럽게 설명할 수도 있을 것이다. 대화가 어느 정도 자유로워지기 시작

그림 12.5 성교본의 이용

성에 관한 대화가 부족한 커플들의 경우 적당한 성교본을 이용하게 되면 자신들의 성적욕망이나 원하는 애무 방법 등과 같은 이전에는 대화의 주제로 삼기 어려웠던 성 관련 대화를 시도하기가 용이해질 것이다.

하면 성과 관련된 신체의 기능과 이러한 신체 기관들이 성관계에서 어떠한 영향을 주는가에 대해서 서로 이야기할 수도 있을 것이며, 이러한 과정을 통하여 이전에는 입에 담을 수도 없었던 자위행위 등에 관해서도 대화할 수 있게 될 것이다. 이와 같이 당신과 당신의 파트너가 성에 대한 태도나 선호하는 행위 등에 대해 편안하게 대화할 수 있게 되면 커플이 함께 성교본을 보면서 자신들의 의견을 주고받을 수도 있을 것이다(그림 12.5).

2) 단어 선택

우리들은 인간의 생식기를 '거시기', '거기', '고추' 등으로, 성행위를 '박다', '따먹다' 등의 속어를 이용하여 표현하고는 한다. 남성들은 이러한 단어들을 비교적 자유롭게 사용할 수 있지만 여성의 경우에는 남성 앞에서건 동성과의 대화에서건 사용하기가 매우 어렵다. 이와 같이 남들 앞에서 사용하기 어려운 은어나 속어를 사용하는 경우에는 성에 대한 긍정적인 감정을 표현하기가 거의 불가능할 것이다. 그러나 자녀와의 대화 부분에서도 언급한 바 있지만 음경, 질, 성교 등의 전문 용어를 이용하면 속어를 이용할 때와는 달리 최소한 인간의 신체나 행위에 대한 부정적인 느낌을 피할 수는 있을 것이다. 그러나 이러한 전문용어는 어린 아이들과는 달리 용어에 대한 의미를 알고 있는 성인들인 부부나 커플들이 사용하기에는 너무 딱딱하여 에로틱한 대화의 분위기를 해칠 수도 있다. 대신 당신은 파트너와 함께 당신들만이 알아들을 수 있는 비밀스러운 단어나 문장을 이용하여 신체의 각 부분이나 행위에 대한 암시를 주고받을 수 있을 것이다. 예를 들어, 성행위를 "오늘 별따러 갈까?" 또는 "우리 함께 샤워할까?"와 같은 완곡한 문장으로서 표현한다면 그 날의 분위기가 더욱 에로틱하게 느껴질 수도 있을 것이다.

성에 관한 대화에서는 서로가 사용하거나 듣기 편안한 용어를 선택하는 것이 무엇보다도 중요하다. 이러한 용어를 사용하여 대화하게 되면 성적인 대화에 대한 거부감이 사라지게 될 것이며, 대화가 계속됨에 따라 차츰 대화 자체나 내용에도 익숙해지게 될 것이다. 어떠한 단어를 사용하던 상대방에게 당신의 감정과 욕망을 충분히 전달하고 상대방의 의사를 확실히 이해할 수 있을 때까지 대화를 계속하는 것이 중요하다.

3) 대화의 장소와 시기

만약 당신이 지금까지와는 다른 성적행위를 시도하길 원한다면 대화의 장소와 시기를 신중히 고려하여 선택하여야 한다. 만약 당신이 성관계가 끝난 직후 자신의 의견을 상대방에게 전달한다면 상대방의 성교기술에 대한 평가라고 오해되어 원하는 대화의 효과를 기대할 수 없을 것이다. 또한 성관계 전에 당신의 성적 불만족을 이야기하면 성관계의 분위기를 해칠 수도 있으며, 성관계 도중에 말한다면 성관계에 집중하기가 어려워질 수도 있을 것이다. 그러므로 대화의 효과를 극대화하기 위해서는 상대방이 당신의 성적 관심사에 대해 수용할 태도가 되어 있을 때를 선택하여 대화를 시도하는 것이 중요하다. 즉, 부정적인 감정 상태에서 대화를 시작한다면 당신의 의사가 상대방에게 정확하게 전달되기 어려울 것이므로 상대방의 감정 상태가 긍정적이고 성에 대한 대화를 시도할 마음의 준비가 되어 있을 때를 선택하는 것이 대화의 성패를 좌우하게 될 것이다(그림 12.6).

그림 12.6 커플 간의 대화
커플 간에 성문제에 관한 대화를 나눌 때에는 반드시 그 시기나 장소 및 상대방의 감정 상태가 충분히 고려되어야 한다.

항상 침실에서만 성관계를 갖는 경우에는 절대로 침실이나 침대에서 성적문제를 논하지 않는 것이 좋다. 만약 당신이 침실에서 성적 불만을 이야기하게 되면 침대가 성적 긴장이나 불안을 유발하는 장소가 되고 말 것이다. 성적인 문제를 토의할 때에는 거실이나 그 외의 장소를 택하고 침실이나 침대는 즐거운 경험으로만 가득 채워 두는 것이 좋다.

4) 대화의 방법

대부분의 사람들은 성에 관한 대화의 방법을 모르기 때문에 어떤 성문제가 있어도 이를 대화로서 해결하려고 시도하지 않는다. 사람들은 대화를 시작할 때 “나는 당신이…하는 것이 싫다” 또는 “당신은 … 하지 않다”와 같이 말하는 것이 보통이다. 그러나 이러한 유형의 대화는 상대방의 부정적인 면을 지나치게 강조하게 되어 상대방에게 방어 반응을 유발케 하며, 따라서 긍정적인 대답보다는 도리어 비난을 받게 됨으로써 결국은 서로 간에 커다란 논쟁을 불러일으키는 결과를 낳고 말 것이다. "당신이 … 하면 나는 싫어"라는 부정적인 말 보다는 "당신이 … 하면 나는 좋더라"라는 긍정적인 말로서 대화를 이끌어 가는 것이 상대방의 마음에 상처를 주지 않으면서도 자신의 의견을 파트너에게 확실히 전달할 수 있는 방법일 것이다.

어떤 사람들은 성관계 후 상대방에게 "어땠어?", "좋았어?", "대단하지?" 등과 같은 질문을 하는데, 이때 그들은 성관계에 대한 진실한 평가가 아니라 상대방으로부터 칭찬받길 원하는 것이 보통이다. 그러므로 이러한 질문에 대한 대답을 할 때는 어떤 부정적인 문제를 표현하기보다는 가능하면 긍정적인 반응이나 칭찬을 하는 것이 좋다. 그러나 상대방에게 부정적인 반응을 표현하는 것보다 긍정적인 반응이 서로에게 유익하다고 해서 불평이나 불만을 표현하지 말라는 의미는 아니다. 그 대신 불평이나 불만을 표현할 때에는 반드시 그 시기를 잘 선택해야 한다는 점을 잊어서는 안 된다. 만약 화가 난 상태에서 불평하게 되면 파트너 역시 당신을 비판하게 될 것이기 때문에 불만을 표현할 때에는 당신이 진정된 후에 하는 것이 당신이 말하고자 하는 내용을 정확히 전달할 수 있는 방법일 것이다.

대부분의 사람들은 자신은 성적으로 아무런 문제가 없다고 믿고 싶기 때문에 상대방에게 문제의 원인을 돌리거나, 성문제가 자신에 의해서 발생하였더라도 자신이 성문제를 일으키게 된 근본적인 원인은 상대방에게 있다고 생각한다. 이와 같이 자신의 문제를 먼저 해결하기 보다는 무조건 상대방을 비판하는 태도는 문제를 해결하는 것이 아니라 문제를 더욱 심각하게 만드는 결과를 초래하게 될 것이다.

만일 당신이 상대방에게 당신의 성적욕망이나 요구를 언어로서 명확하게 표현한 적이 없다면 성적인 문제에 대한 책임을 전적으로 상대방에게 돌리지 말아야 한다. 상대방은 당신이 명확히 말하지 않는다면 당신의 원하는 바가 무엇인지 전혀 알 수 없기 때문이다. 상대방에게 말하지도 않은 채 상대방이 당신이 원하는 것이나 당신을 즐겁게 하는 방법을 알아주기를 기대하는 것은 무리이다. 당신은 당신 자신의 성적 즐거움에 대한 책임을 져야 하며, 상대방에게 당신의 성적욕망이나 요구를 언어로서 표현할 때만이 원하는 것을 얻을 수 있다는 사실을 명심해야 할 것이다.

대개의 경우 일상적인 관계가 좋은 커플들은 서로의 성격이나 생각을 존중하기 때문에 성적 갈등이 있어도 문제를 비교적 쉽게 해결할 수 있는 반면에 그렇지 못한 커플들은 문제 해결이 용이하지 않거나 해결하기까지 상당한 기간이 소요되게 된다. 또한 만일 당신이 상대방을 비판하려 한다면 행위를 비판해야지 절대 성격 자체를 비판하지 말아야 한다. "당신은 나를 얼마나 사랑하는지 행동으로 보여주지 않아"라고 말하는 것과 "당신은 남을 사랑하지 못하는 사람이야"라고 말하는 것에는 큰 차이가 있다. 또한 당신이 상대방의 어떤 행동을 비판할 경우에는 그 외의 행동에 대해서는 칭찬해야 한다는 사실도 잊지 말아야 할 것이다. 또한 파트너에게 성적인 문제를 표현하고자 할 때에는 파트너에 관하여 한꺼번에 너무 많은 비판을 하지 않는 것이 요령이다.

자신의 의사를 표시할 때에는 1인칭 화법을 사용하는 것이 효과적이다. '나'라는 말로 시작하여 당신의 감정이나 요구 및 생각을 표현하는 대화의 방법에는 많은 장점이 있다. 즉, '나'로 시작하는 1인칭 문장은 당신의 감정을 솔직히 표현하기 용이한 반면에 '당신'이라는 말로 시작하는 2인칭 문장은 상대에 대한 책망이나 불평을 피할 수 없게 된다. 또한 1인칭 문장은 상대방에게 부정적인 말을 하지 않기 때문에 상대방의 동의를 얻기에 효과적이다. '당신은 이젠 나를 안아 주길 싫어하는 것 같아'라던가 '당신은 더 이상 나를 사랑하지 않아'라는 문장은 공격이나 비판의 의미가 포함되어 있어 상대방의 방어 반응을 유발하게 되지만, '나는 당신이 나를 더 많이 안아 주길 바라'는 문장은 상대방의 방어 반응을 유발하지 않으면서도 당신의 감정이나 요구를 직접적으로 표현할 수 있다는 장점이 있다. '왜'라는 단어로 시작되는 문장도 파트너를 비판하기 위하여 사용되는 경우가 많으며, '우리'라는 단어로 시작되는 문장도 부정적인 효과를 유발하는 경우가 많다.

5) 대화 유도

상대의 성적인 욕구나 요구를 명확히 파악하는 것은 커플 간의 친밀한 관계의 형성을 위하여 매우 중요하다. 이를 위해서는 자신의 욕구를 정확히 이해할 수 있도록 노력해야 하며, 자신의 욕구를 명확히 이해할 수 있다는 확신이 서면 상대방에게 1인칭 화법을 사용하여 당신의 생각, 감정, 욕망 등을 솔직히 표현하여야 한다. 당신의 이러한 노력은 상대에게 당신에 대한 믿음과 이해를 불러일으킴으로써 상대방도 역시 당신에게 자신을 드러내게 될 것이다. 이렇게 서로 믿고 상의할 수 있는 상황이 되면 성적행위에 대한 느낌의 차이 등에 관해서도 부담 없이 비교하고 토론할 수 있게 될 것이다. 물론 상대방이 선호하는 것이 무엇인지도 물어볼 수도 있지만, 이때 한 단어로 끝나는 대답을 유도하는 질문은 피하는 것이 좋다. 예를 들어, "당신 그것 좋아하지?" 또는 "내가 당신의 목에 키스하는 것 좋아해?" 등과 같이 "응"이나 "아니"라는 대답을 유도하는 질문이 아니라 "당신은 내가 언제 어떻게 애무하는 것을 좋아해?"라는 식의 질문을 통해 자발적인 대화를 유도하는 것이 좋을 것이다.

6) 경청 방법

효과적인 대화는 서로의 관계를 친밀하고 성숙된 관계로 발전시킨다. 그러나 대부분의 사람들은 대화에는 자기 의사를 표시하는 것뿐만 아니라 상대방의 의견을 경청하는 것도 매우 중요하다는 사실을 잊고 있는 경우가 많다. 우리들은 상대방에게 언어로서만이 아니라 눈이나 얼굴 표정을 포함하여 몸 전체로서 반응하게 된다. 이와 같이 당신은 대화 중에 온몸으로 상대방의 의견을 존중하며 상대방을 충분히 이해하고 있다는 사실을 확인시켜 주어야 한다.

상대방의 말을 경청하기 위한 또 다른 방법으로는 상대방의 몸을 마사지해 주는 방법이 있다. 마사지는 서로 간의 신체적 접촉뿐만 아니라 성적인 대화를 시도할 수 있는 기회를 증가시킴으로써 관계 강화에 매우 효과적인 것으로 알려져 있다(그림 12.7). 마사지를 시도할 때에는 오일을 사용하는 것이 좋으며, 자신이 마사지 받고 싶은 신체의 부분을 자신이 생각할 때 최선으로 느껴지는 방법으로 상대방을 마사지하는 것이 요령이다. 만약 당신이 어깨나 목 부위를 강하게 마사지 받길 원한다면 상대방에게도 동일한 방법으로 만족시켜 주는 것이 좋다. 그러나 모든 사람들이 당신이 좋아하는 것을 다 좋아하진 않는다. 당신의 파트너는 어깨나 목보다는 등을 부드럽게 마사지해 주기를 기대할 수도 있으므로 마사지 동안 상대의 반응을 조심스럽게 살피는 것이 중요하다.

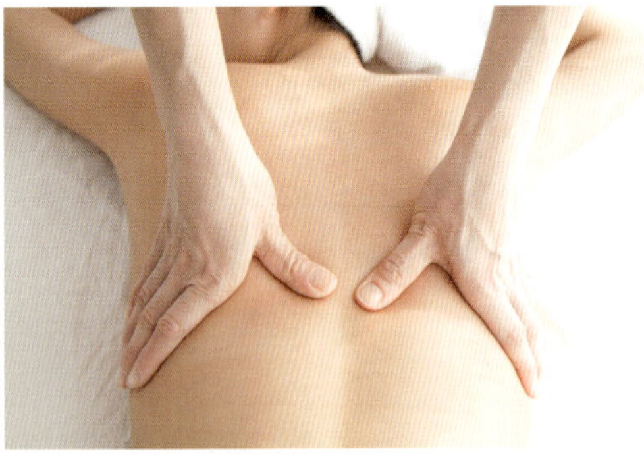

그림 12.7 **마사지**
마사지는 상대방과의 신체를 통한 대화의 방법이며, 마사지를 통하여 익힌 방법은 실질적인 성관계에도 활용될 수 있다.

마사지를 하거나 받는 동안 반드시 언어를 이용하여 대화할 필요는 없다. 마사지가 만족스러울 때 많은 사람들은 "음", "오" 등과 같은 신음 소리를 내게 되는데, 이것은 마사지를 받는 사람이 마사지에 반응하고 있다는 사실을 보여주는 좋은 증거라고 할 수 있다. 그러나 다양한 압력이나 방법을 이용하여 신체의 여러 부분을 마사지할 수는 있지만 성기나 유방을 직접 터치하는 것은 피하는 것이 좋다. 마사지는 당신 자신의 성적 호기심을 충족시키기 위한 것이 아니고 상대와 신체를 이용한 대화를 시도하고자 하는 것이 목적이라는 사실을 명

심해야 한다. 마사지를 통해 상대방과의 신체적 대화에 집중하고 그 결과에 따라 당신의 행동을 수정함으로써 상대방에게 더 큰 기쁨을 제공할 수 있으며, 이러한 방법에 익숙해지면 실질적인 성관계에서도 동일한 요령을 활용할 수 있을 것이다. 모든 사람들은 훌륭한 성적 파트너가 되길 원하지만, 이를 위해서는 반드시 언어나 신체를 이용한 대화의 경청 방법을 먼저 배워야 할 것이다.

사람들은 언어를 비롯한 몸 전체를 통해 상대에게 자신의 의사를 전달할 수도 있지만, 경우에 따라서는 침묵도 분노나 회의를 나타내는 의사 표시의 수단이 될 수 있다. 신체적 접촉은 강력한 비언어적 대화의 수단이며 서로 간의 친밀감을 형성하기 위한 가장 효과적인 방법이긴 하지만, 이러한 비언어적 대화의 가장 큰 문제는 간혹 서로 간에 오해를 유발할 가능성이 있다는 것이다. 오해의 소지를 없애기 위해서라도 언어를 이용하는 대화이든 비언어적인 대화이든 상대와 대화할 때에는 상대에게 자신의 반응을 언어나 신체를 통해 분명히 표시할 필요가 있을 것이다.

7) 상호 간의 이해

아무리 훌륭한 대화 방법을 이용하더라도 상대방이 하루아침에 변화하길 기대할 수는 없다. 상대방의 태도나 행동이 마음에 들지 않더라도 한꺼번에 모든 것을 바꾸려고 노력하지 마라. 천천히 시간을 두고 한 가지씩 해결하도록 노력하는 것이 중요하다. 당신이 한꺼번에 여러 가지 불만을 표현하면 상대방의 방어 행동도 따라서 강해지게 되어 결국은 좋은 결과를 기대하기 어려울 뿐만 아니라 도리어 문제가 심각해 질 수도 있을 것이다.

아무리 대화를 통하여 모든 성적인 문제를 해결하려고 하더라도 서로의 의견이 항상 일치할 수는 없다. 사람에 따라 어떤 성적 행위나 태도에 대한 견해나 선호도에서 차이가 있을 수 있기 때문에 상대방이 자신을 이해해 주기만을 기대하지 말고 먼저 자신이 상대방을 이해하려고 노력해야 한다. 그러나 이러한 노력에도 불구하고 서로의 성적인 욕구나 요구가 만족되지 않는다면 마지막으로 전문가의 도움을 받을 수도 있을 것이다.

이 장에서는 부모와 자식 또는 커플 간의 대화의 방법에 대해서 알아보았다. 대부분의 부모들은 자녀들에 대한 성교육의 필요성에는 공감하지만 직접 성교육을 실시하는 것에는 매우 소극적이기 때문에 많은 자녀들이 왜곡된 성으로 인한 신체적, 정신적 상처를 받게 되며, 수많은 커플들은 자신들의 성적욕구를 상대방에게 전달하는 대화 방법에 익숙하지 못하여 결국 심각한 성문제로 고통받게 된다. 모든 사람들이 건전한 성, 풍요로운 성, 자유로운 성을 향유하기 위해서는 성에 대한 일반적인 지식은 물론 성에 대한 대화의 방법에 익숙해져야 하며, 성에 대한 대화는 특별한 시간, 특정한 장소에서만이 아니라 일상생활 전반에서 이루어져야 대화의 효과가 극대화될 수 있다는 사실도 명심해야 할 것이다. 독자들 중 커플 간의 성문제로 고통받거나 자녀들의 성문제로 고민하는 사람들이 있다면 이 책으로부터 문제 해결의 실마리를 찾을 수 있게 되길 기대한다.

찾아보기

국문색인

ㄱ

가게마 42
가라족 30
가봉 29
가임기간 104
가정출산 258
가진통 252
가학적강간 336
가학피학애증 374
간다족 30
간성 281
간염 바이러스 183
간질세포 66, 102
간통 25, 46
감각 자각 395
감각집중 훈련 396
감동음풍 사건 46
갑상선 101
갑상선자극호르몬 101
갑상선 호르몬 101
강간 318
강간 방지 346
강간사건 320
강간 피해 320, 342
개인관계설 339
개인주의설 293
갱년기 115
거석신앙 47
거세 125
게이 303
게이샤 41
게이캉 42
결혼 15
겸자출산 248
경관개대기 253
경관소실 253
경구 프로스타글란딘 227
경구피임약 217
경부점액법 209
경질초음파 87
경찰법 258
경청 442
계면활성제 262
고려시대 46
고령 임신 275
고사기 39
고원기 132
고환 62, 64, 66, 111
고환여성화증후군 109, 285
곤충 191
골다공증 116, 263
골반감염증 86, 174, 216, 236, 401
골반강 81
골반검사 90
골반림프절절제술 94
골반통 86
골지체 106
공창 41

공창제도 46
과잉유두 83
관음증 371
관장기호증 377
괄약근 66
구강기 286
구강-단순포진 바이러스 180
구강성교 164
구시이족 29
구지 63
구진 177
구해면체근 78
규수 44
그람염색법 179
극체 104
근육긴장 129
근육수축 133
근종절제술 88
근치유방절제술 97
근치전립선절제술 75
근친상간 359
급속안구운동성수면 153
기독교 49
기생충 191
기아성도착증 365
기아증 365
기질성 발기부전 404
기초체온법 208
기형발생인자 243
기혼 398
기회적강간 336
꽃도미 19

ㄴ

나비부인 48
나선균 176
나체족 9
나팔관 75, 81, 82
나팔관결찰술 222
나팔관결찰증후군 223
나팔관복원술 269
나팔관아기 271
나팔관임신 236
나팔관채 82
나팔관폐색 194
낙랑시대 45
낙태 224
난관채 234
난교형 교미 7
난디족 30
난모세포 104
난소 75, 82, 103
난소암 93
난원세포 104
난자형성과정 104
난정소 110
남색 42
남성 가성반음양 108
남성불임 267
남성불임검사 267
남성상위 160
남성색정증 400
남성 생식기관 7
남성용 콘돔 211
남성호르몬 66, 102
남아선호 사상 44
내분비계 100
내요도괄약근 69
넥킹 159
노년기 32
노르에피네프린 105
노르플랜트 220
노인애증 379
노출증 365, 369
노화 103, 403, 404
농포 177
뇌하수체 100
뇌하수체 전엽 101
뇌하수체 후엽 101
누가라족 30
누공 180

ㄷ

다나졸 89
다이에틸스틸베스트롤 73
다태아 276
단백질 100
단백질 호르몬 105
단순유방절제술 97
단순포진 바이러스 90, 180
단완 106
단클론항체 179
당류코르티코이드 105
당왕조 37
대리모 274
대머리 5
대면형 성관계 4
대음순 75, 77
대중매체 338, 437
대하증 86
대화 424
데이트 강간 323
데포-프로베라 219
도교 35
도덕성 436
도미나 25
도비코(飛子) 42
도파민 339
독감 181, 242
독성쇼크증후군 124
동거 117
동물성애 376
동성애 19, 23, 42, 281, 303
동성애자 281, 300, 315
동주시대 35
둔감화 381
둔위출산 261
디프테리아 242
디하이드로테스토스테론 103

ㄹ

라마즈 257
라이디히 세포 66
레보노르제스트렐 217, 226
레스보스 23
레이저 치료 94
레즈비어니즘 23
레즈비언 23
루프 216
르봐이예 258
리듬조절법 207
리보좀 105
리비도 53
림프관조형술 91, 93
림프구 187

ㅁ

마르틴 루터 50
마리화나 247
마사이족 29
마사지 442
마사지법 258
마취제 248
마쿠라에 43
만성 칸디다 증후군 195
만엽집 40
만출기 254
매독 176
매스터스 53
매조키즘 365
매춘 41, 323
먹이 경쟁 16
멀티오르가즘 141
메소트렉세이트 236
면역요법 93
면역조직화학염색법 102
면역형광분석법 190
명왕조 38
모자보건법시행령 229
몽정 153, 430
무성애 282
무월경 120
문화설 337

뮐러관억제인자 106
미국 질병관리 본부 92
미니오르가즘 142
미니피임약 218
미망인 44
미성년기 293
미성년자 강간 332
미소프로스톨 227
미숙아 262
미페프리스톤 227
미혼모 225

ㅂ

바르톨린선 75, 77
바우본 24
바이아이 27
바쿳족 29
반사성 발기 401
반사작용 130
반음양 108
발기부전 402
발기유발제 408
발정기 6, 119
발한현상 131
방광염 81, 196
방사선 247, 267
방사선검사 91
방사선요법 93
배란 82, 104, 113
배란기 8, 113
배란전시기 113
배란후시기 114
배물애 38
배설강 106
배아 81, 235
배우자 11
배후위 160, 162
백사 34
백일해 242
밴대질 48
범성애 282
범죄백서 320
변태성욕 365
변형근치유방절제술 97
병력 조사 395
보조 T 세포 187
복강경 223, 236, 269
복강경검사 93
복사기 104
복장도착자 283
복장도착증 368
복종 374
복합피임약 218
볼거리 241, 242
부고환 62, 66, 106
부부강간 329
부신 105
부신수질 105
부신피질 105
부신피질자극호르몬 101
부정소 62
부치 283
부타이코 42
분노강간 336
불결기호증 377
불응기 137, 142
불임 266
브랙스톤-힉스 수축 252
비너스 24
비아그라 408
비역질 48
비임균성 요도염 175
비친고죄 345
비타민 247, 249
비특이성 질염 195
B형 간염 242
빅토리안 시대 50
빌링스법 209

ㅅ

사면발이 191
사원매춘 23

사정 134
사정관 62, 66
사정불능 411
사정후통증증후군 401
사춘기 286, 430
사포 23
사회교육설 338
사회적 학습 301
사회화 293
산소결핍증 248
산업혁명 51
산업형 매춘 199
산전 진단 251
산후통 264
살마키스 22
살정자제 211
삼국시대 36, 44
삼기매독 178
삼종지도 44
삼차신경절 183
상실기 235
상염색체 275, 284
상피성 난소암 93
새도매조키즘 374, 375
새디즘 365
색정증 399
샘슨의 가설 89
생리대 124
생리주기 이용법 207
생식결절 106
생식기 62, 75, 286
생식기결절 106
생식선 106
서주시대 34
서혜부 8, 69
서혜육아종 94, 179
선사시대 13
선천성 남성화부신증식증 108
선천성 매독 178
선택적 인공유산 225
설파제 196
섬유낭종성 변화 97
섬유선종 97
섬유종 87
성감극기(오르가즘기) 133
성감대 286, 387
성결정 기작 111
성관계 160
성교 398
성교곤란증 400
성교불쾌증 400
성교육 202, 427, 436
성교전파성질환 172
성교중단법 206
성교체위 160
성교통 400
성기-단순포진 바이러스 180
성도착자 288
성문제 398, 401, 414
성문화 22, 428
성반응 128, 386
성범죄 신상정보 등록 334
성범죄자 알림e 334
성병 172
성병성 림프육아종 179
성분화 100, 112
성분화 이상 107
성상담 394
성선자극호르몬 101
성선자극 호르몬 유리 호르몬 113
성염색체 107, 284
성염색체 이상 110
성욕 118, 125
성욕감소 398
성욕도착 364
성욕도착증 365
성욕저하증 399
성욕항진증 399
성인기 294
성장호르몬 101
성장호르몬유리호르몬 101
성적대리인 397
성적 신호기관 2, 3
성적역할 280, 292

성적욕망 129, 389
성적지향 280, 281, 300
성적충동 400
성적행태 10, 147
성적혐오 398
성적환상 155, 157
성전환 19
성전환수술 291
성전환자 288
성전환증 288
성정체성 280
성체 146
성추행 354
성추행범 355
성치료 393
성치료사 393
성폭력방지 및 피해자보호 등에 관한 법률 333
성폭력범죄의 처벌 등에 관한 특례법 333
성폭력범죄의 처벌 및 피해자보호 등에 관한 법률 333
성폭력특별법제정위원회 333
성행위 방법 391
성희롱 348
세균성 질염 195
세로토닌 122, 339
세르파족 33
세부구조설 293
세정관 66, 102
세포독성 T 세포 187
세포진 검사 87, 185
소년기 32
소아애증 365, 372
소음순 75
소작술 269
소파술 227
속발성 무월경 120
속발성 불임 266
속발성 성태결여 398
속발성 월경곤란증 123
속어 438
솔타 33
솔티 33
송과선 100
송왕조 38
수간 376
수두 241, 242
수막염 242
수면 중 발기 401
수왕조 37
수유 6, 206
수정 82, 235
수정관 62
수정능획득 235
수정란 235
수중출산 259
수포 179, 180, 182
숙화 253
순결 297, 337
순나형 28
스킨선 140, 192, 194
스테로이드 치료 71
스테로이드 호르몬 106
시간증 365, 379
시상하부 100, 101, 113
시험관아기 267, 270
신경관 238, 250
신경성 성욕부진 399
신경안정제 218, 247
신경흥분전달물질 122, 339
실리 31
심신장애 144
심인성 발기 401
심인성 발기부전 402
심인성자극 131
쓰마도이 42
씨내리 46

ㅇ

아두배림 254
아두출현 254
아프로디테 22, 25
아프리카 27
안드로스테네디온 108

안드로젠 105
알도스테론 105
알코올 244, 404
암 68, 86
애널링구스 166
애액 131
액와모 110
양 147
양성애 281
양성애자 282
양수천자 250
양육 11
어우동 46
억제 T 세포 187
에스트로젠 82, 106, 113, 115, 217, 218, 234
A형 간염 242
에피네프린 105, 408
엘리스 53, 54, 55
여대학 41
여성 가성반음양 108
여성불임 269
여성 사정 140
여성상위 160, 162
여성색정증 400
여성용 콘돔 213
여성유방증 83
여와 34
여출액 192
여포 83, 104
여포(난포)자극호르몬 101
역행성사정 69
연성하감 178
연애편 32
연화 253
예방백신 242
오대 38
오로 265
오르가즘 17
오르가즘 융기 133
오르가즘 장애 415
오이디푸스 콤플렉스 286
오토메 41
옥시토신 100, 101, 264
올리스보스 24
올프로스타딜 408
옴 191
와카슈(若衆) 42
왜소음경 72
외요도괄약근 69
외요도구 64
외음부암 94
외음부절제술 94
요도 62, 64
요도구 75
요도구선 62
요도좌약 408
요도하열 71
요도해면체 64
요바이 43
요생식주름 71, 106, 107
요순시대 34
요실금 255, 420
요충 192
욕망기 128
우레아 228
우울감 219, 265
우키요에 43
울혈 129
워오다베족 30
원발성 무월경 120
원발성 불임 266
원발성 성태결여 398
원발성 월경곤란증 123
원왕조 38
원초아 53
원화제도 46
월경 112
월경곤란증 123
월경전증후군 120
월경주기 112, 118
웨스턴분석법 190
유교 36, 44
유나 42
유도출산 228, 253

유두 83
유두륜 83
유방 6, 83
유방 뢴트겐조영법 96
유방암 95
유방암 자가진단 95
유방절제술 84
유사분열 102
유산 224
유산균 192
유선 83
유아적 행동 16
유즙분비과다증 83
유즙분비호르몬 101
유즙사출반사 263
유태인 27
육조시대 36
윤간 331
융모 235
융모막검사 251
은어 438
음 147
음경 62, 63
음경간 64
음경강직증 412
음경귀두 64
음경귀두관 64
음경근 64
음경기 286
음경동맥재건술 407
음경 발기 401
음경배부 신경가지절단술 410
음경보형물 삽입술 71
음경보형물삽입술 407
음경암 72
음경요도 107
음경정맥결찰술 407
음경정맥동맥화수술 407
음경포피 63
음경해면체 64
음낭 62, 63, 64
음낭 주머니 9
음란전화 376
음모 76
음부 75
음순 76
음순음낭주름 106
음핵 9, 75, 77
음핵각 77
음핵귀두 77
음핵비대 108
음핵체 77
음핵포피 75
응급피임법 226
응급피임약 226
의사성기관 9
이기매독 177
이반 315
이성애 281
이성애자 281
이연장 48
이차성징 100
이차 정모세포 102
인간면역결핍 바이러스 167, 186
인간 융모성 성선 자극호르몬 114
인공수정 268, 275
인공유방 97
인공유산 224, 225, 251
인공음경 151, 292
인공조질술 91
인도 31
인식발달설 287
인유두종 바이러스 90, 184
인터넷 58, 310, 427, 436
인터루킨 187
인터페론 184
일기매독 177
일본 39
일본서기 40
일부일처제 14
일부종사 44
일차감염 181
일차 정모세포 102
일처다부제 14

임균성 요도염 173
임신 234
임신선 238
임신중독증 242
임질 173, 242
임플라논 220
입덧 238
입양 276
입위 162

ㅈ

자가면역증 84
자간전증 242
자간증 242
자궁 75, 81
자궁경검사 87
자궁경관 253
자궁경관개대 227
자궁경관개대 및 제거술 228
자궁경부 79, 81
자궁경부암 89, 184, 242
자궁경부촬영술 87
자궁근종 87, 88
자궁근층 81
자궁내막 81
자궁내막생검 87
자궁내막소파술 87
자궁내막암 92
자궁내막증 88, 269
자궁내막폴립 87
자궁내번증 255
자궁내(삽입)장치 216
자궁벽 235, 237
자궁외막 81
자궁외임신 82, 236
자궁적출술 87, 91, 93
자궁출혈 86
자궁탈출증 255
자아 53
자연유산 225, 236
자연피임법 206
자웅동체 22
자위행위 17, 24, 50, 55, 147, 388, 396
잠복기 286
잠복동성애자 300
잠복매독 177
장애설 13
장애이론 3
장애인 144
재발성 감염 181
잿빛 기러기 19
저정낭 62
전립선 62, 400
전립선암 74
전립선염 196
전이기 253
전자발찌 334
전정구근 78
전족 38
전치태반 261
전한시대 36
전희 136
절시증 372
접촉도착증 377
정관 62, 66
정관수술 66
정관절제술 222
정교편 32
정낭 62, 66
정루 134
정류고환 69
정맥결찰술 407
정법 31, 32
정삭 131
정상위 160
정세관 66
정세포 102
정소 62, 131
정소암 70, 268
정신역할설 336
정액루 고리 154
정원세포 102
정자 102

정자 경쟁 8
정자직접주입술 267, 270, 271
정자형성과정 102
정조대 147
정조세포 102
제대 245, 254
제왕절개 183, 255
젠더 블라인드 282
조건화 367
조루 409
조면소포체 105
조산 176, 244
조산원 255
조선시대 44
조숙아 262
존슨 53
존 캘빈 50
종교개혁 50
종양감축술 93
좌위 160
주나라 35
주름살 5
주부 매춘 199
중국 33
지각둔마법 395
지루 411
지배 26, 374
지속발기증 412
지주세포 102, 103
직접면역형광법 176
진반음양 108
진성진통 252
진실광고이론 3
진화 2
질 75, 78, 79
질건조증 401
질경 414
질구 75, 78
질구경련증 414
질살정제 211
질세척법 210
질암 94
질외사정법 206
질전정 75
질확대경검사 90
질회음 수술 266
집중치료 263

ㅊ

착상 235
창녀편 32
처녀막 41, 78
천골신경절 183
첨규콘딜롬 185
청년기 32, 381
청왕조 39
체외수정 270
초감염 181
초경 112
초유 263
초음파 236
초자아 53
춘추전국 시대 34
출산 단계 253
출산예정일 237
측위 160, 162
치고 42
치골 64
치골미골근 79
치구 38, 62, 63, 75, 76
치료적 유산 225
치모슬 191
친고죄 345

ㅋ

카라부샤족 30
카마수트라 32
카버젝트 408
카페인 247
카포시 육종 186
커밍아웃 309, 310
케겔 운동 80, 420

코드피스 9
코르닥스 24
코카인 247
코티솔 101, 105
콘돔 211
콜레스테롤 105
콩고 319
쿠닐링구스 165
쿠퍼선 62, 68
클라미디아 175
클라인펠터증후군 111
클리토리스 78
키메라 110
킨제이 53, 56

ㅌ

타목시펜 92, 97
탈모증 177
탈장 70
탐폰 124
태동초감 238
태반 114
태아 235
태아경 251
태아 만출기 253, 254
태아 수술 251
태아알코올증후군 244
터너증후군 110
털이 191
테스토스테론 66, 103, 105
테트라사이클린 178
템바 33
토가 26
트레포네마 176
트리요오드타이로닌 101
트리코모나스증 193
티록신 101
티베트족 32
팁실 33

ㅍ

파라오형 28
파상풍 242
파이데라스티아 23
파파베린 408
판도케이온 24
팰로카프 10
페니실린 51
페사리 214
페이로니병 70
페티시즘 38, 366
페팅 159
펜톨아민 408
펠라치오 165
펨 283
편평세포암 72
평활근종 87
폐경기 79, 125
폐렴 242
포경수술 67
포도당 105, 192
포도상구균 124
포르잘 33
포배기 235
폭력강간 336
폭주적 3
폭주적 진화 3
폭주적 진화설 13
폴립 86
풍류 44
풍진 93, 241, 242
프랑스 유산약 227
프로락틴 264
프로스카 69
프로스타글란딘 123, 227, 408
프로이드 53, 286
프로이드설 286
프로제스테론 82, 105, 115
프로호르몬 106
피그미 침팬지 9
피브리노게나제 68

피스톤 운동 409, 416
피어싱 374
피임 202
피임용 격막 214
피임용 링 221
피임용 스펀지 215
피임용 패치 221
피지선 192
피학성애 374

ㅎ

하감 177
하우사족 30
학습설 287
한국성폭력상담소 346
한선 192
할례 28
할례의식 28
합성에스트로젠 226
항남성호르몬제 125
항문기 286
항문성교 166
항생제 247
항암화학요법 91
항우울증제제 122
항원검출법 176
항이뇨호르몬 101
항히스타민제 247
해소기 135
핵형분석 250
행동치료 395
헤로인 247
헤르마프로디토스 22
헤타이라이 24
혈액형 248
혈장 131
혈장성분 79
호뇨증 377
호르몬 105
호르몬요법 89
호르몬 전구체 106
호르몬 조절 112
호모포비아 315
호분증 377
호토 40
호흡법 257
혼외정사 27
홍사 34
홍역 242
화냥질 44
화류계 41
화학적 거세 126, 334
환경오염물질 247
황체형성호르몬 71, 101
회음 106
회음부 75
회음절개 255
회음절개술 76
효소결핍 120
후배위 160
후천성면역결핍증 167
후한 왕조 36
흉요수발기중추 131, 401
흡연 244
흡인출산 248
흥분기 130
히알루로니다제 235

영문색인

A

acquired immune deficiency syndrome (AIDS) 186
adrenal cortex 105
adrenal gland 105
adrenal medulla 105
adrenocorticotropic hormone (ACTH) 101
alcohol 244
aldosterone 105
Alfred C. Kinsey 53
amenorrhea 120
amniocentesis 250
anal stage 53
analingus 166
androgens 66
androstenedion 108
anger rape 336
anoxia 248
anterior lobe 100
anti-depressant drug 122
antiandrogen 125
antidiuretic hormone (ADH) 101, 105
aphrodite 22
areola 83
artha 31
artificial insemination 268
artificial vaginal construction 91
aspermatism 411
aspermia 411
autoimmune disease 84
autosome 284

B

bacterial vaginosis 195
bartholin's gland 75
basal body temperature (BBT) method 208
benign coital cephalalgia 411
bestiality 376
Billings method 209
bisexual 281
blastula 235
Braxton-Hicks contraction 252
breast cancer 95
breast feeding 206
breasts 83
breech delivery 261
bulbocavernosus muscle 78
bulbourethral gland 62
butch 283

C

CA-125 93
calendar method 207
Calymatobacterium granulomatis 179
Candida albicans 194
candidiasis 194
capacitation 235
castration 125
caverject 408
CD4 187
Centers for Disease Control and Prevention (CDC) 92
cervical-mucus method 209
cervical cancer 89
cervical cap 214
cervix 79, 81
cesarean section 183, 255
chancre 177
chancroid 178
chemotherapy 93
chicken pox 241
chimera 110
Chlamydia trachomatis 175, 180
cholesterol 106
chorionic villus sampling (CVS) 251
chronic candida syndrome 195
climacterics 115
clitoral glans 77

clitoral hood 75
clitoris 75, 77
cloaca 106
codpiece 9
cognitive-developmental theory 284
coitus interruptus 206
colostrum 263
colpoxerosis 401
combination pills 218
comming out 309
condyloma acuminata 184
congenital adrenal hyperplasia (CAH) 108
congenital syphilis 178
coprophilia 444
corona 64
corpora cavernosa 64, 77
corpus spongiosum 64
cowper's gland 62
crowning 254
crura 77
cryptorchism 69
cultural theories 337
cystitis 81, 196
cytoreductive surgery 93
cytotoxic T cells 187

D

danazol 89
date rape 324
Depo-Provera 219
desire phase 128
dharma 31
diaphragm 214
diethylstilbestrol (DES) 73, 226
dihydrotestosterone (DHT) 103
dilation and curettage (D&C) 227
diplotene stage 104
domina 25
domination 374
douching 210
duct system 66
dysfunctional uterine bleeding 86
dysmenorrhea 123
dyspareunia 400

E

eclampsia 242
ectopic pregnancy 236
ego 53
ejaculation 134
ejaculatory duct 62
ejaculatory incompetence 411
elective abortion 225
embryo 235
emergency birth control 226
emission 134
endocrine system 100
endometrial cancer 92
endometrial hyperplasia 86
endometrial polyp 87
endometriosis 88
endometrium 81
epididymis 62
epinephrine 105, 408
episiotomy 76
erotomania 399
estrogen 82
estrous cycle 6
excitement phase 128
exhibitionism 365, 369
expulsion 134
extra nipple 83

F

fallopian tube 75
false labor 252
FAS 244
female condome 213
female pseudohermaphrodite 108
femidome 213
femme 283

fertilization 82
fetal alcohol syndrome (FAS) 244
fetishism 38
fetoscopy 251
fetus 235

G

galactorrhea 83
gamete intrafallopian transfer (GIFT) 270
gang rape 331
GC 105
gender identity 107
gender role 107
genital herpes 180
genital stage 53
genital tubercle 106
glucocorticoid 105
glucose 105, 193
golgi complex 106
gonadotrophin 101
Gonadotropin-releasing hormone (Gn-RH) 113
gonads 106
gonococcal urethritis 173
Grafenberg spot (G spot) 75
granuloma inguinale 179
growth hormone (GH) 101
growth hormone releasing hormone (GH-RH) 101
gynecomastia 83

H

handicap 71
Havelock Ellis 53, 55
helper T cells 187
Hemophilus ducreyi 178
hepatitis A virus (HAV) 183
hepatitis B virus (HBV) 184
hepatitis C virus (HCV) 184
hepatitis virus 167, 183
hermaphrodite 108
Hermaphroditus 22
herpes simplex virus (HSV) 90, 180
heterosexual 281
homophobia 315
homosexual 281, 303
homosexuality 303
hormonal therapy 93
HPV 16, 92
HPV 18, 92
human chorionic gonadotrophin (hCG) 114, 237
human immunodeficiency virus (HIV) 167
human papilloma virus (HPV) 90, 184
hymen 78
hyposexuality 399
hypospadias 71
hysterectomy 87
hysteromyoma 86, 87

I

id 53
immunofluorescent assay (IFA) 190
Immunohistochemistry (IHC) 102
implantation 81
impotence 402
in vitro fertilization (IVF) 270
incest 359
indivisualist theory 293
induced abortion 225
inhibited ejaculation 411
inhibited sexual desire 398
intercourse 424
interpersonal theories 339
intracytoplasmic sperm injection (ICSI) 271
Intrauterine device (IUD) 216

K

kama 31
Kaposi's sarcoma 186
Kegel exercise 80
Klinefelter syndrome 11
klismaphilia 377

L

labia majora 76
labia minora 76
labia 76
labioscrotal swelling 106
lactic acid 193
lactobacilli 192
Lamaze 257
latent homosexuals 300
latent stage 53
latent syphilis 177
learning theory 287
lesbian 23
lesbianism 23
lesbos 23
leukorrhea 86
levonorgestrel (LNg) 217
leydig cell 66, 102
LH surge 104
libido 53, 286
lochia 265
luteinizing hormone 71, 101
lymphogranuloma venerum (LGV) 179

M

male pseudohermaphrodite 108
mammary glands 83
mammogram 96
marital rape 329
masochism 374
mastectomy 84
masturbation 17, 24, 50, 55, 147, 388, 396
menopause 79, 112
menstrual cycles 112
menstruation 115
methotrexate 236
micropenis 72
microstructural theory 293
mifepristone 227
milk flow reflex 263
mini pills 218
misoprostol 227
missionary position 160
modified radical mastectomy 97
moniliasis 194
monoclonal antibody 179
mons veneris 62, 75
morning-after pill 226
morula 235
mullerian inhibiting factor 106
mumps 241
myomectomy 88
myotonia 129
mysophilia 377

N

necking 159
necrophilia 377
Neisseria gonorrheae 173
neural tube 238
neurotransmitters 122
nipples 83
nongonococcal urethritis 175
norepinephrine 105
norplant 220
nymphomania 400

O

olprostadil 409
oogenesis 104
opportunistic rape 336
oral herpes 180
oral prostaglandins 227
oral stage 53
orchiectomy 125
orgasm 133
orgasmic disorder 415
orgasmic platform 133
ovarian cancer 93
ovary 82

oviducts 75
ovotestis 110
ovulation 82
ovulation method 209
ovulation phase 113
oxytocin 228

P

paiderastia 23
papaverine 408
papule 177
paraphilias 365
pederasty 23
pedophilia 372
pelvic cavity 81
pelvic pain 86
penal glans 64
penal root 64
penal shaft 64
penile cancer 72
penis 63
peptide hormone 100
perimetrium 81
perineum 75
pessary 214
petting 159
Peyronie's disease 70
phallic stage 53
phallocarp 10
pharonic 28
phentolamine 408
piercing 374
pinworms 192
pituitary gland 100
placenta 114
placenta previa 261
plateau phase 128, 133
polar body 104
postejaculatory pain syndrome 401
posterior lobe 100
postovulatory phase 114
power rape 336
preeclampsia 242
prehormone 106
Premature ejaculation 409
premature infants 262
premenstrual dysphoric disorder (PMDD) 122
premenstrual syndrome (PMS) 120
preovulatory phase 113
preterm birth 262
priapism 412
primary amenorrhea 120
primary asexuality 398
primary dysmenorrhea 123
primary infection 181
primary infertility 266
primary spermatocyte 102
primary syphilis 177
progesterone 82
prohormone 106
prolactin 100
proscar 69
prostagladin 228
prostate-specific antigen (PSA) 74
prostate cancer 74
prostate gland 62
prostatitis 196
prostatomegaly 68
provera 219
psychodynamic theories 336
pubic bone 64, 75
pubic lice 191
pubococcygeus muscle 79
pustule 177

R

radiation therapy 93
radical mastectomy 97
radical prostatectomy 75
rape 318
rapera 318
rapid eye movement (REM) 153, 401

recurrent infection 181
refractory period 142
resolution phase 128
retrograde ejaculation 69
rhythm method 207
ribosome 106
ripening 253
rough endoplasmic reticulum 105
RU486 227
rubella 93, 241

S

sacral erection cente 130
sacral ganglia 183
sadism 39, 365
sadistic rape 336
sadomasochism 374
Sampson's theory 89
Sappo 23
satyriasis 400
scoptophilia 372
scrabies 191
scrotum 8, 62
sebaceous gland 192
secondary amenorrhea 120
secondary dysmenorrhea 123
secondary infertility 266
secondary spermatocyte 102
secondary syphilis 177
semen 66
seminal vesicle 62, 68
seminiferous tubule 66
sensate focus exercise 396
serotonin 122
sertoli cell 103
sex-determining region Y (SRY) 106, 111
sex chromosome 284
sexual anorexia nervosa 399
sexual aversion 398
sexual being 146
sexual compulsion 400
sexual fantasy 155
sexual harassment 349
sexual response 128
sexual response cycle 128
sexual surrogates 397
sexual therapist 394
sexual therapy 3
sexually transmitted disease 172
short arm 106
Sigmund Freud 53
silver nitrate 175
simple mastectomy 97
smegma 63
social learning theories 338
socialization 293
softening 253
solta 33
solti 33
speculum 90
sperm 102
spermatic cord 131
spermatid 102
spermatogenesis 102
spermatogonia 102
spermatorrhea ring 154
spermicide 196
sphincter muscle 66
spirochete 176
spontaneous abortion 225
squamous cell carcinoma 94
Staphylococcus aureus 124
steroid hormone 100
submission 374
sunna 28
superego 53
superfiltered blood plasma 131
suppressor T cells 187
surrogate mother 274
sweat gland 192
sweating phenomenon 131
syphilis 176
systematic desensitization 395

T

tamoxifen 92
teratogen 243
tertiary syphilis 178
testicular cancer 73
testicular feminization syndrome 109
testis 62, 64
testis determining factor (TDF) 106
testosterone 103
therapeutic abortion 225
thoracolumbar erection center 131
thyroid gland 101
thyroxine 101
toxemia 242
toxic shock syndrome 124
tranquilizer 247
transition phase 253
transsexual 288
transsexualism 288
transudate 192
transvestism 283
treponema 176
Treponema pallidum 176
Trichomonas vaginalis 193
trichomoniasis
trigeminal ganglia 183
true labor 252
tubal ligation 223
tubal ligation syndrome 223
Turner syndrome 110

U

ultrasound scan 251
underwater childbirth 259
urea 228
urethra 62
urethral opening 75
urinary incontinence 79
urogenital fold 71
urophilia 377
uterus 75

V

vagina 63, 75
vaginal cancer 94
vaginal opening 75, 78
vaginismus 414
vaginitis 193
vas deferens 62
vasocongestion 129
venereal disease 172
vestibular area 78
vestibular bulbs 78
vestibule 75
villi 235
Virginia Johnson 53,56
voyeurism 366
vulva 75
vulva cancer 94

W

waterbirth 259
western blot analysis 190
WHO 189
Williams Masters 53, 56

Z

zoophilia 376
zygote intrafallopian transfer 271

기타

5-α reductase 103